CW01661253

LES MATHS EN TÊTE

ALGÈBRE

Xavier GOURDON
Ancien élève de l'école polytechnique

ellipses

EDITION MARKETING
EDITEUR DES PREPARATIONS
GRANDES ECOLES MEDECINE
32, rue Bargue 75015 PARIS

ISBN 2-7298-9432-2

Avant-propos

Cet ouvrage propose aux étudiants des classes de mathématiques spéciales (programme M') des rappels et des compléments de cours assez complets, ainsi que des exercices et des problèmes corrigés. Il pourra également intéresser les élèves préparant l'agrégation.

L'ouvrage est orienté sur la relation étroite qui existe entre le cours et les exercices. Dans le fond, une bonne lecture du cours amène à s'interroger sur chaque résultat présenté : à quel niveau intervient-il dans l'articulation du cours, quelles en sont les conséquences, que se passe-t-il si on modifie les hypothèses ? Dans cet esprit, de multiples remarques ponctuent les parties de cours, mettant en avant ses subtilités, et faisant le lien avec les exercices qui suivent.

Les parties de cours ne sont pas un substitut au cours du professeur, mais plutôt un résumé exhaustif qui l'éclaire d'une façon différente. Les compléments sont des résultats très classiques qui ne figurent pas au programme mais dont la connaissance est utile et parfois indispensable pour mener à bien un exercice ou un problème. Les résultats présentés sont démontrés lorsqu'ils sont à la limite du programme ou lorsqu'ils constituent un point important dont la démonstration met en place des techniques instructives que l'étudiant doit connaître et savoir maîtriser.

À la fin de chaque section, on trouve une liste d'exercices de difficultés progressives, classiques ou parfois originaux, qui constituent une illustration du cours qui les précède. Je me suis efforcé à chaque fois de passer en revue tous les problèmes qui tournent autour du thème de l'exercice. Les nombreuses références au cours sont là pour inviter le lecteur à s'y reporter, le but étant de savoir et de comprendre précisément les résultats que l'on utilise.

Une liste de problèmes ponctue la fin de chaque chapitre, ces problèmes étant des exercices plus longs, plus difficiles ou plus originaux que les précédents et faisant appel à l'ensemble du cours du chapitre. À la fin de certains chapitres, on trouve des sujets d'étude introduisant des théories élégantes dans le thème du chapitre. Deux annexes présentent des curiosités mathématiques liées au programme d'algèbre.

Les résultats du cours ou les exercices les plus importants sont indiqués par une flèche dans la marge de gauche.

Je tiens enfin à remercier toutes les personnes qui m'ont aidé, Erwan Berni, Georges Papadopoulo et Alexia Stefanou pour la relecture de certains chapitres, le PROJET ALGORITHMES grâce à qui j'ai pu donner à mon ouvrage sa version typographique actuelle et la collection ELLIPSES pour avoir accueilli mon travail.

Je serais reconnaissant à ceux de mes lecteurs qui me feront parvenir leurs remarques sur cette première édition.

Xavier Gourdon
(INRIA-Rocquencourt, 78153 Le Chesnay)

Table des matières

CHAPITRE I

Arithmétique, Groupes et Anneaux

JUSQU'AU début du vingtième siècle, l'algèbre désigne essentiellement l'étude de la résolution d'équations algébriques (en témoigne la dénomination du théorème fondamental de l'algèbre). Avec la résolution des équations algébriques apparaît, de manière plus ou moins confuse, la notion de nombre complexe : on utilise le symbole $\sqrt{-1}$. Parallèlement, la théorie des congruences se développe.
Ainsi, de nouveaux objets mathématiques entrent en scène. Bientôt, les mathématiciens y voient des analogies étroites qu'ils cherchent à expliquer : l'algèbre va progressivement devenir l'étude abstraite des structures algébriques, jusqu'à ce que connaît l'étudiant d'aujourd'hui.

1. Arithmétique sur les entiers

Nous supposons acquises les notions de base sur l'ensemble des entiers naturels $\mathbb{N}$ et des entiers relatifs $\mathbb{Z}$, ainsi que les calculs dans l'anneau quotient $\mathbb{Z}/n\mathbb{Z}$. Une étude plus approfondie de ce dernier fait l'objet de la section 3 de ce chapitre.

1.1. Divisibilité - pgcd, ppcm

DÉFINITION 1. Soient a et b deux entiers relatifs. On dit que a *divise* b (ou que b est un *multiple* de a), et on note $a \mid b$, s'il existe un entier n tel que $b = an$. Si a ne divise pas b, on note $a \nmid b$.

PROPOSITION 1 (DIVISION EUCLIDIENNE). *Soient $a \in \mathbb{Z}$, $b \in \mathbb{N}^*$. Il existe un unique couple $(q, r) \in \mathbb{Z} \times \mathbb{N}$ tel que*

$$a = bq + r, \quad \textit{avec} \quad 0 \leq r \leq b - 1.$$

q s'appelle le quotient, *r le* reste, *de la division euclidienne de a par b.*

Classes de congruence modulo n.

DÉFINITION 2. Soit n un entier naturel non nul. On note $n\mathbb{Z} = \{nk, k \in \mathbb{Z}\}$. Si x et y sont deux entiers, on note $x \equiv y \pmod{n}$ si $x - y \in n\mathbb{Z}$. et on dit alors que x et y sont *congrus modulo p*.

DÉFINITION 3. Soit un entier naturel n non nul. L'anneau quotient de $\mathbb{Z}$ par $n\mathbb{Z}$ est noté $\mathbb{Z}/n\mathbb{Z}$. On note généralement $\overline{x}$ (ou $\dot{x}$) la classe d'un entier x dans $\mathbb{Z}/n\mathbb{Z}$. Ainsi, $\mathbb{Z}/n\mathbb{Z} = \{\overline{0}, \overline{1}, \dots, \overline{n-1}\}$.

PGCD.

DÉFINITION 4. – Soient $a_1, \ldots, a_n$ des entiers. Il existe un unique entier naturel d tel que $a_1\mathbb{Z} + \cdots + a_n\mathbb{Z} = d\mathbb{Z}$. Ainsi défini, d s'appelle le *pgcd* de $a_1, \ldots, a_n$ et on note $d = \text{pgcd}(a_1, \ldots, a_n)$. L'entier d est aussi le plus grand entier naturel divisant tous les a_i $(1 \leq i \leq n)$.

– Lorsque $\text{pgcd}\,(a_1, \ldots, a_n) = 1$, on dit que les entiers $a_1, \ldots, a_n$ sont premiers entre eux *dans leur ensemble*. Lorsque $\text{pgcd}\,(a_i, a_j) = 1$ dès que $i \neq j$, les entiers a_i sont dits premiers entre eux *deux à deux*.

Remarque 1. – Des entiers premiers entre eux deux à deux sont premiers entre eux dans leur ensemble.

– Il résulte de la définition du pgcd que les diviseurs communs à une famille d'entiers sont les diviseurs du pgcd.

– Lorsque $a_1, \ldots, a_n$ sont des entiers, on a

$$\forall a \in \mathbb{Z}, \qquad \text{pgcd}\,(aa_1, \ldots, aa_n) = |a|\ \text{pgcd}\,(a_1, \ldots, a_n).$$

– Le pgcd de deux entiers a et b se note aussi $a \wedge b$.

→ THÉORÈME 1 (BEZOUT). *Des entiers $a_1, \ldots, a_n$ sont premiers entre eux dans leur ensemble si et seulement s'il existe des entiers $u_1, \ldots, u_n$ tels que $u_1a_1 + \cdots + u_na_n = 1$.*

Remarque 2. Lorsque deux entiers a et b sont premiers entre eux, le théorème de Bezout assure l'existence d'un couple $(u, v) \in \mathbb{Z}^2$ tel que $au + bv = 1$. Il existe un moyen pratique de calculer un tel couple (u, v), appelé algorithme d'Euclide (voir l'exercice 2).

→ THÉORÈME 2 (GAUSS). *Soient a, b et c trois entiers. Si a divise le produit bc et si a et b sont premiers entre eux, alors a divise c.*

PROPOSITION 2. *Si un entier a est premier avec des entiers $b_1, \ldots, b_n$, alors a est premier avec le produit $b_1 \ldots b_n$.*

PROPOSITION 3. *Soient $a_1, \ldots, a_n$ n entiers premiers entre eux* deux à deux *et b un entier. Le produit $a_1 \cdots a_n$ divise b si et seulement si pour tout i, a_i divise b.*

PPCM.

DÉFINITION 5. Soient $a_1, \ldots, a_n$ des entiers. Il existe un unique entier naturel d tel que $a_1\mathbb{Z} \cap \cdots \cap a_n\mathbb{Z} = d\mathbb{Z}$. Ainsi défini, d s'appelle le *ppcm* de $a_1, \ldots, a_n$ et on note $d = \text{ppcm}\,(a_1, \ldots, a_n)$. L'entier d est aussi le plus petit entier naturel non nul multiple de tous les a_i, $1 \leq i \leq n$.

Remarque 3. – Il résulte de cette définition que les multiples communs à une famille d'entiers sont les multiples de leur ppcm.

– On a facilement

$$\forall a \in \mathbb{Z}, \qquad \text{ppcm}\,(aa_1, \ldots, aa_n) = |a|\ \text{ppcm}\,(a_1, \ldots, a_n).$$

– Le ppcm de deux entiers a et b se note aussi $a \vee b$.

PROPOSITION 4. *Soient $a_1, \ldots, a_n$ des entiers premiers entre eux deux à deux. Alors*

$$\text{ppcm}\,(a_1, \ldots, a_n) = |a_1 \cdots a_n|.$$

PROPOSITION 5. *Pour deux entiers a et b, on a* $\text{pgcd}\,(a, b) \times \text{ppcm}\,(a, b) = |ab|$.

1.2. Nombres premiers

DÉFINITION 6. On dit qu'un entier naturel $p \geq 2$ est un *nombre premier* si ses seuls diviseurs sont $p, -p, 1$ et -1.

→ THÉORÈME 3 (THÉORÈME FONDAMENTAL DE L'ARITHMÉTIQUE). *Tout entier naturel $n \geq 2$ s'écrit de manière unique à l'ordre prés sous la forme*

$$n = p_1^{\alpha_1} \cdots p_k^{\alpha_k}, \qquad (*)$$

où les p_i sont des nombres premiers distincts et les α_i des entiers naturels non nuls. La relation (*) s'appelle la décomposition de n en facteurs premiers.

Remarque 4. – Tout entier n, $|n| \geq 2$, est divisible par un nombre premier.
- Si $n = p_1^{\alpha_1} \cdots p_k^{\alpha_k}$ et $m = p_1^{\beta_1} \cdots p_k^{\beta_k}$, où les p_i sont premiers distincts et les α_i, β_i entiers naturels, alors $\text{pgcd}(n, m) = p_1^{\gamma_1} \cdots p_k^{\gamma_k}$ et $\text{ppcm}(n, m) = p_1^{\delta_1} \cdots p_k^{\delta_k}$ où $\gamma_i = \inf(\alpha_i, \beta_i)$ et $\delta_i = \sup(\alpha_i, \beta_i)$.

PROPOSITION 6. *Si un nombre premier p ne divise pas un entier a, alors p et a sont premiers entre eux.*

PROPOSITION 7. *Si un nombre premier divise un produit d'entiers $a_1 \cdots a_n$, il divise au moins l'un des facteurs a_i de ce produit.*

PROPOSITION 8. *L'ensemble des nombres premiers est infini.*

Démonstration. Raisonnons par l'absurde et supposons qu'il y ait un nombre fini de nombres premiers. Soit N le plus grand d'entre eux. Posons $M = N! + 1$ et désignons par p un nombre premier divisant M. Comme $p \leq N$, on a $p \mid (N!)$, donc $p \mid (M - N!) = 1$, ce qui est absurde. □

PROPOSITION 9. *Soit p un nombre premier et k un entier, $1 \leq k \leq p - 1$. Alors $p \mid C_p^k$.*

PROPOSITION 10. *Soit $n \geq 2$ un entier. L'anneau $\mathbb{Z}/n\mathbb{Z}$ est un corps si et seulement si n est premier.*

→ THÉORÈME 4 (FERMAT). *Soit $p \geq 2$ un nombre premier. Alors*

$$\forall a \in \mathbb{Z}, \qquad a^p \equiv a \pmod{p}$$

et

$$\forall a \in \mathbb{Z}, p \nmid a, \qquad a^{p-1} \equiv 1 \pmod{p}.$$

THÉORÈME 5 (WILSON). *Un entier $p \geq 2$ est un nombre premier si et seulement si*

$$(p-1)! \equiv -1 \pmod{p}.$$

Démonstration. Condition nécessaire. Si $p = 2$ ou $p = 3$, c'est évident. Pour traiter le cas $p > 3$, on commence par rechercher les éléments x du groupe multiplicatif $(\mathbb{Z}/p\mathbb{Z})^*$ égaux à leur inverse. Ils vérifient $x^2 = \overline{1}$, c'est-à-dire $(x - \overline{1})(x + \overline{1}) = \overline{0}$. Les seuls éléments de $(\mathbb{Z}/p\mathbb{Z})^*$ égaux à leurs inverses sont donc $x = \overline{1}$ et $x = \overline{-1}$. On range les autres $\overline{2}, \overline{3}, \ldots, \overline{p-2}$ en $\frac{p-3}{2}$ paires d'éléments $\{x_i, y_i\}$ telles que $x_i y_i = \overline{1}$. Si $k = \frac{p-3}{2}$, on peut écrire

$$\overline{2} \cdot \overline{3} \cdots \overline{p-2} = \prod_{i=1}^{k} (x_i y_i) = \overline{1} \quad \text{donc} \quad (p-1)! \equiv -1 \pmod{p}.$$

Condition suffisante. Supposons p non premier, et notons a un diviseur de p vérifiant $1 < a < p$. On a $a \mid [(p-1)! + 1]$ par hypothèse, et $a \mid (p-1)!$ puisque $1 < a < p$, donc $a \mid 1$ ce qui est absurde.
□

1.3. Exercices

EXERCICE 1. Déterminer les triplets $(a,b,c) \in (\mathbb{N}^*)^3$ tels que

$$(i)\ \mathrm{ppcm}(a,b) = 42 \qquad (ii)\ \mathrm{pgcd}(a,c) = 3 \qquad (iii)\ a+b+c = 29.$$

Solution. D'après (ii), $3 \mid a$ et $3 \mid c$, donc $3 \mid (a+c)$. Comme $b = 29-(a+c)$, b n'est pas un multiple de 3, et 3 étant premier, $3 \wedge b = 1$. En utilisant (i) on a $b \mid 42 = 3 \times 14$ et d'après le théorème de Gauss, $b \mid 14$. Donc $b \in \{1,2,7,14\}$. Mais $29 - b = a + c$ est divisible par 3, ce qui restreint les valeurs possibles de b à 2 et 14.

- Si $b = 2$, $a \in \{21, 42\}$ d'après (i). Mais $a \leq 29$ d'après (iii), donc $a = 21$ et $c = 6$ avec (iii).
- Si $b = 14$, $a \in \{3,6,21,42\}$ d'après (i). La relation (iii) entraîne $a \leq 29 - b = 15$, d'où $a \in \{3,6\}$. Si $a = 3$, $c = 12$ par (iii); si $a = 6, c = 9$.

Nécessairement, on a donc $(a,b,c) = (21,2,6)$, $(3,14,12)$ ou $(6,14,9)$. Réciproquement, on vérifie facilement que ces triplets sont solution.

→ EXERCICE 2. **1/** Soient a et $b \geq 2$ deux entiers naturels non nuls premiers entre eux. Montrer que

$$\exists!(u_0,v_0) \in \mathbb{N}^2, \quad u_0 a - v_0 b = 1, \quad \text{avec} \quad u_0 < b \text{ et } v_0 < a \qquad (*)$$

et exprimer en fonction de u_0, v_0, a et b tous les couples $(u,v) \in \mathbb{Z}^2$ solutions de $ua - vb = 1$.

2/ Déterminer deux entiers u et v vérifiant $47u + 111v = 1$.

Solution. **1/** Le théorème de Bezout assure l'existence de deux entiers u_1 et v_1 vérifiant $u_1 a - v_1 b = 1$. On effectue ensuite la division euclidienne de u_1 par b : $u_1 = bq + u_0$, avec $0 \leq u_0 < b$. On obtient $(bq+u_0)a - v_1 b = 1 = u_0 a - v_0 b$, avec $v_0 = v_1 - bq$. Donc $-1 \leq v_0 b = u_0 a - 1 < u_0 a < ba$, et en divisant par $b \geq 2$, on tire $0 \leq v_0 < a$. Ainsi, notre couple (u_0, v_0) vérifie l'assertion (*).
Ceci étant, considérons un couple (u,v) vérifiant $ua - vb = 1$. En retranchant à (*), on obtient

$$(u - u_0)a = (v - v_0)b. \qquad (**)$$

Ceci montre que $a \mid (v - v_0)b$ et comme a et b sont premiers entre eux, le théorème de Gauss entraîne $a \mid (v - v_0)$. Soit $k \in \mathbb{Z}$ tel que $v = v_0 + ka$. En remplaçant dans (**), on a $(u,v) = (u_0 + kb, v_0 + ka), k \in \mathbb{Z}$. Réciproquement, on vérifie facilement que ce couple est solution.

2/ Les nombres 47 et 111 sont premiers entre eux, u et v existent donc. Nous allons les déterminer grâce à l'algorithme d'Euclide. On effectue d'abord la division euclidienne de 111 par 47

$$111 = 47 \times 2 + 17,$$

puis on recommence en divisant toujours le dividende par le reste, jusqu'à ce que le reste égale 1 :

$$47 = 17 \times 2 + 13, \quad 17 = 13 \times 1 + 4, \quad 13 = 4 \times 3 + 1.$$

On part maintenant de $1 = 13 - 4 \times 3$ et on remonte :
$1 = 13 - 4 \times 3 = 13 - (17 - 13 \times 1) \times 3 = 4 \times 13 - 3 \times 17 = 4 \times (47 - 17 \times 2) - 3 \times 17 = 4 \times 47 - 11 \times 17 = 4 \times 47 - 11 \times (111 - 47 \times 2) = 26 \times 47 - 11 \times 111$, d'où le résultat avec $u = 26$ et $v = -11$.

Remarque. Il existe des résultats analogues sur les polynômes (voir l'exercice 3 de la section 1.4 du chapitre 2).

EXERCICE 3. **a)** Montrer que pour tout entier naturel n, $5 \mid (2^{3n+5} + 3^{n+1})$.
b) Montrer que pour tout entier n, $30 \mid (n^5 - n)$.
c) Quel est le reste de la division euclidienne de $16^{(2^{1000})}$ par 7 ?

Solution. **a)** On a $2^5 \equiv 2 \pmod 5$ et $2^{3n} \equiv 8^n \equiv 3^n \pmod 5$ donc $2^{3n+5} \equiv 2 \cdot 3^n \pmod 5$ et $2^{3n+5} + 3^{n+1} \equiv 2 \cdot 3^n + 3 \cdot 3^n \equiv 0 \pmod 5$.

b) D'après le théorème de Fermat, $n^5 \equiv n \pmod 5$, c'est-à-dire $5 \mid (n^5 - n)$.
De même, $n^3 \equiv n \pmod 3$ donc $n^5 \equiv n^3 \cdot n^2 \equiv n \cdot n^2 \equiv n^3 \equiv n \pmod 3$, *i. e.* $3 \mid (n^5 - n)$.
Les entiers n et n^5 ayant même parité, on a aussi $2 \mid (n^5 - n)$.
De plus 2, 3 et 5 sont premiers entre eux deux à deux, et finalement $30 = 2 \cdot 3 \cdot 5$ divise $(n^5 - n)$.

c) Posons $N = 16^{(2^{1000})}$. Il s'agit de déterminer la classe de congruence de N modulo 7. Comme $16 \equiv 2 \pmod 7$, on a déjà $N \equiv 2^{2^{1000}} \pmod 7$. En vue d'utiliser la relation $2^6 \equiv 1 \pmod 7$ (théorème de Fermat), recherchons le reste de la division de 2^{1000} par 6. La relation $4^2 \equiv 4 \pmod 6$ permet d'obtenir, par récurrence sur n, la relation $4^n \equiv 4 \pmod 6$, vraie pour tout n. En particulier, $2^{1000} \equiv 4^{500} \equiv 4 \pmod 6$, donc il existe un entier naturel q tel que $2^{1000} = 6q + 4$.
Il ne reste qu'à écrire

$$N \equiv 2^{6q+4} \equiv (2^6)^q \cdot 2^4 \equiv 1^q 2^4 \equiv 2^4 \equiv 2 \pmod 7,$$

et le reste recherché est 2.

EXERCICE 4 (NOMBRES DE MERSENNE, NOMBRES DE FERMAT). **a)** *Nombres de Mersenne.* Soient $a \geq 2$ et $n \geq 2$ deux entiers. Si $a^n - 1$ est un nombre premier, montrer que $a = 2$ et que n est premier.
b) *Nombres de Fermat.* Soit $n \in \mathbb{N}^*$. Si $2^n + 1$ est premier, montrer que n est une puissance de 2.

Solution. **a)** La relation $x^n - 1 = (x-1)(1 + x + \cdots + x^{n-1})$ montre que

$$\forall x \in \mathbb{N}, x \geq 2, \qquad (x-1) \text{ divise } (x^n - 1). \tag{*}$$

L'entier $a^n - 1$ étant premier, on en déduit $a - 1 = 1$, c'est-à-dire $a = 2$.
Écrivons $n = pq$ où p et q sont deux entiers naturels. On a $a^n - 1 = 2^n - 1 = (2^q)^p - 1$ de sorte que $(2^q - 1)$ divise $a^n - 1$ d'après (*), ce qui entraîne $q = 1$ ou $q = n$ puisque $a^n - 1$ est premier. L'entier n est donc premier.

b) Lorsque n est impair, la relation $x^n + 1 = (1+x)(1 - x + x^2 - \cdots + x^{n-1})$ entraîne

$$\forall x \in \mathbb{N}, \forall n \in \mathbb{N}, n \text{ impair }, \qquad (x+1) \text{ divise } (x^n + 1). \tag{**}$$

Si n n'est pas une puissance de 2, n a au moins un facteur impair $p > 1$. Écrivons $n = pq$ avec $q \in \mathbb{N}^*$. L'entier $2^n + 1 = (2^q)^p + 1$ est divisible par $(2^q + 1)$ d'après (**), donc non premier. Ainsi, n doit être une puissance de 2.

Remarque. Nombres de Mersenne (nombres de la forme $2^p - 1$ avec p premier). La réciproque de a) est fausse (ce serait trop facile). Par exemple, $2^{11} - 1 = 23 \times 49$ n'est pas premier. Cependant, on peut tester facilement la primalité des nombres de Mersenne grâce au test suivant (test de Lucas).

> *Soit (Y_n) la suite définie par $Y_0 = 2$ et $Y_{n+1} = 2Y_n^2 - 1$. Si $n \geq 3$, $2^n - 1$ est premier si et seulement si $(2^n - 1) \mid Y_{n-2}$.*

C'est en utilisant ce test que l'on a trouvé le plus grand nombre premier connu en 1992 : $2^{756839} - 1$ (nombre à 227832 chiffres décimaux). On ignore s'il y a une infinité de nombres de Mersenne premiers ou pas. Notons que les nombres de Mersenne apparaissent dans les nombres parfaits (voir l'exercice 10).

– *Nombres de Fermat.* Fermat avait vérifié que $2^{2^n}+1$ était premier pour $0 \leq n \leq 4$ et pensait que $2^{2^n}+1$ était premier pour tout n. Mais Euler montra que $2^{2^5}+1 = 641 \times 6700417$, et on a jusqu'ici trouvé aucun autre nombre de Fermat premier. On ne sait même pas s'il y en a !

EXERCICE 5. Soit A la somme des chiffres de 4444^{4444} (écrit dans le système décimal) et B la somme des chiffres de A. Que vaut C, la somme des chiffres de B ?

Solution. L'exercice tient dans la subtile remarque suivante.

> *Tout entier naturel N est congru à la somme de ses chiffres (en base 10) modulo 9.* (*)

En effet. On peut écrire $N = a_0 + a_1 \cdot 10 + \cdots + a_p \cdot 10^p$, où les a_i sont des entiers compris entre 0 et 9. La congruence $10 \equiv 1 \pmod 9$ entraîne $10^i \equiv 1 \pmod 9$ pour tout i donc

$$N = \sum_{i=0}^{p} a_i 10^i \equiv \sum_{i=0}^{p} a_i \pmod 9.$$

On applique maintenant ce résultat. On a $C \equiv B \equiv A \equiv 4444^{4444} \pmod 9$. D'après (*), $4444 \equiv 16 \equiv -2 \pmod 9$ donc $4444^3 \equiv (-2)^3 \equiv 1 \pmod 9$, et comme $4444 = 3 \cdot 1481 + 1$, on a $4444^{4444} = (4444^3)^{1481} \cdot 4444 \equiv 1 \cdot (-2) \equiv 7 \pmod 9$. Finalement,

$$C \equiv 7 \pmod 9. \qquad (**)$$

Mais ceci ne nous donne pas C ! Nous allons majorer C de manière à montrer $C = 7$. Le nombre 4444^{4444} étant inférieur à $10000^{5000} = 10^{20000}$, il a au plus 20000 chiffres. Donc A vaut au plus $9 \times 20000 = 180000$, donc a au plus 6 chiffres, donc B vaut au plus $6 \times 9 = 54$, donc $C \leq 5+9 = 14$. De (**), on tire $C = 7$.

Remarque. C'est le principe (*) qui explique le pourquoi de la preuve par 9 que l'on effectue dans les classes de l'école primaire.

EXERCICE 6. Soit $P = X^n + c_1 X^{n-1} + \cdots + c_{n-1} X + c_n$ un polynôme à coefficients entiers. Montrer qu'une racine rationnelle de P est nécessairement entière.

Solution. Soit $x = a/b$ une racine rationnelle de P ($a \in \mathbb{Z}$, $b \in \mathbb{N}^*$, $a \wedge b = 1$). On a

$$0 = b^n P\left(\frac{a}{b}\right) = a^n + c_1 a^{n-1} b + \cdots + c_{n-1} a b^{n-1} + c_n b^n$$

donc

$$a^n = -b\left(c_1 a^{n-1} + \cdots + c_{n-1} a b^{n-2} + c_n b^{n-1}\right),$$

ce qui montre que b divise a^n. Les entiers a et b étant premiers entre eux, ceci n'est possible que si $b = 1$, d'où le résultat.

Remarque. On en déduit en particulier que la racine n-ème de tout entier N est soit entière, soit irrationnelle (considérer le polynôme $X^n - N$).

EXERCICE 7. Montrer qu'il y a une infinité de nombres premiers de la forme $6k-1$, $k \in \mathbb{N}^*$.

Solution. Raisonnons par l'absurde en supposant qu'il n'y en ait qu'un nombre fini. Désignons par N le plus grand d'entre eux. L'entier $M = -1 + 6(N!)$ est impair donc $2 \nmid M$. De même, $M \equiv -1 \pmod 3$ donc $3 \nmid M$.

Soit p un facteur premier de M. Si p est de la forme $6k-1$, alors $p \leq N$ donc $p \mid (6 \cdot N!)$, d'où $p \mid (6N! - M) = 1$, ce qui est impossible. Le nombre p n'est donc pas de la forme $6k-1$. De plus $p \notin \{2, 3\}$ comme on l'a vu plus haut, donc p est de la forme $6k+1$, $k \in \mathbb{N}^*$. Dans la décomposition $M = p_1 \cdots p_n$ de M en facteurs premiers, on a donc $p_i \equiv 1 \pmod 6$ pour tout i, d'où $M \equiv 1 \pmod 6$, ce qui est absurde car $M \equiv -1 \pmod 6$ par construction.

Remarque. On peut démontrer de la même manière qu'il y a une infinité de nombres premiers de la forme $4k-1$. Il existe un théorème plus général (théorème de Dirichlet, 1837) qui dit :

> $\forall (a,b) \in (\mathbb{N}^*)^2$, $a \wedge b = 1$, *il existe une infinité de nombres premiers de la forme* $ak + b, k \in \mathbb{N}$.

Malheureusement, ce résultat n'a encore jamais pu être obtenu par des moyens élémentaires. On peut cependant le démontrer dans certains cas particuliers (voir le problème 4 page 37 et la partie 6/ du sujet d'étude 2, page 46).

EXERCICE 8. **a)** Montrer qu'il n'existe pas de polynôme P non constant à coefficients entiers, tel que $P(n)$ soit premier pour tout entier n supérieur à un certain rang N.
b) On considère un polynôme P à $k+1$ variables et à coefficients entiers. On pose $f(n) = P(n, 2^n, 3^n, \ldots, k^n)$, et on suppose $\lim_{n\to\infty} f(n) = +\infty$ (ceci pour éviter des fonctions comme $f(n) = 2^n 5^n - 10^n + 7$). Montrer que $f(n)$ ne peut pas être un nombre premier pour tout entier n supérieur à un certain rang N.

Solution. **a)** Supposons qu'un tel polynôme existe. Écrivons $P = \sum_{k=0}^{n} a_k X^k$. L'entier $p = P(N) = \sum_{k=0}^{n} a_k N^k$ est premier. Or tout entier naturel r vérifie

$$P(N + rp) = \sum_{k=0}^{n} a_k (N + rp)^k \equiv \sum_{k=0}^{n} a_k N^k \equiv 0 \pmod p,$$

autrement dit $P(N + rp)$ est divisible par p pour tout entier naturel r. Comme $P(N + rp)$ est premier, on a $P(N + rp) = p$ pour tout entier naturel r. Ainsi, le polynôme $P(X) - p$ a une infinité de racines, il est donc nul, ce qui est contraire aux hypothèses.

b) Supposons l'existence d'une telle fonction. Un peu d'attention montre que f peut se mettre sous la forme

$$f(n) = \sum_{r=1}^{m} \left(\sum_{s=0}^{q_r} c_{r,s} n^s \right) a_r^n,$$

où les a_r et $c_{r,s}$ sont entiers, avec $1 \leq a_1 < a_2 < \cdots < a_m$. Comme $\lim_{n\to\infty} f(n) = +\infty$, on peut supposer $f(N) > a_m > \cdots > a_1 \geq 1$ (quitte à augmenter N). Notons p le nombre premier $p = f(N)$. On a

$$\forall \ell \in \mathbb{N}, \forall s \in \mathbb{N}, \qquad [N + \ell p(p-1)]^s \equiv N^s \pmod p,$$

et d'après le théorème de Fermat

$$\forall r, 1 \leq r \leq m, \quad a_r^{p-1} \equiv 1 \pmod p \quad \text{donc} \quad \forall \ell \in \mathbb{N}, \quad a_r^{N+\ell p(p-1)} \equiv a_r^N \pmod p.$$

Finalement,

$$\forall \ell \in \mathbb{N}, \quad [N + \ell p(p-1)]^s a_r^{N+\ell p(p-1)} \equiv N^s a_r^N \pmod p,$$

et ceci pour tous les entiers r, s donc $f[N + \ell p(p-1)] \equiv f(N) \equiv 0 \pmod p$. Ceci étant vrai pour tout entier naturel ℓ, on aboutit à une absurdité.

EXERCICE 9. Pour tout entier naturel n, on pose $F_n = 2^{2^n} + 1$ (nombres de Fermat).
a) Montrer que les nombres $(F_n)_{n\in\mathbb{N}}$ sont premiers entre eux deux à deux.
b) En déduire une autre démonstration du fait qu'il y a une infinité de nombres premiers.

Solution. **a)** Si $n \in \mathbb{N}$, $k \in \mathbb{N}^*$, il s'agit de montrer que F_n et F_{n+k} sont premiers entre eux. La relation

$$F_{n+k} - 1 = 2^{2^{n+k}} = \left(2^{2^n}\right)^{2^k} = (F_n - 1)^{2^k}$$

entraîne

$$F_{n+k} - 1 \equiv (F_n - 1)^{2^k} \equiv (-1)^{2^k} \equiv 1 \pmod{F_n}$$

donc $F_n \mid (F_{n+k} - 2)$. Ainsi, le pgcd d de F_n et F_{n+k} divise $F_{n+k} - 2$. Comme de plus $d \mid F_{n+k}$, d divise 2,et F_n étant impair, on a nécessairement $d = 1$.

b) Pour tout $n \in \mathbb{N}$, notons p_n un facteur premier de F_n. Les F_n étant premiers entre eux deux à deux, les $(p_n)_{n\in\mathbb{N}}$ sont distincts deux à deux. On a donc trouvé une infinité de nombres premiers.

Remarque. Profitons en ici pour rappeler quelques résultats dans l'histoire des nombres premiers. Les grecs savaient déjà qu'il y en avait une infinité. Le gros résultat suivant fut le théorème des nombres premiers.

> *Si* $\forall x > 0$, $\pi(x)$ *désigne le nombre de nombres premiers inférieurs à* x, *on a* $\pi(x) \sim x/\log(x)$ *lorsque* x *tend vers l'infini.*

Il fut démontré pour la première fois et presque simultanément par J. Hadamard et C. De la Vallée Poussin en 1896. La plupart des démonstrations font appel à la fonction ζ de Riemann (voir le tome Analyse sur les séries de fonctions) et exigent des techniques qui sont d'un niveau supérieur au programme des classes préparatoires.

– Citons enfin le théorème de Tchébycheff (voir le sujet d'étude 1) qui exprime que $\forall n \in \mathbb{N}, n \geq 4$, entre n et $2(n-1)$ se trouve au moins un nombre premier.

EXERCICE 10 (NOMBRES PARFAITS). **a)** Pour tout entier naturel non nul n, on note $\sigma(n)$ la somme des diviseurs de n. Exprimer $\sigma(n)$ en fonction des termes intervenant dans la décomposition de n en facteurs premiers. Montrer que

$$n \wedge m = 1 \quad \Longrightarrow \quad \sigma(nm) = \sigma(n)\sigma(m). \qquad (*)$$

b) On dit qu'un entier naturel non nul n est parfait s'il est égal à la somme de ses diviseurs autres que lui même (*i. e.* si $\sigma(n) = 2n$). Si $2^p - 1$ est un nombre premier, montrer que $n = 2^{p-1}(2^p - 1)$ est parfait.
c) Réciproquement, démontrer qu'un nombre parfait pair n est de la forme $2^{p-1}(2^p - 1)$, où $2^p - 1$ est nécessairement premier.

Solution. **a)** Si $n = p_1^{\alpha_1} \cdots p_k^{\alpha_k}$ est la décomposition de n en facteurs premiers, on a

$$\sigma(n) = \sum_{\substack{0\leq\beta_1\leq\alpha_1 \\ \cdots \\ 0\leq\beta_k\leq\alpha_k}} p_1^{\beta_1}p_2^{\beta_2}\cdots p_k^{\beta_k} = \prod_{i=1}^{k}(1 + p_i + \cdots + p_i^{\alpha_i}) = \prod_{i=1}^{k}\left(\frac{p_i^{\alpha_i+1} - 1}{p_i - 1}\right).$$

La relation (*) en découle trivialement.

b) On applique les résultats de la question précédente pour écrire

$$\sigma(n) = \sigma[2^{p-1}(2^p - 1)] = \sigma(2^{p-1})\sigma(2^p - 1) = (2^p - 1)2^p = 2n.$$

c) La réciproque est plus délicate. Comme n est pair, il existe un entier $p \geq 2$ tel que $n = 2^{p-1}m$ avec m impair. Le fait que $2^{p-1} \wedge m = 1$ nous autorise à utiliser (*), de sorte que $\sigma(n) = \sigma(2^{p-1})\sigma(m) = (2^p - 1)\sigma(m)$. Or $\sigma(n) = 2n = 2^p m$ donc $(2^p - 1) \mid 2^p m$, et comme $(2^p - 1) \wedge 2^p = 1$, d'après le théorème de Gauss on a $(2^p - 1) \mid m$. Autrement dit, il existe $\ell \in \mathbb{N}^*$ tel que $m = (2^p - 1)\ell$. La relation $2^p m = 2n = \sigma(n) = (2^p - 1)\sigma(m)$ entraîne $\sigma(m) = 2^p \ell = m + \ell$.

Si $\ell > 1$, m a au moins trois diviseurs distincts qui sont 1, ℓ et m, d'où $\sigma(m) \geq m + \ell + 1$, ce qui est absurde. Donc $\ell = 1$, $m = 2^p - 1$ et $\sigma(m) = m + \ell = m + 1$; on en déduit que les seuls diviseurs de m sont 1 et m, donc m est premier. En résumé, $n = 2^{p-1}(2^p - 1)$ avec $2^p - 1$ premier.

Remarque. On ne connaît aucun nombre parfait impair, on ne sait même pas s'il y en a. Cependant, on connaît certains résultats sur les éventuels nombres parfaits impairs. On sait par exemple que s'il en existe un, il a au moins 300 chiffres décimaux, il a au moins 8 facteurs premiers distincts et son plus grand facteur premier est supérieur à 100110.

EXERCICE 11. Soit $p > 5$ un entier. Montrer que l'équation en $m \in \mathbb{N}^*$

$$(p-1)! + 1 = p^m$$

n'a pas de solution. (Théorème de Liouville)

Solution. Comme $p > 5$, $(p-1)! + 1$ est impair donc p^m est impair, c'est-à-dire p est impair. Or $p > 5$ donc $2 < \frac{p-1}{2} < p - 1$, d'où

$$(p-1)^2 = 2 \cdot \left(\frac{p-1}{2}\right) \cdot (p-1) \quad \text{divise} \quad (p-1)!.$$

Ceci étant, supposons $(p-1)! + 1 = p^m$. Comme $(p-1)! = p^m - 1$, $(p-1)^2$ divise $p^m - 1 = (p-1)(1 + p + \cdots + p^{m-1})$, donc $(p-1)$ divise $1 + p + \cdots + p^{m-1}$. Or $p \equiv 1 \pmod{p-1}$ donc $1 + p + \cdots + p^{m-1} \equiv m \pmod{p-1}$, ce qui prouve $(p-1) \mid m$. Ceci montre $m \geq p - 1$ donc $p^m \geq p^{p-1} > (p-1)^{p-1} > (p-1)!$, et finalement $(p-1)! + 1 < p^m$ et l'équation proposée n'a pas de solution.

EXERCICE 12 (CRITÈRE DE FACTORISABILITÉ DES NOMBRES DE MERSENNE). **a)** Soit p un nombre premier de la forme $4k + 3$ avec $k \in \mathbb{N}^*$. Montrer que $2^{(p-1)/2} \equiv (-1)^{k+1} \pmod{p}$.

b) On rappelle que les nombres de Mersenne sont les nombres de la forme $M_p = 2^p - 1$ où p est un nombre premier (voir l'exercice 4). Si p est un nombre premier de la forme $4k + 3$ ($k \in \mathbb{N}^*$) et si $2p + 1$ est premier, montrer que M_p n'est pas premier.

Solution. **a)** Posons

$$N = 2^{(p-1)/2}\left(\frac{p-1}{2}\right)! = 2^{(p-1)/2}(2k+1)!.$$

L'astuce est de donner une autre expression de N modulo p. On écrit que

$$N \equiv 2^{(p-1)/2}\left(1 \cdot 2 \cdots \frac{p-1}{2}\right) \equiv 2 \cdot 4 \cdots (p-1) \pmod{p},$$

ou encore

$$N \equiv (2 \cdot 4 \cdots (2k)) \cdot ((2k+2) \cdot (4k) \cdot (4k+2)) \pmod{p}.$$

Les congruences

$$\begin{cases} 2k+2 & \equiv & -(2k+1) & \pmod{p} \\ 2k+4 & \equiv & -(2k-1) & \pmod{p} \\ \dots & & \dots & \\ 4k+2 & \equiv & -1 & \pmod{p} \end{cases}$$

entraînent

$$(2k+2)\cdot(2k+4)\cdots(4k)\cdot(4k+2) \equiv (-1)^{k+1}(2k+1)\cdot(2k-1)\cdots 3\cdot 1 \pmod p$$

donc

$$N \equiv (2\cdot 4\cdots(2k))\cdot(-1)^{k+1}((2k+1)\cdots 3\cdot 1) \pmod p,$$

d'où

$$2^{(p-1)/2}(2k+1)! \equiv N \equiv (-1)^{k+1}(2k+1)! \pmod p,$$

d'où le résultat car comme p est premier et $2k+1 < p$, on a $(2k+1)! \not\equiv 0 \pmod p$.

b) Supposons $p = 4k+3$ premier, ainsi que $q = 2p+1 = 8k+7$. Le résultat précédent appliqué à $q = 4(2k+1)+3$ donne

$$2^{(q-1)/2} \equiv 2^p \equiv (-1)^{2k+2} \equiv 1 \pmod q$$

donc $2^p - 1 \equiv 0 \pmod{2p+1}$. Autrement dit, $2p+1$ divise $M_p > 2p+1$ et M_p n'est pas premier.

Remarque. En appliquant b) aux petits nombres premiers, on montre que M_p n'est pas premier pour $p = 11, 23, 83, 131, 179, 191, 239, 251$.

EXERCICE 13. Résoudre $x^2 + y^2 = z^2$, avec $(x,y,z) \in (\mathbb{N}^*)^3$. (Indication : se ramener au cas où x, y et z sont premiers entre eux, puis étudier leur parité.)

Solution. Quitte à tout diviser par $\mathrm{pgcd}(x,y,z)^2$, on peut supposer x, y et z premiers entre eux dans leur ensemble. On vérifie alors facilement que x, y et z sont premiers entre eux deux à deux.

– Étudions la parité de x, y et z. Tout nombre impair $N = 2n+1$ vérifie $N^2 = 4n^2 + 4n + 1 \equiv 1 \pmod 4$. Donc si x et y sont impairs, $x^2 + y^2 \equiv 2 \pmod 4$, donc z est pair et on aboutit à une absurdité car $z^2 \equiv 0 \pmod 4$. L'un des entiers x ou y est donc pair, par exemple x. Comme x, y et z sont premiers entre eux deux à deux, y et z sont impairs.

– On écrit

$$\left(\frac{x}{2}\right)^2 = \left(\frac{z-y}{2}\right)\left(\frac{z+y}{2}\right)$$

(z et y étant impairs, $\frac{z-y}{2}$ et $\frac{z+y}{2}$ sont entiers). Ceci montre que $\frac{z-y}{2}$ et $\frac{z+y}{2}$ sont des carrés d'entiers. Si tel n'était pas le cas, la décomposition de $(\frac{x}{2})^2$ en facteurs premiers entraînerait l'existence d'un nombre premier p divisant $(\frac{z-y}{2})$ et $(\frac{z+y}{2})$. L'entier p diviserait $(\frac{z-y}{2} + \frac{z+y}{2}) = z$ et $(\frac{z+y}{2} - \frac{z-y}{2}) = y$ ce qui est impossible car $y \wedge z = 1$.

– Finalement, il existe $(n,m) \in \mathbb{N}^2$, tel que $\frac{z-y}{2} = n^2$ et $\frac{z+y}{2} = m^2$. On en déduit $x = 2mn$, $y = m^2 - n^2$ et $z = m^2 + n^2$. Réciproquement, ce triplet est solution. La solution du problème général est donc

$$(x,y) \text{ ou } (y,x) = (2kmn, k(m^2 - n^2)); \quad z = k(m^2 + n^2) \qquad k \in \mathbb{N}^*, (m,n) \in \mathbb{N}^2, m > n.$$

Remarque. Cet exercice est un cas particulier de l'équation $x^n + y^n = z^n$. Fermat énonça en 1637 que pour tout entier $n \geq 3$, cette équation n'a pas de solution $(x,y,z) \in (\mathbb{Z}^*)^3$, et affirmait qu'il en possédait une démonstration. On n'a malheureusement jamais retrouvé la soi-disante preuve, et cette équation a fait l'objet de très nombreuses recherches aux cours des siècles suivants. On a longtemps séché, et le premier résultat vraiment significatif date de 1983 et dit que pour tout n, cette équation n'a qu'un nombre fini de solutions (ce résultat est une conséquence d'un théorème de topologie algébrique du mathématicien allemand Faltings; cette découverte lui value d'ailleurs la médaille Fields). Une preuve complète du théorème de Fermat semble avoir été trouvée très récemment (juin 1993) par le mathématicien anglais Andrew WilesInutile de dire que la niveau de la preuve dépasse largement celui des classes préparatoires.

– Pour ceux que la théorie des nombres intéresse, on ne peut que conseiller l'excellent ouvrage de Hardy et Wright : *An Introduction to the Theory of Numbers.*

2. Groupes

2.1. Généralités

DÉFINITION 1. On appelle *groupe* un ensemble G muni d'une loi interne $*$ telle que

(i) La loi $*$ est *associative* (*i. e.* pour tous x, y, z dans G, $(x * y) * z = x * (y * z)$).
(ii) Il existe un *élément neutre* e (*i. e.* pour tout $x \in G$, $x * e = e * x = x$).
(iii) Tout élément a un *symétrique* (*i. e.* pour tout $x \in G$, il existe $y \in G$ tel que $x * y = y * x = e$).

Si la loi $*$ est commutative, on parle de groupe *commutatif* (ou *abélien*).

Remarque 1. – Le neutre e de $(G, *)$ est unique.
– Pour tout $x \in G$, x a un unique symétrique, souvent noté x^{-1}.

DÉFINITION 2. Soit $(G, *)$ un groupe; on dit que $H \subset G$ est un *sous groupe* de G si la restriction de la loi $*$ à H lui confère une structure de groupe.

Exemple 1. L'ensemble $\mathbb{Z}$ des entiers, muni de la loi d'addition, est un groupe. Pour tout $n \in \mathbb{N}$, $n\mathbb{Z}$ est un sous groupe de $(\mathbb{Z}, +)$. Réciproquement, on peut démontrer que tous les sous groupes de $(\mathbb{Z}, +)$ sont de la forme $n\mathbb{Z}$ avec $n \in \mathbb{N}$.

Dorénavant, la loi $*$ d'un groupe sera notée multiplicativement (la notation additive est réservée aux groupes abéliens).

PROPOSITION 1. *Soit G un groupe et $H \subset G$. L'ensemble H est un sous groupe de G si et seulement si $H \neq \varnothing$ et pour tout couple $(x, y) \in H$ on a $xy^{-1} \in H$.*

PROPOSITION 2. *Une intersection de sous groupes d'un groupe G est un sous groupe de G.*

Remarque 2. Le résultat est faux dans le cas d'une réunion (voir l'exercice 2).

DÉFINITION 3. Soit $(G, \cdot)$ un groupe. On appelle *centre* de G, noté $\mathcal{Z}(G)$, l'ensemble des éléments de G commutant avec tous les éléments de G. L'ensemble $\mathcal{Z}(G)$ est un sous groupe de G.

DÉFINITION 4. Si G est un groupe fini, Card(G) s'appelle *l'ordre* de G.

→ THÉORÈME 1 (LAGRANGE). *Soit G un groupe fini. L'ordre de tout sous groupe H de G divise l'ordre de G.*

Démonstration. La relation $x \mathcal{R} y \iff xy^{-1} \in H$ est une relation d'équivalence. Si on note $\dot{x}$ la classe de $x \in G$, on a $\dot{x} = Hx = \{zx, z \in H\}$. (En effet : $y \in \dot{x} \iff y \mathcal{R} x \iff yx^{-1} \in H \iff y \in Hx$).

Pour tout $x \in G$, l'application $H \to Hx$ $y \mapsto yx$ est une bijection comme on le vérifie facilement, donc Card$(Hx) =$ Card(H). Ainsi, les classes ont toutes Card(H) éléments. Les classes d'équivalences formant une partition de G, on a donc Card$(G) = n\,$Card(H) où $n =$ Card$(G/\mathcal{R})$ désigne le nombre de classes d'équivalence. □

Remarque 3. – Les classes de la relation d'équivalence définie dans la preuve du théorème sont appelées classes à droite suivant le sous groupe H (elles sont de la forme Hx). On aurait tout aussi bien pu considérer la relation d'équivalence définie par $x \mathcal{R} y \iff x^{-1}y \in H$, dont les classes sont de la forme xH et sont appelées classes à gauche suivant H.
- L'entier $\mathrm{Card}(G/\mathcal{R})$ est appelé indice de H dans G, et noté $[G : H]$. On a $\mathrm{Card}(G) = [G : H] \times \mathrm{Card}(H)$.

Sous groupes distingués.

DÉFINITION 5. Soit G un groupe. Un sous groupe H de G est dit *distingué* (ou *normal*, ou *invariant*) dans G si pour tout $x \in G$, $xH = Hx$.

Exemple 2. – Tout sous groupe d'un groupe abélien G est distingué dans G.
- Le centre $\mathcal{Z}(G)$ d'un groupe G est distingué dans G. Plus généralement, tout sous groupe de $\mathcal{Z}(G)$ est un sous groupe distingué dans G.

Remarque 4. Lorsque H est un sous groupe distingué de G, on note parfois $H \lhd G$. Il faut prendre garde à cette notation qui n'est pas transitive. Autrement dit, si $L \lhd H$ et si $H \lhd G$, il est faux d'écrire $L \lhd G$.

Le résultat qui suit est parfois un moyen pratique de montrer qu'un sous groupe est distingué.

PROPOSITION 3. *Soit G un groupe. Un sous groupe H de G est distingué dans G si et seulement si pour tout $x \in G$, $xHx^{-1} \subset H$.*

Groupes quotient. Soit G un groupe. On recherche les relations d'équivalence $\mathcal{R}$ sur G telles que $G/\mathcal{R}$ soit un groupe. Un moyen naturel de faire de $G/\mathcal{R}$ un groupe est de le munir de la loi $\overline{x} \cdot \overline{y} = \overline{(xy)}$ (la notation $\overline{x}$ désigne la classe de l'élément x). Encore faut-il que $\overline{(xy)}$ ne dépende pas des représentants x et y des classes $\overline{x}$ et $\overline{y}$, c'est-à-dire que si $x \mathcal{R} x'$ et $y \mathcal{R} y'$, on veut $(xy) \mathcal{R} (x'y')$. Si tel est le cas, on dit que $\mathcal{R}$ est *compatible avec la structure de groupe.*

On montre que les relations d'équivalence compatibles avec la structure de groupe sont les relations $x \mathcal{R} y \iff xy^{-1} \in H$, où H est un sous groupe distingué de G (dans ce cas, les classes à gauche suivant H coïncident avec les classes à droite suivant H). Muni de la loi quotient définie plus haut, l'ensemble quotient $G/\mathcal{R}$ est alors un groupe appelé *groupe quotient* et noté G/H. Si G est fini, on a $\mathrm{Card}(G) = \mathrm{Card}(G/H) \cdot \mathrm{Card}(H)$.

Exemple 3. Si n est un entier naturel non nul, $n\mathbb{Z}$ est un sous groupe du groupe additif $(\mathbb{Z}, +)$. Ce dernier étant commutatif, on est même assuré du fait que $n\mathbb{Z}$ est un sous groupe distingué de $\mathbb{Z}$. Ainsi, on peut définir le groupe quotient $\mathbb{Z}/n\mathbb{Z}$ (défini tel quel, $\mathbb{Z}/n\mathbb{Z}$ ne possède qu'une structure additive; la structure d'anneau de $\mathbb{Z}/n\mathbb{Z}$ n'est introduite que lorsque l'on parle d'anneau quotient — voir l'exemple 3 de la partie 3.2).

Morphismes de groupes. Dans ce paragraphe, G et G' désigne deux groupes, dont les éléments neutres sont notés respectivement e et e'.

DÉFINITION 6. Soit $\varphi : G \to G'$ une application. On dit que φ est un *morphisme de groupes* si pour tous $x, y \in G$, $\varphi(xy) = \varphi(x)\varphi(y)$.
- Si φ est bijective, on dit que φ est un *isomorphisme* de groupes; si de plus $G' = G$, on dit que φ est un *automorphisme* du groupe G.
- L'ensemble $\varphi^{-1}(\{e'\})$ est appelé *noyau* de φ et noté $\mathrm{Ker}\,\varphi$. Le morphisme φ est injectif si et seulement si $\mathrm{Ker}\,\varphi = \{e\}$.

PROPOSITION 4. *Soit $\varphi : G \to G'$ un morphisme de groupes, H et H' deux sous groupes de G, G'. Alors*

– *$\varphi(H)$ est un sous groupe de G', distingué si H est distingué dans G et si φ est surjectif.*
– *$\varphi^{-1}(H')$ est un sous groupe de G, distingué dans G si H' est distingué dans G'.*

En particulier, $\{e'\}$ étant distingué dans G', $\operatorname{Ker}\varphi = \varphi^{-1}(\{e'\})$ est distingué dans G. De plus, le groupe quotient $G/\operatorname{Ker}\varphi$ est isomorphe à $\varphi(G)$.

→ *Remarque* 5. Ce dernier résultat est important. En particulier, si $\varphi : G \to G'$ est un morphisme surjectif, le groupe G' est isomorphe à $G/\operatorname{Ker}\varphi$. Cet isomorphisme est souvent utilisé lors de la résolution d'un exercice ou d'un problème sur les groupes.

Groupe des automorphismes intérieurs.

DÉFINITION 7. Soit G un groupe. Pour tout $a \in G$, l'application $\varphi_a : G \to G \quad x \mapsto axa^{-1}$ est un automorphisme de G. L'ensemble $\mathcal{A} = \{\varphi_a, a \in G\}$, muni de la loi de composition, est un groupe (on a d'ailleurs $\varphi_a \circ \varphi_b = \varphi_{ab}$), appelé *groupe des automorphismes intérieurs* de G.

2.2. Génération d'un groupe

Dans toute cette partie, G désigne un groupe, dont l'élément neutre est noté e.

DÉFINITION 8. Soit $A \subset G$. Il existe un plus petit sous groupe H de G contenant A, qui est l'ensemble des éléments de G qui s'écrivent comme le produit d'éléments de A et d'inverses d'éléments de A. On l'appelle sous groupe *engendré par* A et on note $H =< A >$. Lorsque $A = \{x_1, \dots, x_n\}$ est fini, on note aussi $H =< x_1, \dots, x_n >$.

Exemple 4. Pour tout $a \in G$, $< a >= \{a^m, m \in \mathbb{Z}\}$. Si deux éléments a et b de G commutent, alors $< a, b >= \{a^m b^n, (m, n) \in \mathbb{Z}^2\}$.

DÉFINITION 9.
– Un groupe G est dit *monogène* s'il existe $a \in G$ tel que $G =< a >$. Si de plus G est fini, on dit que G est *cyclique*.
– Un groupe G est dit de *type fini* s'il existe un nombre fini d'éléments $a_1, \dots, a_n$ de G tels que $G =< a_1, \dots, a_n >$. Un tel n-uplet $(a_1, \dots, a_n)$ est appelé *système de générateurs* de G.

Remarque 6.
– Tout groupe monogène est abélien.
– Pour tout entier naturel non nul n, $(\mathbb{Z}/n\mathbb{Z}, +)$ est un groupe cyclique. De plus, tout groupe cyclique à n éléments est isomorphe à $(\mathbb{Z}/n\mathbb{Z}, +)$.

DÉFINITION 10. Un élément a de G est dit *d'ordre* $p \in \mathbb{N}^*$ si $< a >$ est fini d'ordre p. L'ordre de a est aussi le plus petit entier naturel non nul p tel que $a^p = e$, et on a $< a >= \{e, a, \dots, a^{p-1}\}$.

→ THÉORÈME 2. *Si G est fini d'ordre n, alors l'ordre de tout élément de G divise n. En particulier, tout élément a de G vérifie $a^n = e$.*

THÉORÈME 3. *Soit a un élément de G d'ordre p. On a l'équivalence $(a^q = e) \iff (p \mid q)$.*

THÉORÈME 4. *Si l'ordre de G est un nombre premier, le groupe G est cyclique, engendré par tout élément différent de l'élément neutre.*

PROPOSITION 5. *Si G est cyclique d'ordre n, $G =< a >$, alors*

$$(< a^k >= G) \iff (k \wedge n = 1).$$

Démonstration. Comme $G =< a >$, l'assertion $< a^k >= G$ est équivalente à l'existence d'un entier v tel que $a^{kv} = a$. Ceci s'écrit aussi $a^{kv-1} = e$, ou encore $n \mid (kv - 1)$, c'est-à-dire $\exists u, v \in \mathbb{Z} \mid kv - 1 = un$, ce qui équivaut d'après le théorème de Bezout à $k \wedge n = 1$. □

2.3. Groupe symétrique

DÉFINITION 11. Pour tout entier naturel n non nul, on note $\mathcal{S}_n$ le groupe des permutations de $\{1,\ldots,n\}$ (muni de la loi de composition). Le groupe $\mathcal{S}_n$ est appelé *groupe symétrique* d'indice n. Si $s\in\mathcal{S}_n$, on note $s=\left(\begin{smallmatrix}1 & 2 & \cdots & n\\ s(1) & s(2) & \cdots & s(n)\end{smallmatrix}\right)$.

Remarque 7. On a $\mathrm{Card}(\mathcal{S}_n)=n!$.

DÉFINITION 12. On appelle *transposition* sur i,j la permutation notée $\tau_{i,j}$ permutant les éléments i et j :

$$\tau_{i,j}=\begin{pmatrix}1 & \cdots & i-1 & \mathbf{i} & i+1 & \cdots & j-1 & \mathbf{j} & j+1 & \cdots & n\\ 1 & \cdots & i-1 & \mathbf{j} & i+1 & \cdots & j-1 & \mathbf{i} & j+1 & \cdots & n\end{pmatrix}.$$

THÉORÈME 5. *Tout élément de $\mathcal{S}_n$ se décompose en produit de transpositions.*

DÉFINITION 13. Si $s\in\mathcal{S}_n$ et $a\in\{1,\ldots,n\}$, on appelle *orbite* de a suivant s l'ensemble $\mathcal{O}_s(a)=\{s^k(a),k\in\mathbb{Z}\}$.

DÉFINITION 14. Soit $\gamma\in\mathcal{S}_n$. On dit que γ est un *cycle* si parmi les $\mathcal{O}_\gamma(a)$, $1\leq a\leq n$, il n'existe qu'une seule orbite non réduite à un élément. Autrement dit s'il existe $p\geq 2$ et $a\in\{1,\ldots,n\}$ tels que

$$\mathcal{O}_\gamma(a)=\{a,\gamma(a),\ldots,\gamma^{p-1}(a)\}\quad\text{et}\quad\forall x\notin\mathcal{O}_\gamma(a),\ \gamma(x)=x.$$

L'orbite $\mathcal{O}_\gamma(a)$ est appelé *support* du cycle, son cardinal la *longueur* du cycle, et on note $\gamma=(a,\gamma(a),\ldots,\gamma^{p-1}(a))$.

Exemple 5. – Une transposition est un cycle de longueur 2.

- Dans $\mathcal{S}_5$, $s=(1,3,5)=\left(\begin{smallmatrix}1&2&3&4&5\\3&2&5&4&1\end{smallmatrix}\right)$ est un cycle de support $\{1,3,5\}$ et de longueur 3.
- L'élément $s=\left(\begin{smallmatrix}1&2&3&4\\2&1&4&3\end{smallmatrix}\right)$ de $\mathcal{S}_4$ n'est pas un cycle (deux orbites, $\{1,2\}$ et $\{3,4\}$).

Remarque 8. – Des cycles à supports disjoints commutent.

- L'ordre d'un cycle dans le groupe $\mathcal{S}_n$ est sa longueur.

THÉORÈME 6. *Toute permutation $s\neq\mathrm{Id}$ se décompose de manière unique à l'ordre prés en un produit de cycles de supports deux à deux disjoints.*

Exemple 6. – $\left(\begin{smallmatrix}1&2&3&4\\2&1&4&3\end{smallmatrix}\right)=(1,2)\cdot(3,4)=(3,4)\cdot(1,2)$.

- $\left(\begin{smallmatrix}1&2&3&4&5&6&7\\2&6&5&1&3&4&7\end{smallmatrix}\right)=(1,2,6,4)\cdot(3,5)=(3,5)\cdot(1,2,6,4)$.

Signature d'une permutation.

DÉFINITION 15. Soit $s\in\mathcal{S}_n$. On appelle *signature* de s le produit

$$\varepsilon(s)=\prod_{1\leq i<j\leq n}\frac{s(j)-s(i)}{j-i}.$$

On a $\varepsilon(s)\in\{-1,1\}$. Si $\varepsilon(s)=1$ (resp. $\varepsilon(s)=-1$), s est dite *paire* (resp. *impaire*).

PROPOSITION 6. *Si s et t sont deux éléments de $\mathcal{S}_n$ alors $\varepsilon(st)=\varepsilon(s)\varepsilon(t)$.*

Remarque 9. – Une transposition est de signature -1.

- La proposition précédente exprime le fait que $\varepsilon:\mathcal{S}_n\to\{-1,1\}$ est un morphisme de groupe. L'ensemble $\mathcal{A}_n=\varepsilon^{-1}(\{1\})=\mathrm{Ker}\,\varepsilon$ est un sous groupe distingué de $\mathcal{S}_n$, d'indice 2 : on a $\mathrm{Card}(\mathcal{A}_n)=n!/2$ et $\mathcal{A}_n$ s'appelle le groupe alterné d'indice n.

PROPOSITION 7. *La signature d'un cycle de longueur p est $(-1)^{p-1}$.*

Démonstration. Soit $s=(a_1,a_2,\cdots,a_p)$ un cycle de longueur p. Le cycle s peut se décomposer sous la forme $s=(a_1,a_p)\cdot(a_1,a_{p-1})\cdots(a_1,a_3)\cdot(a_1,a_2)$, c'est le produit de $p-1$ transpositions. Une transposition étant de signature -1, on en déduit le résultat. □

2.4. Groupe opérant sur un ensemble

Dans cette partie, G désigne un groupe dont l'élément neutre est noté e, X un ensemble quelconque.

DÉFINITION 16. On dit que G *opère* sur X s'il existe une application

$$G \times X \to X \quad (s, x) \mapsto s \cdot x$$

telle que

(i) $\forall (s,t) \in G^2, \forall x \in X,\ s \cdot (t \cdot x) = (st) \cdot x$
(ii) $\forall x \in X,\ e \cdot x = x$.

(Remarquer l'analogie avec un espace vectoriel sur un corps $\mathbb{K}$.)

Exemple 7. – Le groupe G opère sur lui même par l'application

$$G \times G \to G \qquad (s, x) \mapsto sx.$$

– Le groupe des permutations S d'un ensemble X opère sur X par l'application

$$S \times X \to X \qquad (s, x) \mapsto s(x).$$

Équivalence d'intransitivité. Dans ce paragraphe, G est un groupe opérant sur un ensemble X.

DÉFINITION 17. La relation sur X définie par

$$x \mathcal{T} y \quad \Longleftrightarrow \quad \exists s \in G,\ y = s \cdot x$$

est une relation d'équivalence, appelée relation *d'intransitivité*. La classe d'équivalence d'un élément x de X est $G_x = \{s \cdot x,\ s \in G\}$, on l'appelle *classe d'intransitivité* (ou *orbite*, ou *trajectoire*) de x.

DÉFINITION 18. Le *stabilisateur* d'un élément x de X est le sous ensemble de G défini par $S_x = \{s \in G,\ s \cdot x = x\}$.

PROPOSITION 8. *Pour tout élément x de X, S_x est un sous groupe de G.*

Démonstration. L'ensemble S_x n'est pas vide car $e \in S_x$. Par ailleurs, pour tout $s, t \in G$ on a $t \cdot x = x$ donc $x = t^{-1} \cdot (t \cdot x) = t^{-1} \cdot x$. Ainsi, $(st^{-1}) \cdot x = s \cdot (t^{-1} \cdot x) = s \cdot x = x$, d'où $st^{-1} \in S_x$. □

THÉORÈME 7. *Si G est fini, pour tout $x \in X$ on a* $\mathrm{Card}(G) = \mathrm{Card}(G_x) \cdot \mathrm{Card}(S_x)$.

Démonstration. On fixe x. Soit $\mathcal{R}_x$ la relation d'équivalence sur G définie par : $s \mathcal{R}_x t \iff s \cdot x = t \cdot x$. On a $s \mathcal{R}_x t \iff (t^{-1}s) \cdot x = x \iff t^{-1}s \in S_x \iff s \in tS_x$. Les classes d'équivalences sont donc de la forme tS_x, $t \in G$, ce qui montre qu'elles sont toutes de cardinal $\mathrm{Card}(S_x)$. Il y a autant de classes d'équivalences que de valeurs prises par $s \cdot x$, $x \in G$, c'est-à-dire qu'il y a $\mathrm{Card}(G_x)$ classes d'équivalence. Donc $\mathrm{Card}(G) = \mathrm{Card}(G_x) \cdot \mathrm{Card}(S_x)$. □

COROLLAIRE 1 (ÉQUATION AUX CLASSES). *Si X est fini, si G est fini, si Θ désigne une partie de X contenant exactement un représentant de chacune des classes d'intransitivité, on a*

$$\mathrm{Card}(X) = \sum_{x \in \Theta} \mathrm{Card}(G_x) = \sum_{x \in \Theta} \frac{\mathrm{Card}(G)}{\mathrm{Card}(S_x)}.$$

Application aux automorphismes intérieurs.

THÉORÈME 8. *Soit G un groupe fini. Il existe une famille finie de sous groupes stricts de G (i.e. $\neq \{e\}$ et $\neq G$) $(H_i)_{i\in I}$ telle que*

$$\mathrm{Card}(G) = \mathrm{Card}(\mathcal{Z}(G)) + \sum_{i\in I} \frac{\mathrm{Card}(G)}{\mathrm{Card}(H_i)}$$

où $\mathcal{Z}(G)$ désigne le centre du groupe G.

Démonstration. Faisons opérer G sur lui même par les automorphismes intérieurs : $G \times G \to G$, $(s, x) \mapsto \varphi_s(x) = sxs^{-1}$. Si $x \in G$, on a $G_x = \{sxs^{-1},\ s \in G\}$ et $S_x = \{s \in G,\ sx = xs\}$ (dans ce cas, S_x est aussi appelé centralisateur ou normalisateur de x). D'après le corollaire précédent il existe $\Theta \subset G$ tel que

$$\mathrm{Card}(G) = \sum_{x\in\Theta} \frac{\mathrm{Card}(G)}{\mathrm{Card}(S_x)}.$$

Or $S_x = G \iff \forall s \in G,\ sx = xs \iff x \in \mathcal{Z}(G)$. En notant $\Theta' = \Theta \setminus \mathcal{Z}(G)$, on a donc

$$\mathrm{Card}(G) = \sum_{x\in\mathcal{Z}(G)} \frac{\mathrm{Card}(G)}{\mathrm{Card}(S_x)} + \sum_{x\in\Theta'} \frac{\mathrm{Card}(G)}{\mathrm{Card}(S_x)} = \mathrm{Card}(\mathcal{Z}(G)) + \sum_{x\in\Theta'} \frac{\mathrm{Card}(G)}{\mathrm{Card}(S_x)},$$

d'où le théorème car les $(S_x)_{x\in\Theta'}$ constituent une famille finie de sous groupes stricts de G (ce sont déjà des sous groupes d'après la proposition 6, différents de G car $x \notin \mathcal{Z}(G)$, différents de $\{e\}$ car $\{e, x\} \subset G_x$). □

Remarque 10. Ce dernier résultat est très puissant car il permet d'avoir des renseignements sur $\mathrm{Card}(\mathcal{Z}(G))$ connaissant *a priori* la forme des ordres des sous groupes de G (voir l'exercice 10 et les problèmes 7,9). Cependant, cette formule n'est pas au programme de mathématiques spéciales et il faut au besoin savoir la redémontrer.

2.5. Exercices

EXERCICE 1. Soit G un groupe quelconque, soient $x, y \in G$. On suppose que xy est d'ordre fini p dans G. Montrer que yx est également fini d'ordre p.

Solution. Si x et y commutent, c'est bien sûr évident. Plaçons nous maintenant dans le cas général. On commence par remarquer que pour tout $n \in \mathbb{N}^*$,

$$(xy)^n = \underbrace{(xy)\cdots(xy)}_{n \text{ termes}} = x\underbrace{(yx)\cdots(yx)}_{n-1 \text{ termes}}y = x(yx)^{n-1}y.$$

Ainsi, en désignant par e l'élément neutre de G, on a

$$(xy)^n = e \iff x(yx)^{n-1}y = e \iff yx(yx)^{n-1}y = y \iff (yx)^n = e$$

ce qui prouve que les ordres de xy et de yx sont identiques.

EXERCICE 2. Soient G un groupe et H_1, H_2 deux sous groupes de G.

a) On suppose que $H_1 \cup H_2$ est un sous groupe de G. Montrer que $H_1 \subset H_2$ ou $H_2 \subset H_1$.

b) Si les ordres de H_1 et H_2 sont finis et premiers entre eux, que dire de $H_1 \cap H_2$?

Solution. **a)** Raisonnons par l'absurde. Si $H_1 \not\subset H_2$ et $H_2 \not\subset H_1$, il existe $x_1 \in H_1$, $x_1 \notin H_2$ et il existe $x_2 \in H_2$, $x_2 \notin H_1$. Comme $H_1 \cup H_2$ est un sous groupe, le produit x_1x_2 appartient à $H_1 \cup H_2$. Si $x_1x_2 \in H_1$, alors $x_2 = x_1^{-1}(x_1x_2) \in H_1$, ce qui est absurde. De même, on parvient à une absurdité en supposant $x_1x_2 \in H_2$. D'où le résultat.

b) On sait que $H_1 \cap H_2$ est un sous groupe de H_1 et H_2. Ainsi, l'ordre de $H_1 \cap H_2$ divise l'ordre de H_1 et l'ordre de H_2, et vaut donc 1. Finalement, en désignant par e l'élément neutre de G, on a $H_1 \cap H_2 = \{e\}$.

Exercice 3. Soient G un groupe et H_1, H_2 deux sous groupes de G. On pose $H_1H_2 = \{xy,\ x \in H_1, y \in H_2\}$.
a) À quelle condition nécessaire et suffisante H_1H_2 est-il un sous groupe de G?
b) Si H_1 et H_2 sont finis et si $H_1 \cap H_2 = \{e\}$ (où e désigne l'élément neutre de G), montrer $\mathrm{Card}(H_1H_2) = \mathrm{Card}(H_1) \cdot \mathrm{Card}(H_2)$.
c) On suppose G abélien, H_1 et H_2 d'ordres finis p et q, où p et q sont deux nombres premiers distincts. Montrer que H_1H_2 est un sous groupe cyclique de G.

Solution. **a)** Nous allons montrer que H_1H_2 est un sous groupe de G si et seulement si $H_1H_2 = H_2H_1$.
Condition nécessaire. Soit $a \in H_1H_2$. Alors $a^{-1} \in H_1H_2$ autrement dit $\exists(x,y) \in H_1 \times H_2, a^{-1} = xy$. Ainsi $a = y^{-1}x^{-1}$, d'où $a \in H_2H_1$. Donc $H_1H_2 \subset H_2H_1$.
Il reste à montrer l'inclusion réciproque. Soit $a = yx \in H_2H_1$ avec $x \in H_1$ et $y \in H_2$. Comme $a^{-1} = x^{-1}y^{-1} \in H_1H_2$, on a $a \in H_1H_2$ car H_1H_2 est un sous groupe. Ainsi, $H_2H_1 \subset H_1H_2$.
Condition suffisante. Bien sûr, $H_1H_2 \neq \varnothing$. Soient $a, b \in H_1H_2$. Il s'agit de montrer $ab^{-1} \in H_1H_2$. Écrivons $a = a_1a_2$ et $b = b_1b_2$, avec $a_1, b_1 \in H_1$ et $a_2, b_2 \in H_2$. On a $ab^{-1} = a_1a_2b_2^{-1}b_1^{-1} = a_1yx$ avec $y = a_2b_2^{-1} \in H_2$ et $x = b_1^{-1} \in H_1$. Comme $H_1H_2 = H_2H_1$, il existe $(x', y') \in H_1 \times H_2$ tel que $yx = x'y'$. Donc $ab^{-1} = a_1x'y' = (a_1x')(y') \in H_1H_2$, d'où le résultat.

b) Considérons l'application

$$\varphi : H_1 \times H_2 \to H_1H_2 \quad (x_1, x_2) \mapsto x_1x_2.$$

Elle est surjective (par construction de l'ensemble d'arrivée H_1H_2), et injective car si $\varphi(x_1, x_2) = \varphi(y_1, y_2)$, alors $x_1x_2 = y_1y_2$ donc $y_1^{-1}x_1 = y_2x_2^{-1}$, d'où $y_1^{-1}x_1 \in H_1 \cap H_2 = \{e\}$, donc $x_1 = y_1$ et alors $x_2 = y_2$. Finalement, φ est une bijection, donc $\mathrm{Card}(H_1) \cdot \mathrm{Card}(H_2) = \mathrm{Card}(H_1H_2)$.

c) Le groupe G étant ici abélien, on a $H_1H_2 = H_2H_1$ donc H_1H_2 est un sous groupe de G d'après a). Par ailleurs, on a $\mathrm{Card}(H_1H_2) = pq$ d'après *b)* car $H_1 \cap H_2 = \{e\}$ (voir l'exercice précédent, question b)).
Les sous groupes H_1 et H_2 sont cycliques car leur ordre est un nombre premier. Soient $x \in H_1$ et $y \in H_2$ tels que $H_1 =< x >$ et $H_2 =< y >$. Montrons que $H_1H_2 =< xy >$. Il s'agit de montrer que l'élément xy est d'ordre $pq = \mathrm{Card}(H_1H_2)$. Le fait que $(xy)^n = e$ entraîne $x^n = (y^{-1})^n$. Or $H_1 \cap H_2 = \{e\}$, donc $x^n = (y^{-1})^n = e$, donc $p \mid n$ et $q \mid n$, et p et q étant premiers entre eux (car premiers et distincts), $pq \mid n$. Donc l'ordre de xy est supérieur à pq et comme il est toujours inférieur à $\mathrm{Card}(H_1H_2) = pq$, son ordre est bien pq.

Exercice 4. Soient $G_1, \ldots, G_n$ des groupes cycliques d'ordres respectifs $\alpha_1, \ldots, \alpha_n$. À quelle condition nécessaire et suffisante portant sur les α_i le groupe $G = G_1 \times \cdots \times G_n$ est-il cyclique ?

Solution. Commençons par montrer le résultat suivant :

Lemme. *Pour tout i, soit x_i un élément de G_i d'ordre β_i. Alors $x = (x_1, \ldots, x_n)$ est d'ordre* $\mathrm{ppcm}(\beta_1, \ldots, \beta_n)$ *dans $G_1 \times \cdots \times G_n$.*

Preuve. Pour $1 \leq i \leq n$, notons e_i l'élément neutre de G_i, de sorte que $e = (e_1, \ldots, e_n)$ est l'élément neutre de G. Alors : $(x^p = e) \iff (\forall i, x_i^p = e_i) \iff (\forall i, \beta_i \mid p)$. Le plus petit entier naturel non nul p tel que $x^p = e$ est donc le plus petit multiple communs aux β_i, d'où le lemme.

Montrons maintenant la condition nécessaire et suffisante :

> *Le groupe G est cyclique si et seulement si les α_i sont premiers entre eux deux à deux.*

Condition nécessaire. Soit $x = (x_1, \ldots, x_n)$ engendrant G. Il est clair que pour tout i, x_i engendre G_i, donc est d'ordre α_i. D'après le lemme, l'ordre de x est $\text{ppcm}(\alpha_1, \ldots, \alpha_n)$. Comme x engendre G, son ordre est aussi $\text{Card}(G) = \alpha_1 \cdots \alpha_n$. Donc $\text{ppcm}(\alpha_1, \ldots, \alpha_n) = \alpha_1 \cdots \alpha_n$, ce qui entraîne que les α_i sont premiers entre eux deux à deux.
Condition suffisante. Pour tout i, considérons $x_i \in G_i$ d'ordre α_i (x_i existe puisque G_i est cyclique par hypothèse). D'après le lemme, $x = (x_1, \ldots, x_n)$ est d'ordre $\text{ppcm}(\alpha_1, \ldots, \alpha_n)$ dans G, et ce dernier terme égale $\alpha_1 \cdots \alpha_n = \text{Card}(G)$ puisque les α_i sont premiers entre eux deux à deux. Finalement, $G = < x >$ est cyclique.

EXERCICE 5. Soit G un groupe, e son élément neutre. On suppose que tout élément x de G vérifie $x^2 = e$.
a) Montrer que G est un groupe abélien.
b) Si G est fini et si $G \neq \{e\}$, montrer qu'il existe un entier n tel que G soit isomorphe au groupe $[(\mathbb{Z}/2\mathbb{Z})^n, +]$.

Solution. **a)** Si $x \in G$, $x^2 = e$ ou encore $x = x^{-1}$. Si x et y sont dans G, on a donc $xy = (xy)^{-1} = y^{-1}x^{-1} = yx$.

b) Soit $(x_1, \ldots, x_n)$ un système de générateurs minimal de G (il en existe car G est fini). Si $\dot{\alpha} = \dot{\beta}$ dans $\mathbb{Z}/2\mathbb{Z}$, alors $2 \mid \alpha - \beta$ donc pour $x \in G$, $x^\alpha = x^\beta$. Ceci permet d'affirmer que l'application

$$\varphi : [(\mathbb{Z}/2\mathbb{Z})^n, +] \to G \quad (\dot{\alpha_1}, \ldots, \dot{\alpha_n}) \mapsto x_1^{\alpha_1} \cdots x_n^{\alpha_n}$$

est bien définie. Le groupe G étant abélien, φ est un morphisme de groupe, et il est surjectif par définition d'un système de générateurs. Montrons que φ est injectif. Soit $(\dot{\alpha_1}, \ldots, \dot{\alpha_n}) \in \text{Ker}\,\varphi$. S'il existe i tel que $\dot{\alpha_i} = \dot{1}$, par exemple $\dot{\alpha_n} = \dot{1}$, l'égalité $x_1^{\alpha_1} \cdots x_{n-1}^{\alpha_{n-1}} x_n = e$ entraîne $x_n = x_n^{-1} = x_1^{\alpha_1} \cdots x_{n-1}^{\alpha_{n-1}}$. Donc $(x_1, \ldots, x_{n-1})$ est un système de générateurs, ce qui est absurde puisque $(x_1, \ldots, x_n)$ est un système de générateurs *minimal*. Finalement $\text{Ker}\,\varphi = \{(\dot{0}, \ldots, \dot{0})\}$ et φ est injectif. C'est un isomorphisme.

EXERCICE 6. On rappelle que le groupe alterné $\mathcal{A}_n$ d'indice n est le sous groupe de $\mathcal{S}_n$ constitué des permutations paires. Si $n \geq 3$, montrer que les cycles de longueur 3 engendrent $\mathcal{A}_n$.

Solution. Puisque tout élément de $\mathcal{S}_n$ peut s'écrire comme un produit de transpositions et qu'une transposition est de signature -1, $\mathcal{A}_n$ est aussi l'ensemble des produits pairs de transpositions.

Appelons $\mathcal{A'}_n$ le sous groupe de $\mathcal{S}_n$ engendré par les cycles de longueur 3. On a $\mathcal{A'}_n \subset \mathcal{A}_n$ car un cycle de longueur 3 est de signature 1 (voir la proposition 7). Montrons maintenant $\mathcal{A}_n \subset \mathcal{A'}_n$. D'après la remarque précédente, il suffit de prouver que le produit de deux transpositions est dans $\mathcal{A'}_n$. Ceci est vrai car :

- Si i, j, k, l sont distincts deux à deux, $(i, j)(k, l) = (i, j, k)(j, k, l)$
- Si i, j, k sont distincts deux à deux, $(i, j)(i, k) = (i, k, j)$.
- Si $i \neq j$, $(i, j)(j, i) = \text{Id}$.

EXERCICE 7. On rappelle que si G est un groupe fini et H un sous groupe de G, l'indice de H dans G est l'entier $[G:H] = \frac{\text{Card}(G)}{\text{Card}(H)}$.

Soit $p \geq 5$ un nombre premier. Si H est un sous groupe du groupe symétrique $\mathcal{S}_p$ tel que $[\mathcal{S}_p : H] \leq p-1$, montrer que $[\mathcal{S}_p : H] \in \{1,2\}$. (Indications : Montrer que H contient tous les cycles de longueur p puis utiliser le résultat de l'exercice précédent.)

Solution. Montrons d'abord que H contient tous les cycles de longueur p. Soit $\gamma \in \mathcal{S}_p$ un cycle de longueur p. Pour tout entier i, l'ensemble $\gamma^i H$ est de cardinal Card(H). Comme H est d'indice $\leq p-1$ dans $\mathcal{S}_p$, les ensembles $H, \gamma H, \ldots, \gamma^{p-1}H$ ne peuvent pas être deux à deux disjoints (sinon $\text{Card}(\mathcal{S}_p) \geq \sum_{i=0}^{p-1} \text{Card}(\gamma^i H) = p \cdot \text{Card}(H)$). Donc il existe deux entiers i et j, $0 \leq i < j \leq p-1$, tels que $\gamma^i H \cap \gamma^j H \neq \varnothing$. On en déduit facilement $\gamma^{j-i} \in H$. Or $1 \leq j-i < p$ donc γ^{j-i} engendre le sous groupe $<\gamma>$ d'ordre p (voir le théorème 4), ce qui entraîne $\gamma \in <\gamma^{j-i}> \subset H$.

– Montrons maintenant que H contient tous les cycles d'ordre 3. Comme $p > 3$, il suffit de remarquer que H contenant tous les cycles d'ordre p, on a

$$(i,j,k) = (k,j,i,a_1,a_2,\ldots,a_{p-3})(i,k,j,a_{p-3},\ldots,a_2,a_1) \in H.$$

– D'après le résultat de l'exercice précédent, H contient donc $\mathcal{A}_p$, le groupe alterné d'indice d'indice p. Donc $\text{Card}(H) \geq \text{Card}(\mathcal{A}_p) = \frac{1}{2}\text{Card}(\mathcal{S}_p)$, d'où $[\mathcal{S}_p : H] \in \{1,2\}$.

Remarque. En appliquant ce résultat à $p = 5$, on voit qu'il n'existe pas de sous groupe de $\mathcal{S}_5$ d'ordre 30 ou 40, bien que $\text{Card}(\mathcal{S}_5) = 120$. Le fait qu'un entier divise l'ordre d'un groupe fini n'est donc pas une condition suffisante pour qu'il existe un sous groupe d'ordre cet entier.

EXERCICE 8. Soit G un groupe fini d'ordre pair $2n$ ($n \in \mathbb{N}^*$).

a) Soit H un sous groupe de G d'ordre n. Montrer que H est distingué dans G.

b) On suppose qu'il existe deux sous groupes H_1 et H_2 de G d'ordre n et tels que $H_1 \cap H_2 = \{e\}$, où e désigne l'élément neutre de G. Montrer que $n = 1$ ou $n = 2$.

c) On suppose qu'il existe deux sous groupes H_1 et H_2 de G, distincts et tout deux d'ordre n. Montrer que $H = H_1 \cap H_2$ est un sous groupe distingué dans G. En déduire que l'ordre de G est un multiple de 4.

Solution. **a)** Il s'agit de montrer : $xH = Hx$ pour tout $x \in G$.

- Si $x \in H$, on a $xH = Hx = H$.
- Si $x \notin H$, $xH \cap H = \varnothing$ (en effet, si $y \in xH \cap H$, il existe $a \in H$ tel que $y = xa$ donc $x = ya^{-1} \in H$, absurde), c'est-à-dire $xH \subset G \setminus H$. Or xH et $G \setminus H$ sont de cardinal n, donc $xH = G \setminus H$. On montrerait de même que $Hx = G \setminus H$, donc $xH = Hx$.

b) Comme $\text{Card}(H_1 \cup H_2) = \text{Card}(H_1) + \text{Card}(H_2) - \text{Card}(H_1 \cap H_2) = 2n-1$, il existe $\alpha \in G$, $\alpha \notin H_1$, $\alpha \notin H_2$, tel que $G = H_1 \cup H_2 \cup \{\alpha\}$.

Si $n = 1$, c'est terminé. Sinon $n \geq 2$. On remarque alors que

$$\forall (x,y) \in (H_1 \setminus \{e\}) \times (H_2 \setminus \{e\}), \qquad xy = \alpha.$$

(En effet. Si $xy \in H_1$, alors $y \in x^{-1}H_1 = H_1$ donc $y \in H_1 \cap H_2 = \{e\}$, donc $y = e$, ce qui est absurde; de même, $xy \notin H_2$.) Ceci n'est possible que si $\text{Card}(H_1 \setminus \{e\}) = \text{Card}(H_2 \setminus \{e\}) = 1$, c'est-à-dire $n = 2$. D'où le résultat.

c) D'après a), H_1 et H_2 sont distingués dans G donc pour tout $x \in G$, $xH = xH_1 \cap xH_2 = H_1 x \cap H_2 x = Hx$, ce qui prouve que H est distingué dans G.

Notons π la surjection canonique de G dans le groupe quotient G/H. Comme H est un sous groupe de H_1, $\pi(H_1) = H_1/H$ est de cardinal $\frac{\text{Card}(H_1)}{\text{Card}(H)} = \frac{n}{\text{Card}(H)}$. De même, $\pi(H_2) = H_2/H$ est de cardinal $\frac{n}{\text{Card}(H)}$. Or $(H_1/H) \cap (H_2/H) = (H_1 \cap H_2)/H$ est réduit à l'élément neutre de G/H. Le groupe quotient G/H étant d'ordre $\frac{2n}{\operatorname{Card}(H)}$, on peut appliquer b) à G/H, H_1/H et H_2/H ce qui donne $\frac{n}{\operatorname{Card}(H)} \in \{1,2\}$. Comme $H_1 \neq H_2$, on a $\operatorname{Card}(H) = \operatorname{Card}(H_1 \cap H_2) < n$ donc $\frac{n}{\operatorname{Card}(H)} = 2$. Finalement, $\operatorname{Card}(G) = 2n = 4\operatorname{Card}(H)$, d'où le résultat.

EXERCICE 9 (EXPOSANT D'UN GROUPE ABÉLIEN FINI). Soit G un groupe abélien fini.
a) Si x, y sont deux éléments de G d'ordres respectifs m et n, avec $m \wedge n = 1$, quel est l'ordre de xy ?
b) On appelle exposant de G le plus grand des ordres des éléments de G et on le note r. Montrer que r divise $\operatorname{Card}(G)$ et que si $x \in G$, l'ordre de x divise r.
c) Montrer que r a les mêmes facteurs premiers que $\operatorname{Card}(G)$. En déduire que pour tout facteur premier p de $\operatorname{Card}(G)$, il existe un élément de G d'ordre p.

Solution. **a)** Si $(xy)^p = e$ alors $x^p = (y^{-1})^p$ donc $x^p \in <y>$, d'où $(x^p)^n = x^{pn} = e$, donc $m \mid pn$. Or $m \wedge n = 1$ donc d'après le théorème de Gauss, $m \mid p$. De même $n \mid p$ et les entiers m et n étant premiers entre eux, $mn \mid p$. Or $(xy)^{mn} = (x^m)^n (y^n)^m = e$, l'ordre de xy est donc mn.

b) Par définition de r, il existe un élément x de G d'ordre r et on a $r \mid \operatorname{Card}(G)$ d'après le théorème 3.

Soit $y \in G$, q son ordre. Il s'agit de montrer que $q \mid r$. Supposons $q \nmid r$. En écrivant la décomposition en facteurs premiers de q et r, on voit qu'il existe un nombre premier p vérifiant

$$\begin{cases} q = p^\alpha q' \\ r = p^\beta r' \end{cases} \quad \text{avec} \quad \alpha > \beta \geq 0 \quad \text{et} \quad p \wedge q' = p \wedge r' = 1.$$

Or $a = x^{p^\beta}$ est d'ordre r' et $b = y^{q'}$ est d'ordre p^α. D'après a), ab est donc d'ordre $r'p^\alpha > r$, ce qui contredit la définition de r. Donc $q \mid r$.

c) Soit $(x_1, \dots, x_n)$ un système de générateurs de G. Notons $r_1, \dots, r_n$ les ordres de $x_1, \dots, x_n$. Considérons l'application

$$\varphi \, : <x_1> \times \cdots \times <x_n> \longrightarrow G \qquad (y_1, \dots, y_n) \mapsto y_1 \cdots y_n.$$

Le groupe G étant abélien, φ est un morphisme de groupes. De plus, φ est surjectif (puisque $(x_1, \dots, x_n)$ est un système de générateurs de G), donc G est isomorphe au groupe quotient $(<x_1> \times \cdots \times <x_n>)/\operatorname{Ker}\varphi$, donc $\operatorname{Card}(G) \times \operatorname{Card}(\operatorname{Ker}\varphi) = \operatorname{Card}(<x_1> \times \cdots \times <x_n>) = r_1 \cdots r_n$, donc $\operatorname{Card}(G) \mid r_1 \cdots r_n$. Or tous les r_i divisent r d'après b), donc $\operatorname{Card}(G) \mid r^n$. On en déduit que tout facteur premier p de $\operatorname{Card}(G)$ divise r.

Soit p un facteur premier de $\operatorname{Card}(G)$. On vient de prouver que $p \mid r$ donc on peut écrire $r = pr'$ avec r' entier. Si on choisit un élément x de G d'ordre r, l'élément $x^{r'}$ est d'ordre p, d'où le résultat.

Remarque. Les résultats de cet exercice permettent de montrer que si $\mathbb{K}$ est un corps commutatif et G un sous groupe fini du groupe multiplicatif $(\mathbb{K}^*, \times)$, alors G est cyclique. En effet. Soit r l'exposant de G. $\mathbb{K}$ étant un corps commutatif, l'équation $x^r = 1$ a au plus r solutions dans $\mathbb{K}$, donc au plus r solutions dans G. Or $\forall x \in G, x^r = 1$ d'après b). On en déduit $\operatorname{Card}(G) \leq r$, et comme $r \mid \operatorname{Card}(G)$, on a $r = \operatorname{Card}(G)$ et le résultat annoncé.

– Ce dernier résultat est également une conséquence du problème 6.

– En l'appliquant au corps $\mathbb{Z}/p\mathbb{Z}$ (où p est un nombre premier), on démontre que le groupe multiplicatif $(\mathbb{Z}/p\mathbb{Z})^*$ est cyclique, résultat non évident *a priori*.

EXERCICE 10 (LES p-GROUPES). Soit p un nombre premier et G un groupe fini d'ordre p^α avec $\alpha \in \mathbb{N}^*$ (on dit que G est un p-groupe).
a) Montrer que $\mathcal{Z}(G)$, le centre de G, est différent de $\{e\}$, où e désigne l'élément neutre

de G. (On pourra utiliser l'équation aux classes — voir le théorème 8).
b) Que dire si $\alpha = 1$? si $\alpha = 2$?
c) Montrer que pour tout entier m, $0 \leq m \leq \alpha$, il existe un sous groupe de G d'ordre p^m.

Solution. **a)** D'après le théorème 8, il existe une famille finie $(H_i)_{i\in I}$ de sous groupes stricts de G telle que

$$\operatorname{Card}(G) = \operatorname{Card}(\mathcal{Z}(G)) + \sum_{i\in I} \frac{\operatorname{Card}(G)}{\operatorname{Card}(H_i)}. \qquad (*)$$

Pour tout $i \in I$, H_i est un sous groupe strict de G donc d'après le théorème de Lagrange, son ordre divise $\operatorname{Card}(G) = p^\alpha$, de sorte qu'il existe un entier β_i, $1 \leq \beta_i < \alpha$, tel que $\operatorname{Card}(H_i) = p^{\beta_i}$. Donc pour tout $i \in I$, p divise $\frac{\operatorname{Card}(G)}{\operatorname{Card}(H_i)} = p^{\alpha-\beta_i}$. Or $p \mid \operatorname{Card}(G)$ donc d'après (*), $p \mid \operatorname{Card}(\mathcal{Z}(G))$. Comme de plus $\operatorname{Card}(\mathcal{Z}(G)) \geq 1$ car $e \in \mathcal{Z}(G)$, ceci entraîne $\operatorname{Card}(\mathcal{Z}(G)) \geq p$.

b) Si $\alpha = 1$, G est cyclique d'après le théorème 4.
Si $\alpha = 2$, $\mathcal{Z}(G)$ étant un sous groupe de G, différent de $\{e\}$ d'après a), on a $\operatorname{Card}(\mathcal{Z}(G)) \in \{p, p^2\}$. Nous allons montrer que $\mathcal{Z}(G) = G$ en raisonnant par l'absurde. Supposons $\operatorname{Card}(\mathcal{Z}(G)) = p$. Soit $x \in G$, $x \notin \mathcal{Z}(G)$. L'ensemble $S_x = \{u \in G \mid ux = xu\}$ (appelé normalisateur de x) est un sous groupe de G. Or $x \in S_x$ et $\mathcal{Z}(G) \subset S_x$, donc $\operatorname{Card}(S_x) \geq p+1$. Comme $\operatorname{Card}(S_x) \mid p^2 = \operatorname{Card}(G)$, ceci entraîne $\operatorname{Card}(S_x) = p^2$ donc $S_x = G$, et par définition de S_x, on a $x \in \mathcal{Z}(G)$, ce qui est contradictoire. Finalement $\operatorname{Card}(\mathcal{Z}(G)) = p^2$, c'est-à-dire G est abélien.

c) Nous allons montrer ce résultat par récurrence sur $\alpha \in \mathbb{N}^*$. (Le principe est de quotienter par un sous groupe distingué d'ordre p pour se ramener à l'hypothèse de récurrence).

– Si $\alpha = 1$, le résultat est évident.

– Supposons le résultat vrai pour α, montrons le pour $\alpha + 1$. Soit m, $0 \leq m \leq \alpha + 1$. Si $m = 0$, $\{e\}$ est un sous groupe d'ordre p^m et le résultat est montré. Sinon, supposons $m \geq 1$. D'après a), $\mathcal{Z}(G)$ est différent de $\{e\}$. Soit $x \in \mathcal{Z}(G), x \neq e$. L'ordre de x divisant $p^{\alpha+1}$, il est de la forme p^β avec $\beta \geq 1$. Donc $y = x^{p^{\beta-1}}$ est d'ordre p, et le groupe $H =< y >$ est d'ordre p. Par ailleurs, c'est un sous groupe de $\mathcal{Z}(G)$ et il est donc distingué dans G. Le groupe quotient G/H est d'ordre p^α et d'après l'hypothèse de récurrence, il existe un sous groupe K de G/H d'ordre p^{m-1}. Si π désigne la surjection canonique de G dans G/H, π est un morphisme de groupes donc $K = \pi(F)$ est isomorphe à $F/\operatorname{Ker}\pi = F/H$ ce qui entraîne $\operatorname{Card}(F) = \operatorname{Card}(K) \times \operatorname{Card}(H) = p^m$. D'où le résultat.

Remarque. Ce résultat est un cas particulier du théorème de Sylow (voir le problème 7).

EXERCICE 11 (UN THÉORÈME DE CAUCHY SUR LES GROUPES FINIS). On suppose que la théorie des groupes opérant sur un ensemble est connue (voir la partie 2.4).

Soit G un groupe fini (non forcément abélien) d'ordre h, et soit p un nombre premier divisant h. On note $S = \{(a_1, \dots, a_p) \in G^p \mid a_1 \cdots a_p = e\}$, où e désigne l'élément neutre de G, et on note γ le cycle $(1, 2, \dots, p)$.
a) On fait opérer $< \gamma >$ sur S en posant

$$\forall k \in \mathbb{Z}, \qquad \gamma^k(a_1, \dots, a_p) = (a_{\gamma^k(1)}, \dots, a_{\gamma^k(p)}).$$

Déterminer le cardinal des orbites.
b) Démontrer le théorème de Cauchy : Le nombre de solutions dans G de l'équation $x^p = e$ est un multiple de p.
En déduire qu'il existe au moins un élément d'ordre p dans G.

Solution. **a)** Pour tout $x \in G$, on note G_x l'orbite de x et S_x son stabilisateur. On sait que l'on a $p = \operatorname{Card}(< \gamma >) = \operatorname{Card}(G_x) \times \operatorname{Card}(S_x)$, et p étant premier, $\operatorname{Card}(G_x) = 1$ ou $\operatorname{Card}(G_x) = p$.

b) L'application $f \; : S \to G^{p-1} \quad (a_1, \dots, a_p) \mapsto (a_1, \dots, a_{p-1})$ est bijective puisque chaque élément $(a_1, \dots, a_{p-1})$ de G^{p-1} a un unique antécédent par f qui est $(a_1, \dots, a_{p-1}, (a_1 \cdots a_{p-1})^{-1})$. Donc $\mathrm{Card}(S) = \mathrm{Card}(G^{p-1}) = h^{p-1}$.

Soit Θ une partie de S contenant exactement un représentant de chaque orbite G_x. Soit $A = \{x \in S \mid \mathrm{Card}(G_x) = 1\}$. Soit $\Theta' = \Theta \setminus A$. D'après a), $\forall x \in \Theta'$, $\mathrm{Card}(G_x) = p$. Or

$$h^{p-1} = \mathrm{Card}(S) = \sum_{x \in \Theta} \mathrm{Card}(G_x) = \mathrm{Card}(A) + \sum_{x \in \Theta'} \mathrm{Card}(G_x).$$

Comme de plus $p \mid h$, on en déduit que $p \mid \mathrm{Card}(A) = h^{p-1} - p\,\mathrm{Card}(\Theta')$. Par définition de A, A est l'ensemble des p-uplets $(x, \dots, x)$ tels que $x^p = e$. Le nombre $\mathrm{Card}(A)$ représente donc le nombre de solutions de $x^p = e$, et comme $p \mid \mathrm{Card}(A)$, on en déduit le théorème de Cauchy.

On a $e^p = e$, ce qui entraîne $\mathrm{Card}(A) \geq 1$, et comme $p \mid \mathrm{Card}(A)$, $\mathrm{Card}(A) \geq p$. Donc il existe $x \in G$, $x \neq e$ tel que $x^p = e$. Le nombre p étant premier, x est d'ordre p.

Remarque. Ce résultat entraîne que lorsqu'un nombre premier p divise l'ordre d'un groupe, il existe un sous groupe de cardinal p. On savait que c'était déjà vrai dans le cas d'un groupe abélien (voir l'exercice 8).

– Le problème 7 généralise ce dernier résultat.

3. Anneaux

3.1. Définitions

DÉFINITION 1. Soit A un ensemble muni de deux lois internes notées "$+$" et "$\cdot$". On dit que $(A, +, \cdot)$ est un *anneau* si :

(i) $(A, +)$ est un groupe abélien,
(ii) la loi $\cdot$ est associative,
(iii) le loi $\cdot$ est distributive par rapport à la loi $+$.

Si la loi $\cdot$ admet un élément neutre, on parle d'anneau *unitaire* ; si la loi $\cdot$ est commutative, on parle d'anneau *commutatif* ; un élément de A est dit *inversible* s'il l'est pour la loi $\cdot$ de A.

Notation. Le neutre de la loi $+$ est souvent noté 0, celui de la loi $\cdot$ est noté 1 (ou e).

Dans toute la suite, $(A, +, \cdot)$ désigne un anneau.

DÉFINITION 2. Un élément a de A est dit *diviseur de* 0 à droite (resp. à gauche) si $a \neq 0$ et s'il existe $b \neq 0$ tel que $ab = 0$ (resp. $ba = 0$).

DÉFINITION 3. Un anneau A est dit *intègre* s'il est sans diviseur de zéro, autrement dit si $(a \neq 0, b \neq 0 \Longrightarrow ab \neq 0)$.

DÉFINITION 4. Un élément $a \in A$ est dit *nilpotent* s'il existe un entier naturel non nul n tel que $a^n = 0$. *L'indice* (ou *l'ordre*) *de nilpotence* de a est le plus petit entier naturel non nul n tel que $a^n = 0$.

DÉFINITION 5. Un sous ensemble B de A est dit un *sous anneau* de A si $(B, +, \cdot)$ est un anneau.

Exemple 1. – $\mathbb{Z}$ est un anneau unitaire intègre.
- $\mathbb{Z}/8\mathbb{Z}$ est un anneau non intègre ($\dot{2} \cdot \dot{4} = \dot{0}$), et dans cet anneau, $\dot{2}$ est nilpotent d'indice 3.
- $\mathcal{M}_n(\mathbb{R})$ est un anneau unitaire non intègre.

3.2. Idéaux

DÉFINITION 6. Soit $I \subset A$. On dit que I est un *idéal* de l'anneau A si

(i) $(I,+)$ est un sous groupe de $(A,+)$,
(ii) $\forall (x,a) \in I \times A$, $ax \in I$ et $xa \in I$.

Remarque 1. – Un idéal est un sous anneau.

- La notion d'idéal est en quelque sorte l'analogue pour les anneaux de la notion de sous groupe distingué. Par contre, la notion de sous anneau est beaucoup moins utilisée que la notion de sous groupe.
- Si A est commutatif, pour tout $x \in A$ l'ensemble $xA = \{xa, a \in A\}$ est un idéal de A.
- Si A est unitaire et si $1 \in I$ où I est un idéal de A, la propriété (ii) d'un idéal entraîne que $I = A$. Si un idéal I de A possède un élément inversible x de A, alors $1 = x^{-1}x \in I$ d'aprés (ii) et donc $I = A$.
- Lorsque $I \subset A$ vérifie (i) et vérifie seulement $ax \in I$ (resp. $xa \in I$) pour tout $(x,a) \in I \times A$, on dit que I est un idéal *à gauche* (resp. *à droite*) de A. Si I est à la fois idéal à gauche et idéal à droite de A, I est donc un idéal de A (on précise parfois en disant que I est un idéal *bilatère*).

PROPOSITION 1. *Une intersection d'idéaux de A est un idéal de A. Une somme* finie *d'idéaux de A est un idéal de A.*

DÉFINITION 7. Soit $(A,+,\cdot)$ un anneau *commutatif*. Un idéal I de A est dit *principal* s'il existe $x \in A$ tel que $I = xA$. On note alors $I = (x)$.

L'anneau A est dit *principal* s'il est *commutatif, unitaire, intègre* et si tous les idéaux de A sont principaux.

Exemple 2. Les anneaux $\mathbb{Z}$ et $\mathbb{R}[X]$ sont principaux.

Anneaux quotients. Comme pour les groupes, on peut définir la notion de quotient sur les anneaux. Étant donnée une relation d'équivalence $\mathcal{R}$ sur A, on cherche à faire de $A/\mathcal{R}$ un anneau en le munissant des lois $\overline{x+y} = \overline{x} + \overline{y}$ et $\overline{x \cdot y} = \overline{x} \cdot \overline{y}$ (où $\overline{x}$ désigne la classe de x). Si ces lois sont bien définies (c'est-à-dire que $\overline{x+y}$ et $\overline{xy}$ ne dépendent pas des représentants choisis de $\overline{x}$ et $\overline{y}$), on dit que $\mathcal{R}$ est compatible avec la structure d'anneau. On montre que les relations d'équivalence compatibles avec la structure d'anneau sont de la forme $x \mathcal{R} y \iff x - y \in I$, où I est un idéal de A. Si tel est le cas, $A/\mathcal{R}$ est un anneau (muni des lois définies plus haut) appelé *anneau quotient* et noté A/I.

Exemple 3. Pour tout entier $n > 0$, $n\mathbb{Z}$ est un idéal de $\mathbb{Z}$ et on peut définir l'anneau quotient $\mathbb{Z}/n\mathbb{Z}$.

Morphismes d'anneaux.

DÉFINITION 8. Soient A et A' deux anneaux. On appelle *morphisme d'anneaux* de A dans A' toute application $f : A \to A'$ telle que $f(x+y) = f(x)+f(y)$ et $f(xy) = f(x)f(y)$ pour tous $x, y \in A$. Lorsque f est bijective, on parle d'*isomorphisme* d'anneaux. L'ensemble noté $\mathrm{Ker}\, f = f^{-1}(\{0\})$ est appelé *noyau* de f. C'est un idéal de A qui vérifie : (f est injective $\iff$ $\mathrm{Ker}\, f = \{0\}$).

PROPOSITION 2. *Soient A et A' deux anneaux et $f : A \to A'$ un morphisme d'anneaux.*

- *Si I est un idéal de A et si f est* surjectif, *alors $f(I)$ est un idéal de A.*
- *Si I' est un idéal de A', $f^{-1}(I')$ est un idéal de A.*
- *L'image et l'image réciproque par f d'un sous anneau est un sous anneau.*
- *$f(A)$ est isomorphe à l'anneau quotient $A/Ker\ f$.*

Remarque 2. La dernière assertion de la proposition est importante. C'est souvent le moyen le plus pratique pour montrer qu'un anneau est isomorphe à un anneau quotient.

Caractéristique d'un anneau.

DÉFINITION 9. Soit A un anneau unitaire dont l'élément neutre pour la loi $\cdot$ est noté e. Soit le morphisme d'anneaux $f : \mathbb{Z} \to A \quad n \mapsto ne$.

- Si Ker $f = \{0\}$, (*i. e.* $ne = 0 \Longrightarrow n = 0$), on dit que A est *caractéristique* 0.
- Si Ker $f \neq \{0\}$, alors Ker f étant un idéal de $\mathbb{Z}$ principal, il existe un unique entier naturel non nul c tel que Ker $f = c\mathbb{Z}$. L'image $f(\mathbb{Z})$ est isomorphe à $\mathbb{Z}/c\mathbb{Z}$. L'entier c est aussi le plus petit entier > 0 tel que $ce = 0$. On dit alors que A est de *caractéristique* c. On a d'ailleurs $ne = 0 \iff c \mid n$.

PROPOSITION 3. *La caractéristique d'un anneau unitaire intègre est* 0 *ou un nombre premier.*

Démonstration. Si la caractéristique c d'un anneau A unitaire intègre est non nulle et si c n'est pas premier, on peut écrire $c = ab$ avec $1 < a < c$ et $1 < b < c$. Donc $0 = ce = (ae)(be)$, et A étant intègre on en déduit $ae = 0$ ou $be = 0$, absurde car c est le plus petit entier > 0 tel que $ce = 0$. □

3.3. Groupe des inversibles d'un anneau unitaire

On rappelle que les élément d'un anneau unitaire $(A, +, \cdot)$ inversibles pour la loi $\cdot$ sont appelés les *inversibles* de l'anneau A.

PROPOSITION 4. *L'ensemble des inversibles d'un anneau unitaire A, muni de la loi multiplicative, est un groupe appelé groupe des inversibles de A.*

PROPOSITION 5. *Soit un entier $n \geq 2$ et k un entier. L'élément $\dot{k}$ (classe de k dans $\mathbb{Z}/n\mathbb{Z}$) est inversible dans $\mathbb{Z}/n\mathbb{Z}$ si et seulement si $k \wedge n = 1$.*

→ THÉORÈME 1 (DES CHINOIS). *Soient m et n deux entiers naturels non nuls premiers entre eux. Les anneaux $(\mathbb{Z}/m\mathbb{Z}) \times (\mathbb{Z}/n\mathbb{Z})$ et $\mathbb{Z}/mn\mathbb{Z}$ sont isomorphes.*

Démonstration. On considère l'application

$$f : \mathbb{Z} \to \mathbb{Z}/m\mathbb{Z} \times \mathbb{Z}/n\mathbb{Z} \quad x \mapsto (\dot{x}, \overline{x}).$$

C'est un morphisme d'anneaux, de noyau Ker $f = \{x \in \mathbb{Z} \mid m \mid x \text{ et } n \mid x\}$. Comme $m \wedge n = 1$, on a aussi Ker $f = \{x \in \mathbb{Z} \mid mn \mid x\} = mn\mathbb{Z}$. Donc $f(\mathbb{Z})$ et $\mathbb{Z}/mn\mathbb{Z}$ sont isomorphes. En particulier, $\mathrm{Card}(f(\mathbb{Z})) = \mathrm{Card}(\mathbb{Z}/mn\mathbb{Z}) = mn$ et donc $f(\mathbb{Z}) = \mathbb{Z}/m\mathbb{Z} \times \mathbb{Z}/n\mathbb{Z}$. Finalement, on vient de montrer que $\mathbb{Z}/mn\mathbb{Z}$ et $\mathbb{Z}/m\mathbb{Z} \times \mathbb{Z}/n\mathbb{Z}$ sont isomorphes. □

Remarque 3.

- En procédant par récurrence sur p, on montre que si $n_1, \ldots, n_p$ sont premiers entre eux deux à deux, alors $\mathbb{Z}/n_1 \cdots n_p\mathbb{Z}$ et $\mathbb{Z}/n_1\mathbb{Z} \times \cdots \times \mathbb{Z}/n_p\mathbb{Z}$ sont isomorphes.
- La surjectivité de l'application f prouve que si $m \wedge n = 1$, alors

$$(\forall a, b \in \mathbb{Z}, \exists x \in \mathbb{Z}), \quad x \equiv a \pmod{m} \quad \text{et} \quad x \equiv b \pmod{n}.$$

Dans la pratique, la méthode de recherche d'un tel élément x peut se faire comme suit.

- On cherche u et v tels que $um + vn = 1$ grâce à l'algorithme d'Euclide (voir l'exercice 2 de la section 1.3)
- Il suffit alors de prendre $x = a + um(b - a)$ (par exemple).

Indicateur d'Euler.

DÉFINITION 10. Soit un entier $n > 1$. Notons G_n le groupe des inversibles de $\mathbb{Z}/n\mathbb{Z}$. On appelle *indicateur d'Euler* de n l'entier $\varphi(n) = \text{Card}(G_n)$. D'après la proposition 5, $\varphi(n)$ est aussi le nombre d'entiers $k \in \{1, 2, \cdots, n\}$ tels que $k \wedge n = 1$.

Remarque 4. En vertu de la proposition 5 de la partie 2.2, le nombre de générateurs d'un groupe cyclique d'ordre n (typiquement $\mathbb{Z}/n\mathbb{Z}$) est $\varphi(n)$.

THÉORÈME 2 (EULER). *Soit un entier $n > 1$. Si k est un entier premier avec n, on a $k^{\varphi(n)} \equiv 1 \pmod n$.*

Démonstration. Si $k \wedge n = 1$, alors $\dot{k}$ est élément du groupe G_n des inversibles de $\mathbb{Z}/n\mathbb{Z}$ d'après la proposition 5. Comme l'ordre de G_n vaut $\varphi(n)$, on en déduit $\dot{k}^{\varphi(n)} = \dot{1}$ dans $\mathbb{Z}/n\mathbb{Z}$, d'où le résultat. □

Ce dernier résultat généralise le théorème de Fermat. Vu son importance, on aimerait pouvoir calculer $\varphi(n)$. Ceci fait l'objet de la proposition suivante.

PROPOSITION 6. *Soit $n \geq 2$ un entier, $n = p_1^{\alpha_1} \cdots p_k^{\alpha_k}$ sa décomposition en facteurs premiers. Alors*

$$\varphi(n) = p_1^{\alpha_1 - 1} \cdots p_k^{\alpha_k - 1}(p_1 - 1) \cdots (p_k - 1) = n(1 - \frac{1}{p_1}) \cdots (1 - \frac{1}{p_k}).$$

Démonstration. Soit p un nombre premier et $\alpha \in \mathbb{N}^*$. Alors k n'est pas premier avec p^α si et seulement si $p \mid k$. L'ensemble des nombres premiers de $\{1, 2, \ldots, p^\alpha\}$ non premiers avec p^α est donc $\{p, 2p, 3p, \ldots, (p^{\alpha-1})p\}$. Ce dernier étant de cardinal $p^{\alpha-1}$, on en tire $\varphi(p^\alpha) = p^\alpha - p^{\alpha-1}$ (*).

– Si m et n sont premiers entre eux, d'après le théorème des Chinois, $\mathbb{Z}/m\mathbb{Z} \times \mathbb{Z}/n\mathbb{Z}$ est isomorphe à $\mathbb{Z}/mn\mathbb{Z}$. En restreignant l'isomorphisme à $G_m \times G_n$, on voit que $G_m \times G_n$ est isomorphe à G_{mn}. Donc $\varphi(mn) = \varphi(m)\varphi(n)$ (**).

– Si maintenant $n \geq 2$ est un entier dont la décomposition en facteurs premiers est $n = p_1^{\alpha_1} \cdots p_k^{\alpha_k}$, on a d'après (**) $\varphi(n) = \varphi(p_1^{\alpha_1}) \cdots \varphi(p_k^{\alpha_k})$, d'où le résultat d'après (*). □

Remarque 5. En particulier si p est un nombre premier, $\varphi(p) = p - 1$ et on retrouve le théorème de Fermat avec le théorème 2.

PROPOSITION 7. *Pour tout entier $n \geq 2$, on a $n = \sum_{d|n} \varphi(d)$.*

Démonstration. Considérons les fractions

$$\frac{1}{n}, \frac{2}{n} \cdots, \frac{n-1}{n}, \frac{n}{n}.$$

Nous cherchons à les mettre sous forme irréductible $\frac{a}{d}$ ou d doit nécessairement diviser n. Pour chaque d divisant n, il y a $\varphi(d)$ numérateurs a possibles (puisque le nombre d'entiers a tels que $a \wedge d = 1$ est $\varphi(d)$). Comme il y a en tout n fractions, on en déduit le résultat. □

3.4. Exercices

EXERCICE 1. Soit A un anneau unitaire dont l'élément neutre pour la loi $\cdot$ est noté 1.
a) Soit $x \in A$ nilpotent. Montrer que $1 - x$ est inversible.
b) Si $n \in \mathbb{N}^*$ (et x toujours nilpotent), simplifier l'expression

$$U_n = (1+x)(1+x^2)\cdots(1+x^{2^n}) = \prod_{k=0}^{n}(1+x^{2^k}).$$

Solution. **a)** Soit p l'indice de nilpotence de x, de sorte que $x^p = 0$. On a

$$(1-x)(1+x+\cdots+x^{p-1}) = (1+x+\cdots+x^{p-1})(1-x) = 1 - x^p = 1,$$

d'où le résultat car on a prouvé que $xy = yx = 1$ avec $y = 1 + x + \cdots + x^{p-1}$.

b) On va montrer par récurrence sur $n \in \mathbb{N}$ que $U_n = (1-x)^{-1}(1-x^{2^{n+1}})$.
- Pour $n = 0$ c'est vrai car $(1-x)U_0 = (1-x)(1+x) = 1 - x^2$, d'où $U_0 = (1-x)^{-1}(1-x^2)$.
- Supposons $U_{n-1} = (1-x)^{-1}(1-x^{2^n})$. Alors $U_n = U_{n-1}(1+x^{2^n}) = (1-x)^{-1}(1-x^{2^{n+1}})$.

Remarque. En particulier, le résultat du a) reste vrai pour les matrices carrées : si N est nilpotente, alors $I - N$ est inversible (en fait, ce résultat reste vrai dès que $\|N\|$¡1 — où $\|\cdot\|$ est une norme d'algèbre sur les matrices, voir le tome analyse sur les espaces vectoriels normés).

EXERCICE 2 (ANNEAU DE BOOLE). Soit A un anneau tel que tout élément de A soit idempotent (*i. e.* $\forall x \in A, x^2 = x$).
a) Si $x \in A$, montrer que $2x = 0$. Montrer que A est commutatif.
b) Montrer que si $x, y \in A$ alors $xy(x+y) = 0$. Que dire si A est intègre ?

Solution. **a)** Si $x \in A$, alors $(2x)^2 = 2x$ donc $4x^2 = 2x$, ce qui entraîne $4x = 2x$ puis $2x = 0$. Ceci s'écrit encore $x = -x$.

Si $x, y \in A$, $(x+y)^2 = x+y$ donc $x^2+xy+yx+y^2 = x+y = x^2+y^2$, d'où on tire $xy+yx = 0$, donc $xy = -yx = yx$.

b) Si $x, y \in A$, alors $xy(x+y) = xyx + xy^2 = x^2y + xy^2 = 2xy = 0$.

– Si A est intègre, alors A a au plus deux éléments. En effet, sinon il existe $x, y \in A$ distincts et différents de 0. Donc $(x+y) \neq 0$ (sinon $x = -y = y$) et A étant intègre $xy(x+y) \neq 0$, absurde.

EXERCICE 3 (RADICAL D'UN IDÉAL). Soit A un anneau commutatif unitaire et I un idéal de A. On appelle radical de I l'ensemble noté $\sqrt{I} = \{x \in A \mid \exists n \in \mathbb{N}^*, x^n \in I\}$.
a) Montrer que $\sqrt{I}$ est un idéal de A.
b) Déterminer le radical d'un idéal de $\mathbb{Z}$.

Solution. **a)** - Montrons tout d'abord que $(\sqrt{I}, +)$ est un sous groupe de $(A, +)$. Il est clair que $0 \in \sqrt{I}$ puisque $I \subset \sqrt{I}$. Par ailleurs, si $x \in \sqrt{I}$ alors $-x \in \sqrt{I}$ puisque le fait que $x^n \in I$ entraîne $(-1)^n x^n = (-x)^n \in I$. Prenons maintenant $x, y \in \sqrt{I}$. Il existe m et $n \in \mathbb{N}^*$ tels que $x^m \in I$ et $y^n \in I$. L'anneau A étant commutatif, on peut écrire

$$(x+y)^{m+n-1} = \sum_{k=0}^{m+n-1} C_{m+n-1}^{k} x^k y^{m+n-1-k}$$

$$= y^n \left(\sum_{k=0}^{m-1} C_{m+n-1}^k x^k y^{m-1-k} \right) + x^m \left(\sum_{k=m}^{m+n-1} C_{m+n-1}^k x^{k-m} y^{m+n-1-k} \right),$$

et puisque I est un idéal, ce terme appartient à I. Donc $x + y \in \sqrt{I}$.

– Enfin, si $a \in A$ et si $x \in \sqrt{I}$, il existe $n \in \mathbb{N}^*$ tel que $x^n \in I$ et donc A étant commutatif, $(ax)^n = a^n x^n \in I$. Donc $ax \in \sqrt{I}$. Finalement, $\sqrt{I}$ est un idéal de A.

b) Soit I un idéal de $\mathbb{Z}$. L'anneau des entiers étant principal, il existe $n \in \mathbb{N}^*$ tel que $I = n\mathbb{Z}$. Si $n = 0$, on a bien sûr $\sqrt{I} = 0$ et si $n = 1$, $\sqrt{I} = \mathbb{Z}$. Sinon $n \geq 2$, et on écrit la décomposition de n en produit de facteurs premiers $n = p_1^{\alpha_1} \cdots p_k^{\alpha_k}$. Montrons que $\sqrt{I} = p_1 \cdots p_k \mathbb{Z}$.

- On a $\sqrt{I} \subset p_1 \cdots p_k \mathbb{Z}$. En effet. Si $x \in \sqrt{I}$ alors il existe $m \in \mathbb{N}^*$ tel que $x^m \in n\mathbb{Z}$, donc $n \mid x^m$, donc $\forall i, 1 \leq i \leq k, p_i \mid x^m$, donc $\forall i, 1 \leq i \leq k, p_i \mid x$ d'où $p_1 \cdots p_k \mid x$ puisque les p_i sont premiers entre eux deux à deux (ils sont premiers et distincts).
- On a $p_1 \cdots p_k \mathbb{Z} \subset \sqrt{I}$. En effet. Soit $x \in p_1 \cdots p_k \mathbb{Z}$. Il existe $r \in \mathbb{Z}$ tel que $x = p_1 \cdots p_k r$. Si $m = \max_{1 \leq i \leq k} \alpha_i$, on a $n = p_1^{\alpha_1} \cdots p_k^{\alpha_k} \mid x^m = p_1^m \cdots p_k^m r^m$ donc $x^m \in I$, ou encore $x \in \sqrt{I}$.

EXERCICE 4 (IDÉAL PREMIER, IDÉAL MAXIMAL). Soit A un anneau commutatif unitaire.
a) Un idéal $\mathcal{P} \neq A$ de A est dit premier si pour $x, y \in A$ le fait que $xy \in \mathcal{P}$ entraîne $x \in \mathcal{P}$ ou $y \in \mathcal{P}$. Montrer que $\mathcal{P}$ est un idéal premier si et seulement si l'anneau quotient $A/\mathcal{P}$ est intègre.
b) Un idéal $\mathcal{M} \neq A$ de A est dit maximal si les seuls idéaux contenant $\mathcal{M}$ sont $\mathcal{M}$ et A. Montrer que $\mathcal{M}$ est un idéal maximal si et seulement si $A/\mathcal{M}$ est un corps.
c) Montrer que tout idéal maximal est premier.
d) Réciproquement, si A est principal, montrer qu'un idéal premier $\mathcal{P} \neq \{0\}$ est maximal.

Solution. **a)** Si $x \in A$, notons $\dot{x}$ sa classe dans $A/\mathcal{P}$. Alors

$$(\mathcal{P} \text{ est premier}) \iff (xy \in \mathcal{P} \implies x \text{ ou } y \in \mathcal{P})$$
$$\iff (\dot{x} \cdot \dot{y} = \dot{0} \implies \dot{x} = \dot{0} \text{ ou } \dot{y} = \dot{0}) \iff (A/\mathcal{P} \text{ est intègre}).$$

b) *Condition nécessaire.* Soit $\mathcal{M}$ un idéal maximal. Soit $x \in A$ tel que $\dot{x}$ (classe de x dans $A/\mathcal{M}$) vérifie $\dot{x} \neq 0$. Alors $x \notin \mathcal{M}$ de sorte que $\mathcal{M} + (x) = A$ (en effet, $I = \mathcal{M} + (x)$ est un idéal contenant $\mathcal{M}$, différent de $\mathcal{M}$ puisque $x \notin \mathcal{M}$, donc $I = A$). Donc il existe $a \in A$ et $m \in \mathcal{M}$ tels que $1 = m + ax$, ce qui s'écrit $\dot{1} = \dot{a}\dot{x}$. L'anneau $A/\mathcal{M}$ est donc un corps.
Condition suffisante. Soit I un idéal de A tel que $\mathcal{M} \subset I$ et $\mathcal{M} \neq I$. Soit $a \in I$, $a \notin \mathcal{M}$. On a $\dot{a} \neq \dot{0}$ de sorte que $A/\mathcal{M}$ étant un corps, il existe $b \in A$, $\dot{a}\dot{b} = \dot{1}$. Donc il existe $m \in \mathcal{M}$, $ab = 1 + m$, d'où $1 = ab - m \in I$. Donc $I = A$ et $\mathcal{M}$ est maximal.

c) Soit $\mathcal{M}$ un idéal de A maximal. L'anneau quotient $A/\mathcal{M}$ est un corps donc un anneau intègre, donc $\mathcal{M}$ est premier.

d) Soit I un idéal de A tel que $\mathcal{P} \subset I$ et $\mathcal{P} \neq I$. L'anneau A étant principal par hypothèse, il existe $m \in \mathcal{P}$ tel que $\mathcal{P} = (m)$ et il existe $a \in I$, $I = (a)$. Comme $m \in I$, il existe $q \in A$ tel que $m = aq$. L'idéal $\mathcal{P}$ étant premier, on a $a \in \mathcal{P}$ ou $q \in \mathcal{P}$. Or $a \notin \mathcal{P}$ sinon $\mathcal{P} = I$. Donc $q \in \mathcal{P}$, de sorte qu'il existe $p \in A$ tel que $q = mp$. Donc $m = aq = amp$ d'où $m(1 - ap) = 0$ d'où $ap = 1$ (car A est principal donc intègre et $m \neq 0$ sinon $\mathcal{P} = 0$). Or $ap \in I$, donc $1 \in I$, donc $I = A$, d'où le résultat.

EXERCICE 5. Soit $n \geq 2$ un entier. Si a est un entier premier avec n montrer

$$a^{n!} \equiv 1 \pmod{n}.$$

Solution. D'après le théorème d'Euler, on sait que $a^{\varphi(n)} \equiv 1 \pmod n$ où φ désigne l'indicateur d'Euler. Le résultat sera donc démontré si on prouve $\varphi(n) \mid n!$. Soit $n = p_1^{\alpha_1} \cdots p_k^{\alpha_k}$ le décomposition de n en facteurs premiers. On a $\varphi(n) = p_1^{\alpha_1 - 1} \cdots p_k^{\alpha_k - 1}(p_1 - 1) \cdots (p_k - 1)$. Or $p_1^{\alpha_1 - 1} \cdots p_k^{\alpha_k - 1} \mid n$; d'autre part, $p_i - 1 < p_i \leq n$ pour tout i, et les p_i étant deux à deux distincts, $(p_1 - 1) \cdots (p_k - 1) \mid (n-1)!$. On en déduit $\varphi(n) \mid n!$, d'où le résultat.

EXERCICE 6 (ANNEAUX NOETHÉRIENS). On dit qu'un anneau commutatif unitaire A est noethérien si tout idéal I de A est engendré par un nombre fini d'éléments (*i. e.* il existe $x_1, \ldots, x_k \in I$ tels que $(x_1) + \cdots + (x_k) = I$). Montrer que A est noethérien si et seulement s'il n'existe pas de suite d'idéaux de A strictement croissante au sens de l'inclusion.

Solution. Condition nécessaire. Soit $(I_n)_{n \in \mathbb{N}}$ une suite croissante d'idéaux de A. On vérifie facilement que $I = \cup_{n \in \mathbb{N}} I_n$ est un idéal de A. Il est donc engendré par un nombre fini d'éléments $x_1, \ldots, x_p \in I$. Or chaque x_i appartient à $I = \cup_{n \in \mathbb{N}} I_n$ et donc il existe n_i tel que $x_i \in I_{n_i}$. Si $N = \sup_{1 \leq i \leq p} n_i$, la suite (I_n) étant croissante, tous les x_i $(1 \leq i \leq p)$ appartiennent à I_N, et donc $I = (x_1) + \cdots + (x_p) \subset I_N$. Par ailleurs $I_N \subset I$ puisque $I = \cup_{i \in \mathbb{N}} I_n$. Donc $I_N = I$, ce qui entraîne que la suite (I_n) est stationnaire pour $n \geq N$.
Condition suffisante. Soit I un idéal de A. Supposons que I ne puisse pas être engendré par un nombre fini d'éléments. Sous cette hypothèse, nous allons construire une suite (x_n) d'éléments de I tels que $x_{n+1} \notin (x_1) + \cdots + (x_n)$.

- On choisit un élément $x_1 \in I$.
- $x_1, \ldots, x_n \in I$ étant supposés construits, on sait que $(x_1) + \cdots + (x_n) \neq I$ car I ne peut pas être engendré par un nombre fini d'éléments. On choisit alors $x_{n+1} \in I$, $x_{n+1} \notin (x_1) + \cdots + (x_n)$.

Ainsi, si on pose $I_n = (x_1) + \cdots + (x_n)$, la suite (I_n) est une suite d'idéaux de A strictement croissante au sens de l'inclusion, ce qui est contraire aux hypothèses. Donc I peut être engendré par un nombre fini d'éléments, d'où le résultat.

Remarque. Tout anneau principal est noethérien.

4. Problèmes

PROBLÈME 1 (CRYPTOGRAPHIE : LE SYSTÈME DE CHIFFREMENT RSA). On se donne deux nombres premiers p et q distincts et on pose $n = pq$. Soient c, d deux entiers tels que $cd \equiv 1 \pmod{\varphi(n)}$ où φ désigne l'indicateur d'Euler. Montrer que si $t \in \mathbb{Z}$, $t^{cd} \equiv t \pmod n$.

Solution. Les nombres p et q étant premiers et distincts, on a $\varphi(n) = (p-1)(q-1)$. Soit $k \in \mathbb{Z}$ tel que $cd = 1 + k\varphi(n)$. Soit $t \in \mathbb{Z}$. Pour prouver que $t^{cd} \equiv t \pmod n$, il suffit de prouver $t^{cd} \equiv t \pmod p$ et $t^{cd} \equiv t \pmod q$ (car alors p et q diviseront $t^{cd} - t$, et comme $p \wedge q = 1$, $n = pq$ divisera $t^{cd} - t$). Prouvons par exemple $t^{cd} \equiv t \pmod p$ (le calcul modulo q est analogue).

- Si $t \wedge p = 1$ alors $t^{p-1} \equiv 1 \pmod n$ (théorème de Fermat) donc $t^{cd} \equiv (t^{p-1})^{k(q-1)} t \equiv t \pmod p$.
- Si $t \wedge p \neq 1$, alors p divise t, et alors on a $t^{cd} \equiv t \equiv 0 \pmod p$.

Remarque. L'application $g : \mathbb{Z}/n\mathbb{Z} \to \mathbb{Z}/n\mathbb{Z}$ $\dot{t} \mapsto \dot{t}^c$ s'appelle une fonction de chiffrement, $f : \dot{t} \mapsto \dot{t}^d$ fonction de déchiffrement. L'exercice affirme que $f \circ g(\dot{t}) = \dot{t}$. On peut donc chiffrer un message (représenté par un élément $\dot{t}$ de $\mathbb{Z}/n\mathbb{Z}$) par le biais de g, puis on le déchiffre par le biais de f. Le couple (n, c) est appelé la clef publique, l'entier d la clef secrète. La sécurité de ce système repose sur le fait que connaissant la clef publique, il est très difficile de déterminer d : il faudrait par exemple factoriser n pour trouver p et q, ce qui est encore impossible à réaliser de nos jours lorsque p et q sont grands, typiquement de l'ordre de 100 chiffres (signalons que l'on ne sait pas aujourd'hui factoriser des entiers de plus de 120 chiffres). En d'autres termes, tout le monde peut chiffrer mais seuls ceux connaissant la clef secrète peuvent déchiffrer. Ce système de chiffrement est apparu en 1976. Il est appelé système RSA (du nom des inventeurs Rivest, Shamir et Adleman) et est couramment utilisé aujourd'hui car il est extrêmement robuste. Son apparition explique l'intérêt que l'on porte aujourd'hui aux algorithmes de factorisation et de primalité.

PROBLÈME 2 (NOMBRES PSEUDO-PREMIERS ET NOMBRES DE CARMICHAEL). Le théorème de Fermat affirme que si n est premier et si $a \wedge n = 1$, alors $a^{n-1} \equiv 1 \pmod n$. Le but du problème est de montrer que la réciproque est fausse.

1/ (Nombres pseudo-premiers.) Soit un entier $a \geq 2$. Un entier n est dit pseudo-premier en base a (ce que l'on note brièvement pp-a) si n n'est pas premier et si $a^{n-1} \equiv 1 \pmod n$. Si $p > 2$ est un nombre premier ne divisant pas $a(a^2-1)$, montrer que $n = (a^{2p}-1)/(a^2-1)$ est un nombre pp-a. En déduire que pour tout $a \geq 2$, il existe une infinité de nombres pp-a.

2/ (Nombres de Carmichael.) Un entier $n \geq 2$ est appelé nombre de Carmichael si n n'est pas premier et si pour tout entier a premier avec n, $a^{n-1} \equiv 1 \pmod n$ (autrement dit si pour tout entier a premier avec n, n est pp-a).
a) Si $n = p_1 \cdots p_k$ (où les p_i sont des nombres premiers distincts) et si $p_i - 1 \mid n-1$ pour tout i, montrer que n est un nombre de Carmichael.
b) Réciproquement, montrer que tout nombre de Carmichael peut se mettre sous la forme $n = p_1 \cdots p_k$ où les p_i sont des nombres premiers distincts et où $p_i - 1 \mid n-1$ pour tout i. (Indication : on pourra utiliser le fait que si G est un groupe commutatif fini et si p premier divise l'ordre de G, alors il existe dans G au moins un élément d'ordre p — voir partie 2.5, exercice 8, c).)
c) Montrer qu'un nombre de Carmichael a au moins 3 facteurs premiers.
d) Soit $n = pqr$ un nombre de Carmichael à trois facteurs premiers $p < q < r$. Si p est fixé, montrer que q et r sont bornés.

Solution. **1/** Remarquons tout d'abord que $n = (\frac{a^p-1}{a-1})(\frac{a^p+1}{a+1}) = (a^{p-1} + \cdots + a + 1) \cdot (a^{p-1} - a^{p-2} + \cdots - a + 1)$ est un entier composé. Ceci étant, on a $a^{2p} = 1 + n(a^2-1)$, de sorte que $a^{2p} \equiv 1 \pmod n$ $(*)$. Le résultat sera donc acquis si on montre que $2p \mid n-1$. On a

$$(a^2-1)(n-1) = a^{2p} - a^2 = a(a^{p-1}-1)(a^p+a).$$

D'après le théorème de Fermat, $p \mid (a^{p-1}-1)$ puisque par hypothèse p ne divise pas a. On a donc $p \mid (a^2-1)(n-1)$. Or p ne divise pas a^2-1, donc p est premier avec a^2-1 (car p est premier) et d'après le théorème de Gauss, $p \mid n-1$. Or $n - 1 = a^{2p-2} + \cdots + a^4 + a^2$ est une somme paire de termes de même parité, donc $2 \mid n-1$. 2 et p étant premiers entre eux, on a donc $2p \mid n-1$, donc n est pp-a d'après (*).

Il n'y a qu'un nombre fini de nombres premiers p divisant $a(a^2-1)$. Comme il y a une infinité de nombres premiers, on en déduit qu'il y a une infinité de nombres premiers $p > 2$ ne divisant pas $a(a^2-1)$, donc une infinité de nombres pp-a.

2/ a) Soit a premier avec n et soit $1 \leq i \leq k$. Comme $p_i \nmid a$, on a $a^{p_i-1} \equiv 1 \pmod{p_i}$ d'après le théorème de Fermat, et comme $p_i - 1 \mid n-1$, on a $a^{n-1} \equiv 1 \pmod{p_i}$, ce qui s'écrit aussi $p_i \mid (a^{n-1}-1)$. Ceci étant vrai pour tout i, on en déduit $n = p_1 \cdots p_k \mid a^{n-1} - 1$ puisque les p_i sont premiers entre eux deux à deux. Donc $a^{n-1} \equiv 1 \pmod n$, et ceci pour tout a premier avec n, d'où le résultat.

b) La réciproque est plus délicate. Soit $n = p_1^{\alpha_1} \cdots p_k^{\alpha_k}$ la décomposition de n en facteurs premiers. Montrons d'abord que pour tout i, $\alpha_i = 1$. Supposons qu'il existe i tel que $\alpha_i \geq 2$, par exemple $\alpha_1 \geq 2$. Le groupe des inversibles de $\mathbb{Z}/p_1^{\alpha_1}\mathbb{Z}$ est d'ordre $\varphi(p_1^{\alpha_1}) = p_1^{\alpha_1 - 1}(p_1 - 1)$, donc d'après le résultat c) de l'exercice 8 de la partie 2.5, il existe $a \in \mathbb{Z}$ tel que l'ordre de $\dot{a}$ dans le groupe des inversibles de $\mathbb{Z}/p_1^{\alpha_1}\mathbb{Z}$ soit p_1. D'après le théorème des chinois, il existe $b \in \mathbb{Z}$ tel que

$$b \equiv a \pmod{p_1^{\alpha_1}} \quad \text{et} \quad \forall i \geq 2,\ b \equiv 1 \pmod{p_i}.$$

En particulier b est premier avec n et donc $b^{n-1} \equiv 1 \pmod n$, ce qui entraîne $b^{n-1} \equiv 1 \pmod{p_1^{\alpha_1}}$ donc dans le groupe des inversibles de $\mathbb{Z}/p_1^{\alpha_1}\mathbb{Z}$, l'ordre de $\dot{b} = \dot{a}$ divise $n - 1$. Or cet ordre est p_1, donc $p_1 \mid n - 1$, ce qui est absurde puisque $p_1 \mid n$.

– On a donc $n = p_1 \cdots p_k$, où les p_i sont premiers et distincts. Soit i, $1 \leq i \leq k$. Il est bien connu que $(\mathbb{Z}/p_i\mathbb{Z})^*$ est un groupe cyclique (voir la remarque de l'exercice 9 de la partie 2.5), donc il existe $a \in \mathbb{Z}$ tel que $\dot{a}$ soit d'ordre $p_i - 1$ dans $(\mathbb{Z}/p_i\mathbb{Z})^*$. D'après le théorème des chinois, il existe $b \in \mathbb{Z}$ tel que $b \equiv a \pmod{p_i}$ et pour tout $j \neq i$, $b \equiv 1 \pmod{p_j}$. En particulier, b est premier avec n et donc $b^{n-1} \equiv 1 \pmod n$, donc $b^{n-1} \equiv 1 \pmod{p_i}$. Or l'ordre de $\dot{b} = \dot{a}$ dans $(\mathbb{Z}/p_i\mathbb{Z})^*$ est $p_i - 1$, donc $p_i - 1 \mid n - 1$. Ceci est vrai pour tout i, d'où le résultat.

c) Supposons que $n = (a+1)(b+1)$ soit un nombre de Carmichael avec $a+1$ et $b+1$ premiers et $a \neq b$. On a $n = ab + a + b + 1$. Or $a \mid n - 1$ donc $a \mid b = (n - 1 - ab - a)$; de même $b \mid a$. Donc $a = b$, ce qui impossible d'après la question précédente.

d) Comme n est un nombre de Carmichael, on a $q-1 \mid n-1$, et donc $q-1 \mid (n-1)-(q-1) = q(pr-1)$. Or $q \wedge (q-1) = 1$ donc d'après le théorème de Gauss, $q - 1 \mid pr - 1$. De même $r - 1 \mid pq - 1$, donc finalement $(q-1)(r-1) \mid (pr-1)(pq-1)$. Ceci entraîne

$$(q-1)(r-1) \mid (pr-1)(pq-1) - p^2(q-1)(r-1) = p^2(r+q) - p(r+q) + 1 - p^2,$$

d'où on tire $(q-1)(r-1) < p^2(r+q)$. Comme $q < r$, on a donc $(q-1)^2 < 2p^2 r$ $(*)$. Nous avons vu plus haut que $r - 1 \mid pq - 1$, ce qui entraîne $r \leq pq$ donc $r^2 \leq p^2 q^2$, et d'après $(*)$ $r^2 < p^2 4p^2 r$, donc $r < 4p^4$. En remplaçant cette dernière inégalité dans $(*)$ on tombe sur $q < \sqrt{8}p^3 + 1$.

Finalement, nous avons trouvé que $q < \sqrt{8}p^3 + 1$ et $r < 4p^4$. Donc si p est fixé, q et r sont bornés.

Remarque. Le plus petit nombre de Carmichael est $561 = 3 \cdot 11 \cdot 17$. Les suivants sont 1105, 1729, 2465, 2821 ...

– On sait depuis peu de temps (février 1992) qu'il existe une infinité de nombres de Carmichael. On a même démontré que si x est assez grand, le nombre de nombres de Carmichael $\leq x$ est supérieur à $x^{2/7}$.

PROBLÈME 3 (QUELQUES TESTS DE PRIMALITÉ). **a)** Soit un entier $n \geq 2$ vérifiant

$$\exists a \in \mathbb{Z}, (a^{n-1} \equiv 1 \pmod n \quad \text{et} \quad \forall q \mid n-1,\ q \text{ premier},\ a^q \not\equiv 1 \pmod n).$$

Montrer que n est un nombre premier.

b) Soit $n \geq 2$ un entier, $n - 1 = p_1^{\alpha_1} \cdots p_k^{\alpha_k}$ la décomposition en facteurs premiers de $n - 1$. On suppose que pour tout i, $1 \leq i \leq k$, il existe un entier a_i tel que

$$a_i^{n-1} \equiv 1 \pmod n \quad \textit{et} \quad a_i^{(n-1)/p_i} \not\equiv 1 \pmod n.$$

Montrer que n est un nombre premier.

c) Soit $p > 2$ premier, et soit $h \in \mathbb{N}$ tel que $1 \leq h \leq p - 1$. On pose $n = 1 + hp^2$. Si

$$2^{n-1} \equiv 1 \pmod n \quad \text{et} \quad 2^h \not\equiv 1 \pmod n,$$

montrer que n est premier. (Indication : utiliser l'ordre de $\dot{2}$ pour montrer qu'il existe un nombre premier q divisant n avec $p \mid q - 1$.)

Solution. **a)** Soit m l'ordre de $\dot{a}$ dans le groupe des inversibles de $\mathbb{Z}/n\mathbb{Z}$. Nous allons montrer que $m = n-1$. Supposons $m < n-1$. Comme $a^{n-1} \equiv 1 \pmod n$, $m \mid n-1$ et donc il existe un nombre premier q divisant $n-1$ tel que $m \mid (n-1)/q$. Ceci entraîne que $a^{(n-1)/q} \equiv 1 \pmod n$, ce qui est contraire aux hypothèses.

Donc $m = n-1$, ce qui prouve que le groupe des inversibles de $\mathbb{Z}/n\mathbb{Z}$ admet au moins $n-1$ éléments, ce qui n'est possible que si n est premier. D'où le résultat.

b) Pour tout i, notons m_i l'ordre de $\dot{a}_i$ dans le groupe des inversibles de $\mathbb{Z}/n\mathbb{Z}$. Comme $a_i^{n-1} \equiv 1 \pmod n$, on a $m_i \mid n-1 = \prod_j p_j^{\alpha_j}$. Comme de plus $a_i^{(n-1)/p_i} \not\equiv 1 \pmod n$, on a aussi $m_i \nmid p_i^{\alpha_i - 1}\prod_{j\neq i} p_j^{\alpha_j}$. Ces relations concernant m_i permettent d'affirmer que $p_i^{\alpha_i} \mid m_i$, et donc $p_i^{\alpha_i} \mid \varphi(n)$ (où φ désigne l'indicateur d'Euler) puisque l'ordre de a_i divise l'ordre du groupe des inversibles de $\mathbb{Z}/n\mathbb{Z}$ qui est $\varphi(n)$. Ceci étant vrai pour tout i, on en déduit, les p_i étant premiers distincts, que $n-1 = \prod_i p_i^{\alpha_i} \mid \varphi(n)$, donc que $\varphi(n) \geq n-1$. Donc le groupe des inversibles de $\mathbb{Z}/n\mathbb{Z}$ comporte au moins $n-1$ éléments, ce qui n'est possible que si n est premier.

c) Soit m l'ordre de $\dot{2}$ dans le groupe des inversibles de $\mathbb{Z}/n\mathbb{Z}$. On a $2^{n-1} \equiv 1 \pmod n$ donc $m \mid n-1 = hp^2$. Or $2^h \not\equiv 1 \pmod n$ donc $m \nmid h$. Finalement, $p \mid m$ (si $p \nmid m$, alors p étant premier $m \wedge p^2 = 1$ et donc $m \mid h$ d'après le théorème de Gauss). Comme m divise l'ordre du groupe des inversibles de $\mathbb{Z}/n\mathbb{Z}$ qui est $\varphi(n)$, on en déduit $p \mid \varphi(n)$ $(*)$.

Si $n = p_1^{\alpha_1}\cdots p_k^{\alpha_k}$ désigne la décomposition de n en facteurs premiers, on sait que $\varphi(n) = p_1^{\alpha_1-1}\cdots p_k^{\alpha_k-1}(p_1-1)\cdots(p_k-1)$. Comme $p \nmid n = 1+hp^2$, on a $p \neq p_i$ pour tout i donc il existe d'après (*) un indice i tel que $p \mid p_i - 1$. Autrement dit, il existe un facteur premier q de n tel que $q \equiv 1 \pmod p$. Soit r l'entier vérifiant $qr = n$. On a $qr \equiv n \equiv 1 + hp^2 \equiv 1 \pmod p$, donc $r \equiv 1 \pmod p$. En résumé, on a montré qu'il existe q premier, $q \mid n$ et r entier tels que $qr = n$ avec $q = 1 + up$, $r = 1 + vp$, $u, v \in \mathbb{N}$. Le nombre q étant premier on a d'ailleurs $u \geq 2$ (si $u = 0$, $q = 1$ et si $u = 1$, q est pair).

Supposons $r > 1$. Alors $v \geq 1$. Or on a $1+hp^2 = n = qr = (1+up)(1+vp)$ donc $hp = (uv)p + (u+v)$, ce qui entraîne

$$(i) \quad uv < h \leq p-1 \qquad \text{et} \qquad (ii) \quad (u+v) \geq p \;\; \text{car} \;\; p \mid (u+v) \neq 0.$$

Comme $u \geq 2$, (i) entraîne $v < (p-1)/2$, et d'après (ii) $u \geq 1 + p/2$, donc toujours d'après (i), $v < (p-1)/(1+\frac{p}{2}) < 2$. Finalement $v = 1$, ce qui est absurde car (i) entraînerait $u < p-1$ et (ii) entraînerait $u \geq p-1$.
On a donc forcément $r = 1$, ce qui entraîne que $n = q$ est premier.

Remarque. Le test c) fut utilisé avec le nombre premier $p = 2^{127} - 1$ pour montrer que $n = 1+190p^2$ est premier (Miller et Wheeler, 1951). Les tests de primalité de ce type permettent d'obtenir des nombres premiers ayant une forme particulière. Un problème beaucoup plus délicat est de savoir si un nombre donné n est premier ou pas; actuellement, les nombres le plus grands (sans forme particulière *a priori*) dont on sache tester la primalité ont environ 1500 chiffres.

PROBLÈME 4 (QUELQUES CAS PARTICULIERS DU THÉORÈME DE DIRICHLET).
1/ a) Soit $p > 2$ un nombre premier. Montrer que $-\bar{1}$ est un carré dans $\mathbb{Z}/p\mathbb{Z}$ si et seulement si $p \equiv 1 \pmod 4$.
b) En déduire qu'il existe une infinité de nombres premiers de la forme $1 + 4n$, $n \in \mathbb{N}$.

2/ (Un résultat plus général). Soient un nombre premier $p > 2$ et un entier $m \geq 1$. Montrer que l'ensemble $\mathcal{P}_m$ des nombres premiers de la forme $1 + 2^m pn$ ($n \in \mathbb{N}$), est infini. (Indication. Si $\mathcal{P}_m$ est fini, considérer un nombre premier q divisant $(M^p+1)/(M+1)$ où $M = K^{2^{m-1}}$, $K = p(\prod_{n\in\mathcal{P}_m} n)$, et montrer que $q \in \mathcal{P}_m$).

Solution. **1/ a)** *Condition nécessaire.* Supposons qu'il existe $x \in \mathbb{Z}/p\mathbb{Z}$, $x^2 = -\bar{1}$. Le groupe

multiplicatif $(\mathbb{Z}/p\mathbb{Z})^*$ étant d'ordre $p-1$ (car p est premier), on a $x^{p-1} = \overline{1}$. Donc $(x^2)^{(p-1)/2} = (-\overline{1})^{(p-1)/2} = \overline{1}$, ce qui n'est possible que si $(p-1)/2$ est pair. D'où la condition nécessaire.
Condition suffisante. C'est plus difficile. Donnons deux méthodes.

- *Première méthode.* Comme p est premier, $\mathbb{Z}/p\mathbb{Z}$ est un corps. L'équation $x^{(p-1)/2} = \overline{1}$ a donc au plus $(p-1)/2$ solutions dans $\mathbb{Z}/p\mathbb{Z}$. Comme $(\mathbb{Z}/p\mathbb{Z})^*$ contient $p-1 > (p-1)/2$ éléments, il existe $x \in (\mathbb{Z}/p\mathbb{Z})^*$ tel que $y = x^{(p-1)/2} \neq \overline{1}$. On a $y^2 = x^{p-1} = \overline{1}$ donc $(y-\overline{1})(y+\overline{1}) = \overline{0}$, donc $y = -\overline{1}$ (car $y \neq \overline{1}$). Or $p \equiv 1 \pmod 4$, donc il existe un entier k tel que $(p-1)/2 = 2k$. Si $z = x^k$, on a donc $z^2 = x^{2k} = x^{(p-1)/2} = y = -\overline{1}$, d'où le résultat.
- *Seconde méthode* (cette méthode est moins générale que la précédente). Soit l'entier k tel que $p = 1 + 4k$. Comme p est premier, on a d'après le théorème de Wilson

$$1 \cdot 2 \cdots (2k) \cdot (2k+1) \cdots (4k-1) \cdot (4k) \equiv -1 \pmod{4k+1},$$

ce qui s'écrit aussi

$$1 \cdot 2 \cdots (2k) \cdot (-2k) \cdots (-1) \equiv -1 \pmod p$$

ou encore

$$(-1)^{2k}(1 \cdot 2 \cdots (2k))^2 \equiv -1 \pmod p.$$

Si on pose $x = 1 \cdot 2 \cdots (2k)$, ceci s'écrit $\overline{x}^2 = -\overline{1}$ dans $\mathbb{Z}/p\mathbb{Z}$, d'où le résultat.

b) Supposons qu'il y ait un nombre fini de nombres premiers de la forme $4k+1, k \in \mathbb{N}$. Soit p le plus grand d'entre eux et soit $N = 1 + (p!)^2$. Soit un nombre premier q divisant N. Alors $(p!)^2 \equiv -1 \pmod q$, donc $-\overline{1}$ est un carré dans $\mathbb{Z}/q\mathbb{Z}$ et donc q est de la forme $4k+1, k \in \mathbb{N}$ d'après a). Donc $q \leq p$, donc $q \mid p!$, donc $q \mid 1 = N - (p!)^2$, ce qui est absurde. Il y a donc une infinité de nombres premiers de la forme $4k+1$, $k \in \mathbb{N}$.

2/ Supposons $\mathcal{P}_m$ fini. Suivons l'indication en considérant l'entier $N = (M^p+1)/(M+1) = M^{p-1} - M^{p-2} + \cdots - M + 1$ avec $M = K^{2^{m-1}}$ où $K = p(\prod_{n \in \mathcal{P}_m} n)$. Comme $N > 1$, il existe un nombre premier q divisant N. On a $M^p + 1 \equiv 0 \pmod q$ donc

$$K^{2^{m-1}p} \equiv M^p \equiv -1 \pmod q \quad \text{et} \quad K^{2^m p} \equiv 1 \pmod q.$$

L'égalité de droite montre que l'ordre r de $\overline{K}$ dans le groupe multiplicatif $(\mathbb{Z}/q\mathbb{Z})^*$ divise $2^m p$. L'égalité de gauche montre que $r \nmid 2^{m-1}p$. Comme p est premier, on a donc $r = 2^m$ ou $r = 2^m p$. Si $r = 2^m$, comme N divise

$$(M^2)^{p-1} + \cdots + M^2 + 1 = \frac{M^{2p}-1}{M^2-1} = \frac{M^p-1}{M-1} \cdot \frac{M^p+1}{M+1}$$

et que $M^2 = K^{2^m} \equiv 1 \pmod q$, on a

$$0 \equiv (M^2)^{p-1} + \cdots + M^2 + 1 \equiv p \pmod q$$

donc $q \mid p$, donc $q \mid M$, ce qui est absurde vu que $q \mid M^p + 1$. Ainsi, $r = 2^m p$ et comme l'ordre de tout élément de $(\mathbb{Z}/q\mathbb{Z})^*$ divise $q-1$, on a $2^m p \mid q-1$ c'est-à-dire $q \in \mathcal{P}_m$. Ceci entraîne $q \mid M$ ce qui est impossible. L'ensemble $\mathcal{P}_m$ est donc infini.

Remarque. Ces résultats sont des cas particuliers du théorème de Dirichlet (voir la remarque qui suit l'exercice 7 de la partie 1.3, page 12). Dans le sujet d'étude 2 de ce chapitre, on utilise des méthodes du type de 1/ pour démontrer d'autres formes particulières du théorème de Dirichlet.

PROBLÈME 5 (ANNEAUX EUCLIDIENS). **1/** Soit A un anneau commutatif unitaire intègre. On dit que A est euclidien s'il existe une application $f : A^* = A \setminus \{0\} \to \mathbb{N}$ telle que

(i) $\forall x, y \in A^*, \quad f(xy) \geq f(y)$,
(ii) $\forall a \in A, \ \forall b \in A^*, \ \exists (q,r) \in A^2$, tel que $a = bq + r$, avec $r = 0$ ou $f(r) < f(b)$.

a) Si A est euclidien, montrer que A est principal.
b) Si de plus on a

$$\text{(iii)}\ \forall x, y \in A^*, x \neq y, f(x-y) \leq \sup\{f(x), f(y)\},$$

montrer que le couple (q, r) dans (ii) est unique.
c) Caractériser les éléments inversibles d'un anneau unitaire euclidien.

2/ Soit l'anneau des entiers de Gauss $\mathbb{Z}[i] = \{x + iy, (x, y) \in \mathbb{Z}^2\}$.
a) Montrer que si $z \in \mathbb{C}$, il existe $z_0 \in \mathbb{Z}[i]$ tel que $|z - z_0| < 1$.
b) En déduire que $\mathbb{Z}[i]$ est un anneau principal.
c) Quels sont les inversibles de $\mathbb{Z}[i]$?

Solution. **1/ a)** Soit I un idéal de A. Si $I = \{0\}$, I est évidemment principal. Si $I \neq \{0\}$, on considère l'ensemble $\Gamma = \{f(x), x \in I^*\} \subset \mathbb{N}$. Soit $a \in I^*$ tel que $f(a) = \inf \Gamma$. Prenons maintenant un élément $x \in I$. D'après (ii),

$$\exists (q, r) \in A^2, \qquad (x = aq + r \quad \text{avec} \quad f(r) < f(a) \quad \text{ou} \quad r = 0).$$

Remarquons que $r = x - aq \in I$. Si $r \neq 0$, alors $f(r) < f(a)$ ce qui est absurde puisque $r \in I^*$ et $f(a) = \inf \Gamma$. Donc $r = 0$, donc $x = aq$. On vient de montrer que $I \subset (a)$. Réciproquement, comme $a \in I$, on a $(a) \subset I$. Donc $I = (a)$ et A est principal.

b) Soit $(a, b) \in A \times A^*$. Soient deux couples (q, r) et (q', r') vérifiant (ii) pour (a, b). Alors $bq + r = bq' + r'$, donc $b(q - q') = r' - r$. Si $q \neq q'$, on a $r' - r \neq 0$ et $f(b) \leq f[b(q - q')] = f(r' - r)$ $(*)$. Si $r = 0$ (le cas $r' = 0$ se traite en échangeant les rôles de (q, r) et (q', r')), $(*)$ entraîne $f(b) \leq f(r') < f(b)$, ce qui est absurde. Si $r \neq 0$ et $r' \neq 0$, alors $(*)$ entraîne $f(b) \leq \sup\{f(r), f(r')\} < f(b)$, ce qui est également absurde. On a donc forcément $q = q'$ et donc $r = r'$.

c) Soit $\alpha = \inf\{f(x),\ x \in A^*\}$. Nous allons montrer que $x \in A^*$ est inversible si et seulement si $f(x) = \alpha$.
Condition nécessaire. Si x est inversible, alors il existe $y \in A^*$, $xy = 1$. Donc $\forall z \in A^*$, $f(z) = f[x(yz)] \geq f(x)$ d'après (i), donc $f(x) = \alpha$.
Condition suffisante. Appliquant (ii) à $(a, b) = (1, x)$, on voit qu'il existe $(q, r) \in A^2$ tel que $1 = bx + r$ avec $r = 0$ ou $f(r) < f(x)$. Cette dernière assertion est impossible car $f(x) = \alpha$, donc $r = 0$ et donc $bx = 1$. L'élément x est donc inversible (on a aussi $xb = 1$ car A est commutatif).

2/ a) Soit $z = x + iy \in \mathbb{C}$, $(x, y) \in \mathbb{R}^2$. Il est facile de voir qu'il existe $x_0, y_0 \in \mathbb{Z}$ tels que $|x - x_0| \leq 1/2$ et $|y - y_0| \leq 1/2$. Si $z_0 = x_0 + iy_0 \in \mathbb{Z}[i]$, on a $|z - z_0|^2 = (x - x_0)^2 + (y - y_0)^2 \leq 1/2$, donc $|z - z_0| < 1$.

b) Montrons que $\mathbb{Z}[i]$ est euclidien, ça suffira d'après 1/a). Soit $(a, b) \in \mathbb{Z}[i] \times \mathbb{Z}[i]^*$. D'après la question précédente, il existe $q \in \mathbb{Z}[i]$ tel que $|q - a/b| < 1$, et donc $a = bq + r$ avec $|r| = |b||a/b - q| < |r|$, ce qui montre qu'en prenant $f(z) = |z|^2 = x^2 + y^2$ pour $z = x + iy \in \mathbb{Z}[i]^*$, (ii) est vérifié. Or pour tout $x \in \mathbb{Z}[i]^*$, $f(x) \geq 1$, donc $\forall y \in \mathbb{Z}[i]^*$, $f(xy) = f(x)f(y) \geq f(y)$. La condition (i) est donc vérifiée. Finalement, $\mathbb{Z}[i]$ est euclidien.

c) D'après 1/c), les inversibles de $\mathbb{Z}[i]$ sont les éléments z vérifiant $f(z) = |z|^2 = 1$. Ce sont donc $1,\ -1,\ i$ et $-i$.

Remarque. Les anneaux $\mathbb{Z}$ et $\mathbb{K}[X]$ sont euclidiens, avec $f(x) = |x|$ sur $\mathbb{Z}$ et $f(P) = \deg(P)$ sur $\mathbb{K}[X]$. C'est d'ailleurs de ces deux anneaux qu'est née la notion d'anneau euclidien.

PROBLÈME 6. Soit G un groupe fini tel que pour tout entier $d \geq 1$, l'équation $x^d = e$ (où e désigne le neutre de G) a au plus d solutions dans G. Montrer que G est un groupe cyclique.

Solution. Notons n l'ordre du groupe G. Pour tout entier d divisant n, notons φ_d l'ensemble des éléments de G d'ordre d. L'ordre de tout élément de G divise n, donc la famille $(\varphi_d)_{d|n}$ forme une partition de G. Si $\psi_d = \text{Card}(\varphi_d)$, on a donc $\sum_{d|n} \psi_d = n \quad (*)$.

Nous allons maintenant montrer que si $d \mid n$, $\psi_d \leq \varphi(d) \quad (**)$ où φ désigne l'indicateur d'Euler (voir la partie 3.3). Si $\psi_d = 0$, c'est terminé. Sinon $\psi_d \geq 1$ et donc il existe $x_0 \in \varphi_d$. Tous les éléments x de $< x_0 >$ vérifient alors $x^d = 1$. Or $< x_0 >$ a d éléments et l'équation $x^d = e$ a au plus d solutions. Les éléments qui vérifient $x^d = e$ sont donc les éléments de $< x_0 >$. Donc $\varphi_d \subset < x_0 >$ et φ_d correspond donc à l'ensemble des générateurs de $< x_0 >$ qui, d'après 2.2 proposition 5, est de cardinal $\varphi(d)$. Donc $\psi_d = \varphi(d)$, d'où $(**)$.

Or $\sum_{d|n} \varphi(d) = n$ (voir 3.3 proposition 7). De (*) et (**) on en déduit que pour tout diviseur d de n, on a $\psi_d = \varphi(d)$. En particulier $\varphi(n) = \psi_n > 0$, donc il existe au moins un élément d'ordre n, d'où le résultat.

Remarque. Il découle de ce problème le résultat annoncé dans la remarque de l'exercice 9 de la partie 2.5.

PROBLÈME 7 (THÉORÈME DE SYLOW). **a)** Soit G un groupe abélien fini. Soit p un nombre premier divisant l'ordre de G. Montrer qu'il existe un sous groupe de G d'ordre p (sans utiliser le résultat des exercices 9 ou 11 de la partie 2.5).
b) Soit G un groupe fini d'ordre h, non supposé abélien. Démontrer le théorème de Sylow : Si $p^\alpha \mid h$ avec p premier et $\alpha \in \mathbb{N}$, alors il existe un sous groupe de G d'ordre p^α. (Indication : on pourra procéder par récurrence sur $\text{Card}(G)$ en utilisant l'équation aux classes — voir 2.4 théorème 6.)

Solution. **a)** On procède de manière analogue à la question c) de l'exercice 2.5 **8**. G étant fini, il existe un système de générateurs $(x_1, \ldots, x_n)$ de G. Notons $r_1, \ldots, r_n$ les ordres de $x_1, \ldots, x_n$. Considérons l'application

$$\varphi : < x_1 > \times \cdots \times < x_n > \longrightarrow G \qquad (y_1, \ldots, y_n) \mapsto y_1 \cdots y_n.$$

Le groupe G étant abélien, φ est un morphisme de groupes. De plus, φ étant surjectif (puisque $(x_1, \ldots, x_n)$ est un système de générateurs de G), G est isomorphe à $(< x_1 > \times \cdots \times < x_n >)/\text{Ker}\,\varphi$, donc $\text{Card}(G) \times \text{Card}(\text{Ker}\,\varphi) = \text{Card}(< x_1 > \times \cdots \times < x_n >) = r_1 \cdots r_n$, donc $\text{Card}(G) \mid r_1 \cdots r_n$. Donc $p \mid r_1 \cdots r_n$, donc il existe r_i tel que $p \mid r_i$. Si $n_i = pq$, $q \in \mathbb{N}^*$, alors $x = x_i^q$ est d'ordre p et $H =< x >$ est un sous groupe de G d'ordre p.

b) Procédons par récurrence sur $h = \text{Card}(G)$.

- Si $\text{Card}(G) = 1$, c'est évident.

- Sinon, supposons le résultat vrai pour les groupes d'ordres $< h = \text{Card}(G)$. Si $\alpha = 0$, c'est évident, sinon $\alpha \geq 1$. D'après le théorème 8 de la partie 2.4, il existe une famille finie $(H_i)_{i\in I}$ de sous groupes stricts de G telle que

$$h = \text{Card}(G) = \text{Card}(\mathcal{Z}(G)) + \sum_{i\in I} \frac{h}{\text{Card}(H_i)}. \qquad (*)$$

Deux cas se présentent :

- Il existe $i \in I$ tel que $p^\alpha \mid \text{Card}(H_i)$. Comme $\text{Card}(H_i) < \text{Card}(G)$, d'après l'hypothèse de récurrence il existe un sous groupe H de H_i d'ordre p^α. Ainsi H est un sous groupe de G d'ordre p^α.
- Pour tout $i \in I$, $p^\alpha \nmid \text{Card}(H_i)$. Comme $p^\alpha \mid h$, p divise $h/\text{Card}(H_i)$ pour tout $i \in I$. D'après l'équation aux classes (*), on a donc $p \mid \text{Card}(\mathcal{Z}(G))$, et $\mathcal{Z}(G)$ étant un groupe commutatif, il existe un sous groupe C de $\mathcal{Z}(G)$ d'ordre p d'après a). Comme $C \subset \mathcal{Z}(G)$, C est distingué dans G. Soit π la surjection canonique de G dans G/C. L'ordre du groupe quotient G/C est $\text{Card}(G)/\text{Card}(C) = h/p < h = \text{Card}(G)$ et comme $p^{\alpha-1} \mid \text{Card}(G/C)$,

on sait d'après l'hypothèse de récurrence qu'il existe un sous groupe H' de G/C d'ordre $p^{\alpha-1}$. Le sous groupe $H = \pi^{-1}(H')$ est donc d'ordre $\text{Card}(C)\text{Card}(H') = p^{\alpha}$. D'où le résultat.

PROBLÈME 8. Soit G un groupe fini et H un sous groupe de G. On suppose que $\text{Card}(G) = p\,\text{Card}(H)$ où p est le plus petit facteur premier de $\text{Card}(G)$. Montrer que H est distingué dans G.

Solution. Considérons la relation d'équivalence sur G définie par

$$x \mathcal{R} y \iff x^{-1}y \in H.$$

La classe d'équivalence d'un élément $x \in G$ est de la forme $\overline{x} = xH$ (classe à gauche suivant H). Notons X l'ensemble quotient $G/\mathcal{R}$. Pour les mêmes raisons que dans la démonstration du théorème de Lagrange, $\text{Card}(X) = \text{Card}(G)/\text{Card}(H) = p$. Fixons $g \in G$. Pour tout $x \in G$ la classe $\overline{gx}$ ne dépend pas du représentant x de $\overline{x}$ car

$$x \mathcal{R} y \Longrightarrow x^{-1}y \in H \Longrightarrow (gx)^{-1}(gy) = x^{-1}y \in H \Longrightarrow gx \mathcal{R}\, gy.$$

Ainsi, l'application

$$\sigma_g : X \to X \quad \overline{x} \mapsto \overline{gx}$$

est bien définie, et il est facile de vérifier que c'est une permutation de X. Comme $\sigma_{gg'} = \sigma_g \circ \sigma'_g$, l'application

$$\varphi : G \to \mathcal{S} \quad g \mapsto \sigma_g$$

(où $\mathcal{S}$ désigne le groupe des permutations de X) est un morphisme de groupes. On en déduit que $\text{Im}\,\varphi$ est isomorphe à $G/\text{Ker}\,\varphi$, donc que $\text{Card}(\text{Im}\,\varphi) = \text{Card}(G)/\text{Card}(\text{Ker}\,\varphi)$. De plus $\text{Im}\,\varphi$ est un sous groupe de $\mathcal{S}$, donc $\text{Card}(\text{Im}\,\varphi) \mid \text{Card}(\mathcal{S}) = p!$. Finalement,

$$\frac{\text{Card}(G)}{\text{Card}(\text{Ker}\,\varphi)} \mid p!\,.$$

Comme p est premier et que c'est le plus petit facteur premier de $\text{Card}(G)$, on en déduit facilement que $\text{Card}(G)/\text{Card}(\text{Ker}\,\varphi)$ divise p. Ainsi, $\text{Card}(\text{Ker}\,\varphi) \geq \text{Card}(G)/p = \text{Card}(H)$. Un peu d'attention montre que

$$\text{Ker}\,\varphi = \{g \in G \mid \forall x \in G,\ x^{-1}gx \in H\}, \tag{$*$}$$

en particulier $\text{Ker}\,\varphi \subset H$. Comme $\text{Card}(\text{Ker}\,\varphi) \geq \text{Card}(H)$, ceci entraîne $\text{Ker}\,\varphi = H$. D'après (*), ceci s'écrit $\forall g \in H, \forall x \in G,\ x^{-1}gx \in H$, c'est-à-dire que H est distingué dans G.

PROBLÈME 9. **1/** Soit G un groupe. Si $A \subset G$, on note $A' = \{x \in G, \forall a \in A, ax = xa\}$.
a) Si $A \subset G$, montrer que A' est un sous groupe de G.
b) Soit D un sous groupe de G distingué dans G. On note $\mathcal{A}(D)$ le groupe des automorphismes de D.

α) Montrer que D' est distingué dans G et que G/D' est isomorphe à un sous groupe de $\mathcal{A}(D)$.

β) Si D est d'ordre m premier, montrer que $\mathcal{A}(D)$ est isomorphe au groupe multiplicatif $(\mathbb{Z}/m\mathbb{Z})^*$.

2/ Soit G un groupe fini *non abélien* d'ordre pq, où p et q sont des nombres premiers, avec $p < q$. On note e le neutre de G.
a) Montrer que le centre $\mathcal{Z}(G)$ de G est réduit à $\{e\}$.
b) Montrer qu'il existe dans G au moins un sous groupe d'ordre q. (on pourra utiliser l'équation aux classes, voir 2.4 théorème 6).

c) Montrer qu'il n'existe qu'un seul sous groupe K de G d'ordre q, et que K est distingué dans G.
d) Montrer que $K = K'$ puis que $p \mid (q-1)$.

3/ Soit G un groupe d'ordre pq avec p et q premiers, $p < q$ et $p \nmid q-1$. Montrer que G est cyclique. (On pourra utiliser le résultat a) du problème précédent).

Solution. **1/ a)** On a $e \in A'$. Par ailleurs, si $x \in A'$, alors pour tout $a \in A$, $ax = xa$ donc en multipliant à gauche et à droite par x^{-1}, $x^{-1}a = ax^{-1}$. Ainsi, $x^{-1} \in A'$. Il ne reste plus qu'à montrer que si $x, y \in A'$, alors $xy \in A'$, ce qui est le cas car si $a \in A$, $a(xy) = (ax)y = (xa)y = x(ay) = x(ya) = (xy)a$.

b) α) Soient $x \in G$ et $y \in D'$. Le sous groupe D étant distingué dans G, on a $x^{-1}ax \in D$ pour $a \in D$, donc $(x^{-1}ax)y = y(x^{-1}ax)$, ce qui entraîne $a(xyx^{-1}) = (xyx^{-1})a$ et ceci pour tout $a \in D$, donc $xyx^{-1} \in D'$, ce qui prouve que D' est distingué dans G.

– Pour tout $a \in G$, on note $\varphi_a \ : D \to G \quad x \mapsto \varphi_a(x) = axa^{-1}$. C'est un morphisme injectif, et D étant distingué dans G, φ_a est une bijection de D sur D. Autrement dit, φ_a est un automorphisme de D. Notons $\mathcal{A}' = \{\varphi_a,\ a \in G\}$. C'est un sous groupe de $\mathcal{A}(D)$ pour la loi de composition.

Soit $f \ : G \to \mathcal{A}' \quad a \mapsto \varphi_a$. f est un morphisme de groupe surjectif. Par ailleurs, Ker $f = \{a \in G, \forall x \in D,\ \varphi_a(x) = x\} = D'$, donc $G/\text{Ker } f = G/D'$ est isomorphe à $\mathcal{A}'$, qui est un sous groupe de $\mathcal{A}(D)$.

β) L'ordre de D étant un nombre premier, D est cyclique donc il existe $x_0 \in D$ tel que $D = < x_0 >$.

Pour tout entier p, $m \nmid p$, on note $\varphi_p : \ D \to D \quad x \mapsto x^p$. Comme D est abélien (car cyclique), φ_p est un morphisme de groupe. Or si $x^p = e$ alors $x = e$ (sinon x est d'ordre m donc $m \mid p$, contradictoire). En d'autres termes, Ker $\varphi_p = \{e\}$. Le morphisme φ_p est donc injectif, donc bijectif (φ_p va de D dans D et D est fini). En résumé, on a montré que $\varphi_p \in \mathcal{A}(D)$.

– Soit $f : \ (\mathbb{Z}/m\mathbb{Z})^* \to \mathcal{A}(D) \quad \dot{p} \mapsto \varphi_p$.

f est bien une application (si $\dot{p} = \dot{q}$, alors $m \mid (p-q)$ donc $\varphi_p = \varphi_q$).

f est un morphisme de groupe : $\varphi_{pq} = \varphi_p \circ \varphi_q$.

f est injective. En effet, si $\dot{p} \in$ Ker f, alors $\varphi_p = \text{Id}_D$ donc $x_0^p = x_0$ donc $p \equiv 1 \pmod m$. Ainsi, Ker $f = \{\dot{1}\}$.

f est surjective. En effet. Soit $\varphi \in \mathcal{A}(D)$. Alors il existe $p, 1 \leq p \leq m-1$, tel que $\varphi(x_0) = x_0^p$ (car si $\varphi(x_0) = e$ alors $\forall k, \varphi(x_0^k) = e$ et φ n'est pas bijective). Soit $y \in D$. Il existe $q \in \mathbb{Z}$, $y = x_0^q$, donc $\varphi(y) = \varphi(x_0^q) = \varphi(x_0)^q = x_0^{pq} = y^p$. Donc $\varphi = \varphi_p = f(\dot{p})$.

f est donc un isomorphisme, d'où le résultat.

2/ a) Soit p_1 l'ordre de $\mathcal{Z}(G)$. Supposons $p_1 > 1$. L'ensemble $\mathcal{Z}(G)$ est un sous groupe de G donc $p_1 \mid pq = \text{Card}(G)$ donc $p_1 \in \{p, q\}$ car G n'est pas abélien. Le centre de G est distingué dans G, et le groupe quotient $G/\mathcal{Z}(G)$ est d'ordre pq/p_1, donc premier, donc cyclique. Soit $a \in G$ tel que $\dot{a}$ (la classe de a dans $G/\mathcal{Z}(G)$) engendre $G/\mathcal{Z}(G)$. Si $x \in G$, il existe un entier n tel que $\dot{x} = \dot{a}^n$, autrement dit il existe $y \in \mathcal{Z}(G)$ tel que $x = ya^n$. On voit donc que x commute avec a, et ceci pour tout $x \in G$. Donc $a \in \mathcal{Z}(G)$, donc $\dot{a} = \dot{e}$, ce qui est absurde puisque $\dot{a}$ engendre $G/\mathcal{Z}(G) \neq \{\dot{e}\}$. Donc $p_1 = 1$.

b) D'après le théorème 6 de la partie 2.4, il existe une famille finie de sous groupes stricts de G $(H_i)_{i \in I}$ telle que

$$pq = \text{Card}(G) = \text{Card}(\mathcal{Z}(G)) + \sum_{i \in I} \frac{pq}{\text{Card}(H_i)}.$$

S'il n'existe aucun sous groupe de G d'ordre q, alors pour tout i, $\text{Card}(H_i) = p$ (car $\text{Card}(H_i) \mid pq$, $\neq 1$, $\neq pq$ et $\neq q$). L'équation aux classes s'écrit donc $pq = 1 + q\text{Card}(I)$, donc $1 = q(p - \text{Card}(I))$, absurde. Il existe donc au moins un sous groupe de G d'ordre q.

c) Supposons qu'il existe deux sous groupes distincts K_1 et K_2 d'ordre q. Alors $K_1 \cap K_2 = \{e\}$ (car $K_1 \cap K_2$ est un sous groupe de K_1, son cardinal divise donc q, donc vaut 1 ou q — car q est premier . Si son ordre est q, c'est que $K_1 = K_2$). L'application $f : \ K_1 \times K_2 \to G \quad (x_1, x_2) \mapsto x_1x_2$ est donc injective (si $x_1x_2 = y_1y_2$, alors $x_1^{-1}y_1 = x_2y_2^{-1} \in K_1 \cap K_2$ donc $x_1^{-1}y1 = x_2y_2^{-1} = e$).

Donc $\text{Card}(G) \geq \text{Card}(K_1 \times K_2) = q^2$, absurde car $p < q$. Il n'y a donc qu'un seul sous groupe K d'ordre q.

– Montrons que K est distingué dans G. Si $x \in K$ et si $a \in G$, alors $(axa^{-1})^q = ax^qa^{-1} = aea^{-1} = e$, donc axa^{-1} est d'ordre q ou 1 (q est premier), donc $axa^{-1} \in K$ d'après l'unicité d'un sous groupe d'ordre q. Le sous groupe K est donc distingué dans G.

d) Le sous groupe K étant cyclique (car d'ordre q premier), il est commutatif. Donc $K \subset K'$. Or K' est un sous groupe de G, donc $\text{Card}(K') \mid pq$. Or $\text{Card}(K') \geq \text{Card}(K) = q > p > 1$ donc $\text{Card}(K') \in \{q, pq\}$. Si $\text{Card}(K') = pq$, c'est que $K' = G$ et en retournant à la définition de K', ceci entraîne $K \subset \mathcal{Z}(G) = \{e\}$, ce qui est absurde. Donc $\text{Card}(K') = q$, donc $K = K'$.

– D'après 1/b), $K' = K$ étant distingué dans G, G/K' est isomorphe à un sous groupe de $\mathcal{A}(K)$. Donc $p = \text{Card}(G)/K$ divise $\text{Card}(\mathcal{A}(K))$. Or d'après 1/b)$\beta$), $\mathcal{A}(K)$ est isomorphe à $(\mathbb{Z}/q\mathbb{Z})^*$. Donc $\text{Card}(\mathcal{A}(K)) = q - 1$, donc $p \mid q - 1$.

3/ Comme $p \nmid q - 1$, G est abélien d'après 2/. D'après la question a) du problème précédent, on peut donc trouver deux sous groupes H_1 et H_2 de G d'ordre p et q. Les nombres p et q étant premiers, H_1 et H_2 sont cycliques et donc il existe $x \in H_1$ d'ordre p et $y \in H_2$ d'ordre q. L'élément $z = xy$ est alors d'ordre pq (si $z^m = e$ alors $x^m = y^{-m}$ donc $x^{mq} = e$ donc $p \mid mq$ donc $p \mid m$ d'après le théorème de Gauss ; de même $q \mid m$ donc $pq \mid m$), donc $G = \langle z \rangle$ est cyclique.

Remarque. Le résultat de cet exercice est un cas particulier du résultat suivant : Si G est un groupe fini d'ordre n et si n et $\varphi(n)$ sont premiers entre eux (où φ désigne l'indicateur d'Euler), alors G est cyclique.

5. Sujets d'étude

Sujet d'étude 1 (Théorème de Tchébycheff). Pour tout $x \in \mathbb{R}$, on note $[x]$ sa partie entière. Si $n \geq 2$, on note $\mathcal{P}(n)$ l'ensemble des nombres premiers $\leq n$, et $\pi(n) = \text{Card}(\mathcal{P}(n))$. Enfin, si $n \in \mathbb{N}^*$ et si p est premier, on note $v_p(n) = \sup\{\alpha \in \mathbb{N} \mid p^\alpha \mid n\}$ (valuation p-adique de n).

1/ Montrer que si n est un entier, $n \geq 2$, on a

$$\frac{4^n}{2\sqrt{n}} < C_{2n}^n < 4^n.$$

2/ a) Si $k \in \mathbb{N}^*$, montrer $C_{2k+1}^k < 4^k$.
b) En déduire que pour $n \geq 2$, $P_n = \prod_{p \in \mathcal{P}(n)} < 4^n$.
3/ Montrer que si $n \geq 14$, $\pi(n) \leq n/2 - 1$.
4/ Si $n \in N$ et p est premier, montrer

$$v_p(n!) = \sum_{i=1}^{\infty} \left[\frac{n}{p^i}\right].$$

5/ Soient p un nombre premier et $r \in \mathbb{N}^*$. Si $p^r \mid C_{2n}^n$, montrer que $p^r \leq 2n$. En déduire $C_{2n}^n \leq (2n)^{\pi(2n)}$.
6/ Soit $n > 2$. Soit p premier, $2n/3 < p \leq n$. Montrer que $p \nmid C_{2n}^n$.
7/ Soit $n \geq 2$. On note $\mathcal{P} = \mathcal{P}(2n) \setminus \mathcal{P}(n)$ et $R_n = \prod_{p \in \mathcal{P}} p$. Si $n \geq 98$, montrer

$$\frac{4^{n/3}}{2\sqrt{n}(2n)^{\sqrt{n/2}}} < R_n < (2n)^{\pi(2n) - \pi(n)}.$$

8/ Si $x \in \mathbb{R}$, $x \geq 7$, montrer que $2^x \geq 18x$. Si $x \geq 5$, montrer que $2^x \geq 6x$. En déduire que si $n \in \mathbb{N}$, $n \geq 450$, $R_n > 2n$.

9/ a) Montrer que si $n \in \mathbb{N}$, $n > 5$, il existe au moins deux nombres premiers p tels que $n < p < 2n$.

b) En déduire le théorème de Tchébycheff: Si n est un entier, $n \geq 4$, alors il existe au moins un nombre premier p vérifiant $n < p < 2n - 2$.

Solution. **1/** D'après l'identité du binôme,

$$C_{2n}^n < \sum_{k=0}^{2n} C_{2n}^k = (1+1)^{2n} = 4^n.$$

Montrons l'autre inégalité par récurrence.

- Pour $n = 2$, c'est vrai car $C_4^2 = 6 > 4^2/(2\sqrt{2})$.
- Supposons le résultat vrai pour n, montrons le pour $n+1$. On écrit

$$C_{2n+2}^{n+1} = 2\frac{2n+1}{n+1}C_{2n}^n > \frac{2(2n+1)}{(n+1)2\sqrt{n}}4^n = \frac{2n+1}{2\sqrt{4n(n+1)}\sqrt{n+1}}4^{n+1},$$

et il suffit alors de voir que $4n(n+1) < (2n+1)^2 = 1 + 4n(n+1)$.

2/ a) On écrit tout simplement

$$2C_{2k+1}^k = C_{2k+1}^k + C_{2k+1}^{k+1} < \sum_{n=0}^{2k+1} C_{2k+1}^n = 2^{2k+1} = 2.4^k.$$

b) Procédons par récurrence sur n.

- Pour $n = 2$ c'est vrai car $P_2 = 2 < 4^2$.
- Supposons le résultat vrai jusqu'au rang $n-1$. Si n est pair, alors $P_n = P_{n-1} < 4^{n-1} < 4^n$. Sinon n est impair. Soit $k \in \mathbb{N}$ tel que $n = 2k+1$. Pour tout nombre premier p tel que $k+2 \leq p \leq 2k+1$, p divise $k!C_{2k+1}^k = (k+1)\cdots(2k+1)$. Or p est premier avec $k!$, donc d'après le théorème de Gauss, $p \mid C_{2k+1}^k$. Si N désigne le produit des nombres premiers p tels que $k+2 \leq p \leq 2k+1$, on a donc $N \mid C_{2k+1}^k$, donc $N \leq C_{2k+1}^k < 4^k$. Or $P_{k+1} < 4^{k+1}$. Donc $P_{2k+1} = NP_{k+1} < 4^k 4^{k+1} = 4^{2k+1}$.

3/ On vérifie facilement que $\pi(14) = 6 = 14/2 - 1$.
Supposons $n \geq 15$. Parmi $1, 2, \ldots, n$, les $[n/2] - 1$ nombres pairs $4, 6, \ldots, 2[n/2]$ sont composés. Par ailleurs $1, 9$ et 15 ne sont pas premiers. On trouve donc au moins $([n/2] - 1) + 3 = [n/2] + 2$ nombres composés parmi $1, 2 \ldots, n$. Donc $\pi(n) \leq n - ([n/2] + 2) \leq n - (n/2 + 1) = n/2 - 1$.

4/ Si $k \in \mathbb{N}^*$, $v_p(k)$ s'interprète comme l'exposant de p dans la décomposition de k en facteurs premiers. Donc $v_p(n!) = \sum_{k=1}^n v_p(k)$. Le symbole de Kronecker défini par $\delta_k^i = 1$ si $p^i \mid k$, $\delta_k^i = 0$ si $p^i \nmid k$, nous sera utile pour éclaircir notre discours. On a bien sûr $v_p(k) = \sum_{i=1}^\infty \delta_k^i$, de sorte que

$$v_p(n!) = \sum_{k=1}^n v_p(k) = \sum_{k=1}^n \left(\sum_{i=1}^\infty \delta_k^i\right) = \sum_{i=1}^\infty \left(\sum_{k=1}^n \delta_k^i\right).$$

Pour tout i, $\sum_{k=1}^n \delta_k^i$ représente le nombre d'entiers k, $1 \leq k \leq n$ tels que $p^i \mid k$. Ces entiers sont de la forme ℓp^i où $\ell \in \mathbb{N}^*$ et $\ell \leq n/p^i$, donc au nombre de $[n/p^i]$. Donc $v_p(n!) = \sum_{i=1}^\infty [n/p^i]$.

5/ Si $x \in \mathbb{R}$, les inégalités

$$2x - 1 < [2x] \leq 2x \quad \text{et} \quad x - 1 < [x] \leq x$$

entraînent $-1 < [2x] - 2[x] < 2$, et comme $[2x] - 2[x]$ est entier, $0 \leq [2x] - 2[x] \leq 1$.

Par ailleurs, $p^r \mid C_{2n}^n$ donc

$$r \leq v_p(C_{2n}^n) = v_p[(2n)!] - 2v_p(n!) = \sum_{k=1}^\infty \left(\left[\frac{2n}{p^k}\right] - 2\left[\frac{n}{p^k}\right]\right).$$

Si $p^k > 2n$, $[2n/p^k] = [n/p^k] = 0$ donc

$$r \le v_p(C_{2n}^n) = \sum_{p^k \le 2n} \left(\left[\frac{2n}{p^k}\right] - 2\left[\frac{n}{p^k}\right]\right) \le \sum_{p^k \le 2n} 1.$$

Si $p^r > 2n$, ce dernier terme est $< r$, absurde. Donc $p^r \le 2n$.

Donc

$$C_{2n}^n = \prod_{p \in \mathcal{P}(2n)} p^{v_p(C_{2n}^n)} \le \prod_{p \in \mathcal{P}(2n)} (2n) = (2n)^{\pi(2n)}.$$

6/ On a $2n/p < 3$ et $n > p \ge 1$, donc $[2n/p] \le 2$ et $[n/p] \ge 1$. Donc $0 \le [2n/p] - 2[n/p] \le 2 - 2 \cdot 1 = 0$, donc $[2n/p] - 2[n/p] = 0$.

- Ceci étant, si $n \ge 5$, pour tout entier $k \ge 2$ on a $p^k > 4n^2/9 > 2n$, donc $[2n/p^k] = [n/p^k] = 0$. Donc

$$v_p(C_{2n}^n) = \sum_{k=1}^{\infty} \left(\left[\frac{2n}{p^k}\right] - 2\left[\frac{n}{p^k}\right]\right) = 0,$$

d'où le résultat si $n \ge 5$. par - Si $n = 3$ ou $n = 4$, on doit avoir $p = 3$. Or $C_6^3 = 20$ et $C_8^4 = 70$ ne sont pas divisibles par 3. On a donc le résultat pour tout $n \ge 3$.

7/ Il est clair que

$$R_n = \prod_{p \in \mathcal{P}} p < \prod_{p \in \mathcal{P}} (2n) = (2n)^{\pi(2n) - \pi(n)}.$$

- Comme pour 2/b), on voit que $R_n \mid C_{2n}^n$. Soit $Q_n \in \mathbb{N}^*$ tel que $C_{2n}^n = R_n Q_n$. D'après 5/, si p est premier, $n < p \le 2n$, on a $p \nmid Q_n$. Donc tout nombre premier p divisant Q_n vérifie $p \le n$. D'après 6/, on a même $p \le 2n/3$. Le produit des nombres premiers de Q_n sera donc au plus égal à $P_{[2n/3]}$, donc inférieur à $4^{2n/3}$.

D'après 5/, l'exposant de p dans la décomposition de Q_n en facteurs premiers ne sera > 1 que si $p < \sqrt{2n}$. D'après 3/, comme $\sqrt{2n} \ge \sqrt{2 \cdot 98} = 14$, ce nombre de facteurs premiers de Q_n est inférieur à $[\sqrt{2n}]/2 - 1$, donc strictement inférieur à $\sqrt{2n}/2 = \sqrt{n/2}$. Le produit des puissances de ces nombres premiers divisant Q_n sera donc au plus égal à $(2n)^{\sqrt{n/2}}$, et finalement

$$Q_n \le 4^{2n/3} (2n)^{\sqrt{n/2}}$$

et comme $R_n Q_n = C_{2n}^n$, on tire de 1/

$$R_n Q_n > \frac{4^n}{2\sqrt{n}} \quad \text{donc} \quad R_n > \frac{4^{n/3}}{2\sqrt{n}(2n)^{\sqrt{n/2}}}.$$

8/ La première partie de cette question se résout facilement en effectuant (par exemple) une étude de fonctions.

Pour la seconde partie, on écrit que si $n \ge 450$, alors comme $\sqrt{2n}/6 \ge 5$ on a $2^{\sqrt{2n}/6} > \sqrt{2n}$, donc

$$2^{n/3} = (2^{\sqrt{2n}/6})^{\sqrt{2n}} > (\sqrt{2n})^{\sqrt{2n}} = (2n)^{\sqrt{n/2}} \qquad (*).$$

On a aussi $2n/9 \ge 7$, donc $2^{2n/9} > 4n$ donc $2^{n/3} > (4n)^{3/2} > 4n\sqrt{n}$ (**). En combinant (*) et (**), on obtient

$$\frac{4^{n/3}}{(2n)^{\sqrt{n/2}}} > 2^{n/3} > 4n\sqrt{n},$$

d'où le résultat d'après 7/.

9/ a) D'après 8/ et 7/, si $n \ge 450$, on a $(2n)^{\pi(2n)-\pi(n)} > R_n > 2n$, donc $\pi(2n) - \pi(n) \ge 2$.

Il reste à vérifier le résultat pour $6 \le n \le 450$. Les nombres premiers 7, 11, 13, 19, 23, 37, 43, 73, 83, 139, 163, 277, 317, 547, 631 suffisent à l'affirmer.

b) Pour $n = 4$ c'est vrai ($4 < 5 < 6$) ainsi que pour $n = 5$ ($5 < 7 < 8$). Pour $n \ge 6$, il existe d'après /a) deux nombres premiers p tels que $n < p < 2n$, donc il en existe au moins un vérifiant $n < p < 2n - 2$.

Remarque. Ce résultat fut conjecturé par J. Bertrand en 1845 et démontré pour la première fois par Tchébycheff en 1850.

SUJET D'ÉTUDE 2 (SYMBOLE DE LEGENDRE ET APPLICATIONS). Soit $p > 2$ un nombre premier. Pour alléger les notations, on note $\mathbb{F}_p$ le corps $\mathbb{Z}/p\mathbb{Z}$ et $p' = (p-1)/2$. Pour tout $x \in \mathbb{R}$, on note $[x]$ sa partie entière.

1/ On note $(\mathbb{F}_p^*)^2 = \{x^2,\ x \in \mathbb{F}_p^*\}$. Calculer $\mathrm{Card}\Big((\mathbb{F}_p^*)^2\Big)$.

2/ Si $x \in \mathbb{Z}, p \nmid x$, on note $(\frac{x}{p}) = 1$ si $\dot{x} \in (\mathbb{F}_p^*)^2$, $(\frac{x}{p}) = -1$ sinon (symbole de Legendre).
a) Si $p \nmid x$, montrer que $(\frac{x}{p}) \equiv x^{p'} \pmod p$, puis montrer

$$\forall x, y,\ p \nmid x,\ p \nmid y, \quad \left(\frac{xy}{p}\right) = \left(\frac{x}{p}\right)\left(\frac{y}{p}\right).$$

b) Calculer $(\frac{-1}{p})$.

3/ Soit $S = \{\dot{1}, \dot{2}, \ldots, \dot{p'}\}$ et soit $a \in \mathbb{Z}$, $p \nmid a$. Si $s \in \mathbb{N}$, $1 \leq s \leq p'$, on peut écrire $\dot{a}\dot{s} = e_s(a)\dot{s}_a$ avec $e_s(a) \in \{-1, 1\}$ et $s_a \in S$.
a) Montrer que l'application $f :\ S \to S \quad \dot{s} \mapsto \dot{s}_a$ est bijective.
b) Soit $\mu_a = \mathrm{Card}\{s \in S,\ e_s(a) = -1\}$. Montrer $(\frac{a}{p}) = (-1)^{\mu_a}$.

4/ (Loi de réciprocité quadratique.) Soit $q > 2$ premier, $q \neq p$. On note $q' = (q-1)/2$.
a) On note

$$S_{p,q} = \sum_{s=1}^{p'} \left[\frac{sq}{p}\right] \quad \text{et} \quad S_{q,p} = \sum_{s=1}^{q'} \left[\frac{sp}{q}\right].$$

Montrer que $S_{p,q} + S_{q,p} = p'q'$.
b) Montrer que $S_{q,p} \equiv \mu_q \pmod 2$.
c) En déduire la loi de réciprocité quadratique

$$\left(\frac{p}{q}\right)\left(\frac{q}{p}\right) = (-1)^{p'q'}.$$

Application 1. **5/ a)** (Un test de primalité.) Soient h et m deux entiers tels que $m \geq 2$ et $1 \leq h \leq 2^m - 1$. On pose $n = h2^m + 1$. Soit $p > 2$ premier tel que $(\frac{n}{p}) = -1$. Montrer que n est premier si et seulement si $p^{(n-1)/2} \equiv -1 \pmod n$.
b) (Un critère de primalité des nombres de Fermat.) On rappelle que les nombres de Fermat sont les nombres de la forme $F_k = 2^{2^k} + 1$ où $k \in \mathbb{N}^*$ (voir 1.3 exercice 4). Montrer que F_k est premier si et seulement si $3^{(F_k-1)/2} \equiv -1 \pmod{F_k}$.

Application 2. **6/ a)** Soit $p > 3$ un nombre premier. Montrer que $-\dot{3}$ est un carré dans $\mathbb{F}_p$ si et seulement si $p \equiv 1 \pmod 6$. En déduire qu'il existe une infinité de nombres premiers de la forme $6n + 1$.
b) Soit $p > 5$ un nombre premier. Montrer que $\dot{5}$ est un carré dans $\mathbb{F}_p$ si et seulement si $p \equiv \pm 1 \pmod{10}$. En déduire qu'il existe une infinité de nombres premiers de la forme $10n - 1$, $n \in \mathbb{N}$.

Solution. **1/** L'application $\varphi :\ \mathbb{F}_p^* \to (\mathbb{F}_p^*)^2 \quad x \mapsto x^2$ est un morphisme de groupe surjectif. Or $x \in \mathrm{Ker}\,\varphi \iff x^2 = \dot{1} \iff (x - \dot{1})(x + \dot{1}) = \dot{0} \iff x \in \{-\dot{1}, \dot{1}\}$. Donc $\mathrm{Card}(\mathrm{Ker}\,\varphi) = 2$, donc $\mathrm{Card}\Big((\mathbb{F}_p^*)^2\Big) = \mathrm{Card}(\mathbb{F}_p^*)/\mathrm{Card}(\mathrm{Ker}\,\varphi) = (p-1)/2 = p'$.

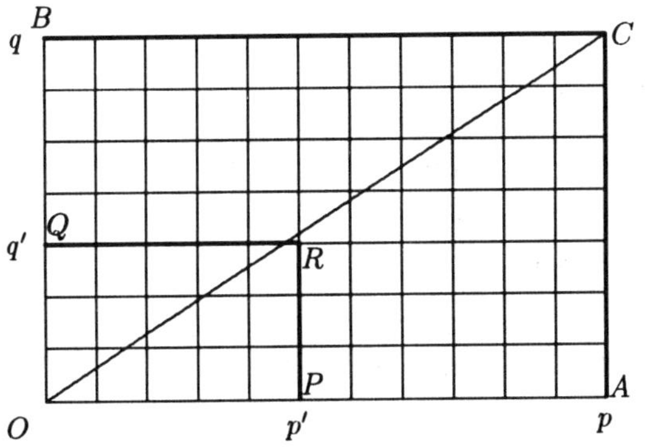

FIGURE I.1. La diagonale OC sépare les points de $OPQR$ en deux régions.

2/ a) Si $x \in (\mathbb{F}_p^*)^2$, alors il existe $y \in \mathbb{F}_p^*$ tel que $x = y^2$ et donc $x^{p'} = y^{p-1} = \dot{1}$. L'équation $x^{p'} - 1$ ayant au plus p' racines dans le corps $\mathbb{F}_p^*$, comme $\mathrm{Card}\big((\mathbb{F}_p^*)^2\big) = p'$ on en déduit l'équivalence $(x^{p'} = \dot{1}) \iff (x \in (\mathbb{F}_p^*)^2)$. Or si $x \in \mathbb{F}_p^*$, $x^{p-1} = x^{2p'} = \dot{1}$ donc $(x^{p'} - \dot{1})(x^{p'} + \dot{1}) = \dot{0}$ donc $x^{p'} \in \{-\dot{1}, \dot{1}\}$. Donc si $x \notin (\mathbb{F}_p^*)^2$, $x^{p'} = -\dot{1}$, d'où le résultat.
On a donc

$$\left(\frac{xy}{p}\right) \equiv (xy)^{p'} \equiv (x^{p'})(y^{p'}) \equiv \left(\frac{x}{p}\right)\left(\frac{y}{p}\right) \pmod{p}$$

et comme $p > 2$, on en déduit le résultat.

b) D'après 2/a), $(\frac{-1}{p}) \equiv (-1)^{p'} \pmod{p}$, et comme $p > 2$ et que $(\frac{-1}{p}) \in \{-1, 1\}$, $(\frac{-1}{p}) = (-1)^{p'}$.

3/ a) Remarquons que si $\dot{s} \in S$,alors $f(\dot{s}) = e_s(a)\dot{a}\dot{s}$. Ceci étant, f est injective. En effet, si $f(\dot{s}) = f(\dot{s}')$, alors $e_s(a)\dot{a}\dot{s} = e_{s'}(a)\dot{a}\dot{s}'$ donc $e_s(a)\dot{s} = e_{s'}(a)\dot{s}'$, donc p divise $e_s(a)s - e_{s'}(a)s' = n$. Or $|n| \leq |s| + |s'| \leq 2p' < p$, donc $n = 0$, ce qui prouve $e_s(a)s = e_{s'}(a)s'$ et en passant aux valeurs absolues $s = s'$. L'application f est injective et comme le cardinal de l'ensemble de départ est égal a celui de l'ensemble d'arrivée, f est bijective.

b) On écrit

$$\left(\prod_{\dot{s} \in S} \dot{s}\right)\left(\frac{a}{p}\right) = (\dot{1} \cdot \dot{2} \cdots \dot{p}') \cdot \dot{a}^{p'} = \dot{a}(\dot{2}\dot{a}) \cdots (\dot{p}'\dot{a}) = \left(\prod_{\dot{s} \in S} \dot{s}\right) \cdot \left(\prod_{\dot{s} \in S} e_s(a)\right).$$

Comme f est bijective, $\prod_{\dot{s} \in S} \dot{s} = \prod_{\dot{s} \in S} e_s(a)$, et ce terme étant non nul, on obtient

$$\left(\frac{a}{p}\right) \equiv \prod_{\dot{s} \in S} e_s(a) \equiv (-1)^{\mu_a} \pmod{p},$$

d'où le résultat.

4/ a) Nous allons établir la preuve à l'aide d'un dessin (voir la figure ci contre). Remarquons déjà que p et q étant premiers et distincts, ils sont premiers entre eux. Autrement dit, dans la figure, aucun point à coordonnées (i, j) entières $(1 \leq i \leq p',\ 1 \leq j \leq q')$ ne rencontre la diagonale OC. Soit $s \in \mathbb{N}$, $1 \leq s \leq p'$. $[sq/p]$ représente le nombre de points à coordonnées entières, d'abscisse s, d'ordonnée > 0, se trouvant sous la diagonale OC. Le nombre $S_{q,p} = \sum_{s=1}^{p'} [sq/p]$ représente donc le nombre de points à coordonnées entières d'ordonnées > 0 dans le rectangle $OPQR$ se trouvant sous la diagonale OC. Pour des raisons analogues, $S_{p,q}$ représente le nombre de points à coordonnées entières d'abscisse > 0 dans le rectangle $OPQR$ se trouvant au dessus de la diagonale OC. La somme $S_{p,q} + S_{q,p}$ est donc le nombre de points à coordonnées entières dans le rectangle $OPQR$ d'abscisse et d'ordonnées > 0, c'est-à-dire $S_{p,q} + S_{q,p} = p'q'$.

b) Si $s \in \mathbb{N}$, $1 \leq s \leq p'$, on peut écrire $sq = p[sq/p] + u_s$, où $1 \leq u_s \leq p - 1$. Par ailleurs :
Si $u_s \leq p'$, $u_s = s_q$ et $e_s(q) = 1$.

Si $u_s > p'$, $u_s = p - s_q$ et $e_s(q) = -1$.
Comme
$$\sum_{s=1}^{p'} sq = p \sum_{1\le s\le p'} \left[\frac{sq}{p}\right] + \sum_{1\le s\le p'} u_s$$
et que, en travaillant modulo 2
$$\sum_{s=1}^{p'} u_s \equiv \sum_{e_s(q)=1} s_q + \sum_{e_s(q)=-1} (p - s_q) \equiv \sum_{e_s(q)=1} s_q + \mu_q p + \sum_{e_s(q)=-1} s_q \pmod 2,$$
ce qui s'écrit aussi
$$\sum_{s=1}^{p'} u_s \equiv \sum_{s=1}^{p'} s_q + \mu_q p \equiv \sum_{s=1}^{p'} s + \mu_q p \equiv \frac{p'(p'+1)}{2} + \mu_q \pmod 2$$
on a
$$q\frac{p'(p'+1)}{2} \equiv pS_{q,p} + \frac{p'(p'+1)}{2} + \mu_q \equiv S_{q,p} + \frac{p'(p'+1)}{2} + \mu_q \pmod 2.$$
Comme $q \equiv 1 \pmod 2$ ce résultat entraîne que $S_{q,p}$ et μ_q ont la même parité.

c) D'après 4/b), $S_{q,p}$ et μ_q ont la même parité, de même que $S_{p,q}$ et μ_p. Donc d'après 3/b)
$$\left(\frac{p}{q}\right)\left(\frac{q}{p}\right) = (-1)^{\mu_p}(-1)^{\mu_q} = (-1)^{S_{p,q}+S_{q,p}} = (-1)^{p'q'},$$
cette dernière égalité provenant de 4/a).

5/ a) *Condition nécessaire.* Comme $m \geq 2$, $n' = (n-1)/2$ est pair, donc d'après la loi de réciprocité quadratique
$$\left(\frac{p}{n}\right) = \left(\frac{n}{p}\right) = -1,$$
ce qui d'après 2/a) entraîne $p^{(n-1)/2} \equiv -1 \pmod n$.
Condition suffisante. Soit q un facteur premier de n ($q \neq p$ car $p \wedge n = 1$). On a
$$p^{(n-1)/2} \equiv -1 \pmod q, \quad p^{n-1} \equiv 1 \pmod q, \quad p^{q-1} \equiv 1 \pmod q.$$
Si d est l'ordre de $\dot{p}$ dans $(\mathbb{Z}/q\mathbb{Z})^*$, on a donc
$$d \nmid \frac{n-1}{2}, \quad d \mid (n-1) \quad \text{et} \quad d \mid q-1,$$
c'est-à-dire
$$d \nmid 2^{m-1}h \quad d \mid 2^m h \quad \text{et} \quad d \mid (q-1).$$
Donc $2^m \mid d$ et $2^m \mid (q-1)$. Soit $x \in \mathbb{N}^*$ tel que $q = 2^m x + 1$. Si r est tel que $n = qr$, de $n \equiv 1 \equiv q \pmod{2^m}$ on tire $r \equiv 1 \pmod{2^m}$ donc il existe $y \in \mathbb{N}$, $r = 2^m y + 1$. Donc
$$n = qr = (2^m x + 1)(2^m y + 1) = 2^{2m}xy + 2^m(x+y) + 1$$
d'où on tire $2^m xy < 2^m xy + x + y = h < 2^m$, donc $y = 0$, et donc $n = q$ est premier.

b) On veut appliquer le test précédent avec $h = 1$ et $m = 2^k \geq 2$. Comme $2^m \equiv (-1)^m \equiv 1 \pmod 3$, on a $n \equiv 2 \pmod 3$ donc $(\frac{n}{3}) = -1$ comme on le vérifie facilement. Le test précédent s'applique donc (avec p=3), d'où le résultat.

6/ a) D'après la loi de réciprocité quadratique
$$\left(\frac{3}{p}\right)\left(\frac{p}{3}\right) = (-1)^{1\times p'} \quad \text{donc} \quad \left(\frac{3}{p}\right) = (-1)^{p'}\left(\frac{p}{3}\right).$$
On a donc, en utilisant 2/a) et 2/b)
$$\left(\frac{-3}{p}\right) = \left(\frac{-1}{p}\right)\left(\frac{3}{p}\right) = (-1)^{p'}(-1)^{p'}\left(\frac{p}{3}\right) = \left(\frac{p}{3}\right) \qquad (*).$$

Si $p \equiv 1 \pmod 3$, alors $(\frac{p}{3}) = 1$; si $p \equiv 2 \pmod 3$, alors $(\frac{p}{3}) = -1$. D'après (*), $-\dot{3}$ est donc un carré dans $\mathbb{F}_p$ si et seulement si $p \equiv 1 \pmod 3$, autrement dit si et seulement si $p = 1 + 3k$ avec $k \in \mathbb{N}^*$, ou encore $p = 1 + 6n$ avec $n \in \mathbb{N}^*$ car k doit être pair.

Supposons qu'il y ait un nombre fini de nombres premiers de la forme $1 + 6n$. Nous les notons $p_1, \cdots, p_k$. On pose $N = 1+2^2 3(p_1 \cdots p_k)^2$. Soit p un nombre premier divisant N. Comme $6 \mid N-1$, on a $p > 3$. Par ailleurs

$$-1 \equiv 2^2 3(p_1 \cdots p_k)^2 \pmod p \quad \text{donc} \quad -3 \equiv (2 \cdot 3p_1 \cdots p_k)^2 \pmod p,$$

donc $-\dot{3}$ est un carré dans $\mathbb{F}_p$, donc $p \equiv 1 \pmod 6$, donc il existe i tel que $p = p_i$. Mais alors $p \mid N - 1$, ce qui est absurde puisque $p = p_i$ divise N. D'où le résultat.

b) D'après la loi de réciprocité quadratique

$$\left(\frac{5}{p}\right)\left(\frac{p}{5}\right) = (-1)^{2p'} = 1 \quad \text{donc} \quad \left(\frac{5}{p}\right) = \left(\frac{p}{5}\right) \qquad (**).$$

On vérifie facilement que les carrés dans $\mathbb{F}_5^*$ sont $-\dot{1}$ et $\dot{1}$. D'après (**), 5 est donc un carré dans $\mathbb{F}_p$ si et seulement si $p \equiv \pm 1 \pmod 5$, c'est-à-dire $p = \pm 1 + 5k$, $k \in \mathbb{N}^*$, où encore $p = \pm 1 + 10n$, $n \in \mathbb{N}^*$ car k doit être pair pour que p soit premier.

Supposons qu'il y ait un nombre fini de nombres premiers de la forme $10n - 1$, $n \in \mathbb{N}^*$. Nous les notons $p_1, \cdots, p_k$. Posons $N = -1 + 2^2 3^2 5(p_1 \cdots p_k)^2$. Soit p un nombre premier divisant N. Comme $(2 \cdot 3 \cdot 5) \mid N + 1$, $p > 5$. Par ailleurs,

$$1 \equiv 2^2 3^2 5(p_1 \cdots p_k)^2 \pmod p \quad \text{donc} \quad 5 \equiv (2 \cdot 3 \cdot 5p_1 \cdots p_k)^2 \pmod p,$$

donc $\dot{5}$ est un carré dans $\mathbb{F}_p$. Donc $p \equiv \pm 1 \pmod{10}$. Si $p \equiv -1 \pmod{10}$, alors il existe i tel que $p = p_i$ et donc $p \mid N + 1$, ce qui est absurde puisque $p \mid N$. Nous venons donc de montrer que tout diviseur premier p de N vérifie $p \equiv 1 \pmod{10}$, ce qui en écrivant la décomposition en facteurs premiers de N entraîne $N \equiv 1 \pmod{10}$. Ceci est absurde puisque la forme de N entraîne $N \equiv -1 \pmod{10}$. Il y a donc une infinité de nombres premiers de la forme $10n - 1$, $n \in \mathbb{N}^*$.

Remarque. On retrouve avec la question 2/b) le résultat 1/a) du problème 4 (page 37). Le résultat de 6/a) est un cas particulier de la question 2/ de ce même problème.

– Les nombres de Fermat F_k sont premiers pour $k \leq 4$. On n'a jusqu'ici jamais trouvé d'autres nombres de Fermat premiers. Le test 5/b) a récemment été utilisé pour montrer que F_{20} n'est pas premier.

SUJET D'ÉTUDE 3 (SUR LES ENTIERS SOMME DE DEUX CARRÉS). Le but de ce sujet d'étude est de donner une condition nécessaire et suffisante sur n pour qu'un entier n soit somme de deux carrés.

On note $\mathcal{A}_2 = \{x^2 + y^2,\ (x, y) \in \mathbb{Z}^2\}$. On suppose connu le résultat 1/a) du problème 3 : Si $p > 2$ est premier, alors

$$-\dot{1} \text{ est un carré dans } \mathbb{Z}/p\mathbb{Z} \iff p \equiv 1 \pmod 4 \qquad (*).$$

1/ Si X et Y appartiennent à $\mathcal{A}_2$, montrer que $XY \in \mathcal{A}_2$.

2/ Soit p un nombre premier tel que $p \equiv 1 \pmod 4$.
a) Montrer qu'il existe un entier m, $1 \leq m < p$, tel que $mp \in \mathcal{A}_2$.

Soit m_0 la plus petite valeur de m non nulle telle que $m_0 p \in \mathcal{A}_2$. Supposons $m_0 > 1$.
b) Montrer qu'il existe deux entiers x_1 et y_1 tels que $x_1^2 + y_1^2 = m_1 m_0$, avec m_1 un entier vérifiant $1 \leq m_1 < m_0$.
c) Montrer qu'il existe deux entiers X et Y tels que $X^2 + Y^2 = m_1 p$. Conclure.

3/ Démontrer le résultat suivant : Un entier $n > 0$ est somme de deux carrés d'entiers si et seulement si tous les facteurs premiers de n de la forme $4m+3$, $m \in \mathbb{N}$, ont un exposant pair dans la décomposition en facteurs premiers de n.

Solution. **1/** Si $X = x_1^2 + x_2^2$ et $Y = y_1^2 + y_2^2$, il suffit de remarquer que $XY = (x_1x_2 + y_1y_2)^2 + (x_1y_2 - x_2y_1)^2$.

2/ a) D'après (*), $-\dot{1}$ est un carré dans $\mathbb{Z}/p\mathbb{Z}$. Autrement dit, il existe $x \in \mathbb{Z}$,tel que $-1 \equiv x^2 \pmod p$. On peut même choisir x tel que $0 \le x \le p-1$. Comme $x^2 + 1 \equiv 0 \pmod p$, il existe $m \in \mathbb{Z}$ tel que $x^2 + 1 = mp$, et comme $0 \le x \le p-1$, on a $0 < m < p$, d'où le résultat.

b) Par hypothèse, il existe x, $y \in \mathbb{Z}$ tels que $x^2 + y^2 = m_0 p$ (**). Si m_0 divise x et y, alors $m_0^2 \mid (x^2 + y^2)$ donc $m_0 \mid p$, ce qui est absurde puisque $1 < m_0 \le m < p$. Donc m_0 ne divise pas x ou ne divise pas y. On en déduit qu'il existe $(c,d) \in \mathbb{Z}^2$ tels que $x_1 = x - cm_0$ et $y_1 = y - dm_0$ vérifient

$$|x_1| \le \frac{1}{2}m_0, \quad |y_1| \le \frac{1}{2}m_0 \quad \text{et} \quad x_1^2 + y_1^2 > 0$$

(pour c et d, il suffit de prendre les entiers les plus proches de x/m_0 et y/m_0). Or $x_1 \equiv x \pmod{m_0}$ et $y_1 \equiv y \pmod{m_0}$ donc $x_1^2 + y_1^2 \equiv x^2 + y^2 \equiv 0 \pmod{m_0}$, et donc il existe $m_1 \in \mathbb{N}$ tel que $x_1^2 + y_1^2 = m_1 m_0$. Comme $x_1^2 + y_1^2 > 0$, $m_1 > 0$. Par ailleurs, $x_1^2 + y_1^2 \le (m_0/2)^2 + (m_0/2)^2 = m_0^2/2$ donc $m_1 < m_0$.
c) Multipliant (**) par l'égalité $x_1^2 + y_1^2 = m_1 m_0$, on obtient

$$m_0^2 m_1 p = (x^2 + y^2)(x_1^2 + y_1^2) = (xx_1 + yy_1)^2 + (xy_1 - x_1 y)^2.$$

Mais

$$\begin{cases} xx_1 + yy_1 &= x(x - cm_0) + y(y - dm_0) &= m_0 X \quad \text{avec} \quad X = p - cx - dy \in \mathbb{Z} \\ xy_1 - x_1 y &= x(y - dm_0) - y(x - cm_0) &= m_0 Y \quad \text{avec} \quad Y = cy - dx \in \mathbb{Z} \end{cases}$$

Donc $m_1 p = X^2 + Y^2 \in \mathcal{A}_2$. Or $1 \le m_1 < m_0$ ce qui est contraire à l'hypothèse de minimalité faite sur m_0. Donc $m_0 = 1$, c'est-à-dire $p \in \mathcal{A}_2$.

3/ *Condition nécessaire.* Soit p un facteur premier de n tel que son exposant dans la décomposition de n en facteurs premiers soit impair. Notons $\alpha = 2k+1$ ($k \in \mathbb{N}$) cet exposant. Soient x et $y \in \mathbb{Z}$ tels que $n = x^2 + y^2$. Soit $d = \operatorname{pgcd}(x,y)$, soient $X, Y \in \mathbb{Z}$ tels que $x = dX$, $y = dY$ ($X \wedge Y = 1$) , et soit β l'exposant de p dans la décomposition de d en facteurs premiers. Comme $n = d^2(X^2 + Y^2) = d^2 N$ avec $N = X^2 + Y^2 \in \mathbb{N}$, on a $d^2 \mid n$ donc $2\beta \le \alpha = 2k+1$ donc $\beta \le k$. L'exposant de N dans la décomposition de N en facteurs premiers est $\alpha - 2\beta = 2(k - \beta) + 1 \ge 1$, donc $p \mid N$, donc $X^2 + Y^2 \equiv 0 \pmod p$. Or $p \nmid X$ (sinon $p \mid X$ donc $p \mid Y$, absurde car $X \wedge Y = 1$), $\dot{X}$ est donc non nul dans $\mathbb{Z}/p\mathbb{Z}$. Comme $\dot{X}^2 + \dot{Y}^2 = \dot{0}$ dans $\mathbb{Z}/p\mathbb{Z}$, on a $-\dot{1} = (\dot{X}^{-1}\dot{Y})^2$ est un carré dans $\mathbb{Z}/p\mathbb{Z}$, donc $p = 2$ ou $p \equiv 1 \pmod 4$ d'après (*). D'où la condition nécessaire.
Condition suffisante. Soient $p_1, \dots, p_k$ les facteurs premiers de n dont l'exposant dans la décomposition en facteurs premiers de n est impair. On voit que l'on peut écrire $n = m^2 p_1 \cdots p_k$, où $m \in \mathbb{N}^*$. Par hypothèse, pour tout i on a $p_i \not\equiv 3 \pmod 4$, ce qui, les p_i étant premiers, entraîne $p_i \equiv 1 \pmod 4$ ou $p_i = 2$. Donc $p_i \in \mathcal{A}_2$ (d'après 2/ et parce que $2 = 1^2 + 1^2 \in \mathcal{A}_2$). Donc d'après 1/, $p_1 \cdots p_k \in \mathcal{A}_2$. Or $m^2 = m^2 + 0^2 \in \mathcal{A}_2$, et toujours d'après 1/, $n = (m^2)(p_1 \cdots p_k) \in \mathcal{A}_2$. D'où le résultat.

Remarque. Ce résultat fut complété par Jacobi qui montra que si $d_1(n)$ (resp. $d_3(n)$) désigne le nombre de diviseurs de n de la forme $4n+1$ (resp. $4n+3$), alors

$$\operatorname{Card}\{(x,y) \in \mathbb{Z}^2,\ n = x^2 + y^2\} = 4\Big(d_1(n) - d_3(n)\Big).$$

SUJET D'ÉTUDE 4 (TOUT ENTIER EST SOMME DE QUATRE CARRÉS). Le but de ce sujet d'étude est de montrer que tout entier naturel est somme de quatre carrés. On note

$\mathcal{A}_4 = \{x^2+y^2+z^2+t^2,\ (x,y,z,t) \in \mathbb{Z}^4\}$ et $\mathbb{Z}[i] = \{x+iy,\ (x,y) \in \mathbb{Z}^2\}$ (anneau des entiers de Gauss).

1/ Soient x, y, z et t des nombres complexes. Vérifier que

$$(|x|^2+|y|^2)(|z|^2+|t|^2) = |x\overline{z}+y\overline{t}|^2 + |xt-yz|^2.$$

En déduire que si X et $Y \in \mathcal{A}_4$, alors $XY \in \mathcal{A}_4$.

2) Soit $p > 2$ un nombre premier.
a) Montrer qu'il existe $x, y \in \mathbb{Z}$ tels que $-1 \equiv x^2+y^2 \pmod p$. (On pourra utiliser le résultat de la question 1/ du sujet d'étude 2/).
b) En déduire qu'il existe $m \in \mathbb{N}$, $1 \le m < p$ tel que $mp \in \mathcal{A}_4$.
Soit m_0 le plus petit entier > 0 tel que $m_0p \in \mathcal{A}_4$. Supposons $m_0 > 1$.
c) Montrer que m_0 est impair.
d) Montrer qu'il existe $x, y \in \mathbb{Z}[i]$ tel que $m_0p = |x|^2+|y|^2$.
e) Montrer qu'il existe c et $d \in \mathbb{Z}[i]$ tels que $z = x - cm_0$ et $t = y - dm_0$ vérifient $|z|^2+|t|^2 = m_0m_1$ avec $1 \le m_1 < m_0$.
f) En utilisant 1/, montrer que $m_1p \in \mathcal{A}_4$. Conclure.

3/ En déduire le théorème de Lagrange : tout entier naturel est somme de quatre carrés d'entiers.

Solution. **1/** Pour la première partie de la question, il suffit d'écrire

$$\begin{aligned}|x\overline{z}+y\overline{t}|^2+|xt-yz|^2 &= (x\overline{z}+y\overline{t})(\overline{x}z+\overline{y}t)+(xt-yz)(\overline{xt-yz})\\ &= (|xz|^2+|yt|^2+x\overline{zy}t+\overline{x}zy\overline{t})+(|xt|^2+|yz|^2-xt\overline{yz}-\overline{xt}yz)\\ &= |xz|^2+|yt|^2+|xt|^2+|yz|^2 = (|x|^2+|y|^2)(|z|^2+|t|^2).\end{aligned}$$

Maintenant, donnons nous $X = x_1^2+x_2^2+x_3^2+x_4^2$ et $Y = y_1^2+y_2^2+y_3^2+y_4^2$ deux éléments de $\mathcal{A}_4$. Appliquons la relation précédente avec $x = x_1+ix_2$, $y = x_3+ix_4$, $z = y_1+iy_2$ et $t = y_3+iy_4$. On a $X = |x|^2+|y|^2$ et $Y = |z|^2+|t|^2$. Le carré du module d'un élément de $\mathbb{Z}[i]$ étant la somme de deux carrés d'entiers, on en déduit que $XY = |x\overline{z}+y\overline{t}|^2+|xt-yz|^2$ est somme de quatre carrés d'entiers, d'où le résultat.

2/a) D'après la question 1/ du sujet d'étude 2, on a $\mathrm{Card}\{x^2,\ x \in (\mathbb{Z}/p\mathbb{Z})^*\} = (p-1)/2$. En comptant $\dot{0}$, on voit donc que $\Gamma = \{x^2,\ x \in \mathbb{Z}/p\mathbb{Z}\}$ a $(p+1)/2$ éléments. De l'injectivité de l'application $\mathbb{Z}/p\mathbb{Z} \to \mathbb{Z}/p\mathbb{Z}$ $y \mapsto -1-y$, on voit que $\Gamma' = \{-1-y^2,\ y \in \mathbb{Z}/p\mathbb{Z}\}$ a aussi $(p+1)/2$ éléments. Donc $\Gamma \cap \Gamma' \neq \varnothing$ (car si $\Gamma \cap \Gamma' = \varnothing$, alors $p = \mathrm{Card}(\mathbb{Z}/p\mathbb{Z}) \ge \mathrm{Card}(\Gamma)+\mathrm{Card}(\Gamma') = p+1$, absurde), ce qui entraîne l'existence de $x, y \in \mathbb{Z}/p\mathbb{Z}$ tels que $-\dot{1}-y^2 = x^2$, d'où le résultat.

b) D'après la question précédente, il existe $x, y \in Z$ tels que $-1 \equiv x^2+y^2 \pmod p$. On peut même supposer $0 \le x < p$ et $0 \le y < p$, et quitte à changer x en $p-x$, y en $p-y$, supposer $0 \le x \le (p-1)/2$ et $0 \le y \le (p-1)/2$. Comme $p \mid 1+x^2+y^2$, il existe $m \in \mathbb{Z}$ tel que $1+x^2+y^2 = mp$. Donc $0 < mp \le 1+2(\frac{p-1}{2})^2 < p^2$, d'où $1 \le m < p$.

c) Supposons m_0 pair. Soient $x_1, x_2, x_3, x_4 \in \mathbb{Z}$ tels que $m_0p = x_1^2+x_2^2+x_3^2+x_4^2$. Comme m_0 est pair, les éléments x_1, x_2, x_3, x_4 sont (i) soit tous pairs, (ii) soit tous impairs, (iii) soit deux d'entre eux sont pairs et deux sont impairs, et quitte à renuméroter, on peut supposer x_1, x_2 pairs et x_3, x_4 impairs. Dans tous les cas, les éléments

$$\frac{x_1-x_2}{2},\quad \frac{x_1+x_2}{2},\quad \frac{x_3-x_4}{2},\quad \frac{x_3+x_4}{2}$$

sont des entiers. Comme

$$\frac{m_0}{2}p = \left(\frac{x_1-x_2}{2}\right)^2+\left(\frac{x_1+x_2}{2}\right)^2+\left(\frac{x_3-x_4}{2}\right)^2+\left(\frac{x_3+x_4}{2}\right)^2,$$

l'hypothèse de minimalité de m_0 est contredite. Donc m_0 est impair.

d) Si $x_1, x_2, x_3, x_4 \in \mathbb{Z}$ sont tels que $m_0 p = x_1^2 + x_2^2 + x_3^2 + x_4^2$, si $x = x_1 + ix_2$ et $y = x_3 + ix_4 \in \mathbb{Z}[i]$, alors $m_0 p = |x|^2 + |y|^2$.

e) Montrons auparavant le résultat suivant :

$$\forall Z = a + ib \in \mathbb{C}, \ \exists Z' \in \mathbb{Z}[i] \quad \text{tel que} \quad |Z - Z'|^2 \leq \frac{1}{2}. \qquad (*)$$

Il suffit en effet de prendre $Z' = a' + ib'$ où a' et b' sont des entiers tels que $|a - a'| \leq 1/2$ et $|b - b'| \leq 1/2$. On a alors $|Z - Z'|^2 = |a - a'|^2 + |b - b'|^2 \leq (1/2)^2 + (1/2)^2 = 1/2$.

D'après (*), il existe $c \in \mathbb{Z}[i]$ tel que $|x/m_0 - c|^2 \leq 1/2$. Autrement dit, si $z = x - m_0 c$, on a $|z|^2 \leq m_0^2/2$. Comme $|z|^2$ est un entier et que m_0 est impair, on a même $|z|^2 < m_0^2/2$. De même, il existe $d \in \mathbb{Z}[i]$ tel que $t = y - dm_0$ vérifie $|t|^2 < m_0^2/2$. Or $|z|^2 + |t|^2 = |x|^2 + |y|^2 - m_0[(x\overline{c} + \overline{x}c) + (y\overline{d} + \overline{y}d)] = m_0(p - [(x\overline{c} + \overline{x}c) + (y\overline{d} + \overline{y}d)]$, donc m_0 divise $|z|^2 + |t|^2$. Soit $m_1 \in \mathbb{N}$ tel que $|z|^2 + |t|^2 = m_1 m_0$. On tire des majorations de $|z|^2$ et $|t|^2$ que $m_1 < m_0$. Par ailleurs $m_1 > 0$ car si $m_1 = 0$, alors $z = t = 0$ donc $x = cm_0$ et $y = dm_0$ donc $pm_0 = |x|^2 + |y|^2 = |m_0|^2(|c|^2 + |d|^2)$, donc $m_0 \mid p$ ce qui est absurde car $1 < m_0 < p$ (d'après 2/a)). Donc $1 \leq m_1 < m_0$ d'où le résultat.

f) En multipliant les égalités $m_0 p = |x|^2 + |y|^2$ et $m_0 m_1 = |z|^2 + |t|^2$, on obtient d'après 1/

$$m_0^2 m_1 p = |x\overline{z} + y\overline{t}|^2 + |xt - yz|^2. \qquad (**)$$

Or $x\overline{z} + y\overline{t} = x(\overline{x} - \overline{c}m_0) + y(\overline{y} - \overline{d}m_0) = |x|^2 + |y|^2 - m_0(x\overline{c} + y\overline{d}) = m_0\alpha$ où $\alpha = p - x\overline{c} - y\overline{d} \in \mathbb{Z}[i]$. Par ailleurs, $xt - yz = -dm_0 x + cm_0 y = m_0\beta$ où $\beta = -dx + cy \in \mathbb{Z}[i]$. D'après (**), on peut écrire $m_1 p = |\alpha|^2 + |\beta|^2$, et comme le carré du module d'un élément de $\mathbb{Z}[i]$ est la somme de deux carrés d'entiers, $m_1 p \in \mathcal{A}_4$. Ceci contredit l'hypothèse de minimalité faite sur m_0. On a donc $m_0 = 1$, c'est-à-dire $p \in \mathcal{A}_4$.

3/ D'après 2/, tout nombre premier $p > 2$ est somme de quatre carrés. Il en est de même de $p = 2 = 1^2 + 1^2 + 0^2 + 0^2$. Tout nombre premier est donc élément de $\mathcal{A}_4$. Si n est un entier, n peut s'écrire comme le produit de nombres premiers d'après le théorème fondamental de l'arithmétique, et donc $n \in \mathcal{A}_4$ d'après 1/. D'où le résultat.

Remarque. Une question qui vient à l'esprit est de se demander si tous les entiers ne sont pas somme de trois carrés. Le cas de 7 montre que non.

– On peut se poser le problème plus général suivant. Étant donné un entier $k \geq 2$, que vaut $g(k)$, le plus petit entier $m > 0$ tel que tout entier est somme de m puissances k-ème d'entiers, et que vaut $G(k)$, le plus petit entier $m > 0$ tel que tout entier suffisamment grand est somme de m puissances k-ème d'entiers ? La recherche (et l'existence) de $g(k)$ et $G(k)$ s'appelle le problème de Waring. Nous venons de montrer que $g(2) = 4$. On peut montrer que $G(2) = 4$. On sait par exemple que $g(3) = 9$ et $4 \leq G(3) \leq 7$, $19 \leq g(4) \leq 22$ et $G(4) = 16$, $g(5) = 37$ et $G(5) \leq 23$.

CHAPITRE II

Corps, Polynômes et Fractions Rationnelles

HISTORIQUEMENT, la recherche des solutions des équations polynomiales précède l'étude des polynômes. Elle marque l'entrée des mathématiques dans une nouvelle ère. En effet, la première en date des grandes découvertes en mathématiques allant nettement au delà des connaissances de l'antiquité est la formule de résolution de l'équation du troisième degré $x^3 - px = q$ obtenue sans doute au début du seizième siècle par Scipione del Ferro, professeur à l'université de Bologne. Cardan est le premier à rendre publique cette formule vers 1545. Vers 1540, Ferrari, élève de Cardan, obtient la formule de résolution de l'équation du quatrième degré. L'équation du cinquième degré tient cependant les mathématiciens en échec pendant 200 ans ; ce n'est qu'en 1826 qu'Abel démontre qu'il est impossible de donner des formules explicites de type de celles données pour les degrés inférieurs pour les solutions des équations de degré supérieur ou égal à 5. Quelques années plus tard, Galois donne un critère de résolubilité par radicaux de toutes les équations polynomiales. La théorie des polynômes est née.
Parallèlement, on essaye de démontrer le théorème fondamental de l'Algèbre (tout polynôme complexe de degré n a n racines complexe). On s'y attaque vers 1746, d'abord en essayant de donner une démonstration purement algébrique, avant de s'apercevoir qu'il fallait utiliser les propriétés topologiques de $\mathbb{R}$. Lagrange en publia une démonstration dans ses mémoires en 1771.

1. Corps, polynômes et arithmétique dans K[X]

1.1. Corps

DÉFINITION 1. Soit $\mathbb{K}$ un ensemble muni de deux lois internes "+" et "·". $(\mathbb{K}, +, \cdot)$ est un *corps* si

(i) $(\mathbb{K}, +)$ est un groupe abélien.
(ii) $(\mathbb{K}^*, \cdot)$ est un groupe.
(iii) La loi $\cdot$ est distributive par rapport a la loi $+$.

Remarque 1. – Si la loi $\cdot$ est commutative, on parle de corps *commutatif*.
- Il revient au même de dire qu'un corps est un anneau dans lequel tout élément non nul est inversible.
- Les corps les plus couramment rencontrés sont $\mathbb{Q}, \mathbb{R}, \mathbb{C}$ et $\mathbb{Z}/p\mathbb{Z}$ (p premier).

DÉFINITION 2. Soit $(\mathbb{L}, +, \cdot)$ un corps et $\mathbb{K} \subset \mathbb{L}$. On dit que $\mathbb{K}$ est un *sous corps* de $\mathbb{L}$ si la restriction à $\mathbb{K}$ des lois $+$ et $\cdot$ lui confère une structure de corps (on dit aussi que $\mathbb{L}$ est un *surcorps* ou une *extension* de $\mathbb{K}$).

Remarque 2. Si $\mathbb{K}$ est un sous corps commutatif de $\mathbb{L}$, $\mathbb{L}$ est un $\mathbb{K}$-espace vectoriel.

Avec la définition de la caractéristique d'un anneau donnée au chapitre I, section 3.2, définition 9 (page 30), on a :

PROPOSITION 1. *La caractéristique d'un corps est* 0 *ou un nombre premier.*

Démonstration. Immédiat d'après la proposition 3 de la partie 3.2 du chapitre 1 (page 30) car un corps est un anneau intègre. □

Exemple 1. Les corps, $\mathbb{Q}$, $\mathbb{R}$ et $\mathbb{C}$ sont de caractéristique 0 ; si p est premier, le corps $\mathbb{Z}/p\mathbb{Z}$ est de caractéristique p.

Corps premier, sous corps premier.

DÉFINITION 3. Un corps est dit *premier* s'il n'admet pas d'autres sous corps que lui même.

Exemple 2. Les corps $\mathbb{Q}$, $\mathbb{Z}/p\mathbb{Z}$ (p premier) sont premiers.

DÉFINITION 4. Soit $(\mathbb{K}, +, \cdot)$ un corps dont l'élément neutre de $(\mathbb{K}^*, \cdot)$ est noté e.

- Si $\mathbb{K}$ est de caractéristique 0, alors $\mathbb{Q}_1 = \{\frac{ne}{me}, (n,m) \in \mathbb{Z} \times \mathbb{Z}^*\}$ est un corps premier isomorphe à $\mathbb{Q}$. C'est le *sous corps premier* de $\mathbb{K}$.
- Si $\mathbb{K}$ est de caractéristique p premier, l'application $f \ : \ \mathbb{Z} \to \mathbb{K} \quad n \mapsto ne$ est un morphisme d'anneaux et $\text{Ker } f = p\mathbb{Z}$. Donc $\mathbb{Z}/\text{Ker } f = \mathbb{Z}/p\mathbb{Z}$ est isomorphe à $\mathbb{K}' = f(\mathbb{Z})$, donc $\mathbb{K}'$ est un corps premier. C'est le *sous corps premier* de $\mathbb{K}$.

Exemple 3. Le corps $\mathbb{Q}$ est le sous corps premier de $\mathbb{R}$ (ou de $\mathbb{C}$). Le corps $\mathbb{Z}/p\mathbb{Z}$ est le sous corps premier de $\mathbb{Z}/p\mathbb{Z}$ (p premier).

1.2. Polynômes

DÉFINITION 5. Soit A un anneau commutatif unitaire. On appelle *polynôme à une indéterminée* à coefficients dans A toute suite $(a_n)_{n \in \mathbb{N}}$ d'éléments de A tous nuls à partir d'un certain rang.

Les polynômes sont munis des opérations usuelles d'addition et de produit de polynômes. On rappelle que tout polynôme $P = (a_i)_{i \in \mathbb{N}}$ à une indéterminée à coefficients dans A s'écrit $P = \sum_{i \in \mathbb{N}} a_i X^i$ où X désigne la suite $X = (0, 1, 0, \cdots, 0, \cdots)$. On appelle *degré* de P, noté $\deg(P)$, le plus grand indice i tel que $a_i \neq 0$ (avec par convention $\deg(P) = -\infty$ si $P = 0$). L'ensemble des polynômes à une indéterminée à coefficients dans A est noté $A[X]$. C'est un anneau commutatif unitaire, intègre si A est un anneau intègre. Si $A = \mathbb{K}$ est un corps, $\mathbb{K}[X]$ est un $\mathbb{K}$-espace vectoriel.

DÉFINITION 6. Soit A un anneau commutatif unitaire.

- Deux polynômes P, $Q \in A[X]$ sont dits *associés* s'il existe $\lambda \in A$ inversible tel que $P = \lambda Q$.
- Un polynôme $P \in A[X]$ est dit *unitaire* si son coefficient dominant (*i. e.* le coefficient du monôme de plus haut degré de P) vaut 1.

1.3. Arithmétique dans K[X]

Dans toute cette section, $\mathbb{K}$ désigne un corps commutatif.

Le caractère euclidien (donc principal) de l'anneau des polynômes $\mathbb{K}[X]$ lui confère une structure arithmétique tout-à-fait analogue à celle sur les entiers. Pour cette raison, nous ne passerons en revue que les propriétés arithmétiques de $\mathbb{K}[X]$ les plus importantes.

→ THÉORÈME 1 (DIVISION EUCLIDIENNE). *Soient A, $B \in \mathbb{K}[X]$, $B \neq 0$. Alors*

$$\exists!(Q,R) \in \mathbb{K}[X]^2 \quad \textit{tel que} \quad A = BQ + R \quad \textit{avec} \quad \deg(R) < \deg(B).$$

Remarque 3. Si $\mathbb{K} = \mathcal{A}$ est simplement un anneau commutatif unitaire, si le coefficient dominant de B est inversible, alors

$$(\exists (Q,R) \in \mathcal{A}[X]^2), \qquad A = BQ + R \quad \text{avec} \quad \deg(R) < \deg(B).$$

Si de plus $\mathcal{A}$ est intègre, il y a unicité du couple (Q, R). (Pour s'assurer du bien fondé de cette remarque, reprendre la démonstration de la division euclidienne dans $\mathcal{A}[X]$). Ceci est en particulier vrai sur $\mathbb{Z}[X]$ si B est unitaire.

→ THÉORÈME 2. *L'anneau $\mathbb{K}[X]$ est principal.*

Remarque 4. Attention ! Ce résultat est faux pour $\mathcal{A}[X]$ lorsque $\mathcal{A}$ n'est pas un corps (voir l'exercice 1).

DÉFINITION 7. Soient $P_1, \cdots, P_n$ n polynômes de $\mathbb{K}[X]$. Il existe un unique polynôme unitaire P engendrant l'idéal $(P_1) + \cdots + (P_n)$. Ce polynôme s'appelle le *pgcd* des P_i, et on le note $P = \text{pgcd}(P_1, \cdots, P_n)$. C'est aussi le diviseur unitaire de plus haut degré divisant tous les P_i.

DÉFINITION 8. Des polynômes $P_1, \cdots, P_n \in \mathbb{K}[X]$ sont dits *premiers entre eux dans leur ensemble* si on a $\text{pgcd}(P_1, \cdots, P_n) = 1$. Ils sont dits *premiers entre eux deux à deux* si $\forall i \neq j$, $\text{pgcd}(P_i, P_j) = 1$.

La notion de ppcm se définit de la même manière, comme dans $\mathbb{Z}$.

THÉORÈME 3 (BEZOUT). *Des polynômes $P_1, \ldots, P_n \in \mathbb{K}[X]$ sont premiers entre eux dans leur ensemble si et seulement s'il existe $U_1, \ldots, U_n \in \mathbb{K}[X]$ tels que $U_1 P_1 + \cdots + U_n P_n = 1$.*

Remarque 5.
- Lorsque l'on a affaire à deux polynômes P et Q premiers entre eux, on peut même trouver U et V tels que $\deg(U) < \deg(Q)$ et $\deg(V) < \deg(P)$ (voir la remarque de l'exercice 3, page 57).
- Comme dans $\mathbb{Z}$, il découle du théorème de Bezout le théorème de Gauss : Si $P \mid QR$ et si $\text{pgcd}(P, Q) = 1$, alors $P \mid R$.

Ce qui dans $\mathbb{Z}$ joue le rôle des nombres premiers est ici appelé polynôme irréductible. Plus précisément :

DÉFINITION 9. Un polynôme $P \in \mathbb{K}[X]$ est dit irréductible dans $\mathbb{K}[X]$ si P n'est pas constant (*i. e.* $\deg(P) \geq 1$) et si ses seuls diviseurs dans $\mathbb{K}[X]$ sont les constantes non nulles et les polynômes associés à P.

Remarque 6. Attention. Un polynôme irréductible dans $\mathbb{K}[X]$ ne l'est pas forcément dans $\mathbb{L}[X]$ où $\mathbb{L}$ est un surcorps de $\mathbb{K}$. Par exemple, $P = X^2 + 1$ est irréductible dans $\mathbb{R}[X]$, mais pas dans $\mathbb{C}[X]$ puisque $P = (X - i)(X + i)$.

Comme dans $\mathbb{Z}$, on a le résultat suivant.

→ THÉORÈME 4. *Soit $P \in \mathbb{K}[X]$ un polynôme non nul. Alors P se décompose de manière unique à l'ordre prés sous la forme*

$$P = \lambda P_1^{\alpha_1} \cdots P_k^{\alpha_k}$$

où $\lambda \in \mathbb{K}^*$, $\alpha_i \in \mathbb{N}^*$ et les P_i sont des polynômes distincts, unitaires et irréductibles dans $\mathbb{K}[X]$.

Rappelons enfin le théorème de division selon les puissances croissantes.

THÉORÈME 5. *Soient $A, B \in \mathbb{K}[X]$, le coefficient du terme constant de B étant non nul. Soit $k \in \mathbb{N}^*$. Alors*

$$(\exists!(Q_k, R_k) \in \mathbb{K}[X]^2), \qquad A = BQ_k + X^{k+1}R_k \quad \text{avec} \quad \deg(R_k) \leq k.$$

Déterminer (Q_k, R_k), c'est effectuer la division de A par B selon les puissances croissantes à l'ordre k.

1.4. Exercices

EXERCICE 1. Soit A un anneau commutatif unitaire intègre. Montrer que A est un corps si et seulement si $A[X]$ est un anneau principal.

Solution. La condition nécessaire est une question de cours. Montrons la condition suffisante. Soit $a \in A$, $a \neq 0$. Il s'agit de montrer que a est inversible. Comme $A[X]$ est principal, il existe $P \in A[X]$ tel que $(a) + (X) = (P)$. Comme $a \in (P)$, il existe $Q \in A[X]$ tel que $a = PQ$. On en déduit, $A[X]$ étant intègre, que $P \in A$.

Comme $P \in (a) + (X)$, il existe U et $V \in \mathbb{K}[X]$ tels que $aU + XV = P$. Si $b \in A$ désigne le coefficient du terme constant de U, on en déduit $ab = P$ puisque P est constant.

Comme $X \in (P)$, il existe $Q \in A[X]$ tel que $PQ = X$. Si $c \in A$ désigne le coefficient du terme en X de Q, on a donc $Pc = 1$. Finalement, on a $abc = Pc = 1$, et A étant commutatif, $a(bc) = (bc)a = 1$ donc a est inversible. D'où le résultat.

EXERCICE 2. Soient $A = X^a - 1$ et $B = X^b - 1 \in \mathbb{K}[X]$, avec $a, b \in \mathbb{N}^*$. Quel est le pgcd de A et de B ?

Solution. Nous allons trouver pgcd(A, B) grâce à l'algorithme d'Euclide. Rappelons en le principe. On effectue à partir de A et B des divisions euclidiennes successives. On écrit

$$A = BQ_0 + R_0 \quad \text{avec} \quad Q_0, R_0 \in \mathbb{K}[X] \quad \text{et} \quad \deg(R_0) < \deg(B),$$

et on recommence, en divisant toujours le dividende par le reste :

$$B = R_0Q_1 + R_1 \quad \text{avec} \quad Q_1, R_1 \in \mathbb{K}[X] \quad \text{et} \quad \deg(R_1) < \deg(R_0).$$

Au rang k, on fait

$$R_{k-1} = R_kQ_{k+1} + R_{k+1} \quad \text{avec} \quad Q_{k+1}, R_{k+1} \in \mathbb{K}[X] \quad \text{et} \quad \deg(R_{k+1}) < \deg(R_k).$$

La suite $(\deg(R_k))_{k\in\mathbb{N}}$ décroît strictement et donc il existe $n \in \mathbb{N}^*$ tel que $R_n = 0$ et $R_{n-1} \neq 0$. On remarque alors que pgcd(A, B) =pgcd$(B, R_0) = \cdots$ =pgcd(R_{n-1}, R_n), de sorte qu' a une constante multiplicative près, pgcd$(A, B) = R_{n-1}$ (cet algorithme reste valable dans $\mathbb{Z}$).

Avant d'appliquer l'algorithme, remarquons d'abord que si $m \geq n \in \mathbb{N}^*$ et si $m = nq + r$ est la division euclidienne dans $\mathbb{Z}$ de m par n, on a

$$X^m - 1 = (X^n - 1)(X^{m-n} + X^{m-2n} + \cdots + X^{m-qn}) + (X^{m-qn} - 1).$$

Comme $m - qn = r < m$, cette égalité constitue la division euclidienne de $X^m - 1$ par $X^n - 1$. Nous venons donc de montrer que *le reste de la division euclidienne de $X^m - 1$ par $X^n - 1$ est $X^r - 1$ où r est le reste de la division euclidienne de m par n.* $(*)$

Appliquons l'algorithme d'Euclide (dans $\mathbb{Z}$) à a et b :

$$a = bq_0 + r_0, \quad 0 \leq r_0 < b,$$

$$b = r_0 q_1 + r_1, \quad 0 \leq r_1 < r_0,$$

...

$$r_{k-1} = r_k q_{k+1} + r_{k+1}, \quad 0 \leq r_{k+1} < r_k.$$

On s'arrête au rang n lorsque $r_n = 0 \neq r_{n-1}$. Comme pour les polynômes, on a

$$\text{pgcd}\,(a,b) = \text{pgcd}\,(b, r_0) = \cdots = \text{pgcd}\,(r_{n-1}, r_n) = r_{n-1}.$$

D'après le principe (*), si les R_k désignent les polynômes introduits plus haut, on a $R_0 = X^{r_0} - 1, R_1 = X^{r_1} - 1, \cdots, R_{n-1} = X^{r_{n-1}} - 1, R_n = 0$. Donc $\text{pgcd}(A,B) = R_{n-1} = X^{r_{n-1}} - 1 = X^{\text{pgcd}(a,b)} - 1$.

EXERCICE 3. Déterminer l'ensemble des polynômes $P \in \mathbb{R}[X]$ tels que

$$P \equiv 1 \pmod{(X-1)^3} \quad \text{et} \quad P \equiv -1 \pmod{(X+1)^3}.$$

Solution. Notons Γ cet ensemble. On a

$$P \in \Gamma \iff \exists U,\ V \in \mathbb{R}[X], \left\{ \begin{array}{lcl} P & = & 1 + U(X-1)^3 \\ P & = & -1 + V(X+1)^3 \end{array} \right.$$

$$\iff \exists U,\ V \in \mathbb{R}[X], \left\{ \begin{array}{rcl} P & = & 1 + U(X-1)^3 \\ 1 + U(X-1)^3 & = & -1 + V(X+1)^3 \end{array} \right. .$$

En d'autres termes, Γ représente l'ensemble des polynômes de la forme $1 + U(X-1)^3$ où U appartient à l'ensemble

$$\{U \in \mathbb{R}[X] \mid \exists V \in \mathbb{R}[X],\ U(X-1)^3 + V(X+1)^3 = 2\}. \qquad (*)$$

Divisant U et V par 2, on est ramené au problème suivant : Quels sont les couples (U, V) tels que $U(X-1)^3 + V(X+1)^3 = 1$? C'est une question classique qui rentre dans le cadre du résultat suivant.

Lemme. Soient P, $Q \in \mathbb{K}[X]$, premiers entre eux. Alors il existe $(U_0, V_0) \in \mathbb{K}[X]^2$ tel que $U_0 P + V_0 Q = 1$, et l'ensemble des couples (U, V) vérifiant $UP + VQ = 1$ est $\Gamma' = \{(U_0 + KQ, V_0 - KP),\ K \in \mathbb{K}[X]\}$.

Preuve. L'existence de (U_0, V_0) est assurée par le théorème de Bezout. Maintenant, si $UP + VQ = 1$ on a $(U - U_0)P + (V - V_0)Q = 0$ donc $(U - U_0)P = -(V - V_0)Q$ (**). Donc $P \mid (V - V_0)Q$ et comme P et Q sont premiers entre eux, d'après le théorème de Gauss, $P \mid V - V_0$. Donc il existe $K \in \mathbb{K}[X]$ tel que $V = V_0 - KP$, et en remplaçant dans (**), on a $U = U_0 + KQ$. Réciproquement, on vérifie facilement que ce couple est solution. D'où le lemme.

Les polynômes $X - 1$ et $X + 1$ étant premiers entre eux, il en est de même des polynômes $P = (X-1)^3$ et $Q = (X+1)^3$, et le lemme s'applique donc. Ceci étant, comment trouver U_0 et V_0? Comme dans l'exercice précédent (et comme dans l'exercice 2 de la partie 1.3 du chapitre I — page 10), nous allons utiliser l'algorithme d'Euclide. Concrètement, cela donne :

$$(X+1)^3 = (X-1)^3 + (6X^2 + 2), \qquad (X-1)^3 = (6X^2+2)(\frac{X}{6} - \frac{1}{2}) + (\frac{8}{3}X),$$

$$6X^2 + 2 = (\frac{8}{3}X)(\frac{9}{4}X) + 2.$$

Maintenant, on remonte.

$$\begin{aligned}
2 &= (6X^2+2) - \left[(X-1)^3 - (6X^2+2)(\frac{X}{6}-\frac{1}{2})\right](\frac{9}{4}X) \\
&= (-\frac{9}{4}X)(X-1)^3 + (6X^2+2)\left[(\frac{X}{6}-\frac{1}{2})\frac{9}{4}X+1\right] \\
&= (-\frac{9}{4}X)(X-1)^3 + \left[(X+1)^3-(X-1)^3\right](\frac{3}{8}X^2-\frac{9}{8}X+1) \\
&= (-\frac{3}{8}X^2+\frac{9}{8}X+1)(X-1)^3 + (\frac{3}{8}X^2-\frac{9}{8}X+1)(X+1)^3.
\end{aligned}$$

Si $U_0 = -\frac{3}{16}X^2 + \frac{9}{16}X + \frac{1}{2}$ et $V_0 = \frac{3}{16}X^2 - \frac{9}{16}X + \frac{1}{2}$, on a donc $U_0P + V_0Q = 1$. D'après le lemme et d'après (*), on a donc

$$\Gamma = \{1 + [2U_0 + K(X+1)^3](X-1)^3,\ K \in \mathbb{R}[X]\},$$

où U_0 est défini plus haut.

Remarque. On peut tirer du lemme un résultat analogue à celui de la question a) de l'exercice 2 de la partie 1.3 du chapitre I (page 10), qui ici s'exprime sous la forme suivante.

> *Si P et $Q \in \mathbb{K}[X]$ sont premiers entre eux, alors il existe un unique couple $(U_0, V_0) \in (\mathbb{K}[X])^2$ tel que $U_0P + V_0Q = 1$ avec $\deg(U_0) < \deg(Q)$ et $\deg(V_0) < \deg(P)$.*

(Pour montrer ce résultat, partir d'une solution $UP + VQ = 1$ puis effectuer la division euclidienne de U par Q ...)

EXERCICE 4 (LEMME DE GAUSS ET CRITÈRE D'EISENSTEIN). **1/ a)** Soient P, $Q \in \mathbb{Z}[X]$ et p un nombre premier. On suppose que p divise tous les coefficients du produit PQ. Montrer que p divise tous les coefficients de P ou tous les coefficients de Q.
b) (Lemme de Gauss). Si $P \in \mathbb{Z}[X]$, on note $c(P)$ le pgcd des coefficients de P. Montrer que si P, $Q \in \mathbb{Z}[X]$, alors $c(PQ) = c(P)c(Q)$.

2/ Montrer que si $\Phi \in \mathbb{Z}[X]$ est irréductible dans $\mathbb{Z}[X]$, il est irréductible dans $\mathbb{Q}[X]$.

3/ a) (Critère d'Eisenstein). Soit $P = a_nX^n + \cdots + a_1X + a_0 \in \mathbb{Z}[X]$. On suppose qu'il existe un nombre premier p tel que

$$(i)\ \ \forall k,\ 0 \le k \le n-1,\ p \mid a_k \qquad (ii)\ \ p \nmid a_n \qquad (iii)\ \ p^2 \nmid a_0.$$

Montrer que P est irréductible dans $\mathbb{Q}[X]$.
b) *Application.* Soit p un nombre premier et $\Phi(X) = X^{p-1} + \cdots + X + 1$. Montrer que Φ est irréductible dans $\mathbb{Q}[X]$.

Solution. **1/ a)** Si $a \in \mathbb{Z}$, on note $\overline{a}$ sa classe dans $\mathbb{Z}/p\mathbb{Z}$. Si $P = a_nX^n + \cdots + a_1X + a_0 \in \mathbb{Z}[X]$, on note $\overline{P} = \overline{a_n}X^n + \cdots + \overline{a_1}X + \overline{a_0} \in \mathbb{Z}/p\mathbb{Z}[X]$. Si p divise tous les coefficients de PQ, on a, avec ces notations : $\overline{PQ} = \overline{P} \cdot \overline{Q} = \overline{0}$. Comme $\mathbb{Z}/p\mathbb{Z}$ est intègre, $\mathbb{Z}/p\mathbb{Z}[X]$ est intègre. Donc $\overline{P} = \overline{0}$ ou $\overline{Q} = \overline{0}$, d'où le résultat.
Remarque : on peut également résoudre cette question “à la main”, sans passer par $\mathbb{Z}/p\mathbb{Z}$ (mais c'est tellement plus élégant comme on l'a fait).

b) Soient $P, Q \in \mathbb{Z}[X]$. Il est clair que $P_1 = \frac{1}{c(P)}P$ et $Q_1 = \frac{1}{c(Q)}Q \in \mathbb{Z}[X]$, et on a $c(P_1) = c(Q_1) = 1$. Si $c(P_1Q_1) > 1$, alors il existe un nombre premier p divisant $c(P_1Q_1)$. D'après 1/a), on a donc $p \mid c(P_1)$ ou $p \mid c(Q_1)$, ce qui est absurde. Donc $c(P_1Q_1) = 1$, ce qui entraîne $c(PQ) = c(P)c(Q)c(P_1Q_1) = c(P)c(Q)$.

2/ Supposons Φ réductible dans $\mathbb{Q}[X]$. Il existe $P, Q \in \mathbb{Q}[X]$ tels que $\Phi = PQ$ avec $1 \le \deg(P)$ et $1 \le \deg(Q)$. Soient $\alpha, \beta \in \mathbb{N}^*$ tels que $P_1 = \alpha P$ et $Q_1 = \beta Q \in \mathbb{Z}[X]$. On a $\alpha\beta\Phi = P_1Q_1$ donc

$\alpha\beta \cdot c(\Phi) = c(P_1)c(Q_1)$ d'après le lemme de Gauss. Posons $P_2 = \frac{1}{c(P_1)}P_1$ et $Q_2 = \frac{1}{c(Q_1)}Q_1$. Ces polynômes sont à coefficients entiers. Par ailleurs, $\alpha\beta\Phi = c(P_1)c(Q_1)P_2Q_2 = \alpha\beta \cdot c(\Phi)P_2Q_2$. Si $P_3 = c(\Phi)P_2$, on a donc $\Phi = P_3Q_2$ avec P_3, $Q_2 \in \mathbb{Z}[X]$ et $1 \leq \deg(P_3)$, $1 \leq \deg(Q_2)$. Ainsi, le polynôme Φ est réductible dans $\mathbb{Z}[X]$, ce qui est absurde. Finalement, Φ est irréductible dans $\mathbb{Q}[X]$.

3/ a) Supposons P réductible dans $\mathbb{Q}[X]$. D'après la question précédente, Φ est réductible dans $\mathbb{Z}[X]$ et donc il existe Q, $R \in \mathbb{Z}[X]$ tels que $P = QR$, avec $a = \deg(Q) \geq 1$ et $b = \deg(R) \geq 1$. Dans $\mathbb{Z}/p\mathbb{Z}$, on a, d'après les hypothèses, $\overline{P} = \overline{a_n}X^n$. Écrivons $Q = \sum_{i=0}^{a} q_i X^i$ et $R = \sum_{i=0}^{b} r_i X^i$. Dans $\mathbb{Z}/p\mathbb{Z}[X]$, on a $\overline{P} = \overline{QR}$ donc $\overline{a_n}X^n = \overline{QR}$, donc $\overline{Q} = \overline{q_a}X^a$ et $\overline{R} = \overline{r_b}X^b$. Ceci entraîne $\overline{q_0} = \overline{r_0} = \overline{0}$, donc $p \mid q_0$ et $p \mid r_0$, donc $p^2 \mid q_0 r_0 = a_0$, ce qui est contraire aux hypothèses. Finalement, P est irréductible dans $\mathbb{Q}[X]$.

b) On aimerait bien utiliser le critère d'Eisenstein, mais comment faire ? Il suffit de considérer $\Phi(X+1)$. On a $(X-1)\Phi(X) = X^p - 1$ donc $X\Phi(X+1) = (X+1)^p - 1$, d'où on tire

$$\Phi(X+1) = \sum_{k=1}^{p} C_p^k X^{k-1}.$$

Il est maintenant facile de vérifier que $\Phi(X+1)$ satisfait les hypothèses du critère d'Eisenstein avec le nombre premier p (rappelons que si p est premier et si $1 \leq k \leq p-1$, alors $p \mid C_p^k$), donc $\Phi(X+1)$ est irréductible dans $\mathbb{Q}[X]$. Donc $\Phi(X)$ est irréductible dans $\mathbb{Q}[X]$.

Remarque. Le résultat 3/ b) est un cas particulier d'un résultat général concernant les polynômes cyclotomiques (voir le problème 9, page 92).

2. Fonction polynôme, racines d'un polynôme

Dans toute cette section, $\mathbb{K}$ désigne un corps commutatif.

2.1. Fonction polynôme

Soit A une $\mathbb{K}$-algèbre (rappelons qu'une $\mathbb{K}$-algèbre est un $\mathbb{K}$-espace vectoriel muni d'un produit interne — noté ici multiplicativement — faisant de A un anneau et tel que si $\lambda \in \mathbb{K}$, et $x, y \in A$, alors $\lambda(xy) = (\lambda x)y = x(\lambda y)$) non nécessairement commutative (typiquement $A = \mathbb{K}$, $A = \mathbb{K}[X]$ ou $A = \mathcal{M}_n(\mathbb{K})$). Pour tout $F = a_0 + a_1 X + \cdots + a_n X^n \in \mathbb{K}[X]$, on note $\widetilde{F}$ l'application

$$\widetilde{F} : A \to A \qquad x \mapsto \sum_{i=0}^{n} a_i x^i.$$

- Si $F, G \in \mathbb{K}[X]$, on a $\widetilde{F+G} = \widetilde{F} + \widetilde{G}$ et $\widetilde{FG} = \widetilde{F}\widetilde{G}$.
- Si $A = \mathbb{K}[X]$, on note $F \circ G = \widetilde{F}(G)$. Pour toute $\mathbb{K}$-algèbre A, on a alors $\widetilde{F \circ G} = \widetilde{F} \circ \widetilde{G}$.

Remarque 1. Lorsqu'il n'y aura aucune ambigüité, la *fonction polynôme* $x \mapsto \widetilde{F}(x)$ sera notée $x \mapsto F(x)$.

2.2. Racines d'un polynôme

DÉFINITION 1. Soit $F \in \mathbb{K}[X]$ et $\mathbb{L}$ une extension de $\mathbb{K}$. On dit que $a \in \mathbb{L}$ est une *racine* (ou un *zéro*) de F si $F(a) = 0$.

PROPOSITION 1. *Soit $a \in \mathbb{K}$ et $F \in \mathbb{K}[X]$. L'élément a est une racine de F si et seulement si $X - a$ divise F.*

DÉFINITION 2. Soit $F \in \mathbb{K}[X]$, $a \in \mathbb{K}$ et $h \in \mathbb{N}^*$. On dit que a est une racine d'*ordre* h de F si $(X-a)^h \mid F$ et $(X-a)^{h+1} \nmid F$.

PROPOSITION 2. *Soit $F \in \mathbb{K}[X]$ et $a_1, \ldots, a_r \in \mathbb{K}$ des racines de F d'ordre $h_1, \ldots, h_r$ (les a_i étant deux à deux distincts). Alors il existe $Q \in \mathbb{K}[X]$ tel que*

$$F(X) = (X-a_1)^{h_1} \cdots (X-a_r)^{h_r} Q(X) \quad et \quad \forall i,\ Q(a_i) \neq 0.$$

Conséquence. Si $F \in \mathbb{K}[X]$ est de degré $n \geq 1$, alors F a au plus n racines (comptées avec leur ordre de multiplicité).

Remarque 2. Attention ! La proposition précédente est fausse lorsque l'on remplace le corps $\mathbb{K}$ par un anneau. Par exemple, dans $\mathbb{Z}/8\mathbb{Z}$, le polynôme $F = \dot{4}X \in \mathbb{Z}/8\mathbb{Z}[X]$ a 3 racines $\dot{0}, \dot{2}$ et $\dot{4}$, mais $\deg(F) = 1$.

PROPOSITION 3. *Soit $F \in \mathbb{K}[X]$ tel que pour tout $x \in \mathbb{K}$, $F(x) = 0$. Si $\mathbb{K}$ est infini, on a $F = 0$.*

Remarque 3. Si $\mathbb{K}$ est fini, le résultat précédent est faux. Par exemple, si on note $a_1, \ldots, a_n$ les éléments de $\mathbb{K}$, le polynôme $F = (X-a_1)\cdots(X-a_n)$ est non nul et pourtant tous les éléments x de $\mathbb{K}$ vérifient $P(x) = 0$. Il ne faut donc pas confondre polynôme et fonction polynôme. Par contre, si $\mathbb{K}$ est infini, la proposition précédente nous dit qu'il y a bijection entre $\mathbb{K}[X]$ et les fonctions polynôme de $\mathbb{K}$ dans $\mathbb{K}$.

DÉFINITION 3. Un polynôme $F \in \mathbb{K}[X]$ est dit *scindé* (ou *dissocié*) sur $\mathbb{K}$ si on peut écrire

$$F = \lambda(X-a_1)^{h_1} \cdots (X-a_r)^{h_r}$$

avec $\lambda \in \mathbb{K}$ et pour tout i, $a_i \in \mathbb{K}$ et $h_i \in \mathbb{N}^*$.

Remarque 4. Deux polynômes F et G de $\mathbb{K}[X]$ scindés sur $\mathbb{K}$ sont premiers entre eux si et seulement s'ils n'ont aucune racine commune.

THÉORÈME 1 (RELATIONS ENTRE COEFFICIENTS ET RACINES). *Soit un polynôme $P = a_0X^n + a_1X^{n-1} + \cdots + a_{n-1}X + a_n \in \mathbb{K}[X]$ avec $a_0 \neq 0$, scindé sur $\mathbb{K}$: $P = a_0(X - x_1)\cdots(X-x_n)$. Alors pour tout p, $1 \leq p \leq n$,*

$$\sigma_p = \sum_{1 \leq i_1 < \cdots < i_p \leq n} x_{i_1} \cdots x_{i_p} = (-1)^p \frac{a_p}{a_0}.$$

En particulier

$$\sigma_1 = \sum_{i=1}^{n} x_i = -\frac{a_1}{a_0}, \quad \sigma_2 = \sum_{1 \leq i < j \leq n} x_i x_j = \frac{a_2}{a_0}, \sigma_n = \prod_{i=1}^{n} x_i = (-1)^n \frac{a_n}{a_0}.$$

2.3. Dérivation dans K[X]

DÉFINITION 4. Soit $F = a_0 + a_1X + \cdots + a_nX^n \in \mathbb{K}[X]$. On appelle *polynôme dérivé* de F le polynôme $F' = a_1 + 2a_2X + \cdots na_nX^{n-1}$.

Remarque 5.
- Si F est constant, $F' = 0$. La réciproque est vraie si $\mathbb{K}$ est de caractéristique 0, fausse en caractéristique non nulle (par exemple si $F = X^2 + \dot{1} \in \mathbb{Z}/2\mathbb{Z}[X]$, on a $F' = \dot{2}X = \dot{0}$ et pourtant F n'est pas une constante).
- Les règles de dérivations de somme, produit et composée pour les polynômes sont identiques aux règles de dérivations usuelles sur les fonctions dérivables. D'ailleurs, sur $\mathbb{R}[X]$, la fonction polynôme dérivé coïncide avec la dérivée de la fonction polynôme.

THÉORÈME 2 (FORMULE DE TAYLOR). *Si le corps $\mathbb{K}$ est de caractéristique nulle, tout polynôme F de $\mathbb{K}[X]$ de degré inférieur ou égal à n vérifie*

$$\forall a \in \mathbb{K}, \quad F(X) = F(a) + \frac{(X-a)}{1!}F'(a) + \cdots + \frac{(X-a)^n}{n!}F^{(n)}(a).$$

On en déduit

→ THÉORÈME 3. *Si le corps $\mathbb{K}$ est de caractéristique 0, et si $F \in \mathbb{K}[X]$, $F \neq 0$, alors $a \in \mathbb{K}$ est racine d'ordre h de F si et seulement si*

$$(i) \quad \forall i, 0 \leq i \leq h-1, \ F^{(i)}(a) = 0 \qquad (ii) \quad F^{(h)}(a) \neq 0.$$

Remarque 6. – Le cas de $F = X^3 \in \mathbb{Z}/3\mathbb{Z}[X]$ et $a = \dot{0}$ montre que ceci est faux en caractéristique non nulle (a est racine d'ordre 3 de F et pourtant $F^{(3)}(a) = \dot{0}$).

– Le résultat du théorème reste vrai en caractéristique quelconque pour caractériser les racines *simples*. Plus précisément, on a le résultat suivant.

Si $F \in \mathbb{K}[X]$, $F \neq 0$, et si $a \in \mathbb{K}$, alors a est racine simple de F si et seulement si $F(a) = 0$ et $F'(a) \neq 0$.

En effet. Si $F = (X-a)G$, alors $F' = G + (X-a)G'$ donc $F'(a) = G(a)$ et on en déduit facilement le résultat.

2.4. Polynômes d'interpolation de Lagrange

Soient $a_1, \ldots, a_n \in \mathbb{K}$, deux à deux distincts, et $b_1, \ldots, b_n \in \mathbb{K}$. Nous allons prouver qu'il existe un unique polynôme $F \in \mathbb{K}[X]$, $\deg(F) \leq n-1$, tel que $\forall i, \ F(a_i) = b_i$.

– *Existence.* Pour $1 \leq i \leq n$, on pose

$$F_i = \frac{(X-a_1)\cdots(X-a_{i-1})(X-a_{i+1})\cdots(X-a_n)}{(a_i-a_1)\cdots(a_i-a_{i-1})(a_i-a_{i+1})\cdots(a_i-a_n)}$$

(les polynômes F_i s'appellent des *polynômes d'interpolation de Lagrange*). On a $F_i(a_i) = 1$ et pour tout $j \neq i$, $F_i(a_j) = 0$. Si $F = \sum_{i=1}^n b_i F_i$, on a alors $F(a_i) = b_i F_i(a_i) = b_i$ pour tout i et comme $\deg(F) \leq n-1$, F convient.

– *Unicité.* Supposons que F et G conviennent. On pose $H = F - G$. Pour tout $i, 1 \leq i \leq n$, on a $H(a_i) = F(a_i) - G(a_i) = b_i - b_i = 0$. Le polynôme H a donc au moins n racines. Or $\deg(H) \leq n-1$, donc d'après la conséquence de la proposition 2, $H = 0$, c'est-à-dire $F = G$.

Remarque 7. Nous allons donner une autre expression de F, souvent utile dans la pratique. Posons $\Phi = (X-a_1)\cdots(X-a_n)$ et pour tout i, $1 \leq i \leq n$, Φ_i le polynôme tel que $\Phi = (X-a_i)\Phi_i$. Par dérivation, on obtient $\Phi' = \Phi_i + (X-a_i)\Phi_i'$ et donc $\Phi'(a_i) = \Phi_i(a_i)$, d'où on tire

$$F_i(X) = \frac{\Phi_i(X)}{\Phi_i(a_i)} = \frac{\Phi(X)}{(X-a_i)\Phi'(a_i)} \quad \text{donc} \quad F(X) = \Phi(X)\left(\sum_{i=1}^n \frac{b_i}{(X-a_i)\Phi'(a_i)}\right).$$

2.5. L'anneau quotient K[X]/(P)

Notation.

– Si $P \in \mathbb{K}[X]$, on rappelle que (P) désigne l'idéal $(P) = \{PQ, \ Q \in \mathbb{K}[X]\}$.

– Si A, $B \in \mathbb{K}[X]$, on note $A \equiv B \pmod{P}$ lorsque $A - B \in (P)$.

Soit $P \in \mathbb{K}[X]$, $P \neq 0$. Comme (P) est un idéal de $\mathbb{K}[X]$, le quotient $\mathbb{K}[X]/(P)$ définit une structure d'anneau (voir la partie 3.2 du chapitre I). Si $A \in \mathbb{K}[X]$, la classe de A dans $\mathbb{K}[X]/(P)$ est $\dot{A} = A + (P) = \{A + PQ, \ Q \in \mathbb{K}[X]\}$. On a par ailleurs

$$\dot{A} = \dot{B} \iff A \equiv B \pmod{P} \iff P \mid (B - A).$$

THÉORÈME 4. *Soit $P \in \mathbb{K}[X]$, $\deg(P) \geq 1$. Alors $\mathbb{K}[X]/(P)$ est une $\mathbb{K}$-algèbre de dimension finie $n = \deg(P)$. Si on note $x = \dot{X}$, la famille $(1, x, \ldots, x^{n-1})$ en est une base.*

Démonstration. L'anneau quotient $\mathbb{K}[X]/(P)$ est évidemment une $\mathbb{K}$-algèbre. Montrons que la famille $(1, x, \ldots, x^{n-1})$ en est une base.

- C'est une famille génératrice. En effet. Soit $\dot{A} \in \mathbb{K}[X]$. Il existe Q, $R \in \mathbb{K}[X]$ tels que $A = PQ + R$ avec $\deg(R) < n = \deg(P)$. Donc $\dot{A} = \dot{R} \in \mathrm{Vect}(1, x, \ldots, x^{n-1})$.

- C'est une famille libre. Si $a_0 + a_1 x + \cdots + a_{n-1}x^{n-1} = \dot{0}$, alors le polynôme $A = a_0 + a_1 X + \cdots + a_{n-1}X^{n-1}$ vérifie $\dot{A} = 0$. Donc $P \mid A$, et comme $\deg(A) < \deg(P)$, on a $A = 0$, donc $a_0 = a_1 = \ldots = a_{n-1} = 0$. □

PROPOSITION 4. *Soit $P \in \mathbb{K}[X]$, $\deg(P) \geq 1$. L'anneau $\mathbb{K}[X]/(P)$ est un corps si et seulement si P est irréductible.*

Démonstration. Condition nécessaire. Si P est réductible, alors il existe Q et $R \in \mathbb{K}[X]$ tels que $P = QR$, avec $1 \leq \deg(Q) < \deg(P)$ et $1 \leq \deg(R) < \deg(P)$. Donc $\dot{0} = \dot{Q}\dot{R}$ avec $\dot{Q} \neq \dot{0}$ et $\dot{R} \neq \dot{0}$, ce qui est absurde puisque $\mathbb{K}[X]/(P)$ est un corps par hypothèse. Donc P est irréductible.
Condition suffisante. Supposons P irréductible. Soit $A \in \mathbb{K}[X]$, $\dot{A} \neq \dot{0}$. Le polynôme P ne divise pas A et P étant irréductible, P et A sont premiers entre eux. D'après le théorème de Bezout, il existe $U, V \in \mathbb{K}[X]$ tels que $UP + VA = 1$, d'où $\dot{V}\dot{A} = \dot{1}$. Donc $\dot{A}$ est inversible, et ceci dès que $\dot{A} \neq \dot{0}$. Finalement, $\mathbb{K}[X]/(P)$ est un corps. □

Remarque 8. Noter l'analogie de ce résultat avec celui du chapitre I, partie 1.2, proposition 10 — page 9 (c'est normal, les propriétés arithmétiques de $\mathbb{Z}$ et de $\mathbb{K}[X]$ sont semblables.)

2.6. Corps des racines d'un polynôme

Toutes les extensions de corps considérées dans cette sous partie seront commutatives.
Notation. Si $\mathbb{L}$ est une extension de corps de $\mathbb{K}$, pour tout $A \subset \mathbb{L}$ on note $\mathbb{K}(A)$ le plus petit sous corps de $\mathbb{L}$ contenant $\mathbb{K}$ et A (il existe, c'est l'intersection des sous corps de $\mathbb{L}$ contenant $\mathbb{K}$ et A). Lorsque $A = \{a_1, \cdots, a_n\}$ est fini, on note souvent $\mathbb{K}(A) = \mathbb{K}(a_1, \ldots, a_n)$ pour alléger les notations.

Remarque 9. Si A et B sont deux parties de $\mathbb{L}$, on a facilement $\mathbb{K}(A)(B) = \mathbb{K}(A \cup B)$.

PROPOSITION 5. *Soit $P \in \mathbb{K}[X]$ irréductible dans $\mathbb{K}[X]$. Il existe une extension $\mathbb{L}$ de $\mathbb{K}$ telle que P admette une racine x dans $\mathbb{L}$.*

Démonstration. D'après la proposition 4, $\mathbb{L} = \mathbb{K}[X]/(P)$ est un corps. L'injection canonique φ : $\mathbb{K} \to \mathbb{L}$ $a \mapsto \dot{a}$ (c'est une injection car $\deg(P) \geq 1$) permet d'identifier les éléments de $\mathbb{K}$ et de $\varphi(\mathbb{K})$. Ainsi, $\mathbb{L}$ apparaît comme une extension de $\mathbb{K}$. En posant $x = \dot{X} \in \mathbb{L}$, on voit que $P(x) = \dot{P} = 0$. □

THÉORÈME 5. *Soit $F \in \mathbb{K}[X]$, $\deg(F) \geq 1$. Alors il existe une extension $\mathbb{L}$ de $\mathbb{K}$ sur laquelle le polynôme F soit scindé.*

Démonstration. Nous allons procéder par récurrence sur $n = \deg(F)$. Pour $n = 1$, c'est évident. Supposons le résultat vrai jusqu'à $n - 1$ et montrons le pour n. Soit G un facteur irréductible de F, et H tel que $F = GH$. D'après la proposition précédente, il existe une extension $\mathbb{L}_1$ de $\mathbb{K}$ dans laquelle G admette une racine a_1. On peut écrire $G = (X - a_1)G_1$ avec $G_1 \in \mathbb{L}_1[X]$, et donc $F = (X - a_1)F_1$ avec $F_1 = G_1 H \in \mathbb{L}_1[X]$. Comme $\deg(F_1) = n - 1$, il existe d'après l'hypothèse de récurrence une extension $\mathbb{L}$ de $\mathbb{L}_1$ telle que F_1 soit scindé sur $\mathbb{L}$. Dans $\mathbb{L}[X]$, F est donc scindé. □

Remarque 10. Une telle extension $\mathbb{L}$ de $\mathbb{K}$ dans laquelle F soit scindé s'appelle un *corps de dissociation* de F. Dans ce corps, on peut écrire

$$F = \lambda(X - a_1)\cdots(X - a_n)$$

où $\lambda \in \mathbb{K}$ et où les a_i sont dans $\mathbb{L}$. Le corps $\mathbb{L}_1 = \mathbb{K}(a_1, \dots, a_n)$ est le plus petit sous corps de $\mathbb{L}$ sur lequel F soit scindé. On peut montrer que $\mathbb{L}_1$ ainsi défini est unique à un isomorphisme près (l'unicité n'est pas immédiate car il n'y a pas unicité du corps de dissociation $\mathbb{L}$). On l'appelle *corps des racines* du polynôme F.

DÉFINITION 5. Un corps $\mathbb{K}$ est dit *algébriquement clos* si tout polynôme de $\mathbb{K}[X]$ de degré ≥ 1 a au moins une racine dans $\mathbb{K}$.

Remarque 11. Une récurrence immédiate sur le degré montre que si $\mathbb{K}$ est un corps algébriquement clos, tout polynôme de $\mathbb{K}[X]$ est scindé sur $\mathbb{K}$.

– On peut montrer que tout corps $\mathbb{K}$ admet une extension $\mathbb{L}$ algébriquement close (théorème de Steinitz). La plus petite extension $\mathbb{L}$ vérifiant cette propriété est unique à un isomorphisme près, et on l'appelle *clôture algébrique* de $\mathbb{K}$. Nous ne démontrerons pas ce résultat. On a cependant le résultat suivant.

THÉORÈME 6 (THÉORÈME FONDAMENTAL DE L'ALGÈBRE). *Le corps $\mathbb{C}$ des nombres complexes est algébriquement clos.*

Remarque 12. Ce théorème est démontré au problème 4 (page 86) par deux méthodes différentes.

– Le théorème fondamental de l'algèbre entraîne que les polynômes irréductibles de $\mathbb{C}[X]$ sont de degré 1. On montre que les polynômes irréductibles de $\mathbb{R}[X]$ sont les polynômes de degré 1 et les polynômes de la forme $aX^2 + bX + c$ avec $b^2 - 4ac < 0$.

2.7. Exercices

EXERCICE 1. Montrer qu'un corps fini n'est pas algébriquement clos.

Solution. Soit $\mathbb{K} = \{a_1, \dots, a_n\}$ un corps fini. Le polynôme $P = 1 + (X - a_1)\cdots(X - a_n) \in \mathbb{K}[X]$ vérifie $P(a_i) = 1$ pour tout i. Donc P n'a pas de racine dans $\mathbb{K}$, et $\mathbb{K}$ n'est pas algébriquement clos.

EXERCICE 2. **a)** Si $n \in \mathbb{N}$, $n \geq 2$, factoriser $P_n = (X+1)^n - (X-1)^n$ dans $\mathbb{C}[X]$.
b) En déduire pour tout $p \in \mathbb{N}^*$ la valeur de

$$\sum_{i=1}^{p} \cot^2\left(\frac{k\pi}{2p+1}\right) \quad \text{et} \quad \prod_{i=1}^{p} \cot\left(\frac{k\pi}{2p+1}\right).$$

Solution. **a)** Il s'agit de trouver les racines de P_n. On écrit

$$P_n(z) = 0 \iff (z+1)^n = (z-1)^n \iff \left(\frac{z+1}{z-1}\right)^n = 1$$

$$\iff \exists k,\ 0 \leq k \leq n-1,\ \frac{z-1}{z+1} = e^{2ik\pi/n}.$$

Le cas $k = 0$ est à exclure car on ne peut pas avoir $\frac{z-1}{z+1} = 1$. Si $1 \leq k \leq n-1$, l'équation $\dfrac{z+1}{z-1} = e^{2ik\pi/n}$ s'écrit aussi $z = \dfrac{e^{2ik\pi/n}+1}{e^{2ik\pi/n}-1} = \dfrac{e^{ik\pi/n}+e^{-ik\pi/n}}{e^{ik\pi/n}-e^{-ik\pi/n}} = -i\cot\left(\dfrac{k\pi}{n}\right)$. Finalement, on a

$$P_n(z) = 0 \iff \exists k,\ 1 \leq k \leq n-1 \quad | \quad z = -i\cot\left(\frac{k\pi}{n}\right).$$

On a trouvé $n-1$ racines distinctes de P_n. Le monôme de plus haut degré de P_n étant $2nX^{n-1}$, P_n est de degré $n-1$ et

$$P_n = 2n\prod_{k=1}^{n-1}\left[X + i\cot\left(\frac{k\pi}{n}\right)\right].$$

b) Posons $S = \displaystyle\sum_{k=1}^{p}\cot^2\left(\frac{k\pi}{2p+1}\right)$. La relation de symétrie

$$\cot\left(\frac{(2p+1-k)\pi}{2p+1}\right) = -\cot\left(\frac{k\pi}{2p+1}\right)$$

permet d'affirmer que $S = S_2/2$ où $S_2 = \displaystyle\sum_{k=1}^{2p}\cot^2\left(\frac{k\pi}{2p+1}\right)$. Notons $u_k = -i\cot\left(\dfrac{k\pi}{2p+1}\right)$ les racines de P_{2p+1}. Comme

$$P_{2p+1}(X) = 2(2p+1)X^{2p} + 2C_{2p+1}^3X^{2p-2} + \cdots$$

les relations entre coefficients et racines montrent que

$$\sigma_1 = \sum_{k=1}^{2p}u_k = 0 \quad \text{et} \quad \sigma_2 = \sum_{1\leq k<\ell\leq 2p}u_ku_l = \frac{C_{2p+1}^3}{2p+1} = \frac{p(2p-1)}{3}.$$

Donc

$$S = \frac{1}{2}S_2 = -\frac{1}{2}\sum_k u_k^2 = -\frac{1}{2}(\sigma_1^2 - 2\sigma_2) = \frac{p(2p-1)}{3}.$$

– Par ailleurs, le terme constant de P_{2p+1} est 2. Son coefficient dominant étant $2(2p+1)$, on a

$$\prod_{k=1}^{p}\cot\left(\frac{k\pi}{2p+1}\right) = \left[(-1)^p\prod_{k=1}^{2p}\cot\left(\frac{k\pi}{2p+1}\right)\right]^{1/2} = \left[\prod_{k=1}^{2p}u_k\right]^{1/2} = \frac{1}{\sqrt{2p+1}}.$$

EXERCICE 3. **a)** Montrer que pour tout $n \in \mathbb{N}$, $n \geq 2$, le polynôme

$$P_n = 1 + \frac{1}{1!}X + \frac{1}{2!}X^2 + \cdots + \frac{1}{n!}X^n$$

n'a que des racines simples dans $\mathbb{C}$.
b) Montrer que pour tout $n \geq 2$, le polynôme $P_n = X^n - X + 1$ n'a que des racines simples dans $\mathbb{C}$.

Solution. **a)** Supposons que P_n ait une racine multiple $z_0 \in \mathbb{C}$. Alors $P_n(z_0) = P_n'(z_0) = 0$ et comme $P_n' = P_{n-1}$, on a $P_{n-1}(z_0) = 0$, donc $z_0^n/n! = (P_n - P_{n-1})(z_0) = 0$ d'où $z_0 = 0$. Ceci entraîne $P_n(z_0) = P_n(0) = 1 \neq 0$, ce qui est absurde. Le polynôme P_n n'a donc que des racines simples dans $\mathbb{C}$.

b) Supposons que P_n ait une racine multiple $z_0 \in \mathbb{C}$. Alors $P_n(z_0) = P_n'(z_0) = 0$, c'est-à-dire $z_0^n - z_0 + 1 = nz_0^{n-1} - 1 = 0$. Donc $z_0^n - z_0 + 1 = 0$ et $z_0^n = z_0/n$, d'où $z_0(1/n - 1) + 1 = 0$, c'est-à-dire $z_0 = n/(n-1)$. Ceci entraîne

$$P_n'(z_0) = nz_0^{n-1} - 1 = n\left(\frac{n}{n-1}\right)^{n-1} - 1 > n - 1 > 0,$$

ce qui est absurde. Le polynôme P_n n'a donc que des racines simples dans $\mathbb{C}$.

Exercice 4. **1/** Soit $P \in \mathbb{Q}[X]$ irréductible dans $\mathbb{Q}[X]$. Montrer que P n'a que des racines simples dans $\mathbb{C}$.

2/ (Deux applications) **a)** Soit $P \in \mathbb{Q}[X]$ un polynôme ayant une racine $\lambda \in \mathbb{C}$ d'ordre de multiplicité $\mu > \deg(P)/2$. Montrer que $\lambda \in \mathbb{Q}$.
b) Soit $P \in \mathbb{Q}[X]$, $\deg(P) = 2n + 1$ avec $n \in \mathbb{N}^*$, tel que P admette une racine d'ordre n. Si $n \geq 2$, montrer que P admet une racine dans $\mathbb{Q}$.

Solution. **1/** Il suffit de montrer d'après le théorème 3 que P et P' n'ont aucune racine commune, ce qui équivaut (voir la remarque 4) à montrer que P et P' sont premiers entre eux dans $\mathbb{C}[X]$, ce qui n'est qu'un cas particulier du résultat plus général suivant (d'ailleurs utile !).

> Lemme. *Soit $\mathbb{K}$ un corps commutatif, $\mathbb{L}$ un surcorps commutatif de $\mathbb{K}$. Soient P et $Q \in \mathbb{K}[X]$ deux polynômes premiers entre eux dans $\mathbb{K}[X]$. Alors P et Q sont premiers entre eux dans $\mathbb{L}[X]$.*

En effet, cela provient de l'égalité de Bezout. Il existe U et $V \in \mathbb{K}[X]$ tel que $UP + VQ = 1$, égalité qui reste évidemment vraie dans $\mathbb{L}[X]$, d'où le lemme. Maintenant le polynôme P étant irréductible dans $\mathbb{Q}[X]$, P et P' sont premiers entre eux dans $\mathbb{Q}[X]$ (car $\deg(P') < \deg(P)$) donc dans $\mathbb{C}[X]$ d'après le lemme précédent.

2/ a) Soit $P = \alpha P_1 \cdots P_k$ la décomposition de P en facteurs irréductibles de $\mathbb{Q}[X]$. Parmi $P_1, \ldots, P_k$, il y a r polynômes dont λ soit racine, par exemple $P_1, \ldots, P_r$. Si $\lambda \notin \mathbb{Q}$, comme $P_1, \cdots, P_r$ sont à coefficients rationnels, on a $\deg(P_i) \geq 2$ pour $1 \leq i \leq r$. Or d'après 1/, les P_i étant irréductibles, λ est racine simple de P_i pour $1 \leq i \leq r$. Donc $\mu = r$. Donc

$$\deg(P) = \sum_{i=1}^{k} \deg(P_i) \geq \sum_{i=1}^{r} \deg(P_i) \geq 2r = 2\mu,$$

ce qui est contraire aux hypothèses car $\mu > \deg(P)/2$. On a donc forcément $\lambda \in \mathbb{Q}$.

c) Par hypothèse, il existe une racine $\lambda \in \mathbb{C}$ d'ordre n de P. Supposons que P n'ait aucune racine dans $\mathbb{Q}$. Alors dans la factorisation de P en facteurs irréductibles de $\mathbb{Q}[X]$, $P = \alpha P_1 \cdots P_k$, on a $\deg(P_i) \geq 2$ pour tout i.

Parmi $P_1, \ldots, P_k$, il y a r polynômes dont λ soit racine, par exemple $P_1, \ldots, P_r$. D'après 1/, les P_i étant irréductibles, λ est racine simple de P_i pour $1 \leq i \leq r$. Donc $r = n$.

– On a $k = n$. En effet. Si $k > n$, alors

$$2n + 1 = \deg(P) = \sum_{i=1}^{k} \deg(P_i) > \sum_{i=1}^{n} \deg(P_i) \geq 2n,$$

donc

$$\deg(P_k) \leq \sum_{i=1}^{k} \deg(P_i) - \sum_{i=1}^{n} \deg(P_i) \leq (2n + 1) - 2n = 1,$$

ce qui est absurde car on a vu $\deg(P_k) \geq 2$.

– Donc $P = \alpha P_1 \cdots P_n$. Le degré de P étant impair, il existe un polynôme P_i de degré impair, par exemple $\deg(P_1)$ impair. Comme de plus $\deg(P_1) \geq 2$, on a $\deg(P_1) \geq 3$.

– Il existe un polynôme P_i de degré 2 (sinon pour tout i, $\deg(P_i) \geq 3$ donc $2n+1 = \deg(P) = \sum_{i=1}^{n} \deg(P_i) \geq 3n$, absurde car $n \geq 2$), par exemple $\deg(P_2) = 2$. Effectuons la division euclidienne de P_1 par P_2 : $P_1 = QP_2 + R$, avec $R \in \mathbb{Q}[X]$ et $\deg(R) < \deg(P_2) = 2$. On a $R \neq 0$ car P_1 est irréductible et $\deg(P_1) > \deg(P_2)$. Or λ est racine de R (car $P_1(\lambda) = 0 = Q(\lambda)P_2(\lambda) + R(\lambda) = R(\lambda)$), donc comme $R \neq 0$ et $\deg(R) \leq 1$, on en déduit $\lambda \in \mathbb{Q}$, ce qui est contradictoire. Le polynôme P admet donc au moins une racine rationnelle.

Remarque. Si $n = 1$, le résultat 2/b) est faux (prendre par exemple $P = X^3 - 2$).

EXERCICE 5. Déterminer les polynômes P non constant de $\mathbb{C}[X]$ vérifiant

$$P(X^2) = P(X)P(X+1). \qquad (*)$$

Solution. Soit $P \in \mathbb{C}[X]$ vérifiant (*) avec $\deg(P) \geq 1$. Soit α une racine de P.

Comme $P(\alpha^2) = P(\alpha)P(\alpha+1) = 0$, α^2 est une racine de P. En itérant le procédé, on voit que $\alpha^2, \alpha^4, \dots, \alpha^{2^n}, \dots$ sont des racines de P. Le polynôme P n'ayant qu'un nombre fini de racines, on doit avoir

$$\alpha = 0 \quad \text{ou} \quad |\alpha| = 1. \qquad (**)$$

D'après (*), $P[(\alpha-1)^2] = P(\alpha-1)P(\alpha) = 0$, donc $(\alpha-1)^2$ est une racine de P. D'après (**), on doit avoir $|(\alpha-1)^2| = 0$ ou $|(\alpha-1)^2| = 1$, c'est-à-dire

$$\alpha = 1 \quad \text{ou} \quad |\alpha - 1| = 1. \qquad (***)$$

D'après (**) et (***), on a soit (i) $\alpha = 0$, soit (ii) $\alpha = 1$, soit (iii) $|\alpha - 1| = |\alpha| = 1$. On vérifie facilement que la condition (iii) s'écrit aussi $\alpha = 1 + j$ ou $\alpha = 1 + j^2$ où $j = \exp(2i\pi/3)$. Or $(\alpha-1)^2$ est une racine de P donc d'après (**), $|(\alpha-1)^2 - 1| \in \{0,1\}$, et comme $|j^2 - 1| > 1$ et $|(j^2)^2 - 1| = |j - 1| > 1$, on voit que les solutions (iii) ne conviennent pas.

Nécessairement, on a donc $\alpha \in \{0,1\}$. Ainsi, le polynôme P est de la forme $P = \lambda X^p (X-1)^q$, $\lambda \in \mathbb{C}^*$. Comme P vérifie (*), on a

$$\lambda X^{2p}(X^2-1)^q = \lambda^2 X^p (X-1)^q (X+1)^p X^q,$$

d'où on déduit $p = q$ et $\lambda = 1$.

Réciproquement, si P est de la forme $X^p(X-1)^p$, on vérifie facilement que P vérifie (*). Les solutions sont donc les polynômes de la forme $X^p(X-1)^p$, $p \in \mathbb{N}^*$.

→ EXERCICE 6. **a)** Soit $P \in \mathbb{C}[X]$, $\deg(P) \geq 2$. Montrer que les racines de P' appartiennent à l'enveloppe convexe des racines de P.
b) Que dire sur les racines de P' si $P \in \mathbb{R}[X]$ a toutes ses racines réelles ?

Solution. **a)** Soient $a_1, \dots, a_n$ les racines de P, comptées avec leur ordre de multiplicité, de sorte que si β désigne le coefficient dominant de P, $P = \beta(X-a_1)\cdots(X-a_n)$. On a facilement

$$\frac{P'(X)}{P(X)} = \sum_{i=1}^{n} \frac{1}{X - a_i}.$$

Soit a une racine de P'. Si a est une racine de P, le résultat est évident. Sinon

$$0 = \frac{P'(a)}{P(a)} = \sum_{i=1}^{n} \frac{1}{a - a_i} = \sum_{i=1}^{n} \frac{\overline{a} - \overline{a_i}}{|a - a_i|^2},$$

et en passant au conjugué

$$\sum_{i=1}^{n} \frac{a-a_i}{|a-a_i|^2} = 0 \quad \text{donc} \quad \left(\sum_{i=1}^{n} \frac{1}{|a-a_i|^2}\right) a = \sum_{i=1}^{n} \frac{a_i}{|a-a_i|^2},$$

d'où le résultat.

b) D'après a), les racines de P' sont réelles. On a même plus de renseignements sur leur localisation. Soient $a_1, \dots, a_p$ les racines de P avec $a_1 < \dots < a_p$, d'ordre de multiplicité $\alpha_1, \cdots, \alpha_p$, de sorte que si β est le coefficient dominant de P, $P = \beta(X-a_1)^{\alpha_1} \cdots (X-a_p)^{\alpha_p}$. D'après le théorème de Rolle, pour tout $i \in \{1, \dots p-1\}$, il existe $b_i \in]a_i, a_{i+1}[$ tel que $P'(b_i) = 0$. On a ainsi trouvé $p-1$ racines de P'.

– Pour tout i tel que $\alpha_i \geq 2$, a_i est racine de P' d'ordre de multiplicité $\alpha_i - 1$ (voir le théorème 3). Comptées avec leur ordre de multiplicité, on a ainsi localisé $(p-1) + \sum_{i=1}^{p}(\alpha_i - 1) = (\sum_i \alpha_i) - 1 = \deg(P) - 1 = \deg(P')$ racines. On a donc localisé toutes les racines de P' : ce sont les $b_i \in]a_i, a_{i+1}[$ et les a_i tels que $\alpha_i \geq 2$.

EXERCICE 7. Donner la forme des polynômes $P \in \mathbb{R}[X]$ scindés sur $\mathbb{R}$, de degré $n \geq 2$, à racines toutes distinctes $a_1 < a_2 < \cdots < a_n$ tels que

$$\forall i, 1 \leq i \leq n-1, \qquad P'\left(\frac{a_i + a_{i+1}}{2}\right) = 0. \tag{$*$}$$

Solution. Nous allons montrer que les polynômes vérifiant la condition sont ceux de degré 2. Si $P = \alpha(X-a_1)(X-a_2)$ est de degré 2 (avec $a_1 < a_2$ et $\alpha \in \mathbb{R}$), on a $P' = \alpha(2X - a_1 - a_2)$ donc P vérifie la condition (*).

Si maintenant $P = \alpha \prod_{i=1}^{n}(X - a_i)$ est de degré $n \geq 3$ ($a_1 < \cdots < a_n$, $\alpha \neq 0$), on écrit $P = (X-a_1)(X-a_2)Q$ avec $Q = \alpha \prod_{i=3}^{n}(X - a_i)$. Par dérivation, on obtient

$$P'(X) = (2X - a_1 - a_2)Q(X) + (X-a_1)(X-a_2)Q'(X).$$

Si P vérifie (*), on a donc $Q'(\frac{a_1+a_2}{2}) = 0$, ce qui est impossible car

- Si $\deg(Q) = 1$, Q' est une constante non nulle.
- Si $\deg(Q) \geq 2$, Q' s'annule au moins une fois sur chaque intervalle $]a_i, a_{i+1}[$ $(2 \leq i \leq n-1)$ d'après le théorème de Rolle, donc Q' a au moins $n-3$ racines distinctes dans l'intervalle $]a_2, a_n[$. Comme $\deg(Q') = n-3$, on en déduit que toutes les racines de Q' sont dans $]a_2, a_n[$ et comme $\frac{a_1+a_2}{2} \notin]a_2, a_n[$, on aboutit à une contradiction.

EXERCICE 8 (PRINCIPE DU MAXIMUM). Soit $P \in \mathbb{C}[X]$ un polynôme non constant. Soit $r > 0$. Montrer

$$\forall z_0 \in \mathbb{C},\ |z_0| < r,\ |P(z_0)| < \sup_{|z|=r} |P(z)|.$$

Solution. Tout découle du résultat suivant.

LEMME. $\forall a \in \mathbb{C}$, $\forall \rho > 0$, $\exists b \in \mathbb{C}$, $|b-a| < \rho$ *tel que* $|P(b)| > |P(a)|$.

En effet. Quitte à multiplier P par $e^{i\psi}$ avec $\psi \in \mathbb{R}$ bien choisi, on peut supposer $P(a) \in \mathbb{R}^+$. Soit $Q(X) = P(X+a)v = \sum_{i=0}^{n} q_i X^i$ ($n = \deg(P)$). On a $q_0 = Q(0) = P(a) \in \mathbb{R}^+$. Par ailleurs, $q_n \neq 0$ de sorte que $k = \inf\{i,\ 1 \leq i \leq n, q_i \neq 0\}$ existe. On peut écrire

$$Q(z) = q_0 + q_k z^k (1 + \varphi(z)) \quad \text{avec} \quad \lim_{z \to 0} \varphi(z) = 0.$$

Il existe ρ', $0 < \rho' < \rho$ tel que $\forall z \in \mathbb{C}$, $|z| \leq \rho'$, $|\varphi(z)| \leq 1/2$. Écrivons $q_k = |q_k|e^{i\theta}$, $\theta \in \mathbb{R}$. Soit $z_0 = \rho' e^{-i\theta/k}$. On a $Q(z_0) = q_0 + |q_k|{\rho'}^k[1 + \varphi(z_0)]$, donc comme $q_0 \in \mathbb{R}^+$:

$$|Q(z_0)| \geq |q_0 + |q_k|{\rho'}^k| - ||q_k|{\rho'}^k\varphi(z_0)| \geq q_0 + |q_k|{\rho'}^k - \frac{1}{2}|q_k|{\rho'}^k = q_0 + \frac{1}{2}|q_k|{\rho'}^k > q_0 = |Q(0)|.$$

Si $b = a + z_0$, on a donc $|b - a| = \rho' < \rho$ et $|P(b)| = |Q(z_0)| > |Q(0)| = |P(a)|$, d'où le lemme.

Montrons maintenant le résultat demandé. L'ensemble $C = \{z \in \mathbb{C},\ |z| \leq r\}$ est compact, et l'application $z \mapsto |P(z)|$ étant continue

$$\exists z_1 \in \mathbb{C},\ |z_1| \leq r,\ |P(z_1)| = \sup_{|z| \leq r} |P(z)|. \tag{$*$}$$

Si $|z_1| < r$, le lemme entraîne l'existence de $z_2 \in \mathbb{C}$, $|z_2| < r$ tel que $|P(z_2)| > |P(z_1)|$, ce qui est absurde d'après (*). Donc $|z_1| = r$ et donc $\sup_{|z| \leq r} |P(z)| = \sup_{|z|=r} |P(z)|$, d'où : Si $z_0 \in \mathbb{C}$, $|z_0| < r$, $|P(z_0)| < \sup_{|z| \leq r} |P(z)| = \sup_{|z|=r} |P(z)|$.

Remarque. Ce résultat sera généralisé au tome d'analyse (voir le chapitre sur les fonctions de plusieurs variables).

– Plus généralement, le lemme permet également de montrer que pour tout compact $C \subset \mathbb{C}$, on a : $\forall z_0 \in \overset{\circ}{C}$, $|P(z_0)| < \sup_{z \in \mathrm{Fr}(C)} |P(z)|$ où $\mathrm{Fr}(C)$ désigne la frontière de C.

Exercice 9. Soient $a_1, a_2, \cdots, a_n$ n entiers distincts.

a) Prouver que $P = (X - a_1)(X - a_2)\cdots(X - a_n) - 1$ est irréductible dans $\mathbb{Z}[X]$ (c'est-à-dire que si $P = FG$ avec $F, G \in \mathbb{Z}[X]$, alors F ou G est constant).

b) Prouver que $P = (X - a_1)^2(X - a_2)^2\cdots(X - a_n)^2 + 1$ est irréductible dans $\mathbb{Z}[X]$.

Solution. **a)** Supposons P réductible dans $\mathbb{Z}[X]$. Il existe deux polynômes $F, G \in \mathbb{Z}[X]$, $\deg(F) < n$ et $\deg(G) < n$, tels que

$$P(X) = (X - a_1)(X - a_2)\cdots(X - a_n) - 1 = F(X)G(X).$$

Pour tout i, $1 \leq i \leq n$, on a $F(a_i)G(a_i) = -1$ (*). Comme F et G sont à coefficients entiers, $F(a_i)$ et $G(a_i)$ sont entiers. Avec (*), on en déduit que pour $1 \leq i \leq n$, $F(a_i) = -G(a_i) = \pm 1$. Le polynôme $F+G$ s'annule donc aux points a_i, $1 \leq i \leq n$. Or $\deg(F+G) \leq \sup\{\deg(F), \deg(G)\} < n$, ce qui entraîne la nullité de $F + G$. Donc $F = -G$, d'où $P = -F^2$. Cette dernière égalité est impossible puisque P est unitaire et que $-F^2$ ne l'est pas. D'où le résultat.

b) Supposons P réductible dans $\mathbb{Z}[X]$. Il existe $F, G \in \mathbb{Z}[X]$, $\deg(F) \geq 1$ et $\deg(G) \geq 1$, tels que

$$P = (X - a_1)^2(X - a_2)^2\cdots(X - a_n)^2 + 1 = F(X)G(X).$$

On peut supposer F et G unitaires (l'égalité précédente entraîne que les coefficients dominants de F et G sont égaux tout deux soit à 1, soit à -1). Soit $k = \deg(F)$, $\ell = \deg(G)$, de sorte que $k + \ell = 2n$.

La forme de P montre que pour tout réel x, $P(x) \geq 1$. Ainsi, P ne s'annule pas sur $\mathbb{R}$, il en est donc de même de F et G qui alors gardent un signe constant sur $\mathbb{R}$. De plus F et G sont unitaires et prennent donc des valeurs > 0 sur $\mathbb{R}$.

Pour tout i, $1 \leq i \leq n$, $F(a_i)G(a_i) = 1$ (**). Comme de plus $F(a_i)$ et $G(a_i)$ sont entiers et positifs, on en déduit que pour tout i, $F(a_i) = G(a_i) = 1$.

Si $k = \deg(F) < \ell = \deg(G)$, alors $k < n$. Or pour tout i, $F(a_i) = 1$; autrement dit, le polynôme $F - 1$ s'annule en n points donc est nul (son degré est $< n$). Finalement $F = 1$, ce qui est absurde car $\deg(F) \geq 1$. De même l'inégalité $\ell < k$ est impossible. On a donc $\deg(F) = \deg(G) = n$.

D'après (**), pour tout i, $1 \leq i \leq n$, $F(a_i) = G(a_i)$. Le polynôme $F - G$ s'annule donc en n points. Or $\deg(F - G) \leq n - 1$ (F et G sont de degré n et sont tout deux unitaires), donc $F - G = 0$.

Donc $F = G$. Finalement, on a $P(X) = F(X)^2$, c'est-à-dire $F(X)^2 - (X-a_1)^2 \cdots (X-a_n)^2 = 1$ ou encore

$$[F - (X-a_1)\cdots(X-a_n)][F + (X-a_1)\cdots(X-a_n)] = 1,$$

égalité impossible à réaliser. Le polynôme P est donc irréductible dans $\mathbb{Z}[X]$.

Remarque. On peut également montrer que $(X-a_1)^4 \cdots (X-a_n)^4 + 1$ est irréductible dans $\mathbb{Z}[X]$, mais c'est plus difficile.

– En fait, les polynômes exhibés sont irréductibles dans $\mathbb{Q}[X]$. En effet, d'après le lemme de Gauss (voir l'exercice 4 de la partie 1.4 — page 58) que tout polynôme de $\mathbb{Z}[X]$ irréductible dans $\mathbb{Z}[X]$ est irréductible dans $\mathbb{Q}[X]$.

EXERCICE 10 (QUELQUES POLYNÔMES IRRÉDUCTIBLES). Si $F = a_0 + a_1X + \cdots a_nX^n \in \mathbb{Z}[X]$, on note (pour $p \in \mathbb{N}^*$), $\overline{F} = \overline{a_0} + \overline{a_1}X + \cdots + \overline{a_n}X^n \in \mathbb{Z}/p\mathbb{Z}[X]$ où pour tout i, $\overline{a_i}$ désigne la classe de a_i dans $\mathbb{Z}/p\mathbb{Z}$.

1/ Si $P \in \mathbb{Z}[X]$, unitaire, est tel que $\overline{P} \in \mathbb{Z}/p\mathbb{Z}[X]$ est irréductible dans $\mathbb{Z}/p\mathbb{Z}[X]$, montrer que P est irréductible dans $\mathbb{Z}[X]$. La réciproque est elle vraie ?

2/ Montrer que $F = X^4 + X + 1$ est irréductible dans $\mathbb{Z}[X]$.

3/ Soit $p \in \mathbb{N}^*$ un nombre premier et $F = X^p - X - 1 \in \mathbb{Z}[X]$.
a) Soit α une racine de $\overline{F}$ dans le corps des racines de $\overline{F}$. Montrer que les racines de $\overline{F}$ sont exactement $\alpha, \alpha+\overline{1}, \cdots, \alpha + \overline{p-1}$.
b) En déduire que $\overline{F}$ est irréductible dans $\mathbb{Z}/p\mathbb{Z}[X]$, puis que F est irréductible dans $\mathbb{Z}[X]$.

Solution. **1/** C'est immédiat. Si $P = FG$ avec $F, G \in \mathbb{Z}[X]$, unitaires, alors $\overline{P} = \overline{F}\,\overline{G}$ dans $\mathbb{Z}/p\mathbb{Z}[X]$. Comme $\overline{P}$ est irréductible dans $\mathbb{Z}/p\mathbb{Z}[X]$, ceci entraîne $\deg(\overline{F}) = 0$ ou $\deg(\overline{G}) = 0$. Les polynômes F et G étant unitaires, on a $\deg(F) = \deg(\overline{F})$ et $\deg(G) = \deg(\overline{G})$ et donc F ou G est constant, ce qui prouve l'irréductibilité de P dans $\mathbb{Z}[X]$. (P est alors irréductible dans $\mathbb{Q}[X]$, voir 1.4 exercice 4). La réciproque est fausse. Par exemple, $P = X^2 - 2X - 1$ est irréductible dans $\mathbb{Z}[X]$ et pourtant $\overline{P}$ n'est pas irréductible dans $\mathbb{Z}/2\mathbb{Z}[X]$.

2/ On va montrer que $\overline{F}$ est irréductible dans $\mathbb{Z}/2\mathbb{Z}[X]$, ce qui prouvera le résultat en vertu de 1/. Supposons $\overline{F} = PQ$ avec $P, Q \in \mathbb{Z}/2\mathbb{Z}[X]$, $\deg(P) \geq 1$, $\deg(Q) \geq 1$.

Le polynôme $\overline{F}$ n'a aucune racine dans $\mathbb{Z}/2\mathbb{Z}$, donc $\deg(P) = \deg(Q) = 2$.

Le coefficient dominant et le coefficient constant de $\overline{F}$ étant égaux à $\overline{1}$, P et Q sont nécessairement de la forme

$$P = X^2 + aX + \overline{1} \quad \text{et} \quad Q = X^2 + bX + \overline{1}, \qquad a, b \in \mathbb{Z}/2\mathbb{Z}.$$

Donc $\overline{F} = X^4 + X + \overline{1} = PQ = X^4 + (a+b)(X^3 + X) + (\overline{2} + a + b)X^2 + \overline{1}$, et donc le coefficient de X^3 est égal à celui de X dans $\overline{F}$, ce qui est absurde vue la forme de $\overline{F}$.

3/ a) Notons $\mathbb{K}$ le corps des racines de $\overline{F}$, α une racine de $\overline{F}$ dans $\mathbb{K}$. Le corps $\mathbb{K}$ étant de caractéristique p (car surcorps de $\mathbb{Z}/p\mathbb{Z}$), on a

$$\forall x \in \mathbb{K}, \qquad \overline{F}(x) = \overline{F}(x) - \overline{F}(\alpha) = x^p - \alpha^p - (x-\alpha) = (x-\alpha)^p - (x-\alpha)$$

(pour se convaincre de la dernière égalité, développer $(x-\alpha)^p$ par la formule du binôme et utiliser le fait que $p \mid C_p^k$ si $1 \leq k \leq p-1$). Donc $x \in \mathbb{K}$ est une racine de $\overline{F}$ si et seulement si $x - \alpha$ est une racine de $X^p - X$, c'est-à-dire si et seulement si $x - \alpha \in \{\overline{0}, \overline{1}, \ldots, \overline{p-1}\}$ (les racines du polynôme $X^p - X$ sont $\overline{0}, \overline{1}, \ldots, \overline{p-1}$ en vertu du théorème de Fermat).

b) Soit G un facteur irréductible unitaire de $\overline{F}$ dans $\mathbb{Z}/p\mathbb{Z}[X]$. Notons $k = \deg(G)$. D'après la question précédente, les racines de G dans $\mathbb{K}$ sont de la forme $\alpha + a_1, \cdots, \alpha + a_k$ où les a_i sont dans $\mathbb{Z}/p\mathbb{Z}$. De plus G étant unitaire, le coefficient du monôme de degré $k-1$ de G est au signe près la somme de ses racines. Comme G a ses coefficients dans $\mathbb{Z}/p\mathbb{Z}$, on en déduit que $\sum_{i=1}^{k}(\alpha + a_i) \in \mathbb{Z}/p\mathbb{Z}$, et comme les $a_i \in \mathbb{Z}/p\mathbb{Z}$, $k\alpha \in \mathbb{Z}/p\mathbb{Z}$. Or $\alpha \notin \mathbb{Z}/p\mathbb{Z}$ (sinon $\overline{F}(\alpha) = (\alpha^p - \alpha) + \overline{1} = \overline{1} \neq \overline{0}$).

Le fait que $k\alpha \in \mathbb{Z}/p\mathbb{Z}$ entraîne donc que $\overline{k} = \overline{0}$ et donc $k = p$ puisque $1 \leq k \leq p$. Donc G est de degré p ce qui entraîne que $\overline{F} = G$ est irréductible dans $\mathbb{Z}/p\mathbb{Z}$. Donc F est irréductible dans $\mathbb{Z}[X]$ d'après la question 1/.

3. Fractions rationnelles

Dans toute cette partie, $\mathbb{K}$ désigne un corps commutatif.

3.1. Généralités

L'anneau $\mathbb{K}[X]$ étant intègre, son corps des fractions existe bien. On le note $\mathbb{K}(X)$.

PROPOSITION 1. *Soit $F \in \mathbb{K}(X), F \neq 0$. On peut écrire $F = P/Q$ avec P et $Q \in \mathbb{K}[X]$, Q unitaire, P et Q premiers entre eux, et ceci de manière unique. L'écriture P/Q s'appelle la* forme réduite *de F.*

DÉFINITION 1. Soit $F \in \mathbb{K}(X), F \neq 0$, $F = N/D$ sa forme réduite. Un élément $a \in \mathbb{K}$ est dit *pôle* de F d'ordre h si a est racine de D d'ordre h.

Le résultat fondamental portant sur les fractions rationnelles est le suivant.

THÉORÈME 1 (DÉCOMPOSITION EN ÉLÉMENTS SIMPLES). *Soit $F \in \mathbb{K}(X), F \neq 0$, N/D sa forme réduite. Soit $D = D_1^{\alpha_1} \cdots D_n^{\alpha_n}$ la décomposition de D en facteurs irréductibles de $\mathbb{K}[X]$. On peut écrire, de manière unique*

$$F = E + \sum_{i=1}^{n} \left(\sum_{j=1}^{\alpha_i} \frac{A_{i,j}}{D_i^j} \right)$$

avec $E \in \mathbb{K}[X]$, $A_{i,j} \in \mathbb{K}[X]$ et $\deg(A_{i,j}) < \deg(D_i)$. Le polynôme E s'appelle la partie entière *de F et s'obtient comme le quotient de la division euclidienne de N par D.*

Les deux parties suivantes s'attachent à donner des méthodes de calcul des *éléments simples* $A_{i,j}/D_i^j$ pour $\mathbb{K} = \mathbb{C}$ et $\mathbb{K} = \mathbb{R}$.

3.2. Pratique de la décomposition dans C(X)

Il est indispensable de bien savoir décomposer en éléments simples (on s'en sert en particulier pour le calcul de primitives de fractions rationnelles).

Soit $F \in \mathbb{C}(X), F \neq 0$, de forme réduite N/D. Le corps $\mathbb{C}$ étant algébriquement clos, on peut écrire $D = (X - a_1)^{\alpha_1} \cdots (X - a_n)^{\alpha_n}$ avec $a_i \in \mathbb{C}$ pour tout i et $\alpha_i \in \mathbb{N}^*$. Appliquant le théorème précédent, on voit que l'on peut écrire de manière unique

$$F = E + \sum_{i=1}^{n} \left(\sum_{j=1}^{\alpha_i} \frac{a_{i,j}}{(X - a_i)^j} \right) \quad \text{avec} \quad a_{i,j} \in \mathbb{C} \text{ et } E \in \mathbb{C}[X].$$

Comme on l'a déjà dit, on obtient E comme le quotient de la division euclidienne de N par D. Pour tout i, le terme $\sum_{j=1}^{\alpha_i} \frac{a_{i,j}}{(X - a_i)^j}$ s'appelle *partie principale* de F relative au pôle a_i. Nous allons donner des méthodes de calcul des $a_{i,j}$.

Partie principale relative à un pôle simple. Soit $F \in \mathbb{C}(X)$, $F \neq 0$, N/D sa forme réduite. Soit a un pôle simple de F. La partie principale de F relative à a est de la forme $\dfrac{\lambda}{X-a}$ avec $\lambda \in \mathbb{C}$, et on peut écrire $F = \dfrac{N}{D} = \dfrac{\lambda}{X-a} + G$ avec $G \in \mathbb{C}(X)$, a n'étant pas un pôle de G. On peut également écrire $D = (X-a)D_1$ avec $D_1 \in \mathbb{C}[X]$ et $D_1(a) \neq 0$, de sorte que

$$\frac{N}{D_1} = \lambda + (X-a)G \quad \text{donc} \quad \lambda = \frac{N(a)}{D_1(a)}. \qquad (*)$$

On a aussi $D = (X-a)D_1$ donc $D' = D_1 + (X-a)D_1'$ et donc $D'(a) = D_1(a)$, d'où un autre moyen de calculer λ :

$$\lambda = \frac{N(a)}{D'(a)}. \qquad (**)$$

Remarque 1. (*) et (**) s'utilisent dans des circonstances différentes : (*) quand on connaît une forme explicite de D_1, (**) sinon (voir les exemples qui suivent).

Exemple 1. – Soit

$$F = \frac{X+3}{(X-1)(X+2)} = \frac{a}{X-1} + \frac{b}{X+2}.$$

Grâce à (*), on trouve $a = 4/3$ et $b = -1/3$.

– Soit $F = \dfrac{P}{X^n - 1}$, avec $P \in \mathbb{C}[X]$, $\deg(P) < n$. Notons $\omega = e^{2i\pi/n}$. On a $X^n - 1 = \displaystyle\prod_{k=0}^{n-1}(X - \omega^k)$, donc $F = \displaystyle\sum_{k=0}^{n-1} \frac{a_k}{X - \omega^k}$, $a_k \in \mathbb{C}$. Grâce à (**), on trouve

$$a_k = \frac{P(\omega^k)}{n(\omega^k)^{n-1}} = \frac{\omega^k}{n}P(\omega^k), \quad \text{donc} \quad F = \frac{1}{n}\sum_{k=0}^{n-1} \frac{\omega^k P(\omega^k)}{X - \omega^k}.$$

Partie principale relative à un pôle multiple. Soit $F \in \mathbb{C}[X]$, N/D sa forme réduite, et $a \in \mathbb{C}$ un pôle d'ordre $h \geq 2$ de F. On peut écrire $D = (X-a)^h D_0$ avec $D_0 \in \mathbb{C}[X]$ et $D_0(a) \neq 0$. Posons $D_1(T) = D_0(T+a)$, $N_1(T) = N(T+a)$ et $F_1(T) = F(T+a)$. On a $F_1(T) = \dfrac{N_1(T)}{T^h D_1(T)}$. Ainsi, si $N_1 = (a_h + \cdots + a_1 T^{h-1})D_1 + T^h S$, ($S \in \mathbb{C}[X]$) est la division selon les puissances croissantes de N_1 par D_1 à l'ordre $h-1$, on a :

$$F_1(T) = \frac{a_1}{T} + \frac{a_2}{T^2} + \cdots + \frac{a_h}{T^h} + \frac{S(T)}{D_1(T)}$$

et donc

$$F(X) = \frac{a_1}{X-a} + \cdots + \frac{a_h}{(X-a)^h} + \frac{S(X-a)}{D_0(X)}.$$

On a ainsi obtenu la partie principale relative au pôle a.

Exemple 2. Recherchons la partie principale de $F = \dfrac{X+3}{(X-1)^4(X+1)}$ relative au pôle 1 d'ordre 4. On a, avec les notations précédentes, $N_1(T) = T+4$ et $D_1(T) = T+2$. On effectue la division euclidienne de $T+4$ par $T+2$ selon les puissances croissantes à l'ordre 3, ce qui donne

$$\begin{array}{llll|l}
4 & +T & & & 2+T \\ \cline{5-5}
 & -T & & & 2 - \frac{1}{2}T + \frac{1}{4}T^2 - \frac{1}{8}T^3 \\
 & & \frac{1}{2}T^2 & & \\
 & & & \frac{-1}{4}T^3 &
\end{array}$$

On en déduit que la partie principale de F relative au pôle 1 est

$$\frac{-1}{8(X-1)}+\frac{1}{4(X-1)^2}-\frac{1}{2(X-1)^3}+\frac{2}{(X-1)^4}.$$

En pratique, on n'utilise cette méthode que si l'ordre du pôle est grand (typiquement supérieur à 3 ou 4). La plupart du temps, on procède par identification en donnant à X certaines valeurs particulières et en utilisant certaines propriétés de F comme la parité, le fait que F est à coefficients réels, et en utilisant la remarque suivante : Si a est un pôle d'ordre h de F, on peut écrire $F=\dfrac{N}{(X-a)^h D_0}$, $D_0(a)\neq 0$, et

$$F=\frac{a_1}{X-a}+\cdots+\frac{a_h}{(X-a)^h}+G,$$

a n'étant pas un pôle de G. En multipliant cette dernière égalité par $(X-a)^h$, on obtient

$$\frac{N}{D_0}=a_h+(X-a)\left[a_{h-1}+\cdots+a_1(X-a)^{h-2}+(X-a)^{h-1}G\right].$$

En donnant à X la valeur a, on trouve un moyen commode de calculer a_h :

$$a_h=\frac{N(a)}{D_0(a)}. \qquad (***)$$

Exemple 3. $F=\dfrac{X+2}{(X+1)^2(X-2)^2}$ se décompose en éléments simples sous la forme

$$F=\frac{a}{X-2}+\frac{b}{(X-2)^2}+\frac{c}{X+1}+\frac{d}{(X+1)^2}.$$

En utilisant la relation (***), on trouve $b=4/9$ et $d=1/9$.

Par ailleurs, en multipliant F par X, en regardant X comme un nombre réel et en le faisant tendre vers $+\infty$, on trouve $(i)\quad 0=a+c$. Or $F(0)=\frac{1}{2}=\frac{-a}{2}+\frac{b}{4}+c+d$, donc $(ii)\quad \frac{5}{9}=-a+2c$. De (i) et (ii), on trouve $a=\frac{-5}{27}$ et $c=\frac{5}{27}$.

D'autres décompositions en éléments simples dans $\mathbb{C}(X)$ sont traitées à l'exercice 1.

3.3. Pratique de la décomposition dans R(X)

On trouve dans $\mathbb{R}(X)$ deux types d'éléments simples.

– Les éléments simples de *première espèce* $\dfrac{\alpha}{(X-a)^n}$, $\alpha\in\mathbb{R}$, $a\in\mathbb{R}$.

– Les éléments simples de *seconde espèce* $\dfrac{\alpha X+\beta}{(X^2+pX+q)^n}$, $\alpha,\beta,p,q\in\mathbb{R}$ et $p^2-4q<0$.

Pour décomposer $F\in\mathbb{R}(X)$ en éléments simples dans $\mathbb{R}(X)$, on peut

– Soit décomposer F en éléments simples dans $\mathbb{C}(X)$ et regrouper les termes conjugués (en général à éviter).

– Soit procéder par identification, en utilisant les propriétés de F (parité, ...). Des exemples sont traités dans l'exercice 2.

3.4. Exercices

EXERCICE 1. Décomposer en éléments simples dans $\mathbb{C}(X)$ les fractions rationnelles suivantes :

a) $F = \dfrac{X}{(X^2-1)^2(X^2+1)}$. b) $F = \dfrac{X^4}{X^5+1}$.

Solution. **a)** On commence par scinder le dénominateur de F dans $\mathbb{C}[X]$, ce qui donne

$$(X^2-1)^2(X^2+1) = (X-1)^2(X+1)^2(X+i)(X-i).$$

On peut donc écrire

$$F = \frac{a}{X-1} + \frac{b}{(X-1)^2} + \frac{a'}{X+1} + \frac{b'}{(X+1)^2} + \frac{c}{X-i} + \frac{c'}{X+i}, \quad a, b, c, a', b', c' \in \mathbb{C}.$$

Comme F est impaire, l'unicité de la décomposition de F en éléments simples permet d'identifier la décomposition de $F(X)$ et de $F(-X)$, ce qui donne $a = a'$ et $b = -b'$.

De plus F est à coefficients réels, donc $F(X) = \overline{F}(X)$ et par identification $c = \overline{c'}$.

En utilisant la relation (*) de la partie 3.2, on trouve $b = \frac{1}{8}$ et $c = \frac{i}{4 \cdot 2i} = \frac{1}{8}$. Donc $b' = -\frac{1}{8}$ et $c' = \frac{1}{8}$.

Multipliant F par X, regardant X comme un nombre réel et en le faisant tendre vers $+\infty$, on tire $0 = a + a' + c + c'$. Donc $2a = a + a' = -(c' + c) = -\frac{1}{4}$, d'où $a = a' = -\frac{1}{8}$.

b) Recherchons les racines de $X^5 + 1$. On a

$$x^5 + 1 = 0 \iff x^5 = -1 = e^{i\pi} \iff x = e^{i(\pi/5 + 2k\pi/5)} = \omega_k, (k \in \mathbb{N}, 0 \leq k \leq 4).$$

On peut donc écrire

$$F = \sum_{k=0}^{4} \frac{a_k}{X - \omega_k}.$$

En utilisant la relation (**) de la partie 3.2, on trouve $a_k = \omega_k^4/(5\omega_k^4) = 1/5$. Donc

$$F = \frac{1}{5} \sum_{k=0}^{4} \frac{1}{X - \omega_k}.$$

EXERCICE 2. Décomposer en éléments simples dans $\mathbb{R}(X)$ les fractions rationnelles suivantes.

a) $F = \dfrac{X^2}{(X^4+X^2+1)^2}$. b) $F = \dfrac{1}{X(X^2+1)^2}$.

c) $F = \dfrac{X^7+2}{(X^2+X+1)^3}$. d) $F = \dfrac{1}{X^{2n}-1}$, $n \in \mathbb{N}^*$.

Solution. **a)** On a $(X^4 + X^2 + 1)^2 = (X^2 + X + 1)^2(X^2 - X + 1)^2$ donc

$$\exists a, b, c, d, e, f, g, h \in \mathbb{R}, \quad F = \frac{aX+b}{X^2+X+1} + \frac{cX+d}{(X^2+X+1)^2} + \frac{eX+f}{X^2-X+1} + \frac{gX+h}{(X^2-X+1)^2}.$$

Comme F est paire, l'unicité de la décomposition en éléments simples permet d'obtenir

$$e = -a, \quad f = b, \quad g = -c, \quad h = d.$$

Multipliant F par $(X^2 + X + 1)^2$ puis en remplaçant X par $j = e^{2i\pi/3}$, on obtient

$$cj + d = \frac{j^2}{(j^2 - j + 1)^2} = \frac{j^2}{4j^2} = \frac{1}{4} \quad \text{donc} \quad c = 0 \text{ et } d = \frac{1}{4}.$$

On a $F(0) = 0 = b + d + f + h = 2b + 2d$ donc $2b + \frac{1}{2} = 0$, d'où $b = -\frac{1}{4}$.

On a $F(i) = -1 = \frac{ai+b}{i} - (ci+d) - \frac{ei+f}{i} - (gi+h)$, donc $-1 = 2a + \frac{(b-f)}{i} - i(c+g) - (d+h) = 2a - 2d = 2a - \frac{1}{2}$, d'où $a = -\frac{1}{4}$.

Finalement on a trouvé

$$a = -\frac{1}{4}, \quad b = -\frac{1}{4}, \quad c = 0, \quad d = \frac{1}{4}, \quad e = \frac{1}{4}, \quad f = -\frac{1}{4}, \quad g = 0, \quad h = \frac{1}{4}.$$

b) Il existe $a, b, c, d, e \in \mathbb{R}$ tels que $F = \frac{a}{X} + \frac{bX+c}{X^2+1} + \frac{dX+e}{(X^2+1)^2}$. La fraction F est impaire, donc $c = e = 0$. D'après la relation (*) de la partie 3.2, on a $a = 1$. Multiplions F par $(X^2+1)^2$ puis remplaçons X par i. On obtient $\frac{1}{i} = di + e = di$ donc $d = -1$.

Multipliant F par X, regardant X comme un nombre réel et en le faisant tendre vers $+\infty$, on obtient $0 = a + b$, donc $b = -a = -1$.

c) Classique ! Il faut procéder par divisions euclidiennes successives. On trouve $X^7 + 2 = (X^2 + X + 1)(X^5 - X^4 + X^2 - X) + (X + 2)$, d'où

$$F = \frac{X^7+2}{(X^2+X+1)^3} = \frac{X+2}{(X^2+X+1)^3} + \frac{X^5 - X^4 + X^2 - X}{(X^2+X+1)^2}. \qquad (*)$$

On recommence, en divisant cette fois ci $X^5 - X^4 + X^2 - X$ par $X^2 + X + 1$.
$X^5 - X^4 + X^2 - X = (X^2+X+1)(X^3 - 2X^2 + X + 2) - 4X - 2$, donc

$$\frac{X^5 - X^4 + X^2 - X}{(X^2+X+1)^2} = -\frac{4X+2}{(X^2+X+1)^2} + \frac{X^3 - 2X^2 + X + 2}{X^2+X+1}. \qquad (**)$$

De même $X^3 - 2X^2 + X + 2 = (X^2+X+1)(X-3) + (3X+5)$, donc

$$\frac{X^3 - 2X^2 + X + 2}{X^2+X+1} = \frac{3X+5}{X^2+X+1} + X - 3. \qquad (***)$$

De (*), (**) et (***), on tire

$$F = \frac{X+2}{(X^2+X+1)^3} - \frac{4X+2}{(X^2+X+1)^2} + \frac{3X+5}{X^2+X+1} + (X-3).$$

Procédé pratique, à retenir !

d) On décompose d'abord dans $\mathbb{C}(X)$. On pose $\omega = e^{i\pi/n}$, de sorte que $X^{2n} - 1 = \prod_{k=0}^{2n-1}(X - \omega^k)$. Donc $F = \sum_{k=0}^{2n-1} \frac{a_k}{X - \omega^k}$, où d'après la relation (**) de la partie 3.2, $a_k = 1/[2n(\omega^k)^{2n-1}] = \omega^k/(2n)$.

Il ne reste plus qu'à regrouper les termes conjugués.

$$\text{Si } 1 \le k \le n-1, \frac{\omega^k}{X - \omega^k} + \frac{\omega^{(2n-k)}}{X - \omega^{(2n-k)}} = \frac{\omega^k}{X - \omega^k} + \frac{\overline{\omega}^k}{X - \overline{\omega}^k} = \frac{2\cos(k\pi/n)X - 2}{X^2 - 2\cos(k\pi/n)X + 1},$$

donc

$$F = \frac{1}{2n}\sum_{k=0}^{2n-1} \frac{\omega^k}{X - \omega^k} = \frac{1}{2n}\left[\frac{1}{X-1} - \frac{1}{X+1} + \sum_{k=1}^{n-1} \frac{2\cos(k\pi/n)X - 2}{X^2 - 2\cos(k\pi/n)X + 1}\right].$$

EXERCICE 3. **a)** Pour tout $n \in \mathbb{N}^*$, montrer qu'il existe un polynôme $P_n \in \mathbb{R}[X]$ de degré n tel que

$$X^n + \frac{1}{X^n} = P_n\left(X + \frac{1}{X}\right).$$

b) Pour tout $n \in \mathbb{N}^*$, décomposer la fraction rationnelle $F_n = 1/P_n$ en éléments simples dans $\mathbb{R}(X)$.

Solution. **a)** On procède par récurrence sur $n \in \mathbb{N}^*$. Pour $n = 1$, c'est évident en prenant $P_1(X) = X$. Supposons le résultat vrai jusqu'au rang $n-1$ et démontrons le au rang n. On a

$$\left(X + \frac{1}{X}\right)^n = \sum_{k=0}^{n} C_n^k X^{n-k} \left(\frac{1}{X}\right)^k.$$

En posant $P_0(X) = 1$, on vérifie facilement que pour tout entier n,

$$\left(X + \frac{1}{X}\right)^n = X^n + \frac{1}{X^n} + \sum_{k=1}^{[n/2]} C_n^k P_{n-2k}\left(X + \frac{1}{X}\right),$$

où $[n/2]$ désigne la partie entière de $n/2$. Cette égalité montre qu'en posant

$$P_n(X) = X^n - \sum_{k=1}^{[n/2]} C_n^k P_{n-2k}(X),$$

on a $P_n\left(X + \dfrac{1}{X}\right) = X^n + \dfrac{1}{X^n}$ et $\deg(P_n) = n$.

b) Commençons par chercher les pôles de F_n, qui sont les racines de P_n. On a

$$P_n\left(x + \frac{1}{x}\right) = 0 \iff x^n + \frac{1}{x^n} = 0 \iff x^{2n} = -1 \iff x = \omega_k = e^{i(2k+1)\pi/(2n)} \quad (k \in \mathbb{Z}).$$

Ainsi, pour tout $k \in \mathbb{Z}$, la valeur

$$x_k = \omega_k + \frac{1}{\omega_k} = e^{i(2k+1)\pi/(2n)} + e^{-i(2k+1)\pi/(2n)} = 2\cos\left(\frac{(2k+1)\pi}{2n}\right)$$

est une racine de P_n. On remarque que les x_k sont deux à deux distincts lorsque $0 \leq k \leq n-1$, et comme $\deg(P_n) = n$, ceci montre que les x_k pour $0 \leq k \leq n-1$ sont les racines de P_n. Maintenant, on peut écrire (grâce à la relation (**) de la partie 3.2)

$$F_n = \frac{1}{P_n} = \sum_{k=0}^{n-1} \frac{1}{P_n'(x_k)} \cdot \frac{1}{X - x_k}.$$

Il ne reste plus qu'à remarquer, après dérivation de la relation $P_n(X + 1/X) = X^n + 1/X^n$, que

$$\left(1 - \frac{1}{\omega_k^2}\right) P_n'\left(\omega_k + \frac{1}{\omega_k}\right) = n\omega_k^{n-1} - \frac{n}{\omega_k^{n+1}} = \frac{n}{\omega_k}(\omega_k^n - \omega_k^{-n})$$

donc

$$P_n'(x_k) = \frac{n}{\omega_k - \omega_k^{-1}}(\omega_k^n - \omega_k^{-n}) = n\frac{\sin[(2k+1)\pi/2]}{\sin[(2k+1)\pi/(2n)]} = \frac{(-1)^k}{\sin[(2k+1)\pi/(2n)]},$$

et le tour est joué.

EXERCICE 4. Pour tout $F \in \mathbb{C}(X)$, on note $D_F = \mathbb{C} \setminus \{a_1, \ldots, a_n\}$ (où $a_1, \ldots, a_n$ sont les pôles de F) et on identifie F avec la fonction

$$D_F \to \mathbb{C} \qquad z \mapsto F(z).$$

a) Si $F \in \mathbb{C}(X)$ est non constante, montrer que

$$(i) \quad F(D_F) = \mathbb{C} \quad \text{ou} \quad (ii) \quad \exists \alpha \in \mathbb{C} \mid F(D_F) = \mathbb{C} \setminus \{\alpha\}$$

et caractériser les fractions rationnelles F vérifiant l'assertion (ii).

b) Si $F, G \in \mathbb{C}(X)$, et si G n'est pas une constante qui est un pôle de F, il est possible de définir la composée $F \circ G \in \mathbb{C}(X)$. Donner la forme des fractions rationnelles F et $G \in \mathbb{C}(X)$ telles que la fraction rationnelle $F \circ G$ soit un polynôme.

Solution. **a)** Soit $F = N/D$ la forme réduite de F. Par hypothèse, F est non constante donc l'un au moins des polynômes N, D est non constant. Pour tout $\lambda \in \mathbb{C}$, l'équation $F(z) = \lambda$ $(z \in D_F)$ est équivalente à $(N - \lambda D)(z) = 0$ $(z \in \mathbb{C})$. (En effet, si $(N - \lambda D)(z) = 0$ alors on doit avoir $D(z) \neq 0$ sinon N et D ont une racine commune, c'est-à-dire $z \in D_F$). Deux cas se présentent :

(i) Pour tout $\lambda \in \mathbb{C}$, le polynôme $N - \lambda D$ est non constant. Le corps des nombres complexes étant algébriquement clos, $N - \lambda D$ admet une racine z_λ pour tout $\lambda \in \mathbb{C}$. Ainsi, pour tout $\lambda \in \mathbb{C}$, $F(z_\lambda) = \lambda$ et on en déduit $F(D_F) = \mathbb{C}$.

(ii) Il existe $\alpha \in \mathbb{C}$ tel que $N - \alpha D$ est constant. Pour tout $\lambda \neq \alpha$, le polynôme $N - \lambda D$ est non constant (si $N - \lambda D$ est constant pour $\lambda \neq \alpha$, il est facile de voir que l'on doit avoir N et D constants, ce qui est contraire aux hypothèses) donc admet au moins une racine z_λ qui vérifie $F(z_\lambda) = \lambda$. Ainsi, $\mathbb{C} \setminus \{\alpha\} \subset F(D_F)$. De plus, le polynôme $N - \alpha D$ est une constante non nulle (si elle est nulle, F est constant égal à α), donc l'équation $N - \alpha D = 0$ n'a pas de solution. Finalement, $F(D_F) = \mathbb{C} \setminus \{\alpha\}$.

Les fractions rationnelles $F = N/D$ vérifiant (ii) sont celles vérifiant $\exists c \in \mathbb{C} \mid N - \alpha D = c$. Ainsi, $F = N/D = (\alpha D + c)/D = \alpha + c/D$ est de la forme $F = \alpha + 1/P$ où P est un polynôme non constant et réciproquement, une fraction rationnelle de cette forme vérifie (ii).

b) Si F est constant, $F \circ G = F$ est toujours un polynôme. De même, si G est constant et si G n'est pas un pôle de F, $F \circ G$ est une constante donc un polynôme.

Supposons maintenant F et G non constants. Si α est un pôle de F, on a

$$\lim_{\substack{z \to \alpha \\ z \neq \alpha}} |F(z)| = +\infty,$$

donc si $\alpha = G(\beta) \in G(D_G)$,

$$\lim_{\substack{z \to \beta \\ z \neq \beta}} |F \circ G(z)| = +\infty$$

(théorème de composition des limites). Comme $F \circ G$ est une fraction rationnelle, ceci entraîne que β est un pôle de $F \circ G$.

On veut que $F \circ G$ soit un polynôme; notre discussion précédente montre donc que pour tout pôle α de F, $\alpha \notin G(D_G)$, ou encore $\alpha \in \mathbb{C} \setminus G(D_G)$. D'après la question précédente, l'ensemble $\mathbb{C} \setminus G(D_G)$ a au plus un élément, ce qui montre que nécessairement F a au plus un pôle.

- Si F n'a pas de pôle, c'est-à-dire si F est un polynôme, alors si $F \circ G$ est un polynôme, G est un polynôme. En effet, si G admet un pôle β, alors

$$\lim_{\substack{z \to \beta \\ z \neq \beta}} |G(z)| = +\infty$$

et le polynôme F étant non constant on a

$$\lim_{\substack{z \to \beta \\ z \neq \beta}} |F \circ G(z)| = +\infty \quad \text{car} \quad \lim_{|z| \to +\infty} |F(z)| = +\infty,$$

et $F \circ G$ ne peut donc pas être un polynôme.

- Si F admet un seul pôle α, on peut écrire F sous la forme

$$F = \frac{P(X - \alpha)}{(X - \alpha)^h}, \qquad P \in \mathbb{C}[X] \quad \text{et} \quad h \in \mathbb{N}^*.$$

Pour que $F \circ G$ soit un polynôme, on a vu que l'on devait avoir $\mathbb{C} \setminus G(D_G) = \{\alpha\}$. Comme G n'est pas constant (le cas G constant a été traité plus haut), d'après la question a), ceci entraîne $G = \alpha + 1/Q$ où Q est un polynôme non constant. On a alors

$$F \circ G = \frac{P(1/Q)}{(1/Q)^h} = Q^h P(1/Q).$$

En écrivant $P = \sum_{k=0}^{n} a_k X^k$ (où $n = \deg P$), ceci s'écrit aussi

$$F \circ G = \sum_{k=0}^{n} a_k Q^{h-k}$$

et ceci est un polynôme si et seulement si $n = \deg(P) \leq h$.

Réciproquement, il est facile de vérifier que les solutions trouvées conviennent. Finalement, $F \circ G$ est un polynôme si et seulement si l'une des conditions suivantes est vérifiée :

(i) F est constant.
(ii) G est constant et n'est pas un pôle de F.
(iii) F et G sont des polynômes.
(iv) F est de la forme $F = \dfrac{P(X)}{(X-\alpha)^h}$ où $P \in \mathbb{C}[X]$ et $\deg(P) \leq h$, et G de la forme $G = \alpha + 1/Q$ où $Q \in \mathbb{C}[X]$.

4. Polynômes à plusieurs indéterminées

4.1. Généralités

Soit A un anneau commutatif unitaire. L'ensemble $A[X]$ est aussi un anneau commutatif unitaire. On peut donc définir l'anneau des polynômes à une indéterminée à coefficients dans $A[X]$. C'est $A[X][Y]$, noté aussi $A[X,Y]$, appelé anneau des *polynômes à coefficients dans A à deux indéterminées*. Les éléments de $A[X,Y]$ sont ceux de la forme

$$P = \sum_{i,j} a_{i,j} X^i Y^j, \quad a_{i,j} \in A$$

où la somme sur (i,j) est finie. Par récurrence, on définit même

$$A[X_1, \ldots, X_n] = A[X_1, \ldots, X_{n-1}][X_n],$$

anneau des polynômes à coefficients dans A à n indéterminées.

- Si $A = \mathbb{K}$ est un corps commutatif, $\mathbb{K}[X_1, \cdots, X_n]$ est une $\mathbb{K}$-algèbre, dont $\{X_1^{i_1} \cdots X_n^{i_n},\ (i_1, \ldots, i_n) \in \mathbb{N}^n\}$ est une base.
- Si A est intègre, $A[X_1, \ldots, X_n]$ est un anneau intègre.

Si $n \geq 2$, et $\mathbb{K}$ est un corps, $\mathbb{K}[X_1, \cdots, X_n]$ n'est pas un anneau principal. C'est par contre un anneau dit factoriel, c'est-à-dire qu'il possède des propriétés arithmétiques.

Définition 1 (Degré partiel). Soit $P \in A[X_1, \ldots, X_n]$ et i, $1 \leq i \leq n$. On peut écrire $P = \sum_j P_j X_i^j$ avec pour tout j, $P_j \in A[X_1, \ldots, X_{i-1}, X_{i+1}, \ldots, X_n]$. On appelle *degré partiel* de P selon X_i le degré de P considéré comme polynôme en X_i et on le note $\deg_{X_i}(P)$ (avec les notations précédentes, $\deg_{X_i}(P) = \sup\{j \mid P_j \neq 0\}$).

Définition 2 (Degré total). Le degré total d'un monôme $aX_1^{i_1} \cdots X_n^{i_n}$, $a \neq 0$, est $i_1 + \cdots + i_n$. Si $P \in A[X_1, \ldots, X_n]$, le *degré total* de P, noté $\deg(P)$, est le plus grand degré total des monômes qui forment P.

De même que dans $\mathbb{K}[X]$, on peut définir dans $\mathbb{K}[X_1, \ldots, X_n]$ des fonctions polynôme de n variables. On a en particulier le résultat suivant.

Proposition 1. *Soit* $\mathbb{K}$ *un corps commutatif* infini *et un polynôme* $P \in \mathbb{K}[X_1, \ldots, X_n]$. *Si* $P(x_1, \ldots, x_n) = 0$ *pour tout* n*-uplet* $(x_1, \ldots, x_n)$ *de* $\mathbb{K}^n$, *on a* $P = 0$.

Remarque 1. – Comme pour les polynômes à une indéterminée, ce résultat est faux si $\mathbb{K}$ est un corps fini. Par exemple dans $\mathbb{Z}/p\mathbb{Z}[X_1,\dots,X_n]$ (p premier), le polynôme $P=(X_1)(X_1-\bar{1})\cdots(X_1-(\overline{p-1}))X_2\cdots X_n$ est non nul et pourtant, pour tout $x_1,\dots,x_n\in\mathbb{Z}/p\mathbb{Z}$, $P(x_1,\dots,x_n)=0$.

– Attention, même si $\mathbb{K}$ est un corps infini, on peut avoir $P(x_1,\dots,x_n)=0$ pour une infinité de n-uplets $(x_1,\dots,x_n)$ sans que $P=0$ (prendre par exemple $P(X,Y)=X-Y$ sur $\mathbb{R}[X,Y]$).

4.2. Polynômes symétriques

DÉFINITION 3. Un polynôme $P\in A[X_1,\dots,X_n]$ est dit *symétrique* si pour tout $\sigma\in\mathcal{S}_n$ (où $\mathcal{S}_n$ désigne le groupe symétrique d'indice n), $P(X_{\sigma(1)},\dots,X_{\sigma(n)})=P(X_1,\dots,X_n)$.

Exemple 1. Dans $\mathbb{R}[X,Y,Z]$, $P=XY+YZ+ZX$ est symétrique.

DÉFINITION 4 (SYMÉTRISÉ D'UN MONÔME). Soit $M=X_1^{\alpha_1}\cdots X_n^{\alpha_n}\in A[X_1,\cdots X_n]$. Si $\sigma\in\mathcal{S}_n$, on pose $M_\sigma=X_{\sigma(1)}^{\alpha_1}\cdots X_{\sigma(n)}^{\alpha_n}$. Le polynôme $\sum\limits_{M_\sigma \text{distincts}} M_\sigma$ est symétrique dans $A[X_1,\dots,X_n]$. On l'appelle *symétrisé* de M dans $A[X_1,\dots,X_n]$ et on le note $\sum M$.

Exemple 2. Dans $\mathbb{K}[X_1,X_2]$, $\sum X_1^2X_2=X_1^2X_2+X_1X_2^2$.

Dans $\mathbb{K}[X_1,X_2,X_3]$, $\sum X_1^2X_2=X_1^2X_2+X_1X_2^2+X_2^2X_3+X_3^2X_2+X_1^2X_3+X_1X_3^2$. (On voit sur cet exemple que les symétrisés d'un monôme dans $A[X_1,\dots,X_m]$ et dans $A[X_1,\dots,X_n]$ sont différents si $n\neq m$).

Polynômes symétriques élémentaires. On appelle polynômes *symétriques élémentaires* de $A[X_1,\dots,X_n]$ les polynômes notés Σ_i $(1\le i\le n)$ et définis par

$$\Sigma_1=\sum X_1=X_1+\cdots+X_n,$$

$$\Sigma_2=\sum X_1X_2=\sum_{i<j}X_iX_j,$$

$$\cdots$$

$$\Sigma_p=\sum X_1\cdots X_p=\sum_{i_1<\cdots<i_p}X_{i_1}\cdots X_{i_p},$$

$$\cdots$$

$$\Sigma_n=\sum X_1\cdots X_n=X_1\cdots X_n.$$

On a l'égalité

$$(T-X_1)\cdots(T-X_n)=T^n-\Sigma_1T^{n-1}+\Sigma_2T^{n-2}+\cdots+(-1)^{n-1}\Sigma_{n-1}T+(-1)^n\Sigma_n.$$

En particulier, si $P=X^n+a_1X^{n-1}+\cdots+a_n$ est un polynôme de $\mathbb{K}[X]$ scindé sur $\mathbb{K}$ et si $u_1,\dots,u_n$ sont ses racines, alors $\forall i,\ 1\le i\le n,\ (-1)^ia_i=\Sigma_i(u_1,\dots,u_n)$.

Remarque 2. Si $\Phi\in A[X_1,\dots,X_n]$, alors $\Phi[\Sigma_1(X_1,\dots,X_n),\dots,\Sigma_n(X_1,\dots,X_n)]$ est un polynôme symétrique de $A[X_1,\dots,X_n]$.

La réciproque est vraie : tout polynôme symétrique peut se mettre sous cette forme. Plus précisément, on a le théorème suivant :

→ THÉORÈME 1. *Soit A un anneau commutatif unitaire et $P\in A[X_1,\dots,X_n]$ un polynôme symétrique dans $A[X_1,\dots,X_n]$. Il existe un unique polynôme $\Phi\in A[X_1,\dots,X_n]$ tel que $P=\Phi(\Sigma_1,\dots,\Sigma_n)$.*

Exemple 3. Dans $A[X_1,\dots,X_n]$, $\sum X_1^2=\Sigma_1^2-2\Sigma_2$ et $\sum X_1^2X_2=\Sigma_1\Sigma_2-3\Sigma_3$.

Remarque 3. Ce théorème entraîne le résultat suivant. Soit $P \in \mathbb{Z}[X]$ un polynôme *unitaire*. Les fonctions symétriques $\sigma_1, \dots, \sigma_n$ de ses racines $u_1, \dots, u_n$ sont donc entières. Si $F \in \mathbb{Z}[X_1, \dots, X_n]$ est symétrique, alors $F(u_1, \dots, u_n) \in \mathbb{Z}$ (en effet. D'après le théorème il existe $G \in \mathbb{Z}[X_1, \dots, X_n]$ tel que $F = G(\Sigma_1, \dots, \Sigma_n)$, et donc $F(u_1, \dots, u_n) = G(\sigma_1, \dots, \sigma_n) \in \mathbb{Z}$).

4.3. Exercices

Exercice 1. Pour les polynômes P suivants, déterminer le polynôme Φ tel que

$$P(X_1, \dots, X_n) = \Phi(\Sigma_1, \dots, \Sigma_n).$$

a) $P = X^3 + Y^3 + Z^3 \in \mathbb{R}[X, Y, Z]$.
b) $P = \sum X_1^2 X_2^2 X_3 \in \mathbb{R}[X_1, \dots, X_n]$ pour $n \geq 5$.

Solution. **a)** On a $(X+Y+Z)^3 = X^3+Y^3+Z^3+3X^2Y+3X^2Z+3Y^2X+3Y^2Z+3Z^2X+3Z^2Y+6XYZ$, et donc $X^3 + Y^3 + Z^3 = \Sigma_1^3 - 6\Sigma_3 - 3\sum X^2Y$. Or $\sum X^2Y = \Sigma_1\Sigma_2 - 3\Sigma_3$. Finalement, on a $P = \Sigma_1^3 - 3\Sigma_1\Sigma_2 + 3\Sigma_3$.

b) Rappelons que la méthode générale (méthode de Waring) pour trouver le polynôme Φ consiste à faire diminuer la hauteur de P (la hauteur de P est la plus grande des hauteurs de ses monômes, la hauteur d'un monôme $aX_1^{\alpha_1} \cdots X_n^{\alpha_n}$ étant $(\alpha_1, \dots, \alpha_n)$, ordonnée par l'ordre lexicographique).

Ici, le monôme de plus haut de P est $X_1^2X_2^2X_3$. On va donc commencer par retrancher P à $(\sum X_1X_2)(\sum X_1X_2X_3) = \Sigma_2\Sigma_3$. Calculons ce dernier terme. Chaque monôme de $\Sigma_2\Sigma_3$ est de degré total 5 (produit de deux monômes de degré total 2 et 3) et est moins haut que $X_1^2X_2^2X_3$. On peut donc écrire

$$\exists a, b, c, \quad \Sigma_2\Sigma_3 = a\sum X_1^2X_2^2X_3 + b\sum X_1^2X_2X_3X_4 + c\sum X_1X_2X_3X_4X_5.$$

Le nombre a est le coefficient de $X_1^2X_2^2X_3$ dans $\Sigma_2\Sigma_3$. C'est donc le nombre de manières de former $X_1^2X_2^2X_3$ par un monôme de Σ_2 multiplié par un monôme de Σ_3. Il n'y a qu'une seule façon de faire ceci. C'est $X_1^2X_2^2X_3 = (X_1X_2)(X_1X_2X_3)$, donc $a = 1$.
– De même, b est le nombre de façons d'écrire $X_1^2X_2X_3X_4$ comme le produit d'un monôme de Σ_2 par un monôme de Σ_3. Ces façons sont

$$X_1^2X_2X_3X_4 = (X_1X_2)(X_1X_3X_4) = (X_1X_3)(X_1X_2X_4) = (X_1X_4)(X_1X_2X_3),$$

donc $b = 3$.
– On trouve de même $c = C_5^2 = 10$.
– Finalement, on a $P - \Sigma_2\Sigma_3 = -3\sum X_1^2X_2X_3X_4 - 10\sum X_1X_2X_3X_4X_5$. Par des méthodes analogues aux précédentes, on trouve

$$\Sigma_1\Sigma_4 = \sum X_1^2X_2X_3X_4 + 5\sum X_1X_2X_3X_4X_5,$$

et donc $\sum X_1^2X_2X_3X_4 = \Sigma_1\Sigma_4 - 5\Sigma_5$. Finalement, on a

$$P = \Sigma_2\Sigma_3 - 3(\Sigma_1\Sigma_4 - 5\Sigma_5) - 10\Sigma_5 = \Sigma_2\Sigma_3 - 3\Sigma_1\Sigma_4 + 5\Sigma_5.$$

Remarque. Il est bon dans ce type de calcul de vérifier les résultats, en donnant par exemple à n, $X_1, \dots, X_n$ des valeurs particulières.

Exercice 2. Soit $P = X^3 + pX + q \in \mathbb{R}[X]$, α, β, γ ses racines complexes.
a) Calculer $\Delta = (\alpha - \beta)^2(\beta - \gamma)^2(\gamma - \alpha)^2$ en fonction de p et q.

b) En déduire une condition nécessaire et suffisante portant sur p et q pour que P ait trois racines réelles.

Solution. **a)** Posons $\sigma_1 = \alpha+\beta+\gamma$, $\sigma_2 = \alpha\beta+\beta\gamma+\gamma\alpha$, $\sigma_3 = \alpha\beta\gamma$. On sait (voir le théorème 1 de la partie 2.2 — page 60), que $\sigma_1 = 0$, $\sigma_2 = p$ et $\sigma_3 = -q$.

Comme Δ est symétrique en α, β, γ, on peut l'exprimer comme polynôme en σ_1, σ_2, σ_3. Ceci est un moyen de procéder mais les calculs sont lourds. Nous allons utiliser une technique différente.

Supposons dans un premier temps $q \neq 0$, c'est-à-dire $\alpha\beta\gamma = \sigma_3 \neq 0$, de sorte que α, β et γ sont non nuls. On a $(\alpha-\beta)^2 = \alpha^2+\beta^2-2\alpha\beta$. Or $\alpha^2+\beta^2+\gamma^2 = \sigma_1^2 - 2\sigma_2 = -2p$, donc

$$(\alpha-\beta)^2 = -2p-\gamma^2-2\alpha\beta = -2p-\gamma^2+\frac{2q}{\gamma}.$$

On montrerait de même

$$(\beta-\gamma)^2 = -2p-\alpha^2+\frac{2q}{\alpha} \quad \text{et} \quad (\gamma-\alpha)^2 = -2p-\beta^2+\frac{2p}{\beta}.$$

Finalement, on a

$$\Delta = \prod_{x \text{ racine de } P} (-2p-x^2+\frac{2q}{x}).$$

Recherchons un polynôme Q dont les racines sont les $y = -2p-x^2+2q/x$ ($x = \alpha,\beta,\gamma$).

$$\begin{cases} x^3+px+q &= 0 \\ -2p-x^2+2q/x &= y \end{cases} \iff \begin{cases} x^2 &= -p-q/x \\ y &= -p+3q/x \end{cases} \iff \begin{cases} 0 &= 1+p/x^2+q/x^3 \\ x &= 3q/(y+p) \end{cases}$$

$$\iff 1+p\left(\frac{y+p}{3q}\right)^2+q\left(\frac{y+p}{3q}\right)^3 = 0 \iff y^3+6py^2+9p^2y+(4p^3+27q^2) = 0.$$

Donc $Q = X^3+6pX^2+9p^2X+(4p^3+27q^2)$. Le nombre Δ apparaissant comme le produit des racines de Q, on en déduit $\Delta = -(4p^3+27q^2)$.

Ceci est vrai pour $q \neq 0$. Si $q = 0$, alors une des racines de P est nulle, par exemple α, et alors $\Delta = \beta^2\gamma^2(\beta-\gamma)^2$. Or $\sigma_1 = 0 = \beta+\gamma$, donc $\gamma = -\beta$ et donc $\Delta = \beta^4\cdot(2\beta)^2 = 4\beta^6$. Il ne reste plus qu'à remarquer que $p = \sigma_2 = \beta\gamma = -\beta^2$, et donc $\Delta = -4p^3$.

Finalement, dans tous les cas, $\Delta = -(4p^3+27q^2)$.

b) Le polynôme $P \in \mathbb{R}[X]$ est de degré impair et admet donc au moins une racine dans $\mathbb{R}$ (c'est classique ! Comme $\lim_{x\to+\infty} P(x)P(-x) = -\infty$, il existe $a > 0$ tel que $P(a)$ et $P(-a)$ aient des signes opposés, et P étant continue, il existe $x \in]-a,a[$ tel que $P(x) = 0$ d'après le théorème des valeurs intermédiaires). Notons par exemple α une telle racine réelle. Deux cas se présentent.

- *Premier cas.* β et γ sont réelles. Alors $\Delta = (\alpha-\beta)^2(\beta-\alpha)^2(\gamma-\alpha)^2 \geq 0$.
- *Second cas.* β et γ sont non réelles. Alors elles sont complexes conjuguées. Autrement dit, on peut écrire $\beta = x+iy$ et $\gamma = x-iy$ avec $x, y \in \mathbb{R}$, $y \neq 0$. On a alors

$$\Delta = \Big((\alpha-\beta)(\alpha-\gamma)\Big)^2(\beta-\gamma)^2 = \Big(|\alpha-\beta|^2\Big)^2(2iy)^2 = -4y^2|\alpha-\beta|^4 < 0$$

Finalement, on voit que P a trois racines réelles si et seulement si $\Delta = -(4p^3+27q^2) \geq 0$.

Remarque. Ce dernier résultat peut également s'obtenir à partir des formules de Cardan donnant les racines de P en fonction de ses coefficients (voir l'annexe A).

– Le nombre Δ s'appelle le discriminant de P. De manière générale, pour tout polynôme Q, $\deg(Q) = n \geq 2$, si $x_1, \dots, x_n$ sont les racines de Q, le discriminant de Q est défini par $\Delta = \prod_{i<j}(x_i-x_j)^2$. Comme Δ est symétrique en les x_i, il s'exprime comme polynôme en fonction des coefficients de Q. On voit par ailleurs que Q n'admet que des racines simples si et seulement si $\Delta \neq 0$.

EXERCICE 3 (FORMULES DE NEWTON). Soit un entier $n \geq 2$. On appelle sommes de Newton les expressions

$$S_p = \sum_{i=1}^{n} X_i^p \in \mathbb{R}[X_1, \dots, X_n].$$

Comme S_p est symétrique, il s'exprime comme polynôme en les polynômes symétriques élémentaires $\Sigma_1, \dots, \Sigma_n$. On se propose de donner des formules simples permettant de calculer le polynôme Φ_p tel que $S_p = \Phi_p(\Sigma_1, \dots, \Sigma_n)$.

a) Soit $(x_1, \dots, x_n) \in \mathbb{R}^n$. Pour tout $p \in \mathbb{N}^*$, on pose $s_p = \sum_{i=1}^n x_i^p$ et pour tout i, on pose $\sigma_i = \Sigma_i(x_1, \dots, x_n)$, $\sigma_i' = (-1)^i \sigma_i$. Soit $P = \prod_{i=1}^n (X - x_i)$. En remarquant que $P' = \sum_{i=1}^{n} \dfrac{P}{X - x_i}$, montrer

$$\forall k,\ 1 \leq k \leq n-1, \quad S_k - \Sigma_1 S_{k-1} + \cdots + (-1)^{k-1} \Sigma_{k-1} S_1 + (-1)^k k \Sigma_k = 0. \qquad (*)$$

b) Pour tout $p \in \mathbb{N}$, donner une relation entre $S_{n+p}, S_{n+p-1}, \dots, S_p$.

Solution. On a $P = X^n + \sigma_1' X^{n-1} + \cdots + \sigma_{n-1}' X + \sigma_n'$. Pour tout i, la division euclidienne de P par $X - x_i$ donne

$$\frac{P}{X - x_i} = X^{n-1} + (x_i + \sigma_1')X^{n-2} + (x_i^2 + \sigma_1' x_i + \sigma_2')X^{n-3} + \cdots$$
$$+ (x_i^{n-1} + \sigma_1' x_i^{n-2} + \cdots + \sigma_{n-2}' x_i + \sigma_{n-1}'). \qquad (**)$$

En sommant l'égalité (**) pour $1 \leq i \leq n$, on trouve

$$P' = \sum_{i=1}^{n} \frac{P}{X - x_i} = nX^{n-1} + (s_1 + n\sigma_1')X^{n-2} + (s_2 + \sigma_1' s_1 + n\sigma_2')X^{n-3} + \cdots$$
$$+ (s_{n-1} + \sigma_1' s_{n-2} + \cdots + \sigma_{n-2}' s_1 + n\sigma_{n-1}').$$

Or on sait que $P' = nX^{n-1} + (n-1)\sigma_1' X^{n-2} + \cdots + \sigma_{n-1}'$. En identifiant les coefficients, on trouve

$$\forall k, 1 \leq k \leq n-1, \quad s_k + s_{k-1}\sigma_1' + \cdots + s_1 \sigma_{k-1}' + k\sigma_k' = 0.$$

Autrement dit, si $P_k = S_k - S_{k-1}\Sigma_1 + \cdots + (-1)^{k-1} S_1 \Sigma_{k-1} + (-1)^k k \Sigma_k$, on a $P_k(x_1, \cdots, x_n) = 0$, et ceci pour tout $(x_1, \dots, x_n) \in \mathbb{R}^n$, donc $P_k = 0$ $(1 \leq k \leq n-1)$ d'où le résultat.

b) Il suffit de remarquer que

$$\forall i, \ x_i^p P(x_i) = 0 = x_i^{p+n} + \sigma_1' x_i^{p+n-1} + \cdots + \sigma_{n-1}' x_i^{p+1} + \sigma_n' x_i^p,$$

et en sommant cette égalité pour $1 \leq i \leq n$:

$$0 = s_{p+n} + \sigma_1' s_{p+n-1} + \cdots + \sigma_{n-1}' s_{p+1} + \sigma_n' s_p.$$

Ceci étant vrai pour tout $(x_1, \dots, x_n) \in \mathbb{R}^n$, on en déduit que

$$S_{p+n} - \Sigma_1 S_{p+n-1} + \cdots + (-1)^{n-1} \Sigma_{n-1} S_{p+1} + (-1)^n \Sigma_n S_p = 0.$$

Remarque. En procédant par récurrence sur p, ces formules permettent de trouver facilement les polynômes en $\Sigma_1, \dots, \Sigma_n$ égaux à S_p. Elles peuvent en particulier s'inverser (pour $1 \leq p \leq n$), ce qui prouve que les Σ_i $(1 \leq i \leq n)$ s'expriment comme des polynômes en les S_i $(1 \leq i \leq n)$. Donc tout polynôme symétrique de $\mathbb{R}[X_1, \dots, X_n]$ peut s'exprimer comme polynôme en $S_1, \dots, S_n$.

EXERCICE 4. (Cet exercice suppose la connaissance préalable de la théorie sur les séries entières) Un polynôme $P \in \mathbb{R}[X_1, \dots, X_p]$ est dit n-homogène si P est somme de monômes de degré total n. Soit $D_{p,n}$ la dimension de l'espace vectoriel des polynômes n-homogènes de $\mathbb{R}[X_1, \dots, X_p]$. Donner le rayon de convergence et la valeur de la série entière $\sum_{n=0}^{\infty} D_{p,n} z^n$, ainsi que la valeur de $D_{p,n}$.

Solution. Il est facile de voir qu'une base de $D_{p,n}$ est $(X_1^{\alpha_1} \cdots X_p^{\alpha_p})_{\alpha_1 + \cdots + \alpha_p = n}$, donc $D_{p,n} = \text{Card}\{(\alpha_1, \dots, \alpha_p) \in \mathbb{N}^p,\ \alpha_1 + \cdots + \alpha_p = n\}$. Ceci nous invite à considérer le produit de Cauchy

$$f(z) = (1 + z + z^2 + \cdots + z^n + \cdots)^p = \sum_{n=0}^{+\infty} a_n z^n.$$

L'expression des coefficients d'un produit de Cauchy permet de remarquer que a_n est le nombre de façons de combiner les puissances de z dans chacun des p termes du produit pour que leur somme soit n, c'est-à-dire $a_n = D_{p,n}$. Donc

$$\sum_{n=0}^{\infty} D_{p,n} z^n = f(z) = \left(\frac{1}{1-z}\right)^p.$$

Cette série entière a pour rayon de convergence 1. Il reste à déterminer $D_{p,n}$. Comme $f(z) = 1/(1-z)^p$ est la dérivée $(p-1)$-ème de la fonction

$$\frac{1}{(p-1)!}\frac{1}{1-z} = \frac{1}{(p-1)!}\sum_{n=0}^{+\infty} z^n,$$

on a

$$D_{p,n} = \frac{(n+1)\cdots(n+p-1)}{(p-1)!} = C_{n+p-1}^{p-1}.$$

Remarque. De manière générale, si $a_1, \dots, a_p \in \mathbb{N}^*$, le nombre de p-uplets $(\alpha_1, \dots, \alpha_p) \in \mathbb{N}^p$ tels que $a_1\alpha_1 + \cdots + a_p\alpha_p = n$ est le coefficient de z^n dans la série entière

$$f(z) = \left(\frac{1}{1-z^{a_1}}\right) \cdots \left(\frac{1}{1-z^{a_p}}\right).$$

Ce type de résultat rentre dans le cadre plus général de la théorie des fonctions génératrices, qui s'avère être un outil très puissant pour estimer la valeur des paramètres de beaucoup de structures combinatoires.

5. Problèmes

PROBLÈME 1 (TRANSFORMÉE DE FOURIER DISCRÈTE D'UN POLYNÔME). On se fixe un entier $n \geq 1$ et on note $\omega = e^{2i\pi/n}$.

a) Pour tout polynôme $P \in \mathbb{C}[X]$, on définit les polynômes

$$\mathcal{F}_d(P) = \sum_{k=0}^{n-1} P(\omega^k)X^k \quad \text{et} \quad \overline{\mathcal{F}}_d(P) = \sum_{k=0}^{n-1} P(\omega^{-k})X^k \in \mathbb{C}[X].$$

Si $P \in \mathbb{C}[X]$ et $\deg(P) \leq n-1$, montrer que $\overline{\mathcal{F}}_d\left[\mathcal{F}_d(P)\right] = nP$.

b) *Conséquence.* Soit $P \in \mathbb{Z}[X]$ vérifiant

$$(i)\quad \forall j \in \mathbb{Z}, |P(\omega^j)| \leq 1 \qquad (ii)\quad \exists k \in \{0, 1, \dots, n-1\} \text{ tel que } P(\omega^k) = 0.$$

Montrer que $(X^n - 1)$ divise P.

Solution. **a)** Écrivons $P = a_0 + a_1X + \cdots + a_{n-1}X^{n-1}$. Si $0 \leq k \leq n-1$, le coefficient de X^k dans $\overline{\mathcal{F}}_d[\mathcal{F}_d(P)]$ est

$$[\mathcal{F}_d(P)](\omega^{-k}) = \sum_{j=0}^{n-1} P(\omega^j)\omega^{-jk} = \sum_{j=0}^{n-1}\left[\sum_{i=0}^{n-1} a_i\omega^{ij}\right]\omega^{-jk}$$

$$= \sum_{0\leq i,j\leq n-1} a_i\omega^{(i-k)j} = \sum_{i=0}^{n-1} a_i\left[\sum_{j=0}^{n-1}(\omega^{i-k})^j\right]. \qquad (*)$$

Si $i \neq k$, alors $\omega^{i-k} \neq 1$ donc

$$\sum_{j=0}^{n-1}(\omega^{i-k})^j = \frac{1-(\omega^{i-k})^n}{1-\omega^{i-k}} = \frac{1-(\omega^n)^{i-k}}{1-\omega^{i-k}} = 0.$$

Si $i = k$, alors $\omega^{i-k} = 1$ donc

$$\sum_{j=0}^{n-1}(\omega^{i-k})^j = n.$$

Finalement, (*) s'écrit $[\mathcal{F}_d(P)](\omega^{-k}) = na_k$. Donc

$$\overline{\mathcal{F}}_d[\mathcal{F}_d(P)] = \sum_{k=0}^{n-1}[\mathcal{F}_d(P)](\omega^{-k})X^k = \sum_{k=0}^{n-1} na_kX^k = nP.$$

b) Commençons par effectuer la division euclidienne de P par $X^n - 1$: $P = (X^n-1)Q + R$, $\deg(R) \leq n-1$ et $(Q,R) \in \mathbb{Z}[X]$ (le quotient et le reste sont à coefficients entiers car $X^n - 1$ est unitaire, voir la remarque 3 de la partie 1.3 — page 55). Pour tout entier j, on a $P(\omega^j) = R(\omega^j)$ dont R vérifie également (i) et (ii). Or $\deg(R) \leq n-1$, donc d'après a),

$$R = \frac{1}{n}\overline{\mathcal{F}}_d[\mathcal{F}_d(R)] = \sum_{j=0}^{n-1}\frac{[\mathcal{F}_d(R)](\omega^{-j})}{n}X^j. \qquad (**)$$

Or $\mathcal{F}_d(R)(\omega^{-j}) = \sum_{i=0}^{n-1} R(\omega^i)\omega^{-ij}$, donc $|\mathcal{F}_d(R)(\omega^{-j})| \leq \sum_{i=0}^{n-1}|R(\omega^i)|$, et R vérifiant (i) et (ii), cette dernière inégalité entraîne

$$\left|\frac{\mathcal{F}_d(R)(\omega^{-j})}{n}\right| \leq \frac{n-1}{n} < 1. \qquad (***)$$

D'après (**), comme R est à coefficients entiers, on a $\dfrac{\mathcal{F}_d(R)(\omega^{-j})}{n} \in \mathbb{Z}$, donc d'après (***), $\dfrac{\mathcal{F}_d(R)(\omega^{-j})}{n} = 0$, et ceci pour tout j, $0 \leq j \leq n-1$. De (**) on en déduit $R = 0$ et donc $X^n - 1$ divise P.

Problème 2. **1/** Soit $P \in \mathbb{C}[X]$ tel que $\forall n \in \mathbb{N}$, $P(n) \in \mathbb{Z}$.
a) Montrer que $P \in \mathbb{Q}[X]$.
b) Plus précisément, si $d = \deg(P)$, montrer que $d!P \in \mathbb{Z}[X]$.

2/ Soit $F \in \mathbb{C}(X)$ une fraction rationnelle telle que pour tout entier $n \in \mathbb{N}$ qui n'est pas un pôle de F, $F(n) \in \mathbb{Q}$. Montrer que $F \in \mathbb{Q}(X)$.

3/ Soit $F \in \mathbb{C}(X)$ une fraction rationnelle vérifiant : pour tout entier $n \in \mathbb{N}$ qui n'est pas un pôle de F, $F(n) \in \mathbb{Z}$. Montrer que F est un polynôme de $\mathbb{Q}[X]$.

Solution. **1/ a)** Si P est constant, le résultat est évident. Sinon $d = \deg(P) \geq 1$. Considérons les polynômes d'interpolation de Lagrange $L_k = \prod_{\substack{0\leq i\leq d \\ i\neq k}} \left(\frac{X-i}{k-i}\right)$ pour $0 \leq k \leq d$, de sorte que si $j \in \mathbb{N}$, $0 \leq j \leq d$, $L_k(j) = 0$ si $j \neq i$ et $L_k(k) = 1$. Le polynôme $Q = \sum_{k=0}^{d} P(k)L_k$ prend les mêmes valeurs que P aux $d+1$ points $0, 1, \ldots, d$. Autrement dit, $P - Q$ s'annule en $d+1$ points. Or $\deg(P-Q) \leq d$, donc $P - Q = 0$, et donc $P = Q = \sum_{k=0}^{d} P(k)L_k \in \mathbb{Q}[X]$ car $P(k) \in \mathbb{Z}$ et $L_k \in \mathbb{Q}[X]$.

b) Remarquons que $d!L_k = (-1)^{d-k}\frac{d!}{k!(d-k)!} \prod_{\substack{0\leq i\leq d \\ i\neq k}} (X-i)$, et comme $\frac{d!}{k!(d-k)!} = C_d^k$ est un entier, $d!L_k \in \mathbb{Z}[X]$. Donc $d!P = \sum_{k=0}^{d} P(k)\cdot(d!L_k) \in \mathbb{Z}[X]$.

Remarque : On ne peut pas faire mieux. Par exemple, $P = X(X-1)\cdots(X-d+1)/d!$ est de degré d et vérifie $\forall n \in \mathbb{N}$, $P(n) \in \mathbb{Z}$.

2/ Nous allons en fait montrer le résultat plus fort suivant. Si $F \in \mathbb{C}(X)$ vérifie ($\exists N > 0, \forall n \in \mathbb{N}, n > N$, si n n'est pas un pôle de F, $F(n) \in \mathbb{Q}$) alors $F \in \mathbb{Q}(X)$ $\quad(*)$.

Si $F = P/Q$ où P et $Q \in \mathbb{C}[X]$ sont premiers entre eux, nous allons prouver (*) par récurrence sur $r = \deg(P) + \deg(Q)$ (si $F = 0$, il n'y a rien à montrer).

– $r = 0$. Alors P et Q sont constants et le résultat est évident.

– Supposons le résultat vrai jusqu'au rang $r-1$ et montrons le au rang r. Quitte à considérer $1/F$, on peut supposer $\deg(P) \geq \deg(Q)$. Soit $a \in \mathbb{N}$ un entier suffisamment grand. Par hypothèse, $P(a)/Q(a)$ est rationnel et si

$$G = \frac{1}{X-a}\left[F(X) - \frac{P(a)}{Q(a)}\right] = \frac{P^*}{Q} \quad \text{où} \quad P^*(X) = \frac{P(X)Q(a) - Q(X)P(a)}{Q(a)(X-a)},$$

alors $P^* \in \mathbb{C}[X]$ et $\deg(P^*) < \deg(P)$. De plus $\forall n, n > a$, $G(n) \in \mathbb{Q}$. On peut donc appliquer l'hypothèse de récurrence qui entraîne $G \in \mathbb{Q}(X)$. Donc $F = (X-a)G + P(a)/Q(a) \in \mathbb{Q}(X)$.

3/ D'après 2/, $F \in \mathbb{Q}(X)$. Écrivons $F = E + P/Q$, où E, P et Q sont des polynômes de $\mathbb{Q}[X]$ avec $\deg(P) < \deg(Q)$. Quitte à multiplier F par un entier, on peut supposer $E \in \mathbb{Z}[X]$. Comme $\deg(P) < \deg(Q)$ on a $\lim_{n\to+\infty} P(n)/Q(n) = 0$ et donc il existe $N > 0$ tel que pour tout $n > N$, $|P(n)/Q(n)| < 1$. Or $E \in \mathbb{Z}[X]$, donc pour tout $n \in \mathbb{N}, n > N$, $P(n)/Q(n) = F(n) - E(n) \in \mathbb{Z}$. Donc pour tout $n \in \mathbb{N}$, $n > N$, $P(n) = 0$. Donc $P = 0$ et donc $F = E \in \mathbb{Q}[X]$ (à ce stade, il faut diviser E par la constante par laquelle on l'avait multiplié au départ, c'est pour cela que $E \in \mathbb{Q}[X]$).

PROBLÈME 3. Soit $P = X^n + a_1X^{n-1} + \cdots + a_{n-1}X + a_n \in \mathbb{C}[X]$. On note $\rho \geq 0$ le plus grand des modules des racines de P, et on suppose que les a_i ne sont pas tous nuls, de sorte que $\rho \neq 0$.

1/ a) Montrer que $\rho \leq \sup\{1, \sum_{i=1}^{n} |a_i|\}$.
b) Montrer que $\rho \leq 1 + \sup_{1\leq i\leq n} |a_i|$.

2/ a) On pose

$$f(x) = x^n - \left(|a_1|\, x^{n-1} + \cdots + |a_{n-1}|\, x + |a_n|\right).$$

Montrer que f admet une racine strictement positive α, que si $0 < x < \alpha$ alors $f(x) < 0$, et que si $x > \alpha$ alors $f(x) > 0$. Prouver ensuite $(2^{1/n} - 1)\,\alpha \leq \rho \leq \alpha$.
b) Si $R = \sup_{1\leq k\leq n} |a_k|^{1/k}$, montrer $R/n \leq \rho \leq 2R$.

Solution. **1/a)** Si $\rho \leq 1$, c'est terminé. Sinon, considérons $\alpha \in \mathbb{C}$ une racine de P telle que $|\alpha| = \rho$. On a

$$\frac{1}{\alpha^{n-1}}P(\alpha) = 0 = \alpha + a_1 + \frac{a_2}{\alpha} + \cdots + \frac{a_{n-1}}{\alpha^{n-2}} + \frac{a_n}{\alpha^{n-1}}$$

donc

$$\alpha = -a_1 - \frac{a_2}{\alpha} - \cdots - \frac{a_{n-1}}{\alpha^{n-2}} - \frac{a_n}{\alpha^{n-1}},$$

ce qui entraîne

$$\rho = |\alpha| \leq |a_1| + \frac{|a_2|}{\rho} + \cdots + \frac{|a_n|}{\rho^{n-1}}. \qquad (*)$$

Comme $\rho \geq 1$, on en déduit $\rho \leq |a_1| + |a_2| + \cdots + |a_n|$.

b) Si $\rho \leq 1$, c'est terminé. Sinon, en posant $a = \sup_{1 \leq i \leq n} |a_i|$, l'inégalité (*) entraîne

$$\rho \leq a + \frac{a}{\rho} + \cdots + \frac{a}{\rho^{n-1}} \leq a\left(\sum_{p=0}^{+\infty} \frac{1}{\rho^p}\right) = \frac{a}{1 - 1/\rho}$$

et donc $\rho - 1 \leq a$ d'où $\rho \leq 1 + a$.

2/a) La fonction $g(x) = f(x)/x^n$ est une fonction croissante (somme de fonctions croissantes) strictement sur $]0, +\infty[$. De plus, elle vérifie

$$\lim_{x \to 0+} g(x) = -\infty \quad \text{et} \quad \lim_{x \to +\infty} g(x) = 1.$$

Ceci montre qu'il existe $a > 0$ et $b > 0$ tels que $g(a) < 0$ et $g(b) > 0$. D'après le théorème des valeurs intermédiaires, il existe donc $\alpha > 0$ (compris entre a et b) tel que $g(\alpha) = 0$. Comme g est strictement croissante, on a $g(x) < 0$ pour $0 < x < \alpha$ et $g(x) > 0$ pour $x > \alpha$. Comme $f(x) = x^n g(x)$, on en déduit

$$f(\alpha) = 0, \quad f(x) < 0 \text{ pour } 0 < x < \alpha, \quad f(x) > 0 \text{ pour } x > \alpha. \qquad (**)$$

Ceci étant, l'inégalité (*) entraîne $f(\rho) \leq 0$, d'où on tire $\rho \leq \alpha$ d'après (**).

Il reste à prouver l'inégalité $(2^{1/n} - 1)\,\alpha \leq \rho$. L'expression des coefficients d'un polynôme en fonction de ses racines montre que

$$\forall k, 1 \leq k \leq n, \qquad |a_k| \leq C_n^k \rho^k,$$

donc

$$\forall x > 0, \qquad \sum_{k=1}^{n} |a_k| x^{n-k} \leq \sum_{k=1}^{n} C_n^k \rho^k x^{n-k} = (\rho + x)^n - x^n,$$

ce qui entraîne

$$\forall x > 0, \qquad f(x) \geq x^n - \left((\rho + x)^n - x^n\right) = 2x^n - (\rho + x)^n.$$

Le terme $2x^n - (\rho + x)^n$ s'annule lorsque $2^{1/n}x = \rho + x$, c'est-à-dire lorsque $x = \dfrac{\rho}{2^{1/n} - 1}$. Ainsi, $f\left(\dfrac{\rho}{2^{1/n} - 1}\right) \geq 0$ et on en déduit grâce à (**) que $\dfrac{\rho}{2^{1/n} - 1} \geq \alpha$, ce qui entraîne $\rho \geq (2^{1/n} - 1)\,\alpha$.

b) Pour montrer $\rho \leq 2R$ il suffit de montrer $\alpha \leq 2R$ d'après la question précédente. En vertu du principe (**), on se ramène donc à prouver que $f(2R) \geq 0$. Par définition de R, on a $|a_k| \leq R^k$ pour tout k, $1 \leq k \leq n$. Si $r = 2R$, on a donc $|a_k|\, r^{n-k} \leq r^n/2^k$, d'où

$$|a_1|\, r^{n-1} + \cdots + |a_{n-1}|\, r + |a_n| \leq r^n\left(\frac{1}{2} + \cdots + \frac{1}{2^n}\right) \leq r^n,$$

d'où $f(r) = f(2R) \geq 0$.

– Montrons maintenant $R/n \leq \rho$. On a vu plus haut que $|a_k| \leq C_n^k \rho^k$ pour tout k, $1 \leq k \leq n$. Or $C_n^k = n \cdots (n - k + 1)/k! \leq n^k$, donc $|a_k| \leq n^k \rho^k$, donc si $1 \leq k \leq n$, $\dfrac{|a_k|^{1/k}}{n} \leq \rho$, d'où le résultat.

PROBLÈME 4 (THÉORÈME FONDAMENTAL DE L'ALGÈBRE). Le but du problème est de prouver que tout polynôme de $\mathbb{C}[X]$ de degré ≥ 1 admet au moins une racine dans $\mathbb{C}$, c'est-à-dire que le corps $\mathbb{C}$ est algébriquement clos.

1 / *Première méthode.* Soit $P \in \mathbb{C}[X]$, unitaire, $\deg(P) \geq 1$.
a) Montrer qu'il existe $z_0 \in \mathbb{C}$ tel que $|P(z_0)| = \inf_{z\in\mathbb{C}} |P(z)|$.
b) Montrer que $P(z_0) = 0$.

2/ *Seconde méthode.* Soit $P \in \mathbb{R}[X]$ unitaire, $d = \deg(P) = 2^n q$ avec q impair et $d \geq 1$. On veut montrer par récurrence sur $n \in \mathbb{N}$ que P admet au moins une racine dans $\mathbb{C}$.
a) α) Montrer le résultat pour $n = 0$.
β) Supposons le résultat vrai jusqu'au rang $n - 1$. On sait (voir le théorème 5 de la partie 2.6, page 62) qu'il existe une extension de corps $\mathbb{K}$ de $\mathbb{C}$ et $x_1, \ldots, x_d \in \mathbb{K}$ tels que $P = \prod_{i=1}^d (X - x_i)$. Pour tout $c \in \mathbb{R}$ et pour $1 \leq i < j \leq d$, on pose $y_{i,j}(c) = x_i + x_j + c\, x_i x_j$. Montrer que pour tout $c \in \mathbb{R}$, il existe (i_c, j_c) tels que $y_{i_c,j_c}(c) \in \mathbb{C}$.
γ) Montrer qu'il existe $c \in \mathbb{R}$ tel que $x_{i_c} + y_{i_c}$ et $x_{i_c} y_{i_c} \in \mathbb{C}$. Conclure.
b) En déduire le théorème fondamental de l'algèbre.

Solution. **1/ a)** Écrivons $P = X^n + a_1 X^{n-1} + \cdots + a_{n_1} X + a_n$. Pour tout $z \in \mathbb{C}^*$, on a $P(z) = z^n(1 + \frac{a_1}{z} + \cdots + \frac{a_n}{z^n})$, donc $\lim_{|z|\to+\infty} |P(z)| = +\infty$, et donc il existe $M > 0$ tel que pour tout complexe z, $|z| > M$, $|P(z)| > |P(0)|$. Ceci entraîne

$$\inf_{z\in\mathbb{C}} |P(z)| = \inf_{|z|\leq M} |P(z)|.$$

Or $K = \{z \in \mathbb{C},\ |z| \leq M\}$, fermé borné de $\mathbb{C}$, est compact, et l'application $z \mapsto |P(z)|$ étant continue, il existe $z_0 \in K$ tel que $|P(z_0)| = \inf_{z\in K} |P(z)|$. On a donc $|P(z_0)| = \inf_{z\in\mathbb{C}} |P(z)|$.

b) Raisonnons par l'absurde. Si $|P(z_0)| \neq 0$, posons

$$Q(X) = \frac{P(z_0 + X)}{P(z_0)} = \sum_{i=0}^{n} b_i X^i.$$

Ici, $b_0 = Q(0) = 1$ et $b_n \neq 0$, donc $k = \inf\{i \in \mathbb{N},\ 1 \leq i \leq n \mid b_i \neq 0\}$ existe bien. On peut d'ailleurs écrire

$$Q(z) = 1 + b_k z^k [1 + \varphi(z)] \quad \text{avec} \quad \lim_{z\to 0} \varphi(z) = 0.$$

Soit $r > 0$ tel que pour tout $z \in \mathbb{C}$, $|z| < r$, $|\varphi(z)| \leq 1/2$.
Écrivons $b_k = |b_k| e^{i\theta}$, $\theta \in \mathbb{R}$. Soit $\rho \in]0, r[$ et $z = \rho e^{-i(\theta+\pi)/k}$. On a

$$Q(z) = 1 - |b_k| \rho^k [1 + \varphi(z)]$$

d'où

$$|Q(z)| \leq |1 - |b_k|\rho^k| + |b_k \rho^k \varphi(z)| \leq |1 - |b_k|\rho^k| + \frac{1}{2}|b_k|\rho^k.$$

Quitte à diminuer $\rho > 0$, on peut supposer $1 - |b_k|\rho^k > 0$ et donc

$$|Q(z)| \leq 1 - \frac{1}{2}|b_k|\rho^k < 1.$$

Ceci prouve que $|P(z + z_0)|/|P(z_0)| < 1$, donc que $|P(z + z_0)| < |P(z_0)|$, ce qui est absurde car $|P(z_0)| = \inf_{z\in\mathbb{C}} |P(z)|$. Donc $|P(z_0)| = 0$, d'où le résultat.

2/ a) α) Si $n = 0$, alors $\deg(P) = q$ est impair. Le polynôme P étant à coefficient réels et unitaire, on peut écrire

$$P(x) \sim_{+\infty} x^q \quad \text{et} \quad P(x) \sim_{-\infty} x^q$$

donc q étant impair,

$$\lim_{x\to+\infty} P(x) = +\infty \quad \text{et} \quad \lim_{x\to-\infty} P(x) = -\infty.$$

On en déduit qu'il existe $a \in \mathbb{R}^+$ tel que $P(a) > 0$ et $P(-a) < 0$. Le fonction polynôme P étant continue sur $\mathbb{R}$, d'après le théorème des valeurs intermédiaires il existe $c \in]-a, a[$ tel que $P(c) = 0$. D'où α).

β) Fixons $c \in \mathbb{R}$. Soit $Q = \prod_{1 \le i < j \le d}(X - y_{i,j}(c))$. Les coefficients de Q sont des polynômes symétriques à coefficients réels en les x_i, et donc (voir le théorème 1 de la partie 4.2, page 78) ce sont des polynômes à coefficients réels en les fonctions symétriques élémentaires des x_i, qui sont eux mêmes les coefficients de P donc réels; ainsi, les coefficients de Q sont réels, c'est-à-dire $Q \in \mathbb{R}[X]$.

On a $\deg(Q) = \mathrm{Card}\{(i,j),\ 1 \le i < j \le d\} = \sum_{j=1}^{d}(j-1) = d(d-1)/2 = 2^{n-1}q(d-1)$, où $q(d-1)$ est impair (car q est impair et d est pair). On peut donc appliquer à Q l'hypothèse de récurrence, ce qui entraîne l'existence de (i_c, j_c) tel que $y_{i_c,j_c}(c) \in \mathbb{C}$.

γ) Notons $\Gamma = \{(i,j) \in \mathbb{N}^2, 1 \le i < j \le d\}$. D'après la question β), on peut construire une application $\mathbb{R} \to \Gamma \quad c \mapsto (i_c, j_c)$ telle que pour tout $c \in \mathbb{R}$, $y_{i_c,j_c}(c) \in \mathbb{C}$. Comme $\mathbb{R}$ est infini et Γ fini, cette application n'est pas injective donc

$$\exists c \in \mathbb{R}, \exists c' \in \mathbb{R}, c \neq c', \text{ tels que } (i_c, j_c) = (i_{c'}, j_{c'}).$$

Posons $(r,s) = (i_c, j_c)$. Du fait que

$$(x_r + x_s) + c(x_r x_s) \in \mathbb{C} \quad \text{et} \quad (x_r + x_s) + c'(x_r x_c) \in \mathbb{C}$$

avec $c \neq c'$, on tire $S = x_r + x_s \in \mathbb{C}$ et $P = x_r x_s \in \mathbb{C}$. Les éléments x_r et x_s sont donc les racines de $X^2 - SX + P \in \mathbb{C}[X]$, ce qui permet facilement de conclure que $x_r \in \mathbb{C}$ et $x_s \in \mathbb{C}$. Le polynôme P a donc au moins une racine complexe (on en a même trouvé deux, x_r et x_s).

b) Le raisonnement par récurrence de a) prouve que tout polynôme à coefficients réels a au moins une racine dans $\mathbb{C}$. On veut maintenant prouver le résultat dans $\mathbb{C}[X]$. Soit $F = \sum_{i=0}^{d} a_i X^i \in \mathbb{C}[X]$. On pose $\overline{F} = \sum_{i=0}^{d} \overline{a_i} X^i$, et on voit que $P = F\overline{F} \in \mathbb{R}[X]$. Le polynôme P admet donc au moins une racine complexe α, donc $F(\alpha)\overline{F}(\alpha) = 0$, et donc $F(\alpha) = 0$ ou $\overline{F}(\alpha) = 0$. Si $F(\alpha) = 0$, c'est terminé, sinon $\overline{F}(\alpha) = 0$ donc $F(\overline{\alpha}) = 0$, d'où le résultat.

Remarque. La deuxième méthode, plus longue, présente l'avantage de n'utiliser qu'une simple conséquence de la topologie : tout polynôme de $\mathbb{R}[X]$ de degré impair admet une racine réelle, résultat connu au dix-huitième siècle.

PROBLÈME 5 (EXISTENCE DE NOMBRES TRANSCENDANTS, NOMBRES DE LIOUVILLE). On rappelle qu'un nombre complexe α est algébrique sur $\mathbb{Q}$ s'il existe un polynôme $P \in \mathbb{Z}[X]$ non nul, tel que $P(\alpha) = 0$. Dans le cas contraire, α est dit transcendant. On se propose de prouver par deux méthodes différentes l'existence de nombres transcendants.

1/ *Méthode non constructiviste.* Montrer que l'ensemble des nombres réels algébriques sur $\mathbb{Q}$ est dénombrable. Conclure.

2/ *Méthode constructiviste.* **a)** Soit $a \in \mathbb{R}$ algébrique sur $\mathbb{Q}$, racine de $P \in \mathbb{Z}[X]$, $\deg(P) = n > 0$. Si $a \notin \mathbb{Q}$, montrer que

$$\exists \alpha > 0,\ \forall (p,q) \in \mathbb{Z} \times \mathbb{N}^*, \quad \left| a - \frac{p}{q} \right| \ge \frac{\alpha}{q^n}.$$

(Indication. On pourra remarquer que $q^n P(p/q) \in \mathbb{Z}$.)
b) (Nombres de Liouville). Soit $a \in \mathbb{R}$, $a \notin \mathbb{Q}$, tel que

$$\forall k \in \mathbb{N}^*,\ \exists (p,q) \in \mathbb{Z} \times \mathbb{N}^*, q \ge 2 \quad \text{tel que} \quad \left| a - \frac{p}{q} \right| < \frac{1}{q^k}$$

(a est appelé nombre de Liouville). Montrer que a est transcendant.
c) Montrer que $a = \sum_{k=0}^{+\infty} 10^{-k!}$ est un nombre de Liouville.

Solution. **1/** Pour tout $n \in \mathbb{N}^*$, notons $\mathbb{Z}_n[X] = \{P \in \mathbb{Z}[X],\ \deg(P) \le n\}$. L'application $\mathbb{Z}^{n+1} \to \mathbb{Z}_n[X] \quad (a_0, \dots, a_n) \mapsto a_0 + \dots + a_n X^n$ est bijective. Ainsi, $\mathbb{Z}^{n+1}$ étant dénombrable, $\mathbb{Z}_n[X]$ est dénombrable, et donc $\mathbb{Z}[X] = \cup_{n\in\mathbb{N}}\mathbb{Z}_n[X]$ est dénombrable (réunion dénombrable d'ensembles dénombrables).

Pour tout $P \in \mathbb{Z}[X]$, $\deg(P) \geq 1$, l'ensemble noté $R(P)$ des racines de P est fini. Si A désigne l'ensemble des nombres réels algébriques sur $\mathbb{Q}$, on a donc

$$A \subset \bigcup_{\substack{P\in\mathbb{Z}[X]\\ \deg(P)\geq 1}} R(P)$$

et donc A est dénombrable (réunion dénombrable d'ensembles finis).

L'ensemble des nombres réels n'étant pas dénombrable, on en déduit qu'il existe dans $\mathbb{R}$ des nombres transcendants.

2/ a) On a $P(a) = 0$ et P n'a qu'un nombre fini de racines, donc

$$(\exists \eta > 0), \qquad \forall x \in [a-\eta, a+\eta], x \neq a, \ P(x) \neq 0.$$

– Si $p/q \in [a-\eta, a+\eta]$, alors $p/q \neq a$ (car $a \notin \mathbb{Q}$ par hypothèse), donc $P(p/q) \neq 0$. Or $q^n P(p/q) \in \mathbb{Z}$, et ce terme étant non nul, $|q^n P(p/q)| \geq 1$. D'après l'inégalité des accroissements finis, si $M = \sup_{x\in[a-\eta,a+\eta]} |P'(x)|$, on a

$$\left|P\left(\frac{p}{q}\right)\right| = \left|P\left(\frac{p}{q}\right) - P(a)\right| \leq M\left|\frac{p}{q} - a\right| \quad \text{donc} \quad \left|\frac{p}{q} - a\right| \geq \frac{1}{M}\left|P\left(\frac{p}{q}\right)\right| \geq \frac{1}{Mq^n}.$$

– Si $p/q \notin [a-\eta, a+\eta]$, alors $|p/q - a| > \eta > \eta/q^n$.

On conclue de tout ceci que $\alpha = \inf\{1/M, \eta\}$ convient.

b) Supposons a algébrique. D'après la question précédente,

$$\exists n \in \mathbb{N}^*, \exists \alpha > 0, \forall (p,q) \in \mathbb{Z}\times\mathbb{N}^*, \qquad \left|a - \frac{p}{q}\right| \geq \frac{\alpha}{q^n}.$$

Fixons $k \in \mathbb{N}^*$, $k \geq n$, tel que $2^{n-k} < \alpha$. Par hypothèse, il existe $(p,q) \in \mathbb{Z}\times\mathbb{N}^*$, $q \geq 2$, tel que $|a - p/q| < 1/q^k$. On a donc $\alpha/q^n \leq |a - p/q| < 1/q^k$, donc $\alpha < q^{n-k} < 2^{n-k} < \alpha$, ce qui est absurde. Le nombre réel a est donc transcendant.

c) Le développement décimal de a n'est pas périodique, donc $a \notin \mathbb{Q}$.

Soit $n \in \mathbb{N}^*$. Le nombre $p = 10^{n!}(\sum_{k=0}^{n} 10^{-k!})$ est un entier ≥ 2, et avec $q = 10^{n!}$, on a

$$\left|a - \frac{p}{q}\right| q^n = 10^{nn!}\left(\sum_{k=n+1}^{+\infty} 10^{-k!}\right) = \sum_{k=n+1}^{+\infty} 10^{nn!-k!}.$$

Or, pour $k \geq n+1$, on a $nn! - k! = n![n - (n+1)\cdots k] \leq n - k$, donc

$$\sum_{k=n+1}^{+\infty} 10^{nn!-k!} \leq \sum_{k=n+1}^{+\infty} 10^{n-k} = \frac{1}{10}\cdot\frac{1}{1-1/10} = \frac{1}{9} < 1,$$

et donc

$$\left|a - \frac{p}{q}\right| q^n < 1, \quad \text{c'est-à-dire} \quad \left|a - \frac{p}{q}\right| < \frac{1}{q^n}$$

et ceci est possible pour tout $n \in \mathbb{N}^*$. Finalement, le réel a un nombre de Liouville, donc transcendant.

Remarque. Le résultat 2/ date de 1844 et est historiquement la première preuve d'existence de nombres transcendants. Il n'admet pas de réciproque. Par exemple, π est transcendant, et on sait que $|\pi - p/q| < 1/q^{14.65}$ n'a qu'un nombre fini de solutions (Chudnovsky, 1984). π n'est donc pas un nombre de Liouville.

– Le preuve 1/ est plus récente. Les notions d'équipotence introduites par Cantor datent en effet de la fin du XIX-ème siècle.

– S'il est relativement simple, avec 2/, de construire des nombres transcendants, il est beaucoup plus difficile de dire si un nombre donné est transcendant ou non. Le sujet d'étude 2 montre que e et π sont transcendants.

PROBLÈME 6 (NOMBRES ALGÉBRIQUES). Soient $\mathbb{K}$ et $\mathbb{L}$ deux corps commutatifs, $\mathbb{K}$ étant un sous corps de $\mathbb{L}$. On dit que $a \in \mathbb{L}$ est algébrique sur $\mathbb{K}$ s'il existe $P \in \mathbb{K}[X]$, $P \neq 0$, tel que $P(a) = 0$.

1/ Pour tout $a \in \mathbb{L}$, on pose $\mathbb{K}[a] = \{P(a),\ P \in \mathbb{K}[X]\}$ et $I_a = \{P \in \mathbb{K}[X],\ P(a) = 0\}$.
a) Soit $a \in \mathbb{L}$ algébrique sur $\mathbb{K}$. Montrer que $\mathbb{K}[a]$ est un corps, de dimension finie en tant que $\mathbb{K}$-espace vectoriel.
b) Montrer que si $\mathbb{K}[a]$ est de dimension finie en tant que $\mathbb{K}$-espace vectoriel, a est algébrique sur $\mathbb{K}$.

2/ Si $\mathbb{K}_1 \subset \mathbb{K}_2$ sont deux corps commutatifs, on note $[\mathbb{K}_2 : \mathbb{K}_1] \in \mathbb{N}^* \cup \{+\infty\}$ la dimension de $\mathbb{K}_2$ considéré comme un $\mathbb{K}_1$-espace vectoriel.
a) Soient $\mathbb{K}_1 \subset \mathbb{K}_2 \subset \mathbb{K}_3$ trois corps commutatifs. Montrer l'équivalence

$$([\mathbb{K}_2 : \mathbb{K}_1] < +\infty \text{ et } [\mathbb{K}_3 : \mathbb{K}_2] < +\infty) \iff ([\mathbb{K}_3 : \mathbb{K}_1] < +\infty).$$

On rappelle la notation de la partie 2.6. Si $a_1, \dots, a_n \in \mathbb{L}$, on note $\mathbb{K}(a_1, \dots, a_n)$ le plus petit sous corps de $\mathbb{L}$ contenant $\mathbb{K}$ et $a_1, \dots, a_n$. Montrer que $a_1, \dots, a_n$ sont algébriques sur $\mathbb{K}$ si et seulement si $[\mathbb{K}(a_1, \dots, a_n) : \mathbb{K}] < +\infty$.
c) Montrer que $\mathbb{A}$, l'ensemble des nombres algébriques sur $\mathbb{K}$, est un corps.

3/ Si $\mathbb{L}$ est algébriquement clos, montrer que $\mathbb{A}$ est algébriquement clos.

Solution. **1/ a)** L'ensemble I_a est un idéal de l'anneau principal $\mathbb{K}[X]$, donc il existe un unique polynôme $P \in \mathbb{K}[X]$ unitaire tel que $I_a = (P)$.

Le polynôme P est irréductible dans $\mathbb{K}[X]$. En effet, si $P = QR$ avec $\deg(Q) < \deg(P)$ et $\deg(R) < \deg(P)$, alors $0 = P(a) = R(a)Q(a)$ et donc $Q(a) = 0$ ou $R(a) = 0$, donc Q ou R appartient à $I_a = (P)$ ce qui est absurde car les degrés de Q et R sont $< \deg(P)$. (P s'appelle le *polynôme minimal* de a, $\deg(P)$ le *degré* de a).

Soit l'application $\varphi : \mathbb{K}[X] \to \mathbb{L} \quad F \mapsto F(a)$. C'est un morphisme d'anneaux. Or $\operatorname{Ker}\varphi = I_a = (P)$, donc $\operatorname{Im}\varphi = \mathbb{K}[a]$ est isomorphe à $\mathbb{K}[X]/(P)$. Le polynôme P étant irréductible, c'est donc un corps (voir proposition 4 de la partie 2.5, page 62) de dimension $\deg(P)$ en tant que $\mathbb{K}$-espace vectoriel.

b) Soit n la dimension du $\mathbb{K}$-espace vectoriel $\mathbb{K}[a]$. La famille $(1, a, \dots, a^n)$ constitue un système de $n+1$ vecteurs de $\mathbb{K}[a]$, ces vecteurs sont donc liés. Autrement dit, il existe $x_0, \dots, x_n \in \mathbb{K}$ tels que $x_0 + x_1 a + \cdots + x_n a^n = 0$, avec les $(x_i)_{0 \leq i \leq n}$ non tous nuls. Donc si $P = \sum_{i=0}^n x_i X^i$, $P(a) = 0$ et $P \neq 0$. Donc a est algébrique sur $\mathbb{K}$.

2/ a) *Condition nécessaire.* $[\mathbb{K}_2 : \mathbb{K}_1] < +\infty$ donc $\mathbb{K}_2$ est isomorphe comme $\mathbb{K}_1$-espace vectoriel à $\mathbb{K}_1^{[\mathbb{K}_2:\mathbb{K}_1]}$. De même $\mathbb{K}_3$ est isomorphe comme $\mathbb{K}_2$-espace vectoriel à $\mathbb{K}_2^{[\mathbb{K}_3:\mathbb{K}_2]}$, *a fortiori* isomorphe comme $\mathbb{K}_1$-espace vectoriel à $\mathbb{K}_2^{[\mathbb{K}_3:\mathbb{K}_2]}$ (comme $\mathbb{K}_1 \subset \mathbb{K}_2$, tout isomorphisme de $\mathbb{K}_2$-espace vectoriel est un isomorphisme de $\mathbb{K}_1$-espace vectoriel), donc isomorphe comme $\mathbb{K}_1$ espace vectoriel à $(\mathbb{K}_1^{[\mathbb{K}_2:\mathbb{K}_1]})^{[\mathbb{K}_3:\mathbb{K}_2]}$, donc à $\mathbb{K}_1^{[\mathbb{K}_2:\mathbb{K}_1]\cdot[\mathbb{K}_3:\mathbb{K}_2]}$. Donc $[\mathbb{K}_3 : \mathbb{K}_1] = [\mathbb{K}_3 : \mathbb{K}_2] \cdot [\mathbb{K}_2 : \mathbb{K}_1] < +\infty$.
Condition suffisante. $\mathbb{K}_2 \subset \mathbb{K}_3$ donc $[\mathbb{K}_2 : \mathbb{K}_1] \leq [\mathbb{K}_3 : \mathbb{K}_1] < +\infty$.

Montrons maintenant $[\mathbb{K}_3 : \mathbb{K}_2] < +\infty$. Comme $[\mathbb{K}_3 : \mathbb{K}_1] < +\infty$, il existe une base finie $e_1, \dots, e_n$ du $\mathbb{K}_1$-espace vectoriel $\mathbb{K}_3$. On remarque alors que $e_1, \dots, e_n$ est une famille génératrice finie de $\mathbb{K}_3$ vu comme un $\mathbb{K}_2$ espace vectoriel. Donc $[\mathbb{K}_3 : \mathbb{K}_2] < +\infty$.

b) *Condition nécessaire.* Procédons par récurrence sur $n \in \mathbb{N}^*$. Pour $n = 1$, c'est une conséquence de 1/. Supposons le résultat vrai au rang n, montrons le au rang $n+1$. D'après l'hypothèse de récurrence,

$$[\mathbb{K}(a_1,\ldots,a_n):\mathbb{K}]<+\infty. \qquad (*)$$

a_{n+1} est algébrique sur $\mathbb{K}$, *a fortiori* sur $\mathbb{K}(a_1,\ldots,a_n)$. Le résultat 1/ reste évidemment vrai si on remplace $\mathbb{K}$ par $\mathbb{K}(a_1,\ldots,a_n)\subset\mathbb{L}$, donc

$$[\mathbb{K}(a_1,\ldots,a_n)(a_{n+1}):\mathbb{K}(a_1,\ldots,a_n)]<+\infty.$$

Or $\mathbb{K}(a_1,\ldots,a_n)(a_{n+1})=\mathbb{K}(a_1,\ldots,a_{n+1})$, donc cette dernière assertion s'écrit

$$[\mathbb{K}(a_1,\ldots,a_{n+1}):\mathbb{K}(a_1,\ldots,a_n)]<+\infty. \qquad (**)$$

De (*) et (**), on tire d'après 2/ a) $[\mathbb{K}(a_1,\ldots,a_{n+1}):\mathbb{K}]<+\infty$, d'où la condition nécessaire.
Condition suffisante. Pour tout i, $\mathbb{K}[a_i]\subset\mathbb{K}(a_i)\subset\mathbb{K}(a_1,\ldots,a_n)$, donc $\mathbb{K}[a_i]$ est un $\mathbb{K}$-espace vectoriel de dimension finie, et donc a_i est algébrique sur $\mathbb{K}$ d'après 1/b).

c) Soient $(x,y)\in\mathbb{A}^2$. On a $\mathbb{K}(x-y)\subset\mathbb{K}(x,y)$ donc comme $[\mathbb{K}(x,y):\mathbb{K}]<+\infty$, on a $[\mathbb{K}(x-y):\mathbb{K}]<+\infty$, et donc $x-y\in\mathbb{A}$ d'après 2/b). De même si $y\neq 0$, comme $\mathbb{K}(xy^{-1})\subset\mathbb{K}(x,y)$, on tire $xy^{-1}\in\mathbb{A}$. Finalement, $\mathbb{A}$ est un corps.

3/ Soit $P=a_0+a_1X+\cdots a_nX^n\in\mathbb{A}[X]$, $P\neq 0$. Le corps $\mathbb{L}$ étant algébriquement clos,. il existe $a\in\mathbb{L}$ tel que $P(a)=0$, et donc d'après 1/a) appliqué au corps $\mathbb{K}(a_0,\ldots,a_n)$, $\mathbb{K}(a_0,\ldots,a_n)[a]$ est un corps (donc égal à $\mathbb{K}(a_0,\ldots,a_n)(a)=\mathbb{K}(a_0,\ldots,a_n,a)$) de dimension fini comme $\mathbb{K}(a_0,\ldots,a_n)$-espace vectoriel. Autrement dit, $[\mathbb{K}(a_0,\ldots,a_n,a):\mathbb{K}(a_0,\ldots,a_n)]<+\infty$. Or $[\mathbb{K}(a_0,\ldots,a_n):\mathbb{K}]<+\infty$ d'après 2/b), donc d'après 2/a), $[\mathbb{K}(a_0,\ldots,a_n,a):\mathbb{K}]<+\infty$, et donc $a\in\mathbb{A}$ d'après 2/b), d'où le résultat.

Remarque. En particulier, l'ensemble $\mathbb{A}$ des nombres complexes algébriques sur $\mathbb{Q}$ est un corps algébriquement clos. On l'appelle la *clôture algébrique* de $\mathbb{Q}$ (c'est la plus petite extension de $\mathbb{Q}$ algébriquement close).

Problème 7 (Théorème de Kronecker). Soit $P\in\mathbb{Z}[X]$ un polynôme *unitaire* de degré $n\geq 1$ et irréductible dans $\mathbb{Q}[X]$. On suppose que toutes les racines de P sont de module ≤ 1. Montrer qu'alors $P=X$ ou bien il existe $k\in\mathbb{N}^*$ tel que $P\mid(X^k-1)$. (Indication. On pourra utiliser le résultat suivant, conséquence d'un exercice du tome d'Analyse : Si $\alpha\in\mathbb{R}\setminus\mathbb{Q}$, alors $(\forall\varepsilon>0,\exists n\in\mathbb{N}^*)$, $|e^{2i\pi n\alpha}-1|<\varepsilon$.)

Solution. Soient $\alpha_1,\ldots,\alpha_n$ les racines de P. Notons $a\in\mathbb{Z}$ le terme constant de P. Le polynôme P étant unitaire, on a $\alpha_1\cdots\alpha_n=(-1)^na$. S'il existe i tel que $|\alpha_i|<1$, par exemple $|\alpha_1|<1$, alors $|a|=|\alpha_1|\cdot|\alpha_2\cdots\alpha_n|\leq|\alpha_1|<1$, et comme $a\in\mathbb{Z}$, $a=0$. Donc X divise P, et P étant irréductible et unitaire, $P=X$.

Dans le cas contraire, on a $|\alpha_i|=1$ pour tout i. Considérons pour tout entier $k\geq 1$, le nombre

$$\pi_k=(\alpha_1^k-1)(\alpha_2^k-1)\cdots(\alpha_n^k-1).$$

Pour tout k, π_k s'écrit comme un polynôme à coefficients entiers symétrique en les α_i, et donc $\pi_k\in\mathbb{Z}$ d'après la remarque 3 de la partie 4.2 (page 79). Nous allons montrer qu'il existe k tel que $\pi_k=0$. Raisonnons par l'absurde et supposons que $\pi_k\neq 0$ pour tout entier $k\geq 1$. Comme π_k est entier, ceci entraîne $|\pi_k|\geq 1$ pour tout $k\geq 1$. Comme pour tout i, $|\alpha_i^k-1|\leq|\alpha_i|^k+1=2$, on a pour tout $k\in\mathbb{N}^*$

$$|\alpha_1^k-1|=\frac{|\pi_k|}{|\alpha_2^k-1|\cdots|\alpha_n^k-1|}\geq\frac{1}{2^{n-1}}. \qquad (*)$$

De plus $|\alpha_1|=1$ donc il existe $\theta\in\mathbb{R}$ tel que $\alpha_1=e^{2i\pi\theta}$. D'après l'indication et d'après (*), on a $\theta\in\mathbb{Q}$. Donc il existe $k\in\mathbb{N}^*$ tel que $\alpha_1^k=e^{2i\pi k\theta}=1$, donc $\pi_k=0$, ce qui est contradictoire.

Il existe donc $k\in\mathbb{N}^*$ tel que $\pi_k=0$, ce qui entraîne l'existence de i tel que $\alpha_i^k=1$, par exemple $\alpha_1^k=1$. Soit $X^k-1=P_1\cdots P_r$ la décomposition de X^k-1 en polynômes irréductibles unitaires de $\mathbb{Q}[X]$. Comme α_1 est racine de X^k-1, il existe i tel que $P_i(\alpha_1)=0$, par exemple $P_1(\alpha_1)=0$. Ainsi, P_1 et P ont α_1 comme racine commune et ne sont donc pas premiers entre eux dans $\mathbb{Q}[X]$

(l'égalité de Bezout $UP_1 + VP = 1$ appliquée à α_1 mène à une contradiction). Ces polynômes, étant de plus irréductibles et unitaires, sont donc égaux. En définitive $P = P_1$ divise $X^k - 1$.

Remarque. Dans le second cas, P est un polynôme irréductible dans $\mathbb{Q}[X]$ divisant $X^k - 1$. C'est donc un polynôme cyclotomique (voir le problème 9).

Problème 8 (Théorème de l'élément primitif). **1/** Soit $\mathbb{K}$ un corps commutatif de caractéristique nulle (donc $\mathbb{K}$ est infini) et $\mathbb{L}$ un surcorps commutatif de $\mathbb{K}$. Le corps $\mathbb{L}$ est un $\mathbb{K}$-espace vectoriel. S'il est de dimension finie. on veut montrer qu'il existe $x \in \mathbb{L}$ tel que $\mathbb{L} = \mathbb{K}[x] = \{P(x), P \in \mathbb{K}[X]\}$.
a) Pour tout $x \in \mathbb{L}$, montrer qu'il existe un unique polynôme unitaire de degré minimal $M_x \in \mathbb{K}[X]$ tel que $M_x(x) = 0$ (M_x s'appelle le *polynôme minimal* de x). Montrer que M_x est irréductible dans $\mathbb{K}[X]$.
b) Conformément à la notation de la partie 2.6, pour $a_1, \ldots, a_m \in \mathbb{L}$, on note $\mathbb{K}(a_1, \ldots, a_m)$ le plus petit sous corps de $\mathbb{L}$ contenant $\mathbb{K}$ et $a_1, \ldots, a_m$. Soient $x, y \in \mathbb{L}$. On veut montrer qu'il existe $z \in \mathbb{L}$ tel que $\mathbb{K}(x, y) = \mathbb{K}(z)$. On sait (voir le théorème 5 de la partie 2.6, page 62) qu'il existe un surcorps $\mathbb{M}$ de $\mathbb{L}$, commutatif, sur lequel $M_x M_y$ soit scindé. Autrement dit, dans $\mathbb{M}[X]$, on peut écrire

$$M_x = \prod_{i=1}^{p}(X - x_i), \quad M_y = \prod_{j=1}^{q}(X - y_j) \quad (\text{avec } x = x_1, y = y_1).$$

α) Montrer qu'il existe $t \in \mathbb{K}^*$ tel que les nombres $x_i + ty_j$ $(1 \leq i \leq p,\ 1 \leq j \leq q)$ soient deux à deux distincts.
β) On pose alors $z = x + ty$. Montrer le pgcd de $M_y(X)$ et $M_x(z - tX)$ dans $\mathbb{K}(z)[X]$ est $X - y$.
γ) Montrer que $\mathbb{K}(z) = \mathbb{K}(x, y)$.
c) Montrer qu'il existe $x \in \mathbb{L}$ tel que $\mathbb{L} = \mathbb{K}[x]$.

2/ Montrer que ce résultat reste vrai si $\mathbb{K}$ est fini.

Solution. **1/ a)** Si n désigne la dimension du $\mathbb{K}$-espace vectoriel $\mathbb{L}$, les $n+1$ vecteurs $1, x, \ldots, x^n$ de $\mathbb{L}$ sont linéairement dépendants sur $\mathbb{K}$. Donc il existe $P \in \mathbb{K}[X]$, $P \neq 0$, tel que $P(x) = 0$.

Donc $I_x = \{P \in \mathbb{K}[X], P(x) = 0\}$ est différent de $\{0\}$. L'ensemble I_x étant un idéal de l'anneau principal $\mathbb{K}[X]$, on voit qu'il existe $M_x \in \mathbb{K}[X]$, unitaire, tel que $I_x = (M_x)$. Tout polynôme P unitaire s'annulant en x est donc un multiple de M_x. Ceci suffit pour affirmer que M_x est l'unique polynôme unitaire de plus bas degré s'annulant en x.

Supposons $M_x = PQ$ avec $P, Q \in \mathbb{K}[X]$. On a $P(x)Q(x) = M_x(x) = 0$ donc $P(x) = 0$ ou $Q(x) = 0$, donc $\deg(P) \geq \deg(M_x)$ ou $\deg(Q) \geq \deg(M_x)$, et donc M_x est irréductible dans $\mathbb{K}[X]$.

b) α) Les x_i sont distincts. En effet, M_x étant irréductible, M_x et M_x' sont premiers entre eux dans $\mathbb{K}[X]$ (car $\deg(M_x') < \deg(M_x)$ et $M_x' \neq 0$, $\mathbb{K}$ étant de caractéristique non nulle). Donc il existe $U, V \in \mathbb{K}[X]$ tels que $UM_x + VM_x' = 1$, égalité qui vaut aussi dans $\mathbb{M}[X]$. Les polynômes M_x et M_x' sont donc premiers entre eux dans $\mathbb{M}[X]$ et n'ont donc aucune racine commune dans $\mathbb{M}$. On en déduit que M_x n'a que des racines simples et les x_i sont donc distincts. De même, les y_j sont distincts.

Soit $\Gamma = \left\{\dfrac{x_i - x_{i'}}{y_j - y_{j'}}, 1 \leq i, i' \leq p, 1 \leq j \neq j' \leq q\right\}$. L'ensemble Γ est fini et $\mathbb{K}$ est infini, donc il existe $t \in \mathbb{K}^*$, $t \notin \Gamma$. Ainsi choisi, t convient (l'égalité $x_i + ty_j = x_{i'} + ty_{j'}$ entraîne en effet $t \in \Gamma$ si $j \neq j'$ et $i = i'$ si $j = j'$).

β) Plaçons nous pour commencer dans $\mathbb{M}[X]$. Soit $a \in \mathbb{M}$ une racine commune de $M_y(X)$ et $M_x(z - tX)$. Il existe j tel que $a = y_j$ et il existe i tel que $z - ta = x_i$, et donc $z = x_i + ty_j$ donc d'après α), comme $z = x_1 + ty_1 = x + ty$, on a $x_i = x$ et $y_i = y$, donc $a = y$. Par conséquent, dans

$\mathbb{M}$, y est la seule racine commune à $M_y(X)$ et $M_x(z-tX)$. Ces polynômes étant scindés sur $\mathbb{M}$ à racines toutes simples, on en déduit que le pgcd de ces polynômes dans $\mathbb{M}[X]$ est $X-y$ (*).

Ceci étant, soit $D(X)$ le pgcd de $M_y(X)$ et $M_x(z-tX)$ dans $\mathbb{K}(z)[X]$. On peut écrire $M_y(X) = P_1(X)D(X)$ et $M_x(z-tX) = P_2(X)D(X)$ avec $P_1, P_2 \in \mathbb{K}(z)[X]$ premiers entre eux dans $\mathbb{K}(z)[X]$. Donc il existe $U, V \in \mathbb{K}(z)[X]$ tels que $UP_1 + VP_2 = 1$, égalité qui vaut aussi dans $\mathbb{M}[X]$, donc P_1 et P_2 sont premiers entre eux dans $\mathbb{M}[X]$. Le pgcd de $M_y(X)$ et $M_x(z-tX)$ dans $\mathbb{M}[X]$ est donc $D(X)$, d'où le résultat demandé d'après (*).

γ) D'après β), $y \in \mathbb{K}(z)$. La relation $x = z - ty$ montre que $x \in \mathbb{K}(z)$. Donc $\mathbb{K}(x,y) \subset \mathbb{K}(z)$. Or $z = x + ty$ donc $\mathbb{K}(z) \subset \mathbb{K}(x,y)$. Finalement, on a prouvé que $\mathbb{K}(z) = \mathbb{K}(x,y)$.

c) L'utilisation du résultat 1/b)γ) permet de montrer par récurrence sur m que si $a_1, \ldots, a_m \in \mathbb{L}$, alors il existe $z \in \mathbb{L}$ tel que $\mathbb{K}(a_1, \ldots, a_m) = \mathbb{K}(z)$.

Ceci étant, soit $a_1, \ldots, a_n$ une base du $\mathbb{K}$-espace vectoriel $\mathbb{L}$. On a $\mathbb{L} = \mathbb{K}(a_1, \ldots, a_n)$, et donc il existe $x \in \mathbb{L}$ tel que $\mathbb{L} = \mathbb{K}(a_1, \ldots, a_n) = \mathbb{K}(x)$.

Il reste à montrer que $\mathbb{K}(x) = \mathbb{K}[x]$. Considérons le morphisme d'anneau $\varphi : \mathbb{K}[X] \to \mathbb{K}[x]$ $P \mapsto P(x)$. Avec les notations de 1/a), on voit que $\operatorname{Ker}\varphi = \{P, P(x) = 0\} = I_x = (M_x)$. Comme φ est surjective, $\mathbb{K}[x]$ est isomorphe à $\mathbb{K}[X]/\operatorname{Ker}\varphi = \mathbb{K}[X]/(M_x)$ qui est un corps car M_x est irréductible (voir la proposition 4 de la partie 2.5, page 62). L'anneau $\mathbb{K}[x]$ est donc un corps, et donc $\mathbb{K}(x) \subset \mathbb{K}[x]$. L'inclusion réciproque étant évidente, on a montré $\mathbb{K}[x] = \mathbb{K}(x) = \mathbb{L}$.

2/ Si $\mathbb{K}$ est fini, $\mathbb{L}$ est fini (c'est un $\mathbb{K}$-espace vectoriel de dimension finie). On sait (voir la remarque de l'exercice 9 de la partie 2.5 du chapitre I, page 9) que $(\mathbb{L}^*, \cdot)$ est un groupe cyclique. Soit x l'engendrant. On voit facilement que $\mathbb{L} = \mathbb{K}[x]$.

Remarque. Cet exercice utilise le résultat suivant, qu'il est utile de garder en mémoire.

> *Si $P, Q \in \mathbb{K}[X]$ et si $\mathbb{L}$ est un surcorps de $\mathbb{K}$ alors les pgcd de P et Q dans $\mathbb{K}[X]$ et dans $\mathbb{L}[X]$ coïncident.*

PROBLÈME 9 (POLYNÔMES CYCLOTOMIQUES). Pour tout entier naturel non nul n, on pose $U_n = \{e^{2ik\pi/n},\ k \in \mathbb{Z}\} \subset \mathbb{C}$. On dit qu'un élément $x \in U_n$ est une racine primitive n-ième de l'unité si x engendre le groupe multiplicatif U_n. On note Π_n l'ensemble des racines primitives n-ième de l'unité, et on pose

$$\Phi_n = \prod_{\xi \in \Pi_n} (X - \xi)$$

(polynôme cyclotomique d'indice n). On suppose connus les résultats de l'exercice 4 de la partie 1.4 (page 58) ainsi que ceux concernant φ, l'indicateur d'Euler.

1/ a) Calculer Φ_p lorsque p est un nombre premier.
b) Montrer que $X^n - 1 = \prod_{d|n} \Phi_d$. En déduire que pour tout $n \in \mathbb{N}^*$, $\Phi_n \in \mathbb{Z}[X]$.

2/ On veut prouver que les Φ_n sont irréductibles dans $\mathbb{Q}[X]$.
a) Montrer que l'on peut écrire $\Phi_n = F_1 F_2 \cdots F_r$ avec les $F_i \in \mathbb{Z}[X]$, unitaires et irréductibles dans $\mathbb{Q}[X]$.
b) Soit ξ une racine de F_1 dans $\mathbb{C}$. Soit p premier, $p \nmid n$. Montrer qu'il existe $i \in \mathbb{N}$, $1 \leq i \leq r$ tel que $F_i(\xi^p) = 0$.
c) Pour tout $F = \sum_{k=0}^m a_k X^k \in \mathbb{Z}[X]$, on pose $\overline{F} = \sum_{k=0}^m \overline{a_k} X^k \in \mathbb{Z}/p\mathbb{Z}[X]$ ($\overline{x}$ désignant la classe dans $\mathbb{Z}/p\mathbb{Z}$ de $x \in \mathbb{Z}$). Montrer que pour tout $F \in \mathbb{Z}[X]$, $\overline{F}(X^p) = [\overline{F}(X)]^p$.
d) Montrer que dans $\mathbb{Z}/p\mathbb{Z}[X]$, $\overline{\Phi_n}$ n'est divisible par le carré d'aucun polynôme non constant.
e) Montrer que $i = 1$, c'est-à-dire que $F_1(\xi^p) = 0$.
f) Montrer que pour tout entier k premier avec n, $F_1(\xi^k) = 0$. Conclure.

Solution. **1/** Posons $\omega = e^{2i\pi/n}$, de sorte que $U_n =< \omega >$. D'après la proposition 5 de la partie 2.2 du chapitre I (page 19), on a $\Pi_n = \{\omega^k,\ 1 \le k \le p-1, k \wedge n = 1\}$, et donc $\deg(\Phi_n) = \varphi(n)$ où φ désigne l'indicateur d'Euler.

a) Le nombre p étant premier, on a ici $\Pi_p = \{\omega^k, 1 \le k \le p-1\}$ (où $\omega = e^{2i\pi/p}$), et donc

$$\Phi_p = \frac{1}{X-1}\prod_{\xi\in U_p}(X-\xi) = \frac{X^p-1}{X-1} = 1 + X + \cdots + X^{p-1}.$$

b) Soit $\omega = e^{2i\pi/n}$. Soit k, $0 \le k \le n-1$. Soit d l'ordre de ω^k dans U_n. On a $d \mid n$. Par ailleurs $(\omega^k)^d = 1$, donc $\omega^k \in \mathbb{U}_d$, et ω^k étant d'ordre d, on a même $\omega^k \in \Pi_d$. On en tire $(X - \omega^k) \mid \Phi_d$, donc $(X-\omega^k) \mid \prod_{d|n}\Phi_d$. Les ω^k, $0 \le k \le n-1$ étant distincts, on en déduit que $X^n - 1 = \prod_{k=0}^{n-1}(X-\omega^k) \mid \prod_{d|n}\Phi_d$. Ces polynômes étant de plus unitaires et de même degré (car $\sum_{d|n}\deg(\Phi_d) = \sum_{d|n}\varphi(d) = n$), ils sont égaux.

Montrons maintenant par récurrence sur $n \in \mathbb{N}^*$ que $\Phi_n \in \mathbb{Z}[X]$. Pour $n = 1$, c'est vrai car $\Phi_1 = X - 1$. Supposons le résultat vrai jusqu'au rang $n-1$ et montrons le au rang n. D'après l'hypothèse de récurrence, le polynôme $P = \prod_{\substack{d|n\\ d\neq n}}\Phi_d \in \mathbb{Z}[X]$. Par ailleurs, on a $X^n - 1 = \Phi_n P$ $(*)$. P étant unitaire, on peut effectuer la division euclidienne de $X^n - 1$ par P dans $\mathbb{Z}[X]$ (voir la remarque 3 de la partie 1.3, page 55) :

$$(\exists\, Q, R \in \mathbb{Z}[X]), \qquad X^n - 1 = PQ + R \quad \text{avec} \quad \deg(R) < \deg(P).$$

Il y a unicité du couple (Q, R) dans $\mathbb{C}[X]$ dans dans $\mathbb{Z}[X]$, et donc d'après (*), $R = 0$ et $\Phi_n = Q$. Donc $\Phi_n \in \mathbb{Z}[X]$, ce qui achève le raisonnement par récurrence.

2/ a) Soit $\Phi_n = G_1 \cdots G_r$ la décomposition de Φ_n en facteurs irréductibles unitaires de $\mathbb{Q}[X]$. Pour tout i, il existe $\alpha_i \in \mathbb{N}^*$ tel que $\alpha_i G_i \in \mathbb{Z}[X]$. On a $\alpha_1 \cdots \alpha_r \Phi_n = (\alpha_1 G_1)\cdots(\alpha_r G_r)$. En utilisant le lemme de Gauss (voir l'exercice 4 de la partie 2.4, page 58, dont on utilise les notations), on a

$$\alpha_1 \cdots \alpha_r = c(\alpha_1 \cdot \alpha_r \Phi_n) = \prod_{i=1}^{r} c(\alpha_i G_i).$$

Or pour tout i, le polynôme $F_i = \alpha_i G_i / c(\alpha_i G_i) \in \mathbb{Z}[X]$ et on a $\Phi_n = F_1 \cdots F_r$. Pour tout i, $F_i \in \mathbb{Z}[X]$ est irréductible dans $\mathbb{Q}[X]$ et est unitaire puisque Φ_n est unitaire.

b) L'élément ξ est racine de F_1 donc de Φ_n, donc $\xi \in \Pi_n$. Or p est premier et $p \nmid n$, donc $p \wedge n = 1$, et donc $\xi^p \in \Pi_n$, d'où ξ^p est racine de Φ_n. Il existe donc i tel que $F_i(\xi^p) = 0$.

c) On montre cette relation par récurrence sur $m \in \mathbb{N}$, où $m = \deg(F)$. Pour $m = 0$, c'est évident. Supposons le résultat vrai jusqu'au rang $m-1$ et montrons au rang m. Écrivons $F = \sum_{k=0}^{m} a_k X^k = G + a_m X^m$. D'après l'hypothèse de récurrence, on a $\overline{G}(X)^p = \overline{G}(X^p)$. Or

$$\overline{F}^p = (\overline{G} + \overline{a_m}X^m)^p = \overline{G}^p + \overline{a_m}^p X^{mp} + \sum_{k=1}^{p-1} C_p^k \overline{G}^k\, \overline{a_m}^{n-k} X^{(p-k)m},$$

et comme pour $1 \le k \le p-1$, $p \mid C_p^k$ et $\overline{a_m}^p = \overline{a_m}$, on en déduit

$$\overline{F}(X)^p = \overline{G}(X)^p + \overline{a_m}X^{mp} = \overline{G}(X^p) + \overline{a_m}(X^p)^m = \overline{F}(X^p).$$

d) Supposons $\overline{\Phi_n} = \overline{Q}^2\overline{P}$ dans $\mathbb{Z}/p\mathbb{Z}[X]$. Si $R = \prod_{\substack{d|n\\ d\neq n}}\Phi_d \in \mathbb{Z}[X]$, on a $X^n - 1 = \Phi_n R$ d'après 1/b), et donc $X^n - \overline{1} = \overline{\Phi_n R} = \overline{Q}^2\overline{S}$ (avec $S = PR$), d'où par dérivation

$$\overline{n}X^{n-1} = 2\overline{Q}\overline{Q}'\overline{S} + \overline{Q}^2\overline{S}' \quad \text{donc} \quad \overline{Q} \mid \overline{n}X^{n-1}.$$

Donc $\overline{Q} \mid \overline{n}X^n$. Or $\overline{Q} \mid (\overline{n}X^n - \overline{n})$ donc $\overline{Q}$ divise la différence, c'est-à-dire $\overline{Q} \mid \overline{n}$. Or $p \nmid n$ donc $\overline{n} \neq 0$, et donc $\overline{Q}$ est constant.

e) Comme $F_i(\xi^p) = 0$, $F_1(X)$ et $F_i(X^p)$ ne sont pas premier entre eux dans $\mathbb{Q}[X]$ (l'égalité de Bezout $U(X)F_1(X) + V(X)F_i(X^p) = 1$ avec $U, V \in \mathbb{Q}[X]$ appliquée à $X = \xi$ mène à une contradiction). De plus F_1 est irréductible dans $\mathbb{Q}[X]$ donc $F_1(X) \mid F_i(X^p)$ dans $\mathbb{Q}[X]$. Comme

F_1 est unitaire, $F_1(X)$ divise $F_i(X^p)$ dans $\mathbb{Z}[X]$ (voir la remarque 3 de la partie 1.3, page 55). On en déduit que $\overline{F_1}(X) \mid \overline{F_i}(X^p) = \overline{F_i}(X)^p$. Ceci étant, soit $\overline{P} \in \mathbb{Z}/p\mathbb{Z}[X]$ un facteur irréductible de $\overline{F_1}$ dans $\mathbb{Z}/p\mathbb{Z}[X]$. On a $\overline{P} \mid \overline{F_i}(X)^p$ donc $\overline{P} \mid \overline{F_i}(X)$. Par conséquent, si $i \neq 1$, on voit que $\overline{P}^2 \mid \overline{\Phi_n} = \overline{F_1} \cdots \overline{F_r}$, ce qui est impossible d'après la question précédente. On a donc $i = 1$.

f) Soit k premier avec n. Écrivons $k = p_1 p_2 \cdots p_s$, les p_i étant des nombres premiers. Nous allons prouver par récurrence sur s que $F_1(\xi^k) = 0$. Pour $s = 1$, c'est le résultat de la question précédente. Supposons la résultat vrai au rang $s - 1$ et montrons le au rang s. Comme $k \wedge n = 1$, on a $p_1 \cdots p_{s-1} \wedge n = 1$, donc d'après l'hypothèse de récurrence $F_1(\xi^{p_1 \cdots p_{s-1}}) = 0$. Or $p_s \wedge n = 1$ donc $F_1[(\xi^{p_1 \cdots p_{s-1}})^{p_s}] = F_1(\xi^k) = 0$, ce qui achève le raisonnement par récurrence.

Pour tout nombre premier k premier avec n, on a donc $F_1(\xi^k) = 0$. Or $\xi \in \Pi_n$ donc $\Pi_n = \{\xi^k,\ k \wedge n = 1\}$. Tous les éléments de Π_n sont donc des racines de F_1, ce qui prouve que $\Phi_n = F_1$, donc Φ_n est irréductible dans $\mathbb{Q}[X]$.

Remarque. Avec 1/a) et 2/, on retrouve le résultat 3/b) de l'exercice 4 de la partie 1.4 (page 58).

Une jolie application des polynômes cyclotomiques est donnée à l'exercice suivant.

PROBLÈME 10 (THÉORÈME DE WEDDERBURN : TOUT CORPS FINI EST COMMUTATIF). Pour faire ce problème, il est nécessaire de connaître la partie 1/ de l'exercice précédent ainsi que l'équation aux classes (voir chapitre I, partie 2.4).

Soit $\mathbb{K}$ un corps fini. On veut montrer que $\mathbb{K}$ est commutatif. Pour cela, on procède par récurrence sur $\text{Card}(\mathbb{K})$. Si $\text{Card}(\mathbb{K}) = 2$, le résultat est évident. On suppose maintenant que pour tout corps $\mathbb{L}$ tel que $\text{Card}(\mathbb{L}) < \text{Card}(\mathbb{K})$, $\mathbb{L}$ est commutatif $(*)$. Nous allons montrer que $\mathbb{K}$ est lui aussi commutatif. Nous raisonnerons par l'absurde en supposant $\mathbb{K}$ non commutatif.

a) Soit $\mathcal{Z}$ le centre de $\mathbb{K}$, c'est-à-dire $\mathcal{Z} = \{x \in \mathbb{K} \mid \forall y \in \mathbb{K}, xy = yx\}$. Montrer que $\mathcal{Z}$ est un sous corps de $\mathbb{K}$ puis si $q = \text{Card}(\mathcal{Z})$, prouver qu'il existe $n \in \mathbb{N}$, $n \geq 2$, tel que $\text{Card}(\mathbb{K}) = q^n$.

b) Pour tout $x \in \mathbb{K}$, on pose $\mathbb{K}_x = \{y \in \mathbb{K} \mid yx = xy\}$. Prouver qu'il existe un entier d divisant n tel que $\text{Card}(\mathbb{K}_x) = q^d$.

c) Montrer que l'on peut écrire

$$\text{Card}(\mathbb{K}^*) = q - 1 + \sum_{\substack{d \mid n \\ d \neq n}} \lambda_d \frac{q^n - 1}{q - 1},$$

où les λ_d sont des entiers.

d) En observant que le polynôme cyclotomique Φ_n divise $(X^n - 1)/(X^d - 1)$ si $d \mid n$, $d \neq n$, montrer que $\mathbb{K}$ est commutatif.

Solution. **a)** Nous aurons besoin du lemme suivant.

> LEMME. *Soient* $\mathbb{L}_1 \subset \mathbb{L}_2$ *deux corps finis, avec* $\mathbb{L}_1$ *commutatif. Alors il existe* $k \in \mathbb{N}^*$ *tel que* $\text{Card}(\mathbb{L}_2) = (\text{Card}(\mathbb{L}_1))^k$.

En effet, $\mathbb{L}_1$ étant un sous corps commutatif de $\mathbb{L}_2$, $\mathbb{L}_2$ est un $\mathbb{L}_1$-espace vectoriel, de dimension finie k car $\mathbb{L}_2$ est fini. Le corps $\mathbb{L}_2$ est donc isomorphe comme $\mathbb{L}_1$-espace vectoriel à $\mathbb{L}_1^k$, et on en déduit que $\text{Card}(\mathbb{L}_2) = \text{Card}(\mathbb{L}_1^k) = (\text{Card}(\mathbb{L}_1))^k$.

Ceci étant, on vérifie facilement que $\mathcal{Z}$ est un sous corps commutatif de $\mathbb{K}$. D'après le lemme, il existe donc $n \in \mathbb{N}^*$ tel que $\text{Card}(\mathbb{K}) = (\text{Card}(\mathcal{Z}))^n$. Or $\mathbb{K} \neq \mathcal{Z}$ (car $\mathbb{K}$ n'est pas commutatif alors que $\mathcal{Z}$ l'est), donc $n > 1$, d'où le résultat.

b) On remarque ici aussi que pour tout x, $\mathbb{K}_x$ est un sous corps de $\mathbb{K}$. Si $\mathbb{K}_x = \mathbb{K}$, alors on a $\text{Card}(\mathbb{K}_x) = \text{Card}(\mathbb{K}) = q^n$. Sinon, $\mathbb{K}_x$ est strictement inclus dans $\mathbb{K}$ et donc d'après (*), $\mathbb{K}_x$ est commutatif. On peut donc appliquer le lemme qui entraîne l'existence de $k \in \mathbb{N}^*$ tel que

$\text{Card}(\mathbb{K}) = (\text{Card}(\mathbb{K}_x))^k$ (**). Par ailleurs, $\mathcal{Z}$ est aussi un sous corps commutatif de $\mathbb{K}_x$, donc d'après le lemme il existe $d \in \mathbb{N}^*$ tel que $\text{Card}(\mathbb{K}_x) = (\text{Card}\mathcal{Z})^d = q^d$. Avec (**), on trouve donc $q^n = \text{Card}(\mathbb{K}) = (\text{Card}(\mathbb{K}_x))^k = (q^d)^k = q^{dk}$. Donc $n = dk$, ce qui entraîne que $d \mid n$, d'où le résultat.

c) C'est l'équation aux classes appliquée au groupe multiplicatif $(\mathbb{K}^*, \cdot)$. En effet, le centre de ce groupe est $\mathcal{Z}^*$. Avec les notations de la partie 2.4 du chapitre I, on a

$$\text{Card}(\mathbb{K}^*) = \text{Card}\mathcal{Z}^* + \sum_{x \in \theta'} \frac{\text{Card}(\mathbb{K}^*)}{\text{Card}(S_x)}$$

où S_x désigne le stabilisateur de x, c'est-à-dire $S_x = \{y \in \mathbb{K}^* \mid xy = yx\} = \mathbb{K}_x^*$. D'après la question précédente, il existe donc $d \in \mathbb{N}^*$ divisant n tel que $\text{Card}(S_x) = q^d - 1$, et $d \neq n$ (car $x \in \theta'$ et $\theta' \cap \mathcal{Z}^* = \varnothing$). Si maintenant pour tout $d \mid n$, λ_d désigne le nombre de $x \in \theta'$ tel que $\text{Card}(S_x) = q^d - 1$, on peut réécrire l'équation aux classes sous la forme

$$q^n - 1 = \text{Card}(\mathbb{K}^*) = (q-1) + \sum_{\substack{d \mid n \\ d \neq n}} \lambda_d \left(\frac{q^n - 1}{q^d - 1}\right). \qquad (***)$$

d) Si $d \mid n$, $d \neq n$, on a

$$X^n - 1 = \Phi_n \prod_{\substack{e \mid n \\ e \neq n}} \Phi_e = \Phi_n \left(\prod_{e \mid d} \Phi_e\right)\left(\prod_{\substack{e \mid n \\ e \neq n, e \nmid d}} \Phi_e\right) = \Phi_n \cdot (X^d - 1)\left(\prod_{\substack{e \mid n \\ e \neq n, e \nmid d}} \Phi_e\right),$$

donc Φ_n divise $(X^n - 1)/(X^d - 1)$ dans $\mathbb{Z}[X]$. Ceci étant vrai pour tout diviseur d de n distinct de n, Φ_n divise $\sum_{\substack{d \mid n \\ d \neq n}} \lambda_d \frac{X^n - 1}{X^d - 1}$ dans $\mathbb{Z}[X]$. Comme de plus Φ_n divise $X^n - 1$ dans $\mathbb{Z}[X]$, il divise $\left[(X^n - 1) - \sum_{\substack{d \mid n \\ d \neq n}} \lambda_d \frac{X^n - 1}{X^d - 1}\right]$ dans $\mathbb{Z}[X]$. Donc $\Phi_n(q)$ divise $\left[(q^n - 1) - \sum_{\substack{d \mid n \\ d \neq n}} \lambda_d \frac{q^n - 1}{q^d - 1}\right]$, et ce dernier égale $q - 1$ d'après (***). Donc $|\Phi_n(q)| \leq q - 1$. Or $n \geq 2$ donc $|\Phi_n(q)| = \prod_{\xi \in \Pi_n} |q - \xi| > \prod_{i=1}^{\varphi(n)} |q - 1| \geq |q - 1|$, ce qui est absurde. Le corps fini $\mathbb{K}$ est donc commutatif. Le raisonnement par récurrence est ainsi achevé et montre que tout corps fini est commutatif.

Remarque. Si on veut trouver un corps non commutatif, il faut donc que celui ci soit infini. Historiquement, le premier corps non commutatif découvert fut le corps des quaternions, par Hamilton en 1843. (Le corps $\mathbb{H}$ des quaternions est un surcorps de $\mathbb{C}$. Ses éléments sont des quadruplets $a + bi + cj + dk$, munis de la loi d'addition usuelle et d'une loi de multiplication associative et distributive par rapport à l'addition, vérifiant $ij = -ji = k$, $jk = -kj = i$, $ki = -ik = j$ et $i^2 = j^2 = k^2 = -1$. Le lecteur motivé pourra bien sûr vérifier que l'on a bien affaire à un corps).

PROBLÈME 11 (POLYNÔMES DE TCHÉBYCHEFF ET APPLICATIONS). Soit $I = [-1, 1]$. On muni $\mathcal{C}(I, \mathbb{C})$ (espace vectoriel des fonctions continues de I dans $\mathbb{C}$) de la norme $\|\cdot\|_\infty$ définie pour tout $f \in \mathcal{C}(I, \mathbb{C})$ par $\|f\|_\infty = \sup_{x \in I} |f(x)|$. De même, si $f : \mathbb{R} \to \mathbb{C}$ est 2π périodique, on note $\|f\|_\infty = \sup_{x \in \mathbb{R}} |f(x)|$.

Pour tout $n \in \mathbb{N}^*$, on note $T_n : I \to \mathbb{R} \quad x \mapsto \cos[n \arccos(x)]$ et $U_n = T'_{n+1}/(n+1)$. On suppose connus les résultats sur les polynômes d'interpolation de Lagrange (voir la partie 2.4).

1/ Montrer que T_n et U_n sont des fonctions polynômes de degré n. Après avoir expliciter U_n, calculer $\|T_n\|_\infty$ et $\|U_n\|_\infty$.

2/ Soit $n \in \mathbb{N}^*$. Pour $1 \leq i \leq n$, on pose $x_i = \cos\left(\frac{(2i-1)\pi}{2n}\right)$. Montrer que tout polynôme $P \in \mathbb{C}[X]$ de degré $n-1$ peut se mettre sous la forme

$$P(X) = \frac{1}{n}\sum_{i=1}^{n}(-1)^{i-1}\sqrt{1-x_i^2}\,P(x_i)\frac{T_n(X)}{X-x_i}.$$

3/ a) Soit $P \in \mathcal{C}(I,\mathbb{C})$ une fonction polynôme de degré $n-1$ telle que pour tout $x \in I$, $|\sqrt{1-x^2}P(x)| \leq 1$. Montrer que $\|P\|_\infty \leq n$.
b) Soit $S : \mathbb{R} \to \mathbb{C} \quad \theta \mapsto \sum_{k=1}^{n} \mu_k \sin(k\theta)$ avec les $\mu_k \in \mathbb{C}$. Si $\|S\|_\infty = 1$, montrer que

$$\forall\theta \in \mathbb{R} \setminus \pi\mathbb{Z}, \quad \left|\frac{S(\theta)}{\sin\theta}\right| \leq n.$$

4/ *Théorème de Bernstein.* Soit $g : \mathbb{R} \to \mathbb{C} \quad \theta \mapsto \sum_{k=-n}^{n} \lambda_k e^{ik\theta}$, où les $\lambda_k \in \mathbb{C}$. Montrer que $\|g'\|_\infty \leq n\|g\|_\infty$.

5/ *Théorème de Markov.* Soit $P \in \mathbb{C}[X]$, $\deg(P) = n \in \mathbb{N}^*$. On regarde P comme un élément de $\mathcal{C}(I,\mathbb{C})$. Montrer que $\|P'\|_\infty \leq n^2\|P\|_\infty$.

Solution. **1/** Soit $x \in I$. Posons $\theta = \arccos(x)$. On a

$$\begin{aligned} T_n(x) = \Re\left[(\cos\theta + i\sin\theta)^n\right] &= \sum_{k=0}^{[n/2]}(-1)^k C_n^{2k}\cos^{n-2k}\theta\sin^{2k}\theta \\ &= \sum_{k=0}^{[n/2]}(-1)^k C_n^{2k}\cos^{n-2k}\theta(1-\cos^2\theta)^k = \sum_{k=0}^{[n/2]} C_n^{2k} x^{n-2k}(x^2-1)^k. \end{aligned}$$

Ainsi, T_n est une fonction polynôme de degré n (son terme dominant est $\sum_{0\leq 2k\leq n} C_n^{2k} \neq 0$). Donc $U_n = T'_{n+1}/(n+1)$ également.

Si $x \in]-1,1[$, on a $T'_{n+1}(x) = -\frac{n+1}{\sqrt{1-x^2}} \cdot (-\sin[(n+1)\arccos(x)])$, et donc

$$U_n(x) = \frac{\sin[(n+1)\arccos(x)]}{\sin[\arccos(x)]}. \tag{*}$$

Sur I, comme $T_n(x) = \cos[n\arccos(x)]$, on a $|T_n(x)| \leq 1$. Or $T_n(1) = 1$, donc $\|T_n\|_\infty = 1$.

Ceci étant, on montre facilement par récurrence sur n que $\forall\theta \in \mathbb{R}, |\sin(n\theta)| \leq n|\sin(\theta)|$. D'après (*), on a donc $\forall x \in I$, $|U_n(x)| \leq n+1$. Or $\lim_{x\to 1, x\neq 1} U_n(x) = n+1$. Donc $\|U_n\|_\infty = n+1$.

2/ Si $1 \leq i \leq n$, on a $T_n(x_i) = \cos[n\arccos(x_i)] = \cos[(2i-1)\pi] = 0$. Les n valeurs distinctes $(x_i)_{1\leq i\leq n}$ sont donc des racines de T_n. Or $\deg(T_n) = n$, donc il existe $\lambda \neq 0$ tel que $T_n(X) = \lambda(X-x_1)\cdots(X-x_n)$.

La théorie des polynômes d'interpolation de Lagrange permet d'affirmer (voir 2.4) qu'il existe un unique polynôme de degré $\leq n-1$ valant $P(x_i)$ en x_i. Ce polynôme est donc P et on a (voir la remarque de la partie 2.4) :

$$P(X) = T_n(X)\sum_{i=1}^{n}\frac{P(x_i)}{(X-x_i)T'_n(x_i)}.$$

Or $T'_n(x_i) = nU_{n-1}(x_i) = (-1)^{i-1}n/\sqrt{1-x_i^2}$ d'après (*), d'où le résultat.

3/ a) L'égalité précédente montre que

$$\forall x \in I \setminus \{x_1,\ldots,x_n\}, \quad |P(x)| \leq \frac{1}{n}\sum_{i=1}^{n}\left|\frac{T_n(x)}{x-x_i}\right|.$$

Si $x \in]x_1, 1]$, on a pour tout i l'égalité $\left|\dfrac{T_n(x)}{x - x_i}\right| = \dfrac{T_n(x)}{x - x_i}$ car $T_n(x) > 0$ et $x - x_i > 0$, donc

$$|P(x)| \leq \frac{1}{n} \sum_{i=1}^{n} \frac{T_n(x)}{x - x_i} = \frac{1}{n} T_n'(x) = U_{n-1}(x) \leq n.$$

On montrerait de même que sur $[-1, x_n[$, $|P(x)| \leq n$.

Si maintenant $x \in [x_n, x_1]$, alors

$$\sqrt{1 - x^2} \geq \sqrt{1 - x_1^2} = \sin\left(\frac{\pi}{2n}\right) \geq \frac{2}{\pi} \cdot \frac{\pi}{2n} = \frac{1}{n}$$

(l'inégalité $\sin\theta \geq \frac{2}{\pi}\theta$ sur $[0, \pi/2]$ se montre facilement, par exemple en utilisant la concavité du sinus sur $[0, \pi/2]$), donc $|P(x)| \leq 1/\sqrt{1 - x^2} \leq n$, d'où le résultat.

b) L'expression (*) donnant U_n s'écrit aussi $\forall \theta \in \mathbb{R} \setminus \pi\mathbb{Z}$, $U_{n-1}(\cos\theta) = \sin(n\theta)/\sin(\theta)$.

Si P désigne le polynôme $\sum_{k=1}^{n} \mu_k U_{k-1}$, P est degré $\leq n - 1$ et vérifie $P(\cos\theta) = S(\theta)/\sin\theta$ pour $\theta \notin \pi\mathbb{Z}$. Or $\|S\|_\infty = 1$, donc pour tout θ, $|P(\cos\theta)| \cdot |\sin\theta| \leq 1$, ce qui entraîne que pour tout $x \in I$, $|P(x)|\sqrt{1 - x^2} \leq 1$. Donc d'après la question précédente, on a $\|P\|_\infty \leq n$, ce qui entraîne que pour tout $\theta \notin \pi\mathbb{Z}$, $|S(\theta)/\sin\theta| \leq n$.

4/ Fixons $\theta_0 \in \mathbb{R}$. Quitte à diviser g par $\|g\|_\infty$, on peut supposer $\|g\|_\infty = 1$ (si $g = 0$, le résultat est évident). Soit S l'application définie sur $\mathbb{R}$ par $S(\theta) = \frac{1}{2}[g(\theta_0 + \theta) - g(\theta_0 - \theta)]$. Comme $\frac{1}{2}[e^{i(\theta_0+\theta)} - e^{i(\theta_0-\theta)}] = i(\sin\theta)e^{i\theta_0}$, on voit que S a la forme de 3/b), et donc si $\theta \notin \pi\mathbb{Z}$, $|S(\theta)/\sin\theta| \leq n$. On en déduit

$$|g'(\theta_0)| = \left|\lim_{\substack{\theta\to 0\\ \theta\neq 0}} \frac{S(\theta)}{\theta}\right| = \left|\lim_{\substack{\theta\to 0\\ \theta\neq 0}} \frac{S(\theta)}{\sin\theta}\right| \leq n.$$

Ceci est vrai pour tout $\theta_0 \in \mathbb{R}$, d'où le résultat.

5/ Là encore, quitte à diviser P par $\|P\|_\infty$, on peut supposer $\|P\|_\infty = 1$ (le cas $P = 0$ est évident). Posons $g(\theta) = P(\cos\theta) = P[(e^{i\theta} + e^{-i\theta})/2]$. Cette application a la forme de l'application g de 4/, et donc on a

$$\forall \theta \in \mathbb{R}, \quad |g'(\theta)| = |\sin\theta| \cdot |P'(\cos\theta)| \leq n.$$

Cette inégalité entraîne que sur $[-1, 1]$, on a $\sqrt{1 - x^2}|P'(x)| \leq n$, donc d'après 3/a), $|P'(x)| \leq n^2$ sur I. D'où le résultat.

Remarque. Les polynômes T_n (resp. U_n) s'appelle les polynômes de Tchébycheff de première espèce (resp. de deuxième espèce).

– La lecteur pourra facilement vérifier que :

- Pour 4/, $(\|g'\|_\infty = n\|g\|_\infty) \iff (\exists \gamma \in \mathbb{C}, \quad g(\theta) = \gamma \sin n\theta)$.
- Pour 5/, $(\|P'\|_\infty = n^2\|P\|_\infty) \iff (\exists \gamma \in \mathbb{C}, \quad P = \gamma T_n)$.

6. Sujets d'étude

SUJET D'ÉTUDE 1. Soit p un nombre premier. Pour alléger les notations, on pose $\mathbb{F}_p = \mathbb{Z}/p\mathbb{Z}$.

1/ Soit $\mathbb{K}$ un corps commutatif contenant $\mathbb{F}_p$. Montrer que pour tout $R \in \mathbb{F}_p[X]$ et pour tout $x \in \mathbb{K}$, on a pour tout $n \in \mathbb{N}$ la relation $R(x^{p^n}) = (R(x))^{p^n}$.

2/ a) Soit $Q \in \mathbb{F}_p[X]$ irréductible dans $\mathbb{F}_p[X]$ de degré d. Soit $n \in \mathbb{N}^*$. Montrer que $Q \mid (X^{p^n} - X)$ si et seulement si $d \mid n$.

b) Pour tout $n \in \mathbb{N}^*$, on note K_p^n l'ensemble des polynômes unitaires irréductibles de $\mathbb{F}_p[X]$, de degré n. Montrer que

$$X^{p^n} - X = \prod_{d|n} \left(\prod_{Q \in K_p^d} Q \right).$$

3/ Pour tout $n \in \mathbb{N}^*$, on note $I_p^n = \text{Card}(K_p^n)$.
a) Montrer que $p^n = \sum_{d|n} d I_p^d$.
b) Montrer que pour tout $n \in \mathbb{N}^*$, $I_p^n \neq 0$.

4/ Une application aux corps finis (on rappelle que tout corps fini est commutatif, voir le problème précédent).
a) Soit $\mathbb{K}$ un corps fini. Montrer qu'il existe un nombre premier p et un entier $n \in \mathbb{N}^*$ tels que $\text{Card}(\mathbb{K}) = p^n$. Réciproquement, si p est un nombre premier et si $n \in \mathbb{N}^*$, montrer qu'il existe un corps fini $\mathbb{K}$ de cardinal p^n.
b) Soit $\mathbb{K}$ un surcorps de $\mathbb{F}_p$ tel que $\text{Card}(\mathbb{K}) = p^n$ avec $n \in \mathbb{N}^*$. Soit $P \in K_p^n$. Montrer qu'il existe $x \in \mathbb{K}$ tel que $P(x) = 0$.
c) En déduire que deux corps finis de même cardinal sont isomorphes.

Solution. **1/** Le corps $\mathbb{K}$ contenant $\mathbb{F}_p$, il est de caractéristique p. Ceci étant, pour tout $x, y \in \mathbb{K}$, on a

$$(x+y)^p = x^p + y^p + \sum_{k=1}^{p-1} C_p^k x^k y^{n-k} = x^p + y^p$$

car si $1 \leq k \leq p-1$, $p \mid C_p^k$ et $\mathbb{K}$ est de caractéristique p.

Par récurrence sur $n \in \mathbb{N}^*$, on en déduit que pour tout entier $n \in \mathbb{N}$, $(x+y)^{p^n} = x^{p^n} + y^{p^n}$, puis par récurrence sur k, on montre que pour tout $(x_1, \ldots, x_k) \in \mathbb{K}^k$, pour tout $n \in \mathbb{N}$,

$$(x_1 + \cdots + x_k)^{p^n} = x_1^{p^n} + \cdots + x_k^{p^n}.$$

Par ailleurs, pour tout $a \in \mathbb{F}_p$, $a^p = a$ donc (par récurrence), pour tout $n \in \mathbb{N}$, $a^{p^n} = a$.

Ceci étant, soit $R = a_0 + a_1 X + \cdots + a_d X^d \in \mathbb{F}_p[X]$. Pour tout $x \in \mathbb{K}$,, on a

$$R(x)^{p^n} = \left(\sum_{i=0}^{d} a_i x^i \right)^{p^n} = \sum_{i=0}^{d} a_i^{p^n} (x^i)^{p^n} = \sum_{i=0}^{d} a_i (x^{p^n})^i = R(x^{p^n}).$$

2/ a) Le polynôme Q étant irréductible dans $\mathbb{F}_p[X]$, $\mathbb{K} = \mathbb{F}_p[X]/(Q)$ est un corps ; $\mathbb{K}$ est d'ailleurs un $\mathbb{F}_p$-espace vectoriel de dimension d, donc isomorphe (comme $\mathbb{F}_p$-espace vectoriel) à $\mathbb{F}_p^d$, d'où $\text{Card}(\mathbb{K}) = \text{Card}(\mathbb{F}_p^d) = p^d$. Le groupe multiplicatif $\mathbb{K}^*$ est donc d'ordre $p^d - 1$, et donc pour tout $y \in \mathbb{K}^*$, $y^{p^d - 1} = 1$, ce qui entraîne que pour tout $y \in \mathbb{K}$, $y^{p^d} = y$, et par récurrence sur k :

$$\forall y \in \mathbb{K}, \; \forall k \in \mathbb{N}, \quad y^{p^{kd}} = y. \tag{$*$}$$

Ceci étant, montrons l'équivalence demandée.

Condition suffisante. Supposons $d \mid n$. En notant $\overline{X}$ la classe de X dans le corps $\mathbb{F}_p[X]/(Q) = \mathbb{K}$, on a d'après ($*$), $\overline{X}^{p^{kd}} = \overline{X}$ pour tout $k \in \mathbb{N}$. Comme $d \mid n$, on en déduit $\overline{X}^{p^n} = \overline{X}$, c'est-à-dire $Q \mid (X^{p^n} - X)$.

Condition nécessaire. Supposons $Q \mid (X^{p^n} - X)$, c'est-à-dire $\overline{X}^{p^n} = \overline{X}$. Soit $y \in \mathbb{K}$. Il existe $R \in \mathbb{F}_p[X]$ tel que $y = R(\overline{X})$, donc $y^{p^n} = R(\overline{X})^{p^n} = R(\overline{X}^{p^n}) = R(\overline{X}) = y$ ($**$). Effectuons maintenant la division euclidienne de n par d : $n = qd + r$, $0 \leq r \leq d-1$. La relation ($**$) s'écrit $(y^{p^{qd}})^{p^r} = y$, et d'après ($*$), on a $y^{p^r} = y$. On a donc $y^{p^r - 1} = 1$ pour tout $y \in \mathbb{K}^*$. Or $\mathbb{K}^*$, sous groupe multiplicatif fini d'un corps commutatif, est cyclique (voir la remarque de l'exercice 9 de la partie 2.5 du chapitre I, page 26). Il existe donc $y \in \mathbb{K}^*$ d'ordre $p^d - 1$. Or on a vu que $y^{p^r - 1} = 1$. comme $0 \leq r < d$, ceci entraîne $r = 0$, c'est-à-dire $d \mid n$.

b) Commençons par montrer que $X^{p^n} - X$ est sans facteur carré non constant dans $\mathbb{F}_p[X]$. Supposons $X^{p^n} = Q^2 P$, avec $P, Q \in \mathbb{F}_p[X]$. Par dérivation, on a $p^n X^{p^n-1} - 1 = 2QQ'P + Q^2P'$ donc $Q \mid (p^n X^{p^n-1} - 1) = (-1)$ ($p^n = 0$ dans $\mathbb{F}_p$), et donc Q est constant.

Le résultat précédent entraîne que dans la décomposition de $X^{p^n} - X$ en facteurs irréductibles de $\mathbb{F}_p[X]$: $X^{p^n} - X = \prod_{i=1}^k Q_i^{\alpha_i}$, on a $\alpha_i = 1$ pour tout i. Or d'après la question précédente, pour tout i on a $Q_i \in \mathbb{K}_p^d$ avec $d \mid n$. On en tire $(X^{p^n} - X) \mid \prod_{d|n} \left(\prod_{Q \in K_p^d} Q\right)$.

Pour tout entier d, $d \mid n$, et pour tout $Q \in \mathbb{K}_p^d$, on a $Q \mid (X^{p^n} - X)$. Ces facteurs Q étant irréductibles, ils sont premiers entre eux deux à deux, et donc $\prod_{d|n} \left(\prod_{Q \in \mathbb{K}_p^d} Q\right) \mid (X^{p^n} - X)$. On conclue à l'égalité en remarquant que ces polynômes sont unitaires.

3/ a) Cette relation se déduit de 2/b) en passant aux degrés.

b) 3/a) entraîne que pour tout $n \in \mathbb{N}^*$, $nI_p^n \leq \sum_{d|n} dI_p^d = p^n$. Si on fixe maintenant $n \in \mathbb{N}^*$, on en déduit

$$nI_p^n = p^n - \sum_{\substack{d|n \\ d \neq n}} dI_p^d \geq p^n - \sum_{\substack{d|n \\ d \neq n}} p^d \geq p^n - \sum_{d=1}^{n-1} p^d = p^n - \frac{p^n - p}{p-1} > 0.$$

4/ a) Soit p la caractéristique de $\mathbb{K}$. On a $p \neq 0$ car $\mathbb{K}$ est fini, et p est premier (voir la partie 1.1 proposition 1, page 54). Notons e l'élément unité de $\mathbb{K}$. L'application $\varphi : \mathbb{Z} \to \mathbb{K} \quad n \mapsto ne$ est un morphisme d'anneaux et $\text{Ker } \varphi = p\mathbb{Z}$. Si $\mathbb{K}' = \text{Im } \varphi \subset \mathbb{K}$, $\mathbb{K}'$ est isomorphe à $\mathbb{Z}/\text{Ker } \varphi = \mathbb{Z}/p\mathbb{Z} = \mathbb{F}_p$ et c'est donc un sous corps de $\mathbb{K}$ isomorphe à $\mathbb{F}_p$ ($\mathbb{K}'$ s'appelle le sous corps premier de $\mathbb{K}$, voir la partie 1.1, définition 4, page 54). Le corps $\mathbb{K}$ apparaît alors comme étant un $\mathbb{K}'$ espace vectoriel, de dimension finie n car $\mathbb{K}$ est fini. Le corps $\mathbb{K}$ est donc isomorphe (comme $\mathbb{K}'$-espace vectoriel) à $\mathbb{K}'^n$, donc $\text{Card}(\mathbb{K}) = \text{Card}(\mathbb{K}'^n) = (\text{Card}(\mathbb{K}'))^n = (\text{Card}(\mathbb{F}_p))^n = p^n$.

Réciproquement, soit p un nombre premier et $n \in \mathbb{N}^*$. D'après 3/b), $K_p^n \neq \varnothing$. Soit $P \in \mathbb{K}_p^n$. $\mathbb{K} = \mathbb{F}_p[X]/(P)$ est un corps (car P est irréductible), de cardinal p^n car $\mathbb{K}$ est un $\mathbb{F}_p$ espace vectoriel de dimension n.

b) Le groupe multiplicatif $\mathbb{K}^*$ étant de cardinal $p^n - 1$, pour tout $x \in \mathbb{K}^*$, $x^{p^n-1} = 1$, donc pour tout $x \in \mathbb{K}$, $x^{p^n} = x$. Autrement dit, les éléments de $\mathbb{K}$ sont tous racine du polynôme $X^{p^n} - X$. Le degré de ce polynôme étant $p^n = \text{Card}(\mathbb{K})$, on en déduit que les racines de $X^{p^n} - X$ sont exactement les éléments de $\mathbb{K}$. Or d'après 2/b), $P \mid (X^{p^n} - X)$, donc il existe $x \in \mathbb{K}$ tel que $P(x) = 0$.

c) Soit $P_0 \in \mathbb{K}_p^n$, soit $\mathbb{K}$ un corps de cardinal p^n. La caractéristique de $\mathbb{K}$ est p (en effet, c'est un nombre premier qui de plus divise p^n car $(\mathbb{K}, +)$ est un groupe d'ordre p^n), et on a vu au 4/a) que $\mathbb{F}_p$ est isomorphe à un sous corps de $\mathbb{K}$. Autrement dit, à un isomorphisme près, $\mathbb{K}$ est un surcorps de $\mathbb{F}_p$, et donc d'après 4/b), il existe $x_0 \in \mathbb{K}$ tel que $P_0(x_0) = 0$.

Soit Φ le morphisme $\mathbb{F}_p[X] \to \mathbb{K} \quad Q \mapsto Q(x_0)$. On a $\text{Ker } \Phi = \{Q \in \mathbb{F}_p[X], Q(x_0) = 0\}$. C'est un idéal de $\mathbb{F}_p[X]$ donc principal. Soit P unitaire tel que $\text{Ker } \Phi = (P)$. On a $P_0 \in \text{Ker } \Phi = (P)$ et P_0 est irréductible, donc $P = P_0$, et donc $\text{Ker } \Phi = (P_0)$.

Donc $\text{Im } \Phi$ est isomorphe à $\mathbb{F}_p[X]/\text{Ker } \Phi = \mathbb{F}_p[X]/(P_0)$. Ce dernier est un $\mathbb{F}_p$-espace vectoriel de dimension n, donc de cardinal p^n, et donc $\text{Im } \Phi$ est de cardinal p^n. Or $\text{Card}(\mathbb{K}) = p^n$, donc $\text{Im } \Phi = \mathbb{K}$.

En résumé, $\mathbb{K}$ est isomorphe au corps $\mathbb{F}_p[X]/(P_0)$, et ceci pour tout corps $\mathbb{K}$ à p^n éléments. Deux corps de même cardinal sont donc isomorphes.

SUJET D'ÉTUDE 2 (TRANSCENDANCE DE e ET DE π). **1/** Si $F \in \mathbb{C}[X]$, $(\deg(F) = n)$, on définit (avec $F^{(0)} = F$ par convention) :

$$\mathcal{D}(F) = \sum_{k=0}^{+\infty} F^{(k)} = \sum_{k=0}^{n} F^{(k)} = F + F' + \cdots + F^{(n)}.$$

a) Si $F \in \mathbb{C}[X]$ et $a \in \mathbb{C}$, montrer que

$$e^a \mathcal{D}(F)(0) = a \int_0^1 e^{a(1-t)} F(at)\, dt + \mathcal{D}(F)(a).$$

b) Soit $Q \in \mathbb{Z}[X]$ et $p \in \mathbb{N}$, $p \geq 2$. Si $F(X) = Q(X)X^{p-1}/(p-1)!$, montrer que $\mathcal{D}(F)(0)$ est un entier vérifiant $\mathcal{D}(F)(0) \equiv Q(0) \pmod p$.

2/ (Transcendance de e). On rappelle qu'un nombre transcendant est un nombre non algébrique sur $\mathbb{Q}$. Supposons e algébrique. Alors il existe $Q \in \mathbb{Z}[X]$, $Q \neq 0$, tel que $Q(e) = 0$. Soit $n = \deg(Q)$. Pour tout nombre premier p, on note

$$F_p(X) = \frac{X^{p-1}}{(p-1)!}[(X-1)\cdots(X-n)]^p.$$

a) Si $k \in \mathbb{N}$, $1 \leq k \leq n$, montrer que $\mathcal{D}(F)(k)$ est un entier divisible par p.

b) Si $k \in \mathbb{N}$, $1 \leq k \leq n$, montrer que $\displaystyle\lim_{p \to +\infty} \int_0^1 e^{k(1-t)} F_p(kt)\, dt = 0$.

c) Conclure.

3/ (Transcendance de π). Supposons π algébrique sur $\mathbb{Q}$.

a) Montrer qu'alors $i\pi$ est algébrique.

Il existe donc $Q = dX^n + d_1X^{n-1} + \cdots + d_{n-1}X + d_n \in \mathbb{Z}[X]$, $d \neq 0$, tel que $Q(i\pi) = 0$. Soient $\omega_1, \ldots, \omega_n$ les racines de Q, de sorte que $Q = d(X - \omega_1)\cdots(X - \omega_n)$.

b) Si $\Phi \in \mathbb{Z}[X_1, \ldots, X_n]$ est symétrique, montrer que $\Phi(d\omega_1, \ldots, d\omega_n)$ est un entier.

Comme il existe k tel que $\omega_k = i\pi$, on a $\prod_{k=1}^n (1 + e^{\omega_k}) = 0$, ce qui en développant s'écrit aussi

$$1 + \sum_{j=1}^{2^n - 1} e^{\alpha_j} = 0,$$

$\alpha_1, \ldots, \alpha_{2^n-1}$ étant les nombres de la forme $\sum_{i \in I} \omega_i$, I étant une partie non vide de $\{1, \ldots, n\}$. Supposons que C de ces $2^n - 1$ nombres soient nuls. Si $m = 2^n - 1 - C$, on peut, quitte à renuméroter, supposer que les α_j non nuls sont $\alpha_1, \ldots, \alpha_m$.

c) Montrer que si un polynôme $\Phi \in \mathbb{Z}[X_1, \ldots, X_m]$ est symétrique dans $\mathbb{Z}[X_1, \ldots, X_m]$, alors $\Phi(d\alpha_1, \ldots, d\alpha_m)$ est entier.

Pour tout nombre premier p, on pose

$$F_p(X) = \frac{d^{mp+p-1} X^{p-1}}{(p-1)!} [(X - \alpha_1)\cdots(X - \alpha_m)]^p.$$

d) Montrer que $\sum_{k=1}^m \mathcal{D}(F_p)(\alpha_k)$ est un entier divisible par p.

e) En procédant comme au 2/, conclure.

Solution. **1/ a)** On pose $f(t) = e^{-at}\mathcal{D}(F)(at)$. Comme $\mathcal{D}(F)' = \mathcal{D}(F) - F$, on a pour tout $t \in [0,1]$: $f'(t) = -ae^{-at}\mathcal{D}(F)(at) + ae^{-at}\mathcal{D}(F)'(at) = -ae^{-at}F(at)$, et donc par intégration $f(1) - f(0) = -a\int_0^1 e^{-at}F(at)\, dt$, d'où le résultat compte tenu de la valeur de f.

b) Écrivons $Q = \sum_{k=0}^n a_k X^k$, de sorte que $F = \displaystyle\sum_{k=0}^n a_k \frac{X^{k+p-1}}{(p-1)!}$. Alors

$$\mathcal{D}(F)(0) = \sum_{k=0}^n a_k \frac{(k+p-1)!}{(p-1)!} = a_0 + \sum_{k=1}^n a_k(k+p-1)\cdots p,$$

donc $\mathcal{D}(F)(0)$ est un entier qui vérifie $\mathcal{D}(F)(0) \equiv a_0 \equiv Q(0) \pmod p$.

2/ a) Fixons $k \in \mathbb{N}$, $1 \leq k \leq n$. Si $G(X) = F_p(X+k)$, on voit facilement que G a la forme $G(X) = \dfrac{X^{p-1}}{(p-1)!}[X \cdot H(X)]$ avec $H \in \mathbb{Z}[X]$, donc d'après 1/b), $N = \mathcal{D}(G)(0) = \mathcal{D}(F_p)(k)$ est un entier vérifiant $N \equiv 0 \pmod p$.

b) Si $t \in [0,1]$, $e^{k(1-t)}|F_p(kt)| \leq e^k k^{p-1}[n^n]^p/(p-1)!$, donc

$$\left|\int_0^1 e^{k(1-t)}F_p(kt)\,dt\right| \leq n^n e^k \frac{(kn^n)^{p-1}}{(p-1)!}.$$

Or $\lim_{p\to+\infty}[kn^n]^{p-1}/(p-1)! = 0$, d'où 2/b).

c) Écrivons $Q = a_0 + a_1X + \cdots + a_nX^n$, avec $Q(e) = 0$ et $Q \neq 0$. Quitte à diviser Q par X, on peut supposer $a_0 \neq 0$.

Pour tout nombre premier p, on pose

$$S_p = \sum_{k=0}^{n} a_k k \int_0^1 e^{k(1-t)}F_p(kt)\,dt \quad \text{et} \quad T_p = \sum_{k=0}^{n} a_k \mathcal{D}(F_p)(k).$$

D'après 1/a), on a $[\sum_{k=0}^n a_k e^k]\mathcal{D}(F_p)(0) = S_p + T_p$. Or $\sum_{k=0}^n a_k e^k = Q(e) = 0$, donc $S_p + T_p = 0$ (*). D'après 2/a), pour $k \in \mathbb{N}$, $1 \leq k \leq n$, on a $\mathcal{D}(F_p)(k) \equiv 0 \pmod p$ donc d'après 1/b) :

$$T_p = \sum_{k=0}^{n} a_k\mathcal{D}(F_p)(k) \equiv a_0\mathcal{D}(F_p)(0) \equiv a_0(-1)^{pn}(n!)^p \pmod p.$$

Or $a_0 \neq 0$, et donc pour tout nombre premier p supérieur à $\max\{|a_0|, n\}$, on a $T_p \not\equiv 0 \pmod p$. T_p est donc un entier non nul, et vérifie donc $|T_p| \geq 1$. Or d'après 2/b), $\lim_{p\to\infty} S_p = 0$, ce qui est absurde d'après (*). Le nombre réel e est donc transcendant.

3/a) Avec le résultat du problème 5, c'est immédiat. En effet, l'ensemble des nombres algébriques étant un corps, si π est algébrique, comme i est algébrique (racine de X^2+1), $i\pi$ est algébrique.

Nous allons cependant montrer ce résultat sans utiliser ce "bulldozer". Le nombre π étant algébrique, il existe $n \in \mathbb{N}^*$ et $a_0, \ldots, a_n \in \mathbb{Z}$, $a_n \neq 0$, tels que $a_0 + a_1\pi + \cdots + a_n\pi^n = 0$. Si $\theta = i\pi$, on a

$$(a_0 - a_2\theta^2 + \cdots) - i(a_1\theta - a_3\theta^3 + \cdots) = 0,$$

et si $Q = (a_0 - a_2X^2 + \cdots)^2 + (a_1X - a_3X^3 + \cdots)^2 \in \mathbb{Z}[X]$, on a donc $Q(\theta) = Q(i\pi) = 0$ et $Q \neq 0$. D'où le résultat.

b) Les nombres complexes $d\omega_1, \ldots, d\omega_n$ sont les racines du polynôme $d^{n-1}Q(X/d) = X^n + d_1X^{n-1} + dd_2X^{n-2} + \cdots + d^{n-2}d_{n-2}X + d^{n-1}d_n = R(X)$. Ce polynôme est unitaire à coefficients entiers, donc tout polynôme symétrique en les racines de $R(X)$ à coefficients entiers, est entier (voir la remarque 3 de la partie 4.2, page 79), d'où le résultat.

c) Le polynôme Φ étant symétrique dans $\mathbb{Z}[X_1, \ldots, X_m]$, il existe $P \in \mathbb{Z}[X_1, \ldots, X_m]$ tel que $\Phi = P(\Sigma_1, \ldots, \Sigma_m)$, les Σ_i désignant les fonctions symétriques élémentaires de $\mathbb{Z}[X_1, \ldots, X_m]$. Si maintenant on note Σ'_i les fonctions symétriques élémentaires de $\mathbb{Z}[X_1, \ldots, X_{2^n-1}]$, on vérifie facilement que si $1 \leq i \leq m$,

$$\sigma_i = \Sigma_i(d\alpha_1, \ldots, d\alpha_m) = \Sigma'_i(d\alpha_1, \ldots, d\alpha_m, 0, \ldots, 0) = \Sigma'_i(d\alpha_1, \ldots, d\alpha_{2^n-1}).$$

Si pour tout $I \subset \{1, \ldots, n\}$, $I \neq \varnothing$, on note $M_I = \sum_{i\in I} X_i$, on voit que le polynôme

$$Q_i(X_1, \ldots, X_n) = \Sigma'_i\left[(M_I)_{\substack{I\subset\{1,\ldots,n\}\\ I\neq\varnothing}}\right] \in \mathbb{Z}[X_1, \ldots, X_n]$$

(l'ordre des variables M_I n'a ici pas d'importance puisque Σ'_i est symétrique) est symétrique dans $\mathbb{Z}[X_1, \ldots, X_n]$. Les $d\alpha_i$ étant les $M_I(d\omega_1, \ldots, d\omega_n)$, on voit que

$$\sigma_i = \Sigma'_i(d\alpha_1, \ldots, d\alpha_{2^n-1}) = Q_i(d\omega_1, \ldots, d\omega_n)$$

et donc $\sigma_i \in \mathbb{Z}$ d'après 3/b) puisque Q_i est symétrique dans $\mathbb{Z}[X_1, \ldots, X_n]$. Finalement, on voit que

$$\Phi(d\alpha_1, \ldots, d\alpha_m) = P(\sigma_1, \ldots, \sigma_m)$$

est un entier.

d) On peut aussi écrire $F_p(X)$ sous la forme

$$F_p(X) = \frac{1}{(p-1)!}(dX)^{p-1}\left[(dX - d\alpha_1)\cdots(dX - d\alpha_m)\right]^p. \qquad (**)$$

Un peu d'attention montre alors que le polynôme $G(X) = (p-1)!\sum_{k=1}^m F_p(X+\alpha_k)$ a pour coefficients des polynômes symétriques à coefficients entiers en les $(\alpha_k)_{1\leq k\leq m}$, et donc d'après 3/c), $G(X) \in \mathbb{Z}[X]$. Or pour tout k, $1 \leq k \leq m$, $X^p \mid F_p(X+\alpha_k)$, donc $X^p \mid G(X)$, et donc il existe $H \in \mathbb{Z}[X]$ tel que $G(X) = X^p H(X)$. Finalement, on a montré que $F(X) = \frac{1}{(p-1)!}\sum_{k=1}^m F_p(X+\alpha_k)$ a la forme $F(X) = \frac{X^p}{(p-1)!}H(X)$, et donc d'après 1/b),

$$\mathcal{D}(F)(0) = \sum_{k=1}^m \mathcal{D}(F_p)(\alpha_k) \equiv 0 \pmod p.$$

e) La relation de la question 3/b) s'écrit $(C+1) + \sum_{j=1}^m e^{\alpha_j} = 0$ avec $C \in \mathbb{N}$ et d'après 1/a), en posant

$$S_p = \sum_{k=1}^m \alpha_k \int_0^1 e^{\alpha_k(1-t)}F_p(\alpha_k t)\,dt, \quad T_p = (C+1)\mathcal{D}(F_p)(0), \quad U_p = \sum_{k=1}^m \mathcal{D}(F_p)(\alpha_k),$$

on a $S_p + T_p + U_p = 0$ $(***)$. Or pour tout k, pour tout p, pour tout $t \in [0,1]$,

$$|F_p(\alpha_k t)| \leq \frac{|d|^{mp+p-1}M^{p-1}}{(p-1)!}[(2M)^n]^p = |d|^m(2M)^m\frac{K^{p-1}}{(p-1)!}$$

où $M = \sup_{1\leq k\leq n}|\alpha_k|$ et $K = |d|^{m+1}M(2M)^n$ sont des constantes. On en déduit que

$$\left|\int_0^1 e^{\alpha_k(1-t)}F_p(\alpha_k t)\,dt\right| \leq e^M|d|^m(2M)^m\frac{K^{p-1}}{(p-1)!},$$

et donc $\lim_{p\to+\infty}\int_0^1 e^{\alpha_k(1-t)}F_p(\alpha_k t)\,dt = 0$, et ceci pour tout k, donc

$$\lim_{p\to+\infty} S_p = 0. \qquad (****)$$

D'après (**), on peut écrire

$$F_p(X) = \frac{X^{p-1}}{(p-1)!}\cdot\left(\sum_{\ell=0}^{mp} a_\ell X^\ell\right),$$

où pour tout ℓ, a_ℓ est un polynôme à coefficients entiers symétriques en $\alpha_1, \ldots, \alpha_m$, donc d'après 3/c) les a_ℓ sont entiers. Par ailleurs, on vérifie facilement que $a_0 = (-1)^{mp}d^{p-1}(d\alpha_1\cdots d\alpha_m)^p = d^{p-1}L^p$ où $L = (-1)^m(d\alpha_1\cdots d\alpha_m)$ est une constante, entière d'après 3/c). D'après 1/b), on voit donc que $\mathcal{D}(F_p)(0)$ est un entier vérifiant $\mathcal{D}(F_p)(0) \equiv a_0 \pmod p$. Finalement, on obtient $T_p \equiv (C+1)a_0 \equiv (C+1)d^{p-1}L^p \pmod p$. Comme de plus $U_p \equiv 0 \pmod p$ d'après 3/d), on voit que $T_p + U_p \equiv (C+1)d^{p-1}L^p \pmod p$. Donc si $p > \sup\{C+1, d, L\}$ est un nombre premier, $T_p + U_p$ est un entier non nul, donc $|T_p + U_p| \geq 1$. De (***), on tire alors $|S_p| \geq 1$, ce qui est absurde d'après (****). Le nombre π est donc transcendant.

Remarque. On peut montrer par des méthodes analogues que si les α_i et β_i sont algébriques, alors $\sum \alpha_i e^{\beta_i} \neq 0$ (résultat dû à Lindemann en 1882).

– Il serait indécent de parler de nombres transcendants sans citer le célèbre théorème de Gelfond-Schneider (1934).

Si α et β sont algébriques, $\alpha \notin \{0,1\}$, $\beta \notin \mathbb{Q}$, alors α^β est transcendant.

– Actuellement, on connaît peu de classes de nombres transcendants. On sait que e, π, $\log 2$, $\log 3/\log 2$, e^π, $\Gamma(1/4)$ sont transcendants, mais on ne sait même pas si 2e, 2^π, π^e, $e+\pi$ ou γ (constante d'Euler) sont irrationnels.

– À propos de nombres irrationnels, on peut démontrer assez facilement que π^2 (donc π) est irrationnel (voir le chapitre intégration du tome analyse). Si ce résultat est une conséquence immédiate de la transcendance de π, il n'en reste pas moins que la démonstration de la transcendance de π est assez douloureuse.

– En démontrant la transcendance de π, Lindemann résolvait le célèbre problème de la quadrature du cercle : Pendant longtemps, on a essayé, à partie d'un cercle, de tracer à l'aide d'une règle et d'un compas un carré ayant même aire que celle du cercle. Le transcendance de π montre que ce problème est insoluble (on montre en effet que tout points construit avec une règle et un compas à partir du cercle unité a des coordonnées algébriques). Ce problème n'est qu'un exemple parmi d'autres qui illustre la fascination qu'exerce le nombre π sur les mathématiciens. Profitons de cet instant pour présenter les grandes lignes de l'histoire du nombre π et de son calcul.

7. Le nombre π

7.1. Une petite histoire de π

Très tôt, l'homme a essayé d'estimer le périmètre d'un cercle à partir de son rayon. Un papyrus égyptien datant de 2000 ans avant notre ère donne pour π l'approximation $(16/9)^2 = 3.1604\ldots$. D'autres estimations furent également données, comme 3, $3+1/8$, $3+1/7$, notamment par les babyloniens. Enfin, de manière implicite dans la bible, on trouve l'approximation $\pi \simeq 3$.

Des considérations plus mathématiques sont ensuite apportées par les grecs. Archimède (287-212 avant JC), à partir de polygones inscrits et exinscrits à 96 côtés autour d'un cercle, donne l'estimation $3 + 10/71 < \pi < 3 + 1/7$. Plusieurs variantes de la méthode d'Archimède furent par la suite utilisées; Ludolph van Ceulen (1540-1610) calcula ainsi correctement 34 décimales de π. François Viète (1540-1603) donna lui l'expansion

$$\frac{2}{\pi} = \sqrt{\frac{1}{2}} \cdot \sqrt{\frac{1}{2} + \frac{1}{2}\sqrt{\frac{1}{2}}} \cdot \sqrt{\frac{1}{2} + \frac{1}{2}\sqrt{\frac{1}{2} + \frac{1}{2}\sqrt{\frac{1}{2}}}} \cdots$$

qu'il put obtenir en considérant l'aire de polygones inscrits à 2^n côtés (voir la partie sur les suites du tome d'analyse). John Wallis découvrit en 1655 la formule (voir tome Analyse, chapitre intégration)

$$\frac{\pi}{2} = \lim_{n\to+\infty} \frac{1}{2n+1} \left[\frac{2 \cdot 4 \cdots (2n)}{3 \cdot 5 \cdots (2n-1)}\right]^2.$$

Cependant, ces suites ont une convergence relativement lente. Une nouvelle ère arrive avec le mathématicien écossais James Gregory(1638-1675) qui en 1671 montra

$$\arctan x = \int_0^x \frac{dt}{1+t^2} = x - \frac{x^3}{3} + \frac{x^5}{5} - \frac{x^7}{7} + \cdots, \qquad (I)$$

ce qui, en remplaçant x par 1, donne

$$\frac{\pi}{4} = 1 - \frac{1}{3} + \frac{1}{5} - \frac{1}{7} + \cdots,$$

formule découverte indépendamment par Leibnitz en 1674. Avec $x = 1/\sqrt{3}$, la formule (I) donne

$$\frac{\pi}{6} = \frac{1}{\sqrt{3}}\left(1 - \frac{1}{3\cdot 3} + \frac{1}{3^2\cdot 5} - \frac{1}{3^3\cdot 7} + \cdots\right),$$

série utilisée au début du dix-septième siècle par Abraham Sharp sous la direction de l'astronome et mathématicien E. Halley (oui, celui de la comète!) pour calculer 71 décimales de π. John Machin (1680-1752) établit la formule

$$\frac{\pi}{4} = 4\arctan(\frac{1}{5}) - \arctan(\frac{1}{239}). \qquad (II)$$

Grâce à (I), la formule (II) donne une formule très efficace pour calculer π. Machin calcula ainsi 100 décimales en 1706. La même année, William Jones dans *A new introduction to the mathematics* utilisa la lettre π pour désigner le rapport de la circonférence au diamètre du cercle. Ce fut cependant Léonard Euler (1707-1783) qui rendit le symbole populaire. Euler détermina de nombreuses relations impliquant π, parmi lesquelles

$$\frac{\pi^2}{6} = \sum_{n=1}^{+\infty}\frac{1}{n^2}, \qquad \frac{\pi^4}{90} = \sum_{n=1}^{+\infty}\frac{1}{n^4}.$$

(Voir aussi le tome analyse sur les séries de Fourier).

Au milieu du XIX-ième siècle, on calculait toujours π avec des formules du type de (II). En 1844, Johann Dase, calculateur prodige, utilisa la formule

$$\frac{\pi}{4} = \arctan(\frac{1}{2}) + \arctan(\frac{1}{5}) + \arctan(\frac{1}{8})$$

pour calculer 205 décimales de π. Le record du calcul de π sans l'aide de machines fut atteint par William Shanks (1812-1882) qui publia 607 décimales de π; mais seulement les 527 premières étaient correctes. Plus tard, en 1853, Shanks publia 707 chiffres; comme précédemment, seules les 527 premières décimales étaient correctes. L'erreur de Shanks fut découverte en 1947 quand D. F. Ferguson calcula 530 décimales puis 808, utilisant une calculette de bureau et la formule

$$\frac{\pi}{4} = 3\arctan(\frac{1}{4}) + \arctan(\frac{1}{20}) + \arctan(\frac{1}{1985}).$$

Arrive alors l'ordinateur et avec lui, des records de plus en plus extraordinaires. En juin 1949, l'ENIAC permet de calculer 2037 chiffres de π grâce à la formule de Machin (II). Toujours avec la même formule, Genuys calcula 10.000 décimales en 1958 en 100 minutes. En 1961, D. Shanks et Wrench, utilisant l'identité

$$\frac{\pi}{4} = 6\arctan(\frac{1}{8}) + 2\arctan(\frac{1}{57}) + \arctan(\frac{1}{239}) \qquad (III)$$

calculèrent 100.000 décimales en moins de 9 heures. La calcul fut vérifié avec la relation

$$\frac{\pi}{4} = 12\arctan(\frac{1}{18}) + 8\arctan(\frac{1}{57}) - 5\arctan(\frac{1}{239}). \qquad (IV)$$

En 1973, J. Guilloud et Bouyer, à partir de (IV), calculèrent un million de décimales de π en un peu moins de 24 heures. La vérification fut effectuée grâce à (III).

Dans les années 80, une nouvelle étape est encore franchie. Alors que l'on pensait que les records ultérieurs seraient essentiellement battus grâce à l'augmentation des performances des ordinateurs, c'est plus les méthodes qui permirent d'avancer considérablement :

- On considéra d'autres suites, convergeant plus rapidement, issues de la théorie des intégrales elliptiques et des formes modulaires, donc certaines furent découvertes par le génial Ramanujan.

– On utilisa une multiplication rapide sur des grands nombres. Celle ci ne commence néanmoins à être efficace que lorsque les nombres considérés ont plus d'un million de chiffres.

En 1983, Kanada, Tamura Yoshino et Ushiro calculèrent 10 millions de décimales grâce à l'algorithme de Salamin :

$$\text{si} \left\{ \begin{array}{c} a_0 = 1 \\ b_0 = 1/\sqrt{2} \end{array} \right., \left\{ \begin{array}{c} a_{n+1} = (a_n + b_n)/2 \\ b_{n+1} = \sqrt{a_n b_n} \end{array} \right., \text{ alors } \pi_n = \frac{2a_{n+1}^2}{1 - \sum_{k=0}^{n} 2^k (a_k^2 - b_k^2)} \text{ tend vers } \pi.$$

L'avantage de cet algorithme est que le nombre de décimales exactes double à chaque itération. Les 10 millions premières décimales de π_{25}, par exemple, coïncident avec celles de π. Fin 1985, W. Gosper calcula 17.500.000 décimales grâce à la série

$$\frac{1}{\pi} = 2\sqrt{2} \left(\sum_{n=0}^{+\infty} \frac{(4n)!}{4^{4n}(n!)^4} \cdot \frac{(1103 + 26390n)}{99^{4n+2}} \right). \qquad (V)$$

Cette série est due à Ramanujan et converge très rapidement (à peu près 8 décimales par terme). En janvier 1986, D. H. Bayley atteignit 29.360.000 décimales grâce à la suite

$$y_0 = \frac{1}{\sqrt[4]{2}}, \quad \alpha_0 = \frac{1}{2}, \quad y_{n+1} = \frac{1 - \sqrt[4]{1 - y_n^4}}{1 + \sqrt[4]{1 - y_n^4}},$$
$$\alpha_{n+1} = (1 + y_{n+1})^4 \alpha_n - 4^{n+1} y_{n+1} (1 + y_{n+1} + y_{n+1}^2).$$

La suite $(\alpha_n)_{n \in \mathbb{N}}$ tend vers π^{-1}. La convergence est très efficace puisqu'à chaque étape, le nombre de décimales exactes est quadruplé. D'autres records se succédèrent ensuite (134.000.000 décimales en 1987, 201.000.000 en 1988). Un pas fut encore franchi fin 1989 lorsque les frères Chudnovsky découvrirent une nouvelle série du type de (V) :

$$\frac{426.880\sqrt{10.005}}{\pi} = \sum_{n=0}^{+\infty} \frac{(6n)!(545.140.134n + 13.591.409)}{(n!)^3 (3n)! (-640.320)^{3n}}.$$

Cette série ajoute 14 décimales à chaque terme. Les Chudnovsky l'utilisèrent pour calculer 1 milliard de décimales en 1989, puis plus de 2 milliards en août 1991 sur une machine parallèle. Sachez par exemple que la milliardième décimale de π après la virgule est un 9.

Tant que nous sommes dans le sujet, citons un fait amusant dans une valeur numérique faisant intervenir π. Lorsque l'on calcule $e^{\pi\sqrt{163}}$ avec 12 chiffres après la virgule, on trouve

$$e^{\pi\sqrt{163}} = 262\,537\,412\,640\,768\,743,999\,999\,999\,999\ldots$$

On a envie de penser que cette série de 9 continue indéfiniment et donc que $e^{\pi\sqrt{163}}$ est entier. En fait, il n'en est rien; la 13-ème décimale de $e^{\pi\sqrt{163}}$ après la virgule est un 2.

7.2. Amusez vous à calculer π

Un excellent exercice de programmation informatique est le calcul de π avec un grand nombre de décimales; celui ci demande de se construire une bibliothèque de calcul sur grands nombres ("informatiquement" un grand entier est représenté par un tableau contenant ses chiffres, regroupés par blocs de même taille). La méthode la plus simple et la plus efficace est certainement la formule de Machin (II), en utilisant le développement (I) de l'arctangente. Pour confirmer vos calculs, voici présentés les 2000 premières décimales de π :

```
3. 14159 26535  89793 23846  26433 83279  50288 41971  69399 37510  :    50
   58209 74944  59230 78164  06286 20899  86280 34825  34211 70679  :   100
   82148 08651  32823 06647  09384 46095  50582 23172  53594 08128  :   150
   48111 74502  84102 70193  85211 05559  64462 29489  54930 38196  :   200
   44288 10975  66593 34461  28475 64823  37867 83165  27120 19091  :   250
```

45648	56692	34603	48610	45432	66482	13393	60726	02491	41273	:	300
72458	70066	06315	58817	48815	20920	96282	92540	91715	36436	:	350
78925	90360	01133	05305	48820	46652	13841	46951	94151	16094	:	400
33057	27036	57595	91953	09218	61173	81932	61179	31051	18548	:	450
07446	23799	62749	56735	18857	52724	89122	79381	83011	94912	:	500
98336	73362	44065	66430	86021	39494	63952	24737	19070	21798	:	550
60943	70277	05392	17176	29317	67523	84674	81846	76694	05132	:	600
00056	81271	45263	56082	77857	71342	75778	96091	73637	17872	:	650
14684	40901	22495	34301	46549	58537	10507	92279	68925	89235	:	700
42019	95611	21290	21960	86403	44181	59813	62977	47713	09960	:	750
51870	72113	49999	99837	29780	49951	05973	17328	16096	31859	:	800
50244	59455	34690	83026	42522	30825	33446	85035	26193	11881	:	850
71010	00313	78387	52886	58753	32083	81420	61717	76691	47303	:	900
59825	34904	28755	46873	11595	62863	88235	37875	93751	95778	:	950
18577	80532	17122	68066	13001	92787	66111	95909	21642	01989	:	1000

38095	25720	10654	85863	27886	59361	53381	82796	82303	01952	:	1050
03530	18529	68995	77362	25994	13891	24972	17752	83479	13151	:	1100
55748	57242	45415	06959	50829	53311	68617	27855	88907	50983	:	1150
81754	63746	49393	19255	06040	09277	01671	13900	98488	24012	:	1200
85836	16035	63707	66010	47101	81942	95559	61989	46767	83744	:	1250
94482	55379	77472	68471	04047	53464	62080	46684	25906	94912	:	1300
93313	67702	89891	52104	75216	20569	66024	05803	81501	93511	:	1350
25338	24300	35587	64024	74964	73263	91419	92726	04269	92279	:	1400
67823	54781	63600	93417	21641	21992	45863	15030	28618	29745	:	1450
55706	74983	85054	94588	58692	69956	90927	21079	75093	02955	:	1500
32116	53449	87202	75596	02364	80665	49911	98818	34797	75356	:	1550
63698	07426	54252	78625	51818	41757	46728	90977	77279	38000	:	1600
81647	06001	61452	49192	17321	72147	72350	14144	19735	68548	:	1650
16136	11573	52552	13347	57418	49468	43852	33239	07394	14333	:	1700
45477	62416	86251	89835	69485	56209	92192	22184	27255	02542	:	1750
56887	67179	04946	01653	46680	49886	27232	79178	60857	84383	:	1800
82796	79766	81454	10095	38837	86360	95068	00642	25125	20511	:	1850
73929	84896	08412	84886	26945	60424	19652	85022	21066	11863	:	1900
06744	27862	20391	94945	04712	37137	86960	95636	43719	17287	:	1950
46776	46575	73962	41389	08658	32645	99581	33904	78027	59009	:	2000

Pour ceux qui iraient plus loin, voici d'autres décimales.
entre le rang 5001 et 5050 :

56951 62396 58645 73021 63159 81931 95167 35381 29741 67729 : 5050

entre le rang 10001 et 10050 :

56672 27966 19885 78279 48488 55834 39751 87445 45512 96563 : 10050

entre le rang 50001 et 50050 :

30093 69188 92558 65784 66846 12156 79554 25660 54160 05071 : 50050

entre le rang 100001 et 100050 :

41260 02437 96845 43777 33902 64725 12819 41632 00768 48736 : 100050

Bon courage ....

CHAPITRE III

Algèbre linéaire : généralités

HISTORIQUEMENT, l'algèbre linéaire naît de l'étude des systèmes linéaires. Abordés dès 1678 par Leibnitz, Mac Laurin en 1748 donne les formules de résolution à deux ou trois inconnues, complétées dans le cas général par Cramer en 1754. À partir de là, Vandermonde puis Laplace ont l'idée de définir un déterminant d'ordre n par récurrence sur n, en le développant par rapport une ligne ou une colonne.
D'autre part, dans les *Recherches Arithmétiques*, Gauss avait adopté, pour désigner une transformation linéaire, une notation sous forme de tableau : la notation matricielle. Il y définit même le produit de deux matrices. Ce passage devait suggérer à Cauchy la règle du produit de deux déterminants, publiée en 1815 dans un mémoire.
Jusqu'alors, les concepts de déterminant et de matrice sont encore très liés. En 1826, Cauchy, cherchant à déterminer les axes principaux d'une surface du second degré, introduit le polynôme caractéristique d'une matrice. Avec Cayley et Sylvester, au milieu du dix-neuvième siècle, la théorie des matrices se développe. On en est encore au plan et à l'espace. La familiarisation des mathématiciens aux déterminants et aux matrices s'accroissant, elle suggère à ceux ci la conception d'un espace à n dimensions. Mais il fallait oser ! Vers 1843-1845, Cayley et Grassmann franchissent le pas et parlent d'espaces à n dimensions. Cayley se fonde sur la généralisation de la géométrie analytique des coordonnées et introduit les n-uplets $(x_1, \dots, x_n)$. Grassmann a quant à lui l'idée de développer une "analyse géométrique", capable de calculer sur des grandeurs orientées de façon intrinsèque (c'est-à-dire indépendante du choix des coordonnées). Il donne la définition de l'indépendance linéaire d'un système de vecteurs et celle de la dimension d'un sous espace vectoriel. Enfin c'est Péano qui, en 1888, axiomatise l'algèbre linéaire. Jusqu'en 1930, c'est le point de vue des matrices et des coordonnées qui prédominera, par rapport à un point de vue plus intrinsèque des espaces vectoriels.

Remarques préliminaires. On abrégera souvent "espace vectoriel" par "e.v", "sous espace vectoriel" par "s.e.v".

Dans toute la suite, $\mathbb{K}$ désigne un corps commutatif.

1. Espaces vectoriels

1.1. Généralités

DÉFINITION 1. On appelle $\mathbb{K}$-*espace vectoriel* (ou e.v sur $\mathbb{K}$) un ensemble E muni d'une loi interne (notée $+$) et d'une loi externe (notée $\cdot$) admettant $\mathbb{K}$ comme ensemble d'opérateurs et vérifiant :

(i) $(E, +)$ est un groupe abélien.
(ii) Pour tout $(x, y) \in E^2$ et $(\lambda, \mu) \in \mathbb{K}^2$,

a) $\lambda \cdot (x + y) = \lambda \cdot x + \lambda \cdot y$.
b) $(\lambda + \mu) \cdot x = \lambda \cdot x + \mu \cdot x$.
c) $\lambda \cdot (\mu \cdot x) = (\lambda\mu) \cdot x$.
d) $1 \cdot x = x$.

Remarque 1. – Une conséquence de cette définition est que $\lambda \cdot x = 0$ si et seulement si $\lambda = 0$ ou $x = 0$.

– S'il existe de plus une loi interne, notée $\circ$, vérifiant (i) $(E, +, \circ)$ est un anneau, (ii) $\forall (x, y) \in E^2$, $\forall \lambda \in \mathbb{K}$, $\lambda \cdot (x \circ y) = (\lambda \cdot x) \circ y = x \circ (\lambda \cdot y)$, on dit que E est une $\mathbb{K}$-*algèbre*.

Exemple 1. Les ensembles suivant sont des $\mathbb{K}$-espaces vectoriels. $\mathbb{K}$, $\mathbb{K}^n$ (muni des lois $(x_1, \dots, x_n) + (y_1, \dots, y_n) = (x_1 + y_1, \dots, x_n + y_n)$ et $\lambda \cdot (x_1, \dots, x_n) = (\lambda x_1, \dots, \lambda x_n)$), toute extension de corps $\mathbb{L}$ de $\mathbb{K}$, l'ensemble des fonctions d'un ensemble Ω dans $\mathbb{K}$, $\mathbb{K}[X]$, $\mathbb{K}[X_1, \dots, X_n]$.

DÉFINITION 2. Les éléments d'un $\mathbb{K}$-e.v s'appellent des *vecteurs*,ceux de $\mathbb{K}$ des *scalaires*.

DÉFINITION 3. Soit $(E, +, \cdot)$ un $\mathbb{K}$-e.v et $F \subset E$. On dit que F est un *sous espace vectoriel* de E si $(F, +, \cdot)$ est un $\mathbb{K}$-e.v.

Exemple 2. Les ensembles $\{0\}$ et E sont des s.e.v de E; $\mathbb{K}_n[X] = \{P \in \mathbb{K}[X], \deg(P) \leq n\}$ est un s.e.v de $\mathbb{K}[X]$; $\mathcal{C}(\mathbb{R}, \mathbb{R})$ (ensemble des fonctions continues de $\mathbb{R}$ dans $\mathbb{R}$) est un s.e.v du $\mathbb{R}$-e.v des fonctions de $\mathbb{R}$ dans $\mathbb{R}$.

PROPOSITION 1. *Soit $(E, +, \cdot)$ un $\mathbb{K}$-e.v et $F \subset E$. Alors $(F, +, \cdot)$ est un s.e.v de E si et seulement si*

$$(i) \quad F \neq \varnothing \qquad (ii) \quad \forall (x, y) \in F^2, \forall (\lambda, \mu) \in \mathbb{K}^2, \ \lambda x + \mu y \in F.$$

Remarque 2. On montre rarement directement qu'un ensemble est un e.v, mais souvent que c'est un s.e.v d'un e.v connu (à l'aide de la proposition précédente).

PROPOSITION 2. *Soit E un $\mathbb{K}$-e.v et $(E_i)_{i \in I}$ une famille de s.e.v de E. Alors $\cap_{i \in I} E_i$ est un s.e.v de E.*

Remarque 3. Attention, ce théorème est faux pour la réunion (voir l'exercice 1).

Somme de sous espaces vectoriels.

DÉFINITION 4. Soit E un $\mathbb{K}$-e.v, $(E_i)_{i \in I}$ une famille de s.e.v de E. On note $\sum_{i \in I} E_i = \{\sum_{i \in I} x_i$, les $x_i \in E_i$ étant tous nuls sauf un nombre fini$\}$. L'ensemble $\sum_{i \in I} E_i$ est un s.e.v de E appelé *somme* des s.e.v $(E_i)_{i \in I}$.

DÉFINITION 5. Soient $E_1, \dots, E_n$ n sous espaces vectoriels d'un $\mathbb{K}$-e.v E. On dit que E est *somme directe* de $E_1, \dots, E_n$ si tout vecteur $x \in E$ s'écrit de manière unique sous la forme $x = x_1 + \dots + x_n$ où $\forall i, x_i \in E_i$. On note alors $E = E_1 \oplus \dots \oplus E_n = \oplus_{i=1}^n E_i$.

Remarque 4. Si $E = E_1 \oplus \dots \oplus E_n$, on a bien sûr $E = \sum_{i=1}^n E_i = E_1 + \dots + E_n$.

PROPOSITION 3. *Soient E_1 et E_2 deux s.e.v d'un $\mathbb{K}$-e.v E. Alors $E = E_1 \oplus E_2$ si et seulement si $E = E_1 + E_2$ et $E_1 \cap E_2 = \{0\}$.*

Remarque 5. – Cette proposition est fausse s'il y a plus de deux s.e.v.

– On dit que n s.e.v $E_1, \dots, E_n$ sont en somme directe si $\sum_{i=1}^n E_i = \oplus_{i=1}^n E_i$. On a le résultat pratique suivant : Les $(E_i)_{1 \leq i \leq n}$ sont en somme directe si et seulement si l'égalité $x_1 + \dots + x_n = 0$ avec $\forall i, x_i \in E_i$, entraîne $\forall i, x_i = 0$.

Familles génératrices, familles libres.

DÉFINITION 6. Soit $(x_i)_{i\in I}$ une famille de vecteurs d'un $\mathbb{K}$-e.v E. On appelle *combinaison linéaire* des $(x_i)_{i\in I}$ toute somme $\sum_{i\in I} \lambda_i x_i$ où pour tout i, $\lambda_i \in \mathbb{K}$ et où les λ_i sont tous nuls sauf un nombre fini.

– L'ensemble F des combinaisons linéaires des $(x_i)_{i\in I}$ est un s.e.v de E noté $\mathrm{Vect}(x_i)_{i\in I}$. C'est le plus petit s.e.v de E contenant tous les x_i.

DÉFINITION 7. Soit E un $\mathbb{K}$-e.v et $A \subset E$. On note $\mathrm{Vect}\, A = \mathrm{Vect}(a)_{a\in A}$. On dit que A est une partie *génératrice* de E (ou $(a)_{a\in A}$ une famille *génératrice* de E) si $\mathrm{Vect}\, A = E$.

DÉFINITION 8. Soit $(x_i)_{i\in I}$ une famille d'un $\mathbb{K}$-e.v E. Alors (i) et (ii) sont équivalents :

(i) Toute combinaison linéaire vérifiant $\sum_{i\in I} \lambda_i x_i = 0$ vérifie $\forall i,\ \lambda_i = 0$.

(ii) Aucun vecteur de la famille n'est combinaison linéaire des autres.

Une famille de vecteurs vérifiant (i) ou (ii) s'appelle une famille *libre* (on dit aussi que les vecteurs x_i, $i \in I$, sont *linéairement indépendants*). Dans le cas contraire, la famille est dite *liée*.

Citons enfin le théorème qui est à la base de la théorie sur la dimension des espaces vectoriels.

THÉORÈME 1. *Dans un e.v E engendré par un nombre fini n de vecteurs* (i. e. $\exists (x_i)_{1\le i\le n}$ *tel que* $E = \mathrm{Vect}(x_i)_{1\le i\le n}$), *toute famille libre a au plus n éléments.*

1.2. Bases et dimension d'un espace vectoriel

Base d'un espace vectoriel.

DÉFINITION 9. Une famille libre et génératrice d'un e.v E est appelée une *base* de E.

PROPOSITION 4. *Soit E un $\mathbb{K}$-e.v admettant une base $(e_i)_{i\in I}$. Alors tout vecteur x de E s'écrit de manière unique comme combinaison linéaire des $(e_i)_{i\in I}$: $x = \sum_{i\in I} \lambda_i x_i$. Les $(\lambda_i)_{i\in I}$ s'appellent les* coordonnées *de x dans la base $(e_i)_{i\in I}$.*

Exemple 3. Les $(e_i)_{1\le i\le n}$ (où $e_i = (0,\dots,0,1,0,\dots,0)$, le 1 se trouvant à la i-ème place), forment une base de $\mathbb{K}^n$ appelée *base canonique* de $\mathbb{K}^n$.

– $(X^n)_{n\in\mathbb{N}}$ est une base de $\mathbb{K}[X]$ appelée *base canonique* de $\mathbb{K}[X]$.

DÉFINITION 10. On dit qu'un $\mathbb{K}$-e.v E est de *dimension finie* s'il existe une famille génératrice finie de E. Si tel n'est pas le cas, on dit que E est de *dimension infinie*.

L'existence de base en dimension finie est assurée par le théorème suivant.

THÉORÈME 2. *Soit E un $\mathbb{K}$-e.v de dimension finie, $\mathcal{G}$ un système fini de générateurs de E, $\mathcal{L} \subset \mathcal{G}$ un système libre. Alors il existe une base B de E telle que $\mathcal{L} \subset B \subset \mathcal{G}$.*

Conséquences en dimension finie.

- Tout $\mathbb{K}$-e.v de dimension finie admet une base.
- De toute famille génératrice de E on peut extraire une base de E.
- Toute partie libre peut être complétée en une base (résultat connu sous le nom de *théorème de la base incomplète*).

Remarque 6. Le théorème 2 reste vrai en dimension infinie, mais sa démonstration fait appel à l'axiome du choix.

Théorie de la dimension.

THÉORÈME 3. *Soit E un $\mathbb{K}$-e.v de dimension finie. Toutes les bases de E ont même cardinal n. L'entier n s'appelle* dimension *de E, et est noté $\dim_{\mathbb{K}} E$ (avec par convention $\dim_{\mathbb{K}} E = 0$ si $E = \{0\}$).*

PROPOSITION 5. *Soit E un $\mathbb{K}$-e.v de dimension finie $n \in \mathbb{N}^*$. Alors*

- *Tout système libre de n vecteurs de E est une base de E.*
- *Tout système générateur de n vecteurs de E est une base de E.*

PROPOSITION 6. *Soit E un $\mathbb{K}$-e.v de dimension finie $n \in \mathbb{N}^*$. Soient $E_1, \dots, E_k$ k s.e.v de E. Alors $E = E_1 \oplus \cdots \oplus E_k$ si et seulement si $E = E_1 + \cdots + E_k$ et $n = \sum_{\ell=1}^{k} \dim E_\ell$.*

PROPOSITION 7. *Soit E un $\mathbb{K}$-e.v et E_1, E_2 deux s.e.v de E de dimension finie. Alors $E_1 + E_2$ est un s.e.v de dimension finie et $\dim(E_1 + E_2) = \dim E_1 + \dim E_2 - \dim(E_1 \cap E_2)$.*

COROLLAIRE 1. *Soit E un $\mathbb{K}$-e.v de dimension finie, E_1 et E_2 deux s.e.v de E. Alors (i), (ii) et (iii) sont équivalents :*

(i) $E = E_1 \oplus E_2$.
(ii) $\dim E = \dim E_1 + \dim E_2$ *et* $E_1 \cap E_2 = \{0\}$.
(iii) $\dim E = \dim E_1 + \dim E_2$ *et* $E = E_1 + E_2$.

Si (i), (ii) ou (iii) est vérifié, on dit que E_2 est un supplémentaire *de E_1 dans E.*

Remarque 7. Si F est un s.e.v de E, il y a en général une infinité de supplémentaires de F dans E.

1.3. Exercices

EXERCICE 1. Soit $\mathbb{K}$ un corps commutatif et E un $\mathbb{K}$-e.v.
a) Soient F et G deux s.e.v de E. Si $F \cup G$ est un s.e.v de E, montrer que $F \subset G$ ou $G \subset F$.
b) Soit $k \geq 2$ et $(V_i)_{1 \leq i \leq k}$ une famille finie de k s.e.v stricts de E (*i. e.* pour tout i, $V_i \neq \{0\}$ et $V_i \neq E$). Si $E = V_1 \cup \cdots \cup V_k$, montrer que $\mathbb{K}$ est fini et que $k \geq \mathrm{Card}(\mathbb{K}) + 1$ $(*)$. L'inégalité (*) peut-elle être une égalité?

Solution. **a)** Raisonnons par l'absurde et supposons que $F \not\subset G$ et $G \not\subset F$, de sorte qu'il existe $x \in F$, $x \notin G$, et il existe $y \in G$, $y \notin F$. Le vecteur $x + y$ est dans le s.e.v $F \cup G$, donc $x + y \in F$ ou $x + y \in G$. Supposons par exemple $x + y \in F$. Comme F est un s.e.v et que $x \in F$, on a $(x + y) - x \in F$, c'est-à-dire $y \in F$, ce qui est absurde. D'où le résultat.

b) C'est plus délicat. Quitte à retirer V_1, on peut supposer $V_1 \not\subset (V_2 \cup \cdots \cup V_k)$. Il existe donc $x \in V_1$ tel que $x \notin V_2 \cup \cdots \cup V_k$. Or $(V_2 \cup \cdots \cup V_k) \not\subset V_1$ (sinon $V_1 = E$), donc il existe $y \in V_2 \cup \cdots \cup V_k$ tel que $y \notin V_1$.

Si $\lambda \in \mathbb{K}$, alors $y + \lambda x \in E$. Or $y + \lambda x \notin V_1$ (sinon $y \in V_1$ car $x \in V_1$), donc pour tout $\lambda \in \mathbb{K}$, il existe $i_\lambda \in \{2, \dots, k\}$ tel que $y + \lambda x \in V_{i_\lambda}$. L'application $\mathbb{K} \to \{2, \dots, k\}$ $\lambda \mapsto i_\lambda$ est injective (en effet, si $i_\lambda = i_\mu$, alors $y + \lambda x$ et $y + \mu x \in V_{i_\lambda}$ donc $(\lambda - \mu)x \in V_{i_\lambda}$, et comme $x \notin V_{i_\lambda}$, on doit avoir $\lambda = \mu$). De cette injectivité, on déduit que $\mathrm{Card}(\mathbb{K}) \leq \mathrm{Card}\{2, \dots, k\} = k - 1$, d'où (*).

(*) peut être une égalité. Par exemple, si $\mathbb{K} = \mathbb{Z}/2\mathbb{Z}$ et $E = \mathbb{K}^2$, si $V_1 = \{(\dot{0}, \dot{0}), (\dot{0}, \dot{1})\}$, $V_2 = \{(\dot{0}, \dot{0}), (\dot{1}, \dot{0})\}$ et $V_3 = \{(\dot{0}, \dot{0}), (\dot{1}, \dot{1})\}$, alors V_1, V_2 et V_3 sont des s.e.v stricts de E et $V_1 \cup V_2 \cup V_3 = E$.

EXERCICE 2. Montrer que dans le $\mathbb{R}$-e.v des fonctions continues de $\mathbb{R}$ dans $\mathbb{R}$, les familles de fonctions suivantes sont des familles libres :
a) $(f_\lambda)_{\lambda \in \mathbb{R}}$ où $f_\lambda : \mathbb{R} \to \mathbb{R}$ $x \mapsto e^{\lambda x}$.

b) $(f_\lambda)_{\lambda\in\mathbb{R}^+}$ où $f_\lambda : \mathbb{R} \to \mathbb{R} \quad x \mapsto \cos(\lambda x)$.
c) $(f_\lambda)_{\lambda\in\mathbb{R}}$ où $f_\lambda : \mathbb{R} \to \mathbb{R} \quad x \mapsto |x-\lambda|$.

Solution. **a)** Supposons cette famille liée, de sorte qu'il existe $(\lambda_i)_{1\le i\le n} \in \mathbb{R}^n$ et $(\mu_i) \in \mathbb{R}^n$ tels que $\sum_{i=1}^n \mu_i f_{\lambda_i} = 0$ avec les μ_i non tous nuls. Quitte à retirer des termes, on peut supposer $\mu_i \neq 0$ pour tout i. Quitte à réordonner des termes, on peut même supposer $\lambda_1 > \lambda_2 > \cdots > \lambda_n$. On a

$$\lim_{x\to+\infty} e^{-\lambda_1 x}\left(\sum_{i=1}^n \mu_i e^{\lambda_i x}\right) = \lim_{x\to+\infty} \sum_{i=1}^n \mu_i e^{(\lambda_i-\lambda_1)x} = \mu_1,$$

car pour $i \ge 2$, $\lambda_i - \lambda_1 < 0$. Or $\sum_i \mu_i f_{\lambda_i} = 0$, et cette limite est donc nulle, donc $\mu_1 = 0$, ce qui est contradictoire.

b) Montrons par récurrence sur $n \in \mathbb{N}^*$ que si $\sum_{i=1}^n \mu_i f_{\lambda_i} = 0$ (avec les λ_i distincts dans $\mathbb{R}^+$), alors pour tout i, $\mu_i = 0$. Pour $n = 1$ c'est évident. Supposons maintenant le résultat vrai jusqu'au rang $n-1$ et montrons le au rang n. Si $\sum_{i=1}^n \mu_i f_{\lambda_i} = 0 \quad (*)$, les (λ_i) distincts dans $\mathbb{R}^+$, par double dérivation, on obtient $\sum_{i=1}^n \mu_i(-\lambda_i^2 f_{\lambda_i}) = 0 \quad (**)$. En multipliant l'égalité $(*)$ par λ_n^2 et en l'ajoutant à $(**)$, on obtient $\sum_{i=1}^{n-1} \mu_i(\lambda_i^2 - \lambda_n^2) f_{\lambda_i} = 0$, donc d'après l'hypothèse de récurrence, pour tout $1 \le i \le n-1$, $\mu_i(\lambda_i^2 - \lambda_n^2) = 0$. Les λ_i étant positifs et distincts. on en déduit $\mu_i = 0$ pour $1 \le i \le n-1$. Donc d'après $(*)$, $\mu_n f_{\lambda_n} = 0$, et donc pour tout i, $1 \le i \le n$, $\lambda_i = 0$.

c) Supposons la famille $(f_\lambda)_{\lambda\in\mathbb{R}}$ liée. Alors il existe $\lambda_0 \in \mathbb{R}$ tel que f_{λ_0} soit combinaison linéaires des $(f_\lambda)_{\lambda\neq\lambda_0}$, autrement dit :

$$\exists \lambda_1, \ldots, \lambda_n \in \mathbb{R} \setminus \{\lambda_0\},\ \exists \mu_1, \ldots, \mu_n \in \mathbb{R}, \quad f_{\lambda_0} = \sum_{i=1}^n \mu_i f_{\lambda_i}.$$

Or pour tout $i \ge 1$, $\lambda_i \neq \lambda_0$ donc f_{λ_i} est dérivable au point λ_0 (l'application $x \mapsto |x-\lambda|$ est dérivable partout sauf en λ), d'où on tire que $\sum_{i=1}^n \mu_i f_{\lambda_i}$ est dérivable en λ_0, ce qui est absurde car ceci égale f_{λ_0}. D'où le résultat.

Remarque. On aurait pu résoudre le a) comme on l'a fait pour b). L'avantage de cette dernière méthode est qu'elle aurait permit de conclure même si l'intervalle de définition des (f_λ) n'était pas $\mathbb{R}$ tout entier.

EXERCICE 3. Soit E un $\mathbb{K}$-espace vectoriel de dimension finie, et A et B deux s.e.v de E de même dimension r. Montrer que A et B admettent un supplémentaire commun (*i. e.* il existe un s.e.v S de E tel que $A \oplus S = B \oplus S = E$).

Solution. Nous allons effectuer une récurrence descendante sur $r \le \dim E$. Si $r = \dim E$, c'est évident car $\{0\}$ est un supplémentaire commun à A et à B. Supposons le résultat vérifié au rang $r+1 \le \dim E$ et démontrons le au rang r.

On a $A \cup B \neq E$. En effet, supposons $A \cup B = E$. Comme $A \not\subset B$ (sinon $E = A \cup B = B$), il existe $x \in A$ tel que $x \notin B$. De même, il existe $y \in B$, $y \notin A$. Or $x + y \in E = A \cup B$, donc $x+y \in A$ ou $x+y \in B$, par exemple $x+y \in A$. Alors $y = (x+y) - x \in A$, ce qui est absurde. On a donc bien $A \cup B \neq E$.

Donc il existe $x \in E$, $x \notin A \cup B$. Soit $A' = A + \mathrm{Vect}(x)$, $B' = B + \mathrm{Vect}(x)$. On a $\dim A' = \dim B' = r+1$, donc d'après l'hypothèse de récurrence, il existe un s.e.v S' de E tel que $A' \oplus S' = B' \oplus S' = E$. Si $S = S' + \mathrm{Vect}(x)$, on a donc $E = A' \oplus S' = A \oplus \mathrm{Vect}(x) \oplus S' = A \oplus S$ et $E = B' \oplus S' = B \oplus \mathrm{Vect}(x) \oplus S' = B \oplus S$, d'où le résultat.

2. Applications linéaires

2.1. Généralités

DÉFINITION 1. Soient E et F deux $\mathbb{K}$-e.v et $f : E \to F$ une application. On dit que f est *linéaire* si

$$\forall (x,y) \in E^2,\ \forall (\lambda,\mu) \in \mathbb{K}^2, \quad f(\lambda x + \mu y) = \lambda f(x) + \mu f(y).$$

L'ensemble des applications linéaires de E dans F est un $\mathbb{K}$-e.v noté $\mathcal{L}(E,F)$.

Exemple 1. – L'application $\varphi : \mathcal{C}([0,1],\mathbb{R}) \to \mathbb{R} \quad f \mapsto \int_0^1 f(t)\,dt$ est linéaire.
- Si $\lambda \in \mathbb{K}$, l'application $\varphi : E \to E \quad x \mapsto \lambda x$ est linéaire.

Remarque 1. – Une application linéaire de E dans $\mathbb{K}$ est appelée *forme linéaire*.
- Une application linéaire de E dans E est appelée *endomorphisme*.
- Si f est linéaire, alors $f(0) = 0$.
- La composée de deux applications linéaires est linéaire.
- Si $f : E \to F$ est linéaire et bijective, on dit que f est un *isomorphisme* de $\mathbb{K}$-e.v. L'application $f^{-1} : F \to E$ est aussi linéaire.
- Si $f \in \mathcal{L}(E,F)$, la linéarité de f entraîne que pour connaître (resp. pour définir) f, il suffit de la connaître (resp. définir) sur une base de E.

PROPOSITION 1. *L'image (ou l'image réciproque) d'un s.e.v par une application linéaire est un s.e.v.*

DÉFINITION 2. Soient E et F des $\mathbb{K}$-e.v et $f \in \mathcal{L}(E,F)$. On appelle *noyau* de f l'ensemble noté $\operatorname{Ker} f = f^{-1}(\{0\}) = \{x \in E \mid f(x) = 0\}$. On appelle image de f l'ensemble noté $\operatorname{Im} f = f(E)$. Les ensembles $\operatorname{Ker} f$ et $\operatorname{Im} f$ sont des s.e.v. Par ailleurs, f est injective si et seulement si $\operatorname{Ker} f = \{0\}$.

DÉFINITION 3. Soient E et F des $\mathbb{K}$-e.v et $f \in \mathcal{L}(E,F)$. On dit que f est de rang fini si $\operatorname{Im} f$ est de dimension finie. Dans ce cas, l'entier $\dim(\operatorname{Im} f)$ est appelé *rang* de f et noté $\operatorname{rg} f$.

2.2. Espaces vectoriels quotients

DÉFINITION 4. Soit E un $\mathbb{K}$-e.v et F un s.e.v de E. La relation $\mathcal{R}$ définie par $(x \mathcal{R} y \iff x - y \in F)$ est une relation d'équivalence sur E. L'espace quotient est noté E/F, et c'est un $\mathbb{K}$-e.v muni des lois $\overline{x} + \overline{y} = \overline{x+y}$, $\lambda\overline{x} = \overline{\lambda x}$.

DÉFINITION 5. Soit E un $\mathbb{K}$-e.v, F un s.e.v de E. Si E/F est de dimension finie, on dit que F est de *codimension finie* dans E. On appelle alors *codimension* de F dans E l'entier $\operatorname{codim}_E F = \dim(E/F)$. Si $\operatorname{codim}_E F = 1$, on dit que F est un *hyperplan* de E.

PROPOSITION 2. *Soit E un $\mathbb{K}$-e.v. Un s.e.v F de E est de codimension finie dans E si et seulement si F admet un supplémentaire S dans E de dimension finie. On a alors* $\dim S = \operatorname{codim}_E F$.

Démonstration. *Condition nécessaire.* Supposons E/F de dimension finie. Pour tout $x \in E$, on note $\dot{x}$ sa classe dans E/F. Soit $(\dot{e_1}, \dots, \dot{e_n})$ une base de E/F. Soit $S = \operatorname{Vect}(e_i)_{1 \leq i \leq n}$. Alors
- $F \cap S = \{0\}$ car si $x = \sum_{i=1}^n \lambda_i e_i \in F \cap S$, alors $\dot{x} = \dot{0} = \sum_{i=1}^n \lambda_i \dot{e_i}$ et donc pour tout i, $\lambda_i = 0$.
- $F + S = E$. En effet, soit $x \in E$. Il existe $\lambda_1, \dots, \lambda_n \in \mathbb{K}$ tels que $\dot{x} = \sum_{i=1}^n \lambda_i \dot{e_i}$. Si $y = \sum_{i=1}^n \lambda_i e_i$, on a donc $z = x - y \in F$ (car $\dot{z} = \dot{x} - \dot{y} = \dot{0}$) et $x = z + y$, $y \in S$.

Donc $F \oplus S = E$, et $\dim S = n = \dim(E/F) = \operatorname{codim}_E F$.

Condition suffisante. Supposons $F \oplus S = E$, où S est de dimension finie n. Soit $(e_1, \dots, e_n)$ une base de S. Nous montrons que $(\dot{e_1}, \dots, \dot{e_n})$ est une base de E/F.

- $(\dot{e_1}, \dots, \dot{e_n})$ est une famille génératrice de E/F. En effet, si $x \in E$, il existe $y \in F$ et $z \in S$ tel que $x = y + z$ et donc $\dot{x} = \dot{y} + \dot{z} = \dot{z} \in \mathrm{Vect}(\dot{e_1}, \dots, \dot{e_n})$.
- $(\dot{e_1}, \dots, \dot{e_n})$ est une famille libre. En effet, si $\sum_{i=1}^{n} \lambda_i \dot{e_i} = \dot{0}$, alors $\sum_{i=1}^{n} \lambda_i e_i \in F$ donc est nul car $F \cap S = \{0\}$. Donc pour tout i, $\lambda_i = 0$.

Finalement, on a donc $\mathrm{codim}_E F = \dim(E/F) = n = \dim S$. □

COROLLAIRE 1. *Si E est un $\mathbb{K}$-e.v de dimension finie, si F est un s.e.v de E, alors F est de codimension finie dans E et* $\mathrm{codim}_E F = \dim E - \dim F$.

Factorisation d'une application linéaire.

THÉORÈME 1. *Soient E et F deux $\mathbb{K}$-e.v et $f \in \mathcal{L}(E,F)$. Alors* $\mathrm{Im}\, f$ *est isomorphe à* $E/\mathrm{Ker}\, f$.

→ THÉORÈME 2. *Soit E un $\mathbb{K}$-e.v de dimension finie, F un $\mathbb{K}$-e.v et $f \in \mathcal{L}(E,F)$. Alors f est de rang fini et* $\dim E = \dim(\mathrm{Ker}\, f) + \dim(\mathrm{Im}\, f) = \dim(\mathrm{Ker}\, f) + \mathrm{rg}\, f$.

COROLLAIRE 2. *Soit $f \in \mathcal{L}(E,F)$ où E et F sont deux $\mathbb{K}$-e.v de même dimension finie. Alors :*

$$(f \text{ est bijective}) \iff (f \text{ est injective}) \iff (f \text{ est surjective}).$$

Remarque 2. Ce dernier résultat est très important. Il est faux en dimension infinie; par exemple, $f : \mathbb{R}[X] \to \mathbb{R}[X] \quad P \mapsto P'$ est linéaire surjective mais pas bijective.

2.3. Algèbre des endomorphismes

Les endomorphismes sont des applications linéaires très importantes. Ils vérifient de nombreuses propriétés et c'est pour cela qu'on les étudie plus particulièrement. Dans toute la suite de cette section, E désigne un $\mathbb{K}$-e.v.

On note $\mathcal{L}(E) = \mathcal{L}(E,E)$. Muni de la loi $\circ$ de composition, $\mathcal{L}(E)$ est une $\mathbb{K}$-algèbre unitaire. On note $\mathcal{G}\ell(E)$ l'ensemble des endomorphismes bijectifs (ou encore automorphismes) de E. Muni de la loi $\circ$ de composition, $\mathcal{G}\ell(E)$ est un groupe appelé *groupe linéaire* de E.

DÉFINITION 6. On dit que $f \in \mathcal{L}(E)$ est une homothétie de rapport $\lambda \in \mathbb{K}$ si $f = \lambda\, \mathrm{Id}_E$ (où Id_E désigne l'application identité de E).

Remarque 3. L'ensemble des homothéties de rapport non nul forme un sous groupe de $\mathcal{G}\ell(E)$. On montre à l'exercice 6 que c'est le centre du groupe $\mathcal{G}\ell(E)$.

PROPOSITION 3. *Soit $f \in \mathcal{L}(E)$. Alors f est une homothétie si et seulement pour tout $x \in E$, la famille $(x, f(x))$ est liée.*

Démonstration. Condition nécessaire. C'est immédiat.
Condition suffisante. Par hypothèse, pour tout $x \in E$, il existe $\lambda_x \in \mathbb{K}$ tel que $f(x) = \lambda_x \cdot x$. Fixons $x_0 \in E$, $x_0 \neq 0$. Nous allons montrer que pour tout $x \in E$, $\lambda_x = \lambda_{x_0}$.

- Si $x \in \mathbb{K}x_o$, alors il existe $\mu \in \mathbb{K}$ tel que $x = \mu x_0$. Donc $f(x) = \mu f(x_0) = \mu \lambda_{x_0} x_0 = \lambda_{x_0}(\mu x_0) = \lambda_{x_0} x$, et donc $\lambda_x = \lambda_{x_0}$.
- Sinon x et x_0 forment une famille libre, et on a alors

$$\lambda_{x+x_0}(x + x_0) = f(x + x_0) = f(x) + f(x_0) = \lambda_x x + \lambda_{x_0} x_0,$$

donc comme (x, x_0) est libre, $\lambda_{x_0+x} = \lambda_{x_0} = \lambda_x$, d'où le résultat.

□

Projecteurs et symétries.

DÉFINITION 7. Soient E_1 et E_2 deux s.e.v de E tels que $E_1 \oplus E_2 = E$, de sorte que

$$\forall x \in E,\ \exists!(x_1, x_2) \in E_1 \times E_2 \quad \text{tel que} \quad x = x_1 + x_2.$$

L'application $p : E \to E \quad x \mapsto x_1$ est linéaire et s'appelle *projection* sur E_1 parallèlement à E_2. On a $\operatorname{Ker} p = E_2$, $\operatorname{Im} p = E_1$ et $p \circ p = p$.

DÉFINITION 8. Un endomorphisme $p \in \mathcal{L}(E)$ est appelé *projecteur* si $p \circ p = p$.

PROPOSITION 4. *Soit $p \in \mathcal{L}(E)$. Alors p est un projecteur si et seulement si p est la projection sur $\operatorname{Im} p$ parallèlement à $\operatorname{Ker} p$. On a alors $E = \operatorname{Ker} p \oplus \operatorname{Im} p$.*

Remarque 4. Si p est un projecteur, alors $y \in \operatorname{Im} p$ si et seulement si $y = p(y)$.

DÉFINITION 9. Soient E_1 et E_2 deux s.e.v de E tels que $E = E_1 \oplus E_2$, de sorte que

$$\forall x \in E,\ \exists!(x_1, x_2) \in E_1 \times E_2 \quad \text{tel que} \quad x = x_1 + x_2.$$

L'application $s : E \to E \quad x \mapsto x_1 - x_2$ s'appelle *symétrie* par rapport à E_1 parallèlement à E_2. On a $s \in \mathcal{L}(E)$ et si p est la projection sur E_1 parallèlement à E_2, $s = 2p - \mathrm{Id}_E$.

PROPOSITION 5. *Supposons que la caractéristique du corps $\mathbb{K}$ soit différente de 2. Alors $s \in \mathcal{L}(E)$ est une symétrie si et seulement si $s \circ s = \mathrm{Id}_E$. Si $p = \frac{1}{2}(s + \mathrm{Id}_E)$, p est un projecteur et s est la symétrie par rapport à $\operatorname{Im} p$ parallèlement à $\operatorname{Ker} p$.*

Remarque 5. Si $\mathbb{K}$ est de caractéristique 2, on peut avoir $s^2 = \mathrm{Id}_E$ sans que s soit une symétrie (prendre par exemple s telle que $[s] = \begin{pmatrix} 1 & 1 \\ 0 & 1 \end{pmatrix} \in \mathcal{M}_2(\mathbb{Z}/2\mathbb{Z})$).

2.4. Exercices

EXERCICE 1. Soit E un $\mathbb{K}$-e.v de dimension finie et F un $\mathbb{K}$-e.v.
a) Soient $f, g \in \mathcal{L}(E, F)$. Montrer les inégalités

$$|\operatorname{rg} f - \operatorname{rg} g| \le \operatorname{rg}(f + g) \le \operatorname{rg} f + \operatorname{rg} g.$$

b) Soient $f, g \in \mathcal{L}(E)$ telles que $fg = 0$ et $f + g$ est inversible. Montrer que $\operatorname{rg} f + \operatorname{rg} g = \dim E$.

Solution. **a)** $\operatorname{Im}(f + g) = (f + g)(E) \subset f(E) + g(E)$, donc

$$\operatorname{rg}(f + g) = \dim(\operatorname{Im}(f + g)) \le \dim[f(E) + g(E)] \le \dim f(E) + \dim g(E) = \operatorname{rg} f + \operatorname{rg} g.$$

Comme $f = (f + g) + (-g)$ et que $\operatorname{rg} g = \operatorname{rg}(-g)$, on a aussi $\operatorname{rg} f \le \operatorname{rg}(f + g) + \operatorname{rg} g$. De même, $\operatorname{rg} g \le \operatorname{rg}(f + g) + \operatorname{rg} f$. On en déduit finalement que $|\operatorname{rg} f - \operatorname{rg} g| \le \operatorname{rg}(f + g)$.

b) Comme $f + g$ est inversible, $\operatorname{rg}(f + g) = \dim E$, donc d'après a),

$$\operatorname{rg} f + \operatorname{rg} g \ge \operatorname{rg}(f + g) = \dim E. \qquad (*)$$

Comme $fg = 0$, on a $\operatorname{Im} g \subset \operatorname{Ker} f$, donc $\operatorname{rg} g \le \dim(\operatorname{Ker} f) = \dim E - \operatorname{rg} f$, c'est-à-dire $\operatorname{rg} f + \operatorname{rg} g \le \dim E$. Avec (*), on en déduit le résultat.

EXERCICE 2. Soit E un $\mathbb{K}$-e.v (où $\mathbb{K}$ est de caractéristique différente de 2), et p, $q \in \mathcal{L}(E)$ deux projecteurs.
a) Montrer que $p+q$ est un projecteur si et seulement si $p \circ q = q \circ p = 0$.
b) Montrer que si $p+q$ est un projecteur,

$$\operatorname{Im}(p+q) = \operatorname{Im} p \oplus \operatorname{Im} q \quad \text{et} \quad \operatorname{Ker}(p+q) = \operatorname{Ker} p \cap \operatorname{Ker} q.$$

Solution. **a)** *Condition nécessaire.* Comme $p+q$ est un projecteur, on a $(p+q)^2 = p+q$, c'est-à-dire $p^2 + p \circ q + q \circ p + q^2 = p+q$. Or $p^2 = p$ et $q^2 = q$, donc $p \circ q + q \circ p = 0 \quad (*)$. En composant (*) par p à droite, on obtient $p \circ q \circ p + q \circ p^2 = 0 = p \circ q \circ p + q \circ p$. En composant (*) par p à gauche, on obtient $p^2 \circ q + p \circ q \circ p = 0 = p \circ q + p \circ q \circ p$. On en déduit $p \circ q = q \circ p$, et d'après (*), $\mathbb{K}$ étant de caractéristique différente de 2, $p \circ q = q \circ p = 0$.
Condition suffisante. C'est immédiat car $(p+q)^2 = p^2 + pq + qp + q^2 = p^2 + q^2 = p + q$.

b) Montrons que $\operatorname{Im}(p+q) = \operatorname{Im} p \oplus \operatorname{Im} q$.
- On a déjà $\operatorname{Im} p \cap \operatorname{Im} q = \{0\}$. En effet. Soit $y \in \operatorname{Im} p \cap \operatorname{Im} q$. Il existe x et $x' \in E$ tels que $y = p(x) = q(x')$. Donc $p(y) = p^2(x) = p \circ q(x) = 0$ d'après la question précédente. Or $p^2(x) = p(x) = y$, donc $y = 0$.
- Reste à montrer que $\operatorname{Im}(p+q) = \operatorname{Im} p + \operatorname{Im} q$. L'inclusion $\operatorname{Im}(p+q) \subset \operatorname{Im} p + \operatorname{Im} q$ est immédiate. Montrons l'inclusion réciproque. Soit $y \in \operatorname{Im} p + \operatorname{Im} q$, de sorte qu'il existe x et $x' \in E$ tels que $y = p(x) + q(x')$. On a alors $(p+q)(y) = p^2(x) + qp(x) + q^2(x') + pq(x') = p(x) + q(x') = y$, donc $y = (p+q)(y) \in \operatorname{Im}(p+q)$, d'où le résultat.

Montrons maintenant que $\operatorname{Ker}(p+q) = \operatorname{Ker} p \cap \operatorname{Ker} q$. L'inclusion $\operatorname{Ker} p \cap \operatorname{Ker} q \subset \operatorname{Ker}(p+q)$ est immédiate. Montrons l'inclusion réciproque. Soit $x \in \operatorname{Ker}(p+q)$. Comme $p(x) + q(x) = 0$, on a, en composant par p à droite $p^2(x) + q \circ p(x) = 0$ d'où $p(x) = 0$. De même, en composant par q à droite, on obtient $p \circ q(x) + q^2(x) = 0 = q(x)$. Donc $x \in \operatorname{Ker} p \cap \operatorname{Ker} q$.

Remarque. Ce résultat sera généralisé en dimension finie à l'exercice 7 de la partie 3.8 (page 125).

EXERCICE 3. Soit E un $\mathbb{K}$-e.v de dimension finie, soit $f \in \mathcal{L}(E)$. Montrer l'équivalence

$$(E = \operatorname{Im} f \oplus \operatorname{Ker} f) \iff (\operatorname{Im} f = \operatorname{Im} f^2).$$

Cette équivalence reste-t-elle vraie en dimension infinie ?

Solution. *Condition nécessaire.* On a $f(E) \subset E$ donc $f^2(E) = f[f(E)] \subset f(E)$, c'est-à-dire $\operatorname{Im} f^2 \subset \operatorname{Im} f$. Reste à montrer $\operatorname{Im} f \subset \operatorname{Im} f^2$. Soit $y = f(x) \in \operatorname{Im} f$. Il existe $(x_1, x_2) \in \operatorname{Im} f \times \operatorname{Ker} f$ tel que $x = x_1 + x_2$, donc $y = f(x) = f(x_1) \in \operatorname{Im} f^2$.
Condition suffisante. Soit $x \in E$. On a $f(x) \in \operatorname{Im} f = \operatorname{Im} f^2$ donc il existe $x' \in E$ tel que $f(x) = f^2(x')$. Donc $f[x - f(x')] = 0$, d'où $y = x - f(x') \in \operatorname{Ker} f$. Si $z = f(x') \in \operatorname{Im} f$, on a donc $x = y + z$ avec $y \in \operatorname{Ker} f$ et $z \in \operatorname{Im} f$. Autrement dit, on vient de montrer $E = \operatorname{Im} f + \operatorname{Ker} f$. Comme de plus $\dim(\operatorname{Im} f) + \dim(\operatorname{Ker} f) = \dim E$, on en déduit $E = \operatorname{Im} f \oplus \operatorname{Ker} f$ (voir 1.2 corollaire 1).

En dimension infinie, ce résultat est faux. Par exemple, si $f \in \mathcal{L}(\mathbb{R}[X])$ est définie par $f(P) = P'$, on a $\operatorname{Im} f^2 = \mathbb{R}[X] = \operatorname{Im} f$ et pourtant $\operatorname{Im} f$ et $\operatorname{Ker} f$ ne sont pas en somme directe ($\operatorname{Im} f = \mathbb{R}[X]$ et $\operatorname{Ker} f \neq \{0\}$).

EXERCICE 4. Soit E un $\mathbb{K}$-e.v (de dimension quelconque), et soient F et G deux s.e.v de E tels que (i) $G \subset F$ et (ii) F et G sont de même codimension finie dans E. Montrer que $F = G$.

Solution. Pour tout $x \in E$, on note $\overline{x}$ sa classe dans E/G, $\dot{x}$ sa classe dans E/F. Si $\overline{x} = \overline{y}$, alors $\dot{x} = \dot{y}$ (car $\overline{x-y} = \overline{0}$ donc $x - y \in G$ donc $x - y \in F$, c'est-à-dire $\dot{x} = \dot{y}$).

Considérons l'application $f : E/G \to E/F \quad \overline{x} \mapsto \dot{x}$. Elle est linéaire et surjective donc bijective car E/G et E/F sont des $\mathbb{K}$-e.v de même dimension finie (voir le corollaire 2). L'application f est donc injective, de sorte que si $x \in F$, $\dot{x} = \dot{0}$ donc $\overline{x} = \overline{0}$, *i. e.* $x \in G$. En d'autres termes, $F \subset G$. Comme $G \subset F$ par hypothèse, on a $F = G$.

EXERCICE 5 (SUITES EXACTES). **a)** Soient $E_0, E_1, \ldots, E_n$ des $\mathbb{K}$-e.v, de dimensions finies respectivement égales à $\alpha_0, \alpha_1, \ldots, \alpha_n$. On suppose qu'il existe n applications linéaires $f_0, f_1, \ldots, f_{n-1}$ telles que pour tout k, $f_k \in \mathcal{L}(E_k, E_{k+1})$ et vérifiant

(i) f_0 est injective,
(ii) $\forall k$, $1 \leq k \leq n-1$, $\mathrm{Im}\, f_{k-1} = \mathrm{Ker}\, f_k$,
(iii) f_{n-1} est injective.

(On dit que $(f_0, \ldots, f_{n-1})$ constitue une suite exacte.) Montrer que $\sum_{k=0}^{n}(-1)^k \alpha_k = 0$.
b) (Application). Soit E un $\mathbb{K}$-e.v, F et G deux s.e.v de E de codimension finie dans E. Montrer que $F+G$ et $F \cap G$ sont de codimension finie dans E et que

$$\mathrm{codim}_E(F+G) = \mathrm{codim}_E\, F + \mathrm{codim}_E\, G - \mathrm{codim}_E(F \cap G).$$

Solution. **a)** L'assertion (ii) entraîne $\dim(\mathrm{Ker}\, f_k) = \mathrm{rg}\, f_{k-1}$ pour $1 \leq k \leq n-1$, donc

$$\forall k,\ 1 \leq k \leq n-1, \quad \alpha_k = \dim(\mathrm{Ker}\, f_k) + \mathrm{rg}\, f_k = \mathrm{rg}\, f_{k-1} + \mathrm{rg}\, f_k.$$

Or $\alpha_0 = \mathrm{rg}\, f_0$ car f_0 est injective, et $\alpha_n = \mathrm{rg}\, f_{n-1}$ car f_{n-1} est surjective. On en déduit

$$\begin{aligned}\sum_{k=0}^{n}(-1)^k \alpha_k &= \alpha_0 - \alpha_1 + \alpha_2 - \cdots + (-1)^{n-1}\alpha_{n-1} + (-1)^n \alpha_n \\ &= (\mathrm{rg}\, f_0) - (\mathrm{rg}\, f_0 + \mathrm{rg}\, f_1) + \cdots + (-1)^{n-1}(\mathrm{rg}\, f_{n-2} + \mathrm{rg}\, f_{n-1}) + (-1)^n\, \mathrm{rg}\, f_{n-1} = 0.\end{aligned}$$

b) Pour tout $x \in E$, on note $\dot{x}$ sa classe dans $E/(F \cap G)$, $\overline{x}$ dans E/F, $\widehat{x}$ dans E/G et $\tilde{x}$ dans $E/(F+G)$. Définissons

$$f : E/(F \cap G) \to E/F \times E/G \quad \dot{x} \mapsto (\overline{x}, \widehat{x})$$

et

$$g : E/F \times E/G \to E/(F+G) \quad (\overline{x}, \widehat{y}) \mapsto (\widetilde{x-y}).$$

Nous allons montrer que (f, g) constitue une suite exacte.

- f est déjà une application, car si $\dot{x} = \dot{y}$, alors $x - y \in F \cap G$ donc $\overline{x} = \overline{y}$ (car $x - y \in F$) et $\widehat{x} = \widehat{y}$ (car $x - y \in G$).
- g est aussi une application, car si $(\overline{x}, \widehat{y}) = (\overline{x'}, \widehat{y'})$, on a $x - x' \in F$ et $y - y' \in G$, donc $(x - x') - (y - y') = (x - y) - (x' - y') \in F + G$, c'est-à-dire $\widetilde{x-y} = \widetilde{x'-y'}$.
- Il est clair que f et g sont linéaires.
- f est injective, car si $(\overline{x}, \widehat{x}) = (\overline{0}, \widehat{0})$, $x \in F$ et $x \in G$ donc $x \in F \cap G$, c'est-à-dire $\dot{x} = \dot{0}$. Comme $E/F \times E/G$ est de dimension finie (car E/F et E/G le sont), l'injectivité de f permet d'affirmer que $F \cap G$ est de codimension finie (en effet, si $E/(F \cap G)$ était de dimension infinie, on pourrait trouver dans $E/(F \cap G)$ une famille libre contenant plus d'éléments que la dimension de $E/F \times E/G$, absurde car l'image de cette famille libre par f injective est aussi une famille libre).
- g est surjective car si $\tilde{z} \in E/(F+G)$, $\tilde{z} = g(\overline{z}, \widehat{0})$. Donc $E/F \times E/G$ étant de dimension finie, $E/(F+G) = g(E/F \times E/G)$ est de dimension finie.

– $\operatorname{Im} f = \operatorname{Ker} g$. En effet, on a déjà $\operatorname{Im} f \subset \operatorname{Ker} g$ car $g(f(\dot{x})) = g(\overline{x}, \widehat{x}) = \widetilde{x - x} = \widetilde{0}$. On a également $\operatorname{Ker} g \subset \operatorname{Im} f$ car si $(\overline{x}, \widehat{y}) \in \operatorname{Ker} g$, $x - y \in F + G$ donc il existe $x_1 \in F$ et $y_1 \in G$ tels que $x - y = x_1 - y_1$. Donc $x - x_1 = y - y_1 = u$, d'où $\overline{x} = \overline{u}$ et $\widehat{y} = \widehat{u}$, donc $(\overline{x}, \widehat{y}) = f(\dot{u}) \in \operatorname{Im} f$.

On est donc dans les conditions d'application de a), ce qui nous donne

$$\dim(E/(F \cap G)) - \dim(E/F \times E/G) + \dim(E/(F + G)) = 0,$$

d'où le résultat car $\dim(E/F \times E/G) = \dim(E/F) + \dim(E/G)$.

EXERCICE 6 (CENTRE DU GROUPE LINÉAIRE). Soit E un $\mathbb{K}$-e.v de dimension finie. Quel est le centre du groupe linéaire $\mathcal{G}\ell(E)$ (*i. e.* l'ensemble des $f \in \mathcal{G}\ell(E)$ tels que $\forall g \in \mathcal{G}\ell(E)$, $fg = gf$) ?

Solution. Nous allons montrer le résultat suivant. Si $f \in \mathcal{L}(E)$ commute avec tous les éléments de $\mathcal{G}\ell(E)$, alors f est une homothétie. En particulier, le centre de $\mathcal{G}\ell(E)$ est $\{\lambda \operatorname{Id}_E,\ \lambda \in \mathbb{K}^*\}$.

Soit $f \in \mathcal{L}(E)$ tel que $\forall g \in \mathcal{G}\ell(E)$, $gf = fg$. Supposons que f ne soit pas une homothétie. D'après 2.3 proposition 3, il existe $u \in E$, $u \neq 0$, tel que la famille $(u, f(u))$ forme une famille libre. Complétons là en une base $(u, f(u), e_3, \ldots, e_n)$ de E. Définissons $g \in \mathcal{L}(E)$ sur cette base comme suit

$$g(u) = u, \quad g[f(u)] = u, \quad \forall i \geq 3,\ g(e_i) = e_i.$$

On a $g \in \mathcal{G}\ell(E)$ car g transforme une base de E en une base de E. Or $g \circ f(u) = u$ et $f \circ g(u) = f(u)$, donc $f \circ g \neq g \circ f$ car $u \neq f(u)$ (ces deux vecteurs forment une famille libre). Finalement, f est une homothétie.

EXERCICE 7. Soit E un $\mathbb{K}$-e.v de dimension finie n. Soit $f \in \mathcal{L}(E)$. On suppose qu'il existe $x_0 \in E$ tel que $B = (f(x_0), f^2(x_0), \ldots, f^n(x_0))$ forme une base de E.

a) Montrer que f est bijective.

b) Montrer qu'il existe $(a_0, \ldots, a_{n-1}) \in \mathbb{K}^n$ tel que $f^n + a_{n-1}f^{n-1} + \cdots + a_1 f + a_0 \operatorname{Id}_E = 0$ (sans utiliser, bien sûr, le théorème de Cayley-Hamilton).

Solution. **a)** Soit $y \in E$. Comme $(f(x_0), \ldots, f^n(x_0))$ est une base de E, il existe $(\lambda_i)_{1 \leq i \leq n} \in \mathbb{K}^n$ tels que $y = \lambda_1 f(x_0) + \cdots + \lambda_n f^n(x_0)$, donc $y = f[\lambda_1 x_0 + \lambda_2 f(x_0) + \cdots + \lambda_n f^{n-1}(x_0)] \in \operatorname{Im} f$, et ceci pour tout $y \in E$. L'application f est donc surjective, donc bijective car c'est un endomorphisme en dimension finie.

b) Comme B forme une base de E, il existe $\lambda_1, \ldots, \lambda_n \in \mathbb{K}$ tels que $f^{n+1}(x_0) = \lambda_n f^n(x_0) + \cdots + \lambda_1 f(x_0)$. Posons $g = f^{n+1} - \lambda_n f^n - \cdots - \lambda_1 f$. On a $g(x_0) = 0$. Or

$$\forall i, 1 \leq i \leq n, \quad g[f^i(x_0)] = f^{n+i+1}(x_0) - \lambda_n f^{n+i}(x_0) - \cdots - \lambda_1 f^{i+1}(x_0) = f^i[g(x_0)] = 0,$$

autrement dit g s'annule sur la base B, donc $g = 0$. En composant g à gauche par f^{-1}, on obtient $f^n - \lambda_n f^{n-1} - \cdots - \lambda_1 = 0$.

3. Matrices

3.1. Généralités

DÉFINITION 1. Soient p et $q \in \mathbb{N}^*$. On appelle *matrice* de type (p, q) ou matrice à p lignes et q colonnes à coefficients dans $\mathbb{K}$, toute famille $(a_{i,j})_{\substack{1 \leq i \leq p \\ 1 \leq j \leq q}}$ avec pour tout i, j $a_{i,j} \in \mathbb{K}$.

On note cette matrice de la manière suivante

$$p \text{ lignes} \left\{ \overbrace{\begin{pmatrix} a_{1,1} & a_{1,2} & \cdots & a_{1,q} \\ a_{2,1} & a_{2,2} & \cdots & a_{2,q} \\ \vdots & \vdots & \ddots & \vdots \\ a_{p,1} & a_{p,2} & \cdots & a_{p,q} \end{pmatrix}}^{q \text{ colonnes}} \right. .$$

DÉFINITION 2. On note $\mathcal{M}_{p,q}(\mathbb{K})$ l'ensemble des matrices de type (p,q) à coefficients dans $\mathbb{K}$.

- (Cas $q = 1$). Un élément de $\mathcal{M}_{p,1}(\mathbb{K})$ s'appelle une matrice *colonne*.
- (Cas $p = 1$). Un élément de $\mathcal{M}_{1,q}(\mathbb{K})$ s'appelle une matrice *ligne*.
- (Cas $p = q$). Les éléments de $\mathcal{M}_{p,p}(\mathbb{K})$ s'appellent des matrices *carrées*. On note alors $\mathcal{M}_p(\mathbb{K}) = \mathcal{M}_{p,p}(\mathbb{K})$, appelé ensemble des matrices carrées d'*ordre* (ou de *taille*) p.

DÉFINITION 3. Soit $A = (a_{i,j})_{\substack{1 \leq i \leq p \\ 1 \leq j \leq q}} \in \mathcal{M}_{p,q}(\mathbb{K})$. On appelle matrice *transposée* de A et on note ${}^tA$ la matrice $B = (b_{i,j})_{\substack{1 \leq i \leq q \\ 1 \leq j \leq p}} \in \mathcal{M}_{q,p}(\mathbb{K})$ avec $b_{i,j} = a_{j,i}$.

Remarque 1. – La représentation sous forme de tableau de la matrice transposée de A est le symétrique de la matrice A par rapport à la diagonale constituée des points $a_{i,i}$.
- Pour toute matrice A, ${}^t({}^tA) = A$.

DÉFINITION 4 (DÉFINITIONS RELATIVES AUX MATRICES CARRÉES). Soit $n \in \mathbb{N}^*$ et $A = (a_{i,j})_{\substack{1 \leq i \leq n \\ 1 \leq j \leq n}} \in \mathcal{M}_n(\mathbb{K})$.

- Les $(a_{i,i})_{1 \leq i \leq n}$ s'appellent les *éléments diagonaux* de A.
- La *diagonale principale* de A est l'ensemble de ses éléments diagonaux.
- Si $a_{i,j} = 0$ pour $i > j$, A est dite *triangulaire* (ou *trigonale*) *supérieure* $\begin{pmatrix} \ddots & \ddots \\ & \ddots & \ddots \\ 0 & & \ddots \end{pmatrix}$.
- Si $a_{i,j} = 0$ pour $i < j$, A est dite *triangulaire* (ou *trigonale*) *inférieure* $\begin{pmatrix} \ddots & & 0 \\ \ddots & \ddots & \\ & \ddots & \ddots \end{pmatrix}$.
- Si $a_{i,j} = 0$ pour $i \neq j$, A est dite *diagonale*.
- S'il existe $\lambda \in \mathbb{K}$ tel que pour tout i, $a_{i,i} = \lambda$ et pour tout $i \neq j$, $a_{i,j} = 0$, on dit que A est une matrice *scalaire*.
- Si pour tout (i,j), $a_{i,j} = a_{j,i}$ (de manière équivalente si ${}^tA = A$), A est dite *symétrique*.
- Si pour tout (i,j), $a_{i,j} = -a_{j,i}$ (de manière équivalente si ${}^tA = -A$), A est dite *antisymétrique*. En particulier, si $\mathbb{K}$ est de caractéristique différente de 2, les éléments diagonaux de A sont nuls.

3.2. Matrices et applications linéaires

Soient E et F deux $\mathbb{K}$-e.v de dimension finie, $\dim E = q \in \mathbb{N}^*$, $\dim F = p \in \mathbb{N}^*$. Soit $B = (e_1, \ldots, e_q)$ une base de E, $B' = (e'_1, \ldots, e'_p)$ une base de F. Soit $f \in \mathcal{L}(E,F)$. Pour tout j, $1 \leq j \leq q$, on peut écrire $f(e_j) = \sum_{i=1}^{p} a_{i,j} e'_i$ où les $a_{i,j} \in \mathbb{K}$. La matrice $A = (a_{i,j})_{\substack{1 \leq i \leq p \\ 1 \leq j \leq q}}$ est appelée matrice de f dans les bases B et B' et notée $[f]_B^{B'}$. Il revient au même de dire que les vecteurs colonnes de la matrice $[f]_B^{B'}$ sont les coordonnées dans la base B' des images par f des vecteurs composant la base B.

On munit $\mathcal{M}_{p,q}(\mathbb{K})$ des opérations suivantes :

- Si $A = (a_{i,j})_{\substack{1 \leq i \leq p \\ 1 \leq j \leq q}}$ et $B = (b_{i,j})_{\substack{1 \leq i \leq p \\ 1 \leq j \leq q}}$, $A + B = (a_{i,j} + b_{i,j})_{\substack{1 \leq i \leq p \\ 1 \leq j \leq q}}$.

– Si $A = (a_{i,j})_{\substack{1\leq i\leq p\\1\leq j\leq q}}$ et $\lambda \in \mathbb{K}$, $\lambda A = (\lambda a_{i,j})_{\substack{1\leq i\leq p\\1\leq j\leq q}}$.

Muni de ces opérations, $\mathcal{M}_{p,q}(\mathbb{K})$ est un $\mathbb{K}$-e.v. Si pour tout i, j, $1 \leq i \leq p$, $1 \leq j \leq q$, $E_{i,j}$ désigne la matrice dont tous les éléments sont nuls sauf celui d'indice (i, j) qui vaut 1, les $E_{i,j}$ $(1 \leq i \leq p, 1 \leq j \leq q)$ forment une base de $\mathcal{M}_{p,q}(\mathbb{K})$ appelée *base canonique* de $\mathcal{M}_{p,q}(\mathbb{K})$. Ceci entraîne en particulier le résultat suivant.

PROPOSITION 1. *Le $\mathbb{K}$-e.v $\mathcal{M}_{p,q}(\mathbb{K})$ est de dimension finie pq.*

Fixons deux bases B de E et B' de F. L'application

$$\Phi : \mathcal{L}(E, F) \to \mathcal{M}_{p,q}(\mathbb{K}) \quad f \mapsto [f]_B^{B'}$$

est un isomorphisme de $\mathbb{K}$-e.v. En particulier, $\dim(\mathcal{L}(E, F)) = \dim(\mathcal{M}_{p,q}(\mathbb{K})) = pq = (\dim E) \cdot (\dim F)$.

Multiplication de matrices.

DÉFINITION 5. Soient $p, q, r \in \mathbb{N}^*$ et $A = (a_{i,j})_{\substack{1\leq i\leq p\\1\leq j\leq q}} \in \mathcal{M}_{p,q}(\mathbb{K})$, $B = (b_{i,j})_{\substack{1\leq i\leq q\\1\leq j\leq r}} \in \mathcal{M}_{q,r}(\mathbb{K})$. On définit la matrice $C = (c_{i,j})_{\substack{1\leq i\leq p\\1\leq j\leq r}} \in \mathcal{M}_{p,r}(\mathbb{K})$ par $c_{i,j} = \sum_{k=1}^{q} a_{i,k}b_{k,j}$. La matrice C est appelée produit des matrices A et B et on note $C = AB$.

Remarque 2. – Attention, le produit de A par B ne peut se faire que si le nombre de lignes de B est égal au nombre de colonnes de A.
- Le produit de matrices est associatif (mais pas commutatif) et distributif par rapport à l'addition.
- Soit $f \in \mathcal{L}(E, F)$, B une base de E, B' une base de F. Soit $x \in E$ et $y = f(x)$. On note X la matrice colonne dont les éléments sont les coordonnées de x dans la base B, Y la matrice colonne dont les éléments sont les coordonnées de $y = f(x)$ dans la base B'. On a alors $Y = [f]_B^{B'} X$, au sens du produit de matrices défini plus haut.

PROPOSITION 2. *Soient E, F et G des $\mathbb{K}$-e.v de dimensions finies. Soit B une base de E, B' une base de F et B'' une base de G. Si $f \in \mathcal{L}(F, G)$ et $g \in \mathcal{L}(E, F)$, on a $[fg]_B^{B''} = [f]_{B'}^{B''}[g]_B^{B'}$.*

Remarque 3. (Produit par blocs). Si $M \in \mathcal{M}_{p,q}(\mathbb{K})$ et $M' \in \mathcal{M}_{q,r}(\mathbb{K})$,

$$M = \begin{pmatrix} \overbrace{A}^{r} & \overbrace{B}^{q-r} \\ C & D \end{pmatrix}, \quad M' = \begin{pmatrix} A' & B' \\ C' & D' \end{pmatrix} \begin{matrix} \}r \text{ lignes} \\ \}q-r \text{ lignes} \end{matrix}$$

alors

$$MM' = \begin{pmatrix} AA' + BC' & AB' + BD' \\ CA' + DC' & CB' + DD' \end{pmatrix}.$$

Tout se passe comme si on multipliait deux matrices 2×2, en prenant garde à l'ordre dans les produits (il n'y a pas commutativité).

3.3. Matrices carrées

Soit $n \in \mathbb{N}^*$. Le $\mathbb{K}$-e.v $\mathcal{M}_n(\mathbb{K}) = \mathcal{M}_{n,n}(\mathbb{K})$, muni de la loi produit sur les matrices, est un anneau (c'est même une $\mathbb{K}$-algèbre) unitaire (l'élément unité est la matrice identité, notée I_n, qui est une matrice scalaire dont les coefficients diagonaux sont égaux à 1). Cet anneau est non commutatif et non intègre dès que $n \geq 2$.

L'ensemble des éléments inversibles de l'anneau $\mathcal{M}_n(\mathbb{K})$ est un groupe appelé groupe linéaire d'indice n et noté $\mathcal{G}\ell_n(\mathbb{K})$.

Soit E un $\mathbb{K}$-e.v de dimension finie $n \in \mathbb{N}^*$, B une base de E. Si $f \in \mathcal{L}(E)$, on note $[f]_B = [f]_B^B$ et on l'appelle matrice de f dans la base B. L'application $\Phi : \mathcal{L}(E) \to \mathcal{M}_n(\mathbb{K})$ $f \mapsto [f]_B$ est un isomorphisme d'algèbre. Ceci entraîne que $A \in \mathcal{M}_n(\mathbb{K})$ est inversible si et seulement s'il existe $f \in \mathcal{L}(E)$, inversible, tel que $[f]_B = A$. D'où le corollaire suivant :

$$(A \in \mathcal{M}_n(\mathbb{K}) \text{ est inversible}) \iff (\exists B \in \mathcal{M}_n(\mathbb{K}),\ AB = I_n)$$

$$\iff (\exists B \in \mathcal{M}_n(\mathbb{K}),\ BA = I_n) \quad \text{et} \quad B = A^{-1}.$$

3.4. Changement de base

Soit E un $\mathbb{K}$-e.v de dimension finie $n \in \mathbb{N}^*$, $B = (e_1, \ldots, e_n)$ et $B' = (e'_1, \ldots, e'_n)$ deux bases de E. Pour tout j, $1 \leq j \leq n$, on peut écrire $e'_j = \sum_{i=1}^n p_{i,j} e_i$ avec les $p_{i,j} \in \mathbb{K}$. La matrice $P = (p_{i,j})_{\substack{1\leq i\leq n \\ 1\leq j\leq n}}$ (dont les colonnes sont les coordonnées des vecteurs de B' dans la base B) s'appelle *matrice de passage* de B à B'. La matrice P est inversible. Si $x \in E$, si X (resp. X') désigne le vecteur colonne dont les éléments sont les coordonnées de x dans la base B (resp. dans la base B'), alors on a $X = PX'$.

Remarque 4. Attention, on aurait tendance à écrire, machinalement, $X' = PX \ldots$

Proposition 3. *Soient E et F deux $\mathbb{K}$-e.v de dimensions finies respectivement égales à p et q. Soient B_0 et B'_0 deux bases de E, P la matrice de passage de B_0 à B'_0, B_1 et B'_1 deux bases de F, Q la matrice de passage de B_1 à B'_1. Soit $f \in \mathcal{L}(E,F)$. Si $A = [f]_{B_0}^{B_1}$, $A' = [f]_{B'_0}^{B'_1}$, on a $A' = Q^{-1}AP$.*

Définition 6. Soient A, $B \in \mathcal{M}_{p,q}(\mathbb{K})$. On dit que A et B sont *équivalentes* s'il existe $P \in \mathcal{G}\ell_q(\mathbb{K})$ et $Q \in \mathcal{G}\ell_p(\mathbb{K})$ telles que $B = QAP$. La relation "est équivalente à" est une relation d'équivalence.

Remarque 5. On a vu un peu plus haut que les matrices d'une même application $f \in \mathcal{L}(E,F)$ dans des bases différentes sont équivalentes.

Proposition 4. *Soit E un $\mathbb{K}$-e.v de dimension finie $n \in \mathbb{N}^*$, B et B' deux bases de E, P la matrice de passage de B à B'. Soit $f \in \mathcal{L}(E)$. Si $A = [f]_B$ et $A' = [f]_{B'}$, alors $A' = P^{-1}AP$.*

Définition 7. Deux matrices A et $B \in \mathcal{M}_n(\mathbb{K})$ sont dites *semblables* s'il existe $P \in \mathcal{G}\ell_n(\mathbb{K})$ tel que $B = P^{-1}AP$. La relation de similitude est une relation d'équivalence.

3.5. Propriétés des transposées

PROPOSITION 5. – *Si* A, $B \in \mathcal{M}_{p,q}(\mathbb{K})$, ${}^t(A+B) = {}^tA + {}^tB$.
– *Si* $A \in \mathcal{M}_{p,q}(\mathbb{K})$ *et* $\lambda \in \mathbb{K}$, ${}^t(\lambda A) = \lambda {}^tA$.
– *Si* $A \in \mathcal{M}_{p,q}(\mathbb{K})$ *et* $B \in \mathcal{M}_{q,r}(\mathbb{K})$, ${}^t(AB) = {}^tB{}^tA$.
– *Soit* $A \in \mathcal{M}_n(\mathbb{K})$. *On a* $A \in \mathcal{G}\ell_n(\mathbb{K})$ *si et seulement si* ${}^tA \in \mathcal{G}\ell_n(\mathbb{K})$ *et dans ce cas,* $({}^tA)^{-1} = {}^t(A^{-1})$.

Remarque 6. La transposition inverse l'ordre dans les produits de matrices. Cette remarque peut parfois être utile dans les exercices.

3.6. Rang d'une matrice

DÉFINITION 8. Soit $A \in \mathcal{M}_{p,q}(\mathbb{K})$. On appelle rang de A le rang de ses vecteurs colonnes dans $\mathbb{K}^p$, et on le note rg A. Si A est la matrice d'une application linéaire f, on a $\operatorname{rg} A = \operatorname{rg} f$.

Remarque 7. – Si $A \in \mathcal{M}_{p,q}(\mathbb{K})$, alors $\operatorname{rg} A \leq \inf\{p, q\}$.
– Si $A \in \mathcal{M}_n(\mathbb{K})$, alors A est inversible si et seulement si $\operatorname{rg} A = n$.

THÉORÈME 1. *Soit* $A \in \mathcal{M}_{p,q}(\mathbb{K})$. *Si* $r = \operatorname{rg} A \geq 1$, A *est équivalente à la matrice* $J_r = \begin{pmatrix} I_r & 0 \\ 0 & 0 \end{pmatrix}$.

COROLLAIRE 1. *Deux matrices* A *et* $B \in \mathcal{M}_{p,q}(\mathbb{K})$ *sont équivalentes si et seulement si* $\operatorname{rg} A = \operatorname{rg} B$.

DÉFINITION 9. Soit $A = (a_{i,j})_{\substack{1\leq i\leq p\\ 1\leq j\leq q}} \in \mathcal{M}_{p,q}(\mathbb{K})$, et soient deux sous ensembles non vides $I \subset \{1, \ldots, p\}$ et $J \subset \{1, \ldots, q\}$. La matrice $B = (a_{i,j})_{\substack{i\in I\\ j\in J}}$ s'appelle matrice *extraite* de A, A s'appelle une matrice *bordante* de B.

THÉORÈME 2. *Soit* $A \in \mathcal{M}_{p,q}(\mathbb{K})$. *Le rang de* A *est le plus grand des ordres des matrices carrées inversibles extraites de* A.

COROLLAIRE 2. *Le rang de toute matrice est égal au rang de sa transposée.*

Remarque 8. En d'autres termes, le corollaire précédent dit que le rang des vecteurs colonnes d'une matrice est égal au rang de ses vecteurs ligne.

– Dans la pratique, pour trouver le rang d'une matrice, on utilise le résultat suivant : on ne change pas le rang d'une matrice en multipliant une colonne par un scalaire non nul, ou en ajoutant a une colonne une combinaison linéaire des autres colonnes (même chose sur les lignes). Par exemple, en opérant sur les lignes,

$$\operatorname{rg}\begin{pmatrix} 2 & 1 & 3 & -3 \\ -1 & 2 & 1 & 4 \\ 1 & 1 & 2 & -1 \end{pmatrix} = \operatorname{rg}\begin{pmatrix} 2 & 1 & 3 & -3 \\ 0 & 3 & 3 & 3 \\ 1 & 1 & 2 & -1 \end{pmatrix}$$

$$= \operatorname{rg}\begin{pmatrix} 2 & 1 & 3 & -3 \\ 0 & 1 & 1 & 1 \\ 2 & 2 & 4 & -2 \end{pmatrix} = \operatorname{rg}\begin{pmatrix} 2 & 1 & 3 & -3 \\ 0 & 1 & 1 & 1 \\ 0 & 1 & 1 & 1 \end{pmatrix} = 2.$$

3.7. Trace d'un endomorphisme

DÉFINITION 10. Soit $A = (a_{i,j})_{1\leq i,j\leq n} \in \mathcal{M}_n(\mathbb{K})$. On appelle *trace* de A le scalaire $\operatorname{tr} A = \sum_{i=1}^{n} a_{i,i}$. L'application $A \mapsto \operatorname{tr} A$ est une forme linéaire.

PROPOSITION 6. – *Si A et $B \in \mathcal{M}_n(\mathbb{K})$,* $\operatorname{tr}(AB) = \operatorname{tr}(BA)$.
– *Si $A \in \mathcal{M}_n(\mathbb{K})$,* $\operatorname{tr} A = \operatorname{tr}({}^tA)$.
– *Si A et $B \in \mathcal{M}_n(\mathbb{K})$ sont semblables, alors* $\operatorname{tr} A = \operatorname{tr} B$.

La dernière assertion de la proposition précédente permet la définition suivante.

DÉFINITION 11. Soit E un $\mathbb{K}$-e.v de dimension finie, B une base de E et $f \in \mathcal{L}(E)$. Alors la trace de la matrice $[f]_B$ ne dépend pas de la base B choisie. Cette valeur s'appelle la trace de f et est notée $\operatorname{tr} f$.

PROPOSITION 7. *Soit E un $\mathbb{K}$-e.v de dimension finie, $p \in \mathcal{L}(E)$ un projecteur. Alors* $\operatorname{rg} p = \operatorname{tr} p$.

Démonstration. p étant un projecteur, $\operatorname{Im} p \oplus \operatorname{Ker} p = E$. Soit $r = \operatorname{rg} p$, $(e_1, \dots, e_r)$ une base de $\operatorname{Im} p$ et $(e_{r+1}, \dots, e_n)$ une base de $\operatorname{Ker} p$. Alors $B = (e_1, \dots, e_n)$ est une base de E et on a $[f]_B = \begin{pmatrix} I_r & 0 \\ 0 & 0 \end{pmatrix}$, donc $\operatorname{tr} p = \operatorname{rg} p$. □

3.8. Exercices

EXERCICE 1 (MATRICES DIAGONALEMENT DOMINANTES). On considère une matrice $A = (a_{i,j})_{1\leq i,j\leq n} \in \mathcal{M}_n(\mathbb{C})$ vérifiant

$$\forall i,\ 1 \leq i \leq n, \qquad \sum_{\substack{1\leq j\leq n \\ j\neq i}} |a_{i,j}| < |a_{i,i}|.$$

Montrer que A est inversible.

Solution. Il s'agit de montrer que $\operatorname{rg} A = n$, c'est-à-dire que les n vecteurs colonnes de A forment une famille libre. Pour cela, raisonnons par l'absurde en supposant ces n vecteurs liés, ce qui s'écrit

$$\exists \lambda_1, \dots, \lambda_n \in \mathbb{C} \quad \text{tels que} \quad \forall i \in \{1, \dots, n\},\ \sum_{j=1}^{n} \lambda_j a_{i,j} = 0,$$

les λ_i étant non tous nuls. Soit k tel que $|\lambda_k| = \sup_{1\leq i\leq n} |\lambda_i| > 0$. Alors

$$\sum_{j=1}^{n} \lambda_j a_{k,j} = 0 \quad \text{donc} \quad a_{k,k} = -\sum_{\substack{1\leq j\leq n \\ j\neq k}} \frac{\lambda_j}{\lambda_k} a_{k,j}, \quad \text{d'où} \quad |a_{k,k}| \leq \sum_{\substack{1\leq j\leq n \\ j\neq k}} \frac{|\lambda_j|}{|\lambda_k|} |a_{k,j}| \leq \sum_{\substack{1\leq j\leq n \\ j\neq k}} |a_{k,j}|,$$

ce qui est contraire aux hypothèses.

EXERCICE 2. Soit $n \in \mathbb{N}^*$ et soit la matrice

$$M = \begin{pmatrix} 1 & 1 & 1 & \cdots & 1 \\ 0 & C_1^1 & C_2^1 & \cdots & C_n^1 \\ \vdots & \ddots & C_2^2 & \cdots & C_n^2 \\ \vdots & & \ddots & \ddots & \vdots \\ 0 & \cdots & \cdots & 0 & C_n^n \end{pmatrix} \in \mathcal{M}_{n+1}(\mathbb{R}).$$

Montrer que M est inversible et calculer M^{-1}.

Solution. On note $\mathbb{R}_n[X] = \{P \in \mathbb{R}[X] \mid \deg(P) \leq n\}$. Soit l'endomorphisme $f : \mathbb{R}_n[X] \to \mathbb{R}_n[X] \quad P(X) \mapsto P(X+1)$. La famille $B = (1, X, \ldots, X^n)$ est une base de $\mathbb{R}_n[X]$, et on voit facilement que M est la matrice de f dans la base B. Or f est inversible, son inverse étant $g : P(X) \mapsto P(X-1)$. Donc M est inversible, et

$$M^{-1} = [f^{-1}]_B = [g]_B = \begin{pmatrix} 1 & -1 & 1 & \cdots & (-1)^n \\ 0 & C_1^1 & -C_2^1 & \cdots & (-1)^{n-1}C_n^1 \\ \vdots & \ddots & C_2^2 & \cdots & (-1)^{n-2}C_n^2 \\ \vdots & & \ddots & \ddots & \vdots \\ 0 & \cdots & \cdots & 0 & C_n^n \end{pmatrix}.$$

Exercice 3. Soient A et $B \in \mathcal{M}_n(\mathbb{K})$ telles que $AB = A + B$. Montrer que A et B commutent (*i. e.* montrer que $AB = BA$).

Solution. Comme $AB = A + B$, on a $I_n - A - B + AB = I_n$ donc $(I_n - A)(I_n - B) = I_n$. Donc $I_n - A$ est inversible, son inverse est $(I_n - B)$, donc $(I_n - B)(I_n - A) = I_n$, ce qui en développant donne $BA = B + A = A + B$.

Exercice 4. **a)** On considère la matrice

$$M = \begin{pmatrix} 0 & m_{1,2} & \cdots & m_{1,n} \\ \vdots & 0 & \ddots & \vdots \\ \vdots & & \ddots & m_{n-1,n} \\ 0 & \cdots & \cdots & 0 \end{pmatrix} \in \mathcal{M}_n(\mathbb{R}).$$

Montrer (sans utiliser le théorème de Cayley-Hamilton) que M est nilpotente.

b) Soit $M = \begin{pmatrix} 3 & 1 & 0 \\ 0 & 3 & 2 \\ 0 & 0 & 3 \end{pmatrix} \in \mathcal{M}_3(\mathbb{R})$. Pour tout entier $p \geq 1$, calculer M^p.

Solution. Soit $(e_1, \ldots, e_n)$ la base canonique de $\mathbb{R}^n$ (e_i est le vecteur colonne dont tous les éléments sont nuls sauf le i-ème qui vaut 1). La forme de la matrice M montre que

$$Me_1 = 0 \quad \text{et} \quad \forall i \geq 2,\ Me_i = \sum_{k=1}^{i-1} m_{k,i}e_k \in \text{Vect}(e_1, \ldots, e_{i-1}).$$

Ceci étant, montrons par récurrence sur $p \in \{1, \ldots, n\}$ que pour tout i, $1 \leq i \leq p$, $M^p e_i = 0$. Pour $p = 1$ c'est vrai car $Me_1 = 0$. Supposons le résultat vrai au rang $p-1$, montrons le au rang p. Si $1 \leq i \leq p-1$, l'égalité $M^{p-1}e_i = 0$ entraîne $M^p e_i = 0$, et si $i = p$:

$$M^p e_p = M^{p-1}(Me_p) = M^{p-1}\left(\sum_{k=1}^{p-1} m_{k,p}e_k\right) = \sum_{k=1}^{p-1} m_{k,p}(M^{p-1}e_k) = 0.$$

- En particulier, le résultat est vrai pour $p = n$ ce qui entraîne que M^n s'annule sur tous les vecteurs de la base canonique de $\mathbb{R}^n$, donc est nul.

b) On écrit $M = 3I_3 + N$ où $N = \begin{pmatrix} 0 & 1 & 0 \\ 0 & 0 & 2 \\ 0 & 0 & 0 \end{pmatrix}$. D'après la question précédente, $N^3 = 0$. Comme I_3 et N commutent, on peut écrire

$$\forall p \in \mathbb{N}^*,\ M^p = \sum_{k=0}^{p} C_p^k N^k (3I_3)^{n-k} = 3I_3 + p3^{p-1}N + \frac{p(p-1)}{2}3^{p-2}N^2.$$

Comme $N = \begin{pmatrix} 0 & 1 & 0 \\ 0 & 0 & 2 \\ 0 & 0 & 0 \end{pmatrix}$ et $N^2 = \begin{pmatrix} 0 & 0 & 2 \\ 0 & 0 & 0 \\ 0 & 0 & 0 \end{pmatrix}$, ceci donne $M^p = 3^{p-2}\begin{pmatrix} 9 & 3p & p(p-1) \\ 0 & 9 & 6p \\ 0 & 0 & 9 \end{pmatrix}$.

Remarque. Au a), une étude plus poussée aurait permis de montrer que

$$\forall p, 1 \leq p \leq n-1, \quad \text{on a} \quad M^p = \begin{pmatrix} \overbrace{0 \cdots 0}^{p} & \overbrace{\times \quad \ddots}^{n-p} \\ \vdots & \ddots \quad \times \\ \vdots & 0 \\ \vdots & \vdots \\ 0 \cdots \cdots \cdots & 0 \end{pmatrix}.$$

EXERCICE 5. Quelles sont les matrices $A \in \mathcal{M}_n(\mathbb{K})$ telles que $A^2 = 0$?

Solution. Soit f l'endomorphisme de $\mathbb{K}^n$ dont A est la matrice dans la base canonique de $\mathbb{K}^n$. On a $f^2 = 0$, donc $\operatorname{Im} f \subset \operatorname{Ker} f$. Soit $r = \operatorname{rg} f$. Si $r = 0$, $f = 0$ et c'est évident. Sinon $r \geq 1$. Soit $(e_1, \ldots, e_r)$ une base de $\operatorname{Im} f$. Comme $\operatorname{Im} f \subset \operatorname{Ker} f$, on peut compléter cette base en une base $(e_1, \ldots, e_{n-r})$ de $\operatorname{Ker} f$ (au passage, on remarque que $r \leq n - r$ donc $r \leq n/2$). Pour $1 \leq i \leq r$, $e_i \in \operatorname{Im} f$ donc il existe $u_i \in \mathbb{K}^n$ tel que $f(u_i) = e_i$.

Montrons que $B = (e_1, \ldots, e_{n-r}, u_1, \ldots, u_r)$ est une base de $\mathbb{K}^n$. Il suffit de montrer que c'est une famille libre (il y a n éléments). Supposons $(\lambda_1 e_1 + \cdots + \lambda_{n-r}e_{n-r}) + (\mu_1 u_1 + \cdots + \mu_r e_r) = 0$ où les $\lambda_i, \mu_j \in \mathbb{K}$. En composant par f, on trouve $\mu_1 e_1 + \cdots + \mu_r e_r = 0$, donc $\forall i, \mu_i = 0$. Donc $\lambda_1 e_1 + \cdots + \lambda_{n-r}e_{n-r} = 0$, et donc $\forall i, \lambda_i = 0$. B est donc bien une base de $\mathbb{K}^n$. Dans cette base, f a pour matrice $M_r = \begin{pmatrix} 0 & I_r \\ 0 & 0 \end{pmatrix}$, avec $r \leq n/2$, et A est donc semblable à M.

Réciproquement, si $A = 0$ ou si A est semblable à M_r avec $r \leq n/2$, alors $A^2 = 0$. Les matrices recherchées sont donc celles semblables à M_r avec $r \leq n/2$ et la matrice nulle.

EXERCICE 6. Soit $M \in \mathcal{M}_n(\mathbb{R})$ une matrice de trace nulle.
a) Montrer que M est semblable à une matrice n'ayant que des 0 sur la diagonale principale.
b) Montrer qu'il existe X et $Y \in \mathcal{M}_n(\mathbb{R})$ tels que $M = XY - YX$.

Solution. **a)** On va montrer ce résultat par récurrence sur $n \in \mathbb{N}^*$. Pour $n = 1$ c'est évident car $M = \operatorname{tr} M = 0$. Supposons le résultat vérifié au rang $n - 1$ et montrons le au rang n. Soit f l'endomorphisme de $\mathbb{R}^n$ dont M est la matrice dans la base canonique de $\mathbb{R}^n$. Si $\forall x \in \mathbb{R}^n$, la famille $(x, f(x))$ est liée, alors f est une homothétie (voir la proposition 3 de la partie 2.3), c'est-à-dire qu'il existe $\lambda \in \mathbb{R}$ tel que $f = \lambda \operatorname{Id}_E$. Or $n\lambda = \operatorname{tr} f = \operatorname{tr} M = 0$ donc $\lambda = 0$ et donc $f = 0$, ce qui entraîne que la matrice M est nulle.

Sinon, il existe $x \in \mathbb{R}^n$ tel que la famille $(x, f(x))$ soit libre. Complétons cette famille en une base $B = (x, f(x), e_3, \dots, e_n)$ de $\mathbb{R}^n$. Dans cette base, on a

$$N = [f]_B = \left(\begin{array}{c|ccc} 0 & \times & \cdots & \times \\ \hline 1 & & & \\ 0 & & N' & \\ \vdots & & & \end{array}\right).$$

Or $0 = \operatorname{tr} f = \operatorname{tr} N = \operatorname{tr} N'$ donc d'après l'hypothèse de récurrence, il existe $Q \in \mathcal{G}\ell_{n-1}(\mathbb{R})$ telle que $Q^{-1}N'Q$ n'ait que des zéros sur la diagonale principale. Si $P = \left(\begin{array}{c|c} 1 & 0 \cdots 0 \\ \hline 0 & \\ \vdots & Q \\ 0 & \end{array}\right) \in \mathcal{G}\ell_n(\mathbb{R})$, on a donc

$$P^{-1}NP = \left(\begin{array}{c|c} 1 & 0 \cdots 0 \\ \hline 0 & \\ \vdots & Q^{-1} \\ 0 & \end{array}\right) N \left(\begin{array}{c|c} 1 & 0 \cdots 0 \\ \hline 0 & \\ \vdots & Q \\ 0 & \end{array}\right) = \left(\begin{array}{c|c} 1 & 0 \cdots 0 \\ \hline 0 & \\ \vdots & Q^{-1}N'Q \\ 0 & \end{array}\right) = \begin{pmatrix} 0 & \times & \cdots & \times \\ \times & 0 & \ddots & \vdots \\ \vdots & \ddots & \ddots & \times \\ \times & \cdots & \times & 0 \end{pmatrix}.$$

La matrice M, semblable à N, est donc semblable à cette dernière matrice, d'où le résultat.

b) D'après a), il existe $P \in \mathcal{G}\ell_n(\mathbb{R})$ telle que $M = P^{-1}NP$ où N est une matrice n'ayant que des zéros sur la diagonale principale. Notons $b_{i,j}$ les coefficients de la matrice N. Fixons

$$X = \begin{pmatrix} \alpha_1 & 0 & \cdots & 0 \\ 0 & \alpha_2 & \ddots & \vdots \\ \vdots & \ddots & \ddots & 0 \\ 0 & \cdots & 0 & \alpha_n \end{pmatrix} \in \mathcal{M}_n(\mathbb{R}), \quad \text{avec} \quad \alpha_i \neq \alpha_j \quad \text{si} \quad i \neq j.$$

Si $Y = (a_{i,j})_{1\le i,j\le n} \in \mathcal{M}_n(\mathbb{R})$, un calcul rapide montre que $XY - YX = (\alpha_i a_{i,j} - \alpha_j a_{i,j})_{1\le i,j\le n}$. En prenant pour tout i $a_{i,i} = 0$ et pour tout $i \neq j$ $a_{i,j} = b_{i,j}/(\alpha_i - \alpha_j)$, on voit que $XY - YX = N$, donc $M = (P^{-1}XP)(P^{-1}YP) - (P^{-1}YP)(P^{-1}XP)$.

EXERCICE 7. Soit E un $\mathbb{K}$-e.v de dimension finie $n \in \mathbb{N}^*$. Soient $p_1, \dots, p_k \in \mathcal{L}(E)$ des projecteurs. Montrer que $p = p_1 + \cdots + p_k$ est un projecteur si et seulement si pour tous $i \neq j$, $p_i \circ p_j = 0$.

Solution. Condition suffisante. Il suffit de remarquer que

$$p^2 = p_1^2 + \cdots + p_k^2 + \sum_{i\neq j} p_i \circ p_j = p_1^2 + \cdots + p_k^2 = p_1 + \cdots + p_k = p.$$

Condition nécessaire. D'après la proposition 7, le rang d'un projecteur égale sa trace, donc

$$\operatorname{rg} p = \operatorname{tr} p = \sum_{i=1}^{k} \operatorname{tr} p_i = \sum_{i=1}^{k} \operatorname{rg} p_i.$$

On a aussi

$$\operatorname{Im} p = (p_1 + \cdots + p_k)(E) \subset p_1(E) + \cdots + p_k(E) = \operatorname{Im} p_1 + \cdots + \operatorname{Im} p_k.$$

Ces deux dernières assertions permettent de conclure que

$$\operatorname{Im} p = \operatorname{Im} p_1 \oplus \cdots \oplus \operatorname{Im} p_k. \qquad (*)$$

Ceci étant, fixons i, $1 \leq i \leq k$. D'après (*), si $x \in E$, $p_i(x) \in \operatorname{Im} p$ donc

$$p_i(x) = p(p_i(x)) = p_1 \circ p_i(x) + \cdots + p_i \circ p_i(x) + \cdots + p_k \circ p_i(x),$$

c'est-à-dire

$$p_i(x) = p_1 \circ p_i(x) + \cdots + p_i(x) + \cdots + p_k \circ p_i(x).$$

On en déduit $\sum_{j \neq i} p_j \circ p_i(x) = 0$. Or pour tout j, $p_j \circ p_i(x) \in \operatorname{Im} p_j$ donc d'après (*), l'écriture $\sum_{j \neq i} p_j \circ p_i(x) = 0$ entraîne $\forall j \neq i$, $p_j \circ p_i(x) = 0$. Ceci est vrai pour tout $x \in E$, donc si $j \neq i$, $p_j \circ p_i = 0$, d'où le résultat.

4. Dualité

Dans toute cette partie, E désigne un $\mathbb{K}$-espace vectoriel.

4.1. Généralités

DÉFINITION 1. On appelle *forme linéaire* sur E toute application linéaire de E dans $\mathbb{K}$. L'ensemble $\mathcal{L}(E, \mathbb{K})$ des formes linéaires sur E est aussi noté E^*. C'est un $\mathbb{K}$-e.v appelé espace *dual* de E.

Notation. Si $x \in E$ et $\varphi \in E^*$, on note parfois $\varphi(x) =< \varphi, x >$.

DÉFINITION 2. On appelle *bidual* de E l'espace dual de E^*, noté E^{**}.

4.2. Étude du dual en dimension finie

Dans cette sous partie, sauf mention contraire, E est de dimension finie $n \in \mathbb{N}^*$.

DÉFINITION 3. Soit $B = (e_1, \ldots, e_n)$ une base de E. Pour tout i, $1 \leq i \leq n$, la forme linéaire e_i^* définie sur B par $e_i^*(e_j) = 0$ si $j \neq i$, $e_i^*(e_i) = 1$, s'appelle *forme linéaire coordonnée* d'indice i.

Remarque 1. Si E est de dimension infinie et $(e_i)_{i \in I}$ une base de E, on définit de même les formes linéaires coordonnées e_i^* pour $i \in I$.

THÉORÈME 1. *Soit $B = (e_1, \ldots, e_n)$ une base de E. Alors $B^* = (e_1^*, \ldots, e_n^*)$ est une base de E^* appelée base* duale *de B, et donc* $\dim E^* = \dim E$. *Pour tout $\varphi \in E^*$, on a $\varphi = \sum_{i=1}^n \varphi(e_i)\, e_i^*$.*

Démonstration. La famille B^* est libre, car l'égalité $\lambda_1 e_1^* + \cdots + \lambda_n e_n^* = 0$ appliquée aux vecteurs $e_1, \ldots, e_n$ de E donne $\lambda_1 = \cdots = \lambda_n = 0$.

La famille B^* est génératrice. En effet, si $\varphi \in E^*$, alors pour tout $x \in E$, $x = \lambda_1 e_1 + \cdots + \lambda_n e_n$, on a

$$\varphi(x) = \sum_{i=1}^n \lambda_i\, \varphi(e_i) = \sum_{i=1}^n e_i^*(x)\, \varphi(e_i),$$

et ceci étant vrai pour tout $x \in E$, on a $\varphi = \sum_{i=1}^n \varphi(e_i)\, e_i^*$. □

Remarque 2. Si E est de dimension infinie et $(e_i)_{i \in I}$ une base de E, $(e_i^*)_{i \in I}$ est une famille libre de E^* mais non génératrice.

Bidual en dimension finie.

THÉORÈME 2. *Si $x \in E$, on note $\tilde{x} : E^* \to \mathbb{K} \quad \varphi \mapsto \varphi(x)$. On a $\tilde{x} \in E^{**}$ et l'application $f : E \to E^{**} \quad x \mapsto \tilde{x}$ est un isomorphisme.*

Démonstration. On vérifie facilement que $\tilde{x}$ est linéaire (*i. e.* que $\tilde{x} \in E^{**}$), ainsi que f.

Prouvons que f est injective. Soit $x \in \operatorname{Ker} f$. Si $x \neq 0$, on peut compléter x en une base $(x, e_2, \dots, e_n)$ de E. On a alors $x^*(x) = 1$, autrement dit $\tilde{x}(x^*) \neq 0$, donc $\tilde{x} \neq 0$. Donc $\operatorname{Ker} f = \{0\}$.

D'après le théorème 1, $\dim E^{**} = \dim E^* = \dim E$. Ainsi f est bijective, et c'est donc un isomorphisme. □

Remarque 3. – Cet isomorphisme est canonique (*i. e.* il ne dépend pas du choix d'une base). On convient alors d'identifier E et E^{**} en identifiant x à $\tilde{x}$ pour $x \in E$.
- En dimension infinie, $f : x \mapsto \tilde{x}$ est injective mais pas surjective.

Base antéduale.

PROPOSITION 1. *Soit $(f_1, \dots, f_n)$ une base de E^*. Il existe une unique base $(e_1, \dots, e_n)$ de E telle que pour tout i, $e_i^* = f_i$. Cette base s'appelle base* antéduale *de $(f_1, \dots, f_n)$.*

Démonstration. Existence. D'après le théorème 2, pour tout i, il existe $e_i \in E$ tel que $f_i^* = \tilde{e_i}$. Donc pour tout $j \neq i$, $f_i^*(f_j) = 0 = \tilde{e_i}(f_j) = f_j(e_i)$ et $f_i^*(f_i) = 1 = f_i(e_i)$. En résumé, $f_i(e_j) = 0$ si $j \neq i$ et $f_i(e_i) = 1$. On voit donc que pour tout i, $f_i = e_i^*$.

Unicité. Soit $(e_1, \dots, e_n)$ une base de E telle que pour tout i, $e_i^* = f_i$. Si $j \neq i$, $e_i^*(e_j) = f_i(e_j) = 0 = \tilde{e_j}(f_i)$ et pour tout i, $e_i^*(e_i) = f_i(e_i) = 0 = \tilde{e_i}(f_i)$. En résumé, on a montré que $\tilde{e_i}(f_j) = 0$ si $j \neq i$, $= 1$ si $j = i$. Autrement dit, $\tilde{e_i} = f_i^*$. D'après le théorème 2, il existe un unique vecteur e_i de E vérifiant $\tilde{e_i} = f_i^*$; les e_i sont donc uniques, d'où le théorème. □

Remarque 4. Nous verrons dans la partie 4.5 des problèmes matriciels des moyens de calcul de la base antéduale.

4.3. Orthogonalité

DÉFINITION 4. Des éléments $x \in E$ et $\varphi \in E^*$ sont dit *orthogonaux* si $\varphi(x) =< \varphi, x >= 0$.
- Si $A \subset E$, on note $A^\perp = \{\varphi \in E^* \mid \forall x \in A, \varphi(x) = 0\}$. L'ensemble $A^\perp$ est un s.e.v de E^* appelé *orthogonal* de A.
- Si $B \subset E^*$, on note $B^\circ = \{x \in E \mid \forall \varphi \in B, \varphi(x) = 0\}$. L'ensemble B° est un s.e.v de E appelé *orthogonal* de B.

Remarque 5. Si $\varphi \in E^*$, alors $\{\varphi\}^\circ$ est le noyau de φ.

La proposition qui suit se prouve facilement.

PROPOSITION 2. – *Si $A_1 \subset A_2 \subset E$, alors $A_2^\perp \subset A_1^\perp$.*
- *Si $B_1 \subset B_2 \subset E^*$, alors $B_2^\circ \subset B_1^\circ$.*
- *Si $A \subset E$, alors $A^\perp = (\operatorname{Vect} A)^\perp$.*
- *Si $B \subset E^*$, alors $B^\circ = (\operatorname{Vect} B)^\circ$.*

Orthogonalité en dimension finie.

THÉORÈME 3. *Soit E un $\mathbb{K}$-e.v de dimension finie. Alors :*

(i) *Si F est un s.e.v de E,* $\dim F + \dim F^{\perp} = \dim E$ *et* $F^{\perp\circ} = F$.

(ii) *Si G est un s.e.v de E^*,* $\dim G + \dim G^{\circ} = \dim E$ *et* $G^{\circ\perp} = G$.

Démonstration. (i) Soit $r = \dim F$ et $(e_1, \ldots, e_r)$ une base de F, complétée en une base $(e_1, \ldots, e_n)$ de E. On a $F = \mathrm{Vect}(e_1, \ldots, e_r)$ donc d'après la proposition précédente, $F^{\perp} = \{e_1, \ldots, e_r\}^{\perp}$. Soit $\varphi \in E^*$, $\varphi = \sum_{i=1}^{n} \lambda_i e_i^*$. Alors

$$(\varphi \in \{e_1, \ldots, e_r\}^{\perp}) \iff (\forall i \in \{1, \ldots, r\}, \quad 0 = \varphi(e_i) = \lambda_i).$$

Ainsi, $\varphi \in F^{\perp}$ si et seulement si $\varphi \in \mathrm{Vect}(e_{r+1}^*, \ldots, e_n^*)$ d'où la première égalité de (i).

Maintenant, toujours d'après la proposition précédente, on a $F^{\perp\circ} = \{e_{r+1}^*, \ldots, e_n^*\}^{\circ}$. Donc

$$(x = \sum_{i=1}^{n} \alpha_i e_i \in F^{\perp\circ}) \iff (\forall i \in \{r+1, \ldots, n\}, \quad 0 = e_i^*(x) = \lambda_i),$$

ce qui prouve $F^{\perp\circ} = \mathrm{Vect}(e_1, \ldots, e_r) = F$.

(ii) Soit $r = \dim G$, $(f_1, \ldots, f_r)$ une base de G, complétée en une base $(f_1, \ldots, f_n)$ de E^*. Soit $(e_1, \ldots, e_n)$ une base antéduale de cette dernière, de sorte que $\forall i$, $f_i = e_i^*$. On a $G = \mathrm{Vect}(e_1^*, \ldots, e_r^*)$ et en procédant comme plus haut, on trouve $G^{\circ} = \mathrm{Vect}(e_{r+1}, \ldots, e_n)$ et $G^{\circ\perp} = \mathrm{Vect}(e_1^*, \ldots, e_r^*) = G$. □

Conséquence. En dimension finie, un sous espace est égal à l'espace tout entier si et seulement si son orthogonal est nul.

Remarque 6. L'égalité $F^{\perp\circ} = F$ reste vraie en dimension infinie. Par contre l'égalité $B = B^{\circ\perp}$ est fausse en dimension infinie. Prenons par exemple $E = \mathbb{R}[X]$ et B le s.e.v de E^* engendré par les formes linéaires $\varphi_n : P \mapsto P^{(n)}(0)$ $(n \in \mathbb{N})$. Si $P \in B^{\circ}$, alors pour tout $n \in \mathbb{N}$, $P^{(n)}(0) = 0$ donc d'après la formule de Taylor, $P = 0$. Autrement dit, $B^{\circ} = \{0\}$, donc $B^{\circ\perp} = \{0\}^{\perp} = E^*$. On a donc $B \neq B^{\circ\perp} = E^*$ (par exemple, $\varphi : P \mapsto P(1)$ est dans E^* et on vérifie facilement que $\varphi \notin B$). Cependant l'inclusion $B \subset B^{\circ\perp}$ est vraie en dimension infinie.

En traduisant le théorème précédent en termes d'équations, on obtient le corollaire suivant.

COROLLAIRE 1 (ÉQUATIONS D'UN S.E.V EN DIMENSION FINIE). *Soit E un $\mathbb{K}$.e.v de dimension finie n.*

- *Soient p formes linéaires $\varphi_1, \ldots, \varphi_p$ de E^* telles que* $\mathrm{rg}(\varphi_1, \ldots, \varphi_p) = r$. *Le s.e.v $F = \{x \in E \mid \forall i, \varphi_i(x) = 0\}$ est de dimension $n - r$.*
- *Réciproquement, si F est un s.e.v de E de dimension q, il existe $n - q$ formes linéaires linéairement indépendantes $\varphi_1, \ldots, \varphi_{n-q}$ telles que $F = \{x \in E \mid \forall i, 1 \leq i \leq n - q, \varphi_i(x) = 0\}$.*

PROPOSITION 3. *Soit E un $\mathbb{K}$-e.v de dimension finie et A_1 et A_2 deux s.e.v de E. Alors*

$$(i) \quad (A_1 + A_2)^{\perp} = A_1^{\perp} \cap A_2^{\perp} \qquad (ii) \quad (A_1 \cap A_2)^{\perp} = A_1^{\perp} + A_2^{\perp}.$$

Soient B_1 et B_2 deux s.e.v de E^*. Alors

$$(iii) \quad (B_1 + B_2)^{\circ} = B_1^{\circ} \cap B_2^{\circ} \qquad (iv) \quad (B_1 \cap B_2)^{\circ} = B_1^{\circ} + B_2^{\circ}.$$

La preuve est simple. Pour montrer chaque assertion, on montre une inclusion triviale puis l'égalité des dimensions grâce au théorème 3.

Orthogonalité et hyperplans.

PROPOSITION 4. *Soit $\varphi \in E^*$ une forme linéaire non nulle. Alors* $\operatorname{Ker}\varphi$ *est un hyperplan de E. Réciproquement, tout hyperplan de E est le noyau d'une forme linéaire non nulle.*

Démonstration. Soit $\varphi \in E^*$, $\varphi \neq 0$. On sait que $E/\operatorname{Ker}\varphi$ est isomorphe à $\operatorname{Im}\varphi = \mathbb{K}$, donc de dimension 1, ce qui n'est autre que de dire que $\operatorname{Ker}\varphi$ est un hyperplan de E.

Réciproquement, soit H un hyperplan de E. D'après la proposition 2 de la partie 2.2 (page 112), il existe un s.e.v $S = \mathbb{K}x_0$ de E de dimension 1 tel que $H \oplus S = E$. Si maintenant on définit $\varphi \in E^*$ par $\varphi(x) = 0$ si $x \in H$ et $\varphi(\lambda x_0) = \lambda$ sur S, on voit que $\operatorname{Ker}\varphi = H$. □

PROPOSITION 5. *Soit H un hyperplan de E. L'ensemble $H^\perp$ des formes linéaires sur E qui s'annulent sur H est une droite de E^*.*

Démonstration. D'après la proposition précédente, il existe $\varphi_0 \in E^*$ tel que $\operatorname{Ker}\varphi_0 = H$. Maintenant, soit $\varphi \in E^*$ une forme linéaire qui s'annule sur H. Soit $x_0 \in E$ tel que $H \oplus \mathbb{K}x_0 = E$. On a $\varphi_0(x_0) \neq 0$ (sinon φ_0 s'annule sur H et sur $\mathbb{K}x_0$ donc sur E, ce qui est absurde car $\operatorname{Ker}\varphi_0 = H$). Posons $\lambda = \varphi(x_0)/\varphi_0(x_0)$ et $\psi = \varphi - \lambda\varphi_0$. Comme φ et φ_0 s'annulent sur H, ψ s'annule sur H. Or par construction de λ, $\psi(x_0) = 0$. L'application ψ s'annule donc aussi sur $\mathbb{K}x_0$, donc sur E tout entier, et donc $\varphi = \lambda\varphi_0 \in \operatorname{Vect}(\varphi_0)$. Réciproquement, on vérifie facilement que si $\varphi \in \operatorname{Vect}(\varphi_0)$, alors φ s'annule sur H. □

Remarque 7. On peut montrer de manière plus générale que si F est un s.e.v de E de codimension finie, alors $F^\perp$ est un s.e.v de E^* de dimension $\operatorname{codim}_E F$.

4.4. Applications transposées

DÉFINITION 5. Soient E et F deux $\mathbb{K}$-e.v de dimension quelconque. Soit $u \in \mathcal{L}(E,F)$. Pour tout $f \in F^*$, on a $f \circ u \in E^*$. L'application linéaire $F^* \to E^* \quad f \mapsto f \circ u$ est appelée application *transposée* de u et notée ${}^t u$.

PROPOSITION 6. *Soient E et F deux $\mathbb{K}$-e.v. Si E et F sont de dimension finie, on a*

$$(i) \quad \operatorname{rg} u = \operatorname{rg}({}^t u) \qquad (ii) \quad \operatorname{Im}({}^t u) = (\operatorname{Ker} u)^\perp,$$

et en dimension quelconque

$$(iii) \quad \operatorname{Ker}({}^t u) = (\operatorname{Im} u)^\perp.$$

Démonstration. (i) sera démontré lors de l'étude des problèmes matriciels (voir partie 4.5).

(ii) Soit $g \in \operatorname{Im}({}^t u)$. Il existe $f \in F^*$ tel que $g = f \circ u$, donc pour tout $x \in \operatorname{Ker} u$, $g(x) = 0$, et donc $g \in (\operatorname{Ker} u)^\perp$. On vient donc de montrer que $\operatorname{Im}({}^t u) \subset (\operatorname{Ker} u)^\perp$. Or $\dim(\operatorname{Im} {}^t u) = \operatorname{rg} {}^t u = \operatorname{rg} u = \dim(\operatorname{Im} u) = \dim E - \dim(\operatorname{Ker} u) = \dim(\operatorname{Ker} u)^\perp$, d'où (ii).

(iii) Il suffit de remarquer que

$$\varphi \in \operatorname{Ker} {}^t u \iff \varphi \circ u = 0 \iff \operatorname{Im} u \subset \operatorname{Ker}\varphi \iff \varphi \in (\operatorname{Im} u)^\perp.$$

□

PROPOSITION 7. *Soient E, F, G trois $\mathbb{K}$-e.v, $u \in \mathcal{L}(E,F)$ et $v \in \mathcal{L}(F,G)$. Alors ${}^t(v \circ u) = {}^t u \circ {}^t v$.*

Démonstration. Il suffit d'écrire que si $g \in G^*$, $g \circ (v \circ u) = (g \circ v) \circ u = {}^t u(g \circ v) =^t u \circ [{}^t v(g)]$. □

PROPOSITION 8. *Supposons E de dimension finie. Soit $u \in \mathcal{L}(E)$. Un s.e.v F de E est stable par u si et seulement si $F^\perp$ est stable par ${}^t u$.*

Démonstration. Condition nécessaire. On a $u(F) \subset F$ donc pour tout $\varphi \in F^\perp$, comme $\varphi(F) = \{0\}$ on a $\varphi \circ u(F) = \{0\}$. Autrement dit, si $\varphi \in F^\perp$ on a ${}^t u(\varphi) \in F^\perp$. Finalement, $F^\perp$ est stable par ${}^t u$.

Condition suffisante. D'après le corollaire 1, il existe r formes linéaires $\varphi_1, \dots, \varphi_r$ telles que $F = \bigcap_{i=1}^r \operatorname{Ker} \varphi_i$. En particulier, pour tout i, $\operatorname{Ker} \varphi_i \subset F$ c'est-à-dire que $\varphi_i \in F^\perp$. Maintenant, comme $F^\perp$ est stable par ${}^t u$, on a ${}^t u(\varphi_i) = \varphi_i \circ u \in F^\perp$ pour tout i, donc $\varphi_i \circ u(F) = \varphi_i[u(F)] = \{0\}$. Autrement dit, pour tout i, $u(F) \subset \operatorname{Ker} \varphi_i$ et donc $u(F) \subset \bigcap_{i=1}^r \operatorname{Ker} \varphi_i = F$, d'où la condition suffisante. □

→ *Remarque 8.*

- Ce résultat reste vrai en dimension infinie mais sa démonstration fait appel à l'axiome du choix.
- Cette proposition peut être très utile dans certains raisonnements par récurrence en dimension finie n relatifs aux réductions d'endomorphismes. En effet, si $x \in E^*$ est un vecteur propre de ${}^t u$, alors $\mathbb{K}x$ est stable par ${}^t u$ et donc $(\mathbb{K}x)^\circ$, hyperplan de E, est stable par u (appliquer la proposition à $F = (\mathbb{K}x)^\circ$). Le tour est joué, on est ramené en dimension $n-1$ (on trouve des raisonnements de ce type dans la démonstration du théorème de trigonalisation par exemple).

4.5. Problèmes matriciels

Applications transposées. Soient E et F deux $\mathbb{K}$-e.v de dimension finie respectivement égales à p et q. Soit $u \in \mathcal{L}(E, F)$, B une base de E et B' une base de F. Soit $f \in F^*$, $(\alpha_1, \dots, \alpha_q) = [f]_{B'}^{\mathbb{K}}$ sa matrice dans la base B'. Si $g = f \circ u$ et $(\beta_1, \dots, \beta_p) = [g]_B^{\mathbb{K}}$, on a

$$(\beta_1, \dots, \beta_p) = (\alpha_1, \dots, \alpha_q)[u]_B^{B'}$$

donc en transposant ces matrices,

$$\begin{pmatrix} \beta_1 \\ \vdots \\ \beta_p \end{pmatrix} = {}^t[u]_B^{B'} \begin{pmatrix} \alpha_1 \\ \vdots \\ \alpha_q \end{pmatrix}.$$

De la définition d'une application transposée, on vérifie facilement que ceci équivaut à dire $[{}^t u]_{B'^*}^{B^*} = {}^t[u]_B^{B'}$, où B^* et B'^* sont les bases duales de B et B'. En d'autres termes, la matrice dans les bases duales de B et B' de ${}^t u$ est la transposée de la matrice de u dans les bases B et B'.

On déduit de ce résultat que $\operatorname{rg} {}^t u = \operatorname{rg} u$, résultat annoncé dans la proposition 6.

Changement de base dans le dual. Soit E un $\mathbb{K}$-e.v de dimension finie n. Soit $B = (e_1, \dots, e_n)$ une base de E, $B'^* = (e_1^*, \dots, e_n^*)$ sa base duale. On se pose le problème suivant : Quelle est dans la base B^* les coordonnées de la base duale d'une nouvelle base $B' = (\varepsilon_1, \dots, \varepsilon_n)$ de E ?

Soit C la matrice de passage de la base B à la base B'. Soit $f \in E^*$, $(\alpha_1, \dots, \alpha_n)$ sa matrice dans la base B^*, $(\beta_1, \dots, \beta_n)$ sa matrice dans la base B'^*. Soit $x \in E$, X sa matrice (colonne) dans la base B, Y sa matrice dans la base B'. On a $X = CY$, et

$$f(x) = (\alpha_1, \dots, \alpha_n)X = (\beta_1, \dots, \beta_n)Y \quad \text{donc} \quad (\alpha_1, \dots, \alpha_n)CY = (\beta_1, \dots, \beta_n)Y,$$

et ceci pour tout Y donc $(\beta_1, \dots, \beta_n) = (\alpha_1, \dots, \alpha_n)C$. En d'autres termes,

$$\begin{pmatrix} \beta_1 \\ \vdots \\ \beta_n \end{pmatrix} = {}^t C \begin{pmatrix} \alpha_1 \\ \vdots \\ \alpha_n \end{pmatrix} \quad \text{où encore} \quad \begin{pmatrix} \alpha_1 \\ \vdots \\ \alpha_n \end{pmatrix} = ({}^t C)^{-1} \begin{pmatrix} \beta_1 \\ \vdots \\ \beta_n \end{pmatrix}.$$

La matrice de passage de B^* à B'^* est donc ${}^tC^{-1}$ où C est la matrice de passage de B à B'.

4.6. Exercices

Exercice 1. Soit E un $\mathbb{K}$-e.v, $\varphi_1, \dots, \varphi_p \in E^*$ et $\varphi : E \to \mathbb{K}^p$ définie par $\varphi = (\varphi_1, \dots, \varphi_p)$. Montrer que φ est surjective si et seulement si $\varphi_1, \dots, \varphi_p$ sont linéairement indépendantes.

Solution. Condition nécessaire. Supposons $\lambda_1\varphi_1 + \cdots + \lambda_p\varphi_p = 0$ $(*)$ avec les $\lambda_i \in \mathbb{K}$. Comme φ est surjective, si on fixe i, $1 \leq i \leq p$, il existe $x \in E$ tel que $\varphi_i(x) = 1$ et pour tout $j \neq i$, $\varphi_j(x) = 0$. Appliqué à $(*)$, ceci entraîne $\lambda_i = 0$, et ceci pour tout i, d'où la condition nécessaire.
Condition suffisante. Soit $\psi \in (\operatorname{Im}\varphi)^\perp$. Soit $(e_1, \dots, e_p)$ la base canonique de $\mathbb{K}^p$, $(e_1^*, \dots, e_p^*)$ sa base duale. Écrivons $\psi = \lambda_1 e_1^* + \cdots + \lambda_p e_p^*$. Pour tout $x \in E$, $\psi(\varphi(x)) = 0 = \lambda_1\varphi_1(x) + \cdots + \lambda_p\varphi_p(x)$, donc $\lambda_1\varphi_1 + \cdots + \lambda_p\varphi_p = 0$, ce qui entraîne $\lambda_1 = \cdots = \lambda_p = 0$, donc $\psi = 0$. Autrement dit, on a montré $(\operatorname{Im}\varphi)^\perp = \{0\}$, donc $\operatorname{Im}\varphi = \mathbb{K}^p$, c'est-à-dire que φ est surjective.

Exercice 2. Soit E un $\mathbb{R}$-e.v de dimension 3, (e_1, e_2, e_3) une base de E. Soit $f_1^*, f_2^*, f_3^* \in E^*$ définis par

$$f_1^* = 2e_1^* + e_2^* + e_3^*, \quad f_2^* = -e_1^* + 2e_3^*, \quad f_3^* = e_1^* + 3e_2^*.$$

Montrer que (f_1^*, f_2^*, f_3^*) est une base de E^* et déterminer la base (f_1, f_2, f_3) de E dont elle est la duale.

Solution. Les colonnes de la matrice

$$M = \begin{pmatrix} 2 & -1 & 1 \\ 1 & 0 & 3 \\ 1 & 2 & 0 \end{pmatrix}$$

sont les coordonnées des f_i^* dans la base (e_1^*, e_2^*, e_3^*). Pour montrer que (f_1^*, f_2^*, f_3^*) est une base de E^*, il faut montrer que le rang de la matrice M est égal à 3. Des opérations élémentaires sur les colonnes donnent

$$\operatorname{rg} M = \operatorname{rg}\begin{pmatrix} 2 & -5 & 1 \\ 1 & -2 & 3 \\ 1 & 0 & 0 \end{pmatrix} = \operatorname{rg}\begin{pmatrix} 2 & -5 & -\frac{13}{2} \\ 1 & -2 & 0 \\ 1 & 0 & 0 \end{pmatrix} = 3$$

(on vérifie en effet facilement que cette dernière matrice est inversible), (f_1^*, f_2^*, f_3^*) est donc bien une base de E^*.

On a vu (voir la partie 4.5) que la matrice M de passage de (e_1^*, e_2^*, e_3^*) à (f_1^*, f_2^*, f_3^*) est ${}^tC^{-1}$, C étant la matrice de passage de (e_1, e_2, e_3) à (f_1, f_2, f_3). Donc $M = {}^tC^{-1}$, ce qui entraîne $C = {}^tM^{-1} = ({}^tM)^{-1}$. On calcule facilement $({}^tM^{-1})$ en inversant le système $Y = {}^tMX$ en un système donnant X en fonction de Y. On trouve

$$C = {}^tM^{-1} = \frac{1}{13}\begin{pmatrix} 6 & -3 & -2 \\ -2 & 1 & 5 \\ 3 & 5 & -1 \end{pmatrix}.$$

Les coordonnées de f_1, f_2, f_3 dans la base (e_1, e_2, e_3) sont les vecteurs colonnes de $C = {}^tM^{-1}$.

Exercice 3 (Formes linéaires de $\mathcal{M}_n(\mathbb{K})$). **a)** Soit $f \in \mathcal{M}_n(\mathbb{K})^*$ une forme linéaire sur $\mathcal{M}_n(\mathbb{K})$. Montrer qu'il existe $A \in \mathcal{M}_n(\mathbb{K})$ telle que pour tout $X \in \mathcal{M}_n(\mathbb{K})$, $f(X) = \operatorname{tr}(AX)$.

b) Déterminer les éléments $f \in \mathcal{M}_n(\mathbb{K})^*$ tels que pour tout $X, Y \in \mathcal{M}_n(\mathbb{K})$, $f(XY) = f(YX)$.

Solution. **a)** Si $A \in \mathcal{M}_n(\mathbb{K})$, on note f_A la forme linéaire sur $\mathcal{M}_n(\mathbb{K})$ définie par $f_A(X) = \mathrm{tr}(AX)$. Soit $\varphi : \mathcal{M}_n(\mathbb{K}) \to \mathcal{M}_n(\mathbb{K})^* \quad A \mapsto f_A$. C'est une application linéaire. Nous allons montrer que φ est bijective, ce qui prouvera le résultat. Soit $A = (a_{i,j})_{1\leq i,j\leq n} \in \mathrm{Ker}\,\varphi$. Alors pour tout (i,j), $\mathrm{tr}(AE_{i,j}) = a_{j,i} = 0$ ($E_{i,j}$ désignant la matrice de $\mathcal{M}_n(\mathbb{K})$ dont tous les éléments sont nuls sauf celui d'indice (i,j) qui vaut 1), et donc $A = 0$. Donc $\mathrm{Ker}\,\varphi = \{0\}$, et φ est donc injective. Comme de plus $\dim(\mathcal{M}_n(\mathbb{K})^*) = \dim(\mathcal{M}_n(\mathbb{K}))$, φ est bijective, d'où le résultat.

b) Soit f une telle forme linéaire. D'après la question précédente, il existe $A = (a_{i,j})_{1\leq i,j\leq n} \in \mathcal{M}_n(\mathbb{K})$ telle que $f = f_A$, et on a pour tout $X, Y \in \mathcal{M}_n(\mathbb{K})$, $f(XY) = \mathrm{tr}(AXY) = f(YX) = \mathrm{tr}(AYX)$.

En particulier, pour tout (i,j,k) avec $i \neq k$ on a $\mathrm{tr}(AE_{i,j}E_{j,k}) = \mathrm{tr}(AE_{j,k}E_{i,j})$ $(*)$. Or $E_{i,j}E_{j,k} = E_{i,k}$ et $E_{j,k}E_{i,j} = 0$ car $k \neq i$, donc $(*)$ s'écrit aussi $\mathrm{tr}(AE_{i,k}) = 0$, c'est-à-dire $a_{k,i} = 0$. Ceci étant vrai dès que $i \neq k$, on en déduit que A est une matrice diagonale.

Maintenant pour tout (i,j) on a $\mathrm{tr}(AE_{i,j}E_{j,i}) = \mathrm{tr}(AE_{j,i}E_{i,j})$, c'est-à-dire $\mathrm{tr}(AE_{i,i}) = \mathrm{tr}(AE_{j,j})$, donc $a_{i,i} = a_{j,j}$ et ceci pour tout (i,j). Ainsi, A est une matrice scalaire, donc il existe $\lambda \in \mathbb{K}$ tel que $f = \lambda\,\mathrm{tr}$. Réciproquement toute forme linéaire de cette forme répond au problème posé.

EXERCICE 4. On note $\mathbb{R}_n[X]$ l'espace vectoriel $\{P \in \mathbb{R}[X], \deg(P) \leq n\}$. Soit

$$\varphi : \mathbb{R}_n[X] \to \mathbb{R} \quad P \mapsto \int_{-1}^{1} \frac{P(t)\,dt}{1+t^2}.$$

a) Soient $x_0, \dots, x_n$ $n+1$ nombres réels distincts deux à deux. Démontrer qu'il existe $\lambda_0, \dots, \lambda_n \in \mathbb{R}$ tels que pour tout $P \in \mathbb{R}_n[X]$, $\varphi(P) = \sum_{i=0}^{n} \lambda_i P(x_i)$. Donner une méthode pratique de calcul des λ_i.

b) On suppose $n = 2k+1$ impair. Démontrer qu'il existe n réels $x_1, \dots, x_n$ et $\lambda_1, \dots, \lambda_n \in \mathbb{R}$ tels que

$$\forall P \in \mathbb{R}_n[X], \quad \varphi(P) = \sum_{i=1}^{n} \lambda_i P(x_i).$$

Solution. **a)** L'application φ est une forme linéaire sur $\mathbb{R}_n[X]$. On a $\dim(\mathbb{R}_n[X]^*) = \dim(\mathbb{R}_n[X]) = n+1$ ($(1, X, \dots, X^n)$ est une base de $\mathbb{R}_n[X]$).

Ceci étant, pour tout i, $0 \leq i \leq n$, on définit la forme linéaire φ_i sur $\mathbb{R}_n[X]$ par $\varphi_i(P) = P(x_i)$. Nous allons montrer que les $(\varphi_i)_{0\leq i\leq n}$ forment une famille libre. Supposons $\sum_{i=0}^{n} \mu_i \varphi_i = 0$ $(*)$. Pour tout k définissons $P_k = \prod_{\substack{0\leq i\leq n\\ i\neq k}} (X - x_i) \in \mathbb{R}_n[X]$. On a $\varphi_i(P_k) = 0$ si $k \neq i$, et donc en appliquant la relation $(*)$ à P_k, on trouve $\mu_k \prod_{i\neq k}(x_k - x_i) = 0$. Les x_i étant distincts, ceci entraîne $\mu_k = 0$, et ceci pour tout k.

Les $(\varphi_i)_{0\leq i\leq n}$ forment donc une famille libre de $n+1$ éléments de $\mathbb{R}_n[X]^*$. Comme $\mathbb{R}_n[X]^*$ est de dimension $n+1$, on en déduit que c'est une base de $\mathbb{R}_n[X]^*$. En particulier, il existe $\lambda_0, \dots, \lambda_n \in \mathbb{R}$ tels que $\varphi = \sum_{i=0}^{n} \lambda_i \varphi_i$, et donc

$$\forall P \in \mathbb{R}_n[X], \qquad \varphi(P) = \sum_{i=0}^{n} \lambda_i \varphi_i(P) = \sum_{i=0}^{n} \lambda_i P(x_i).$$

Donnons maintenant une méthode pratique de calcul de λ_k. Comme pour tout $i \neq k$, $P_i(x_k) = 0$, on trouve en appliquant la relation précédente à P_k que

$$\lambda_k P_k(x_k) = \varphi(P_k), \quad \text{donc} \quad \lambda_k = \frac{\varphi(P_k)}{\prod_{i\neq k}(x_k - x_i)}. \qquad (**)$$

b) Il s'agit en fait de choisir les $(x_i)_{0\leq i\leq n}$ de sorte que le coefficient λ_0 de $P(x_0)$ soit nul. D'après (**), ceci sera vérifié si

$$\varphi(P_0) = \int_{-1}^{1} \frac{(t-x_1)\cdots(t-x_n)}{1+t^2}\,dt = 0.$$

Fixons $0 < a_1 < \cdots < a_k$ des nombres réels (k est tel que $n = 2k+1$). Si $1 \leq i \leq k$, on pose $x_{2i-1} = a_i$ et $x_{2i} = -a_i$, et $x_{2k+1} = 0$, de sorte que

$$P_0(X) = \prod_{i=1}^{2k+1}(X - x_i) = X\prod_{i=1}^{k}(X^2 - a_k^2).$$

On s'aperçoit que $t \mapsto P_0(t)$ est une application impaire; il en est donc de même de l'application $t \mapsto \dfrac{P_0(t)}{1+t^2}$, et donc $\lambda_0 = \displaystyle\int_{-1}^{1} \frac{P_0(t)}{1+t^2}\,dt = 0$, d'où le résultat. (Remarquons que l'on peut choisir x_0 comme l'on veut pourvu qu'il soit différent des x_i déjà choisis pour $1 \leq i \leq n$).

Exercice 5. Soit E un $\mathbb{K}$-e.v de dimension finie $n \in \mathbb{N}^*$.

1/ Soit $(e_1, \ldots, e_n)$ une famille de vecteurs de E, $(\varphi_1, \ldots, \varphi_n)$ une famille de formes linéaires sur E. Soit $f : E \to E \quad x \mapsto \sum_{i=1}^{n} \varphi_i(x)e_i$. On a $f \in \mathcal{L}(E)$. Montrer que $\operatorname{rg} f + n \geq \operatorname{rg}\{e_1, \ldots, e_n\} + \operatorname{rg}\{\varphi_1, \ldots, \varphi_n\}$. Peut-on remplacer n par une constante plus petite ?

2/ a) Soit $\varphi_1, \ldots, \varphi_r$ r formes linéaires sur E indépendantes et $e_1, \ldots, e_r$ r vecteurs de E indépendants. Soit $f \in \mathcal{L}(E)$ défini par $f(x) = \sum_{i=1}^{r} \varphi_i(x)e_i$. Quel est le rang de f ?
b) Soit $u \in \mathcal{L}(E)$, $\operatorname{rg} u = q \geq 1$ et $(e_1, \ldots, e_q)$ une base de $\operatorname{Im} u$. Montrer qu'il existe q formes linéaires $\varphi_1, \ldots, \varphi_q$ telles que pour tout $x \in E$, $u(x) = \sum_{i=1}^{q} \varphi_i(x)e_i$. Que dire de la famille $(\varphi_1, \ldots, \varphi_q)$?
c) Montrer que tout endomorphisme est la somme de deux automorphismes.

Solution. **1/** Soit $p = \operatorname{rg}\{e_1, \ldots, e_n\}$ et $q = \operatorname{rg}\{\varphi_1, \ldots, \varphi_n\}$. Soit $u \in \mathcal{L}(E, \mathbb{K}^n)$ définie par $u(x) = (\varphi_1(x), \ldots, \varphi_n(x))$ et soit $v \in \mathcal{L}(\mathbb{K}^n, E)$ définie par $v(x_1, \ldots, x_n) = \sum_{i=1}^{n} x_ie_i$, de sorte que $f = v \circ u$.

D'après le théorème 3, $\operatorname{Ker} u = \{x \in E \mid \forall i, \varphi_i(x) = 0\}$ est de dimension $n - q$, donc $\operatorname{rg} u = n - \dim(\operatorname{Ker} u) = q$. On a $\operatorname{Im} v = \operatorname{Vect}\{e_1, \ldots, e_n\}$ donc $\operatorname{rg} v = p$.

Ceci étant, on a $\operatorname{Im}(v \circ u) = v(\operatorname{Im} u)$. Soit $F = \operatorname{Im} u \cap \operatorname{Ker} v$ et S un supplémentaire de F dans $\operatorname{Im} u$ de sorte que $\operatorname{Im} u = F \oplus S$. Comme $S \cap \operatorname{Ker} v = \{0\}$, la restriction de v à S est injective donc $v(\operatorname{Im} u) = v(F)+v(S) = v(S)$ est de dimension $\dim S$. On en déduit $\operatorname{rg}(v\circ u) = \dim S$. Or $F \subset \operatorname{Ker} v$ donc $\dim F \leq \dim(\operatorname{Ker} v) = n - \operatorname{rg} v$, donc $\dim S = \operatorname{rg} u - \dim F \geq \operatorname{rg} u + \operatorname{rg} v - n = p + q - n$ d'où le résultat. On ne peut pas remplacer n par une constante plus petite (prendre tous les φ_i nuls et $(e_1, \ldots, e_n)$ une base de E).

Remarque : On a montré le résultat général suivant : pour tout (u, v), $\operatorname{rg}(v \circ u) \geq \operatorname{rg} u + \operatorname{rg} v - n$.

2/ a) On a $x \in \operatorname{Ker} f \iff \sum_{i=1}^{r} \varphi_i(x)e_i = 0$, et comme les e_i sont indépendants, ceci entraîne $\operatorname{Ker} f = \{x \in E \mid \forall i, \varphi_i(x) = 0\} = (\operatorname{Vect}\{\varphi_1, \ldots, \varphi_r\})^\circ$. Les φ_i étant linéairement indépendants, on a donc $\dim(\operatorname{Ker} f) = n - \dim(\operatorname{Vect}\{\varphi_1, \ldots, \varphi_r\}) = n - r$, d'où $\operatorname{rg} f = n - \dim(\operatorname{Ker} f) = r$.

b) Pour tout i, $1 \leq i \leq q$, il existe $\varepsilon_i \in E$ tel que $u(\varepsilon_i) = e_i$. La famille $(\varepsilon_i)_{1\leq i\leq q}$ est libre car si $\sum_i \lambda_i\varepsilon_i = 0$, alors $0 = u(\sum_i \lambda_i\varepsilon_i) = \sum_i \lambda_ie_i$ donc pour tout i, $\lambda_i = 0$. Soit $(\varepsilon_{q+1}, \ldots, \varepsilon_n)$ une base de $\operatorname{Ker} u$. Si $1 \leq i \leq q$, $\varepsilon_i \notin \operatorname{Ker} u$, on en déduit que $(\varepsilon_1, \ldots, \varepsilon_n)$ est une base de E. On remarque maintenant que

$$\forall x = \sum_{i=1}^{n} x_i\varepsilon_i, \qquad u(x) = \sum_{i=1}^{n} x_iu(\varepsilon_i) = \sum_{i=1}^{q} \varepsilon_i^*(x)e_i.$$

On obtient donc le résultat en prenant $\varphi_i = \varepsilon_i^*$ pour $1 \leq i \leq q$. Il est clair que $(\varphi_1, \ldots, \varphi_q)$ forme une famille libre.

c) Soit $u \in \mathcal{L}(E)$. D'après la question précédente, si $(e_1, \dots, e_q)$ est une base de $\operatorname{Im} u$, il existe q formes linéaires indépendantes $\varphi_1, \dots, \varphi_q$ telles que $u = \sum_{i=1}^{q} \varphi_i \cdot e_i$. Complétons $(e_1, \dots, e_q)$ en une base $(e_1, \dots, e_n)$ de E, et $(\varphi_1, \dots, \varphi_q)$ en une base $(\varphi_1, \dots, \varphi_n)$ de E^*. On pose

$$u_1 = \frac{1}{2}\sum_{i=1}^{q} \varphi_i \cdot e_i + \sum_{i=q+1}^{n} \varphi_i \cdot e_i \quad \text{et} \quad u_2 = \frac{1}{2}\sum_{i=1}^{q} \varphi_i \cdot e_i - \sum_{i=q+1}^{n} \varphi_i \cdot e_i.$$

D'après 2/a), $\operatorname{rg} u_1 = \operatorname{rg} u_2 = n$. Or $u = u_1 + u_2$. On peut donc écrire u comme somme de deux automorphismes.

5. Formes multilinéaires, déterminants

Dans toute cette partie, E désigne un $\mathbb{K}$-e.v.

5.1. Formes multilinéaires

DÉFINITION 1. Soient des $\mathbb{K}$-e.v $E_1, \dots, E_p$ et F. Une application

$$f: \ E_1 \times \cdots \times E_p \to F \quad (x_1, \dots, x_p) \mapsto f(x_1, \dots, x_p)$$

est dite *p-linéaire* si en tout point les p applications partielles sont linéaires. Si $p = 2$, f est dite *bilinéaire*. L'ensemble de ces applications est noté $\mathcal{L}(E_1, \dots, E_p, F)$. C'est un $\mathbb{K}$-e.v. Si $E_1 = \cdots = E_p = E$ et $F = \mathbb{K}$, on parle de forme p-linéaire sur E, et l'ensemble des formes p-linéaires sur E est noté $\mathcal{L}_p(E, \mathbb{K})$.

Exemple 1. – L'application

$$E^* \times E \to \mathbb{K} \quad (\varphi, x) \mapsto \varphi(x) = <\varphi, x>$$

est une forme bilinéaire.

– Pour tout $\varphi_1, \dots, \varphi_p \in E^*$, l'application

$$\varphi: \ E^p \to \mathbb{K} \quad (x_1, \dots, x_p) \mapsto \varphi_1(x_1) \cdots \varphi_p(x_p)$$

est une forme p-linéaire sur E.

PROPOSITION 1. $\dim \mathcal{L}_p(E, \mathbb{K}) = (\dim E)^p$.

DÉFINITION 2. Soit $f \in \mathcal{L}_p(E, \mathbb{K})$.

– f est dite *alternée* si $f(x_1, \dots, x_p) = 0$ dès que deux vecteurs parmi les x_i sont égaux.

– f est dite *antisymétrique* si l'échange de deux vecteurs dans la suite $(x_1, \dots, x_p)$ donne à f des valeurs opposées.

Remarque 1. On montre facilement que f est antisymétrique si et seulement si pour tout $\sigma \in \mathcal{S}_p$ (groupe des permutations de $\{1, \dots, p\}$) et pour tout $(x_1, \dots, x_p) \in E^p$, on a

$$f(x_{\sigma(1)}, \dots, x_{\sigma(p)}) = \varepsilon(\sigma) f(x_1, \dots, x_p),$$

$\varepsilon(\sigma)$ étant la signature de σ.

THÉORÈME 1. *Soient $\mathbb{K}$ est un corps commutatif de caractéristique différente de 2, E un $\mathbb{K}$-e.v et $f \in \mathcal{L}_p(E, \mathbb{K})$. Alors f est antisymétrique si et seulement si f est alternée.*

PROPOSITION 2. *Soit E un $\mathbb{K}$-e.v, $f \in \mathcal{L}_p(E, \mathbb{K})$ alternée. Si $(x_1, \dots, x_p)$ est un système lié, alors $f(x_1, \dots, x_p) = 0$.*

COROLLAIRE 1. *Soit f une forme p-linéaire alternée sur E. On ne change pas la valeur de $f(x_1, \dots, x_p)$ en ajoutant à un des vecteurs x_i une combinaison linéaire des autres vecteurs.*

DÉFINITION 3 (ANTISYMÉTRISATION D'UNE FORME p-LINÉAIRE). Pour toute forme p-linéaire $f \in \mathcal{L}_p(E, \mathbb{K})$, on note

$$f^\natural : E^p \to \mathbb{K} \quad (x_1, \dots, x_p) \mapsto \sum_{\sigma \in \mathcal{S}_p} \varepsilon(\sigma) f[x_{\sigma(1)}, \dots, x_{\sigma(p)}].$$

Ainsi construite, $f^\natural$ est une forme p-linéaire alternée.

5.2. Déterminants

Dorénavant, E est de dimension finie $n \in \mathbb{N}^*$.

THÉORÈME 2. *L'ensemble des formes n-linéaires alternées sur un $\mathbb{K}$-e.v E de dimension n est un $\mathbb{K}$-e.v de dimension 1. De plus, il existe une et une seule forme n-linéaire alternée prenant la valeur 1 sur une base donnée de E.*

Démonstration. Soit $B = (e_1, \dots, e_n)$ une base de E. On définit $d \in \mathcal{L}_n(E, \mathbb{K})$ par $d(x_1, \dots, x_n) = e_1^*(x_1) \cdots e_n^*(x_n)$, de sorte que si pour tout i, $x_i = \sum_{j=1}^n x_{i,j} e_j$, $d(x_1, \dots, x_n) = x_{1,1} \cdots x_{n,n}$, et $d^\natural(x_1, \dots, x_n) = \sum_{\sigma \in \mathcal{S}_n} \varepsilon(\sigma) x_{\sigma(1),1} \cdots x_{\sigma(n),n}$. On a en particulier $d^\natural(e_1, \dots, e_n) = 1$, donc $d^\natural \neq 0$.

Soit $f \in \mathcal{L}_n(E, \mathbb{K})$ une forme n-linéaire alternée. La n-linéarité de f entraîne que

$$f(x_1, \dots, x_n) = \sum_{i_1, \dots, i_n} x_{1,i_1} \cdots x_{n,i_n} f(e_{i_1}, \dots, e_{i_n}).$$

Or si $i_k = i_l$ pour $k \neq l$, $f(e_{i_1}, \dots, e_{i_n}) = 0$, et on a donc

$$f(x_1, \dots, x_n) = \sum_{\sigma \in \mathcal{S}_n} x_{1,\sigma(1)} \cdots x_{n,\sigma(n)} f(e_{\sigma(1)}, \dots, e_{\sigma(n)}) = f(e_1, \dots, e_n) d^\natural(x_1, \dots, x_n). \qquad (*)$$

Donc $f \in \mathrm{Vect}(d^\natural)$, et comme $d^\natural \neq 0$, ceci prouve que l'ensemble des formes n-linéaires alternées sur E est de dimension 1.

Si $f(e_1, \dots, e_n) = 1$, (*) prouve que $f = d^\natural$, d'où l'existence et l'unicité de la forme n-linéaire alternée valant 1 sur la base B. □

DÉFINITION 4. Soit $B = (e_1, \dots, e_n)$ une base de E. Le théorème précédent affirme qu'il existe une et une seule forme n-linéaire alternée sur E prenant la valeur 1 sur la base B. On l'appelle *déterminant* dans la base B et on la note $\det_B$. Si $x_1, \dots, x_n \in E$ ($x_i = \sum_{j=1}^n x_{i,j} e_j$), le déterminant de $(x_1, \dots, x_n)$ dans la base B est

$$\det_B(x_1, \dots, x_n) = \sum_{\sigma \in \mathcal{S}_n} \varepsilon(\sigma) x_{1,\sigma(1)} \cdots x_{n,\sigma(n)}.$$

Remarque 2.
- En utilisant le théorème 2, on montre facilement que pour toute forme n-linéaire alternée f, on a $f(x_1, \dots, x_n) = f(e_1, \dots, e_n) \det_B(x_1, \dots, x_n)$.
- (*Changement de base*). En particulier, si B et B' sont deux bases de E, alors $\det_{B'}(x_1, \dots, x_n) = \det_B(x_1, \dots, x_n) \det_{B'} B$. On en déduit $\det_B B' \cdot \det_{B'} B = 1$.

THÉORÈME 3. *Soient $x_1, \dots, x_n \in E$. Les propositions suivantes sont équivalentes.*

(i) *Les vecteurs $x_1, \dots, x_n$ forment une famille liée.*
(ii) *Pour toute base B de E, $\det_B(x_1, \dots, x_n) = 0$.*
(iii) *Il existe une base B de E telle que $\det_B(x_1, \dots, x_n) = 0$.*

Déterminant d'un endomorphisme.

DÉFINITION 5. Soit un endomorphisme $f \in \mathcal{L}(E)$ et $B = (e_1, \dots, e_n)$ une base de E. Le scalaire $\det_B(f(e_1), \dots, f(e_n))$ ne dépend pas de la base B choisie. On l'appelle *déterminant* de f et on le note $\det f$.

PROPOSITION 3. (i) *Si* $f, g \in \mathcal{L}(E)$, $\det(f \circ g) = \det f \times \det g$.

(ii) $\det \mathrm{Id}_E = 1$.

(iii) *Soit* $f \in \mathcal{L}(E)$. *Alors* $(f \in \mathcal{G}\ell(E) \iff \det f \neq 0)$ *et on a* $\det(f^{-1}) = (\det f)^{-1}$.

Déterminant d'une matrice carrée.

DÉFINITION 6. Soit $A = (a_{i,j})_{1 \leq i,j \leq n} \in \mathcal{M}_n(\mathbb{K})$. On appelle *déterminant* de A le déterminant des vecteurs colonnes de A dans la base canonique de $\mathbb{K}^n$, et on le note $\det A$. On a d'ailleurs

$$\det A = \sum_{\sigma \in \mathcal{S}_n} \varepsilon(\sigma)\, a_{\sigma(1),1} \cdots a_{\sigma(n),n} = \sum_{\sigma \in \mathcal{S}_n} \varepsilon(\sigma)\, a_{1,\sigma(1)} \cdots a_{n,\sigma(n)}.$$

Remarque 3. Si $A = (a_{i,j})_{1 \leq i,j \leq n} \in \mathcal{M}_n(\mathbb{K})$, on note aussi le déterminant de A en l'écrivant sous la forme

$$\begin{vmatrix} a_{1,1} & \cdots & a_{1,n} \\ \vdots & & \vdots \\ a_{n,1} & \cdots & a_{n,n} \end{vmatrix}.$$

PROPRIÉTÉS. Soit $A \in \mathcal{M}_n(\mathbb{K})$. Alors :

- $\det A = \det({}^tA)$.
- $\det A$ dépend linéairement des colonnes (resp. des lignes) de A.
- Pour tout $\lambda \in \mathbb{K}$, $\det(\lambda A) = \lambda^n \det A$.
- On a $(\det A \neq 0 \iff A \in \mathcal{G}\ell_n(\mathbb{K}))$.
- Si on effectue une permutation $\sigma \in \mathcal{S}_n$ sur les colonnes (ou les lignes) de A, le déterminant de A est multiplié par $\varepsilon(\sigma)$ (signature de σ).
- Si A est triangulaire, $\det A$ est le produit des éléments diagonaux de A.
- On ne change pas la valeur d'un déterminant en ajoutant à une colonne une combinaison linéaire des autres colonnes. Même chose sur les lignes.
- Si A est la matrice de $f \in \mathcal{L}(E)$ dans une base de E, alors $\det f = \det A$.
- Si $A, B \in \mathcal{M}_n(\mathbb{K})$, $\det(AB) = \det A \cdot \det B$.
- Deux matrices semblables ont même déterminant.
- (Déterminant par blocs). Si

$$M = \left(\begin{array}{c|c} A & C \\ \hline 0 & B \end{array}\right) \in \mathcal{M}_n(\mathbb{K})$$

avec $A \in \mathcal{M}_p(\mathbb{K})$ et $B \in \mathcal{M}_{n-p}(\mathbb{K})$, alors $\det M = \det A \cdot \det B$.

Mineurs et cofacteurs.

DÉFINITION 7. Soit $A = (a_{i,j})_{1 \leq i,j \leq n} \in \mathcal{M}_n(\mathbb{K})$.

Pour tout (i,j), on appelle *mineur* de l'élément $a_{i,j}$ le déterminant $\Delta_{i,j}$ de la matrice obtenue en supprimant la i-ième ligne et la j-ième colonne de la matrice A. Le scalaire $A_{i,j} = (-1)^{i+j}\Delta_{i,j}$ s'appelle le *cofacteur* de $a_{i,j}$.

On appelle *mineurs principaux* de A les déterminants $\Delta_k = \det(a_{i,j})_{1 \leq i,j \leq k}$ pour $1 \leq k \leq n$.

PROPOSITION 4 (DÉVELOPPEMENT SELON UNE LIGNE OU UNE COLONNE). *Soit une matrice* $A = (a_{i,j})_{1 \leq i,j \leq n} \in \mathcal{M}_n(\mathbb{K})$, $A_{i,j}$ *les cofacteurs des éléments de* A. *Alors :*

- *(Développement par rapport à la* j*-ième colonne)* $\sum_{i=1}^n a_{i,j} A_{i,j} = \det A$.
- *(Développement par rapport à la* i*-ième ligne)* $\sum_{j=1}^n a_{i,j} A_{i,j} = \det A$.

DÉFINITION 8. Soit $A \in \mathcal{M}_n(\mathbb{K})$. La matrice $(A_{i,j})_{1\leq i,j\leq n}$ des cofacteurs des éléments de A, est appelée *comatrice* de A et on la note $\text{com}(A)$ ou encore $\widetilde{A}$.

PROPOSITION 5. *Soit* $A \in \mathcal{M}_n(\mathbb{K})$. *Alors* $A{}^t\widetilde{A} = {}^t\widetilde{A}A = (\det A)\cdot I_n$.

Exemple 2. La proposition précédente entraîne que si une matrice A est inversible, alors $A^{-1} = (1/\det A)\cdot {}^t\widetilde{A}$. En particulier, si

$$A = \begin{pmatrix} a & b \\ c & d \end{pmatrix} \in \mathcal{M}_n(\mathbb{K}) \text{ avec } \det A = ab - bc \neq 0, \quad \text{alors} \quad A^{-1} = \frac{1}{ab-bc}\begin{pmatrix} d & -b \\ -c & a \end{pmatrix}.$$

Déterminant de Vandermonde. Beaucoup de déterminants sont classiques (voir les exercices). Nous allons étudier ici un déterminant ultra-classique appelé déterminant de Vandermonde. Pour tous $a_1, \dots, a_n \in \mathbb{K}$, on note

$$V(a_1,\dots,a_n) = \begin{vmatrix} 1 & a_1 & a_1^2 & \cdots & a_1^{n-1} \\ 1 & a_2 & a_2^2 & \cdots & a_2^{n-1} \\ \vdots & & & & \vdots \\ 1 & a_n & a_n^2 & \cdots & a_n^{n-1} \end{vmatrix}$$

(déterminant de Vandermonde de $a_1, \dots, a_n$). Nous allons montrer que

$$V(a_1,\dots,a_n) = \prod_{1\leq i<j\leq n} (a_j - a_i).$$

Démonstration. On procède par récurrence sur n. Pour $n = 2$, c'est évident. Supposons le résultat vrai pour $n-1$ et montrons le pour n. Dans $V(a_1,\dots,a_n)$, on retranche à chaque colonne a_1 fois la précédente (en commençant par la dernière colonne). On obtient

$$\begin{vmatrix} 1 & 0 & 0 & \cdots & 0 \\ 1 & a_2 - a_1 & a_2^2 - a_1a_2 & \cdots & a_2^{n-1} - a_1a_2^{n-2} \\ \vdots & \vdots & \vdots & & \vdots \\ 1 & a_n - a_1 & a_n^2 - a_1a_n & \cdots & a_n^{n-1} - a_1a_n^{n-2} \end{vmatrix} = \begin{vmatrix} a_2 - a_1 & a_2^2 - a_1a_2 & \cdots & a_2^{n-1} - a_1a_2^{n-2} \\ \vdots & \vdots & & \vdots \\ a_n - a_1 & a_n^2 - a_1a_n & \cdots & a_n^{n-1} - a_1a_n^{n-2} \end{vmatrix}$$

(après développement par rapport à la première ligne). On factorise ensuite chaque ligne par $(a_i - a_1)$, ce qui donne

$$V(a_1,\dots,a_n) = (a_2 - a_1)\cdots(a_n - a_1)\cdot \begin{vmatrix} 1 & a_2 & \cdots & a_2^{n-2} \\ \vdots & \vdots & & \vdots \\ 1 & a_n & \cdots & a_n^{n-2} \end{vmatrix} = \left[\prod_{i=2}^{n}(a_i - a_1)\right] V(a_2,\dots,a_n)$$

d'où le résultat car d'après l'hypothèse de récurrence, $V(a_2,\dots,a_n) = \prod_{2\leq i<j\leq n}(a_j - a_i)$. □

5.3. Systèmes linéaires

On considère le système de p équations à q inconnues suivant :

$$\begin{cases} a_{1,1}\,x_1 & + & a_{1,2}\,x_2 & + & \cdots & + & a_{1,q}\,x_q & = b_1 \\ a_{2,1}\,x_1 & + & a_{2,2}\,x_2 & + & \cdots & + & a_{2,q}\,x_q & = b_2 \\ \cdots \\ a_{p,1}\,x_1 & + & a_{p,2}\,x_2 & + & \cdots & + & a_{p,q}\,x_q & = b_p \end{cases} \qquad (S)$$

Systèmes de Cramer. Supposons que dans le système (S), $p = q = n$. Posons $A = (a_{i,j})_{1 \leq i,j \leq n} \in \mathcal{M}_n(\mathbb{K})$, B la matrice colonne dont les composantes sont les $(b_i)_{1 \leq i \leq n}$ et X la matrice colonne dont les composantes sont les $(x_i)_{1 \leq i \leq n}$. Le système (S) s'écrit aussi $AX = B$, et on voit donc que (S) admet une unique solution X pour tout B si et seulement si $\det A \neq 0$. Dans ce cas, comme $B = x_1 A_1 + \cdots + x_n A_n$ (les A_i désignant les vecteurs colonnes de la matrice A), on a, B_0 désignant la base canonique de $\mathbb{K}^n$,

$$\det_{B_0}(A_1, \dots, A_{i-1}, B, A_{i+1}, \dots, A_n) = x_i \det_{B_0}(A_1, \dots, A_n) = x_i \det A.$$

On en déduit que les composantes x_i de X sont données par

$$x_i = \frac{\det_{B_0}(A_1, \dots, A_{i-1}, B, A_{i+1}, \dots, A_n)}{\det A}$$

(formules connues sous le nom de *formules de Cramer*).

Cas général. On note $A = (a_{i,j})_{\substack{1 \leq i \leq p \\ 1 \leq j \leq q}} \in \mathcal{M}_{p,q}(\mathbb{K})$. Soit $r = \operatorname{rg} A$. Il existe un déterminant Δ d'ordre r non nul extrait de A (d'après le théorème 2 de la partie 3.6). Ainsi choisi, Δ s'appelle le *déterminant principal* du système (S) (il n'est en général pas unique).

- Les équations dont les indices sont ceux des lignes de Δ s'appellent les *équations principales.*
- Les inconnues dont les indices sont ceux des colonnes de Δ s'appellent les *inconnues principales.*

On peut écrire $\Delta = \det(a_{i,j})_{\substack{i \in I \\ j \in J}}$. On appelle *déterminants caractéristiques* les déterminants d'ordre $r + 1$ de la forme

$$\left| \begin{array}{c|c} (a_{i,j})_{\substack{i \in I \\ j \in J}} & (b_i)_{i \in I} \\ \hline (a_{k,j})_{j \in J} & b_k \end{array} \right| \qquad \text{avec} \quad k \notin J.$$

Les déterminants caractéristiques n'existent que si $r < p$, et il y en a alors $p - r$.

Avec les notations que nous venons d'introduire, on a le

THÉORÈME 4 (ROUCHÉ - FONTENÉ). *Le système (S) admet des solutions si et seulement si $p = r$ ou les $p - r$ déterminants caractéristiques sont nuls. Le système est alors équivalent au système des équations principales, les inconnues principales étant déterminées par un système de Cramer à l'aide des inconnues non principales.*

Exemple 3. Soit le système (S) :

$$\left\{ \begin{array}{rcrcrcrl} x_1 & + & 2x_2 & - & x_3 & + & x_4 & = 1 \\ x_1 & & & - & x_3 & - & x_4 & = 1 \\ -x_1 & + & x_2 & + & x_3 & + & 2x_4 & = m \end{array} \right. , \quad m \in \mathbb{R}.$$

Ici on a

$$A = \begin{pmatrix} 1 & 2 & -1 & 1 \\ 1 & 0 & -1 & -1 \\ -1 & 1 & 1 & 2 \end{pmatrix}.$$

Un calcul rapide montre que $\operatorname{rg} A = 2$. Nous choisissons le déterminant principal $\begin{vmatrix} 1 & 2 \\ 1 & 0 \end{vmatrix}$, issu de la matrice A en considérant ses deux premières lignes et ses deux premières colonnes. Il n'y a ici qu'un seul déterminant caractéristique, qui est

$$\begin{vmatrix} 1 & 2 & 1 \\ 1 & 0 & 1 \\ -1 & 1 & m \end{vmatrix} = -2(m+1).$$

D'après le théorème de Rouché-Fontené, (S) admet des solutions si et seulement si $m = -1$, et dans ce cas, le système (S) est équivalent au système

$$\begin{cases} x_1 + 2x_2 & = & 1 + x_3 - x_4 \\ x_1 & = & 1 + x_3 + x_4 \end{cases} \iff \begin{cases} x_1 & = & 1 + x_3 + x_4 \\ x_2 & = & -x_4 \end{cases}.$$

5.4. Exercices

Il existe plusieurs déterminants classiques qu'il faut savoir calculer. Les méthodes de calcul sont parfois astucieuses; faites donc les exercices pour les connaître.

EXERCICE 1. Soit $n \geq 2$ un entier. Pour tout k, $1 \leq k \leq n-1$, on considère un polynôme $P_k = X^k + a_{k,1}X^{k-1} + \cdots + a_{k,k} \in \mathbb{R}[X]$. Si $x_1, \ldots, x_n \in \mathbb{R}$, calculer le déterminant

$$\Delta = \begin{vmatrix} 1 & P_1(x_1) & \cdots & P_{n-1}(x_1) \\ 1 & P_1(x_2) & \cdots & P_{n-1}(x_2) \\ \vdots & \vdots & & \vdots \\ 1 & P_1(x_n) & \cdots & P_{n-1}(x_n) \end{vmatrix}.$$

Solution. Après avoir retranché $a_{1,1}$ fois la première colonne à la deuxième, on obtient

$$\Delta = \begin{vmatrix} 1 & x_1 & P_2(x_1) & \cdots & P_{n-1}(x_1) \\ 1 & x_2 & P_2(x_2) & \cdots & P_{n-1}(x_2) \\ \vdots & \vdots & \vdots & & \vdots \\ 1 & x_n & P_2(x_n) & \cdots & P_{n-1}(x_n) \end{vmatrix}.$$

On retranche ensuite à la troisième colonne $a_{2,2}$ fois la première et $a_{2,1}$ fois la deuxième, et on remarque que la troisième colonne n'est plus composée que de x_i^2. On recommence ainsi jusqu'à parvenir à la dernière colonne, et on obtient finalement

$$\Delta = \begin{vmatrix} 1 & x_1 & \cdots & x_1^{n-1} \\ 1 & x_2 & \cdots & x_2^{n-1} \\ \vdots & \vdots & & \vdots \\ 1 & x_n & \cdots & x_n^{n-1} \end{vmatrix} = V(x_1, \ldots, x_n) = \prod_{1 \leq i < j \leq n} (x_j - x_i).$$

EXERCICE 2. Soit $a \in \mathbb{R}$. Pour tout $n \in \mathbb{N}^*$, calculer le déterminant d'ordre n

$$\Delta_n = \begin{vmatrix} a & 1 & 0 & \cdots & 0 \\ 1 & a & 1 & \ddots & \vdots \\ 0 & 1 & a & \ddots & 0 \\ \vdots & \ddots & \ddots & \ddots & 1 \\ 0 & \cdots & 0 & 1 & a \end{vmatrix}.$$

Solution. Si $n \geq 3$, on obtient, en développant le déterminant Δ_n par rapport à la première ligne

$$\Delta_n = a\underbrace{\begin{vmatrix} a & 1 & 0 & \cdots & 0 \\ 1 & a & 1 & \ddots & \vdots \\ 0 & 1 & a & \ddots & 0 \\ \vdots & \ddots & \ddots & \ddots & 1 \\ 0 & \cdots & 0 & 1 & a \end{vmatrix}}_{n-1 \text{ colonnes}} - \underbrace{\begin{vmatrix} 1 & 0 & 0 & \cdots & 0 \\ 0 & a & 1 & \ddots & \vdots \\ 0 & 1 & a & \ddots & 0 \\ \vdots & \ddots & \ddots & \ddots & 1 \\ 0 & \cdots & 0 & 1 & a \end{vmatrix}}_{n-1 \text{ colonnes}},$$

et en développant le deuxième déterminant du membre de droite de cette égalité par rapport à la première ligne, on obtient $\Delta_n = a\Delta_{n-1} - \Delta_{n-2}$. Autrement dit, (Δ_n) est une suite vérifiant une récurrence linéaire d'ordre 2. On sait donc calculer ses termes, sachant que $\Delta_1 = a$ et $\Delta_2 = a^2 - 1$. Vous laissant le soin de faire les calculs, on trouve :

– Si $|a| > 2$, avec $\delta = \sqrt{a^2 - 4}$,

$$\Delta_n = \frac{1}{\delta}\left[\left(\frac{a+\delta}{2}\right)^{n+1} - \left(\frac{a-\delta}{2}\right)^{n+1}\right].$$

– Si $a = 2$, $\Delta_n = n + 1$.
– Si $a = -2$, $\Delta_n = (-1)^n(n+1)$.
– Si $|a| < 2$, soit $\theta \in]0, \pi[$ tel que $a = 2\cos\theta$. Alors $\Delta_n = \dfrac{\sin((n+1)\theta)}{\sin\theta}$.

EXERCICE 3. Soient $a, b \in \mathbb{K}$ et $x_1, \ldots, x_n \in \mathbb{K}$. On définit le déterminant d'ordre n

$$\Delta_n = \begin{vmatrix} x_1 & a & \cdots & a \\ b & x_2 & \ddots & \vdots \\ \vdots & \ddots & \ddots & a \\ b & \cdots & b & x_n \end{vmatrix}.$$

a) Si $a \neq b$, calculer Δ_n. (Indication : on pourra considérer le déterminant $\Delta_n(x)$ obtenu à partir de Δ_n en ajoutant x à chaque terme, et montrer que $\Delta_n(x)$ peut se mettre sous la forme $Ax + B$.)
b) On suppose ici que $\mathbb{K} = \mathbb{R}$. Calculer Δ_n si $a = b$.
c) Si $a = b$ et $\mathbb{K}$ est quelconque, calculer Δ_n.

Solution. Suivons l'indication et considérons, pour tout $x \in \mathbb{K}$, le déterminant

$$\Delta_n(x) = \begin{vmatrix} x_1 + x & a + x & \cdots & a + x \\ b + x & x_2 + x & \ddots & \vdots \\ \vdots & \ddots & \ddots & a + x \\ b + x & \cdots & b + x & x_n + x \end{vmatrix}.$$

En retranchant aux $n - 1$ premières colonnes la dernière, puis en développant par rapport à la dernière colonne, on voit qu'il existe $A, B \in \mathbb{K}$ tels que pour tout $x \in \mathbb{K}$, $\Delta_n(x) = Ax + B$. On remarque maintenant que $\Delta_n(-b)$ est le déterminant d'une matrice triangulaire supérieure dont les coefficients diagonaux sont les $x_i - b$, donc $\Delta_n(-b) = (x_1 - b)\cdots(x_n - b) = -Ab + B$. On obtient de même $\Delta_n(-a) = (x_1 - a)\cdots(x_n - a) = -Aa + B$. De ces deux valeurs, on en déduit

$$\Delta_n = B = \frac{b\prod_i(x_i - a) - a\prod_i(x_i - b)}{b - a}.$$

b) On fixe $a \in \mathbb{R}$, et on regarde Δ_n comme une fonction de b que nous notons $f(b)$. L'expression d'un déterminant d'une matrice en fonction de ses coefficients montre que la fonction $b \mapsto f(b)$ est continue sur $\mathbb{R}$. Maintenant, on a vu au a) que si $b \neq a$, alors

$$f(b) = \frac{bP(a) - aP(b)}{b - a} \quad \text{où} \quad P(x) = \prod_i (x_i - x).$$

Autrement dit, si $Q(x) = xP(a) - aP(x)$, on a $f(b) = \dfrac{Q(b) - Q(a)}{b - a}$. En faisant tendre b vers a, la continuité de f permet donc d'affirmer que

$$\Delta_n = f(a) = Q'(a) = P(a) - aP'(a) = \prod_i (x_i - a) + a \left(\sum_i \prod_{j \neq i} (x_j - a) \right).$$

c) Ici, la méthode utilisée au b) ne marche plus. On va s'en tirer autrement. Dans Δ_n, substituons à b l'indéterminée X, donnant ainsi un déterminant que nous notons D. D apparaît alors comme un déterminant dont les coefficients sont dans le corps $\mathbb{K}(X)$, et d'après a) (puisque évidemment X et a sont différents dans $\mathbb{K}(X)$) :

$$D = \frac{XP(a) - aP(X)}{X - a} \quad \text{où} \quad P = \prod_i (x_i - X) \in \mathbb{K}[X].$$

En posant $Q(X) = XP(a) - aP(X) \in \mathbb{K}[X]$, ceci s'écrit aussi $D = \dfrac{Q(X) - Q(a)}{X - a}$. Soit $R \in \mathbb{K}[X]$ tel que $Q(X) - Q(a) = (X - a)R(X)$ $(*)$, de sorte que $D = R(X)$. En dérivant (*), on obtient $Q'(X) = R(X) + (X - a)R'(X)$, donc $Q'(a) = R(a)$. Il ne reste plus qu'a substituer à X la constante a, ce qui donne

$$\Delta_n = R(a) = Q'(a) = P(a) - aP'(a) = \prod_i (x_i - a) + a \left(\sum_i \prod_{j \neq i} (x_j - a) \right).$$

EXERCICE 4. Soit $M \in \mathcal{M}_n(\mathbb{Z})$ (*i. e.* une matrice à coefficients dans $\mathbb{Z}$). Donner une condition nécessaire et suffisante pour que M soit inversible et que $M^{-1} \in \mathcal{M}_n(\mathbb{Z})$.

Solution. Nous allons montrer que (M est inversible et $M^{-1} \in \mathcal{M}_n(\mathbb{Z})$) si et seulement si ($\det M = \pm 1$).
Condition nécessaire. On a $M \in \mathcal{M}_n(\mathbb{Z})$ donc $\det(M) \in \mathbb{Z}$. De même, $M^{-1} \in \mathcal{M}_n(\mathbb{Z})$ donc $\det(M^{-1}) = 1/\det(M) \in \mathbb{Z}$. Ainsi, $\det(M)$ est un entier d'inverse entier, d'où $\det(M) = \pm 1$.
Condition suffisante. On a $M \in \mathcal{M}_n(\mathbb{Z})$ donc les cofacteurs de M sont des entiers, donc la comatrice $\widetilde{M}$ de M vérifie $\widetilde{M} \in \mathcal{M}_n(\mathbb{Z})$. Or $\det(M) = \pm 1$ donc $1/\det(M) \in \mathbb{Z}$. Donc M est inversible et :

$$M^{-1} = \frac{1}{\det(M)} {}^t\widetilde{M} \in \mathcal{M}_n(\mathbb{Z}).$$

EXERCICE 5. **a)** Soient $\alpha_1, \ldots, \alpha_n$ et $\beta_1, \ldots, \beta_n \in \mathbb{R}$. On note M la matrice

$$M = \begin{pmatrix} (\alpha_1 + \beta_1)^{n-1} & (\alpha_1 + \beta_2)^{n-1} & \cdots & (\alpha_1 + \beta_n)^{n-1} \\ (\alpha_2 + \beta_1)^{n-1} & (\alpha_2 + \beta_2)^{n-1} & \cdots & (\alpha_2 + \beta_n)^{n-1} \\ \vdots & \vdots & & \vdots \\ (\alpha_n + \beta_1)^{n-1} & (\alpha_n + \beta_2)^{n-1} & \cdots & (\alpha_n + \beta_n)^{n-1} \end{pmatrix} \in \mathcal{M}_n(\mathbb{R}).$$

Calculer le déterminant de M.

b) Soit $p \in \mathbb{N}$ et un entier n tel que $n \geq p+1$. On note A la matrice

$$A = \begin{pmatrix} 1 & 2^p & \cdots & n^p \\ 2^p & 3^p & \cdots & (n+1)^p \\ \vdots & \vdots & & \vdots \\ n^p & (n+1)^p & \cdots & (2n-1)^p \end{pmatrix} \in \mathcal{M}_n(\mathbb{R}).$$

Calculer $\Delta = \det A$.

Solution. **a)** L'astuce est d'écrire M comme le produit de deux matrices. Si $m_{i,j}$ désigne l'élément d'indice (i,j) dans la matrice M, on a

$$m_{i,j} = \sum_{k=0}^{n-1} C_{n-1}^k \alpha_i^k \beta_j^{n-1-k} = \sum_{k=1}^{n} p_{i,k} q_{k,j} \qquad (*)$$

où $p_{i,k} = C_{n-1}^{k-1} \alpha_i^{k-1}$ et $q_{k,j} = \beta_j^{n-k}$. En d'autres termes, si $P = (p_{i,j})_{1 \leq i,j \leq n} \in \mathcal{M}_n(\mathbb{R})$ et $Q = (q_{i,j})_{1 \leq i,j \leq n} \in \mathcal{M}_n(\mathbb{R})$, la relation (*) s'écrit $M = PQ$. On a donc $\det M = \det P \cdot \det Q$. Or le déterminant de P vaut

$$\begin{vmatrix} C_{n-1}^0 & C_{n-1}^1 \alpha_1 & \cdots & C_{n-1}^{n-1} \alpha_1^{n-1} \\ C_{n-1}^0 & C_{n-1}^1 \alpha_2 & \cdots & C_{n-1}^{n-1} \alpha_2^{n-1} \\ \vdots & \vdots & & \vdots \\ C_{n-1}^0 & C_{n-1}^1 \alpha_n & \cdots & C_{n-1}^{n-1} \alpha_n^{n-1} \end{vmatrix} = C_{n-1}^0 C_{n-1}^1 \cdots C_{n-1}^{n-1} \begin{vmatrix} 1 & \alpha_1 & \cdots & \alpha_1^{n-1} \\ 1 & \alpha_2 & \cdots & \alpha_2^{n-1} \\ \vdots & \vdots & & \vdots \\ 1 & \alpha_n & \cdots & \alpha_n^{n-1} \end{vmatrix},$$

donc $\det P = C_{n-1}^0 \cdots C_{n-1}^{n-1} \prod_{i<j} (\alpha_j - \alpha_i)$. Par ailleurs,

$$\det Q = \begin{vmatrix} \beta_1^{n-1} & \cdots & \beta_n^{n-1} \\ \vdots & & \vdots \\ \beta_1 & \cdots & \beta_n \\ 1 & \cdots & 1 \end{vmatrix} = (-1)^{n(n-1)/2} \begin{vmatrix} 1 & \cdots & 1 \\ \beta_1 & \cdots & \beta_n \\ \vdots & & \vdots \\ \beta_1^{n-1} & \cdots & \beta_n^{n-1} \end{vmatrix}$$

(cette dernière égalité s'obtient en effectuant $(n-1) + \cdots + 2 + 1 = n(n-1)/2$ transpositions sur les lignes), donc $\det Q = (-1)^{n(n-1)/2} \prod_{i<j} (\beta_j - \beta_i)$.

On a donc

$$\det M = \det P \cdot \det Q = \left(\prod_{i=0}^{n-1} C_{n-1}^i \right) (-1)^{n(n-1)/2} \prod_{i<j} [(\alpha_j - \alpha_i)(\beta_j - \beta_i)].$$

b) Si $p+1 = n$, alors d'après la question précédente appliquée à la matrice M avec $\alpha_i = i$ et $\beta_j = j-1$, on a

$$\det A = \left(\prod_{i=0}^{n-1} C_{n-1}^i \right) (-1)^{n(n-1)/2} \prod_{i<j} [(j-i)^2].$$

Or

$$\prod_{i<j} (j-i) = \prod_{j=2}^{n} \left[\prod_{i=1}^{j-1} (j-i) \right] = \prod_{j=2}^{n} (j-1)! = \prod_{j=1}^{n-1} j!$$

et

$$\left(\prod_{i=0}^{n-1} C_{n-1}^i \right) = \prod_{i=0}^{n-1} \left[\frac{(n-1)!}{i!(n-1-i)!} \right] = \frac{[(n-1)!]^n}{\left(\prod_{i=1}^{n-1} i! \right)^2},$$

donc finalement $\Delta = (-1)^{n(n-1)/2} [(n-1)!]^n$.

Si maintenant $n > p+1$, nous allons montrer que $\Delta = 0$. Notons $P = X^p \in \mathbb{R}[X]$ et pour tout $i \in \{1, \dots, n\}$, $P_i = P(X+i) = (X+i)^p$, de sorte que la matrice A s'écrit

$$A = \begin{pmatrix} P_1(0) & P_1(1) & \cdots & P_1(n-1) \\ P_2(0) & P_2(1) & \cdots & P_2(n-1) \\ \vdots & \vdots & & \vdots \\ P_n(0) & P_n(1) & \cdots & P_n(n-1) \end{pmatrix}.$$

Pour tout i, $P_i \in \mathbb{R}_p[X] = \{Q \in \mathbb{R}[X] \mid \deg Q \le p\}$. Comme $\mathbb{R}_p[X]$ est un $\mathbb{R}$-e.v de dimension $p+1$ ($(1, X, \dots, X^p)$ en est une base) et que $n > p+1$, on en déduit que $P_1, \dots, P_n$ forme une famille liée. Donc il existe $\lambda_1, \dots, \lambda_n \in \mathbb{R}$, non tous nuls, tels que $\sum_{i=1}^n \lambda_i P_i = 0$, et donc pour tout j, $0 \le j \le n-1$, $\sum_{i=1}^n \lambda_i P_i(j) = 0$. Autrement dit, les vecteurs lignes de la matrice A sont linéairement dépendants, ce qui entraîne $\Delta = \det A = 0$.

Exercice 6. Soit la matrice

$$A_p = \begin{pmatrix} 1 & C_n^1 & C_n^2 & \cdots & C_n^p \\ 1 & C_{n+1}^1 & C_{n+1}^2 & \cdots & C_{n+1}^p \\ \vdots & \vdots & \vdots & & \vdots \\ 1 & C_{n+p}^1 & C_{n+p}^2 & \cdots & C_{n+p}^p \end{pmatrix} \in \mathcal{M}_{p+1}(\mathbb{R}).$$

Calculer $\Delta_p = \det A_p$.

Solution. En retranchant à chacune des p dernières lignes la précédente, on obtient :

$$\Delta_p = \begin{vmatrix} 1 & C_n^1 & C_n^2 & \cdots & C_n^p \\ 0 & C_n^0 & C_n^1 & \cdots & C_n^{p-1} \\ \vdots & \vdots & \vdots & & \vdots \\ 0 & C_{n+p-1}^0 & C_{n+p-1}^1 & \cdots & C_{n+p-1}^{p-1} \end{vmatrix} = \begin{vmatrix} C_n^0 & C_n^1 & \cdots & C_n^{p-1} \\ \vdots & \vdots & & \vdots \\ C_{n+p-1}^0 & C_{n+p-1}^1 & \cdots & C_{n+p-1}^{p-1} \end{vmatrix} = \Delta_{p-1}$$

(on a utilisé la relation $C_{k+1}^{l+1} - C_k^{l+1} = C_k^l$). Donc $\Delta_p = \Delta_{p-1} = \cdots = \Delta_1 = 1$.

Exercice 7. **a)** Calculer le déterminant d'ordre n à coefficients dans $\mathbb{K}$

$$\Delta_n = \begin{vmatrix} a_1 + x_1 & a_1 & \cdots & a_1 \\ a_2 & a_2 + x_2 & \cdots & a_2 \\ \vdots & & \ddots & \vdots \\ a_n & \cdots & a_n & a_n + x_n \end{vmatrix}.$$

b) Calculer le déterminant d'ordre $n+1$ à coefficients dans $\mathbb{K}$

$$\Delta_n = \begin{vmatrix} x & a_1 & a_2 & \cdots & a_n \\ a_1 & x & a_2 & \cdots & a_n \\ \vdots & a_2 & \ddots & \ddots & \vdots \\ \vdots & \vdots & \ddots & \ddots & a_n \\ a_1 & a_2 & \cdots & a_n & x \end{vmatrix}.$$

Solution. **a)** Nous allons prouver par récurrence sur n que $\Delta_n = x_1 \cdots x_n + \sum_{j=1}^{n}(a_j \prod_{k\neq j} x_k)$. Le résultat est évidemment vrai pour $n = 1$. Supposons le vrai au rang $n-1$ et montrons le au rang n. En utilisant la linéarité du déterminant par rapport à la dernière colonne, on voit que

$$\Delta_n = \begin{vmatrix} a_1+x_1 & a_1 & \cdots & a_1 \\ a_2 & \ddots & \cdots & a_2 \\ \vdots & \cdots & a_{n-1}+x_{n-1} & \vdots \\ a_n & \cdots & a_n & a_n \end{vmatrix} + \begin{vmatrix} a_1+x_1 & a_1 & \cdots & 0 \\ a_2 & \ddots & \cdots & \vdots \\ \vdots & \cdots & a_{n-1}+x_{n-1} & 0 \\ a_n & \cdots & a_n & x_n \end{vmatrix} = D_1 + D_2.$$

Si on retranche, dans le déterminant D_1, la dernière colonne aux $n-1$ premières, on s'aperçoit que $D_1 = a_n x_1 \cdots x_{n-1}$. Par ailleurs, en développant D_2 par rapport à la dernière colonne, on obtient $D_2 = x_n \Delta_{n-1}$. Finalement, Δ_n est égal à

$$D_1 + D_2 = a_n x_1 \cdots x_{n-1} + x_n \left[x_1 \cdots x_{n-1} + \sum_{j=1}^{n-1} \left(a_j \prod_{\substack{1\leq k\leq n-1 \\ k\neq j}} x_k \right) \right] = x_1 \cdots x_n + \sum_{j=1}^{n} \left(a_j \prod_{k\neq j} x_k \right).$$

b) En ajoutant toutes les colonnes à la dernière, on obtient

$$\Delta_n = \left(x + \sum_{i=1}^{n} a_i \right) \begin{vmatrix} x & a_1 & a_2 & \cdots & a_{n-1} & 1 \\ a_1 & x & a_2 & \cdots & \vdots & 1 \\ \vdots & a_2 & \ddots & \ddots & a_{n-1} & \vdots \\ \vdots & \vdots & \ddots & \ddots & x & \vdots \\ a_1 & a_2 & \cdots & a_{n-1} & a_n & 1 \end{vmatrix},$$

puis en retranchant, pour $1 \leq j \leq n$, à la j-ième colonne a_j fois la dernière,

$$\Delta_n = \left(x + \sum_{i=1}^{n} a_i \right) \begin{vmatrix} x-a_1 & \times & \cdots & \times & 1 \\ 0 & x-a_2 & \ddots & \vdots & \vdots \\ \vdots & \ddots & \ddots & \times & \vdots \\ \vdots & & \ddots & x-a_n & 1 \\ 0 & \cdots & \cdots & 0 & 1 \end{vmatrix} = \left(x + \sum_{i=1}^{n} a_i \right) \prod_{i=1}^{n} (x - a_i).$$

→ Exercice 8 (Déterminant de Cauchy). Soient $a_1, \ldots, a_n \in \mathbb{K}$ et $b_1, \ldots, b_n \in \mathbb{K}$ tels que pour tout (i,j), $a_i + b_j \neq 0$. Calculer le déterminant d'ordre n

$$\Delta_n = \begin{vmatrix} \frac{1}{a_1+b_1} & \frac{1}{a_1+b_2} & \cdots & \frac{1}{a_1+b_n} \\ \frac{1}{a_2+b_1} & \frac{1}{a_2+b_2} & \cdots & \frac{1}{a_2+b_n} \\ \vdots & \vdots & & \vdots \\ \frac{1}{a_n+b_1} & \frac{1}{a_n+b_2} & \cdots & \frac{1}{a_n+b_n} \end{vmatrix}.$$

Solution. C'est classique. Il y a plusieurs moyens de procéder. Nous donnons ici une solution assez générale. Supposons dans un premier temps les a_i distincts deux à deux et $n \geq 2$. L'existence de la décomposition d'une fraction en éléments simples permet d'affirmer

$$\exists \lambda_1, \ldots, \lambda_n \in \mathbb{K}, \quad R(X) = \frac{(b_1 - X) \cdots (b_{n-1} - X)}{(X + a_1) \cdots (X + a_n)} = \frac{\lambda_1}{X + a_1} + \cdots + \frac{\lambda_n}{X + a_n}.$$

On peut même effectivement calculer les λ_k, qui valent

$$\forall k, \qquad \lambda_k = \frac{\prod_{j=1}^{n-1}(b_j + a_k)}{\prod_{j \neq k}(a_j - a_k)} \neq 0.$$

Si maintenant on note $L_1, \dots, L_n$ les lignes de Δ_n, on a

$$\Delta_n = \begin{vmatrix} L_1 \\ \vdots \\ L_{n-1} \\ L_n \end{vmatrix} = \frac{1}{\lambda_n} \begin{vmatrix} L_1 \\ \vdots \\ L_{n-1} \\ \sum_i \lambda_i L_i \end{vmatrix},$$

c'est-à-dire

$$\Delta_n = \frac{1}{\lambda_n} \begin{vmatrix} \frac{1}{a_1+b_1} & \cdots & \frac{1}{a_1+b_n} \\ \vdots & & \vdots \\ \frac{1}{a_{n-1}+b_1} & \cdots & \frac{1}{a_{n-1}+b_n} \\ R(b_1) & \cdots & R(b_n) \end{vmatrix} = \frac{1}{\lambda_n} \begin{vmatrix} \frac{1}{a_1+b_1} & \cdots & \frac{1}{a_1+b_{n-1}} & \frac{1}{a_1+b_n} \\ \vdots & & \vdots & \vdots \\ \frac{1}{a_{n-1}+b_1} & \cdots & \frac{1}{a_{n-1}+b_{n-1}} & \frac{1}{a_{n-1}+b_n} \\ 0 & \cdots & 0 & R(b_n) \end{vmatrix}.$$

En développant ce dernier par rapport à la dernière ligne, on obtient

$$\Delta_n = \frac{R(b_n)}{\lambda_n}\Delta_{n-1} = \frac{\prod_{i=1}^{n-1}(b_n - b_i)}{\prod_{i=1}^{n}(b_n + a_i)} \cdot \frac{\prod_{i=1}^{n-1}(a_i - a_n)}{\prod_{i=1}^{n-1}(a_n + b_i)} \cdot \Delta_{n-1}.$$

Sachant que $\Delta_1 = 1/(a_1 + b_1)$, une récurrence sur n donne

$$\Delta_n = \frac{\prod_{i<j}(a_j - a_i)\prod_{i<j}(b_j - b_i)}{\prod_{i,j}(a_i + b_j)}. \tag{*}$$

Rappelons que nous avions supposé que les a_i étaient distincts deux à deux. Si maintenant deux des a_i sont égaux alors les deux lignes correspondantes dans Δ_n sont égales et donc $\Delta_n = 0$. L'égalité (*) est donc vraie dans tous les cas.

Remarque. Cette méthode, ainsi que le résultat, sont à retenir. On peut par exemple calculer par cette technique un déterminant de Vandermonde (faites le !). Une application des déterminants de Cauchy est donnée au chapitre portant sur les suites de fonctions du tome Analyse (voir le problème portant sur le théorème de Müntz).

– Grâce à ce résultat et à la formule $A^{-1} = {}^t\widetilde{A}/(\det A)$, il est facile d'inverser une matrice dont l'élément d'indice (i, j) est $1/(a_i + b_j)$ puisque les mineurs d'une telle matrice sont des déterminant de Cauchy.

EXERCICE 9. Soient $\alpha_1, \dots, \alpha_n \in \mathbb{K}$. Calculer le déterminant

$$\Delta = \begin{vmatrix} 1 & \alpha_1 & \cdots & \alpha_1^{k-1} & \alpha_1^{k+1} & \cdots & \alpha_1^n \\ 1 & \alpha_2 & \cdots & \alpha_2^{k-1} & \alpha_2^{k+1} & \cdots & \alpha_2^n \\ \vdots & \vdots & & \vdots & \vdots & & \vdots \\ 1 & \alpha_n & \cdots & \alpha_n^{k-1} & \alpha_n^{k+1} & \cdots & \alpha_n^n \end{vmatrix}.$$

Solution. Soit

$$\Delta(X) = \begin{vmatrix} 1 & \alpha_1 & \cdots & \alpha_1^{k-1} & \alpha_1^k & \alpha_1^{k+1} & \cdots & \alpha_1^n \\ 1 & \alpha_2 & \cdots & \alpha_2^{k-1} & \alpha_2^k & \alpha_2^{k+1} & \cdots & \alpha_2^n \\ \vdots & \vdots & & \vdots & \vdots & & & \vdots \\ 1 & \alpha_n & \cdots & \alpha_n^{k-1} & \alpha_n^k & \alpha_n^{k+1} & \cdots & \alpha_n^n \\ 1 & X & \cdots & X^{k-1} & X^k & X^{k+1} & \cdots & X^n \end{vmatrix} \in \mathbb{K}[X].$$

Δ apparaît comme le mineur de l'élément X^i dans $\Delta(X)$. En développant $\Delta(X)$ par rapport à sa dernière ligne, on s'aperçoit que Δ est le coefficient de X^k multiplié par $(-1)^{n+k}$ dans le polynôme $\Delta(X)$. Or $\Delta(X)$ est un Vandermonde :

$$\Delta(X) = V(\alpha_1, \ldots, \alpha_n, X) = \prod_{1 \leq i < j \leq n} (\alpha_j - \alpha_i) \prod_{i=1}^{n} (X - \alpha_i).$$

D'après ce que l'on a dit plus haut, on a donc l'égalité

$$\Delta = (-1)^{n+k}(-1)^{n-k}\sigma_{n-k} \cdot \prod_{1 \leq i < j \leq n} (\alpha_j - \alpha_i) = \sigma_{n-k} \cdot \prod_{1 \leq i < j \leq n} (\alpha_j - \alpha_i),$$

où σ_{n-k} désigne la valeur prise au point $(\alpha_1, \ldots, \alpha_n)$ par le polynôme symétrique élémentaire $\sum X_1 \cdots X_{n-k} \in \mathbb{K}[X_1, \ldots, X_n]$.

Remarque. On peut ainsi connaître les cofacteurs d'un Vandermonde, donc inverser un Vandermonde.

EXERCICE 10. Soit E un $\mathbb{K}$-espace vectoriel de dimension $n \in \mathbb{N}^*$, où $\mathbb{K}$ est un corps commutatif de caractéristique différente de 2. Soit f une forme n-linéaire alternée sur E. Pour tout $u \in \mathcal{L}(E)$, on définit :

$$f_u : E^n \to \mathbb{K} \qquad (x_1, \ldots, x_n) \mapsto \sum_{i=1}^{n} f(x_1, \ldots, x_{i-1}, u(x_i), x_{i+1}, \ldots, x_n).$$

Montrer que $f_u = \operatorname{tr}(u) f$.

Solution. Fixons $u \in \mathcal{L}(E)$. L'application f_u est une forme n-linéaire alternée comme on le vérifie facilement; l'ensemble F des formes n-linéaires alternées de E étant un $\mathbb{K}$ espace vectoriel de dimension 1, on a donc :

$$(\forall f \in F, f \neq 0, \exists! \lambda_f \in \mathbb{K}), \qquad f_u = \lambda_f \cdot f.$$

Soit $g \neq 0$ une autre forme n-linéaire alternée. Il existe $\mu \in \mathbb{K}^*$ tel que $g = \mu f$. Donc $\lambda_g g = g_u = \mu f_u = (\mu \lambda_f) f$, et comme $g = \mu f$, on tire :$\lambda_f = \lambda_g$. Le scalaire λ_f ne dépend donc pas de $f \in F$, mais seulement de u. On peut donc écrire :

$$\exists \lambda_u \in \mathbb{K}, \ \forall f \in F, \quad f_u = \lambda_u f. \qquad (*)$$

Montrons maintenant que $\lambda_u = \operatorname{tr}(u)$. Soit $B = (e_1, \ldots, e_n)$ une base de E, $A = (a_{i,j})_{1 \leq i < j \leq n}$ la matrice de u dans cette base. En appliquant (*) à la forme n-linéaire alternée $\det_B$ (déterminant dans la base B)et au n-uplet $(e_1, \ldots, e_n)$, on obtient

$$\lambda_u \det_B(e_1, \ldots, e_n) = \lambda_u = \sum_{i=1}^{n} \det_B(e_1, \ldots, e_{i-1}, u(e_i), e_{i+1}, \ldots, e_n).$$

Or pour tout i,

$$\begin{aligned}\det_{\mathcal{B}}(e_1, \dots, e_{i-1}, u(e_i), e_{i+1}, \dots, e_n) &= \det_{\mathcal{B}}(e_1, \dots, e_{i-1}, \sum_{j=1}^{n} a_{j,i}\, e_j, e_{i+1}, \dots, e_n) \\ &= \sum_{j=1}^{n} a_{j,i} \det_{\mathcal{B}}(e_1, \dots, e_{i-1}, e_j, e_{i+1}, \dots, e_n) = a_{i,i}.\end{aligned}$$

On en déduit $\lambda_u = \sum_{i=1}^{n} a_{i,i} = \mathrm{tr}(A) = tr(u)$.

EXERCICE 11. **a)** Soit $A \in \mathcal{M}_n(\mathbb{R})$. On note $\widetilde{A}$ sa comatrice. Donner le rang de $\widetilde{A}$ en fonction du rang de A.
b) Si $n \geq 3$, résoudre dans $\mathcal{M}_n(\mathbb{R})$ l'équation $A = \widetilde{A}$.

Solution. **a)** Si $\mathrm{rg}\, A = n$, l'égalité ${}^t\widetilde{A}A = (\det A)I_n$ entraîne $\widetilde{A} = (\det A)^t A^{-1}$, donc comme $\det A \neq 0$, $\mathrm{rg}\, \widetilde{A} = n$.

Si $\mathrm{rg}\, A = n - 1$, alors il existe un mineur d'un élément de A non nul (d'après le théorème 2 de la partie 3.6, page 121), donc $\widetilde{A} \neq 0$. De plus, on a ${}^t\widetilde{A}A = (\det A)I_n = 0$ donc $\mathrm{Im}\, A \subset \mathrm{Ker}\, {}^t\widetilde{A}$, donc $\dim(\mathrm{Ker}\, {}^t\widetilde{A}) \geq n - 1$ et donc $\mathrm{rg}\, {}^t\widetilde{A} = \mathrm{rg}\, \widetilde{A} = n - \dim(\mathrm{Ker}\, {}^t\widetilde{A}) \leq 1$. Comme on a vu que $\widetilde{A} \neq 0$, ceci entraîne $\mathrm{rg}\, \widetilde{A} = 1$.

Si $\mathrm{rg}\, A \leq n - 2$, alors tous les cofacteurs de A sont nuls, donc $\mathrm{rg}\, \widetilde{A} = 0$.

b) L'égalité $A = \widetilde{A}$ entraîne l'égalité $\mathrm{rg}\, A = \mathrm{rg}\, \widetilde{A}$.

Si $\mathrm{rg}\, A \leq n - 2$, alors d'après a), $\mathrm{rg}\, \widetilde{A} = 0$, donc $\mathrm{rg}\, A = 0$, donc $A = 0$.

Si $\mathrm{rg}\, A = n - 1$, alors $\mathrm{rg}\, \widetilde{A} = 1$, et donc $n - 1 = \mathrm{rg}\, A = \mathrm{rg}\, \widetilde{A} = 1$ donc $n = 2$, contraire aux hypothèses.

Si $\mathrm{rg}\, A = n$, alors $(\det A)I_n = {}^t\widetilde{A}A = {}^tAA$. Or $\det({}^tAA) = \det({}^tA)\det(A) = (\det A)^2$ et $\det[(\det A)I_n] = (\det A)^n$. Comme $\det A \neq 0$, on en déduit $(\det A)^{n-2} = 1$, et donc $\det A \in \{-1, 1\}$ car $\det A \in \mathbb{R}$. Si $A = (a_{i,j})$, le terme d'indice $(1, 1)$ de ${}^tAA$ est $\sum_j a_{1,j}^2 \geq 0$, et comme ${}^tAA = (\det A)I_n$, ce terme vaut $\det A$. Donc $\det A \geq 0$, et donc $\det A = 1$.

Finalement, on a montré que $\det A = 1$ et ${}^tAA = I_n$. Réciproquement, si ${}^tAA = I_n$ et $\det A = 1$, comme ${}^t\widetilde{A}A = (\det A)I_n = I_n$, on a $\widetilde{A} = A$ car A est inversible.

L'ensemble des matrices A vérifiant $\widetilde{A} = A$ est donc la matrice nulle et les matrices A telles que $\det A = 1$ et ${}^tAA = I_n$ (ces dernières sont l'ensemble des matrices orthogonales de déterminant 1, $\mathcal{O}_n^+$, *i. e.* le groupe spécial orthogonal).

EXERCICE 12 (DÉTERMINANT CIRCULANT). Soit $n \in \mathbb{N}^*$ et $\omega = e^{2i\pi/n}$. On note $\Omega = (\omega^{(i-1)(j-1)})_{1 \leq i,j \leq n} \in \mathcal{M}_n(\mathbb{C})$.
a) Soient $a_1, \dots, a_n \in \mathbb{C}$ et

$$A = \begin{pmatrix} a_1 & a_2 & a_3 & \cdots & a_n \\ a_n & a_1 & a_2 & \cdots & a_{n-1} \\ a_{n-1} & a_n & a_1 & \cdots & a_{n-2} \\ \vdots & \vdots & \vdots & & \vdots \\ a_2 & a_3 & a_4 & \cdots & a_1 \end{pmatrix} \in \mathcal{M}_n(\mathbb{C}).$$

Calculer $\det(A\Omega)$ et en déduire la valeur de $\det A$.

b) (Application). Si $\theta \in \mathbb{R}$, calculer le déterminant $n \times n$

$$\Delta(\theta) = \begin{vmatrix} \cos\theta & \cos 2\theta & \cdots & \cos n\theta \\ \cos n\theta & \cos\theta & \cdots & \cos(n-1)\theta \\ \vdots & \vdots & & \vdots \\ \cos 2\theta & \cos 3\theta & \cdots & \cos\theta \end{vmatrix}.$$

Solution. **a)** Un peu d'attention montre que le coefficient d'indice (i,j) du produit $A\Omega$ est $\omega^{(i-1)(j-1)}P(\omega^{j-1})$ où P désigne le polynôme $P = a_1 + a_2X + \cdots + a_nX^n$. Autrement dit,

$$A\Omega = \begin{pmatrix} P(1) & P(\omega) & \cdots & P(\omega^{n-1}) \\ P(1) & \omega P(\omega) & \cdots & \omega^{n-1}P(\omega^{n-1}) \\ \vdots & \vdots & & \vdots \\ P(1) & \omega^{n-1}P(\omega) & \cdots & \omega^{(n-1)(n-1)}P(\omega^{n-1}) \end{pmatrix}.$$

On en déduit

$$\det(A\Omega) = P(1)P(\omega)\cdots P(\omega^{n-1}) \begin{vmatrix} 1 & 1 & \cdots & 1 \\ 1 & \omega & \cdots & \omega^{n-1} \\ \vdots & \vdots & & \vdots \\ 1 & \omega^{n-1} & \cdots & \omega^{(n-1)(n-1)} \end{vmatrix} = P(1)P(\omega)\cdots P(\omega^{n-1})\det\Omega.$$

Comme $\det\Omega \neq 0$ (c'est un Vandermonde dont les paramètres sont deux à deux distincts), on en déduit $\det A = P(1)P(\omega)\cdots P(\omega^{n-1})$.

b) On pose $U_n = \{e^{2ik\pi/n},\ n \in \mathbb{Z}\}$, de sorte que d'après a),

$$\Delta(\theta) = \prod_{\omega\in U_n} (\cos\theta + \omega\cos 2\theta + \cdots + \omega^{n-1}\cos n\theta). \qquad (*)$$

Supposons dans un premier temps $\theta \notin \frac{2\pi}{n}\mathbb{Z}$. Si $\omega \in U_n$, on pose

$$S = \cos\theta + \omega\cos 2\theta + \cdots + \omega^{n-1}\cos n\theta \quad \text{et} \quad T = \sin\theta + \omega\sin 2\theta + \cdots + \omega^{n-1}\sin n\theta.$$

On a

$$S + iT = \frac{1}{\omega}\sum_{k=1}^{n}(\omega e^{i\theta})^k = e^{i\theta}\frac{1-e^{in\theta}}{1-\omega e^{i\theta}} \quad \text{et de même} \quad S - iT = e^{-i\theta}\frac{1-e^{-in\theta}}{1-\omega e^{-i\theta}}.$$

On en déduit, après calculs, que

$$S = 2\sin\left(\frac{n\theta}{2}\right)\cdot\frac{\sin(\frac{n+2}{2}\theta) - \omega\sin(\frac{n\theta}{2})}{(1-\omega e^{i\theta})(1-\omega e^{-i\theta})}. \qquad (**)$$

Or $X^n - \sin^n\left(\frac{n\theta}{2}\right) = \prod_{\omega\in U_n}\left[X - \omega\sin\left(\frac{n\theta}{2}\right)\right]$, donc

$$\prod_{\omega\in U_n}\left[\sin\left(\frac{n+2}{2}\theta\right) - \omega\sin\left(\frac{n\theta}{2}\right)\right] = \sin^n\left(\frac{n+2}{2}\theta\right) - \sin^n\left(\frac{n\theta}{2}\right). \qquad (***).$$

Comme $X^n - e^{ni\theta} = \prod_{\omega\in U_n}(X - \omega e^{i\theta})$, on a

$$\prod_{\omega\in U_n}(1-\omega e^{i\theta}) = 1 - e^{ni\theta}, \quad \text{de même} \quad \prod_{\omega\in U_n}(1-\omega e^{-i\theta}) = (1-e^{-ni\theta}).$$

On en déduit

$$\prod_{\omega\in U_n}\left[(1-\omega e^{i\theta})(1-\omega e^{-i\theta})\right] = (1-e^{ni\theta})(1-e^{-ni\theta}) = 4\sin^2\left(\frac{n\theta}{2}\right).$$

Avec (*), (**) et (***) on en déduit

$$\Delta(\theta) = 2^{n-2}\sin^{n-2}\left(\frac{n\theta}{2}\right)\left[\sin^n\left(\frac{n+2}{2}\theta\right) - \sin^n\left(\frac{n\theta}{2}\right)\right].$$

Nous avons démontré cette relation pour $\theta \notin \frac{2\pi}{n}\mathbb{Z}$. Le déterminant étant une fonction continue de ses coefficients (c'est un polynôme en ses coefficients), la fonction $\theta \mapsto \Delta(\theta)$ est continue, et par continuité on en déduit que la relation trouvée est valable pour tout $\theta \in \mathbb{R}$.

Remarque. On verra au chapitre IV une autre démonstration du résultat de la question a) (voir l'exercice 4 de la partie 1.6, page 178).

EXERCICE 13. Soient $a, b \in \mathbb{K}$ avec $a \neq b$. On pose

$$A_n = \begin{pmatrix} a+b & ab & 0 & \cdots & 0 \\ 1 & a+b & ab & \ddots & \vdots \\ 0 & 1 & a+b & \ddots & 0 \\ \vdots & \ddots & \ddots & \ddots & ab \\ 0 & \cdots & 0 & 1 & a+b \end{pmatrix} \in \mathcal{M}_n(\mathbb{K}).$$

Calculer $\det A_n$.

Solution. Supposons $n \geq 3$. En développant par rapport à la première ligne on obtient

$$\det A_n = (a+b)\det A_{n-1} - ab \begin{vmatrix} 1 & ab & 0 & \cdots & 0 \\ 0 & a+b & ab & \ddots & \vdots \\ 0 & 1 & a+b & \ddots & 0 \\ \vdots & 0 & \ddots & \ddots & ab \\ 0 & \cdots & \ddots & 1 & a+b \end{vmatrix},$$

puis en développant le dernier déterminant de cette égalité par rapport à la première colonne, $\det A_n = (a+b)\det A_{n-1} - ab\det A_{n-2}$. Sachant que

$$\det A_1 = a+b = \frac{a^2-b^2}{a-b} \quad \text{et} \quad \det A_2 = a^2+ab+b^2 = \frac{a^3-b^3}{a-b},$$

on démontre facilement par récurrence sur n que $\det A_n = \dfrac{a^{n+1}-b^{n+1}}{a-b}$.

Remarque. Si $a = b$, une récurrence donne $\det A_n = (n+1)a^n$.

– À partir du résultat de cet exercice, on peut facilement calculer les déterminants de la forme

$$\begin{vmatrix} \beta & \gamma & 0 & \cdots & 0 \\ \alpha & \beta & \gamma & \ddots & \vdots \\ 0 & \alpha & \beta & \ddots & 0 \\ \vdots & \ddots & \ddots & \ddots & \gamma \\ 0 & \cdots & 0 & \alpha & \beta \end{vmatrix}.$$

6. Problèmes

PROBLÈME 1. Résoudre dans $\mathcal{M}_n(\mathbb{R})$ l'équation $A^2 = -I_n$.

Solution. Comme $A^2 = -I_n$, on a $\det(A^2) = (\det A)^2 = (-1)^n$ donc n est pair. Soit $p \in \mathbb{N}^*$ tel que $n = 2p$. On va démontrer, en procédant par récurrence sur k, le résultat suivant : pour tout k, $1 \leq k \leq p$, il existe $x_1, \dots, x_k \in E = \mathbb{R}^n$ tels que $(x_1, f(x_1), \dots, x_k, f(x_k))$ forme une famille libre (f étant l'endomorphisme de $\mathbb{R}^n$ dont A est la matrice dans la base canonique de $\mathbb{R}^n$).

Pour $k = 1$. Soit $x_1 \in E$, $x_1 \neq 0$. Si $\lambda x_1 + \mu f(x_1) = 0$, alors par composition par f, on tire $\lambda f(x_1) - \mu x_1 = 0$. Finalement, on en déduit :

$$(\lambda^2 + \mu^2)x_1 = \lambda\left[\lambda x_1 + \mu f(x_1)\right] - \mu\left[\lambda f(x_1) - \mu x_1\right] = 0.$$

Donc $\lambda^2 + \mu^2 = 0$, c'est-à-dire $\lambda = \mu = 0$. La famille $(x_1, f(x_1))$ est donc libre.

Supposons maintenant le résultat vrai au rang $k-1$ et montrons le au rang $k \leq p$. D'après l'hypothèse de récurrence, il existe $x_1, \dots, x_{k-1} \in E$ tels que $(x_1, f(x_1), \dots, x_{k-1}, f(x_{k-1}))$ forme une famille libre. Soit $F_{k-1} = \mathrm{Vect}\{x_1, f(x_1), \dots, x_{k-1}, f(x_{k-1})\}$. $\dim F_{k-1} = 2k - 2 < 2p$, donc on peut choisir $x_k \in E$, $x_k \notin F_{k-1}$. Supposons maintenant une égalité du type :

$$\lambda_1 x_1 + \mu_2 f(x_1) + \cdots + \lambda_k x_k + \mu_k f(x_k) = 0.$$

Alors $\lambda_k x_k + \mu_k f(x_k) \in F_{k-1}$ et F_{k-1} étant stable par f, $f\left[\lambda_k x_k + \mu_k f(x_k)\right] = \lambda_k f(x_k) - \mu_k x_k \in F_{k-1}$. Donc : $(\lambda_k^2 + \mu_k^2)x_k = \lambda_k\left[\lambda_k x_k + \mu_k f(x_k)\right] - \mu_k\left[\lambda_k f(x_k) - \mu_k x_k\right] \in F_{k-1}$. Or $x_k \notin F_{k-1}$, donc $\lambda_k^2 + \mu_k^2 = 0$, d'où $\lambda_k = \mu_k = 0$, d'où $\lambda_1 x_1 + \mu_1 f(x_1) + \cdots + \lambda_{k-1}x_{k-1} + \mu_{k-1}f(x_{k-1}) = 0$, donc $\forall i, \lambda_i = \mu_i = 0$.

En particulier, en prenant $k = p$, on voit que $\exists x_1, \dots, x_p \in E$ tels que $(x_1, f(x_1), \dots, x_p, f(x_p))$ forme une famille libre à $2p = n$ éléments de E, donc une base B de E. A est donc semblable à

$$[f]_B = \begin{pmatrix} \begin{bmatrix} 0 & -1 \\ 1 & 0 \end{bmatrix} & & (0) \\ & \ddots & \\ (0) & & \begin{bmatrix} 0 & -1 \\ 1 & 0 \end{bmatrix} \end{pmatrix},$$

et réciproquement, si A est semblable à une matrice de cette forme, $A^2 = -I_n$.

→ PROBLÈME 2 (ENDOMORPHISMES NILPOTENTS EN DIMENSION FINIE). Soit E un $\mathbb{K}$-e.v de dimension finie $n \in \mathbb{N}^*$. Soit $f \in \mathcal{L}(E)$, nilpotente, (*i. e.* il existe $p \in \mathbb{N}^*$ tel que $f^p = 0$). On note $q \in \mathbb{N}^*$ l'indice de nilpotence de f, *i. e.* $q = \inf\{p \in \mathbb{N}^* \mid f^p = 0\}$.

1/ On veut montrer que $q \leq n$.

a) (Première méthode). Montrer que la suite $(\mathrm{Im}\, f^p)_{p\in\mathbb{N}}$ décroît strictement jusqu'à $p = q$ puis devient stationnaire. Conclure.

b) (Deuxième méthode). Montrer qu'il existe $x_0 \in E$ tel que $(x_0, f(x_0), \dots, f^{q-1}(x_0))$ forme une famille libre. Conclure.

2/ Si $r = \dim(\mathrm{Ker}\, f)$, montrer que $r \neq 0$ et que $n/r \leq q \leq n + 1 - r$.

Solution. **1/ a)** Pour tout p, comme $f(E) \subset E$, on a $f^{p+1}(E) = f^p[f(E)] \subset f^p(E)$. La suite $(\mathrm{Im}\, f^p)_{p\in\mathbb{N}}$ est donc décroissante.

- Soit s le plus petit naturel tel que $\mathrm{Im}\, f^{s+1} = \mathrm{Im}\, f^s$ (s existe car $\mathrm{Im}\, f^{q+1} = \mathrm{Im}\, f^q = \{0\}$). Alors pour tout $p \geq s$,

$$\mathrm{Im}\, f^{p+1} = f^{p-s}[f^{s+1}(E)] = f^{p-s}[f^s(E)] = \mathrm{Im}\, f^p.$$

La suite $(\mathrm{Im}\, f^p)_{p\in\mathbb{N}}$ est donc stationnaire à partir du rang s. Or $(\mathrm{Im}\, f^p)_{p\in\mathbb{N}}$ est stationnaire à $\{0\}$ à partir de $p = q$, donc $q = s$.

Pour tout $p < q$, on a donc $\operatorname{Im} f^{p+1} \subset \operatorname{Im} f^p$ et $\operatorname{Im} f^{p+1} \neq \operatorname{Im} f^p$, d'où $\operatorname{rg} f^{p+1} \leq \operatorname{rg} f^p - 1$. On en déduit facilement par récurrence sur p que si $p \leq q$, $\operatorname{rg} f^p \leq \operatorname{rg} f^0 - p = n - p$ (rappelons que $f^0 = \mathrm{Id}_E$ par convention). En particulier, $0 = \operatorname{rg} f^q \leq n - q$, donc $q \leq n$.

b) Comme $f^{q-1} \neq 0$, il existe $x_0 \in E$ tel que $f^{q-1}(x_0) \neq 0$. Nous allons montrer que la famille $(x_0, f(x_0), \ldots, f^{q-1}(x_0))$ est libre. Si $\sum_{i=0}^{q-1} \lambda_i f^i(x_0) = 0$ avec les λ_i non tous nuls, on considère le plus petit entier k tel que $\lambda_k \neq 0$. On a $\sum_{i=k}^{q-1} \lambda_i f^i(x_0) = 0$, donc en composant par f^{q-1-k} à gauche,

$$\lambda_k f^{q-1}(x_0) + \lambda_{k+1} f^q(x_0) + \cdots + \lambda_{q-1} f^{2(q-1)-k}(x_0) = 0.$$

Comme $f^p = 0$ pour $p \geq q$, cette dernière égalité entraîne $\lambda_k f^{q-1}(x_0) = 0$, et comme $f^{q-1}(x_0) \neq 0$, $\lambda_k = 0$, ce qui est absurde. La famille considérée est donc libre. Elle a q éléments, donc $q \leq \dim E = n$.

2/ On a vu au 1/a) que si $p < q$, $\operatorname{rg} f^{p+1} \leq \operatorname{rg} f^p - 1$, ce qui entraîne que $0 = \operatorname{rg} f^q \leq \operatorname{rg} f - (q-1) = n - r - (q-1)$, donc $q \leq n - r + 1$.

Il reste à montrer l'inégalité $n/r \leq q$. Pour cela, commençons par montrer que

$$\forall p \in \mathbb{N}, \qquad \operatorname{rg} f^{p+1} = \operatorname{rg} f^p - \dim(\operatorname{Im} f^p \cap \operatorname{Ker} f). \qquad (*)$$

- Soit S un s.e.v de E tel que $(\operatorname{Im} f^p \cap \operatorname{Ker} f) \oplus S = \operatorname{Im} f^p$. On a $S \cap \operatorname{Ker} f \subset (\operatorname{Im} f^p \cap \operatorname{Ker} f) \cap S = \{0\}$, donc $S \cap \operatorname{Ker} f = \{0\}$. Ceci entraîne que $f_{|S}$ (restriction de f à S) est injective, et donc $\dim f(S) = \dim S$. Or $\operatorname{Im} f^{p+1} = f(\operatorname{Im} f^p) = f[(\operatorname{Im} f^p \cap \operatorname{Ker} f) \oplus S] = f(S)$, donc $\operatorname{rg} f^{p+1} = \dim f(S) = \dim S = \operatorname{rg} f^p - \dim(\operatorname{Im} f^p \cap \operatorname{Ker} f)$.

L'égalité (*) entraîne que pour tout p, $\operatorname{rg} f^{p+1} \geq \operatorname{rg} f^p - r$. Ceci entraîne $0 = \operatorname{rg} f^q \geq \operatorname{rg} f^0 - qr = n - qr$, donc $q \geq n/r$.

Remarque. En particulier, si f est nilpotente et si $\dim \operatorname{Ker} f = 1$, alors l'indice de nilpotence de f est $q = n$.

– Il est important de retenir le résultat suivant (utilisé dans 1/a)) : Si $f \in \mathcal{L}(E)$, la suite $(\operatorname{Im} f^p)_{p \in \mathbb{N}}$ décroît strictement puis devient stationnaire. On montrerait de même que la suite $(\operatorname{Ker} f^p)_{p \in \mathbb{N}}$ croit strictement puis devient stationnaire (à partir du même rang que $(\operatorname{Im} f^p)_{p \in \mathbb{N}}$).

PROBLÈME 3. **1/ a)** Soit $N \in \mathcal{M}_n(\mathbb{R})$ une matrice nilpotente (*i. e.* il existe $p \in \mathbb{N}^*$ tel que $M^p = 0$) d'ordre q (*i. e.* q est le plus petit entier naturel vérifiant $M^q = 0$). Montrer que $I_n - N$ est inversible et donner son inverse.

b) (Application). Montrer l'inversibilité et calculer l'inverse de la matrice

$$M = \begin{pmatrix} 1 & -a & 0 & \ddots \\ 0 & 1 & \ddots & 0 \\ \vdots & & \ddots & -a \\ 0 & \cdots & 0 & 1 \end{pmatrix} \in \mathcal{M}_n(\mathbb{R}).$$

2/ a) Soit $N \in \mathcal{M}_n(\mathbb{R})$ une matrice nilpotente d'ordre 2. Pour tout $p \in \mathbb{N}^*$, calculer $(I_n + N)^p$.

b) (Application). Si $M = \begin{pmatrix} 1 & 1 \\ -1 & 3 \end{pmatrix} \in \mathcal{M}_2(\mathbb{R})$, calculer M^{100}.

Solution. **1/ a)** Il suffit de remarquer que $(I_n - N)(I_n + N + \cdots + N^{q-1}) = I_n - N^q = I_n$, donc $I_n - M \in \mathcal{G}\ell_n(\mathbb{R})$ et $(I_n - M)^{-1} = I_n + M + \cdots + M^{q-1}$.

b) On peut écrire $M = I_n - aN$ avec $N = \begin{pmatrix} 0 & I_{n-1} \\ 0 & 0 \end{pmatrix}$. Une récurrence facile donne (faites le !) :

$$\forall p \in \mathbb{N}^*,\ 1 \leq p \leq n-1, \quad N^p = \begin{pmatrix} 0 & I_{n-p} \\ 0 & 0 \end{pmatrix} \quad \text{et } N^n = 0.$$

En appliquant 1/a), on voit donc que $M = I_n - aN$ est inversible et que

$$M^{-1} = I_n + aN + a^2N^2 + \cdots + a^{n-1}N^{n-1} = \begin{pmatrix} 1 & a & a^2 & \cdots & a^{n-1} \\ 0 & 1 & a & \ddots & \vdots \\ \vdots & \ddots & \ddots & \ddots & a^2 \\ \vdots & & \ddots & \ddots & a \\ 0 & \cdots & \cdots & 0 & 1 \end{pmatrix}.$$

2/ a) I_n et N commutant, on peut écrire

$$(I_n + N)^p = \sum_{k=0}^{p} C_p^k N^k I_n^{n-k} = \sum_{k=0}^{p} C_p^k N^k = C_p^0 I_n + C_p^1 N = I_n + pN.$$

b) Si $N = \begin{pmatrix} -1 & 1 \\ -1 & 1 \end{pmatrix}$, on a $M = 2I_2 + N$ et $N^2 = 0$, donc d'après la question précédente,

$$M^{100} = 2^{100}\left(I_2 + \frac{1}{2}N\right)^{100} = 2^{100}(I_2 + 50N) = 2^{100}\begin{pmatrix} -49 & 50 \\ -50 & 51 \end{pmatrix}.$$

Remarque. Au 1/a), on a forcément $q \leq n$. On peut montrer ce résultat sans faire appel au théorème de Cayley-Hamilton, en procédant comme suit. Soit f l'endomorphisme de $\mathbb{R}^n$ dont N est la matrice dans la base canonique B de $\mathbb{R}^n$. Pour tout entier r, l'égalité $[f^r]_B = N^r$ entraîne que les ordres de nilpotence de f et de N sont égaux. Or d'après le problème précédent, l'ordre r de nilpotence de f est $\leq n$, et donc $q \leq n$.

– En fait, on identifie souvent une matrice $M \in \mathcal{M}_n(\mathbb{K})$ et l'endomorphisme f de $\mathbb{K}^n$ dont M est la matrice dans la base canonique de $\mathbb{K}^n$. Si les vecteurs de $\mathbb{K}^n$ sont notés en matrices colonnes, on a même $f(X) = MX$.

PROBLÈME 4. Soit E un ensemble et $f_1, f_2, \ldots, f_n$ n fonctions de E dans $\mathbb{K}$, formant un système libre dans le $\mathbb{K}$-espace vectoriel des fonctions de E dans $\mathbb{K}$. Démontrer qu'il existe n points $x_1, \ldots, x_n$ de E tels que la matrice $(f_i(x_j))_{1 \leq i,j \leq n}$ soit inversible :

a) En procédant par récurrence sur $n \in \mathbb{N}^*$.

b) En considérant $F = \text{Vect}(f_1, \ldots, f_n)$ et $\forall x \in E$, $\tilde{x} : F \to \mathbb{K}$ $f \mapsto f(x)$ et en montrant que $\exists x_1, \ldots, x_n \in E$ tels que $\tilde{x}_1, \ldots, \tilde{x}_n$ forment une base de F^*, dual de F.

Solution. **a)** Pour $n = 1$, c'est évident. Supposons le résultat vrai au rang $n-1$ et montrons le au rang n. On définit la fonction

$$\Delta : E \to \mathbb{K} \qquad x \mapsto \begin{vmatrix} f_1(x_1) & \cdots & f_1(x_{n-1}) & f_1(x) \\ f_2(x_1) & \cdots & f_2(x_{n-1}) & f_2(x) \\ \vdots & & \vdots & \vdots \\ f_n(x_1) & \cdots & f_n(x_{n-1}) & f_n(x) \end{vmatrix},$$

$x_1, \ldots, x_{n-1}$ étant pris tels que $\det(f_i(x_j))_{1\leq i,j\leq n-1} \neq 0$. En notant, pour tout i, Δ_i le mineur de l'élément $f_i(x)$ de Δ, on a, en développant $\Delta(x)$ par rapport à la dernière colonne :

$$\forall x \in E, \qquad \Delta(x) = \sum_{i=1}^{n} (-1)^{n+i} \Delta_i \cdot f_i(x).$$

Or $\Delta_n \neq 0$, et comme les (f_i) forment une famille libre, on ne peut avoir $\sum_{i=1}^{n} \Delta_i f_i(x) = 0$ pour tout x, donc $\exists x_n \in E$, $\Delta(x_n) \neq 0$, de sorte que $(f_i(x_j))_{1\leq i,j\leq n}$ est inversible.

b) Pour tout $x \in E$, $\tilde{x} : F \to \mathbb{K} \quad f \mapsto f(x) = \tilde{x}(f)$ est un élément de F^*. Soit $\Gamma = \{\tilde{x} \mid x \in E\}$. L'orthogonal de Γ dans F est :

$$\Gamma^\circ = \{f \in F \mid \forall x \in E, \tilde{x}(f) = 0\} = \{f \in F \mid \forall x \in E, f(x) = 0\} = \{0\}.$$

Soit $G = \mathrm{Vect}(\Gamma)$. On a $G^\circ = \Gamma^\circ = \{0\}$ donc $\dim G = \dim F - \dim G^\circ = \dim F = n$, d'où $G = F^* = \mathrm{Vect}(\Gamma)$. Donc il existe $x_1, \ldots, x_n \in E$ tels que $(\widetilde{x_1}, \ldots, \widetilde{x_n})$ soit une base de F^*. Les vecteurs $\begin{pmatrix} \widetilde{x_j}(f_1) \\ \vdots \\ \widetilde{x_j}(f_n) \end{pmatrix}$ pour $1 \leq j \leq n$ sont donc linéairement indépendants, ce qui revient à dire que la matrice $A = [\widetilde{x_j}(f_i)]_{1\leq i,j\leq n} = [f_i(x_j)]_{1\leq i,j\leq n}$ est inversible.

Problème 5. **a)** Soit $M \in \mathcal{M}_n(\mathbb{C})$. Montrer l'équivalence

$$(M \notin \mathcal{G}\ell_n(\mathbb{C})) \iff ((\exists P \in \mathcal{G}\ell_n(\mathbb{C})),\ \forall \lambda \in \mathbb{C}, P - \lambda M \in \mathcal{G}\ell_n(\mathbb{C})).$$

b) Soit $\varphi \in \mathcal{L}(\mathcal{M}_n(\mathbb{C}))$ telle que

$$\forall M \in \mathcal{G}\ell_n(\mathbb{C}), \qquad \varphi(M) \in \mathcal{G}\ell_n(\mathbb{C}).$$

Montrer que si $\varphi(M) \in \mathcal{G}\ell_n(\mathbb{C})$, alors $M \in \mathcal{G}\ell_n(\mathbb{C})$.

Solution. **a)** *Condition nécessaire.* Supposons M non inversible. Si $r = \mathrm{rg}\, M$, on sait que M est équivalente à la matrice $K_r = \begin{pmatrix} I_r & 0 \\ 0 & 0 \end{pmatrix}$, autrement dit

$$(\exists A, B \in \mathcal{G}\ell_n(\mathbb{C})), \qquad M = A \begin{pmatrix} I_r & 0 \\ 0 & 0 \end{pmatrix} B = AK_rB.$$

Posons $J = \begin{pmatrix} 0 & \cdots & \cdots & 0 & 1 \\ 1 & 0 & & & 0 \\ 0 & 1 & \ddots & & \vdots \\ \vdots & \ddots & \ddots & 0 & \vdots \\ 0 & \cdots & 0 & 1 & 0 \end{pmatrix} \in \mathcal{G}\ell_n(\mathbb{C})$. Pour tout $\lambda \in \mathbb{C}$ on a

$$J - \lambda K_r = \begin{pmatrix} -\lambda & 0 & \cdots & \cdots & 0 & 1 \\ 1 & \ddots & \ddots & & & 0 \\ 0 & \ddots & -\lambda & 0 & & \vdots \\ \vdots & \ddots & 1 & 0 & & \vdots \\ \vdots & & \ddots & \ddots & \ddots & \vdots \\ 0 & \cdots & \cdots & 0 & 1 & 0 \end{pmatrix} . \quad \left.\vphantom{\begin{matrix}a\\a\\a\end{matrix}}\right\} r \text{ lignes} \qquad (*)$$

Le rang d'une matrice reste inchangé lorsque l'on ajoute à une ligne une combinaison linéaire des autres. En ajoutant à la r-ième ligne dans (*) λ fois la suivante, on fait disparaître le $-\lambda$ se trouvant à la position (r, r). En itérant ainsi le procédé aux lignes d'indice $r-1, \ldots, 1$, on fait disparaître tous les $-\lambda$, de sorte que $\mathrm{rg}(J - \lambda K_r) = \mathrm{rg}\, J = n$. Ainsi, $J - \lambda K_r \in \mathcal{G}\ell_n(\mathbb{C})$, donc

$A(J - \lambda K_r)B = P - \lambda M$ (avec $P = AJB \in \mathcal{G}\ell_n(\mathbb{C})$) est inversible pour tout $\lambda \in \mathbb{C}$, d'où la condition nécessaire.
Condition suffisante. Raisonnons par l'absurde et supposons M inversible. Si $Q = M^{-1}P$, on a

$$\forall \lambda \in \mathbb{C}, \qquad \det(P - \lambda M) = (\det M)(\det(Q - \lambda I_n)) \neq 0$$

donc $\det(Q - \lambda I_n) \neq 0$ pour tout $\lambda \in \mathbb{C}$. Ceci est impossible puisque $\det(Q - \lambda I_n)$ est un polynôme de degré n en λ (c'est le polynôme caractéristique de Q) donc s'annule au moins une fois sur $\mathbb{C}$. D'où la condition suffisante.

b) Raisonnons par l'absurde en supposant $M \notin \mathcal{G}\ell_n(\mathbb{C})$. D'après la question précédente, il existe $P \in \mathcal{G}\ell_n(\mathbb{C})$ telle que pour tout $\lambda \in \mathbb{C}$, $P - \lambda M \in \mathcal{G}\ell_n(\mathbb{C})$. En vertu de l'hypothèse faite sur φ et de la linéarité de φ, ceci entraîne

$$\forall \lambda \in \mathbb{C}, \qquad \varphi(P) - \lambda\varphi(M) \in \mathcal{G}\ell_n(\mathbb{C}),$$

donc d'après la question précédente, $\varphi(M) \notin \mathcal{G}\ell_n(\mathbb{C})$, ce qui est contradictoire. Finalement, on a $M \in \mathcal{G}\ell_n(\mathbb{C})$.

PROBLÈME 6. Soit $A = (a_{i,j})_{1 \leq i,j \leq n} \in \mathcal{M}_n(\mathbb{R})$.

1/ Soit $\psi : \mathbb{N}^* \to \mathbb{R}$ une fonction. Si pour tout (i, j),

$$a_{i,j} = \sum_{k|i \text{ et } k|j} \psi(k),$$

montrer que $\det A = \psi(1)\psi(2)\cdots\psi(n)$.

2/ (Applications) Calculer $\det A$ si
a) $a_{i,j}$ est le nombre de diviseurs communs à i et à j.
b) $a_{i,j}$ est la somme des diviseurs communs à i et à j.
c) $a_{i,j} = i \wedge j = \text{pgcd}(i, j)$.

Solution. **1/** On définit la matrice $B = (b_{i,j})_{1 \leq i,j \leq n}$ par $b_{i,j} = 1$ si $i \mid j$, $b_{i,j} = 0$ si $i \nmid j$. Elle est triangulaire supérieure et n'a que des 1 sur la diagonale principale, donc $\det B = 1$. On définit aussi la matrice $C = (c_{i,j})_{1 \leq i,j \leq n}$ comme étant une matrice diagonale avec $c_{i,i} = \psi(i)$. On pose maintenant $D = {}^tBCB = (d_{i,j})_{1 \leq i,j \leq n}$. Pour tout (i, j), on a

$$d_{i,j} = \sum_{k,\ell} b_{k,i}c_{k,\ell}b_{\ell,j} = \sum_k b_{k,i}\psi(k)b_{k,j} = \sum_{k|i \text{ et } k|j} \psi(k) = a_{i,j}.$$

Donc $D = A = {}^tBCB$, et donc $\det A = \det({}^tB) \cdot \det C \cdot \det B = \det C$, et C étant diagonale, $\det A = \psi(1) \cdots \psi(n)$.

2/ a) Il suffit d'appliquer 1/ avec $\psi(k) = 1$. On en tire $\det A = 1$.

b) On applique cette fois ci 1/ avec $\psi(k) = k$, et on en tire $\det A = n!$.

c) Remarquons d'abord que l'on a l'équivalence

$$(k \mid i \text{ et } k \mid j) \iff (k \mid \text{pgcd}(i, j)).$$

Rappelons que φ, l'indicateur d'Euler, possède la propriété suivante : pour tout m, $\sum_{k|m} \varphi(k) = m$ (voir la proposition 7 de la partie 3.3 du chapitre I, page 31). On a donc

$$a_{i,j} = \text{pgcd}(i, j) = \sum_{k|\text{pgcd}(i,j)} \varphi(k) = \sum_{k|i \text{ et } k|j} \varphi(k)$$

et d'après 1/ appliqué à $\psi = \varphi$, on a $\det A = \varphi(1) \cdots \varphi(n)$.

PROBLÈME 7. Soient $n \geq 2$ un entier et $\mathbb{K}$ un corps commutatif. Montrer que tout hyperplan de $\mathcal{M}_n(\mathbb{K})$ contient au moins une matrice inversible.

Solution. Soit H un hyperplan de $\mathcal{M}_n(\mathbb{K})$. Il existe une forme linéaire non nulle φ de $(\mathcal{M}_n(\mathbb{K}))^*$ telle que $H = \operatorname{Ker}\varphi$. D'après l'exercice 3 de la partie 4.6 (page 131), il existe une matrice $A \in \mathcal{M}_n(\mathbb{K})$ telle que $\varphi(M) = \operatorname{tr}(AM)$ pour tout $M \in \mathcal{M}_n(\mathbb{R})$. Comme $\varphi \neq 0$, on a $A \neq 0$. Finalement,

$$H = \operatorname{Ker}\varphi = \{M \in \mathcal{M}_n(\mathbb{R}) \mid \operatorname{tr}(AM) = 0\}.$$

Il s'agit donc de montrer que

$$(\forall A \in \mathcal{M}_n(\mathbb{R}), A \neq 0, \exists M \in \mathcal{G}\ell_n(\mathbb{K})), \qquad \operatorname{tr}(AM) = 0. \qquad (*)$$

Commençons par transformer A pour la rendre "sympathique". En posant $r = \operatorname{rg}(A) \geq 1$ (car $A \neq 0$), on sait que A est équivalente à la matrice par bloc $\left(\begin{smallmatrix} I_r & 0 \\ 0 & 0 \end{smallmatrix}\right)$ (voir le théorème 1 de la partie 3.6, page 121), c'est-à-dire

$$\exists P, Q \in \mathcal{G}\ell_n(\mathbb{K}) \quad \text{tels que} \quad PAQ = J_r \quad \text{avec} \quad J_r = \begin{pmatrix} I_r & 0 \\ 0 & 0 \end{pmatrix}.$$

Fixons une matrice inversible M n'ayant que des 0 sur sa diagonale principale (on peut prendre par exemple $M = \left(\begin{smallmatrix} 0 & I_{n-1} \\ 1 & 0 \end{smallmatrix}\right)$). En écrivant la matrice M sous forme de blocs

$$M = \begin{pmatrix} A_r & B_r \\ C_r & D_r \end{pmatrix} \qquad (A_r \in \mathcal{M}_r(\mathbb{K})),$$

on a

$$J_r M = \begin{pmatrix} A_r & B_r \\ 0 & 0 \end{pmatrix},$$

ce qui montre que, comme M, la matrice $J_r M$ n'a que des 0 sur sa diagonale principale. Ainsi, $\operatorname{tr}(J_r M) = 0$. En posant $N = QMP \in \mathcal{G}\ell_n(\mathbb{K})$, on a $M = Q^{-1}NP^{-1}$ et

$$0 = \operatorname{tr}(J_r M) = \operatorname{tr}\left((PAQ)(Q^{-1}NP^{-1})\right) = \operatorname{tr}\left(P(AN)P^{-1}\right) = \operatorname{tr}(AN)$$

(deux matrices semblables ont même trace), d'où le résultat d'après (*).

Remarque. On peut prouver un résultat beaucoup plus fort qui est le suivant.

> *La dimension maximale d'un sous espace de $\mathcal{M}_n(\mathbb{K})$ ne contenant aucune matrice inversible est $n(n-1)$.*

Le résultat de l'exercice en découle puisque la dimension d'un hyperplan de $\mathcal{M}_n(\mathbb{K})$ est $n^2 - 1 > n(n-1)$.

PROBLÈME 8. Soit $n \in \mathbb{N}^*$ et une application $p : \mathcal{M}_n(\mathbb{C}) \to \mathbb{R}^+$ vérifiant

(i) $\forall A \in \mathcal{M}_n(\mathbb{C}), \forall \lambda \in \mathbb{C}, \quad p(\lambda A) \leq |\lambda|\, p(A)$.
(ii) $\forall A, B \in \mathcal{M}_n(\mathbb{C}), \quad p(A + B) \leq p(A) + p(B)$.
(iii) $\forall A, B \in \mathcal{M}_n(\mathbb{C}), \quad p(AB) \leq p(A)p(B)$.

Montrer que $p = 0$ ou que p est une norme sur $\mathcal{M}_n(\mathbb{C})$.

Solution. Commençons par remarquer que d'après (i),

$$\forall \lambda \in \mathbb{C}^*, \forall A \in \mathcal{M}_n(\mathbb{C}), \qquad p(\lambda A) \leq |\lambda|\, p(A) = |\lambda|\, p\left(\frac{1}{\lambda}(\lambda A)\right) \leq |\lambda| \cdot \left|\frac{1}{\lambda}\right| p(\lambda A) = p(\lambda A),$$

ce qui entraîne $p(\lambda A) = |\lambda|\, p(A)$ pour tout $\lambda \in \mathbb{C}$.

Supposons $p \neq 0$. Pour montrer que p est une norme, il nous reste à prouver que $p(A) = 0$ implique $A = 0$. Pour cela, raisonnons par l'absurde en supposant $p(A) = 0$ et $A \neq 0$. Si $r = \operatorname{rg} A > 0$, on sait A est équivalente à la matrice $J_r = \left(\begin{smallmatrix} I_r & 0 \\ 0 & 0 \end{smallmatrix}\right)$ de sorte qu'il existe $P, Q \in \mathcal{G}\ell_n(\mathbb{C})$ telles que $J_r = PAQ$. D'après la propriété (iii), on a $p(J_r) = p(PAQ) \leq p(P)p(A)p(Q) = 0$, donc

$p(J_r) = 0$. Si pour tout $i \in \{1, \dots, n\}$ on désigne par D_i la matrice dont tous les coefficients sont nuls sauf celui d'indice (i, i) qui vaut 1, il n'est pas difficile de voir qu'il existe une matrice P_i telle que $D_i = P_i J_r$ (on peut prendre pour P_i la matrice dont tous les coefficients sont nuls sauf celui d'indice $(i, 1)$ qui vaut 1). Ainsi,

$$\forall i \in \{1, \dots, n\}, \qquad p(D_i) = p(P_i J_r) \leq p(P_i)p(J_r) = 0 \quad \text{donc} \quad p(D_i) = 0.$$

Maintenant, grâce à l'assertion (ii), on a

$$p(I_n) = p(D_1 + \cdots + D_n) \leq p(D_1) + \cdots + p(D_n) = 0.$$

Donc pour toute matrice A, $p(A) = p(AI_n) \leq p(A)p(I_n) = 0$ donc $p(A) = 0$. Ainsi $p = 0$, ce qui est contraire aux hypothèses que nous avons faites. Finalement, on a montré que $p = 0$ ou que p est une norme sur $\mathcal{M}_n(\mathbb{C})$.

PROBLÈME 9 (MATRICES DE TRANSVECTION). On se fixe un entier naturel non nul n et on note $\mathcal{S}\mathrm{l}_n(\mathbb{K}) = \{M \in \mathcal{M}_n(\mathbb{K}) \mid \det M = 1\}$. Pour $i, j \in \{1, \dots, n\}$, on note $E_{i,j}$ la matrice de $\mathcal{M}_n(\mathbb{K})$ dont tous les coefficients sont nuls sauf celui d'indice (i, j) qui vaut 1. On appelle *matrices de transvection* les matrices de la forme $I_n + \lambda E_{i,j}$ avec $i \neq j$, *matrices de dilatation* les matrices

$$S_n(\alpha) = \begin{pmatrix} 1 & 0 & \cdots & 0 \\ 0 & \ddots & \ddots & \vdots \\ \vdots & \ddots & 1 & 0 \\ 0 & \cdots & 0 & \alpha \end{pmatrix} \in \mathcal{M}_n(\mathbb{K}).$$

1/ a) Si $M = I_n + \lambda E_{i,j}$ est une matrice de transvection, montrer que M est inversible et que $M^{-1} = I_n - \lambda E_{i,j}$ est aussi une matrice de transvection.
b) Si $A \in \mathcal{G}\ell_n(\mathbb{K})$, montrer qu'il existe des matrices de transvection $B_1, \dots, B_p, B'_1, \dots, B'_q$ telles que

$$A = B_1 \cdots B_p \cdot S_n(\det A) \cdot B'_1 \cdots B'_q.$$

2/ On appelle commutateur toute matrice pouvant se mettre sous la forme $ABA^{-1}B^{-1}$ avec $A, B \in \mathcal{S}\mathrm{l}_n(\mathbb{K})$. Soit D le sous groupe de $\mathcal{G}\ell_n(\mathbb{K})$ engendré par les commutateurs.
a) Montrer que $D = \mathcal{S}\mathrm{l}_n(\mathbb{K})$ si $n \geq 3$.
b) Montrer que $D = \mathcal{S}\mathrm{l}_n(\mathbb{K})$ si $n = 2$ et $\mathrm{Card}(\mathbb{K}) \geq 4$.

3/ On suppose $\mathrm{Card}(\mathbb{K}) \geq 4$ et $n \geq 2$. Soit φ un morphisme de groupe de $\mathcal{G}\ell_n(\mathbb{K})$ dans un groupe commutatif G.
a) Montrer qu'il existe un morphisme de groupes $g : \mathbb{K}^* \to G$ tel que $\varphi = g \circ \det$.
b) Si $G = \mathbb{K}^*$ et $\mathbb{K}$ est fini, montrer qu'il existe $q \in \mathbb{N}$ tel que pour tout $A \in \mathcal{G}\ell_n(\mathbb{K})$, $\varphi(A) = (\det A)^q$ (on pourra utiliser le fait que $(\mathbb{K}^*, \cdot)$ est cyclique, voir la remarque de l'exercice 9 de la partie 2.5 du chapitre I, page 26).

Solution. **1/ a)** Il suffit de remarquer que comme $i \neq j$, $E_{i,j}^2 = 0$ et donc $(I_n + \lambda E_{i,j})(I_n - \lambda E_{i,j}) = I_n - \lambda^2 E_{i,j}^2 = I_n$.
b) Soit $M \in \mathcal{G}\ell_n(\mathbb{K})$. Si $i \neq j$, on remarque que

(i) $(I_n + \lambda E_{i,j})M$ se déduit de M en ajoutant à la i-ième ligne de M λ fois la j-ième,
(ii) $M(I_n + \lambda E_{i,j})$ se déduit de M en ajoutant à la j-ième colonne de M λ fois la i-ième.

Ceci étant, on va maintenant prouver le résultat par récurrence sur $n \in \mathbb{N}^*$. Pour $n = 1$, c'est évident car $A = (\det A)$. Supposons le résultat vrai au rang $n - 1$ et montrons le au rang n. Soit $A \in \mathcal{G}\ell_n(\mathbb{K})$. Comme A est inversible, la première colonne de A est non nulle. Il existe donc une matrice de transvection $T_1 = I_n + \lambda E_{2,j}$ telle que le coefficient d'indice $(2, 1)$ de $T_1 A$ soit non nul. On voit alors qu'il existe μ tel que si $T_2 = I_n + \mu E_{1,2}$, alors $T_2 T_1 A$ ait son coefficient d'indice

$(1,1)$ égal à 1. D'après (i), on voit maintenant que l'on peut trouver des matrices de transvection $B_1, \dots, B_p$ (de la forme $I_n + \lambda E_{i,1}$) telles que

$$(B_1 \cdots B_p)(T_1 T_2 A) = \left(\begin{array}{c|ccc} 1 & \times & \cdots & \times \\ \hline 0 & \times & \cdots & \times \\ \vdots & \vdots & & \vdots \\ 0 & \times & \cdots & \times \end{array}\right),$$

puis d'après (ii), on voit que l'on peut trouver des matrices de transvection $B'_1, \dots, B'_q$ (de la forme $I_n + \lambda E_{1,j}$) telles que

$$(B_1 \cdots B_p T_1 T_2 A)(B'_1 \cdots B'_q) = \left(\begin{array}{c|ccc} 1 & 0 & \cdots & 0 \\ \hline 0 & & & \\ \vdots & & B & \\ 0 & & & \end{array}\right).$$

Or $\det A = \det B$ donc d'après l'hypothèse de récurrence, il existe des matrices de transvection $C_1, \dots, C_r$ et $C'_1, \dots, C'_s$ de $\mathcal{M}_{n-1}(\mathbb{K})$ telles que

$$B = C_1 \cdots C_r \cdot S_{n-1}(\det A) \cdot C'_1 \cdots C'_s.$$

Les matrices

$$D_i = \left(\begin{array}{c|ccc} 1 & 0 & \cdots & 0 \\ \hline 0 & & & \\ \vdots & & C_i & \\ 0 & & & \end{array}\right) \quad \text{et} \quad D'_j = \left(\begin{array}{c|ccc} 1 & 0 & \cdots & 0 \\ \hline 0 & & & \\ \vdots & & C'_j & \\ 0 & & & \end{array}\right)$$

sont des matrices de transvection de $\mathcal{M}_n(\mathbb{K})$, et on a

$$\left(\begin{array}{c|ccc} 1 & 0 & \cdots & 0 \\ \hline 0 & & & \\ \vdots & & B & \\ 0 & & & \end{array}\right) = D_1 \cdots D_r \begin{pmatrix} 1 & 0 & \cdots & 0 \\ 0 & \ddots & \ddots & \vdots \\ \vdots & \ddots & 1 & 0 \\ 0 & \cdots & 0 & \det A \end{pmatrix} D'_1 \cdots D'_s$$

et donc

$$A = (T_1^{-1} T_2^{-1})(B_p^{-1} \cdot B_1^{-1})(D_1 \cdots D_r) \cdot S_n(\det A) \cdot (D'_1 \cdots D'_s)(B'_q)^{-1} \cdots (B'_1)^{-1},$$

d'où le résultat puisque l'on a vu plus haut que l'inverse d'une matrice de transvection est une matrice de transvection.

2/ a) Tout d'abord, tout commutateur $ABA^{-1}B^{-1}$ est dans $\mathcal{S}l_n(\mathbb{K})$ puisque $\det(ABA^{-1}B^{-1}) = (\det A)(\det B)(\det A^{-1})(\det B^{-1}) = 1$. On en déduit donc $D \subset \mathcal{S}l_n(\mathbb{K})$.

Montrons maintenant que $\mathcal{S}l_n(\mathbb{K}) \subset D$. Soit $M \in \mathcal{S}l_n(\mathbb{K})$. D'après la question précédente, M est le produit de matrices de transvection, et D étant un groupe, il suffit donc de montrer que les matrices de transvection sont des commutateurs pour montrer que $M \in D$. Soit $T = I_n + \lambda E_{i,j}$ avec $i \neq j$ une matrice de transvection. Comme $n \geq 3$, il existe $k \in \{1, \dots, n\}$ tel que $k \notin \{i, j\}$. On remarque alors que

$$\begin{aligned} T &= (I_n + \lambda E_{i,k})(I_n + E_{k,j})(I_n - \lambda E_{i,k})(I_n - E_{k,j}) \\ &= (I_n + \lambda E_{i,k})(I_n + E_{k,j})(I_n + \lambda E_{i,k})^{-1}(I_n + E_{k,j})^{-1}, \end{aligned}$$

donc T est un commutateur, d'où le résultat.

b) Remarquons tout d'abord que si $(\alpha, \beta) \in \mathbb{K} \times \mathbb{K}^*$,

$$\begin{pmatrix} \beta & 0 \\ 0 & \beta^{-1} \end{pmatrix} \begin{pmatrix} 1 & \alpha \\ 0 & 1 \end{pmatrix} \begin{pmatrix} \beta^{-1} & 0 \\ 0 & \beta \end{pmatrix} \begin{pmatrix} 1 & -\alpha \\ 0 & 1 \end{pmatrix} = \begin{pmatrix} 1 & \alpha(\beta^2 - 1) \\ 0 & 1 \end{pmatrix}. \qquad (*)$$

On choisit maintenant β tel que $\beta^2 - 1 \neq 0$ et $\beta \neq 0$ (c'est possible car $\mathrm{Card}(\mathbb{K}^*) \geq 3$ et l'équation polynomiale $\beta^2 - 1 = 0$ a au plus deux racines dans $\mathbb{K}$). La relation (*) prouve alors que toute matrice du type $\begin{pmatrix} 1 & a \\ 0 & 1 \end{pmatrix}$ est un commutateur. De même, on montrerait que toute matrice du type $\begin{pmatrix} 1 & 0 \\ a & 1 \end{pmatrix}$ est un commutateur. Autrement dit, toutes les matrices de transvection sont des commutateurs, et comme à la question précédente, ceci suffit pour conclure que $D = \mathcal{S}l_n(\mathbb{K})$.

3/ a) Notons e l'élément neutre de G. Si $M = ABA^{-1}B^{-1} \in \mathcal{G}\ell_n(\mathbb{K})$ est un commutateur, alors

$$\varphi(M) = \varphi(A)\varphi(B)\varphi(A^{-1})\varphi(B^{-1})$$

et le groupe G étant commutatif,

$$\varphi(M) = \varphi(A)\varphi(A^{-1})\varphi(B)\varphi(B^{-1}) = \varphi(AA^{-1})\varphi(BB^{-1}) = (\varphi(I_n))^2 = e.$$

Comme $D = \mathcal{S}l_n(\mathbb{K})$ est engendré par les commutateurs, on en déduit que tout élément $M \in \mathcal{S}l_n(\mathbb{K})$ vérifie $\varphi(M) = e$.

Ceci étant, soit $A \in \mathcal{G}\ell_n(\mathbb{K})$. Soit $A' \in \mathcal{G}\ell_n(\mathbb{K})$ telle que $A = A'\,S_n(\det A)$. On a $\det A = \det A' \cdot \det(S_n(\det A))$ donc $\det A' = 1$ car $\det(S_n(\det A)) = \det A \neq 0$. Autrement dit, $A' \in \mathcal{S}l_n(\mathbb{K})$ et donc $\varphi(A') = e$, d'où on tire $\varphi(A) = \varphi(A')\varphi(S_n(\det A)) = \varphi(S_n(\det A))$. Si $g : \mathbb{K}^* \to G \quad \alpha \mapsto \varphi[S_n(\alpha)]$, g est un morphisme de groupe de $\mathbb{K}^*$ dans G, et on vient donc de montrer que $\varphi = g \circ \det$, d'où le résultat.

b) On recherche la forme de g. Le groupe $\mathbb{K}^*$ est cyclique donc il existe $a \in \mathbb{K}^*$ tel que $\mathbb{K}^* =< a >$. En particulier, il existe $p \in \mathbb{N}$ tel que $g(a) = a^p$. Donc pour tout $x \in \mathbb{K}^*$, $x = a^q$, on a

$$g(x) = g(a^q) = g(a)^q = (a^p)^q = (a^q)^p = x^p,$$

et donc pour tout $A \in \mathcal{G}\ell_n(\mathbb{K})$, $\varphi(A) = g(\det A) = (\det A)^p$.

PROBLÈME 10. **a)** Soient A et $B \in \mathcal{M}_n(\mathbb{R})$ deux matrices semblables sur $\mathbb{C}$ (*i. e.* il existe $P \in \mathcal{G}\ell_n(\mathbb{C})$ telle que $A = P^{-1}BP$). Montrer que A et B sont semblables sur $\mathbb{R}$ (*i. e.* il existe $Q \in \mathcal{G}\ell_n(\mathbb{R})$, $A = Q^{-1}BQ$).

b) Plus généralement, soit $\mathbb{K}$ un corps infini et $\mathbb{L}$ une extension de $\mathbb{K}$. Soient A et $B \in \mathcal{M}_n(\mathbb{K})$ deux matrices semblables sur $\mathbb{L}$. Montrer que A et B sont semblables sur $\mathbb{K}$.

Solution. **a)** Soit $P \in \mathcal{G}\ell_n(\mathbb{C})$ telle que $A = P^{-1}BP$, ou encore $PA = BP$. Écrivons $P = P_1 + iP_2$ avec $P_1, P_2 \in \mathcal{M}_n(\mathbb{R})$. En égalant parties réelles et imaginaires, on a $P_1A = BP_1$ et $P_2A = BP_2$. (*) On définit le polynôme $\varphi(X) = \det(P_1 + XP_2) \in \mathbb{R}[X]$. Comme $\varphi(i) = \det P \neq 0$, φ est non nul et donc n'a qu'un nombre fini de racines, de sorte qu'il existe $x \in \mathbb{R}$ tel que $\varphi(x) \neq 0$, c'est-à-dire que $Q = P_1 + xP_2 \in \mathcal{M}_n(\mathbb{R})$ est inversible. De (*) on tire $QA = BQ$ donc $A = Q^{-1}BQ$, d'où le résultat.

b) On procède un peu comme précédemment. Soit $P \in \mathcal{G}\ell_n(\mathbb{L})$ tel que $A = P^{-1}BP$, ou encore $PA = BP$. On écrit $P = (p_{i,j})_{1 \leq i,j \leq n}$. Le corps $\mathbb{L}$ est un $\mathbb{K}$-e.v. Soit $E = \mathrm{Vect}(p_{i,j})_{1 \leq i,j \leq n}$, s.e.v de $\mathbb{L}$ de dimension finie sur $\mathbb{K}$. Soit $(e_1, \ldots, e_p)$ une base de E. Pour tout (i,j) on peut écrire $p_{i,j} = \sum_{k=1}^{p} p_{i,j,k} e_k$ avec les $p_{i,j,k} \in \mathbb{K}$. Pour tout k, on note $P_k = (p_{i,j,k})_{1 \leq i,j \leq n} \in \mathcal{M}_n(\mathbb{K})$, de sorte que $P = P_1 e_1 + \cdots + P_p e_p$. Comme $PA = BP$, on a pour tout k, $1 \leq k \leq p$, $P_k A = BP_k$ (**). Posons $F(X_1, \ldots, X_p) = \det(X_1 P_1 + \cdots + X_p X_p) \in \mathbb{K}[X_1, \ldots, X_p]$. On a $F \neq 0$ car $F(e_1, \ldots, e_p) = \det(P) \neq 0$. Or $\mathbb{K}$ est un corps infini, donc F ne s'annule pas sur $\mathbb{K}^p$, et donc il existe $(x_1, \ldots, x_p) \in \mathbb{K}^p$ tel que $F(x_1, \ldots, x_p) \neq 0$. Si $Q = x_1 P_1 + \cdots x_p P_p \in \mathcal{M}_n(\mathbb{K})$, on a donc $Q \in \mathcal{G}\ell_n(\mathbb{K})$ et d'après (**), $QA = BQ$ donc $A = Q^{-1}BQ$, d'où le résultat.

Remarque. Le résultat reste vrai lorsque $\mathbb{K}$ est un corps fini (voir l'annexe B, partie 3.2).

CHAPITRE IV

Réductions d'endomorphismes

L'ALGÈBRE linéaire au sens moderne se développe progressivement à partir des années 1840. Vers 1880, la théorie des systèmes d'équations linéaires généraux (sur $\mathbb{R}$ et $\mathbb{C}$) est enfin achevée, ainsi que celle des valeurs propres des matrices carrées et de la réduction de ces dernières à une forme canonique.

La notion générale de valeur propre d'un endomorphisme apparaît en fait au dix-huitième siècle, non à propos des transformations linéaires, mais dans la théorie des systèmes d'équations différentielles linéaires à coefficients constants, étudiés par Lagrange en 1762. Le théorème de Cayley-Hamilton apparaît quant à lui dans un mémoire de Cayley en 1858, démontré uniquement dans le cas $n = 2$ et $n = 3$. Les travaux de Cayley paraissent être pratiquement ignorés jusque vers 1880 et c'est grâce au développement de la théorie des formes bilinéaires notamment avec Cauchy, Sylvester, Hermite et Weierstrass, que l'étude des matrices est remise au goût du jour. Weierstrass obtient d'ailleurs la réduction dite de Jordan. C'est Frobenius qui, dans plusieurs mémoires publiés entre 1877 et 1880 tiendra le rôle de législateur dans ce domaine en développant de manière systématique les résultats obtenus, avant de parvenir à l'axiomatisation de l'algèbre linéaire par Peano en 1888.

Dans tout le chapitre, $\mathbb{K}$ désigne un corps commutatif.

1. Diagonalisation, trigonalisation

1.1. Généralités en dimension quelconque

La lettre E désigne un $\mathbb{K}$-e.v de dimension quelconque, f un endomorphisme de E.

DÉFINITION 1. Soit $\alpha \in \mathbb{K}$. Le scalaire α est dit

(i) Valeur *régulière* de f si $f - \alpha\,\mathrm{Id}_E$ est inversible.

(ii) Valeur *spectrale* de f si $f - \alpha\,\mathrm{Id}_E$ est non inversible.

(iii) Valeur *propre* de f si $f - \alpha\,\mathrm{Id}_E$ est non injective, autrement dit s'il existe $x \neq 0$ tel que $f(x) = \alpha x$, et on dit alors que x est *vecteur propre* de f attaché à la valeur propre α.

On appelle *spectre* de f l'ensemble de ses valeurs spectrales.

Remarque 1. – En dimension finie, (ii) et (iii) sont équivalents.

– 0 est valeur propre de f si et seulement si $\mathrm{Ker}\, f \neq \{0\}$.

– Pour une matrice $A \in \mathcal{M}_n(\mathbb{K})$, on dit que $\alpha \in \mathbb{K}$ est *valeur propre* de A s'il existe un vecteur $X \neq 0$ tel que $AX = \alpha X$. On dit alors que X est *vecteur propre* de A attaché à la valeur propre α. Si A est la matrice d'un endomorphisme f, α est valeur propre de A si et seulement si α est valeur propre de f.

DÉFINITION 2. Soit λ une valeur propre de f. L'ensemble $E_\lambda = \{x \in E, f(x) = \lambda x\} = \operatorname{Ker}(f - \lambda \operatorname{Id}_E)$ est un s.e.v de E stable par f, appelé *sous espace propre* de f associé à la valeur propre λ.

THÉORÈME 1. *Soient $\lambda_1, \dots, \lambda_k$ des valeurs propres distinctes deux à deux de f. Alors les sous espaces propres $E_{\lambda_1}, \dots, E_{\lambda_k}$ sont en somme directe.*

1.2. Étude en dimension finie

E désigne désormais un $\mathbb{K}$-e.v de dimension finie $n \in \mathbb{N}^*$.

Polynôme caractéristique.

DÉFINITION 3. Soit $A \in \mathcal{M}_n(\mathbb{K})$. On appelle *polynôme caractéristique* de A le polynôme de $\mathbb{K}[X]$ défini par $P_A(X) = \det[A - XI_n]$.

Remarque 2. – $P_A(0) = \det A$.
- Une matrice a même polynôme caractéristique que sa transposée.
- Deux matrices semblables ont même polynôme caractéristique.

DÉFINITION 4. Soit $f \in \mathcal{L}(E)$. Le polynôme caractéristique de la matrice de f dans une base B de E ne dépend pas de la base B choisie. On l'appelle polynôme caractéristique de f et on le note P_f.

PROPOSITION 1. *λ est valeur propre de $f \in \mathcal{L}(E)$ si et seulement si $P_f(\lambda) = 0$.*

Remarque 3. Bien sûr, ce résultat reste vrai pour les matrices. En fait, en dimension finie, tout ce qui est vrai pour les endomorphismes est vrai pour les matrices et réciproquement (en effet, toute matrice $A \in \mathcal{M}_n(\mathbb{K})$ peut s'associer à l'endomorphisme de $\mathbb{K}^n$: $X \mapsto AX$, c'est-à-dire l'endomorphisme de $\mathbb{K}^n$ dont A est la matrice dans la base canonique de $\mathbb{K}^n$).

Remarque 4. – Si $\mathbb{K}$ est algébriquement clos (par exemple $\mathbb{K} = \mathbb{C}$), tout élément $f \in \mathcal{L}(E)$ a au moins une valeur propre $\lambda \in \mathbb{K}$.
- Une remarque intéressante est la suivante : pour montrer que λ est valeur propre d'une matrice A, on peut montrer que $\operatorname{rg}(A - \lambda I_n) < n$ (ce qui est parfois plus simple que de montrer $P_A(\lambda) = 0$). Par exemple si $n \geq 2$ et

$$A = \begin{pmatrix} a & 1 & \cdots & 1 \\ 1 & \ddots & \ddots & \vdots \\ \vdots & \ddots & \ddots & 1 \\ 1 & \cdots & 1 & a \end{pmatrix} \in \mathcal{M}_n(\mathbb{R}),$$

on voit que $\operatorname{rg}(A - (a-1)I_n) = 1 < n$ donc $a - 1$ est valeur propre de A et $\dim E_{a-1} = n - 1$.
- Dans la pratique, pour déterminer E_λ lorsque λ est valeur propre d'une matrice $A = (a_{i,j})_{1 \leq i,j \leq n} \in \mathcal{M}_n(\mathbb{K})$, on résout le système $AX = \lambda X$ qui s'écrit

$$\begin{cases} (a_{1,1} - \lambda) & x_1 & + & a_{1,2} & x_2 & + & \cdots & + & a_{1,n} & x_n & = 0 \\ a_{2,1} & x_1 & + & (a_{2,2} - \lambda) & x_2 & + & \cdots & + & a_{2,n} & x_n & = 0 \\ \cdots \\ a_{n,1} & x_1 & + & a_{n,2} & x_2 & + & \cdots & + & (a_{n,n} - \lambda) & x_n & = 0 \end{cases}$$

(voir l'exercice 1).

Coefficients du polynôme caractéristique d'une matrice. Soit $A \in \mathcal{M}_n(\mathbb{K})$. On peut écrire

$$P_A(X) = (-1)^n \left[X^n - \beta_1 X^{n-1} + \beta_2 X^{n-2} + \cdots + (-1)^{n-1}X + (-1)^n \beta_n\right],$$

où $\beta_1 = \operatorname{tr} A$, $\beta_n = \det A$, et pour tout k, β_k est la somme des mineurs principaux de A d'ordre k (rappelons qu'un *mineur principal* d'ordre k est un mineur obtenu comme intersection de k lignes et de k colonnes de même numéros). En particulier, si $\widetilde{A}$ désigne la comatrice de A, $\beta_{n-1} = \operatorname{tr} \widetilde{A}$.

PROPOSITION 2. *Soit $f \in \mathcal{L}(E)$, F un s.e.v strict de E* (i.e. *$F \neq E$ et $F \neq \{0\}$*) *stable par f. Soit $g = f_{|F}$ la restriction de f à F. Alors $g \in \mathcal{L}(F)$ et P_g divise P_f.*

Démonstration. F étant stable par f, $g = f_{|F}$ est bien un endomorphisme de F. Ceci étant, soit $(e_1, \ldots, e_r)$ une base de F complétée en une base $\mathcal{B} = (e_1, \ldots, e_n)$ de E. La matrice de f dans $\mathcal{B}$ a la forme

$$[f]_{\mathcal{B}} = \left(\begin{array}{c|c} A & C \\ \hline 0 & B \end{array}\right) \quad \text{où} \quad A = [g]_{(e_1,\ldots,e_r)},$$

et donc

$$P_f = \det([f]_{\mathcal{B}} - XI_n) = \left|\begin{array}{c|c} A - XI_r & C \\ \hline 0 & B - XI_{n-r} \end{array}\right|$$
$$= \det(A - XI_r) \cdot \det(B - XI_{n-r}) = P_g \cdot \det(B - XI_{n-r}).$$

□

PROPOSITION 3. *Soit $f \in \mathcal{L}(E)$ un endomorphisme nilpotent. Alors $P_f = (-1)^n X^n$ (où $n = \dim E$).*

Démonstration. Nous donnons deux méthodes de démonstration de ce résultat. Soit $q \in \mathbb{N}^*$ tel que $f^q = 0$.

Première méthode. Soit A la matrice de f dans une base de E, $\mathbb{K}'$ le corps des racines de $P_A(X)$. Dans $\mathbb{K}'$, on peut écrire $P_A = (-1)^n \prod_i (X - \lambda_i)$. On peut bien sûr regarder A comme une matrice de $\mathcal{M}_n(\mathbb{K}')$. Pour tout i, λ_i est valeur propre de A, associé à un vecteur propre $X \neq 0$. Un calcul rapide donne $A^q X = \lambda_i^q X$, et comme $A^q = 0$, on en tire $\lambda_i = 0$. Donc $P_A = (-1)^n \prod_i (X - \lambda_i) = (-1)^n X^n$.

Seconde méthode. Nous allons montrer ce résultat sans faire appel au corps des racines de P_f, en procédant par récurrence sur $n \in \mathbb{N}^*$. Pour $n = 1$, c'est évident. Supposons le résultat vrai au rang $n - 1$, montrons le au rang n. On a $(\det f)^q = \det(f^q) = 0$, donc $\det f = 0$ et donc $\operatorname{Ker} f \neq \{0\}$. Soit $e_1 \in \operatorname{Ker} f$, $e_1 \neq 0$, de sorte que $f(e_1) = 0$. Complétons e_1 en une base B de E. Alors

$$[f]_B = \left(\begin{array}{c|c} 0 & \times \cdots \times \\ \hline 0 & M \end{array}\right) \quad \text{et} \quad 0 = [f^q]_B = ([f]_B)^q = \left(\begin{array}{c|c} 0 & \times \cdots \times \\ \hline 0 & M^q \end{array}\right),$$

donc $M^q = 0$, et d'après l'hypothèse de récurrence $P_M = (-1)^{n-1} X^{n-1}$, donc

$$P_f(X) = \left|\begin{array}{c|c} -X & \times \cdots \times \\ \hline 0 & M - XI_{n-1} \end{array}\right| = (-X) P_M = (-1)^n X^n.$$

□

Remarque 5. Un résultat plus fort sera donné à la remarque 6 de la partie 2.3 (page 176).

1.3. Endomorphismes diagonalisables

DÉFINITION 5. Soit $f \in \mathcal{L}(E)$. On dit que f est *diagonalisable* s'il existe une base de vecteurs propres de f. On dit que $A \in \mathcal{M}_n(\mathbb{K})$ est diagonalisable si A est semblable à une matrice diagonale.

Remarque 6. Un endomorphisme f est diagonalisable si et seulement si sa matrice dans une base quelconque de E est diagonalisable.

PROPOSITION 4. *Soit $f \in \mathcal{L}(E)$. Si P_f est scindé sur $\mathbb{K}$ et a toutes ses racines simples, alors f est diagonalisable.*

Démonstration. Écrivons $P_f = (-1)^n \prod_{i=1}^n (X - \lambda_i)$. Pour tout i, λ_i est valeur propre de f donc il existe x_i un vecteur propre de f associé à la valeur propre λ_i. D'après le théorème 1, les x_i forment une famille libre, à n éléments, et forment donc une base de E. □

PROPOSITION 5. *Soit $f \in \mathcal{L}(E)$, $\lambda \in \mathbb{K}$ une racine de P_f d'ordre de multiplicité h. Alors $\dim E_\lambda \leq h$.*

Démonstration. Le sous espace propre E_λ est stable par f. Soit $g = f_{|E_\lambda} \in \mathcal{L}(E_\lambda)$. D'après la proposition 2, P_g divise P_f. Comme $g = \lambda \operatorname{Id}_{E_\lambda}$, on a $P_g = (\lambda - X)^{\dim E_\lambda}$, donc $\dim E_\lambda \leq h$. □

→ THÉORÈME 2. *Soit $f \in \mathcal{L}(E)$. Les propositions suivantes sont équivalentes.*

(i) *f est diagonalisable.*
(ii) *P_f est scindé sur $\mathbb{K}$ et pour toute racine λ_i de P_f d'ordre de multiplicité h_i, $h_i = \dim E_{\lambda_i}$.*
(iii) *Il existe des valeurs propres $\lambda_1, \ldots, \lambda_p$ de f vérifiant $E = E_{\lambda_1} \oplus \cdots \oplus E_{\lambda_p}$.*

Démonstration. (i) $\Longrightarrow$ (ii). Soit B une base de vecteurs propres de f. La matrice M de f dans B est diagonale, et si $\lambda_1, \ldots, \lambda_p$ désignent les valeurs propres de f, la diagonale de M est constituée des λ_i. Pour tout i, $1 \leq i \leq p$, notons h_i le nombre de fois que λ_i apparaît dans la diagonale de M, de sorte que $P_f = P_M = (-1)^n \prod_{i=1}^p (X - \lambda_i)^{h_i}$. Pour tout i, $1 \leq i \leq p$, il existe h_i vecteurs de la base B vérifiant $f(x) = \lambda_i x$, c'est-à-dire h_i vecteurs linéairement indépendants dans E_{λ_i}, donc $\dim E_{\lambda_i} \geq h_i$. Donc $\dim E_{\lambda_i} = h_i$ d'après la proposition précédente.

(ii) $\Longrightarrow$ (iii). Écrivons $P_f = (-1)^n \prod_{i=1}^p (X - \lambda_i)^{h_i}$, les λ_i étant distincts. Soit $F = \oplus_{i=1}^p E_{\lambda_i}$. On a $\dim F = \sum_{i=1}^p \dim E_{\lambda_i} = \sum_{i=1}^p h_i = \deg(P_f) = n$, donc $F = E$.

(iii) $\Longrightarrow$ (i). Si pour tout i, B_i désigne une base de E_{λ_i}, alors il est clair que $B = B_1 \cup \cdots \cup B_p$ est une base de vecteurs propres de f. □

PROPOSITION 6. *Soit $f \in \mathcal{L}(E)$ diagonalisable et F un s.e.v de E stable par f. Alors $f_{|F} \in \mathcal{L}(F)$ est diagonalisable.*

À ce stade du cours, ce résultat est non trivial. Il sera démontré dans la partie 2.1 du présent chapitre (conséquence du théorème 2, page 173).

1.4. Trigonalisation

DÉFINITION 6. Un endomorphisme $f \in \mathcal{L}(E)$ est dit *trigonalisable* s'il existe une base B de E dans laquelle la matrice de f soit triangulaire supérieure. On dit alors que la base B trigonalise f.

Une matrice $A \in \mathcal{M}_n(\mathbb{K})$ est dite trigonalisable si A est semblable à une matrice triangulaire supérieure.

Remarque 7. Un endomorphisme f est trigonalisable si et seulement si sa matrice dans une base quelconque de E est trigonalisable.

→ THÉORÈME 3. *Soit $f \in \mathcal{L}(E)$. f est trigonalisable si et seulement si son polynôme caractéristique P_f est scindé sur $\mathbb{K}$.*

Démonstration. Avant d'entamer cette démonstration, notons qu'il est équivalent de montrer ce résultat pour les matrices ou pour les endomorphismes (voir la remarque précédente).
Condition nécessaire. C'est le plus facile. En effet, si A est semblable à

$$T = \begin{pmatrix} \lambda_1 & \times & \cdots & \times \\ 0 & \lambda_2 & \ddots & \vdots \\ \vdots & \ddots & \ddots & \times \\ 0 & \cdots & 0 & \lambda_n \end{pmatrix} \in \mathcal{M}_n(\mathbb{K}),$$

alors $P_A = P_T = (-1)^n \prod_{i=1}^n (X - \lambda_i)$ est scindé sur $\mathbb{K}$.
Condition suffisante. Nous allons procéder par récurrence sur $n \in \mathbb{N}^*$. Pour $n = 1$, c'est évident. Supposons le résultat vrai au rang $n-1$. Nous allons donner deux méthodes pour montrer le résultat au rang n.
Première méthode. Soit f l'endomorphisme de $\mathbb{K}^n$ dont A est la matrice dans la base canonique B de $\mathbb{K}^n$. La matrice de l'application transposée ${}^tf$ dans la base duale de B est ${}^tA$, donc $P_{{}^tf} = P_{{}^tA} = P_A = P_f$, donc est scindé sur $\mathbb{K}$, donc d'après la proposition 1, ${}^tf$ admet un vecteur propre x, donc $\mathbb{K}x$ est stable par ${}^tf$. On en déduit que l'orthogonal H de $\mathbb{K}x$ dans $\mathbb{K}^n$ est un hyperplan stable par f (voir chapitre III, partie 4.4 proposition 8, page 129). D'après la proposition 2, le polynôme caractéristique de la restriction de f à H ($f_{|H}$ est bien un endomorphisme puisque H est stable par f) divise P_f donc est scindé sur $\mathbb{K}$, ce qui entraîne d'après l'hypothèse de récurrence l'existence d'une base $B_1 = (e_1, \ldots, e_{n-1})$ de H dans laquelle $f_{|H}$ se trigonalise. On complète maintenant cette base de H en une base $B' = (e_1, \ldots, e_n)$ de $\mathbb{K}^n$, et on remarque que

$$[f]_{B'} = \left(\begin{array}{c|c} [f_{|H}]_{B_1} & \begin{matrix} \times \\ \vdots \\ \times \end{matrix} \\ \hline 0 \quad \cdots \quad 0 & \times \end{array}\right) = \begin{pmatrix} \times & \cdots & \cdots & \times \\ 0 & \ddots & & \vdots \\ \vdots & \ddots & \ddots & \vdots \\ 0 & \cdots & 0 & \times \end{pmatrix}.$$

Cette dernière matrice étant semblable à $A = [f]_B$, on en déduit le résultat.
Seconde méthode. D'après la proposition 2, il existe un vecteur propre e_1 de f. Complétons e_1 en une base $B_1 = (e_1, \ldots, e_n)$ de $\mathbb{K}^n$. On a

$$[f]_{B_1} = \left(\begin{array}{c|c} \alpha & \times \cdots \times \\ \hline 0 & \\ \vdots & M \\ 0 & \end{array}\right) \quad \text{avec} \quad M \in \mathcal{M}_{n-1}(\mathbb{K}).$$

D'après l'hypothèse de récurrence, M est trigonalisable (car $P_f = (\alpha - X)P_M$ donc P_M est aussi scindé sur $\mathbb{K}$). Soit $P \in \mathcal{G}\ell_{n-1}(\mathbb{K})$ telle que $T = P^{-1}MP$ soit triangulaire supérieure. On a

$$\left(\begin{array}{c|c} 1 & 0\cdots 0 \\ \hline 0 & \\ \vdots & P \\ 0 & \end{array}\right)^{-1} [f]_{B_1} \left(\begin{array}{c|c} 1 & 0\cdots 0 \\ \hline 0 & \\ \vdots & P \\ 0 & \end{array}\right) = \left(\begin{array}{c|c} \alpha & \times\cdots\times \\ \hline 0 & \\ \vdots & P^{-1}MP \\ 0 & \end{array}\right) = \left(\begin{array}{c|c} \alpha & \times\cdots\times \\ \hline 0 & \\ \vdots & T \\ 0 & \end{array}\right),$$

et cette dernière matrice étant triangulaire supérieure et semblable à $[f]_B = A$, on en déduit le résultat. □

Remarque 8. – Si $f \in \mathcal{L}(E)$ est trigonalisable et si F est un s.e.v de E stable par F, alors l'endomorphisme $f_{|F}$ est trigonalisable (en effet, $P_{f_{|F}}$ divise P_f donc est scindé sur $\mathbb{K}$).
– Si $\mathbb{K}$ est algébriquement clos (par exemple $\mathbb{K} = \mathbb{C}$), tout endomorphisme est trigonalisable.

– La trigonalisation d'une matrice est parfois un passage commode pour montrer un résultat. Notons la relation suivante entre le produit de deux matrices triangulaires supérieures :

$$\begin{pmatrix} \alpha_1 & \times & \cdots & \times \\ 0 & \alpha_2 & \ddots & \vdots \\ \vdots & \ddots & \ddots & \times \\ 0 & \cdots & 0 & \alpha_n \end{pmatrix} \begin{pmatrix} \beta_1 & \times & \cdots & \times \\ 0 & \beta_2 & \ddots & \vdots \\ \vdots & \ddots & \ddots & \times \\ 0 & \cdots & 0 & \beta_n \end{pmatrix} = \begin{pmatrix} \alpha_1\beta_1 & \times & \cdots & \times \\ 0 & \alpha_2\beta_2 & \ddots & \vdots \\ \vdots & \ddots & \ddots & \times \\ 0 & \cdots & 0 & \alpha_n\beta_n \end{pmatrix}.$$

– On verra dans la section 4.4 des réductions plus poussées.

1.5. Réductions simultanées

PROPOSITION 7. *Soient $f, g \in \mathcal{L}(E)$ tels que $f \circ g = g \circ f$. Alors*

(i) *Tout sous espacc propre de f est stable par g (en particulier* $\operatorname{Ker} f$*).*

(ii) $\operatorname{Im} f$ *est stable par g.*

Démonstration. (i) Soit E_λ un sous espace propre de f. Pour tout $x \in E_\lambda$, $f[g(x)] = g[f(x)] = g(\lambda x) = \lambda g(x)$ donc $g(x) \in E_\lambda$.

(ii) Soit $y \in \operatorname{Im} f$. Il existe $x \in E$ tel que $y = f(x)$. On a alors $g(y) = g[f(x)] = f[g(x)] \in \operatorname{Im} f$. □

→ THÉORÈME 4 (DIAGONALISATION SIMULTANÉE). *Si f et $g \in \mathcal{L}(E)$ sont diagonalisables et commutent, il existe une base commune de diagonalisation de f et g (on dit alors que f et g sont* codiagonalisables*).*

Démonstration. Soient $\lambda_1, \ldots, \lambda_r$ les valeurs propres de f, $E_{\lambda_1}, \ldots, E_{\lambda_r}$ les sous espaces propres correspondants. Pour tout i, E_{λ_i} est stable par g. La restriction de g à E_{λ_i}, $g_{|E_{\lambda_i}}$, induit un endomorphisme de E_{λ_i}, diagonalisable d'après la proposition 6. Il existe donc une base B_i de E_{λ_i} de vecteurs propres de g (et bien sûr de f car $f_{|E_{\lambda_i}} = \lambda_i \operatorname{Id}_{E_{\lambda_i}}$). Or $E = \oplus_{i=1}^r E_{\lambda_i}$, donc $B = \cup_{i=1}^r B_i$ est une base de diagonalisation commune de f et g. □

Remarque 9. La réciproque est vraie : si f et g se diagonalisent dans une même base, alors f et g commutent (c'est facile, il suffit de montrer que f et g commutent sur cette base).

→ THÉORÈME 5 (TRIGONALISATION SIMULTANÉE). *Si f et $g \in \mathcal{L}(E)$ sont trigonalisables et commutent, alors il existe une base de trigonalisation commune de f et g (on dit alors que f et g sont* cotrigonalisables*).*

Démonstration. Préliminaire. Remarquons déjà que f et g ont un vecteur propre commun. En effet, f admet une valeur propre $\lambda \in \mathbb{K}$ (puisque f est trigonalisable). Le sous espace propre E_λ est stable par g, et $g_{|E_\lambda}$ est trigonalisable (voir la remarque 8), donc admet un vecteur propre $x \in E_\lambda$. Finalement, x est un vecteur propre commun à f et g.

On procède maintenant par récurrence sur n. Pour $n = 1$, c'est évident. Supposons le résultat vrai au rang $n - 1$. Pour le montrer au rang n, nous donnons deux méthodes.

Première méthode. Comme $f \circ g = g \circ f$, on a ${}^t g \circ {}^t f = {}^t f \circ {}^t g$, donc d'après le préliminaire appliqué à ${}^t f$ et ${}^t g$, il existe un vecteur propre $x \in E^*$ commun à ${}^t f$ et à ${}^t g$. $\mathbb{K}x$ est donc stable par ${}^t f$ et ${}^t g$, donc H, l'orthogonal de $\mathbb{K}x$ dans E, est un hyperplan de E stable par f et g. D'après l'hypothèse de récurrence, $f_{|H}$ et $g_{|H}$ sont trigonalisables dans une même base B' de H. Soit $e \in E$ tel que $B = B' \cup \{e\}$ forme une base de E. Alors

$$[f]_B = \left(\begin{array}{ccc|c} & & & \times \\ & [f_{|H}]_{B'} & & \vdots \\ & & & \times \\ \hline 0 & \cdots & 0 & \times \end{array}\right)$$

et comme la matrice de $f_{|H}$ dans B' est triangulaire supérieure, on en déduit que $[f]_B$ est triangulaire supérieure. De même, $[g]_B$ est trigonale supérieure, d'où le résultat au rang n.

Seconde méthode. Le préliminaire assure l'existence d'un vecteur propre commun x à f et à g. Complétons x en une base $B = (x, e_2, \dots, e_n)$ de E. On a

$$[f]_B = \left(\begin{array}{c|ccc} \alpha & \times & \cdots & \times \\ \hline 0 & & & \\ \vdots & & M & \\ 0 & & & \end{array}\right) \quad \text{et} \quad [g]_B = \left(\begin{array}{c|ccc} \beta & \times & \cdots & \times \\ \hline 0 & & & \\ \vdots & & N & \\ 0 & & & \end{array}\right).$$

Comme $P_f = (\alpha - X)P_M$, P_M est comme P_f scindé sur $\mathbb{K}$, donc M est trigonalisable. De même, N est trigonalisable. Or $fg = gf$, donc $[f]_B[g]_B = [g]_B[f]_B$, ce qui s'écrit

$$\left(\begin{array}{c|ccc} \times & \times & \cdots & \times \\ \hline 0 & & & \\ \vdots & & MN & \\ 0 & & & \end{array}\right) = \left(\begin{array}{c|ccc} \times & \times & \cdots & \times \\ \hline 0 & & & \\ \vdots & & NM & \\ 0 & & & \end{array}\right)$$

et donc $MN = NM$. Soit $B_1 = (e_2, \dots, e_n)$ et $H = \operatorname{Vect} B_1$, hyperplan de E. On note p la projection sur H parallèlement à $\mathbb{K}x$. Soit $f_1 = p \circ f_{|H}$ et $g_1 = p \circ g_{|H} \in \mathcal{L}(H)$. Comme $[f_1]_{B_1} = M$ et $[g_1]_{B_1} = N$, f_1 et g_1 commutent donc d'après l'hypothèse de récurrence, il existe une base B_1 de H qui trigonalise à la fois f_1 et g_1. Si $B' = \{x\} \cup B_1$, B' est une base de E et

$$[f]_{B'} = \left(\begin{array}{c|ccc} \times & \times & \cdots & \times \\ \hline 0 & & & \\ \vdots & & [f_1]_{B_1} & \\ 0 & & & \end{array}\right)$$

ce qui montre que $[f]_{B'}$ est triangulaire supérieure. De même $[g]_{B'}$ est triangulaire supérieure, d'où le résultat. □

Remarque 10. – En termes de matrices, ces deux théorèmes s'interprètent comme suit. Soient $A, B \in \mathcal{M}_n(\mathbb{K})$ diagonalisables (resp. trigonalisables) telles que $AB = BA$. Alors il existe $P \in \mathcal{G}\ell_n(\mathbb{K})$ telle que $P^{-1}AP$ et $P^{-1}BP$ soient diagonales (resp. triangulaires supérieures).
– La première méthode des démonstrations des théorèmes 3 et 5 montrent l'intérêt de l'utilisation des applications transposées ${}^tf \in \mathcal{L}(E^*)$ dans les raisonnements par récurrence (voir la partie 4.4 du chapitre III) ... à retenir !

1.6. Exercices

EXERCICE 1. Diagonaliser ou trigonaliser dans $\mathcal{M}_n(\mathbb{C})$, en donnant la matrice de passage, les matrices suivantes.

$$\textbf{a)}\quad M = \begin{pmatrix} 0 & 2 & -1 \\ 3 & -2 & 0 \\ -2 & 2 & 1 \end{pmatrix}. \qquad \textbf{b)}\quad M = \begin{pmatrix} 0 & 0 & 0 & 1 \\ 0 & 0 & -1 & 0 \\ 0 & 1 & 0 & 0 \\ -1 & 0 & 0 & 0 \end{pmatrix}.$$

$$\textbf{c)}\quad M = \begin{pmatrix} 1 & 4 & -2 \\ 0 & 6 & -3 \\ -1 & 4 & 0 \end{pmatrix}. \qquad \textbf{d)}\quad M = \begin{pmatrix} 2 & 2 & -3 \\ 5 & 1 & -5 \\ -3 & 4 & 0 \end{pmatrix}.$$

Solution. **a)** On calcule le polynôme caractéristique de M :

$$P_M = \begin{vmatrix} -X & 2 & -1 \\ 3 & -2-X & 0 \\ -2 & 2 & 1-X \end{vmatrix} = \begin{vmatrix} 1-X & 2 & -1 \\ 1-X & -2-X & 0 \\ 1-X & 2 & 1-X \end{vmatrix} = (1-X) \begin{vmatrix} 1 & 2 & -1 \\ 1 & -2-X & 0 \\ 1 & 2 & 1-X \end{vmatrix}$$

$$= (1-X)\begin{vmatrix} 1 & 0 & 0 \\ 1 & -4-X & 1 \\ 1 & 0 & 2-X \end{vmatrix} = (1-X)\begin{vmatrix} -4-X & 1 \\ 0 & 2-X \end{vmatrix} = -(X-1)(X-2)(X+4).$$

D'après la proposition 1, M a donc trois valeurs propres qui sont 1, 2 et -4. Ces valeurs propres étant distinctes, M est donc diagonalisable d'après la proposition 4. Recherchons

– Un vecteur propre $X_1 = \begin{pmatrix} x \\ y \\ z \end{pmatrix}$ associé à la valeur propre 1 :

$$MX_1 = X_1 \iff \begin{cases} -x + 2y - z = 0 \\ 3x - 3y = 0 \\ -2x + 2y = 0 \end{cases} \iff \begin{cases} x = y \\ x = z \end{cases}.$$

Donc $X_1 = \begin{pmatrix} 1 \\ 1 \\ 1 \end{pmatrix}$ convient.

– Un vecteur propre $X_2 = \begin{pmatrix} x \\ y \\ z \end{pmatrix}$ associé à la valeur propre 2 :

$$MX_2 = 2X_2 \iff \begin{cases} -2x + 2y - z = 0 \\ 3x - 4y = 0 \\ -2x + 2y - z = 0 \end{cases} \iff \begin{cases} 3x = 4y \\ z = 2(y-x) \end{cases}.$$

Donc $X_2 = \begin{pmatrix} 4 \\ 3 \\ -2 \end{pmatrix}$ convient.

– Un vecteur propre $X_3 = \begin{pmatrix} x \\ y \\ z \end{pmatrix}$ associé à la valeur propre -4 :

$$MX_3 = -4X_3 \iff \begin{cases} 4x + 2y - z = 0 \\ 3x + 2y = 0 \\ -2x + 2y + 5z = 0 \end{cases} \iff \begin{cases} 3x + 2y = 0 \\ x = z \end{cases}.$$

Donc $X_3 = \begin{pmatrix} 2 \\ -3 \\ 2 \end{pmatrix}$ convient.

– L'endomorphisme $f \in \mathcal{L}(\mathbb{C}^3)$ ayant M pour matrice dans la base canonique de $\mathbb{C}^3$ est donc diagonalisable, et $B = (X_1, X_2, X_3)$ est une base de diagonalisation de f. On a

$$[f]_B = D = \begin{pmatrix} 1 & 0 & 0 \\ 0 & 2 & 0 \\ 0 & 0 & -4 \end{pmatrix} \quad \text{donc} \quad P^{-1}MP = D \quad \text{avec} \quad P = \begin{pmatrix} 1 & 4 & 2 \\ 1 & 3 & -3 \\ 1 & -2 & 2 \end{pmatrix}.$$

(P est la matrice de passage de la base canonique de $\mathbb{C}^3$ à la base B).

b) Un calcul donne $P_M = (X^2+1)^2 = (X+i)^2(X-i)^2$.

– On recherche E_i, le sous espace propre associé à la valeur propre i. On a

$$M - iI_4 = \begin{pmatrix} -i & 0 & 0 & 1 \\ 0 & -i & -1 & 0 \\ 0 & 1 & -i & 0 \\ -1 & 0 & 0 & -i \end{pmatrix}.$$

On remarque que dans cette dernière matrice, la dernière colonne vaut i fois la première, c'est-à-dire qu'en sommant la première colonne à i fois la dernière, on tombe sur le vecteur nul. Autrement dit, $(M - iI_4)\begin{pmatrix} 1 \\ 0 \\ 0 \\ i \end{pmatrix} = 0$. De même, on trouve $(M - iI_4)\begin{pmatrix} 0 \\ 1 \\ -i \\ 0 \end{pmatrix} = 0$. On a donc

$$E_i = \mathrm{Vect}\{\begin{pmatrix} 1 \\ 0 \\ 0 \\ i \end{pmatrix}, \begin{pmatrix} 0 \\ 1 \\ -i \\ 0 \end{pmatrix}\}$$

(ces deux vecteurs forment une famille libre de E_i, donc une base de E_i car d'après la proposition 5, on a $\dim E_i \leq 2$). On en déduit en particulier que $\dim E_i = 2$.

En procédant de la même manière, on trouve que $\dim E_{-i} = 2$ et que

$$E_{-i} = \mathrm{Vect}\{\begin{pmatrix} 1 \\ 0 \\ 0 \\ -i \end{pmatrix}, \begin{pmatrix} 0 \\ 1 \\ i \\ 0 \end{pmatrix}\}.$$

D'après le théorème 2, M est donc diagonalisable et on a

$$P^{-1}MP = D \quad \text{avec} \quad D = \begin{pmatrix} i & 0 & 0 & 0 \\ 0 & i & 0 & 0 \\ 0 & 0 & -i & 0 \\ 0 & 0 & 0 & -i \end{pmatrix} \quad \text{et} \quad P = \begin{pmatrix} 1 & 0 & 0 & 1 \\ 0 & 1 & 1 & 0 \\ 0 & -i & i & 0 \\ i & 0 & 0 & -i \end{pmatrix}.$$

c) Ici $P_M = -(X-3)(X-2)^2$. P_M ayant une racine double, on ne sait pas encore si M est diagonalisable.

– Recherchons E_3, le sous espace propre associé à la valeur propre 3. La résolution du système $MX = 3X$ montre que $E_3 = \mathrm{Vect}\{\begin{pmatrix} 1 \\ 1 \\ 1 \end{pmatrix}\}$.

– Recherchons E_2, le sous espace propre associé à la valeur propre 2. La résolution du système $MX = 2X$ montre que $E_2 = \mathrm{Vect}\{\begin{pmatrix} 4 \\ 3 \\ 4 \end{pmatrix}\}$. Donc $\dim E_2 = 1 < 2$, et donc M n'est pas diagonalisable.

On va donc trigonaliser M. B désignant la base canonique de $\mathbb{C}^3$, soit $f \in \mathcal{L}(\mathbb{C}^3)$ telle que $[f]_B = M$. Soit

$$e_1 = \begin{pmatrix} 1 \\ 1 \\ 1 \end{pmatrix}, \quad e_2 = \begin{pmatrix} 4 \\ 3 \\ 4 \end{pmatrix}, \quad e_3 = \begin{pmatrix} 0 \\ 0 \\ 1 \end{pmatrix}.$$

$B' = (e_1, e_2, e_3)$ est une base, et on a $E_3 = \mathrm{Vect}\, e_1$ et $E_2 = \mathrm{Vect}\, e_2$. On calcule les valeurs de f sur cette nouvelle base :

$$f(e_1) = 3e_1, \quad f(e_2) = 2e_2, \quad f(e_3) = \begin{pmatrix} -2 \\ -3 \\ 0 \end{pmatrix} = e_2 - 6e_1 + 2e_3,$$

donc la matrice de f dans la base B' est

$$[f]_{B'} = T = \begin{pmatrix} 3 & 0 & -6 \\ 0 & 2 & 1 \\ 0 & 0 & 2 \end{pmatrix}$$

donc si P est la matrice de passage de la base B à la base B',

$$P = \begin{pmatrix} 1 & 4 & 0 \\ 1 & 3 & 0 \\ 1 & 4 & 1 \end{pmatrix},$$

on a $P^{-1}[f]_B P = [f]_{B'}$, ou encore $P^{-1}MP = T$. Au passage, on remarque que les termes de la diagonale principale de la matrice triangulaire T sont les racines du polynôme caractéristique de M, répétés avec la même multiplicité. Ceci est rassurant car T et M étant semblables, elles ont même polynôme caractéristique.

d) Ici, $P_M = (1-X)^3$. Un calcul donne $\mathrm{rg}(M - I_3) = 2$, donc $\dim E_1 = \dim[\mathrm{Ker}(M - I_3)] = 3 - \mathrm{rg}(M - I_3) = 1$. M n'est donc pas diagonalisable d'après le théorème 2. Nous allons la trigonaliser. (Ici, c'est plus complexe qu'à la question précédente. Au c), on avait trouvé deux vecteurs propres indépendants. Il ne restait plus qu'à en trouver un troisième, formant une base avec les deux autres, puis à en exprimer l'image par M pour trigonaliser M. Ici, comme il n'y a qu'un seul vecteur propre, cette méthode ne va pas fonctionner. Nous allons procéder comme dans la démonstration du théorème 3 de trigonalisation. Il y avait deux démonstrations différentes, nous allons donner deux méthodes.)

– *Première méthode.* On note B la base canonique de $\mathbb{C}^3$. Soit $f \in \mathcal{L}(\mathbb{C}^3)$ telle que $[f]_B = M$.

On cherche un hyperplan stable par f. Soit B^* la base duale de B, de sorte que $[{}^tf]_{B^*} = {}^tM$. On a $P_{{}^tf} = P_{{}^tM} = P_M = (1-X)^3$, 1 est donc valeur propre de ${}^tf$. Recherchons en un vecteur propre u. Si U désigne la matrice colonne de u dont les éléments sont les coordonnées de u dans la base B^*, on a ${}^tf(u) = u \iff {}^tMU = U$. En résolvant le système ${}^tMU = U$, on trouve que $U = \begin{pmatrix} -2 \\ 1 \\ 1 \end{pmatrix}$ convient. L'orthogonal H de $\mathbb{C}u$ dans $\mathbb{C}^3$ est stable par f. H n'est autre que

$\operatorname{Ker} u = \{\begin{pmatrix} x \\ y \\ z \end{pmatrix}, \ -2x + y + z = 0\}$, dont $B_1 = (e_1, e_2) = (\begin{pmatrix} 1 \\ 0 \\ 2 \end{pmatrix}, \begin{pmatrix} 0 \\ 1 \\ -1 \end{pmatrix})$ forme une base. On trouve $f(e_1) = -4e_1 - 5e_2$ et $f(e_2) = 5e_1 + 6e_2$, donc

$$[f_{|H}]_{B_1} = \begin{pmatrix} -4 & 5 \\ -5 & 6 \end{pmatrix} = N.$$

Au passage, on remarque que $P_N = (X-1)^2 = P_{f_{|H}}$ divise P_f, ce qui est rassurant d'après la proposition 2.

Nous allons maintenant trigonaliser N. On recherche d'abord un vecteur propre de N (qui est associé à la seule valeur propre 1). En résolvant $NY = Y$, on trouve que $Y = \begin{pmatrix} 1 \\ 1 \end{pmatrix}$ convient, donc que $f(e_1 + e_2) = e_1 + e_2$. On pose

$$e_1' = e_1 + e_2 = \begin{pmatrix} 1 \\ 1 \\ 1 \end{pmatrix} \quad \text{et} \quad e_2' = e_2 = \begin{pmatrix} 0 \\ 1 \\ -1 \end{pmatrix},$$

de sorte que (e_1', e_2') est une autre base de H. Un petit calcul donne $f(e_1') = e_1'$ et $f(e_2') = 5e_1' + e_2'$. Si maintenant on pose $e_3' = \begin{pmatrix} 0 \\ 0 \\ 1 \end{pmatrix}$, $B' = (e_1', e_2', e_3')$ forme une base de $\mathbb{C}^3$ et $f(e_3') = -3e_1' - 2e_2' + e_3'$, donc

$$[f]_{B'} = \begin{pmatrix} 1 & 5 & -3 \\ 0 & 1 & -2 \\ 0 & 0 & 1 \end{pmatrix} = T = P^{-1}[f]_B P \quad \text{avec} \quad P = \begin{pmatrix} 1 & 0 & 0 \\ 1 & 1 & 0 \\ 1 & -1 & 1 \end{pmatrix},$$

et donc $T = P^{-1}MP$.

– *Seconde méthode.* Commençons par rechercher un vecteur propre u_1 pour f associé à la valeur propre 1. Un petit calcul devenu maintenant routinier montre que $u_1 = \begin{pmatrix} 1 \\ 1 \\ 1 \end{pmatrix}$ convient. On pose maintenant $u_2 = \begin{pmatrix} 0 \\ 1 \\ 0 \end{pmatrix}$ et $u_3 = \begin{pmatrix} 0 \\ 0 \\ 1 \end{pmatrix}$, de sorte que $B_0 = (u_1, u_2, u_3)$ forme une base de $\mathbb{C}^3$. En exprimant les valeurs prises par f sur les vecteurs de B_0 dans la base B_0, on trouve

$$[f]_{B_0} = \left(\begin{array}{c|cc} 1 & 2 & -3 \\ \hline 0 & -1 & -2 \\ 0 & 2 & 3 \end{array}\right).$$

Soit $F = \operatorname{Vect}(u_2, u_3)$ et soit p la projection sur F parallèlement à $\mathbb{C}u_1$. Soit $g = p \circ f_{|F} \in \mathcal{L}(F)$. On a

$$A = [g]_{(u_2,u_3)} = \begin{pmatrix} -1 & -2 \\ 2 & 3 \end{pmatrix}.$$

On a $P_A = P_g = (X-1)^2$. Recherchons un vecteur propre de g associé à la valeur propre 1. On remarque que $u_2' = u_2 - u_3$ convient. On pose alors $u_3' = u_2$, de sorte que (u_2', u_3') forme une nouvelle base de F. Soit $B_0' = (u_1, u_2', u_3')$ une nouvelle base de $\mathbb{C}^3$. On trouve

$$[f]_{B_0'} = \begin{pmatrix} 1 & 5 & 2 \\ 0 & 1 & -2 \\ 0 & 0 & 1 \end{pmatrix} = T' = P'^{-1}[f]_B P' \quad \text{avec} \quad P = \begin{pmatrix} 1 & 0 & 0 \\ 1 & 1 & 1 \\ 1 & -1 & 0 \end{pmatrix}.$$

Donc $T' = P'^{-1}MP$: on a trigonalisé M.

Remarque. Pour suivre correctement les deux méthodes exposées au d), il est bon de relire les démonstrations du théorème 3. Bien sûr, on ne retrouve pas les mêmes matrices triangulaires et de passage à l'arrivée selon la méthode utilisée (il n'y a pas unicité).

– Au d), on peut vérifier que les termes de la diagonale principale de la matrice triangulaire trouvée correspondent aux racines du polynôme caractéristique de la matrice M de départ.

EXERCICE 2. Soit E un $\mathbb{K}$-e.v de dimension finie et $f \in \mathcal{L}(E)$ un endomorphisme de rang 1. Donner une condition nécessaire et suffisante sur f pour que f soit diagonalisable. Que peut-on dire lorsque f n'est pas diagonalisable ?

Solution. On note $n = \dim E$. Par hypothèse, $\dim \operatorname{Ker} f = n - \operatorname{rg} f = n - 1$, autrement dit 0 est une valeur propre de f d'ordre $n-1$, donc racine du polynôme caractéristique P_f de f d'ordre au moins $n-1$. Par conséquent, il existe $\alpha \in \mathbb{K}$ tel que $P_f = (-1)^n X^{n-1}(X-\alpha)$. La somme des valeurs propres de f étant égale à la trace de f, on a $\alpha = \operatorname{tr} f$.

Ainsi, si $\operatorname{tr} f \neq 0$, f admet une valeur propre $\alpha \neq 0$. Les sous espaces propres E_0 et E_α de f vérifient alors $\dim E_0 + \dim E_\alpha = n$ donc f est diagonalisable.

Lorsque $\operatorname{tr} f = 0$, 0 est la seule valeur propre de f. Si f était diagonalisable, f serait nulle, ce qui est absurde. Finalement, f est diagonalisable si et seulement si $\operatorname{tr} f \neq 0$.

Lorsque f n'est pas diagonalisable, c'est-à-dire lorsque $\operatorname{tr} f = 0$, on a $f^2 = 0$. En effet. Soit $e_1 \in E$ tel que $\operatorname{Im} f = \operatorname{Vect} e_1$. Complétons e_1 en une base $B = (e_1, \dots, e_n)$ de E. Dans cette base, la matrice de f a la forme

$$[f]_B = \begin{pmatrix} \alpha_1 & \alpha_2 & \cdots & \alpha_n \\ 0 & 0 & \cdots & 0 \\ \vdots & \vdots & & \vdots \\ 0 & 0 & \cdots & 0 \end{pmatrix}.$$

Comme $\operatorname{tr} f = \alpha_1 = 0$, on a $[f]_B^2 = 0$, c'est-à-dire $f^2 = 0$.

EXERCICE 3. Soient $a_1, \dots, a_{n-1}$ et $b_1, \dots, b_{n-1}$ des nombres réels. Donner une condition nécessaire et suffisante pour que la matrice

$$A = \begin{pmatrix} 0 & \cdots & 0 & b_1 \\ \vdots & & \vdots & \vdots \\ 0 & \cdots & 0 & b_{n-1} \\ a_1 & \cdots & a_{n-1} & 0 \end{pmatrix} \in \mathcal{M}_n(\mathbb{R})$$

soit diagonalisable dans $\mathcal{M}_n(\mathbb{R})$.

Solution. Si tous les a_i sont nuls, A est une matrice triangulaire dont les valeurs propres sont données par ses éléments diagonaux, montrant ainsi que toutes les valeurs propres de A sont nulles. Si A est diagonalisable, A est donc nulle et tous les b_i sont nuls. De même, si tous les b_i sont nuls et si A est diagonalisable, alors tous les a_i sont nuls.

Supposons maintenant les a_i non tous nuls et les b_i non tous nuls. Alors le rang de A est 2, ce qui montre que 0 est valeur propre de A et que le sous espace propre E_0 associé est de dimension $n-2$. Notons $\lambda_1, \lambda_2 \in \mathbb{C}$ les deux autres valeurs propres de A. La somme des valeurs propres de A est sa trace donc $\lambda_1 + \lambda_2 = 0$. Il nous faut un autre renseignement pour pouvoir évaluer λ_1 et λ_2. Pour cela, on remarque que les valeurs propres de A^2 sont les carrés des valeurs propres de A (pour s'en persuader, trigonaliser A dans $\mathcal{M}_n(\mathbb{C})$), donc $\lambda_1^2 + \lambda_2^2 = \operatorname{tr}(A^2)$. Un petit calcul donne $\operatorname{tr}(A^2) = 2(\sum_{i=1}^{n-1} a_i b_i)$. Finalement on a montré

$$\lambda_1 + \lambda_2 = 0 \quad \text{et} \quad \lambda_1^2 + \lambda_2^2 = 2\left(\sum_{i=1}^{n} a_i b_i\right). \qquad (*)$$

Si $\Delta = \sum_{i=1}^{n-1} a_i b_i < 0$, (*) montre que λ_1 et λ_2 ne peuvent pas être des nombres réels (et donc A n'est pas diagonalisable dans $\mathcal{M}_n(\mathbb{R})$). Si maintenant $\Delta \geq 0$, (*) montre que $\lambda_1 = -\lambda_2 = \sqrt{\Delta}$. Si $\Delta = 0$, $\lambda_1 = \lambda_2 = 0$ et A n'est pas diagonalisable sinon A serait nulle (sa seule valeur propre est 0). Si $\Delta > 0$, λ_1 et λ_2 sont réelles, distinctes et non nulles, et les sous espaces propres $E_{\lambda_1}, E_{\lambda_2}$ associés sont de dimension 1. Dans ce cas, $\dim E_0 + \dim E_{\lambda_1} + \dim E_{\lambda_2} = n$, donc A est diagonalisable dans $\mathcal{M}_n(\mathbb{R})$.

De tout ceci, le lecteur conclura facilement que A est diagonalisable dans $\mathcal{M}_n(\mathbb{R})$ si et seulement si $A = 0$ ou $\Delta = \sum_{i=1}^{n-1} a_i b_i > 0$.

EXERCICE 4. Soit E un $\mathbb{K}$-e.v de dimension finie $n \in \mathbb{N}^*$. On considère une famille $(f_i)_{i\in I}$ d'endomorphismes de E commutant deux à deux.
a) Si les f_i sont diagonalisables, montrer que l'on peut les diagonaliser tous dans une même base.
b) Si les f_i sont trigonalisables, montrer que l'on peut les trigonaliser tous dans une même base.

Solution. **a)** Procédons par récurrence sur n. Pour $n = 1$, c'est évident. Supposons le résultat vrai jusqu'au rang $n-1$ et montrons le au rang n. Si tous les f_i sont des homothéties, c'est terminé. Sinon il existe i_0 tel que f_{i_0} n'est pas une homothétie. Si on note $E_{\lambda_1}, \dots, E_{\lambda_r}$ ses sous espaces propres, on a donc $r \geq 2$, et pour tout j, $\dim E_{\lambda_j} < n$. Par ailleurs, d'après la proposition 7, pour tout j, E_{λ_j} est stable par tous les f_i, et chaque $f_{i|E_{\lambda_j}}$ est diagonalisable d'après la proposition 6. Donc d'après l'hypothèse de récurrence il existe une base B_j de E_{λ_j} qui soit une base de diagonalisation de tous les $f_{i|E_{\lambda_j}}$. Donc $B = B_1 \cup \cdots \cup B_r$ est une base de diagonalisation de tous les $(f_i)_{i\in I}$.

b) Commençons par montrer par récurrence sur n qu'il existe un vecteur propre commun à tous les $(f_i)_{i\in I}$. Pour $n = 1$, c'est évident. Supposons le résultat vrai jusqu'au rang $n-1$ et montrons le au rang n. Si tous les f_i sont des homothéties, c'est terminé. Sinon, il existe un endomorphisme f de la famille qui n'est pas une homothétie. Comme f est trigonalisable, f admet une valeur propre λ, donc un sous espace propre correspondant E_λ. On a $\dim E_\lambda < n$ (car f n'est pas une homothétie) et E_λ est stable par tous les f_i. D'après l'hypothèse de récurrence, il existe donc un vecteur propre commun à tous les $f_{i|E_\lambda}$, qui est bien sûr un vecteur propre commun à tous les f_i.

Achevons la démonstration par récurrence sur n. Pour $n = 1$, c'est évident. Supposons le résultat vrai au rang $n-1$ et montrons le au rang n. En appliquant le résultat précédent aux applications transposées ${}^tf_i$ (elles commutent également et sont également trigonalisables puisque $P_{{}^tf_i} = P_{f_i}$), on voit qu'il existe $x \in E^*$ un vecteur propre commun à tous les ${}^tf_i$. L'orthogonal H de $\mathbb{K}x$ dans E est donc un hyperplan de E stable par tous les f_i. D'après l'hypothèse de récurrence, il existe une base B de H trigonalisant tous les $f_{i|H}$. Soit $e \in E$ tel que $B' = B \cup \{e\}$ forme une base de E. On a pour tout $i \in I$

$$[f_i]_{B'} = \left(\begin{array}{cccc|c} \times & \cdots & \cdots & \times & \times \\ 0 & \times & \cdots & \times & \times \\ \vdots & \ddots & \ddots & \vdots & \vdots \\ 0 & \cdots & 0 & \times & \times \\ \hline 0 & 0 & \cdots & 0 & \times \end{array}\right),$$

donc la base B' trigonalise tous les f_i.

Remarque. Dans cette dernière partie de b), nous avons utilisé une technique analogue à celle de la première démonstration du théorème 5. On pourrait également procéder comme dans la seconde démonstration de ce théorème.

EXERCICE 5 (LEMME DE SCHUR). **a)** Soit E un $\mathbb{C}$-e.v de dimension finie. Soit $Q \subset \mathcal{L}(E)$ irréductible, c'est-à-dire que les seuls sous espaces de E stables par tous les éléments de Q sont $\{0\}$ et E. Montrer que les seuls éléments commutant avec tous les éléments de Q sont les homothéties.
b) Si E est un $\mathbb{R}$-e.v de dimension finie, montrer que le résultat est faux dans le cas général. Quand peut-on dire qu'il est vrai ?

Solution. **a)** Soit $f \in \mathcal{L}(E)$ commutant avec tous les éléments de Q. Le corps $\mathbb{C}$ étant algébriquement clos, f admet au moins une valeur propre λ. Soit E_λ le sous espace propre correspondant. On a $E_\lambda \neq \{0\}$. Par hypothèse sur f, pour tout $g \in Q$, on a $f \circ g = g \circ f$. D'après la proposition 7, E_λ est stable par tous les éléments de Q. Comme $E_\lambda \neq \{0\}$ et que Q est irréductible, ceci entraîne $E_\lambda = E$. Donc $f = \lambda\, \mathrm{Id}_E$ est une homothétie.

b) Sur un $\mathbb{R}$-e.v, le résultat est faux dans le cas général. Par exemple, en dimension 2, l'ensemble Q des rotations (voir la remarque 1 de la partie 3.1 du chapitre V) est irréductible car aucune droite n'est stable par toutes les rotations. Or tous les éléments de Q commutent avec tous les éléments de Q. Il existe donc des éléments de $\mathcal{L}(E)$ qui ne sont pas des homothéties qui commutent avec tous les éléments de Q.

Cependant, si $n = \dim E$ est impair, le résultat reste vrai. En effet, soit $f \in \mathcal{L}(E)$ commutant avec tous les éléments de Q. Le polynôme caractéristique P_f de f est un polynôme réel de degré impair, donc P_f admet au moins une racine réelle λ, donc f admet une valeur propre λ. En procédant comme au a), on en déduit que f est une homothétie.

Remarque. On en déduit que sur un $\mathbb{C}$-espace vectoriel de dimension finie, les éléments commutant avec tout ceux de $\mathcal{L}(E)$ sont les homothéties.

EXERCICE 6. Soit $\mathbb{K}$ un corps commutatif et A, B, C, $D \in \mathcal{M}_n(\mathbb{K})$ telles que $DC = CD$. Montrer que

$$\det\begin{pmatrix} A & B \\ C & D \end{pmatrix} = \det(AD - BC),$$

a) si D est inversible,
b) si $\mathbb{K}$ est de cardinal infini.

Solution. **a)** On part de la relation

$$\begin{pmatrix} A & B \\ C & D \end{pmatrix}\begin{pmatrix} D & 0 \\ -C & D^{-1} \end{pmatrix} = \begin{pmatrix} AD-BC & BD^{-1} \\ CD-DC & I_n \end{pmatrix} = \begin{pmatrix} AD-BC & BD^{-1} \\ 0 & I_n \end{pmatrix},$$

d'où l'égalité voulue en passant aux déterminants.

b) Cette fois, D n'est pas supposée inversible. La matrice D n'ayant qu'un nombre fini de valeurs propres et $\mathbb{K}$ étant infini, il existe une partie infinie Γ de $\mathbb{K}$ telle que pour tout $\lambda \in \Gamma$, $D - \lambda I_n$ soit inversible. D'après a), le polynôme $P \in \mathbb{K}[X]$ défini par

$$P(X) = \det\begin{pmatrix} A & B \\ C & D - XI_n \end{pmatrix} - \det[A(D - XI_n) - BC]$$

s'annule sur tout $\lambda \in \Gamma$. Comme Γ est infini, P est nul et donc $P(0) = 0$, d'où le résultat.

Remarque. En fait, si $\mathbb{K}$ est fini, le résultat reste vrai. En effet, $\mathbb{K}$ se plonge dans un corps infini $\mathbb{L}$ (prendre par exemple pour $\mathbb{L}$ le corps des fractions de $\mathbb{K}$) et il suffit alors d'appliquer b) en remplaçant $\mathbb{K}$ par $\mathbb{L}$.

EXERCICE 7. Soit E un $\mathbb{C}$-e.v de dimension finie $n \in \mathbb{N}^*$. Si $u, v \in \mathcal{L}(E)$, on pose $[u, v] = uv - vu$ (*crochet de Lie* de u et v). Soient f et $g \in \mathcal{L}(E)$.

1/ On suppose qu'il existe $\alpha \in \mathbb{C}^*$ tel que $[f, g] = \alpha f$.
a) Montrer que f est nilpotente. (Indication. On pourra calculer $[f^p, g]$ pour tout $p \in \mathbb{N}^*$.)
b) Montrer que f et g sont trigonalisables dans une même base.

2/ On suppose maintenant qu'il existe $\alpha, \beta \in \mathbb{C}^*$ tels que $[f, g] = \alpha f + \beta g$. Montrer qu'également, f et g sont trigonalisables dans une même base.

Solution. **1/ a)** Par récurrence sur $p \in \mathbb{N}^*$, on obtient facilement $[f^p, g] = \alpha p f^p$. Comme l'endomorphisme de $\mathcal{L}[\mathcal{L}(E)]$ défini par $L_g : h \mapsto [h, g]$ n'a qu'un nombre fini de valeurs propres (on est en dimension finie) et que pour tout $p \in \mathbb{N}^*$, $L_g(f^p) = \alpha p f^p$, on en déduit qu'il existe $p \in \mathbb{N}^*$ tel que $f^p = 0$.

b) Commençons par montrer que f et g ont un vecteur propre en commun. Le s.e.v $\operatorname{Ker} f$ est stable par g car

$$\forall x \in \operatorname{Ker} f, \quad f[g(x)] = g[f(x)] + \alpha f(x) = 0.$$

Or f étant nilpotente, on a $\operatorname{Ker} f \neq \{0\}$. Le corps $\mathbb{C}$ étant algébriquement clos, on en déduit que $g_{|\operatorname{Ker} f}$ admet au moins un vecteur propre x. Le vecteur x est également propre pour f car $x \in \operatorname{Ker} f$.

Ceci étant, montrons par récurrence sur $n \in \mathbb{N}^*$ que f et g sont trigonalisables dans une même base. Pour $n = 1$, c'est évident. Supposons le résultat vrai au rang $n-1$ et montrons le au rang n. Comme $fg - gf = \alpha f$, les applications transposées vérifient ${}^t f\, {}^t g - {}^t g\, {}^t f = (-\alpha)^t f$. En appliquant le résultat précédent à ${}^t f$ et ${}^t g$, on voit donc qu'il existe un vecteur propre $x \in E^*$ commun à ${}^t f$ et ${}^t g$. L'orthogonal H de $\mathbb{C}x$ dans E est donc un hyperplan stable par f et g. Or $[f_{|H}, g_{|H}] = \alpha f_{|H}$, donc d'après l'hypothèse de récurrence il existe une base B de H dans laquelle $f_{|H}$ et $g_{|H}$ se trigonalisent. Soit $e \in E$ tel que $B' = B \cup \{e\}$ soit une base de E. Alors

$$[f]_{B'} = \left(\begin{array}{ccc|c} & & & \times \\ & [f_{|H}]_B & & \vdots \\ & & & \times \\ \hline 0 & \cdots & 0 & \times \end{array}\right),$$

donc la base B trigonalise f. On montrerait de même que la base B trigonalise g.

2/ On pose $f' = f + (\beta/\alpha)g$ et on remarque que $[f', g] = \alpha f'$. D'après 1/ b), f' et g sont donc trigonalisables dans une même base. Il en est donc de même pour $f' - (\beta/\alpha)g = f$ et g.

2. Polynômes d'endomorphismes

Cette partie pourrait se résumer en trois mots : "le polynôme minimal". Bien que le polynôme minimal ne figure pas au programme des classes préparatoires, c'est l'outil central des polynômes d'endomorphismes et dans beaucoup de problèmes et d'exercices, on l'utilise souvent sans en parler.

Dans toute cette partie, n est un entier naturel non nul et E désigne un $\mathbb{K}$-espace vectoriel de dimension n.

2.1. Généralités

Notation. Soit $P = a_0 + a_1 X + \cdots + a_p X^p \in \mathbb{K}[X]$.

- Pour tout $f \in \mathcal{L}(E)$, on note $P(f) = a_0 \operatorname{Id}_E + a_1 f + \cdots + a_p f^p \in \mathcal{L}(E)$.
- Pour tout $A \in \mathcal{M}_n(\mathbb{K})$, on note $P(A) = a_0 I_n + a_1 A + \cdots + a_p A^p \in \mathcal{M}_n(\mathbb{K})$.

Remarque 1. Si $f \in \mathcal{L}(E)$, pour tous $P, Q \in \mathbb{K}[X]$ on a $P(f) \circ Q(f) = (PQ)(f)$. L'ensemble $\{P(f) \mid P \in \mathbb{K}[X]\}$ est une sous algèbre commutative de $\mathcal{L}(E)$.

– Si $M = \begin{pmatrix} \alpha_1 & \times & \cdots & \times \\ 0 & \alpha_2 & \ddots & \vdots \\ \vdots & \ddots & \ddots & \times \\ 0 & \cdots & 0 & \alpha_n \end{pmatrix}$,

alors $\forall P \in \mathbb{K}[X], \ P(M) = \begin{pmatrix} P(\alpha_1) & \times & \cdots & \times \\ 0 & P(\alpha_2) & \ddots & \vdots \\ \vdots & \ddots & \ddots & \times \\ 0 & \cdots & 0 & P(\alpha_n) \end{pmatrix}.$

En d'autres termes, si M est trigonalisable, les valeurs propres de $P(M)$ sont les valeurs prises par le polynôme P sur les valeurs propres de M.

PROPOSITION 1. *Soit $f \in \mathcal{L}(E)$ et $P \in \mathbb{K}[X]$ tel que $P(f) = 0$. Si λ est valeur propre de f, alors $P(\lambda) = 0$.*

Démonstration. Soit $x \neq 0$ un vecteur propre de f associé à la valeur propre λ. On a $f(x) = \lambda x$, donc $0 = P(f)(x) = P(\lambda)x$, d'où le résultat. □

Remarque 2. Attention, la réciproque est fausse. Par exemple, $P = X(X-1)$ annule Id_E, et pourtant 0 qui est racine de P n'est pas valeur propre de Id_E.

→ THÉORÈME 1 (DÉCOMPOSITION DES NOYAUX). *Soit $f \in \mathcal{L}(E)$ et $P = P_1 \cdots P_k \in \mathbb{K}[X]$, les polynômes P_i étant premiers entre eux deux à deux. Alors*

$$\operatorname{Ker} P(f) = \operatorname{Ker} P_1(f) \oplus \cdots \oplus \operatorname{Ker} P_k(f).$$

Démonstration. On procède par récurrence sur $k \geq 2$.

- Pour $k = 2$: P_1 et P_2 étant premiers entre eux, il existe (théorème de Bezout) U et $V \in \mathbb{K}[X]$ tels que $UP_1 + VP_2 = 1$.

Soit $x \in \operatorname{Ker} P_1(f) \cap \operatorname{Ker} P_2(f)$. On a $(UP_1 + VP_2)(f)(x) = x$, autrement dit $x = U(f) \circ P_1(f)(x) + V(f) \circ P_2(f)(x) = 0$. Donc $\operatorname{Ker} P_1(f) \cap \operatorname{Ker} P_2(f) = \{0\}$ (*).

Soit $x \in \operatorname{Ker} P(f)$. On a $x = UP_1(f)(x) + VP_2(f)(x)$ (**). Or

$$P_2(f)[UP_1(f)(x)] = UP_1P_2(f)(x) = U(f) \circ P(f)(x) = 0,$$

donc $UP_1(f)(x) \in \operatorname{Ker} P_2(f)$. De même, $VP_2(f)(x) \in \operatorname{Ker} P_1(f)$. De (**), on tire $\operatorname{Ker} P(f) = \operatorname{Ker} P_1(f) + \operatorname{Ker} P_2(f)$, d'où le résultat pour $k = 2$ avec (*).

– Supposons le résultat vrai au rang k et montrons le au rang $k+1$. On a $P = Q_1Q_2$ avec $Q_1 = P_1 \cdots P_k$ et $Q_2 = P_{k+1}$. Les polynômes Q_1 et Q_2 sont premiers entre eux donc d'après le cas $k = 2$, $\operatorname{Ker} P(f) = \operatorname{Ker} Q_1(f) \oplus \operatorname{Ker} Q_2(f)$, et d'après l'hypothèse de récurrence, $\operatorname{Ker} Q_1(f) = \oplus_{i=1}^k \operatorname{Ker} P_i(f)$. Finalement,

$$\operatorname{Ker} P(f) = [\operatorname{Ker} P_1(f) \oplus \cdots \oplus \operatorname{Ker} P_k(f)] \oplus \operatorname{Ker} P_{k+1}(f) = \operatorname{Ker} P_1(f) \oplus \cdots \oplus \operatorname{Ker} P_{k+1}(f).$$

□

Remarque 3. – Ce théorème est important. Il reste vrai en dimension infinie.

– Il existe beaucoup d'autres résultats du même type. Par exemple, soit $f \in \mathcal{L}(E)$. Pour tout $\varphi \in \mathbb{K}[X]$, on note $I_\varphi = \operatorname{Im} \varphi(f)$ et $N_\varphi = \operatorname{Ker} \varphi(f)$. Soient $P, Q \in \mathbb{K}[X]$. Alors si $D = \operatorname{pgcd}(P, Q)$ et $M = \operatorname{ppcm}(P, Q)$, on a

$$N_P \cap N_Q = N_D, \quad N_P + N_Q = N_M, \quad I_P + I_Q = I_D, \quad I_P \cap I_Q = I_M.$$

Ces résultats se généralisent par récurrence à k polynômes (montrez les !).

→ THÉORÈME 2. *Soit $f \in \mathcal{L}(E)$. L'endomorphisme f est diagonalisable si et seulement s'il existe $P \in \mathbb{K}[X]$ scindé sur $\mathbb{K}$ ayant toutes ses racines simples tel que $P(f) = 0$.*

Démonstration. Condition nécessaire. Notons $\lambda_1, \ldots, \lambda_r$ les valeurs propres (distinctes) de f et $E_{\lambda_1}, \ldots, E_{\lambda_r}$ les sous espaces propres correspondants. Soit $P = (X - \lambda_1) \cdots (X - \lambda_r) \in \mathbb{K}[X]$. Le polynôme P est scindé dans $\mathbb{K}[X]$ et a toute ses racines simples. Par ailleurs, les polynômes $(X - \lambda_i)$ sont premiers entre eux deux à deux, donc d'après le théorème de décomposition des noyaux,

$$\operatorname{Ker} P(f) = \bigoplus_{i=1}^{r} \operatorname{Ker}(f - \lambda_i \mathrm{Id}_E) = \bigoplus_{i=1}^{r} E_{\lambda_i},$$

donc $\operatorname{Ker} P(f) = E$ car f est diagonalisable, c'est-à-dire $P(f) = 0$.

Condition suffisante. Écrivons $P = \alpha(X - \lambda_1) \cdots (X - \lambda_r)$ avec les $\lambda_i \in \mathbb{K}$ distincts et $\alpha \neq 0$. Les

λ_i étant distincts, les polynômes $(X - \lambda_i)$ sont premiers entre eux deux à deux, donc d'après le théorème de décomposition des noyaux,

$$E = \operatorname{Ker} P(f) = \operatorname{Ker}(f - \lambda_1 \operatorname{Id}_E) \oplus \cdots \oplus \operatorname{Ker}(f - \lambda_r \operatorname{Id}_E). \qquad (*)$$

Soit $I = \{i \mid \operatorname{Ker}(f - \lambda_i \operatorname{Id}_E) \neq \{0\}\}$. Pour tout $i \in I$, λ_i est valeur propre de f et $E_{\lambda_i} = \operatorname{Ker}(f - \lambda_i \operatorname{Id}_E)$ n'est autre que le sous espace propre correspondant. (*) s'écrit $E = \oplus_{i \in I} E_{\lambda_i}$, donc f est diagonalisable d'après 1.3 théorème 2. □

Conséquence. Il découle de ce dernier théorème la proposition 6 de la partie 1.3 (page 162). En effet, soit $f \in \mathcal{L}(E)$ diagonalisable et F un s.e.v de E stable par f. Il existe $P \in \mathbb{K}[X]$ scindé sur $\mathbb{K}$, à racines toutes simples, tel que $P(f) = 0$. Alors $P(f_{|F}) = 0$, donc $f_{|F}$ est diagonalisable d'après le théorème 2.

2.2. Polynôme minimal

Soit $f \in \mathcal{L}(E)$, et soit $I = \{P \in \mathbb{K}[X] \mid P(f) = 0\}$. Le $\mathbb{K}$-e.v $\mathcal{L}(E)$ est de dimension n^2, la famille $\operatorname{Id}_E, f, \ldots, f^{n^2}$ est donc liée. Autrement dit, il existe $(a_0, \ldots, a_{n^2}) \neq (0, \ldots, 0)$ tel que $a_0 \operatorname{Id}_E + a_1 f + \cdots + a_{n^2} f^{n^2} = 0$. Donc si $P = \sum_{i=0}^{n^2} a_i X^i$, $P(f) = 0$. Donc $I \neq \{0\}$.

On voit que I est un idéal de $\mathbb{K}[X]$. L'anneau $\mathbb{K}[X]$ étant principal, il existe un unique $P \in \mathbb{K}[X]$, P unitaire, tel que $I = (P) = P \cdot \mathbb{K}[X]$. Le polynôme P s'appelle le *polynôme minimal* de f. On le note Π_f. C'est le polynôme unitaire de plus bas degré annulant f, et si $Q(f) = 0$, alors $\Pi_f \mid Q$ (car $Q \in I = (\Pi_f)$).

Remarque 4. – En dimension infinie. cette définition reste valable à condition qu'il existe un polynôme non nul P tel que $P(f) = 0$ et $P \neq 0$. On dit alors que f admet un polynôme minimal.
- En terme de polynôme minimal, le théorème 2 s'interprète comme suit : f est diagonalisable si et seulement si son polynôme minimal est scindé et a toutes ses racines simples.
- Si F est un s.e.v stable par f, alors $g = f_{|F}$ vérifie : Π_g divise Π_f (en effet, $\Pi_f(g) = 0$).

PROPOSITION 2. *Soit $f \in \mathcal{L}(E)$. Un scalaire λ est valeur propre de f si et seulement si λ est racine de son polynôme minimal Π_f.*

Démonstration. Condition nécessaire. Cela résulte de la proposition 1.
Condition suffisante. Soit λ une racine de Π_f. Soit $P \in \mathbb{K}[X]$ tel que $\Pi_f = (X - \lambda)P$. On a $P(f) \neq 0$ car Π_f est le polynôme *minimal* de f et $\deg P < \deg \Pi_f$. Or $\Pi_f(f) = 0 = (f - \lambda \operatorname{Id}_E)P(f) = 0$, et comme $P(f) \neq 0$, on en déduit que $f - \lambda \operatorname{Id}_E$ n'est pas injectif, donc que λ est valeur propre de f.
□

Remarque 5. Le polynôme minimal de f a donc les mêmes racines que le polynôme caractéristique de f.

2.3. Théorème de Cayley-Hamilton

→ THÉORÈME 2 (CAYLEY-HAMILTON). *Soit $f \in \mathcal{L}(E)$, P_f son polynôme caractéristique. Alors $P_f(f) = 0$.*

Démonstration. Nous allons donner deux démonstrations.

Première démonstration. Soit $A \in \mathcal{M}_n(\mathbb{K})$ la matrice de f dans la base canonique de $\mathbb{K}^n$. Soit $\mathbb{L}$ le corps des racines de $P_A = P_f$. On regarde A comme une matrice de $\mathcal{M}_n(\mathbb{L})$. D'après le théorème de trigonalisation, il existe une matrice $T = (t_{i,j}) \in \mathcal{M}_n(\mathbb{L})$ triangulaire supérieure et semblable à A :

$$T = \begin{pmatrix} t_{1,1} & & & (t_{i,j}) \\ & t_{2,2} & & \\ & 0 & \ddots & \\ & & & t_{n,n} \end{pmatrix}.$$

On a $P_f = P_T = (-1)^n \prod_{i=1}^n (X - t_{i,i})$. Soit $(E_1, \ldots, E_n)$ la base canonique de $\mathbb{L}^n$ (E_k est le vecteur colonne dont tous les éléments sont nuls sauf le k-ième qui vaut 1). Pour tout k, on pose $P_k = \prod_{i=1}^k (X - t_{i,i})$. Nous allons montrer par récurrence sur $k \in \{1, \ldots, n\}$ que pour tout $i \in \{1, \ldots, k\}$, $[P_k(T)]E_i = 0$. Pour $k = 1$, c'est vrai car $TE_1 = t_{1,1}E_1$, donc $(T - t_{1,1}I_n)E_1 = 0 = P_1(T)E_1$. Supposons le résultat vrai au rang $k-1$ et montrons le au rang k. On a pour tout i, $1 \le i \le k-1$,

$$P_k(T)E_i = (T - t_{k,k}I_n)P_{k-1}(T)E_i = 0,$$

et on a

$$P_k(T)E_k = P_{k-1}(T) \cdot (T - t_{k,k}I_n)E_k = P_{k-1}(T)\left[\sum_{i=1}^{k-1} t_{i,k}E_i\right] = \sum_{i=1}^{k-1} t_{i,k}P_{k-1}(T)E_i = 0.$$

En particulier, avec $k = n$, on en déduit que pour tout $i \in \{1, \ldots, n\}$, $P_n(T)E_i = 0$, donc $P_n(T) = 0$, c'est-à-dire $P_T(T) = 0$, donc $P_f(f) = 0$.

Seconde démonstration (elle ne fait pas appel au corps des racines d'un polynôme).
PRÉLIMINAIRES. Soit

$$A = \begin{pmatrix} 0 & \cdots & \cdots & 0 & -a_0 \\ 1 & 0 & & \vdots & -a_1 \\ 0 & 1 & \ddots & \vdots & \vdots \\ \vdots & \ddots & \ddots & 0 & -a_{p-2} \\ 0 & \cdots & 0 & 1 & -a_{p-1} \end{pmatrix} \in \mathcal{M}_p(\mathbb{K}).$$

Alors le polynôme caractéristique de A est $P_A(X) = (-1)^p(X^p + a_{p-1}X^{p-1} + \cdots + a_0)$ (pour cette raison, la matrice A est appelée *matrice compagnon* du polynôme $X^p + a_{p-1}X^{p-1} + \cdots + a_0$). Pour montrer ce préliminaire, nous procédons par récurrence sur p. Pour $p = 1$, c'est évident. Supposons le résultat vrai au rang p, montrons le au rang $p+1$. En développant par rapport à la première ligne, on a

$$P_A(X) = \begin{vmatrix} -X & 0 & \cdots & 0 & -a_0 \\ 1 & -X & \ddots & \vdots & -a_1 \\ 0 & 1 & \ddots & 0 & \vdots \\ \vdots & \ddots & \ddots & -X & -a_{p-1} \\ 0 & \cdots & 0 & 1 & -X - a_p \end{vmatrix}$$

$$= -X \begin{vmatrix} -X & 0 & \cdots & 0 & -a_1 \\ 1 & -X & \ddots & \vdots & -a_1 \\ 0 & 1 & \ddots & 0 & \vdots \\ \vdots & \ddots & \ddots & -X & -a_{p-1} \\ 0 & \cdots & 0 & 1 & -X - a_p \end{vmatrix} + (-1)^{p+1}a_0 \begin{vmatrix} 1 & -X & 0 & \cdots & 0 \\ 0 & 1 & -X & \ddots & \vdots \\ \vdots & 0 & 1 & \ddots & 0 \\ \vdots & & \ddots & \ddots & -X \\ 0 & \cdots & \cdots & 0 & 1 \end{vmatrix},$$

et donc d'après l'hypothèse de récurrence

$$P_A(X) = (-1)^{p+1}X(X^p + a_pX^{p-1} + \cdots + a_1) + (-1)^{p+1}a_0 = (-1)^{p+1}(X^{p+1} + a_pX^p + \cdots + a_1X + a_0).$$

Démontrons maintenant le théorème. Soit $x \in E$, $x \neq 0$. Il existe un plus petit entier $p > 0$ tel que la famille $(x, f(x), \ldots, f^p(x))$ soit liée. La famille $(x, f(x), \ldots, f^{p-1}(x))$ est donc libre et

$$(\exists a_0, \ldots, a_{p-1} \in \mathbb{K}), \quad f^p(x) + a_{p-1}f^{p-1}(x) + \cdots + a_0x = 0. \tag{$*$}$$

Complétons $(x, f(x), \dots, f^{p-1}(x))$ en une base B de E. Alors

$$[f]_B = \left(\begin{array}{c|c} A & B \\ \hline 0 & C \end{array}\right) \quad \text{avec} \quad A = \begin{pmatrix} 0 & \cdots & \cdots & 0 & -a_0 \\ 1 & 0 & & \vdots & -a_1 \\ 0 & 1 & \ddots & \vdots & \vdots \\ \vdots & \ddots & \ddots & 0 & -a_{p-2} \\ 0 & \cdots & 0 & 1 & -a_{p-1} \end{pmatrix}.$$

Comme $P_f = P_A P_C$, on a $P_f(f)(x) = P_C(f) \circ P_A(f)(x)$. Or d'après le préliminaire et d'après (*),

$$P_A(f)(x) = f^p(x) + a_{p-1} f^{p-1}(x) + \cdots + a_0 x = 0,$$

donc $P_f(f)(x) = 0$. Ceci est vrai pour tout x donc $P_f(f) = 0$. □

Remarque 6. – En d'autres termes, le théorème dit que le polynôme minimal de f divise son polynôme caractéristique. Avec la proposition 2, on en déduit que

$$\text{si} \quad P_f = (-1)^n \prod_{i=1}^{r} (X - \lambda_i)^{r_i}, \quad \text{alors} \quad \Pi_f = \prod_{i=1}^{r} (X - \lambda_i)^{q_i}, \quad 1 \leq q_i \leq r_i.$$

– Ce théorème permet, avec la proposition 3 d'affirmer que $f \in \mathcal{L}(E)$ est nilpotent si et seulement si $P_f = (-1)^n X^n$.

2.4. Exercices

Exercice 1. Soit E un $\mathbb{K}$-e.v et $f \in \mathcal{L}(E)$ admettant un polynôme minimal. Si f est inversible, montrer que f^{-1} est un polynôme en f.

Solution. Montrons déjà que X ne divise pas le polynôme minimal Π_f de f. En effet, s'il existe $P \in \mathbb{K}[X]$ tel que $\Pi_f = XP$, alors $0 = \Pi_f(f) = f \circ P(f)$, et comme f est inversible, $P(f) = 0$. Comme $\deg P < \deg \Pi_f$, ceci contredit le fait que Π_f est le polynôme minimal de f.

Donc $X \nmid \Pi_f$. Comme X est irréductible, X et Π_f sont premiers entre eux, donc il existe $U, V \in \mathbb{K}[X]$ tels que $UX + V\Pi_f = 1$, d'où on tire $U(f) \circ f + V(f) \circ \Pi_f(f) = \mathrm{Id}_E$, c'est-à-dire $U(f) \circ f = \mathrm{Id}_E$. Donc $f^{-1} = U(f)$, d'où le résultat.

Remarque. En dimension finie, on aurait pu raisonner avec le polynôme caractéristique P_f de f : comme $P_f(0) = \det f \neq 0$, on a $X \nmid P_f$ et on procède ensuite comme plus haut.

– On peut également donner une forme explicite d'un polynôme U tel que $f^{-1} = U(f)$ en fonction du polynôme minimal : il suffit de prendre $U = (\Pi_f(0) - \Pi_f(X))/(\Pi_f(0)X)$.

Exercice 2. Soit $\mathbb{K}$ un corps commutatif fini à q éléments, E un $\mathbb{K}$-espace vectoriel et $f \in \mathcal{L}(E)$. Montrer que f est diagonalisable dans E si et seulement si $f^q = f$.

Solution. Commençons par montrer

$$X^q - X = \prod_{\alpha \in \mathbb{K}} (X - \alpha). \tag{$*$}$$

Muni de la loi produit, $\mathbb{K}^*$ est un groupe multiplicatif à $q - 1$ éléments, donc pour tout $x \in \mathbb{K}^*$, $x^{q-1} = 1$, d'où pour tout $x \in \mathbb{K}$, $x^q = x$. On a ainsi déterminé q racines de $X^q - X$, qui est de degré q, d'où (*).

Concluons. D'après le théorème 2, on peut affirmer que f est diagonalisable si et seulement s'il existe $P \in \mathbb{K}[X]$, scindé sur $\mathbb{K}$, à racines toutes simples, tel que $P(f) = 0$, autrement dit si et seulement s'il existe $P \in \mathbb{K}[X]$, $P \mid \prod_{\alpha \in \mathbb{K}} (X - \alpha) = X^q - X$ tel que $P(f) = 0$. En d'autres termes, f est diagonalisable si et seulement si $f^q - f = 0$.

→ EXERCICE 3. Soient E un $\mathbb{K}$-espace vectoriel et $f \in \mathcal{L}(E)$ admettant un polynôme minimal Π_f. Pour tout $x \in E$, on note :

- P_x le polynôme unitaire de $\mathbb{K}[X]$ de plus bas degré tel que $P_x(f)(x) = 0$ (P_x s'appelle le polynôme minimal de x relatif à f),
- $E_x = \{P(f)(x),\ P \in \mathbb{K}[X]\}$.

1/ a) Montrer que P_x existe et est unique, et que de plus si $P(f)(x) = 0$ avec $P \in \mathbb{K}[X]$, alors $P_x \mid P$.
b) Montrer que E_x est un s.e.v de dimension $\deg(P_x)$.

2/ a) Si $E_x \cap E_y = \{0\}$, montrer que $P_{x+y} = \text{ppcm}(P_x, P_y)$. Généraliser à p vecteurs $x_1, \ldots, x_p$.
b) Si P_x et P_y sont premiers entre eux, montrer $E_{x+y} = E_x \oplus E_y$. Généraliser à p vecteurs $x_1, \ldots, x_p$.

3/ a) Soit $M \in \mathbb{K}[X]$ un facteur irréductible de Π_f, α sa multiplicité dans la décomposition de Π_f en facteurs irréductibles de $\mathbb{K}[X]$. Montrer qu'il existe $x \in \operatorname{Ker} M^\alpha(f)$ tel que $P_x = M^\alpha$.
b) Montrer qu'il existe $x \in E$ tel que $P_x = \Pi_f$.

Solution. **1/ a)** Soit $I_x = \{P \in \mathbb{K}[X] \mid P(f)(x) = 0\}$. C'est un idéal de $\mathbb{K}[X]$, non réduit à $\{0\}$ car $\Pi_f \in I_x$. Il existe donc un unique polynôme unitaire $P_x \in \mathbb{K}[X]$ tel que $I_x = (P_x)$. Ainsi, P_x est le polynôme unitaire de plus bas degré tel que $P_x(f)(x) = 0$. Si de plus $P(f)(x) = 0$, c'est-à-dire $P \in I_x = (P_x)$, alors $P_x \mid P$.

b) L'application

$$\varphi : \mathbb{K}[X] \to E_x \quad P \mapsto P(f)(x)$$

est linéaire surjective. On en déduit que le s.e.v E_x est isomorphe à $\mathbb{K}[X]/\operatorname{Ker}\varphi = \mathbb{K}[X]/(P_x)$, donc de dimension $\deg(P_x)$.

2/ a) Comme $P_{x+y}(f)(x+y) = 0$, on a $P_{x+y}(f)(x) = -P_{x+y}(f)(y)$. Ces deux termes sont donc éléments de $E_x \cap E_y = \{0\}$, donc nuls. Donc d'après 1/ a), $P_x \mid P_{x+y}$ et $P_y \mid P_{x+y}$, d'où $\text{ppcm}(P_x, P_y) \mid P_{x+y}$ $(*)$.

Or $P_x \mid \text{ppcm}(P_x, P_y)$ donc $\text{ppcm}(P_x, P_y)(f)(x) = 0$. De même, $\text{ppcm}(P_x, P_y)(f)(y) = 0$, donc $\text{ppcm}(P_x, P_y)(x+y) = 0$. Donc $P_{x+y} \mid \text{ppcm}(P_x, P_y)$, ce qui d'après (*) entraîne $P_{x+y} = \text{ppcm}(P_x, P_y)$, ces deux polynômes étant unitaires.

- Par récurrence sur p, on montre maintenant facilement que si $E_{x_1}, \ldots, E_{x_p}$ sont en somme directe, alors $P_{x_1+\cdots+x_p} = \text{ppcm}(P_{x_1}, \ldots, P_{x_p})$.

b) Montrons tout d'abord que $E_x \cap E_y = \{0\}$. Soit $z \in E_x \cap E_y$. Il existe $P, Q \in \mathbb{K}[X]$ tels que $z = P(f)(x) = Q(f)(y)$. Or

$$0 = P(f) \circ P_x(f)(x) = (PP_x)(f)(x) = P_x(f) \circ P(f)(x) = P_x(f)(z) = (P_xQ)(f)(y),$$

donc d'après 1/ a), $P_y \mid P_xQ$. Or P_x et P_y sont premiers entre eux, donc d'après le théorème de Gauss, $P_y \mid Q$, et donc $z = Q(f)(y) = 0$.

- D'après 2/ a), on a donc $P_{x+y} = \text{ppcm}(P_x, P_y) = P_xP_y$, d'où

$$\dim E_{x+y} = \deg(P_{x+y}) = \deg(P_x) + \deg(P_y) = \dim E_x + \dim E_y. \qquad (*)$$

D'après l'égalité de Bezout, il existe $U, V \in \mathbb{K}[X]$ tels que $UP_x + VP_y = 1$. Donc si $P \in \mathbb{K}[X]$,

$$P(f)(x+y) = (PUP_x)(f)(x+y) + (PVP_y)(f)(x+y) = \underbrace{(PUP_x)(f)(y)}_{\in E_y} + \underbrace{(PVP_y)(f)(x)}_{\in E_x}.$$

Ceci entraîne l'inclusion $E_{x+y} \subset E_x + E_y = E_x \oplus E_y$, donc d'après (*), $E_{x+y} = E_x \oplus E_y$.

Par récurrence sur p, on montre maintenant facilement que si $P_{x_1}, \ldots, P_{x_p}$ sont premiers entre eux deux à deux, alors $E_{x_1+\cdots+x_p} = E_{x_1} \oplus \cdots \oplus E_{x_p}$.

3/ a) On peut écrire $\Pi_f = M^\alpha N$ où $N \in \mathbb{K}[X]$ est premier avec M (donc avec M^α). D'après le théorème 1, on a

$$E = \operatorname{Ker} M^\alpha(f) \oplus \operatorname{Ker} N(f). \qquad (**)$$

Pour tout $x \in \operatorname{Ker} M^\alpha(f)$, on a $M^\alpha(f)(x) = 0$, donc d'après 1/ a), $P_x \mid M^\alpha$ et comme M est irréductible, il existe $\beta_x \leq \alpha$ tel que $P_x = M^{\beta_x}$. Il s'agit de montrer qu'il existe $x \in \operatorname{Ker} M^\alpha(f)$ tel que $\beta_x = \alpha$. Raisonnons par l'absurde et supposons le contraire, de sorte que pour tout $x \in \operatorname{Ker} M^\alpha(f)$, $P_x \mid M^{\alpha-1}$, *i. e.* $M^{\alpha-1}(f)(x) = 0$, autrement dit $\operatorname{Ker} M^\alpha(f) = \operatorname{Ker} M^{\alpha-1}(f)$. D'après (**), $E = \operatorname{Ker} M^{\alpha-1}(f) \oplus \operatorname{Ker} N(f)$ ce qui d'après le théorème de décomposition des noyaux entraîne $\operatorname{Ker}(M^{\alpha-1}N(f)) = E$, ou encore $M^{\alpha-1}N(f) = Q(f) = 0$, ce qui contredit la minimalité du degré du polynôme minimal Π_f de f car $\deg Q < \deg \Pi_f$. Donc il existe $x \in \operatorname{Ker} M^\alpha(f)$ tel que $P_x = M^\alpha$.

b) Soit $\Pi_f = \prod_{i=1}^k M_i^{\alpha_i}$ la décomposition de Π_f en facteurs irréductibles de $\mathbb{K}[X]$. D'après la question précédente, pour tout i, il existe $x_i \in \operatorname{Ker} M_i^{\alpha_i}(f)$ tel que $P_{x_i} = M_i^{\alpha_i}$. D'après la question 2/ b), on a donc $E_{x_1+\cdots+x_p} = E_{x_1} \oplus \cdots \oplus E_{x_k}$, et donc d'après la question 2/ a), on a

$$P_{x_1+\cdots+x_p} = \prod_{i=1}^k P_{x_i} = \prod_{i=1}^k M_i^{\alpha_i} = \Pi_f,$$

d'où le résultat.

EXERCICE 4 (DIAGONALISATION D'UN DÉTERMINANT CIRCULANT). On considère la matrice circulante

$$A = \begin{pmatrix} a_1 & a_2 & \cdots & a_n \\ a_n & a_1 & \ddots & \vdots \\ \vdots & \ddots & \ddots & a_2 \\ a_2 & \cdots & a_n & a_1 \end{pmatrix} \in \mathcal{M}_n(\mathbb{C}).$$

En exprimant A comme un polynôme en la matrice

$$J = \begin{pmatrix} 0 & 1 & 0 & \cdots & 0 \\ 0 & 0 & 1 & \ddots & \vdots \\ \vdots & & \ddots & \ddots & 0 \\ 0 & & & \ddots & 1 \\ 1 & 0 & \cdots & \cdots & 0 \end{pmatrix} \in \mathcal{M}_n(\mathbb{C}),$$

diagonaliser A.

Solution. Si $B = (e_1, \ldots, e_n)$ désigne la base canonique de $\mathbb{C}^n$, J est la matrice de l'endomorphisme qui à e_i associe e_{i-1} si $i \geq 2$, et à e_1 associe e_n. Pour tout p, $1 \leq p \leq n-1$, J^p est donc la matrice qui à e_i associe e_{i-p} si $i > p$, à e_i associe e_{i+n-p} si $i \leq p$, autrement dit

$$\forall p, 1 \leq p \leq n-1, \qquad J^p = \begin{pmatrix} 0 & I_{n-p} \\ I_p & 0 \end{pmatrix}.$$

On en déduit que pour tout $\alpha_1, \ldots, \alpha_n \in \mathbb{C}$,

$$\sum_{i=1}^n \alpha_i J^{i-1} = \begin{pmatrix} \alpha_1 & \alpha_2 & \cdots & \alpha_n \\ \alpha_n & \alpha_1 & \ddots & \vdots \\ \vdots & \ddots & \ddots & \alpha_2 \\ \alpha_2 & \cdots & \alpha_n & \alpha_1 \end{pmatrix}.$$

Ceci montre en particulier que si $P = \sum_{i=1}^{n} a_i X^{i-1}$, $A = P(J)$. Ceci montre également que si $Q \in \mathbb{K}[X]$, $Q \neq 0$ et $\deg Q < n$, alors $Q(J) \neq 0$. Le polynôme minimal de J vérifie donc $\deg \Pi_J \geq n$. Or $J^n - I = 0$, on a donc $\Pi_J = X^n - 1$. Or Π_J divise le polynôme caractéristique P_J de J et $\deg P_J = n$, donc $P_J = (-1)^n \Pi_J = (-1)^n \prod_{k=0}^{n-1}(X - \omega^k)$, où $\omega = e^{2i\pi/n}$. D'après le théorème 2, J est donc diagonalisable, et il existe $Q \in \mathcal{G}\ell_n(\mathbb{C})$ telle que

$$Q^{-1}JQ = \begin{pmatrix} 1 & & & 0 \\ & \omega & & \\ & & \ddots & \\ 0 & & & \omega^{n-1} \end{pmatrix}.$$

On en déduit

$$Q^{-1}AQ = Q^{-1}P(J)Q = P(Q^{-1}JQ) = \begin{pmatrix} P(1) & & & 0 \\ & P(\omega) & & \\ & & \ddots & \\ 0 & & & P(\omega^{n-1}) \end{pmatrix}.$$

Remarque. On retrouve ainsi le résultat de l'exercice 12.

Exercice 5. Donner une condition nécessaire et suffisante sur $A \in \mathcal{M}_n(\mathbb{K})$ pour que la matrice par blocs $B = \begin{pmatrix} A & A \\ 0 & A \end{pmatrix} \in \mathcal{M}_{2n}(\mathbb{K})$ soit diagonalisable.

Solution. Notons F le s.e.v de $\mathbb{C}^{2n}$ engendré par les n premiers vecteurs de la base canonique de $\mathbb{C}^{2n}$. Le s.e.v F est stable par B. Si B est diagonalisable, sa restriction à F, qui n'est autre que A, est diagonalisable.

Allons plus loin. Si B est diagonalisable, il existe un polynôme $P \in \mathbb{K}[X]$, scindé sur $\mathbb{K}$, dont toutes les racines sont simples, tel que $P(B) = 0$. Par récurrence sur k, on a facilement $B^k = \begin{pmatrix} A^p & pA^p \\ 0 & A^p \end{pmatrix}$ pour tout $k \in \mathbb{N}$. De ceci, on déduit

$$0 = P(B) = \begin{pmatrix} P(A) & AP'(A) \\ 0 & P(A) \end{pmatrix}$$

donc $P(A) = AP'(A) = 0$. Comme $P(A) = 0$, on retrouve le fait que A est diagonalisable. Soit λ une valeur propre de A. Comme $AP'(A) = 0$, on a $\lambda P'(\lambda) = 0$. Or λ étant racine simple de P, on a $P'(\lambda) \neq 0$, donc $\lambda = 0$. En résumé, A est diagonalisable et $\lambda = 0$ est la seule valeur propre de A, autrement dit, $A = 0$.

Réciproquement, si $A = 0$, B est diagonalisable. Finalement, B est diagonalisable si et seulement si $A = 0$.

Exercice 6 (Commutant d'un endomorphisme). Soit E un $\mathbb{K}$-espace vectoriel de dimension finie $n \in \mathbb{N}^*$. Soit $f \in \mathcal{L}(E)$. On note Γ_f le s.e.v de $\mathcal{L}(E)$ défini par

$$\Gamma_f = \{g \in \mathcal{L}(E) \mid f \circ g = g \circ f\}.$$

1/ a) Si f est diagonalisable, déterminer $\dim \Gamma_f$.
b) Si de plus les valeurs propres de f sont toutes distinctes, montrer que $\Gamma_f = \{P(f),\ P \in \mathbb{K}[X]\}$.

2/ On suppose que le polynôme minimal Π_f de f est de degré n. En utilisant le résultat établi à l'exercice 3 (il existe $x \in E$, $P_x = \Pi_f$), montrer que $\Gamma_f = \{P(f),\ P \in \mathbb{K}[X]\}$.

Solution. **1/ a)** Soient $\lambda_1, \dots, \lambda_r$ les valeurs propres de f, $E_{\lambda_1}, \dots, E_{\lambda_r}$ les sous espaces propres correspondants.

Si $g \in \Gamma_f$, alors pour tout i, E_{λ_i} est stable par g.

Réciproquement, si E_{λ_i} est stable par g pour tout i, alors :

$$\forall x \in E_{\lambda_i}, \quad f \circ g(x) = \lambda_i g(x) = g \circ f(x),$$

donc comme $E = E_{\lambda_1} \oplus \cdots \oplus E_{\lambda_r}$, on a $g \in \Gamma_f$.

Donc $\Gamma_f = \{g \in \mathcal{L}(E) \mid \forall i, E_{\lambda_i} \text{ est stable par } g\}$. Pour tout i, soit B_i une base de E_{λ_i}, de sorte que $B = B_1 \cup \cdots \cup B_r$ est une base de E. Les matrices des endomorphismes de Γ_f dans la base B sont celles de la forme

$$\begin{pmatrix} M_1 & & 0 \\ & \ddots & \\ 0 & & M_r \end{pmatrix} \quad \text{avec} \quad \forall i, M_i \in \mathcal{M}_{\dim E_{\lambda_i}}(\mathbb{K}).$$

On voit donc que $\dim \Gamma_f = \sum_{i=1}^{r} (\dim E_{\lambda_i})^2$.

b) Nous donnons deux méthodes de résolution.

Première méthode. Ici, pour tout i, on a $\dim E_{\lambda_i} = 1$, donc $\dim \Gamma_f = \sum_{i=1}^{n} 1^2 = n$. Pour tout i, $\Pi_f(\lambda_i) = 0$ donc $(X - \lambda_i) \mid \Pi_f$, et comme les λ_i sont distincts deux à deux, $\prod_{i=1}^{n}(X - \lambda_i)$ divise Π_f, donc $\deg(\Pi_f) \geq n$. Or Π_f divise le polynôme caractéristique de f, donc $\deg(\Pi_f) \leq n$. On en déduit $\deg \Pi_f = n$.

Soit $C = \{P(f), P \in \mathbb{K}[X]\}$. L'application

$$\varphi : \mathbb{K}[X] \to C \quad P \mapsto P(f)$$

est linéaire surjective, donc C est isomorphe comme $\mathbb{K}$-e.v à $\mathbb{K}[X]/\operatorname{Ker} \varphi = \mathbb{K}[X]/(\Pi_f)$, donc $\dim C = \deg(\Pi_f) = n$. Or $C \subset \Gamma_f$ et $\dim \Gamma_f = n$, donc $C = \Gamma_f$.

Seconde méthode. Pour tout i, $\dim E_{\lambda_i} = 1$ donc il existe $x_i \in E$ tel que $E_{\lambda_i} = \operatorname{Vect}(x_i)$. Soit $g \in \Gamma_f$. Pour tout i, E_{λ_i} est stable par $g \in \Gamma_f$, donc il existe $\mu_i \in \mathbb{K}$ tel que $g(x_i) = \mu_i x_i$ (au passage, on remarque que, $(x_1, \dots, x_n)$ étant une base de E, g est diagonalisable). La théorie des polynômes d'interpolation de Lagrange (voir le chapitre II, partie 2.4) nous assure l'existence d'un polynôme P tel que $P(\lambda_i) = \mu_i$ pour tout i. Ainsi,

$$\forall i \in \{1, \dots, n\}, \qquad P(f)(x_i) = P(\lambda_i)x_i = \mu_i x_i = g(x_i)$$

et comme $(x_1, \dots, x_n)$ est une base de E, $P(f) = g$. Donc $\Gamma_f \subset \{P(f),\ P \in \mathbb{K}[X]\}$. L'inclusion réciproque étant immédiate, on en déduit le résultat demandé.

2/ On utilise les notations de l'exercice 3. D'après la question 3/ b) de l'exercice 3, il existe $x \in E$ tel que $P_x = \Pi_f$, donc $\deg(P_x) = n$ et d'après la question 1/ b) du même exercice, $\dim E_x = \deg(P_x) = n$ donc $E_x = E$.

Soit $g \in \Gamma_f$. Comme $E_x = E$, il existe $P \in \mathbb{K}[X]$ tels que $g(x) = P(f)(x)$. Or pour tout $y = Q(f)(x) \in E_x$,

$$g(y) = g \circ Q(f)(x) = Q(f) \circ g(x) = Q(f) \circ P(f)(x) = P(f) \circ Q(f)(x) = P(f)(y).$$

Les endomorphismes g et $P(f)$ prennent donc la même valeur sur E_x. Or $E_x = E$, donc $g = P(f)$. On a donc montré que $\Gamma_f \subset \{P(f),\ P \in \mathbb{K}[X]\}$. L'inclusion réciproque est évidente, d'où l'égalité.

Remarque. On aurait pu montrer 1/ b), en utilisant 2/ car on avait montré que $\deg(\Pi_f) = n$ dans la première méthode.

– La réciproque de la question 2/ est vraie : si $\Gamma_f = \{P(f), P \in \mathbb{K}[X]\}$, alors $\deg(\Pi_f) = n$, mais la démonstration est plus difficile (voir la dernière application des la théorie des invariants de similitude dans l'annexe B).

3. Topologie sur les endomorphismes

Dans toute cette partie, E désigne un $\mathbb{K}$-espace vectoriel normé (avec $\mathbb{K} = \mathbb{R}$ ou $\mathbb{C}$).

Nous commençons par donner quelques rappels (l'étude générale des espaces vectoriels normés est traité dans le chapitre de topologie du tome d'analyse). L'espace vectoriel des endomorphismes continus de E est noté $\mathcal{L}_c(E)$. On norme habituellement $\mathcal{L}_c(E)$ par : $\forall f \in \mathcal{L}_c(E)$, $\|\!| f \|\!| = \sup_{\|x\|=1} \|f(x)\|$. C'est une norme d'algèbre (*i. e.* elle vérifie $\|\!| f \cdot g \|\!| \leq \|\!| f \|\!| \cdot \|\!| g \|\!|$). Enfin, en dimension finie, tout endomorphisme est continu et toutes les normes sont équivalentes.

3.1. Quelques normes classiques en dimension finie

Soit $X = \begin{pmatrix} x_1 \\ \vdots \\ x_n \end{pmatrix}$ un vecteur de $\mathbb{K}^n$. Pour tout $\alpha \geq 1$,

$$\|X\|_\alpha = \left(\sum_{i=1}^{n} |x_i|^\alpha \right)^{1/\alpha} \quad \text{et} \quad \|X\|_\infty = \sup_{1 \leq i \leq n} |x_i|$$

définissent des normes sur $\mathbb{K}^n$. (La notation $\|X\|_\infty$ provient du fait que $\lim_{\alpha \to \infty} \|X\|_\alpha = \|X\|_\infty$).

Si E est un $\mathbb{K}$-e.v de dimension finie n, on peut le normer en privilégiant une base B de E et en écrivant que la norme de $x \in E$ est la norme du vecteur $X = \begin{pmatrix} x_1 \\ \vdots \\ x_n \end{pmatrix} \in \mathbb{K}^n$, où les x_i sont les coordonnées de x dans la base B.

Soit $M = (m_{i,j})_{1 \leq i,j \leq n} \in \mathcal{M}_n(\mathbb{K})$.

- $\|M\| = \sum_{1 \leq i,j \leq n} |m_{i,j}|$ définit une norme d'algèbre sur $\mathcal{M}_n(\mathbb{K})$.
- $\|M\| = \sup_{i,j} |m_{i,j}|$ définit une norme sur $\mathcal{M}_n(\mathbb{K})$, mais ce n'est pas une norme d'algèbre.
- Pour tout $\alpha \geq 1$, $\|\!| M \|\!|_\alpha = \sup_{\|X\|_\alpha = 1} \|MX\|_\alpha$ définit une norme d'algèbre sur $\mathcal{M}_n(\mathbb{K})$. Au passage, notons que l'on peut montrer $\|\!| M \|\!|_\infty = \sup_i (\sum_j |m_{i,j}|)$ et $\|\!| M \|\!|_1 = \sup_j (\sum_i |m_{i,j}|)$.

Si E est un $\mathbb{K}$-e.v de dimension finie n, on peut normer $\mathcal{L}(E)$ en privilégiant une base B de E et en écrivant que la norme de u est celle de $[u]_B$ (matrice de u dans la base B) dans $\mathcal{M}_n(\mathbb{K})$.

3.2. Propriétés

PROPOSITION 1. *Soit E un $\mathbb{K}$-e.v.n et $f \in \mathcal{L}_c(E)$. Soit λ une valeur propre de f. Alors $|\lambda| \leq \|\!| f \|\!|$.*

Démonstration. Soit $x \neq 0$ un vecteur propre de f pour la valeur propre λ. On a $\|f(x)\| \leq \|\!| f \|\!| \cdot \|x\|$. Or $\|f(x)\| = \|\lambda x\| = |\lambda| \cdot \|x\|$, donc $|\lambda| \leq \|\!| f \|\!|$. □

PROPOSITION 2. *L'ensemble $\mathcal{G}\ell_n(\mathbb{K})$ est un ouvert dense dans $\mathcal{M}_n(\mathbb{K})$.*

Démonstration. L'application $\mathcal{M}_n(\mathbb{K}) \to \mathbb{K}$ $\;M \mapsto \det M$ est continue (car $\det M$ s'exprime comme un polynôme en les coefficients de M). Comme $\mathbb{K}^*$ est ouvert dans $\mathbb{K}$, $\mathcal{G}\ell_n(\mathbb{K}) = (\det)^{-1}(\mathbb{K}^*)$ est ouvert.

Densité. Soit $M \in \mathcal{M}_n(\mathbb{K})$. Le polynôme caractéristique P_M de M n'a qu'un nombre fini de racines, donc

$$\exists \rho > 0 \quad \text{tel que} \quad \forall \lambda \in \mathbb{K}, 0 < |\lambda| < \rho, P_M(\lambda) \neq 0.$$

En d'autres termes, pour tout $\lambda \in \mathbb{K}$, $0 < |\lambda| < \rho$, $M - \lambda I_n \in \mathcal{G}\ell_n(\mathbb{K})$. Or $M = \lim_{\substack{\lambda \to 0 \\ \lambda \neq 0}} (M - \lambda I_n)$. M est donc limite d'éléments de $\mathcal{G}\ell_n(\mathbb{K})$. □

Remarque 1. – Ce dernier résultat est important. Il est parfois aisé de montrer des propriétés sur $\mathcal{M}_n(\mathbb{K})$ en les montrant d'abord sur $\mathcal{G}\ell_n(\mathbb{K})$ puis en les étendant par densité (voir les exercices).
- Cette dernière proposition est également vraie pour les endomorphismes en dimension finie. De manière générale, algébriquement *et* topologiquement, tout ce qui est vrai pour les matrices est vrai pour les endomorphismes (en dimension finie) et réciproquement.
- En dimension infinie, $\mathcal{G}\ell_c(E)$ est ouvert si E est un espace de Banach (voir le chapitre topologie du tome d'analyse).

3.3. Séries entières d'endomorphismes

Ici, E désigne un $\mathbb{K}$-espace de Banach. Rappelons que dans ce cas, $\mathcal{L}_c(E)$, muni de la norme $\|\!|f|\!\| = \sup_{\|x\|=1} \|f(x)\|$, est un $\mathbb{K}$-espace de Banach.

PROPOSITION 3. *Soit $z \mapsto \sum_{n=0}^{+\infty} a_n z^n$ la somme d'une série entière de rayon de convergence $0 < R \leq +\infty$. Alors si $f \in \mathcal{L}_c(E)$, $\|\!|f|\!\| < R$, la série $\sum_{n\in\mathbb{N}} a_n f^n$ converge et sa somme est élément de $\mathcal{L}_c(E)$. De plus, l'application*

$$\Gamma = \{f \in \mathcal{L}_c(E) \mid \|\!|f|\!\| < R\} \to \mathcal{L}_c(E) \quad f \mapsto \sum_{n=0}^{+\infty} a_n f^n$$

est continue.

Démonstration. Comme $\mathcal{L}_c(E)$ est un $\mathbb{K}$-espace de Banach, il suffit de montrer que si $\|\!|f|\!\| < R$, la série $\sum a_n f^n$ converge absolument, ce qui est immédiat puisque $\|\!|a_n f^n|\!\| \leq |a_n| \cdot \|\!|f|\!\|^n$ et que $\sum |a_n| \, \|\!|f|\!\|^n$ converge. La somme $\sum_{n=0}^{+\infty} a_n f^n$ existe donc et appartient à $\mathcal{L}_c(E)$.

Pour tout $r \in]0, R[$, on pose $\Gamma_r = \{f \in \mathcal{L}_c(E) \mid \|\!|f|\!\| \leq r\}$. La série de fonctions $f \mapsto \sum a_n f^n$ converge normalement sur Γ_r, puisque sur Γ_r, $\|\!|a_n f^n|\!\| \leq |a_n| \cdot \|\!|f|\!\|^n \leq |a_n| r^n$ et $\sum |a_n| r^n$ converge. Chacun des termes $f \mapsto a_n f^n$ est continu sur Γ_r. On en déduit que $f \mapsto \sum_{n=0}^{+\infty} a_n f^n$ est continue sur Γ_r, et ceci pour tout $r \in]0, R[$, donc sur Γ. □

Remarque 2. – Un résultat plus fin fait l'objet du problème 6 (page 208).
- La proposition 3 reste vraie sur $\mathcal{M}_n(\mathbb{K})$.

Conséquence. Soit $f \in \mathcal{L}_c(E)$, $\|\!|f|\!\| < 1$. Alors $\mathrm{Id}_E - f$ est inversible, et son inverse est $g = \sum_{n=0}^{+\infty} f^n$. En effet, g existe d'après la proposition précédente et $(\mathrm{Id}_E - f)g = g - fg = \sum_{n=0}^{+\infty} f^n - \sum_{n=1}^{+\infty} f^n = \mathrm{Id}_E$; de même, $g(\mathrm{Id}_E - f) = \mathrm{Id}_E$.

Exponentielles d'endomorphismes.

DÉFINITION 1. Soit $f \in \mathcal{L}_c(E)$. D'après la proposition 3,

$$g = \sum_{n=0}^{+\infty} \frac{1}{n!} f^n$$

existe et $g \in \mathcal{L}_c(E)$. L'endomorphisme g s'appelle *l'exponentielle* de f et on note $g = \exp(f) = e^f$.

Remarque 3. – On a $\|\!|\exp(f)|\!\| \leq e^{\|\!|f|\!\|}$. En effet, pour tout $n \in \mathbb{N}$,

$$\left\|\!\left| \sum_{k=0}^{n} \frac{1}{k!} f^k \right|\!\right\| \leq \sum_{k=0}^{n} \frac{\|\!|f|\!\|^k}{k!}$$

et le résultat se déduit en faisant tendre n vers $+\infty$.
- D'après la proposition 3, l'application $\mathcal{L}_c(E) \to \mathcal{L}_c(E) \quad f \mapsto \exp(f)$ est continue.

Proposition 4. *Soit $u \in \mathcal{L}_c(E)$. Soit $v \in \mathcal{L}_c(E)$ inversible avec $v^{-1} \in \mathcal{L}_c(E)$. Alors $\exp(v^{-1}uv) = v^{-1}\exp(u)v$.*

Démonstration. Il suffit de remarquer que pour tout $n \in \mathbb{N}$ on a $(v^{-1}uv)^n = v^{-1}u^n v$, ce qui entraîne

$$\exp(v^{-1}uv) = \sum_{n=0}^{+\infty} \frac{(v^{-1}uv)^n}{n!} = \sum_{n=0}^{+\infty} \frac{v^{-1}u^n v}{n!} = v^{-1}\left(\sum_{n=0}^{+\infty} \frac{u^n}{n!}\right) v = v^{-1}\exp(u)v.$$

□

La version matricielle de ce résultat est

$$\forall M \in \mathcal{M}_n(\mathbb{K}),\ \forall P \in \mathcal{G}\ell_n(\mathbb{K}), \quad \exp(P^{-1}MP) = P^{-1}\exp(M)P.$$

Deux matrices semblables ont donc des exponentielles semblables.

Proposition 5. *Soient $u, v \in \mathcal{L}_c(E)$ tels que $uv = vu$. Alors*

$$\exp(u+v) = \exp(u)\exp(v) = \exp(v)\exp(u).$$

Démonstration. On pose

$$\Delta_n = \left(\sum_{i=0}^{n} \frac{u^i}{i!}\right)\left(\sum_{j=0}^{n} \frac{v^j}{j!}\right) - \sum_{k=0}^{n} \frac{(u+v)^k}{k!}$$

Il faut montrer que $\lim_{n\to+\infty} \Delta_n = 0$. Comme u et v commutent, on a

$$\forall n \in \mathbb{N}^*, \qquad \frac{(u+v)^n}{n!} = \sum_{i+j=n} \frac{C_n^i}{n!} u^i v^j = \sum_{i+j=n} \frac{u^i}{i!}\cdot\frac{v^j}{j!},$$

donc

$$\Delta_n = \left(\sum_{i=0}^{n} \frac{u^i}{i!}\right)\left(\sum_{j=0}^{n} \frac{v^j}{j!}\right) - \sum_{i+j\leq n} \frac{u^i}{i!}\cdot\frac{v^j}{j!} = \sum_{\substack{n+1\leq i+j\leq 2n \\ 0\leq i,j\leq n}} \frac{u^i}{i!}\cdot\frac{v^j}{j!}$$

d'où on tire

$$\|\Delta_n\| \leq \sum_{\substack{n+1\leq i+j\leq 2n \\ 0\leq i,j\leq n}} \frac{\|u\|^i}{i!}\cdot\frac{\|v\|^j}{j!} = \left(\sum_{i=0}^{n} \frac{\|u\|^i}{i!}\right)\left(\sum_{j=0}^{n} \frac{\|v\|^j}{j!}\right) - \sum_{k=0}^{n} \frac{(\|u\|+\|v\|)^k}{k!}.$$

Lorsque n tend vers $+\infty$, ce dernier terme tend vers $e^{\|u\|}e^{\|v\|} - e^{\|u\|+\|v\|} = 0$, donc $\lim_{n\to+\infty} \Delta_n = 0$, d'où $\exp(u+v) = \exp(u)\exp(v)$. On a de même $\exp(v)\exp(u) = \exp(v+u) = \exp(u+v)$. □

Conséquence. Pour tout $u \in \mathcal{L}_c(E)$, $e^u e^{-u} = e^{-u}e^u = e^{u-u} = e^0 = \mathrm{Id}_E$, donc e^u est inversible et $(e^u)^{-1} = e^{-u}$.

Remarque 4.
- Si u et v ne commutent pas, la proposition précédente est fausse en général.
- Si u et v commutent, alors u et $\exp(v)$ commutent.
- On aura souvent affaire aux exponentielles de matrices lors de l'étude des équations différentielles linéaires (voir le tome d'analyse). En effet, les exponentielles de matrices vérifient les propriétés suivantes :
  - Soit $A \in \mathcal{M}_n(\mathbb{K})$. L'application $\mathbb{R} \to \mathcal{M}_n(\mathbb{K})$ $t \mapsto e^{tA}$ est dérivable, sa dérivée est Ae^{tA}.
  - Si $X : \mathbb{R} \to \mathbb{K}^n$ est dérivable et si $\frac{dX}{dt} = AX$, alors pour tout $t \in \mathbb{R}$, $X(t) = e^{tA}X(0)$.
- Le calcul d'exponentielles de matrices est traité à la partie 4.2 du présent chapitre.

3.4. Exercices

→ Exercice 1 (Densité des matrices diagonalisables dans $\mathcal{M}_n(\mathbb{C})$). **a)** Montrer que l'ensemble des matrices diagonalisables de $\mathcal{M}_n(\mathbb{C})$ est dense dans $\mathcal{M}_n(\mathbb{C})$.
b) Que dire dans $\mathcal{M}_n(\mathbb{R})$?

Solution. **a)** Soit $A \in \mathcal{M}_n(\mathbb{C})$. Il s'agit de montrer que A est limite de matrices diagonalisables. Le corps $\mathbb{C}$ étant algébriquement clos, A est trigonalisable, donc

$$\exists P \in \mathcal{G}\ell_n(\mathbb{C}),\ P^{-1}AP = T \quad \text{avec} \quad T = \begin{pmatrix} \lambda_1 & \times & \cdots & \times \\ & \lambda_2 & \ddots & \vdots \\ & & \ddots & \times \\ 0 & & & \lambda_n \end{pmatrix}.$$

Soit $\mu = \inf\{|\lambda_i - \lambda_j|, \lambda_i \neq \lambda_j\} > 0$, $\mu = 1$ si les λ_i sont tous égaux. Pour tout $p \in \mathbb{N}^*$, on pose

$$T_p = \begin{pmatrix} \lambda_1 + \frac{\mu}{p} & \times & \cdots & \times \\ & \lambda_2 + \frac{\mu}{2p} & \ddots & \vdots \\ & & \ddots & \times \\ 0 & & & \lambda_n + \frac{\mu}{np} \end{pmatrix} = T + \frac{\mu}{p}\begin{pmatrix} 1 & & & 0 \\ & \frac{1}{2} & & \\ & & \ddots & \\ 0 & & & \frac{1}{n} \end{pmatrix}.$$

Les valeurs propres de T_p, les $\lambda_i + (\mu/ip)$, sont deux à deux distinctes. En effet, supposons $i \neq j$:
- Si $\lambda_i = \lambda_j$, il est clair que $\lambda_i + (\mu/ip) \neq \lambda_j + (\mu/jp)$.
- Sinon $\lambda_i \neq \lambda_j$, donc si $\lambda_i + (\mu/ip) = \lambda_j + (\mu/jp)$, alors $|\lambda_i - \lambda_j| = \mu|(1/ip) - (1/jp)| < \mu$, absurde par construction de μ.

Pour tout $p \in \mathbb{N}^*$, T_p ayant toutes ses valeurs propres deux à deux distinctes est donc diagonalisable. Or $T = \lim_{p\to+\infty} T_p$, donc $A = PTP^{-1} = \lim_{p\to+\infty} PT_pP^{-1}$ est limite de matrices diagonalisables, d'où le résultat.

b) Dans $\mathcal{M}_n(\mathbb{R})$, le résultat est faux. Nous donnons un contre-exemple. Soit $A = \begin{pmatrix} 0 & -1 \\ 1 & 0 \end{pmatrix} \in \mathcal{M}_2(\mathbb{R})$. On considère l'application

$$\Delta : \mathcal{M}_2(\mathbb{R}) \to \mathbb{R} \quad M \mapsto \Delta_M$$

où Δ_M désigne le discriminant du polynôme caractéristique P_M de M. Comme Δ_M s'exprime comme un polynôme en les coefficients de M, Δ est continue.

Si A était limite d'une suite $(A_n) \in \mathcal{M}_2(\mathbb{R})^{\mathbb{N}}$ de matrices diagonalisables dans $\mathcal{M}_2(\mathbb{R})$, on aurait $\Delta_n \geq 0$ pour tout n (car P_{A_n} est scindé sur $\mathbb{R}$), et donc Δ étant continue, $\Delta_A = \lim_{n\to+\infty} \Delta_{A_n} \geq 0$, ce qui est absurde car après calculs on trouve $\Delta_A = -4$.

Remarque. Grâce au résultat a), on peut parfois prouver certains résultats sur $\mathcal{M}_n(\mathbb{C})$ en les montrant d'abord pour les matrices diagonalisables, puis en les étendant par densité. Le lecteur pourra par exemple démontrer par cette méthode le théorème de Cayley-Hamilton pour les matrices complexes.

→ Exercice 2. **1/** Soit $\mathbb{K}$ un corps commutatif. Soient $A, B \in \mathcal{M}_n(\mathbb{K})$.
a) Si $A \in \mathcal{G}\ell_n(\mathbb{K})$, montrer que P_{AB}, le polynôme caractéristique de AB, est égal à celui de BA, P_{BA}.
b) Si A est quelconque et $\mathbb{K} = \mathbb{R}$ ou $\mathbb{C}$, montrer, en utilisant un argument de densité, que le résultat reste vrai.
c) Si A est quelconque et $\mathbb{K}$ est infini, montrer que le résultat est encore vrai.

2/ $\mathbb{K}$ est un corps commutatif quelconque. Soient $p, q \in \mathbb{N}^*$. Soit $A \in \mathcal{M}_{p,q}(\mathbb{K})$ et $B \in \mathcal{M}_{q,p}(\mathbb{K})$. Comparer P_{AB} et P_{BA}.

Solution. **1/ a)** On écrit

$$P_{AB} = \det(AB - XI_n) = \det[A(B - XA^{-1})] = \det[(B - XA^{-1})A] = \det(BA - XI_n) = P_{BA}.$$

b) On sait que $\mathcal{G}\ell_n(\mathbb{K})$ est dense dans $\mathcal{M}_n(\mathbb{K})$ (voir la proposition 2). On peut donc écrire $A = \lim_{n\to+\infty} A_n$ avec pour tout n, $A_n \in \mathcal{G}\ell_n(\mathbb{K})$. Or d'après a), pour tout n, $P_{A_nB} = P_{BA_n}$ et par continuité de l'application déterminant, en faisant tendre n vers $+\infty$, on en déduit $P_{AB} = P_{BA}$.

c) Le corps $\mathbb{K}$ étant infini, A n'ayant qu'un nombre fini de valeurs propres, il existe $\Gamma \subset \mathbb{K}$, Γ infini, tel que pour tout $\lambda \in \Gamma$, λ n'est pas valeur propre de A, i.e $A - \lambda I_n \in \mathcal{G}\ell_n(\mathbb{K})$. Fixons $x \in \mathbb{K}$. D'après 1/ a), on a

$$\forall \lambda \in \Gamma, \qquad P_{(A-\lambda I_n)B}(x) = P_{B(A-\lambda I_n)}(x).$$

Le polynôme $P_{(A-XI_n)B}(x) - P_{B(A-XI_n)}(x) \in \mathbb{K}[X]$ s'annule donc sur Γ, donc est nul puisque Γ est infini. En particulier, ce polynôme s'annule lorsque X prend la valeur 0, c'est à dire $P_{AB}(x) = P_{BA}(x)$. Ceci étant vrai pour tout $x \in \mathbb{K}$, on en déduit, $\mathbb{K}$ étant infini, que $P_{AB} = P_{BA}$.

2/ Soit $r = \operatorname{rg} A$. Si $r = 0$, c'est terminé (on a alors $A = 0$). Sinon, on sait que A est équivalente à la matrice $\left(\begin{smallmatrix} I_r & 0 \\ 0 & 0 \end{smallmatrix}\right)$, c'est-à-dire

$$\exists P \in \mathcal{G}\ell_p(\mathbb{K}), \exists Q \in \mathcal{G}\ell_q(\mathbb{K}), \qquad A = P^{-1}\begin{pmatrix} I_r & 0 \\ 0 & 0 \end{pmatrix} Q.$$

Écrivons

$$B = Q^{-1}\begin{pmatrix} B_1 & B_3 \\ B_2 & B_4 \end{pmatrix} P$$

où $B_1 \in \mathcal{M}_r(\mathbb{K})$. On a

$$AB = P^{-1}\begin{pmatrix} B_1 & B_3 \\ 0 & 0 \end{pmatrix} P \quad \text{et} \quad BA = Q^{-1}\begin{pmatrix} B_1 & 0 \\ B_2 & 0 \end{pmatrix} Q$$

d'où

$$P_{AB} = \begin{vmatrix} B_1 - XI_r & B_3 \\ 0 & -XI_{p-r} \end{vmatrix} = (-1)^{p-r} X^{p-r} P_{B_1}.$$

De même, on trouve $P_{BA} = (-1)^{q-r} X^{q-r} P_{B_1}$. On a donc $(-X)^q P_{AB} = (-X)^p P_{BA}$. (Si $p = q$, on retrouve les résultats de 1/).

Exercice 3. Soient n un entier naturel, $n \geq 2$, et $p \in \mathbb{N}$, $1 \leq p \leq n-1$.
a) Montrer que $\Gamma = \{A \in \mathcal{M}_n(\mathbb{R}) \mid \operatorname{rg} A \leq p\}$ est fermé dans $\mathcal{M}_n(\mathbb{R})$.
b) Déterminer l'adhérence de l'ensemble $\Delta = \{A \in \mathcal{M}_n(\mathbb{R}) \mid \operatorname{rg} A = p\}$.

Solution. Il suffit de montrer que l'ensemble

$$\Lambda = \mathcal{M}_n(\mathbb{R}) \setminus \Gamma = \{A \in \mathcal{M}_n(\mathbb{R}) \mid \operatorname{rg} A \geq p+1\}$$

est ouvert. Fixons $A = (a_{i,j})_{1\leq i,j\leq n} \in \Lambda$. Comme $\operatorname{rg} A \geq p+1$, il existe une matrice carrée extraite de A inversible d'ordre $p+1$ (voir le chapitre III, partie 3.6, théorème 2, page 121). Autrement dit, il existe I et J inclus dans $\{1, \dots, n\}$ avec $\operatorname{Card} I = \operatorname{Card} J = p+1$, tels que $A' = (a_{i,j})_{\substack{i\in I \\ j\in J}}$ vérifie $\det A' \neq 0$. Définissons l'application

$$\varphi : \mathcal{M}_n(\mathbb{R}) \to \mathbb{R} \quad B = (b_{i,j})_{1\leq i,j\leq n} \mapsto \det(b_{i,j})_{\substack{i\in I \\ j\in J}}.$$

L'application φ s'exprime comme polynôme en certains des coefficients de B, elle est donc continue. Or $\varphi(A) = \det A' \neq 0$, donc il existe un voisinage $\mathcal{V}$ de A dans $\mathcal{M}_n(\mathbb{R})$ tel que pour tout $B \in \mathcal{V}$, $\varphi(B) \neq 0$. Autrement dit, pour tout $B \in \mathcal{V}$, la matrice extraite $(b_{i,j})_{\substack{i\in I \\ j\in J}}$ est inversible, donc $\operatorname{rg} B \geq p+1$. Ainsi, on a trouvé un voisinage de A inclus dans Λ. L'ensemble Λ est donc ouvert.

b) Montrons $\overline{\Delta} = \Gamma$.
D'après a), Γ est fermé. Or $\Delta \subset \Gamma$, donc $\overline{\Delta} \subset \Gamma$.

Montrons maintenant l'inclusion réciproque. Soit $A \in \Gamma$. Il s'agit de montrer que A est limite d'une suite de points de Δ. Si $\operatorname{rg} A = p$, alors $A \in \Delta$ et c'est terminé. Sinon, $r = \operatorname{rg} A < p$. On sait que A est équivalente à la matrice $\begin{pmatrix} I_r & 0 \\ 0 & 0 \end{pmatrix}$, ce qui s'écrit aussi

$$\exists P, Q \in \mathcal{G}\ell_n(\mathbb{R}), \quad A = P^{-1} \begin{pmatrix} I_r & 0 \\ 0 & 0 \end{pmatrix}.$$

Pour tout $m \in \mathbb{N}^*$, on note B_m la matrice

$$B_m = \begin{pmatrix} I_r & 0 & 0 \\ 0 & \frac{1}{m} I_{p-r} & 0 \\ 0 & 0 & 0 \end{pmatrix} \in \mathcal{M}_n(\mathbb{R}).$$

Pour tout m, $\operatorname{rg} B_m = p$ donc $A_m = P^{-1} B_m Q$ est de rang p. Or $\lim_{m \to +\infty} B_m = \begin{pmatrix} I_r & 0 \\ 0 & 0 \end{pmatrix}$, donc $\lim_{m \to +\infty} A_m = A$ et pour tout m, $A_m \in \Delta$. On a donc $A \in \overline{\Delta}$.

Exercice 4. **a)** Soit $M \in \mathcal{M}_n(\mathbb{C})$. Pour tout $\varepsilon > 0$, montrer qu'il existe $P \in \mathcal{G}\ell_n(\mathbb{C})$ tel que

$$T = P^{-1} M P = \begin{pmatrix} t_{1,1} & & (t_{i,j}) \\ & t_{2,2} & \\ & & \ddots & \\ 0 & & & t_{n,n} \end{pmatrix} \quad \text{avec} \quad \forall i < j,\ |t_{i,j}| < \varepsilon.$$

b) Soit $A \in \mathcal{M}_n(\mathbb{C})$. Montrer que A est nilpotente si et seulement s'il existe une suite de matrices $(A_p)_{p \in \mathbb{N}}$ vérifiant

$$\text{(i)} \quad \forall p, A_p \text{ est semblable à } A \qquad \text{(ii)} \quad \lim_{p \to +\infty} A_p = 0.$$

Solution. **a)** Soit f l'endomorphisme de $\mathbb{C}^n$ dont la matrice dans la base canonique de $\mathbb{C}^n$ est égale à M. Le corps $\mathbb{C}$ étant algébriquement clos, f est trigonalisable. Il existe donc une base $\mathcal{B} = (e_1, \ldots, e_n)$ de $\mathbb{C}^n$ telle que $[f]_{\mathcal{B}}$ (matrice de f dans la base $\mathcal{B}$) soit triangulaire supérieure. Écrivons $[f]_{\mathcal{B}} = (a_{i,j})_{1 \le i,j \le n}$.

Pour tout $p \in \mathbb{N}^*$, $\mathcal{B}_p = (e_1, \frac{1}{p} e_2, \ldots, \frac{1}{p^{n-1}} e_n)$ est une base de $\mathbb{C}^n$. Pour tout i, on a

$$f(e_i) = \sum_{j=1}^{i} a_{i,j}\, e_j = \sum_{j=1}^{i} p^{j-1} a_{i,j} \left(\frac{1}{p^{j-1}} e_j \right),$$

ou encore

$$f\left(\frac{e_i}{p^{i-1}} \right) = \sum_{j=1}^{i} p^{j-i} a_{i,j} \left(\frac{1}{p^{j-1}} e_j \right).$$

On en déduit

$$T_p = [f]_{\mathcal{B}_p} = \begin{pmatrix} a_{1,1} & \frac{a_{1,2}}{p} & \frac{a_{1,3}}{p^2} & \cdots & \frac{a_{1,n}}{p^{n-1}} \\ & a_{2,2} & \frac{a_{2,3}}{p} & & \frac{a_{2,n}}{p^{n-2}} \\ & & a_{3,3} & \ddots & \vdots \\ & 0 & & \ddots & \frac{a_{n-1,n}}{p} \\ & & & & a_{n,n} \end{pmatrix}.$$

Ceci étant, soit $\mu = \sup_{i,j} |a_{i,j}|$. Il existe $p \in \mathbb{N}^*$ tel que $\mu/p < \varepsilon$. Soit $T = T_p = (t_{i,j})_{1 \le i,j \le n} = [f]_{\mathcal{B}_p}$. La matrice T est triangulaire supérieure et pour tout $i < j$, $|t_{i,j}| = |a_{i,j} \cdot p^{i-j}| \le \mu/p < \varepsilon$. De plus T est semblable à $[f]_{\mathcal{B}}$ donc à M, d'où le résultat.

b) *Condition nécessaire.* D'après a), pour tout $p \in \mathbb{N}^*$, il existe $A_p = [a_{i,j}(p)]_{1 \le i,j \le n} \in \mathcal{M}_n(\mathbb{C})$ semblable à A, triangulaire supérieure et telle que pour tout $i < j$, $|a_{i,j}(p)| < 1/p$. Or pour tout $i > j$, $a_{i,j}(p) = 0$ et pour tout i, $a_{i,i}(p) = 0$ (A_p étant nilpotente, ses valeurs propres $a_{i,i}(p)$ sont nulles). On en déduit que pour tout (i,j), $|a_{i,j}(p)| < 1/p$. Donc $\lim_{p\to+\infty} A_p = 0$, d'où le résultat.

Condition suffisante. Pour toute matrice $M \in \mathcal{M}_n(\mathbb{C})$, on note P_M son polynôme caractéristique. L'application $\mathcal{M}_n(\mathbb{C}) \to \mathbb{C}[X]$ $M \mapsto P_M$ est continue (en effet, les coefficients de P_M s'expriment comme des polynômes en les coefficients de M). Or $\lim_{p\to+\infty} A_p = 0$, on a donc $\lim_{p\to+\infty} P_{A_p} = P_0 = (-1)^n X^n$. Or pour tout p, A_p est semblable à A donc $P_{A_p} = P_A$. On en déduit $P_A = (-1)^n X^n$. Le théorème de Cayley-Hamilton entraîne alors $A^n = 0$.

EXERCICE 5. Soit $A \in \mathcal{M}_n(\mathbb{R})$ et une suite réelle (a_m) telle que $B = \sum_{m=0}^{+\infty} a_m A^m$ existe. Montrer qu'il existe $P \in \mathbb{R}[X]$ tel que $B = P(A)$.

Solution. L'ensemble $\Gamma = \{P(A),\ P \in \mathbb{R}[X]\}$ est un s.e.v de $\mathcal{M}_n(\mathbb{R})$, et $\mathcal{M}_n(\mathbb{R})$ étant de dimension finie, Γ est fermé.

Pour tout $k \in \mathbb{N}$, on pose $P_k = \sum_{m=0}^{k} a_m X^m$ de sorte que $B = \lim_{k\to+\infty} P_k(A)$. En d'autres termes, B est limite d'une suite de points de Γ. Comme Γ est fermé, on en déduit $B \in \Gamma$, donc il existe $P \in \mathbb{R}[X]$ tel que $B = P(A)$.

EXERCICE 6. Soit E un $\mathbb{K}$-e.v.n (avec $\mathbb{K} = \mathbb{R}$ ou $\mathbb{C}$). On note $\mathcal{L}_c(E)$ l'algèbre des endomorphismes continus de E. Soit $f \in \mathcal{L}_c(E)$.

a) Montrer que
$$\lim_{n\to+\infty} \left(\mathrm{Id}_E + \frac{1}{n} f\right)^n = \exp(f).$$

b) Plus généralement, si (f_n) est une suite de $\mathcal{L}_c(E)$ qui tend vers f, montrer
$$\lim_{n\to+\infty} \left(\mathrm{Id}_E + \frac{1}{n} f_n\right)^n = \exp(f).$$

c) Soient $u, v \in \mathcal{L}_c(E)$. Montrer
$$\lim_{n\to+\infty} \left(\exp\left(\frac{u}{n}\right)\exp\left(\frac{v}{n}\right)\right)^n = \exp(u+v).$$

Solution. **a)** Le résultat suivant nous sera utile.
$$\forall g \in \mathcal{L}_c(E), \qquad \left|\!\left|\!\left| \exp(g) - \left(\mathrm{Id} + \frac{1}{n} g\right)^n \right|\!\right|\!\right| \le \exp(|\!|\!| g |\!|\!|) - \left(1 + \frac{|\!|\!| g |\!|\!|}{n}\right)^n. \qquad (*)$$

En effet. On a
$$\exp(g) - \left(\mathrm{Id} + \frac{1}{n} g\right)^n = \sum_{k=0}^{+\infty} \frac{1}{k!} g^k - \sum_{k=0}^{n} C_n^k \frac{1}{n^k} g^k.$$

Or
$$\forall k, 1 \le k \le n, \qquad \frac{C_n^k}{n^k} = \frac{n}{n} \cdot \frac{n-1}{n} \cdots \frac{n-k+1}{n} \cdot \frac{1}{k!} \le \frac{1}{k!},$$

donc
$$\left|\!\left|\!\left| \exp(g) - \left(\mathrm{Id} + \frac{g}{n}\right)^n \right|\!\right|\!\right| \le \sum_{k=1}^{n} \left(\frac{1}{k!} - \frac{1}{n^k} C_n^k\right) |\!|\!| g |\!|\!|^k + \sum_{k>n} \frac{|\!|\!| g |\!|\!|^k}{k!} = \exp(|\!|\!| g |\!|\!|) - \left(1 + \frac{|\!|\!| g |\!|\!|}{n}\right)^n.$$

En appliquant (*) à f, on en déduit le résultat demandé car $\lim_{n\to+\infty} (1 + |\!|\!| f |\!|\!|/n)^n = \exp(|\!|\!| f |\!|\!|)$.

b) On remarque déjà que

$$\lim_{n\to\infty} \exp(f_n) - \left(\mathrm{Id} + \frac{1}{n} f_n\right)^n = 0. \qquad (**)$$

En effet, en posant $M_n = |||f_n|||$, on a d'après (*)

$$\left|\left|\left| \exp(f_n) - \left(\mathrm{Id} + \frac{f_n}{n}\right)^n \right|\right|\right| \leq \exp(M_n) - \left(1 + \frac{M_n}{n}\right)^n. \qquad (***)$$

Or $\lim_{n\to\infty} M_n = |||f||| = M$, donc $\lim_{n\to\infty} \exp(M_n) = \exp(M)$ et comme

$$\left(1 + \frac{M_n}{n}\right)^n = \exp\left(n \log(1 + \frac{M_n}{n})\right) = \exp\left(n(\frac{M_n}{n} + o(\frac{1}{n}))\right) = \exp\left(M_n + o(1)\right),$$

on a aussi $\lim_{n\to\infty}(1 + M_n/n)^n = \exp(M)$. D'où (**) avec (***).

Par ailleurs, la continuité de l'application $g \mapsto \exp(g)$ (voir la proposition 3) entraîne que $\lim_{n\to\infty} \exp(f_n) - \exp(f) = 0$ (****). En écrivant

$$\left(\mathrm{Id} + \frac{1}{n} f_n\right)^n = \left(\left(\mathrm{Id} + \frac{1}{n} f_n\right)^n - \exp(f_n)\right) + \left(\exp(f_n) - \exp(f)\right) + \exp(f),$$

on en déduit avec (**) et (****) le résultat.

c) Lorsque n tend vers $+\infty$, on a

$$\exp\left(\frac{u}{n}\right) = \mathrm{Id} + \frac{u}{n} + o(\frac{1}{n}) \quad \text{et} \quad \exp\left(\frac{v}{n}\right) = \mathrm{Id} + \frac{v}{n} + o(\frac{1}{n}),$$

donc

$$\text{si} \quad f_n = n\left(\exp\left(\frac{u}{n}\right)\exp\left(\frac{v}{n}\right) - \mathrm{Id}\right), \qquad f_n = u + v + o(1).$$

Autrement dit $\lim_{n\to\infty} f_n = u + v$, donc d'après la question précédente, $\lim_{n\to\infty}(\mathrm{Id} + f_n/n)^n = \exp(u + v)$, d'où le résultat car $(\mathrm{Id} + f_n/n) = \exp(u/n)\exp(v/n)$.

Remarque. La proposition 5 (page 183) peut se déduire facilement du résultat de la question a).

EXERCICE 7. Soit E un $\mathbb{C}$-e.v de dimension finie $n \in \mathbb{N}^*$. Soit $g \in \mathcal{L}(E)$. Montrer que g est diagonalisable si et seulement si l'ensemble $\Phi = \{\varphi^{-1} g \varphi,\ \varphi \in \mathcal{GL}(E)\}$ est fermé.

Solution. Condition nécessaire. Soit Π le polynôme minimal de g. Comme g est diagonalisable, Π n'a que des racines simples. Pour tout $\varphi \in \mathcal{GL}(E)$, on a $\Pi(\varphi^{-1} g \varphi) = \varphi^{-1}\Pi(g)\varphi = 0$, donc pour tout $h \in \Phi$, $\Pi(h) = 0$.

Soit $h \in \overline{\Phi}$. L'endomorphisme h est limite d'une suite (h_p) de points de Φ. Comme pour tout p, $\Pi(h_p) = 0$, on a $\Pi(h) = \lim_{p\to\infty} \Pi(h_p) = 0$. L'endomorphisme h étant annulé par un polynôme n'ayant que des racines simples, on en déduit que h est diagonalisable. Or le polynôme caractéristique P_h de h vérifie $P_h = \lim_{p\to+\infty} P_{h_p} = P_g$ car pour tout p, $P_{h_p} = P_g$. Les endomorphismes g et h ont donc même liste de valeurs propres; comme ils sont de plus diagonalisables, on en déduit que g et h sont semblables, donc que $h \in \Phi$.

Condition suffisante. Raisonnons par l'absurde. Supposons Φ fermé et g non diagonalisable. Soit $p \in \mathbb{N}^*$. Le corps $\mathbb{C}$ étant algébriquement clos, g est trigonalisable. Il existe donc une base $B = (e_1, \ldots, e_n)$ de E dans laquelle la matrice de g ait la forme

$$[g]_B = \begin{pmatrix} \lambda_1 & t_{1,2} & \cdots & t_{1,n} \\ 0 & \lambda_2 & \ddots & \vdots \\ \vdots & \ddots & \ddots & t_{n-1,n} \\ 0 & \cdots & 0 & \lambda_n \end{pmatrix}.$$

Pour tout $n \in \mathbb{N}^*$, on définit $\varphi_p \in \mathcal{L}(E)$ sur la base B par $\varphi_p(e_i) = \dfrac{1}{p^i} e_i$ pour tout i. On a

$$[\varphi_p^{-1} g \varphi_p]_B = \begin{pmatrix} \lambda_1 & \frac{t_{1,2}}{p} & \frac{t_{1,3}}{p^2} & \cdots & \frac{t_{1,n}}{p^{n-1}} \\ & \lambda_2 & \frac{t_{2,3}}{p} & & \frac{t_{2,n}}{p^{n-2}} \\ & & \lambda_3 & \ddots & \vdots \\ & 0 & & \ddots & \frac{t_{n-1,n}}{p} \\ & & & & \lambda_n \end{pmatrix},$$

donc lorsque p tend vers $+\infty$, $\varphi_p^{-1} g \varphi_p$ tend vers un endomorphisme diagonalisable h. Comme g n'est pas diagonalisable, h n'est pas semblable à g donc $h \notin \Phi$. Or $h \in \overline{\Phi}$, et donc Φ n'est pas fermé, ce qui est contraire aux hypothèses. L'endomorphisme g est donc diagonalisable.

Remarque. La condition suffisante fait appel au résultat de la question a) de l'exercice 4, redémontré ici.

4. Sous espaces caractéristiques - Réduction de Jordan

Dans toute cette partie, E désigne un $\mathbb{K}$-e.v de dimension finie $n \in \mathbb{N}^*$. On utilisera la notation $A \subsetneq B$ lorsque $A \subset B$ et $A \neq B$.

4.1. Sous espaces caractéristiques

DÉFINITION 1. Soit $f \in \mathcal{L}(E)$ tel que le polynôme caractéristique P_f de f soit scindé sur $\mathbb{K}$: $P_f = (-1)^n (X - \lambda_1)^{\alpha_1} \cdots (X - \lambda_s)^{\alpha_s}$. Pour tout i, le s.e.v $N_i = \operatorname{Ker}(f - \lambda_i \operatorname{Id})^{\alpha_i}$ s'appelle le *sous espace caractéristique* de f associé à la valeur propre λ_i.

- Pour tout i, N_i est stable par f.
- On a $E = N_1 \oplus \cdots \oplus N_s$,
- Pour tout i, $\dim N_i = \alpha_i$.

Démonstration. Le s.e.v N_i est bien stable par f car si $x \in N_i$,

$$(f - \lambda_i \operatorname{Id})^{\alpha_i}(f(x)) = f \circ (f - \lambda_i \operatorname{Id})^{\alpha_i}(x) = 0.$$

– Le fait que $E = N_1 \oplus \cdots \oplus N_s$ résulte du théorème de décomposition des noyaux (voir 2.1, théorème 1).

– Pour tout i, la restriction f_i de f à N_i vérifie $(f_i - \lambda_i \operatorname{Id}_{N_i})^{\alpha_i} = 0$. En d'autres termes, $f_i - \lambda \operatorname{Id}_{N_i}$ est nilpotente, donc d'après 1.2 proposition 3, le polynôme caractéristique de $f_i - \lambda_i \operatorname{Id}$ est $(-X)^{\dim N_i}$, donc celui de f_i est $(\lambda_i - X)^{\dim N_i}$. Or P_{f_i} divise P_f d'après la proposition 2 de la page 161, et donc $\dim N_i \leq \alpha_i \quad (*)$.

Comme $E = N_1 \oplus \cdots \oplus N_s$, on a $n = \sum_{i=1}^s \dim N_i$. De plus $\sum_{i=1}^s \alpha_i = n$, et on en déduit avec (*) que $\dim N_i = \alpha_i$ pour tout i. □

DÉFINITION 2 (INDICE D'UN ENDOMORPHISME). Soit $f \in \mathcal{L}(E)$. Il existe un unique entier naturel r tel que

$$\{0\} = \operatorname{Ker} f^0 \subsetneq \operatorname{Ker} f \subsetneq \cdots \subsetneq \operatorname{Ker} f^r = \operatorname{Ker} f^{r+1} = \operatorname{Ker} f^{r+2} = \cdots = \operatorname{Ker} f^q = \cdots.$$

L'entier r s'appelle l'*indice* de f. C'est aussi le plus petit entier naturel tel que $\operatorname{Ker} f^r = \operatorname{Ker} f^{r+1}$.

Démonstration. On part du fait que

$$\forall p \in \mathbb{N}, \operatorname{Ker} f^p \subset \operatorname{Ker} f^{p+1} \qquad (*)$$

(en effet, si $x \in \operatorname{Ker} f^p$, alors $f^p(x) = 0$ donc $f^{p+1}(x) = f(f^p(x)) = 0$). On en déduit en particulier que pour tout p, $\dim(\operatorname{Ker} f^p) \leq \dim(\operatorname{Ker} f^{p+1})$. Autrement dit, la suite $(u_p)_{p\in\mathbb{N}}$ définie par $u_p = \dim(\operatorname{Ker} f^p)$ est croissante. Cette suite est à valeurs dans $I = \{0, 1 \dots, n\}$. L'ensemble I étant fini, (u_p) étant croissante, l'entier $r = \inf\{p \in \mathbb{N},\ u_p = u_{p+1}\}$ existe. On a alors

- Pour tout $p < r$, $\operatorname{Ker} f^p \subsetneq \operatorname{Ker} f^{p+1}$ (d'après (*) et parce que $u_p < u_{p+1}$).
- $\operatorname{Ker} f^r = \operatorname{Ker} f^{r+1}$ (d'après (*) et parce que $u_r = u_{r+1}$).
- Pour tout $p \geq r$, $\operatorname{Ker} f^p = \operatorname{Ker} f^{p+1}$ car

$$\begin{aligned}\operatorname{Ker} f^{p+1} &= \{x \in E \mid f^{r+1}(f^{p-r}(x)) = 0\}\\ &= \{x \in E \mid f^{p-r}(x) \in \operatorname{Ker} f^{r+1}\} = \{x \in E \mid f^{p-r}(x) \in \operatorname{Ker} f^r\} = \operatorname{Ker} f^p.\end{aligned}$$

L'unicité est évidente. □

Remarque 1. – Les propriétés vérifiées par r montrent que l'indice r de f est aussi l'unique entier naturel vérifiant

$$\forall q < r, \quad \dim \operatorname{Ker} f^q < \dim \operatorname{Ker} f^r \quad \text{et} \quad \forall q \geq r, \quad \dim \operatorname{Ker} f^q = \dim \operatorname{Ker} f^r.$$

- Si f est nilpotente, l'indice r de f n'est autre que $\inf\{p \mid f^p = 0\}$, c'est-à-dire l'indice de nilpotence de f.
- On peut montrer que si r est l'indice de f, alors

$$\operatorname{Ker} f^r \oplus \operatorname{Im} f^r = E.$$

- L'indice r de f vérifie aussi la propriété

$$E = \operatorname{Im} f^0 \supsetneq \operatorname{Im} f \supsetneq \cdots \supsetneq \operatorname{Im} f^r = \operatorname{Im} f^{r+1} = \operatorname{Im} f^{r+2} = \cdots = \operatorname{Im} f^q = \cdots.$$

- Ces résultats sont à rapprocher de celui de la question 1/ a) du problème 2 du chapitre III (page 150).

THÉORÈME 1. *Soit $f \in \mathcal{L}(E)$ tel que son polynôme caractéristique P_f soit scindé sur $\mathbb{K}$: $P_f = (-1)^n \prod_{i=1}^s (X - \lambda_i)^{\alpha_i}$. Alors*

(i) *Le polynôme minimal Π_f de f est de la forme*

$$\Pi_f(X) = \prod_{i=1}^s (X - \lambda_i)^{r_i} \quad \textit{avec} \quad \forall i, 1 \leq r_i \leq \alpha_i.$$

(ii) *L'ordre de multiplicité r_i de λ_i dans Π_f est l'indice de l'endomorphisme $(f - \lambda_i \operatorname{Id}_E)$.*

Démonstration. (i) est démontré à la remarque 6 de la partie 2.3 (page 176).
(ii) Pour alléger les notations, nous allons montrer (ii) pour $i = 1$. On pose $Q = \prod_{i=2}^s (X - \lambda_i)^{r_i}$, de sorte que $\Pi_f = (X - \lambda_1)^{r_1} Q$. Comme $(X - \lambda_1)^{r_1}$ et Q sont premiers entre eux, on a, en appliquant le théorème de décomposition des noyaux (voir le théorème 1 de la partie 2.1),

$$E = \operatorname{Ker}(f - \lambda_1 \operatorname{Id})^{r_1} \oplus M \quad \text{avec} \quad M = \operatorname{Ker} Q(f).$$

On en déduit $\dim \operatorname{Ker}(f - \lambda_1)^{r_1} + \dim M = n \quad (*)$.

Soit q un entier naturel. On pose $P = (X - \lambda_1)^q Q$. En appliquant le théorème de décomposition des noyaux, on a

$$\operatorname{Ker} P(f) = \operatorname{Ker}(f - \lambda_1 \operatorname{Id})^q \oplus \operatorname{Ker} Q(f) = \operatorname{Ker}(f - \lambda_1 \operatorname{Id})^q \oplus M.$$

On en déduit $\dim \operatorname{Ker}(f - \lambda_1)^q + \dim M = \dim \operatorname{Ker} P(f) \quad (**)$.

- Si $q \geq r_1$, alors Π_f divise P donc $P(f) = 0$, i.e $\operatorname{Ker} P(f) = E$, donc avec (*) et (**), on tire $\dim \operatorname{Ker}(f - \lambda_1)^q = \dim \operatorname{Ker}(f - \lambda_1)^{r_1}$.
- Si maintenant $q < r_1$, alors Π_f ne divise pas Π_f, donc $P(f) \neq 0$, i.e $\operatorname{Ker} P(f) \neq E$, et d'après (*) et (**), on tire $\dim \operatorname{Ker}(f - \lambda_1)^q < \dim \operatorname{Ker}(f - \lambda_1)^{r_1}$.

On en déduit que l'indice de l'endomorphisme $f - \lambda_1 \operatorname{Id}_E$ est r_1 (voir la remarque 1). □

Remarque 2. – En conséquence, les sous espaces caractéristiques N_i de f sont égaux à $\operatorname{Ker}(f - \lambda_i)^{r_i}$.
– Pour tout i, r_i est aussi l'indice de nilpotence de l'endomorphisme $f_{|N_i} - \lambda_i \operatorname{Id}_{N_i}$.
– Ce théorème permet de calculer le polynôme minimal de f : on commence par calculer le polynôme caractéristique de f, puis on calcule ensuite pour tout i l'indice de $f - \lambda_i \operatorname{Id}$ (dans la pratique, les calculs sont quand même assez longs).

4.2. Décomposition de Dunford

Nous allons maintenant donner une nouvelle réduction plus poussée que la simple trigonalisation (mais moins que la réduction de Jordan), appelée *décomposition de Dunford.* Nous donnerons deux moyens d'y parvenir.

→ THÉORÈME 2 (DÉCOMPOSITION DE DUNFORD). *Soit $f \in \mathcal{L}(E)$ tel que le polynôme caractéristique P_f de f est scindé sur $\mathbb{K}$. Il existe un unique couple $(d, n) \in (\mathcal{L}(E))^2$ avec d diagonalisable et n nilpotente, tel que*

$$(i) \quad f = d + n \qquad (ii) \quad n \circ d = d \circ n.$$

Démonstration. On écrit $P_f = (-1)^n \prod_{i=1}^{s}(X - \lambda_i)^{\alpha_i}$, et pour tout i, on note $N_i = \operatorname{Ker}(f - \lambda_i \operatorname{Id})^{\alpha_i}$ les sous espaces caractéristiques de f.
Existence. Comme $E = N_1 \oplus \cdots \oplus N_s$, il suffit de définir d et n sur chaque N_i. On les définit comme suit :

$$\forall i, \forall x \in N_i, \quad d(x) = \lambda_i x \quad \text{et} \quad n(x) = f(x) - \lambda_i x.$$

Autrement dit, pour tout i on a $d_i = d_{|N_i} = \lambda_i \operatorname{Id}_{|N_i}$ et $n_i = n_{|N_i} = f_{|N_i} - \lambda_i \operatorname{Id}_{|N_i}$. Les d_i et n_i sont des endomorphismes de N_i car N_i est stable par f donc par d et n.

Ainsi définie, d est diagonalisable. Pour tout i, on a $n_i^{\alpha_i} = 0$ (puisque par définition de N_i, pour tout $x \in N_i$, $(f - \lambda_i \operatorname{Id})^{\alpha_i}(x) = 0$). Si $\alpha = \sup n_i$, n^α s'annule donc sur chaque N_i donc sur $E = \oplus_{i=1}^{s} N_i$, c'est-à-dire $n^\alpha = 0$.

Il reste à montrer que d et n commutent. Pour tout i, on a $d_i = \lambda_i \operatorname{Id}_{N_i}$ donc $n_i \circ d_i = d_i \circ n_i$, c'est-à-dire que d et n commutent sur chaque N_i, donc sur $E = \oplus_{i=1}^{s} N_i$.

Unicité. Soit (d', n') un autre couple vérifiant les conditions. On remarque d'abord que $f \circ d' = d' \circ f$, donc pour tout i, N_i est stable par d' (pour tout $x \in N_i$, $(f - \lambda_i \operatorname{Id})^{\alpha_i}[d'(x)] = d' \circ (f - \lambda_i \operatorname{Id})^{\alpha_i}(x) = 0$). Comme $d_{|N_i} = \lambda_i \operatorname{Id}_{N_i}$, on en déduit que $d \circ d' = d' \circ d$ sur N_i. Ceci étant vrai pour tout i, comme $E = \oplus_{i=1}^{s} N_i$, on en déduit que d et d' commutent. De plus d et d' sont diagonalisables, on peut donc les diagonaliser dans une même base, ce qui prouve que $d' - d$ est diagonalisable.

Comme $n = f - d$, $n' = f - d'$ et que $d \circ d' = d' \circ d$, n et n' commutent. Si on choisit p et q tels que $n^p = n'^q = 0$, on a donc

$$(n - n')^{p+q} = \sum_{i+j=p+q} C_{p+q}^{i} n^i (-1)^j n'^j = 0$$

(dans chaque terme de la somme, on a soit $i \geq p$, soit $j \geq q$). Donc $n - n' = d' - d$ est nilpotent. Or nous avions montré que $d' - d$ est diagonalisable, donc $d' - d = 0$. Autrement dit, $d = d'$ et donc $n = n'$. □

Conséquence. Soit $f \in \mathcal{L}(E)$ avec $P_f = (-1)^n \prod_{i=1}^{s}(X - \lambda_i)^{\alpha_i}$ scindé sur $\mathbb{K}$. Reprenons les notations utilisées dans la démonstration. Pour tout i, $f_i = f_{|N_i} \in \mathcal{L}(N_i)$ est trigonalisable et λ_i est sa seule valeur propre (car $f_i - \lambda_i \operatorname{Id}_{N_i} = n_i$ est nilpotente) et donc il existe une base B_i de N_i dans laquelle la matrice de f_i a la forme

$$[f_i]_{B_i} = A_i = \begin{pmatrix} \lambda_i & \times & \cdots & \times \\ 0 & \lambda_i & \ddots & \vdots \\ \vdots & \ddots & \ddots & \times \\ 0 & \cdots & 0 & \lambda_i \end{pmatrix}.$$

Comme $E = \oplus_{i=1}^s N_i$, on voit que $B = B_1 \cup \cdots \cup B_s$ est une base de E dans laquelle la matrice de f a la forme

$$[f]_B = \begin{pmatrix} A_1 & & & 0 \\ & A_2 & & \\ & & \ddots & \\ 0 & & & A_s \end{pmatrix}.$$

Cette réduction est plus poussée que la simple trigonalisation que nous avions vue au théorème 3 de la partie 1.4 (page 162).

Un autre moyen d'aboutir à la décomposition de Dunford. Nous présentons une autre technique pour aboutir à la décomposition de Dunford, qui présente l'avantage de montrer que les endomorphismes d et n sont des polynômes en f. Nous aurons besoin pour cela d'un résultat préliminaire qui fait l'objet de la proposition ci dessous.

PROPOSITION 1. *Soit $f \in \mathcal{L}(E)$ et $F \in \mathbb{K}[X]$ un polynôme annulateur de f. Soit $F = \beta M_1^{\alpha_1} \cdots M_s^{\alpha_s}$ la décomposition en facteurs irréductibles de $\mathbb{K}[X]$ du polynôme F. Pour tout i, on note $N_i = \operatorname{Ker} M_i^{\alpha_i}(f)$. On a alors $E = N_1 \oplus \cdots \oplus N_s$ et pour tout i, la projection sur N_i parallèlement à $\oplus_{j \neq i} N_j$ est un polynôme en f.*

Démonstration. La fait que $E = N_1 \oplus \cdots \oplus N_s$ résulte du théorème de décomposition des noyaux.

Pour tout i, notons $Q_i = \prod_{j \neq i} M_j^{\alpha_j}$. Aucun facteur n'est commun à tous les Q_i, c'est-à-dire que les Q_i sont premiers entre eux dans leur ensemble. En appliquant l'égalité de Bezout, on voit qu'il existe $U_1, \ldots, U_s \in \mathbb{K}[X]$ tels que $U_1 Q_1 + \cdots + U_s Q_s = 1$, de sorte que

$$\mathrm{Id}_E = U_1(f) \circ Q_1(f) + \cdots + U_s(f) \circ Q_s(f).$$

Pour tout i, on note $P_i = U_i Q_i$ et $p_i = P_i(f)$. On a $\mathrm{Id} = \sum_{i=1}^s p_i$ (*). Par ailleurs, pour tout $j \neq i$, F divise $Q_i Q_j$ donc

$$\forall j \neq i, \qquad p_i \circ p_j = Q_i Q_j(f) \circ U_i U_j(f) = 0. \qquad (**)$$

On déduit de (*) que pour tout i, $p_i = \sum_{j=1}^s p_i \circ p_j$ et donc d'après (**), $p_i = p_i^2$. Les p_i sont donc des projecteurs.

– Montrons que pour tout i, $\operatorname{Im} p_i = N_i$.

Soit $y = p_i(x) \in \operatorname{Im} p_i$. On a

$$M_i^{\alpha_i}(f)(y) = M_i^{\alpha_i}(f) \circ P_i(f)(x) = U_i(f) \circ F(f)(x) = 0,$$

ce qui prouve que $\operatorname{Im} p_i \subset \operatorname{Ker} M_i^{\alpha_i}(f) = N_i$.

Il reste à montrer l'inclusion réciproque. Soit $x \in N_i = \operatorname{Ker} M_i^{\alpha_i}(f)$. D'après (*), $x = p_1(x) + \cdots + p_s(x)$. Or pour tout $j \neq i$, $p_j(x) = U_j(f) \circ Q_j(f)(x) = 0$ car $M_i^{\alpha_i}$ divise Q_j, donc finalement $x = p_i(x) \in \operatorname{Im} p_i$. Donc $\operatorname{Im} p_i = N_i$.

– Il ne reste plus qu'à montrer que pour tout i, $\operatorname{Ker} p_i = \oplus_{j \neq i} N_j$.

Pour tout $j \neq i$, on a $N_j \subset \operatorname{Ker} p_i$ car si $x \in N_j$, alors $p_i(x) = U_i(f) \circ Q_i(f)(x) = 0$ car $M_j^{\alpha_j}$ divise Q_j. On en déduit que $\oplus_{j \neq i} N_j \subset \operatorname{Ker} p_i$.

Soit maintenant $x \in \operatorname{Ker} p_i$. D'après (*), $x = \sum_{j \neq i} p_j(x)$ donc $x \in \oplus_{j \neq i} N_j$. Finalement, $\operatorname{Ker} p_i = \oplus_{j \neq i} N_j$.

La démonstration est terminée puisque par construction, les projecteurs p_i sont des polynômes en f. □

→ THÉORÈME 3 (DÉCOMPOSITION DE DUNFORD, BIS). *Soit un endomorphisme $f \in \mathcal{L}(E)$ tel que son polynôme caractéristique P_f soit scindé sur $\mathbb{K}$. Il existe un unique couple (d, n) d'endomorphismes tel que*

(i) *d est diagonalisable, n est nilpotente.*
(ii) *$f = d + n$ et $d \circ n = n \circ d$.*

De plus, d et n sont des polynômes en f.

Démonstration. Existence. Écrivons $P_f = (-1)^n \prod_{i=1}^s (X - \lambda_i)^{\alpha_i}$ et pour tout i, notons $N_i = \operatorname{Ker}(f - \lambda_i)^{\alpha_i}$. La proposition précédente s'applique avec $F = P_f$ et pour tout i, $M_i = (X - \lambda_i)$. En utilisant les notations précédentes, pour tout i, $p_i = P_i(f)$ est le projecteur sur N_i parallèlement à $\oplus_{j \neq i} N_j$. Posons $d = \sum_{i=1}^s \lambda_i p_i$ (ainsi construit, d est diagonalisable) et $n = f - d = \sum_{i=1}^s (f - \lambda_i \operatorname{Id}) p_i$. En utilisant le fait que les p_i sont des projecteurs, que $p_i \circ p_j = 0$ si $i \neq j$, et que les p_i commutent avec f (ce sont des polynômes en f), on a

$$\forall q \in \mathbb{N}, \qquad n^q = \sum_{i=1}^s (f - \lambda_i \operatorname{Id})^q p_i.$$

Or si $q = \sup_i \alpha_i$, on a $(f - \lambda_i \operatorname{Id})^q p_i = [(X - \lambda_i)^q P_i](f) = 0$ pour tout i car P_f divise $(X - \lambda_i)^q P_i$, donc $n^q = 0$.

Ainsi construits, d et n sont des polynômes en f vérifiant (i) et (ii).

Unicité. Soit (d', n') un autre couple vérifiant (i) et (ii). Les endomorphismes d' et n' commutent avec $d' + n' = f$ donc avec d et n qui sont des polynômes en f. Ainsi, d et d' sont diagonalisables dans une même base, ce qui entraîne que $d - d'$ est diagonalisable. Comme $d - d' = n' - n$ est nilpotente (on montre ceci comme dans la démonstration du théorème 2), on en déduit que $d - d' = n' - n = 0$.
□

Calcul pratique de la décomposition de Dunford. Nous allons donner un moyen pratique de calculer les endomorphismes d et n donnés par la décomposition de Dunford. Nous allons pour cela calculer les projecteurs p_i, et il suffira ensuite d'écrire que

$$d = \sum_{i=1}^s \lambda_i p_i \quad \text{et} \quad n = f - d.$$

Commençons par remarquer que dans la démonstration du théorème précédent (partie *existence*), on aurait pu remplacer P_f par n'importe quel polynôme F annulant f et ayant les mêmes facteurs premiers que P_f, en particulier par le polynôme minimal Π_f de f. Si $F = \prod_{i=1}^s (X - \lambda_i)^{r_i}$ est un tel polynôme, on commence par décomposer $1/F$ en éléments simples dans $\mathbb{K}(X)$:

$$\frac{1}{F} = \sum_{i=1}^s \left[\sum_{j=1}^{r_i} \frac{x_{i,j}}{(X - \lambda_i)^j} \right].$$

Pour tout i, on pose ensuite $U_i = \sum_{j=1}^{r_i} x_{i,j} (X - \lambda_i)^{r_i - j}$, de sorte que

$$\frac{1}{F} = \sum_{i=1}^r \frac{U_i}{(X - \lambda_i)^{r_i}} \quad \text{ou encore} \quad 1 = \sum_{i=1}^s U_i Q_i,$$

où $Q_i = \prod_{j \neq i} (X - \lambda_j)^{r_j}$. Si $P_i = U_i Q_i$, les projecteurs p_i sont alors donnés par $p_i = P_i(f)$ (voir la démonstration de la proposition 1).

Il est en général préférable de prendre pour le polynôme F le polynôme minimal Π_f de f (les degrés des polynômes intermédiaires sont moins élevés). Mais le calcul de Π_f peut être assez long, c'est pourquoi on choisit parfois de prendre $F = P_f$.

Application au calcul d'exponentielle. L'écriture $f = d + n$ donnée par la décomposition de Dunford est intéressante car d et n commutant, on peut utiliser la formule du binôme pour calculer f^p :

$$f^p = (d+n)^p = \sum_{k=0}^{p} C_p^k\, d^k \circ n^{p-k}.$$

Dans l'expression ci dessus, on peut retirer les termes de la somme pour lesquels k est plus grand que l'indice de nilpotence de n.

Un autre intérêt est le calcul d'exponentielle. En effet, d et n commutant, on a $\exp(f) = \exp(d+n) = \exp(d)\exp(n)$. Le calcul de $\exp(d)$ est simple si une base B de trigonalisation de d est connue :

$$\text{si } [d]_B = \begin{pmatrix} \lambda_1 & & & 0 \\ & \lambda_2 & & \\ & & \ddots & \\ 0 & & & \lambda_n \end{pmatrix}, \quad [\exp(d)]_B = \exp([d]_B) = \begin{pmatrix} e^{\lambda_1} & & & 0 \\ & e^{\lambda_2} & & \\ & & \ddots & \\ 0 & & & e^{\lambda_n} \end{pmatrix}.$$

Quant à $\exp(n)$, il suffit d'écrire que $\exp(n) = \sum_{p=0}^{q-1} \frac{n^p}{p!}$ où q est l'indice de nilpotence de n.

Dans la pratique, on calcule d et n grâce à la méthode décrite plus haut. Avec les notations précédentes, rappelons que

$$d = \sum_{i=1}^{s} \lambda_i p_i \quad \text{et} \quad n = \sum_{i=1}^{s} (f - \lambda_i \operatorname{Id})\, p_i.$$

On peut alors calculer $\exp(f)$ sans diagonaliser d, à partir des projecteurs p_i. En effet, les relations sur les p_i entraînent que pour tout p, $d^p = \sum_{i=1}^{s} \lambda_i^p\, p_i$ donc

$$\exp(d) = \sum_{p=0}^{+\infty} \frac{d^p}{p!} = \sum_{p=0}^{+\infty} \left[\sum_{i=1}^{s} \frac{\lambda_i^p}{p!} p_i \right] = \sum_{i=1}^{s} \left[\sum_{p=0}^{+\infty} \frac{\lambda_i^p}{p!} \right] p_i = \sum_{i=1}^{s} e^{\lambda_i} p_i.$$

Par ailleurs,

$$\exp(n) = \sum_{p=0}^{+\infty} \frac{n^p}{p!} = \sum_{p=0}^{+\infty} \left[\sum_{i=1}^{s} \frac{(f - \lambda_i \operatorname{Id})^p}{p!} p_i \right] = \sum_{i=1}^{s} \left[\sum_{p=0}^{r_i - 1} \frac{(f - \lambda_i \operatorname{Id})^p}{p!} \right] p_i.$$

Finalement, on en déduit

$$\exp(f) = \exp(d)\exp(n) = \sum_{i=1}^{s} e^{\lambda_i} \left[\sum_{p=0}^{r_i - 1} \frac{(f - \lambda_i \operatorname{Id})^p}{p!} \right] p_i.$$

(Un calcul d'exponentielle de matrice est traité à l'exercice 1).

4.3. Réduction de Jordan

Nous allons maintenant donner une réduction encore plus poussée que la précédente, appelée *réduction de Jordan*. En un certain sens, la réduction de Jordan est la plus poussée que l'on puisse obtenir. Il existe cependant d'autres types de réduction qui ont aussi leurs avantages et qui s'utilisent dans des circonstances différentes (voir l'annexe B).

La réduction de Jordan ne figure pas au programme des classes de mathématiques spéciales. Cependant, les techniques utilisées dans sa démonstration sont très classiques et leurs connaissances permettent de répondre à beaucoup de problèmes.

Réduction de Jordan d'un endomorphisme nilpotent. Nous allons commencer par donner la réduite de Jordan d'un endomorphisme nilpotent. Nous verrons par la suite que la réduction d'un endomorphisme quelconque s'en déduit facilement.

THÉORÈME 4 (RÉDUCTION DE JORDAN D'UN ENDOMORPHISME NILPOTENT).
Soit $u \in \mathcal{L}(E)$ un endomorphisme nilpotent. Alors il existe une base B de E dans laquelle la matrice de u a la forme

$$[u]_B = \begin{pmatrix} 0 & v_1 & 0 & \cdots & 0 \\ \vdots & \ddots & v_2 & \ddots & \vdots \\ \vdots & & \ddots & \ddots & 0 \\ \vdots & & & \ddots & v_{n-1} \\ 0 & \cdots & \cdots & \cdots & 0 \end{pmatrix} \quad \textit{avec} \quad \forall i,\ v_i \in \{0,1\}.$$

Démonstration. Soit $r \in \mathbb{N}^*$ l'indice de nilpotence de u, de sorte que $u^{r-1} \neq 0$ et $u^r = 0$. Pour tout $i \in \mathbb{N}$, on note $F_i = \operatorname{Ker}(u^i)$.

1) Montrons que

(i) $\{0\} = F_0 \subsetneq F_1 \subsetneq \cdots \subsetneq F_{r-1} \subsetneq F_r = E$.
(ii) Pour tout $i \in \mathbb{N}$, $1 \leq i \leq r$, $u(F_i) \subset F_{i-1}$.

La partie (i) résulte de la définition 2, car r n'est autre que l'indice de u (voir la remarque 1).

Montrons (ii). Soit $i \in \mathbb{N}$, $1 \leq i \leq r$. Pour tout $x \in F_i$, $u^{i-1}[u(x)] = u^i(x) = 0$ donc $u(x) \in F_{i-1}$. Donc $u(F_i) \subset F_{i-1}$.

2) Nous allons maintenant montrer l'existence de s.e.v $G_1, \ldots, G_r$ et $H_1, \ldots, H_{r-1}$ de E tels que

(i) $\forall i$, $1 \leq i \leq r$, $F_i = G_i \oplus F_{i-1}$.
(ii) $\forall i$, $1 \leq i \leq r-1$, u applique injectivement G_{i+1} dans G_i.
(iii) $\forall i, 1 \leq i \leq r-1$, $G_i = u(G_{i+1}) \oplus H_i$.

Soit G_r un supplémentaire de F_{r-1} dans F_r, de sorte que $F_r = G_r \oplus F_{r-1}$. On a

$$\begin{cases} (\operatorname{Ker} u) \cap G_r = F_1 \cap G_r \subset F_{r-1} \cap G_r = \{0\} \\ u(G_r) \subset u(F_r) \subset F_{r-1} \end{cases}$$

donc u applique injectivement G_r dans F_{r-1}.

$u(G_r) \cap F_{r-2} = \{0\}$. En effet, soit $x \in u(G_r) \cap F_{r-2}$. Il existe $y \in G_r$ tel que $u(y) = x$, et on a $0 = u^{r-2}(x) = u^{r-1}(y)$, donc $y \in F_{r-1} \cap G_r = \{0\}$, donc $y = 0$, donc $x = u(y) = 0$.

On a donc $u(G_r) \oplus F_{r-2} \subset F_{r-1}$. Il existe donc un s.e.v H_{r-1} tel que $u(G_r) \oplus F_{r-2} \oplus H_{r-1} = F_{r-1}$. Si on pose $G_{r-1} = u(G_r) \oplus H_{r-1}$, on a donc $F_{r-1} = G_{r-1} \oplus F_{r-2}$, et u applique injectivement G_r dans G_{r-1}.

(i), (ii) et (iii) sont donc montrés pour $i = r-1$. Pour montrer (i), (ii) et (iii) pour $i \in \{1, \ldots, r_2\}$, nous allons utiliser une récurrence descendante. Supposons le résultat prouvé pour $i+1 \in \{2, \ldots, r-1\}$ et montrons le pour i.

On s'intéresse au comportement de u sur G_{i+1}. On a

$$\begin{cases} (\operatorname{Ker} u) \cap G_{i+1} = F_1 \cap G_{i+1} \subset F_i \cap G_{i+1} = \{0\} \\ u(G_{i+1}) \subset u(F_{i+1}) \subset F_i \end{cases}$$

donc u applique injectivement G_{i+1} dans F_i.

$u(G_{i+1}) \cap F_{i-1} = \{0\}$. En effet, soit $x \in u(G_{i+1}) \cap F_{i-1}$. Il existe $y \in G_{i+1}$ tel que $x = u(y)$. Or $x \in F_{i-1}$ donc $0 = u^{i-1}(x) = u^i(y)$, d'où $y \in F_i \cap G_{i+1} = \{0\}$, c'est-à-dire $y = 0$, donc $x = u(y) = 0$.

On a donc $u(G_{i+1}) \oplus F_{i-1} \subset F_i$. On peut donc trouver un s.e.v H_i tel que $u(G_{i+1}) \oplus F_{i-1} \oplus H_i = F_i$. On pose alors $G_i = u(G_{i+1}) \oplus H_i$, de sorte que $F_i = G_i \oplus F_{i-1}$ et u applique injectivement G_{i+1} dans G_i.

Les s.e.v $G_r, \dots, G_1$ et $H_{r-1}, \dots, H_1$ sont ainsi construits de proche en proche. Les propriétés (i) et (iii) à l'ordre 1 sont

$$\begin{cases} \operatorname{Ker} u = F_1 = G_1 \oplus F_0 = G_1 \oplus \{0\} = G_1 \\ G_1 = u(G_2) \oplus H_1 \end{cases}.$$

En résumé, la suite $G_1, \dots, G_r$ vérifie

$$\begin{cases} E = G_r \oplus G_{r-1} \oplus \cdots \oplus G_1 \\ G_1 = F_1 = \operatorname{Ker} u \\ \forall i, 2 \leq i \leq r, \ u \text{ applique injectivement } G_i \text{ dans } G_{i-1} \end{cases}.$$

3) Partant d'une base $\varepsilon_{i,1}, \dots, \varepsilon_{i,q_i}$ de G_i, $u(\varepsilon_{i,1}), \dots, u(\varepsilon_{i,q_i})$ est une famille libre de G_{i-1} que l'on peut compléter par $\varepsilon_{i-1,1}, \dots, \varepsilon_{i-1,s_{i-1}}$ pour obtenir une base de G_{i-1}. Nous obtenons en réunissant toutes ces bases une base de E que nous pouvons écrire sous la forme du tableau à double entrée suivant.

G_r	$e_{r,1}$	$\cdots$	e_{r,s_r}									
G_{r-1}	$u(e_{r,1})$	$\cdots$	$u(e_{r,s_r})$	$e_{r-1,1}$	$\cdots$	$e_{r-1,s_{r-1}}$						
G_{r-2}	$u^2(e_{r,1})$	$\cdots$	$u^2(e_{r,s_r})$	$u(e_{r-1,1})$	$\cdots$	$u(e_{r-1,s_{r-1}})$	$e_{r-2,1}$	$\cdots$				
$\cdots$	$\cdots$	$\cdots$	$\cdots$	$\cdots$	$\cdots$	$\cdots$	$\cdots$	$\cdots$				
G_1	$u^r(e_{r,1})$	$\cdots$	$u^r(e_{r,s_r})$	$u^{r-1}(e_{r-1,1})$	$\cdots$	$u^{r-1}(e_{r-1,s_{r-1}})$	$u^{r-2}(e_{r-2,1})$	$\cdots$	$e_{1,1}$	$\cdots$	e_{1,s_1}	

4) En lisant le tableau précédent colonne par colonne, de bas en haut puis de gauche à droite, nous obtenons un nouvel ordre $(e_1, \dots, e_n)$ des vecteurs de cette base. On voit alors que $u(e_j) = e_{j-1}$ si e_j n'est pas situé sur la dernière ligne, $u(e_j) = 0$ si e_j est situé sur la dernière ligne. La base $B = (e_1, \dots, e_n)$ convient donc pour le théorème. □

Remarque 3. Une autre manière de voir les choses est de remarquer que $[u]_B$ est constituée de blocs nuls et de blocs de la forme

$$\begin{pmatrix} 0 & 1 & 0 & \cdots & 0 \\ 0 & 0 & 1 & \ddots & \vdots \\ \vdots & & \ddots & \ddots & 0 \\ \vdots & & & 0 & 1 \\ 0 & \cdots & \cdots & \cdots & 0 \end{pmatrix}$$

centrés sur sa diagonale principale.

THÉORÈME 5 (RÉDUCTION DE JORDAN D'UN ENDOMORPHISME). *Soit $f \in \mathcal{L}(E)$ tel que son polynôme caractéristique P_f soit scindé sur $\mathbb{K}$:*

$$P_f = (-1)^n \prod_{i=1}^{s} (X - \lambda_i)^{\alpha_i}, \qquad (\lambda_i \neq \lambda_j \ si \ \ i \neq j).$$

Alors il existe une base B de E dans laquelle la matrice de f ait la forme

$$[f]_B = \begin{pmatrix} A_1 & & 0 \\ & A_2 & \\ 0 & & \ddots \\ & & & A_s \end{pmatrix}, \quad \text{où} \quad \forall i, A_i = \begin{pmatrix} \lambda_i & v_{i,1} & 0 & \cdots & 0 \\ 0 & \lambda_i & v_{i,2} & \ddots & \vdots \\ \vdots & \ddots & \ddots & \ddots & 0 \\ \vdots & & \ddots & \lambda_i & v_{i,\alpha_i-1} \\ 0 & \cdots & \cdots & 0 & \lambda_i \end{pmatrix} \in \mathcal{M}_{\alpha_i}(\mathbb{K})$$

avec pour tout (i,j), $v_{i,j} \in \{0,1\}$.

Démonstration. Pour tout i, on note $N_i = \mathrm{Ker}(f - \lambda_i \,\mathrm{Id})^{\alpha_i}$ les sous espaces caractéristiques de f. On a $E = N_1 \oplus \cdots \oplus N_s$ et les N_i sont stables par f. Pour tout i, on pose $f_i = f_{|N_i}$. On a $f_i \in \mathcal{L}(N_i)$ et $(f_i - \lambda_i \,\mathrm{Id})^{\alpha_i} = 0$, donc $n_i = f_i - \lambda_i \,\mathrm{Id}$ est nilpotent. D'après le théorème précédent, il existe donc une base B_i de N_i telle que

$$[n_i]_{B_i} = \begin{pmatrix} 0 & v_{i,1} & 0 & \cdots & 0 \\ \vdots & \ddots & v_{i,2} & \ddots & \vdots \\ \vdots & & \ddots & \ddots & 0 \\ \vdots & & & \ddots & v_{i,\alpha_i-1} \\ 0 & \cdots & \cdots & \cdots & 0 \end{pmatrix}$$

$$\text{donc} \quad [f_i]_{B_i} = [\lambda_i \,\mathrm{Id}_{N_i} + n_i]_{B_i} = \begin{pmatrix} \lambda_i & v_{i,1} & 0 & \cdots & 0 \\ 0 & \lambda_i & v_{i,2} & \ddots & \vdots \\ \vdots & \ddots & \ddots & \ddots & 0 \\ \vdots & & \ddots & \lambda_i & v_{i,\alpha_i-1} \\ 0 & \cdots & \cdots & 0 & \lambda_i \end{pmatrix}$$

avec pour tout j, $1 \leq j \leq \alpha_i - 1$, $v_{i,j} \in \{0,1\}$. Comme $E = N_1 \oplus \cdots \oplus N_s$, on voit que $B = B_1 \cup \cdots \cup B_s$ est une base de E et que

$$[f]_B = \begin{pmatrix} [f_1]_{B_1} & & & 0 \\ & [f_2]_{B_2} & & \\ & & \ddots & \\ 0 & & & [f_s]_{B_s} \end{pmatrix}$$

d'où le résultat en posant, pour tout i, $A_i = [f_i]_{B_i}$. □

Remarque 4. Ce théorème peut aussi s'interpréter comme suit : $[f]_B$ est constituée de blocs du type (λ_i) ou

$$\begin{pmatrix} \lambda_i & 1 & 0 & \cdots & 0 \\ 0 & \lambda_i & 1 & \ddots & \vdots \\ \vdots & \ddots & \ddots & \ddots & 0 \\ \vdots & & \ddots & \lambda_i & 1 \\ 0 & \cdots & \cdots & 0 & \lambda_i \end{pmatrix}$$

centrés sur sa diagonales principale.

4.4. Exercices

Exercice 1. Calculer l'exponentielle de la matrice

$$M = \begin{pmatrix} 1 & 4 & -2 \\ 0 & 6 & -3 \\ -1 & 4 & 0 \end{pmatrix} \in \mathcal{M}_3(\mathbb{R}).$$

Solution. Le polynôme caractéristique de M est $P_M = -(X-2)^2(X-3)$. Les valeurs propres de M sont donc $\lambda_1 = 2$ et $\lambda_2 = 3$. Pour calculer l'exponentielle de M, nous allons utiliser la méthode décrite dans la partie 4.2, en employant les mêmes notations. On part ici du polynôme annulateur $F = (X-2)^2(X-3)$. On a ici $Q_1 = (X-3)$ et $Q_2 = (X-2)^2$. On recherche maintenant $U_1, U_2 \in \mathbb{R}[X]$ tels que $U_1Q_1 + U_2Q_2 = 1$. On effectue pour cela la décomposition de $1/F$ en éléments simples. Après calculs, on trouve

$$\frac{1}{F} = \frac{1}{(X-2)^2(X-3)} = -\frac{1}{X-2} - \frac{1}{(X-2)^2} + \frac{1}{X-3} = \frac{1}{X-3} - \frac{X-1}{(X-2)^2}$$

donc $(X-2)^2-(X-1)(X-3)=1$, et donc $U_1=-(X-1)$ et $U_2=1$ conviennent. Si maintenant $P_1=U_1Q_1=-(X-1)(X-3)$ et $P_2=U_2Q_2=(X-2)^2$, les projecteurs p_1 et p_2 sont donnés par $p_1=P_1(M)$ et $p_2=P_2(M)$. On sait alors que

$$\exp(M)=e^{\lambda_1}\left(I_3+\frac{1}{1!}(M-2I_3)\right)p_1+e^{\lambda_2}p_2=e^2(M-I_3)p_1+e^3p_2.$$

Un calcul donne

$$p_1=P_1(M)=-(M-I_3)(M-3I_3)=\begin{pmatrix}-2&-4&6\\-3&-3&6\\-3&-4&7\end{pmatrix}$$

et

$$p_2=P_2(M)=(M-2I_3)^2=\begin{pmatrix}3&4&-6\\3&4&-6\\3&4&-6\end{pmatrix},$$

(au passage, on vérifie que $p_1+p_2=I_3$), donc

$$\exp(M)=\begin{pmatrix}-6e^2+3e^3&-4e^2+4e^3&10e^2-6e^3\\-6e^2+3e^3&-3e^2+4e^3&9e^2-6e^3\\-7e^2+3e^3&-4e^2+4e^3&11e^2-6e^3\end{pmatrix}.$$

Exercice 2. Soit $M\in\mathcal{M}_n(\mathbb{C})$. Donner une condition nécessaire et suffisante sur la matrice M pour que $\lim_{t\to+\infty}e^{tM}=0$.

Solution. Nous allons montrer que $\lim_{t\to+\infty}e^{tM}=0$ si et seulement si pour toute valeur propre λ de M, la partie réelle $\Re(\lambda)$ de λ vérifie $\Re(\lambda)<0$.
Condition nécessaire. Supposons que $\lim_{t\to+\infty}e^{tM}=0$. Soit λ une valeur propre de M, et X un vecteur propre associé. On a facilement

$$\forall p\in\mathbb{N},\qquad M^pX=\lambda^pX$$

donc

$$\forall t\in\mathbb{R},\qquad e^{tM}X=\sum_{p=0}^{+\infty}\frac{t^p}{p!}M^pX=\sum_{p=0}^{+\infty}\frac{t^p}{p!}\lambda^pX=e^{t\lambda}X.$$

Ainsi, $\lim_{t\to\infty}e^{t\lambda}=0$, ce qui entraîne $\Re(\lambda)<0$.
Condition suffisante. Supposons que pour toute valeur propre λ de M, on ait $\Re(\lambda)<0$. Si $A=(a_{i,j})_{1\le i,j\le n}\in\mathcal{M}_n(\mathbb{C})$, on pose $\|A\|=\sum_{i,j}|a_{i,j}|$. La norme $\|\cdot\|$ est une norme d'algèbre sur $\mathcal{M}_n(\mathbb{C})$.

D'après le théorème 2, on peut écrire $M=D+N$ avec D diagonalisable, N nilpotente et $DN=ND$. Comme D et N commutent, on a $\exp(M)=\exp(D)\exp(N)$. Soit $P\in\mathcal{G}\ell_n(\mathbb{C})$ tel que

$$P^{-1}DP=\begin{pmatrix}\lambda_1&&&0\\&\lambda_2&&\\&&\ddots&\\0&&&\lambda_n\end{pmatrix}=D'.$$

Les λ_i sont les valeurs propres de M, et par hypothèse $\mu=\sup_i\Re(\lambda_i)<0$. On a

$$\forall t\in\mathbb{R},\exp(tD')=\begin{pmatrix}e^{t\lambda_1}&&&0\\&e^{t\lambda_2}&&\\&&\ddots&\\0&&&e^{t\lambda_n}\end{pmatrix}$$

donc

$$\forall t \in \mathbb{R}, \|\exp(tD')\| = \sum_{i=1}^{n} |e^{t\lambda_i}| = \sum_{i=1}^{n} e^{t\Re(\lambda_i)} \leq ne^{t\mu}.$$

Comme $\exp(tD) = P^{-1}\exp(tD')P$, ceci entraîne

$$\|\exp(tD)\| \leq \|P^{-1}\| \cdot ne^{t\mu} \cdot \|P\| = Ke^{t\mu}. \qquad (*)$$

Maintenant, N étant nilpotente, on a

$$\forall t \geq 0, \qquad \exp(tN) = I_n + tN + \frac{t^2}{2!}N^2 + \cdots + \frac{t^{n-1}}{(n-1)!}N^{n-1}$$

donc

$$\|\exp(tN)\| \leq n + t\|N\| + \cdots + \frac{t^{n-1}}{(n-1)!}\|N\|^{n-1} = f(t).$$

Avec (*), on peut maintenant écrire

$$\|\exp(tM)\| = \|\exp(tD)\exp(tN)\| \leq \|\exp(tD)\| \cdot \|\exp(tN)\| \leq Ke^{t\mu}f(t).$$

Comme $t \mapsto f(t)$ est polynomiale et $\mu < 0$, on en déduit que $\lim_{t\to+\infty} e^{tM} = 0$.

EXERCICE 3. Soit $M \in \mathcal{M}_n(\mathbb{C})$. Donner une condition nécessaire et suffisante sur M pour que M et $2M$ soient semblables.

Solution. Supposons M et $2M$ semblables. Alors si λ est valeur propre de M, 2λ est valeur propre de $2M$, donc de M (car M est semblable à $2M$). De même, $2(2\lambda)$ est valeur propre de M. On itérant le procédé, on voit ainsi que pour tout $p \in \mathbb{N}$, $2^p\lambda$ est valeur propre de M. M n'ayant qu'un nombre fini de valeurs propres, on doit donc avoir $\lambda = 0$ pour toute valeur propre λ de M. Le corps de base $\mathbb{C}$ étant algébriquement clos, on en déduit que la seule racine du polynôme caractéristique P_M de M est 0, donc $P_M = (-1)^n X^n$, et donc M est nilpotente d'après le théorème de Cayley-Hamilton.

Réciproquement, supposons M nilpotente. Soit f l'endomorphisme de $\mathbb{C}^n$ dont la matrice dans la base canonique B de $\mathbb{C}^n$ est M. On sait (théorème 4) qu'il existe une base $B_1 = (e_1, \dots, e_n)$ de $\mathbb{C}^n$ telle que

$$[f]_{B_1} = \begin{pmatrix} 0 & v_1 & 0 & \cdots & 0 \\ 0 & 0 & v_2 & \ddots & \vdots \\ \vdots & & \ddots & \ddots & 0 \\ \vdots & & & 0 & v_{n-1} \\ 0 & \cdots & \cdots & \cdots & 0 \end{pmatrix} \quad \text{avec} \quad \forall i, v_i \in \{0,1\}.$$

On note maintenant B_2 la base $B_2 = (e_1, 2e_2, \dots, 2^{n-1}e_n)$. Pour tout $i \in \{1, \dots, n-1\}$, on a $f(e_{i+1}) = v_i e_i$ donc $f[2^i e_{i+1}] = (2v_i)(2^{i-1}e_i)$, et donc

$$[f]_{B_2} = \begin{pmatrix} 0 & 2v_1 & 0 & \cdots & 0 \\ 0 & 0 & 2v_2 & \ddots & \vdots \\ \vdots & & \ddots & \ddots & 0 \\ \vdots & & & 0 & 2v_{n-1} \\ 0 & \cdots & \cdots & \cdots & 0 \end{pmatrix} = 2[f]_{B_1}$$

donc $2[f]_{B_1}$ et $[f]_{B_1}$ sont semblables, donc $2M$ et M sont semblables.

En résumé, M et $2M$ sont semblables si et seulement si M est nilpotente.

EXERCICE 4 (TOUTE MATRICE EST SEMBLABLE À SA TRANSPOSÉE). **a)** Soit une matrice $M \in \mathcal{M}_n(\mathbb{C})$. Montrer que M et ${}^tM$ sont semblables (on pensera à la réduction de Jordan). **b)** Que dire dans $\mathcal{M}_n(\mathbb{R})$?

Solution. D'après le théorème 5 et la remarque 4, il existe $Q \in \mathcal{G}\ell_n(\mathbb{C})$ telle que

$$M' = Q^{-1}MQ = \begin{pmatrix} M_1 & & & 0 \\ & M_2 & & \\ & & \ddots & \\ 0 & & & M_q \end{pmatrix}$$

avec les M_i de la forme $\begin{pmatrix} \alpha & 1 & 0 & \cdots & 0 \\ 0 & \alpha & 1 & \ddots & \vdots \\ 0 & 0 & \alpha & \ddots & 0 \\ \vdots & & \ddots & \ddots & 1 \\ 0 & \cdots & \cdots & 0 & \alpha \end{pmatrix}$ ou (α).

Pour tout i, on va montrer que M_i et ${}^tM_i$ sont semblables. Si $M_i = (\alpha)$, c'est évident. Sinon, M_i est de la forme

$$M_i = \begin{pmatrix} \alpha & 1 & 0 & \cdots & 0 \\ 0 & \alpha & 1 & \ddots & \vdots \\ 0 & 0 & \alpha & \ddots & 0 \\ \vdots & & \ddots & \ddots & 1 \\ 0 & \cdots & \cdots & 0 & \alpha \end{pmatrix} \in \mathcal{M}_{n_i}(\mathbb{C}).$$

Soit f_i l'endomorphisme de $\mathbb{C}^{n_i}$ dont M_i est la matrice dans la base canonique $B = (e_1, \dots, e_{n_i})$ de $\mathbb{C}^{n_i}$. Soit B' la base $(e_{n_i}, \dots, e_2, e_1)$ de $\mathbb{C}^{n_i}$. On a facilement

$$[f_i]_{B'} = \begin{pmatrix} \alpha & 0 & \cdots & \cdots & 0 \\ 1 & \alpha & 0 & & \vdots \\ 0 & 1 & \alpha & \ddots & \vdots \\ \vdots & \ddots & \ddots & \ddots & 0 \\ 0 & \cdots & 0 & 1 & \alpha \end{pmatrix} = {}^t[f_i]_B$$

donc ${}^tM_i = [f_i]_{B'}$ est semblable à $M_i = [f_i]_B$.

Pour tout i, on peut donc trouver une matrice P_i inversible telle que ${}^tM_i = P_i^{-1}M_iP_i$. La matrice $P = \begin{pmatrix} P_1 & & 0 \\ & \ddots & \\ 0 & & P_q \end{pmatrix} \in \mathcal{M}_n(\mathbb{C})$ est inversible, son inverse est $P^{-1} = \begin{pmatrix} P_1^{-1} & & 0 \\ & \ddots & \\ 0 & & P_q^{-1} \end{pmatrix}$ et on a

$$P^{-1}M'P = \begin{pmatrix} P_1^{-1}M_1P_1 & & 0 \\ & \ddots & \\ 0 & & P_q^{-1}M_qP_q \end{pmatrix} = \begin{pmatrix} {}^tM_1 & & 0 \\ & \ddots & \\ 0 & & {}^tM_q \end{pmatrix} = {}^tM'$$

ce qui entraîne ${}^t(Q^{-1}MQ) = P^{-1}(Q^{-1}MQ)P$ donc ${}^tM = R^{-1}MR$ avec $R = QP{}^tQ$.

b) Dans $\mathcal{M}_n(\mathbb{R})$, on ne peut plus procéder comme plus haut car le corps de base $\mathbb{R}$ n'est pas algébriquement clos et donc on n'est pas assuré de la réduction de Jordan de M.

On s'en tire tire autrement. Si $M \in \mathcal{M}_n(\mathbb{R}) \subset \mathcal{M}_n(\mathbb{C})$ alors d'après a), il existe $P \in \mathcal{G}\ell_n(\mathbb{C})$ tel que ${}^tM = P^{-1}MP$. On a vu au problème 10 du chapitre III que deux matrices réelles semblables dans $\mathcal{M}_n(\mathbb{C})$ sont semblables sur $\mathcal{M}_n(\mathbb{R})$, autrement dit, il existe $Q \in \mathcal{G}\ell_n(\mathbb{C})$ tel que ${}^tM = Q^{-1}MQ$.

Remarque. Le résultat de a) reste vrai sur tout corps $\mathbb{K}$ dès que P_M est scindé sur $\mathbb{K}$. On en déduit que pour tout corps $\mathbb{K}$, $M \in \mathcal{M}_n(\mathbb{K})$ est semblable dans $\mathcal{M}_n(\mathbb{L})$ à ${}^tM$ où $\mathbb{L}$ désigne le corps des racines de P_M. Si $\mathbb{K}$ est infini, on en déduit (toujours grâce au résultat du problème 10 du chapitre III) que M et ${}^tM$ sont semblables dans $\mathcal{M}_n(\mathbb{K})$. (En fait, ceci est vrai même si $\mathbb{K}$ est un corps fini — voir l'annexe B, partie 3.2.)

EXERCICE 5 (LOGARITHME D'UNE MATRICE INVERSIBLE). **1/ a)** Soit $M \in \mathcal{G}\ell_n(\mathbb{C})$. Montrer qu'il existe $A \in \mathcal{M}_n(\mathbb{C})$ telle que $\exp(A) = M$.
b) Déterminer l'ensemble des matrices $B \in \mathcal{M}_n(\mathbb{C})$ telles que $\exp(B) = I_n$.

2/ (Application). On se donne un entier $p \geq 2$.
a) Soit $A \in \mathcal{G}\ell_n(\mathbb{C})$ une matrice inversible. Montrer l'existence d'une matrice B telle que $B^p = A$.
b) Lorsque $A \in \mathcal{M}_n(\mathbb{C})$ n'est pas inversible, existe-t-il toujours une matrice B telle que $A = B^p$?

3/ (Seconde application). Montrer que $\mathcal{G}\ell_n(\mathbb{C})$ est connexe.

Solution. **1/ a)** D'après la conséquence du théorème 2, M est semblable à une matrice de la forme

$$M' = \begin{pmatrix} B_1 & & & 0 \\ & B_2 & & \\ & & \ddots & \\ 0 & & & B_p \end{pmatrix}, \quad \text{les blocs } B_i \text{ étant de la forme} \quad \begin{pmatrix} \lambda & \times & \cdots & \times \\ 0 & \lambda & \ddots & \vdots \\ \vdots & \ddots & \ddots & \times \\ 0 & \cdots & 0 & \lambda \end{pmatrix}.$$

Soit $B \in \mathcal{M}_m(\mathbb{C})$ un tel bloc. On a $\lambda \neq 0$ puisque M est inversible. On peut écrire $B = \lambda(I_m + N)$ où N est une matrice nilpotente. Posons $C = I_m + N$. Par analogie avec le fait que pour $|t| < 1$, $\log(1+t) = t - \frac{t^2}{2} + \frac{t^3}{3} + \cdots$, on pose

$$D = N - \frac{N^2}{2} + \cdots + (-1)^m \frac{N^{m-1}}{m-1}.$$

Comme on s'y attend, nous allons montrer que $\exp(D) = I_m + N = C$. Ceci peut se déduire d'un calcul formel analogue au cas des séries entières sur $\mathbb{C}$. Pour le lecteur non convaincu, nous allons donner une autre démonstration. Pour tout $t \in \mathbb{R}$, on pose

$$D(t) = tN - \frac{t^2}{2}N^2 + \cdots + (-1)^m \frac{t^{m-1}}{m-1} N^{m-1}.$$

Par dérivation, on obtient $D'(t) = N - tN^2 + \cdots + (-1)^m t^{m-2} N^{m-1}$, et comme $N^m = 0$ (car N est nilpotente), on a $(I_m + tN)D'(t) = N$. Si $S(t) = \exp[D(t)]$, on a donc $(I_m + tN)S'(t) = NS(t)$ $(*)$, et en dérivant une nouvelle fois $(I_m + tN)S''(t) = 0$, d'où on tire $S''(t) = 0$ car $(I_m + tN)$ est toujours inversible (son inverse est $I_m - tN + t^2N^2 + \cdots + (-1)^{m-1}M^{m-1}$). Pour tout t, $S'(t)$ est donc une fonction constante, égale à $S'(0) = N$ d'après $(*)$. Or $S(0) = I_m$ donc pour tout t, $S(t) = I_m + tN$. En particulier, $C = S(1) = \exp[D(1)] = \exp(D)$.

Ceci étant, soit $\mu \in \mathbb{C}$ tel que $e^\mu = \lambda$ (si $\lambda = |\lambda|e^{i\theta}$, il suffit de prendre $\mu = \log|\lambda| + i\theta$). Alors $\exp(\mu I_m + D) = \exp(\mu I_m)\exp(D) = (\lambda I_m)C = B$.

Ainsi, pour tout i, il existe une matrice A_i telle que $\exp(A_i) = B_i$. Si on note

$$A' = \begin{pmatrix} A_1 & & & 0 \\ & A_2 & & \\ & & \ddots & \\ 0 & & & A_p \end{pmatrix}, \quad \text{on a} \quad \exp(A') = \begin{pmatrix} \exp(A_1) & & & 0 \\ & \exp(A_2) & & \\ & & \ddots & \\ 0 & & & \exp(A_p) \end{pmatrix} = M'.$$

Si P est une matrice inversible telle que $P^{-1}M'P = M$, on voit que la matrice $A = P^{-1}A'P$ vérifie $\exp(A) = P^{-1}\exp(A')P = M$.

b) Considérons une matrice $B \in \mathcal{M}_n(\mathbb{C})$ telle que $\exp(B) = I_n$. On peut écrire $B = D + N$ où D est une matrice diagonalisable, N une matrice nilpotente, avec $DN = ND$.

Nous allons montrer que $N = 0$. On a $I_n = \exp(B) = \exp(D)\exp(N)$ donc $\exp(N) = \exp(D)^{-1} = \exp(-D)$. L'exponentielle d'une matrice diagonalisable étant diagonalisable (pour s'en convaincre, se placer dans une base de diagonalisation et remarquer que l'exponentielle d'une matrice diagonale est diagonale), $\exp(N) = I + N + \cdots + N^{n-1}/(n-1)! = \exp(-D)$ est donc diagonalisable. Si on pose $Q = 1 + X + \cdots + X^{n-1}/(n-1)! \in \mathbb{R}[X]$, on a $\exp(N) = Q(N)$. Comme N est nilpotente, sa seule valeur propre est 0 donc la seule valeur propre de $Q(N)$ est $Q(0) = 1$ (voir la remarque 1 de la partie 2.1, page 172). De plus, on a vu que $Q(N) = \exp(N)$ est diagonalisable; elle est donc semblable à l'identité, donc égale à I, et donc $N + \cdots + N^{n-1}/(n-1)! = 0$. Autrement dit, le polynôme $R = X + \cdots + X^{n-1}/(n-1)!$ annule N. Le polynôme minimal Π_N de N est de la forme $\Pi_N = X^\alpha$ puisque N est nilpotente. Comme $R(N) = 0$, on a $\Pi_N = X^\alpha \mid R$, ce qui entraîne que $\alpha = 1$. Finalement, $0 = \Pi_N(N) = N$.

En résumé, on a montré que $B = D$ est diagonalisable. Soit $P \in \mathcal{G}\ell_n(\mathbb{C})$ tel que

$$P^{-1}BP = \begin{pmatrix} \lambda_1 & & 0 \\ & \ddots & \\ 0 & & \lambda_n \end{pmatrix}.$$

On a

$$I_n = P^{-1}\exp(B)P = \exp(P^{-1}BP) = \begin{pmatrix} e^{\lambda_1} & & \\ & \ddots & \\ 0 & & e^{\lambda_2} \end{pmatrix}$$

donc pour tout j, $e^{\lambda_j} = 1$, c'est-à-dire $\lambda_j \in 2i\pi\mathbb{Z}$. Réciproquement, si B est diagonalisable à valeurs propres dans $2i\pi\mathbb{Z}$, on a facilement $\exp(B) = I_n$.

Les matrices B telles que $\exp(B) = I_n$ sont donc les matrices diagonalisables à valeurs propres dans $2i\pi\mathbb{Z}$.

2/ a) Le résultat de la question 1/a) nous assure l'existence d'une matrice M telle que $A = \exp(M)$. En posant $B = \exp(M/p)$, on a $B^p = \exp(M) = A$.

b) Non ! Considérons une matrice nilpotente A dont l'indice de nilpotence est n, *i. e.* vérifiant $A^n = 0 \neq A^{n-1}$. Une telle matrice existe, par exemple le bloc de Jordan

$$A = \begin{pmatrix} 0 & 1 & & 0 \\ \vdots & \ddots & \ddots & \\ \vdots & & \ddots & 1 \\ 0 & \cdots & \cdots & 0 \end{pmatrix}.$$

Si $A = B^p$, alors $A^n = B^{np} = 0$ donc B est une matrice nilpotente, donc $B^n = 0$ (en effet, d'après la remarque 6 page 176, $P_B = (-1)^n X^n$ donc $B^n = 0$ d'après le théorème de Cayley-Hamilton). Or $0 \neq A^{n-1} = B^{p(n-1)}$, donc forcément $p(n-1) \leq n$, ce qui est impossible dès que $n \geq 2$.

3/ Il suffit de montrer que $\mathcal{G}\ell_n(\mathbb{C})$ est connexe par arcs. Soient $P, Q \in \mathcal{G}\ell_n(\mathbb{C})$. Il existe deux matrices A et B telles que $P = \exp(A)$ et $Q = \exp(B)$. Le chemin $\varphi : [0,1] \to \mathcal{M}_n(\mathbb{C})$ $t \mapsto \exp(tA + (1-t)B)$ relie continûment $Q = \exp(B)$ à $P = \exp(A)$. De plus, pour tout $t \in [0,1]$, $\varphi(t)$ est l'exponentielle d'une matrice, donc inversible. Finalement, φ relie continûment P et Q dans $\mathcal{G}\ell_n(\mathbb{C})$, d'où le résultat.

5. Problèmes

Problème 1. Soit $\mathbb{K}$ un corps commutatif, un entier $n \geq 2$ et

$$M = \begin{pmatrix} a & b & \cdots & b \\ b & a & \ddots & \vdots \\ \vdots & \ddots & \ddots & b \\ b & \cdots & b & a \end{pmatrix} \in \mathcal{M}_n(\mathbb{K}), \quad \text{avec} \quad b \neq 0.$$

a) Déterminer les valeurs propres de M et montrer que M est diagonalisable.
b) Lorsque M est inversible, calculer l'inverse de M.
c) Pour tout $p \in \mathbb{N}$, calculer M^p.

Solution. **a)** La matrice $M-(a-b)I_n$ n'est constituée que de b, elle est donc de rang 1. Autrement dit $\dim \operatorname{Ker}[M-(a-b)I_n] = n-1$, ce qui montre que $a-b$ est valeur propre de M et que le sous espace propre correspondant est de dimension $n-1$. Le polynôme caractéristique P_M de M s'écrit donc sous la forme

$$P_M = (-1)^n[X-(a-b)]^{n-1}(X-\alpha), \qquad \alpha \in \mathbb{K}.$$

On sait que $(n-1)(a-b)+\alpha = \operatorname{tr} M = na$, donc $\alpha = a+(n-1)b \neq a-b$, et α est valeur propre de M. La somme des dimensions des sous espaces propres trouvés est égal à n, ce qui prouve que M est diagonalisable, semblable à

$$\begin{pmatrix} a-b & & & 0 \\ & \ddots & & \\ & & a-b & \\ 0 & & & a+(n-1)b \end{pmatrix}.$$

Au passage, si $b \neq 0$, le polynôme minimal de M est $\Pi_M = [X-(a-b)][X-(a+(n-1)b)]$.

b) La matrice M est inversible si et seulement si il n'a aucune valeur propre nulle, autrement dit si et seulement si $a-b \neq 0$ et $a+(n-1)b \neq 0$. Dans ce cas, la relation

$$\Pi_M(M) = 0 = M^2 - (2a+(n-2)b)M + (a-b)(a+(n-1)b)I_n$$

entraîne

$$M[M-(2a+(n-2)b)I_n] = (b-a)(a+(n-1)b)I_n,$$

donc

$$M^{-1} = \frac{1}{(a-b)(a+(n-1)b)}\left[(2a+(n-2)b)I_n - M\right].$$

c) On commence par effectuer la division euclidienne de X^p par Π_M. On sait que

$$(\exists D \in \mathbb{K}[X], \exists \alpha_p, \beta_p \in \mathbb{K}), \qquad X^p = \Pi_M(X)D(X) + (\alpha_p X + \beta_p).$$

Dans cette dernière relation, en donnant à X les valeurs $a-b$ et $a+(n-1)b$, on obtient

$$(a-b)^p = 0 + \alpha_p(a-b) + \beta_p \quad \text{et} \quad [a+(n-1)b]^p = \alpha_p(a+(n-1)b) + \beta_p,$$

d'où

$$\alpha_p = \frac{(a+(n-1)b)^p - (a-b)^p}{nb} \quad \text{et} \quad \beta_p = \frac{nb(a-b)^p - (a+(n-1)b)^p(a-b) + (a-b)^{p+1}}{nb}.$$

Finalement, on a

$$M^p = D(M)\Pi_M(M) + \alpha_p M + \beta_p I_n = \alpha_p M + \beta_p I_n.$$

Problème 2. Soit $M \in \mathcal{M}_2(\mathbb{Z})$ telle qu'il existe un entier $n \in \mathbb{N}^*$ vérifiant $M^n = I_2$. Montrer que $M^{12} = I_2$.

Solution. Regardons M comme une matrice de $\mathcal{M}_2(\mathbb{C})$. Par hypothèse, $M^n - I_2 = 0$, et donc le polynôme $X^n - 1$ annule M. Ce polynôme n'ayant que des racines simples dans $\mathbb{C}$, M est diagonalisable dans $\mathcal{M}_2(\mathbb{C})$:

$$\exists P \in \mathcal{G}\ell_2(\mathbb{C}), \quad P^{-1}MP = \begin{pmatrix} \alpha & 0 \\ 0 & \beta \end{pmatrix} = D \quad \text{avec} \quad \alpha, \beta \in \mathbb{C}.$$

Comme $M^n = I_2$, on a $D^n = I_2$, donc $\alpha^n = \beta^n = 1$. En particulier, $|\alpha| = |\beta| = 1$ (*).

On a $\alpha + \beta = \operatorname{tr} D = \operatorname{tr} M \in \mathbb{Z}$. De (*), on en déduit $\alpha + \beta \in \{-2, -1, 0, 1, 2\}$.

- Si $\alpha + \beta = 2$, de (*) on tire $\alpha = \beta = 1$. De même, si $\alpha + \beta = -2$, $\alpha = \beta = -1$.
- Si $\alpha + \beta = 1$, un peu de calcul montre grâce à (*) que

$$(\alpha, \beta) = (e^{-i\pi/3}, e^{i\pi/3}) \quad \text{ou} \quad (\alpha, \beta) = (e^{i\pi/3}, e^{-i\pi/3}).$$

- Si $\alpha + \beta = -1$, on a de même

$$(\alpha, \beta) = (e^{-2i\pi/3}, e^{2i\pi/3}) \quad \text{ou} \quad (\alpha, \beta) = (e^{2i\pi/3}, e^{-2i\pi/3}).$$

- Si $\alpha+\beta = 0$, on $\beta = -\alpha$. Or $\alpha\beta = \det M \in \mathbb{Z}$, donc $\alpha^2 \in \mathbb{Z}$, donc d'après (*), $\alpha^2 \in \{-1, 1\}$, d'où $\alpha \in \{-1, 1, -i, i\}$. Donc

$$(\alpha, \beta) \in \{(-1, 1), (1, -1), (i, -i), (-i, i)\}.$$

Dans tous les cas, on voit que $\alpha^{12} = \beta^{12} = 1$, ce qui prouve que $D^{12} = I_n$ et donc $M^{12} = I_2$.

PROBLÈME 3. Soit E un $\mathbb{C}$-e.v de dimension finie $n \in \mathbb{N}^*$.

1/ a) Soit $f \in \mathcal{L}(E)$ tel que $\forall p, 1 \le p \le n$, $\operatorname{tr}(f^p) = 0$. Montrer que f est nilpotente.

b) Pour tout $u, v \in \mathcal{L}(E)$, on note $[u, v] = uv - vu$ (*crochet de Lie* de u et v). Soient $f, g \in \mathcal{L}(E)$ tels que $[[f, g], f] = 0$. Montrer que $[f, g]$ est nilpotente.

2/ Soient $f, g \in \mathcal{L}(E)$ tels que pour tout $p \in \{1, \dots, n\}$, $\operatorname{tr}(f^p) = \operatorname{tr}(g^p)$. Montrer que f et g ont même polynôme caractéristique. (On pourra utiliser le résultat de la remarque de l'exercice 3 de la partie 4.3 du chapitre II, page 81.)

Solution. **1/ a)** Il suffit de montrer que toutes les valeurs propres de M sont nulles (voir la remarque 6 de la partie 2.3).

Écrivons le polynôme caractéristique de f sous la forme

$$P_f = \prod_{i=1}^{q} (X - \lambda_i)^{\alpha_i}, \qquad \text{les } \lambda_i \text{ étant des nombres complexes distincts.}$$

En trigonalisant f dans une base B (on peut car $\mathbb{C}$ est algébriquement clos), on s'aperçoit que

$$\forall p, 1 \le p \le n, \qquad \sum_{i=1}^{q} \alpha_i \lambda_i^p = \operatorname{tr}(f^p) = 0$$

(en effet, les termes de la diagonale principale de $[f]_B^p$ sont les puissances p-ième des termes de la diagonale principale de $[f]_B$). Raisonnons par l'absurde et supposons les λ_i non tous nuls. Quitte à renuméroter les λ_i, on peut supposer que les λ_i non nuls sont $\lambda_1, \dots, \lambda_r$ (avec $r \le q$) de sorte que

$$\forall p, 1 \le p \le n, \qquad \sum_{i=1}^{r} \alpha_i \lambda_i^p = 0.$$

Si M désigne la matrice

$$\begin{pmatrix} \lambda_1 & \lambda_2 & \cdots & \lambda_r \\ \lambda_1^2 & \lambda_2^2 & \cdots & \lambda_r^2 \\ \vdots & \vdots & & \vdots \\ \lambda_1^r & \lambda_2^r & \cdots & \lambda_r^r \end{pmatrix} \in \mathcal{M}_r(\mathbb{C}),$$

on a donc $M \begin{pmatrix} \alpha_1 \\ \vdots \\ \alpha_r \end{pmatrix} = 0$, ce qui entraîne que M n'est pas injective et donc que $\det M = 0$. Or

$$\det M = \lambda_1 \cdots \lambda_r \begin{vmatrix} 1 & 1 & & 1 \\ \lambda_1 & \lambda_2 & \cdots & \lambda_r \\ \vdots & \vdots & & \vdots \\ \lambda_1^{r-1} & \lambda_2^{r-1} & \cdots & \lambda_r^{r-1} \end{vmatrix} = \lambda_1 \cdots \lambda_q \prod_{1 \leq i < j \leq r} (\lambda_j - \lambda_i)$$

(ce dernier déterminant est un Vandermonde). Comme $\det M = 0$ et que les λ_i $(1 \leq i \leq r)$ sont non nuls, on en déduit qu'il existe $i \neq j$ tels que $\lambda_i = \lambda_j$, ce qui est absurde car on avait choisis les λ_i deux à deux distincts. Les valeurs propres de f sont donc toutes nulles, et donc f est nilpotente.

b) La trace d'un crochet de Lie est toujours nulle car si $u, v \in \mathcal{L}(E)$, $\mathrm{tr}[u, v] = \mathrm{tr}(uv - vu) = \mathrm{tr}(uv) - \mathrm{tr}(vu) = 0$.

Ceci étant, d'après la question précédente, pour montrer le résultat il suffit de montrer que pour tout p, $1 \leq p \leq n$, $\mathrm{tr}([f, g]^p) = \mathrm{tr}[(fg - gf)^p] = 0$. Fixons un tel entier p. On a

$$(fg - gf)^p = (fg - gf)^{p-1}(fg - gf) = (fg - gf)^{p-1} fg - (fg - gf)^{p-1} gf,$$

et comme f et $(fg - gf)$ commutent par hypothèse,

$$(fg - gf)^p = f(fg - gf)^{p-1} g - (fg - gf)^{p-1} gf = [f, (fg - gf)^{p-1} g].$$

D'après la remarque précédente, on a donc $\mathrm{tr}[(fg - gf)^p] = 0$, et ceci pour tout p, $1 \leq p \leq n$, d'où le résultat.

2/ Notons $\lambda_1, \ldots, \lambda_n$ les valeurs propres de f (répétées avec leur ordre de multiplicité). Comme plus haut, on obtient, en trigonalisant f, que $\mathrm{tr}(f^p) = \lambda_1^p + \cdots + \lambda_n^p$. D'après les formules de Newton (voir l'exercice 3 de la partie 4.3 du chapitre II, page 81), les $\sigma_p = \sum X_1 \cdots X_p$, polynômes symétriques élémentaires de $\mathbb{C}[X_1, \ldots, X_n]$, s'expriment en fonction des sommes de Newton $S_p = \sum_{i=1}^n X_i^p$ $(1 \leq p \leq n)$. On peut donc exprimer les coefficients du polynôme $\prod_{i=1}^n (X - X_i)$ en fonction des S_p $(1 \leq p \leq n)$. On en déduit que les coefficients du polynôme caractéristique $\prod_{i=1}^n (X - \lambda_i)$ de f s'expriment en fonction des $\mathrm{tr}(f^p) = \sum_{i=1}^n \lambda_i^p$ $(1 \leq p \leq n)$. Il en est de même pour g, et comme $\mathrm{tr}(f^p) = \mathrm{tr}(g^p)$ pour $1 \leq p \leq n$, on a $P_f = P_g$.

Problème 4 (Endomorphismes de $\mathcal{L}(E)$). Soit E un $\mathbb{K}$-e.v de dimension finie n. Si $u, v \in \mathcal{L}(E)$, on note $L_u \in \mathcal{L}(\mathcal{L}(E))$ l'endomorphisme défini sur $\mathcal{L}(E)$ par $L_u(f) = u \circ f$, et on note $R_v \in \mathcal{L}(\mathcal{L}(E))$ celui défini par $R_v(f) = f \circ v$.

1/ a) Calculer $\dim(\mathrm{Ker}\, L_u)$ et $\dim(\mathrm{Ker}\, R_v)$ en fonction de $\dim(\mathrm{Ker}\, u)$ et de $\dim(\mathrm{Ker}\, v)$.
b) Montrer que u (resp. v) est diagonalisable si et seulement si L_u (resp. R_v) est diagonalisable.
c) Donner les matrices de L_u et R_v dans des bases commodes.

2/ On note $A_{u,v} = L_u - R_v \in \mathcal{L}(\mathcal{L}(E))$.
a) Si u et v sont diagonalisables, montrer que $A_{u,v}$ est diagonalisable.
b) On suppose que P_u, le polynôme caractéristique de u, est scindé sur $\mathbb{K}$. Si $A_{u,u}$ est diagonalisable, montrer que u est diagonalisable.

Solution. **1/ a)** On a

$$f \in \mathrm{Ker}(L_u) \iff u \circ f = 0 \iff \mathrm{Im}\, f \subset \mathrm{Ker}\, u,$$

on en déduit $\mathrm{Ker}(L_u) = \mathcal{L}(E, \mathrm{Ker}\, u)$, d'où $\dim(\mathrm{Ker}\, L_u) = n \dim(\mathrm{Ker}\, u)$.

Pour R_v, on a

$$f \in \mathrm{Ker}(R_v) \iff f \circ v = 0 \iff \mathrm{Im}\, v \subset \mathrm{Ker}\, f.$$

Si S désigne un supplémentaire de $\mathrm{Im}\, v$ dans E, $\mathrm{Ker}\, R_v$ est donc isomorphe à $\mathcal{L}(S, E)$, d'où $\dim(\mathrm{Ker}\, R_v) = n \dim S = n(n - \dim(\mathrm{Im}\, v)) = n \dim(\mathrm{Ker}\, v)$..

b) Si $P \in \mathbb{K}[X]$, on vérifie facilement que $P(L_u) = L_{P(u)}$. On a donc l'équivalence

$$P(u) = 0 \iff \forall f, P(u) \circ f = 0 \iff L_{P(u)} = 0 \iff P(L_u) = 0.$$

On en déduit que u et L_u ont même polynôme minimal. Donc d'après le théorème 2 de la partie 2.1, (page 173), u est diagonalisable si et seulement si L_u est diagonalisable.

On procède de même pour R_v.

c) Soit $B = (e_1, \ldots, e_n)$ une base de E. On définit la base $(e_{i,j})_{1\le i,j\le n}$ de $\mathcal{L}(E)$ par

$$e_{i,j}(e_k) = \delta_{j,k} e_i \qquad (\delta_{j,k} = 1 \text{ si } j = k, = 0 \text{ sinon}).$$

Écrivons $[u]_B = (a_{i,j})_{1\le i,j\le n}$ la matrice de u dans la base B. On a

$$u \circ e_{i_0,j_0}(e_k) = \delta_{j_0,k}\, u(e_{i_0}) = \delta_{j_0,k} \sum_{i=1}^{n} a_{i,i_0}\, e_i = \sum_{i=1}^{n} a_{i,i_0}\, e_{i,j_0}(e_k),$$

donc $L_u(e_{i,j}) = \sum_{k=1}^{n} a_{k,i}\, e_{k,j}$. Dans la base

$$B_1 = (e_{1,1}, \ldots, e_{n,1};\, e_{1,2}, \ldots, e_{n,2}; \ldots ;\, e_{1,n}, \ldots, e_{n,n}),$$

la matrice de L_u s'écrit donc

$$[L_u]_{B_1} = \begin{pmatrix} M & & & 0 \\ & M & & \\ & & \ddots & \\ 0 & & & M \end{pmatrix}, \quad \text{où} \quad M = [u]_B.$$

Si on écrit $[v]_B = (b_{i,j})_{1\le i,j\le n}$, un calcul analogue donne $R_v(e_{i,j}) = \sum_{k=1}^{n} b_{j,k}\, e_{i,k}$. Ceci entraîne que dans la base

$$B_2 = (e_{1,1}, \ldots, e_{1,n};\, e_{2,1}, \ldots, e_{2,n}; \ldots ;\, e_{n,1}, \ldots, e_{n,n}),$$

la matrice de R_v s'écrit

$$[R_v]_{B_2} = \begin{pmatrix} {}^tN & & & 0 \\ & {}^tN & & \\ & & \ddots & \\ 0 & & & {}^tN \end{pmatrix}, \quad \text{où} \quad N = [v]_B.$$

2/ a) On sait déjà que L_u et R_v sont diagonalisables d'après 1/b). Or

$$\forall f \in \mathcal{L}(E), \qquad L_u \circ R_v(f) = u \circ f \circ v = R_v(u \circ f) = R_v \circ L_u(f),$$

c'est-à-dire que L_u et R_v commutent. On peut donc les diagonaliser dans une même base, et cette base diagonalise $A_{u,v} = L_u - R_v$.

b) Comme P_u est scindé sur $\mathbb{K}$, on peut écrire (décomposition de Dunford, voir la partie 4.2) $u = d + n$, d diagonalisable, n nilpotente, avec $n \circ d = d \circ n$. Pour alléger les notations, on note, pour $f \in \mathcal{L}(E)$, $A_f = A_{f,f}$.

On a $A_u = A_d + A_n$. Or il existe $p \in \mathbb{N}^*$ tel que $n^p = 0$, ce qui entraîne $(A_n)^p = A_{n^p} = 0$, c'est-à-dire que A_n est nilpotent. D'après 2/ a), A_d est diagonalisable. Les endomorphismes d et n commutant, L_d, R_d, L_n et R_n commutent, donc A_d et A_n commutent.

$A_u = A_d + A_n$ est donc l'*unique* décomposition de Dunford de A_u. A_u étant diagonalisable, on a donc $A_n = 0$, c'est-à-dire que pour tout $f \in \mathcal{L}(E)$, $n \circ f - f \circ n = 0$. En d'autres termes, n commute avec tous les éléments de $\mathcal{L}(E)$; c'est donc une homothétie. Or n est nilpotente, donc $n = 0$, et donc $u = d$ est diagonalisable.

Remarque. Une conséquence de 1/ a) est que pour tout λ, $\dim(\mathrm{Ker}(L_u - \lambda\,\mathrm{Id})) = n \dim(\mathrm{Ker}(u - \lambda\,\mathrm{Id}))$. Cette égalité permet également de montrer 1/b).

Avec 1/c), on aurait pu démontrer directement 1/a) et 1/b).

PROBLÈME 5 (RÉSULTANT DE DEUX POLYNÔMES ET APPLICATION).

1/ *Résultant de deux polynômes.* **a)** Soient P et Q deux polynômes non constants de $\mathbb{C}[X]$. Montrer que P et Q ont un facteur commun non constant si et seulement si

$$(\exists A, B \in \mathbb{C}[X], A \neq 0, B \neq 0), \quad AP = BQ \quad \text{avec} \quad \deg(A) < \deg(Q), \deg(B) < \deg(P).$$

b) Pour tout $r \in \mathbb{R}$, on note $\Gamma_r = \{P \in \mathbb{C}[X] \mid \deg P = r\}$. Pour tout $m, n \in \mathbb{N}^*$, montrer qu'il existe une fonction continue

$$R : \Gamma_m \times \Gamma_n \to \mathbb{C} \qquad (P, Q) \mapsto R[P, Q]$$

vérifiant

$$(P \text{ et } Q \text{ sont premiers entre eux}) \iff (R[P, Q] \neq 0).$$

2/ Soit $n \in \mathbb{N}^*$. On note D l'ensemble des matrices diagonalisables de $\mathcal{M}_n(\mathbb{C})$. Quel est $\overset{\circ}{D}$, l'intérieur de D ?

Solution. **1/ a)** *Condition nécessaire.* Supposons l'existence de $R \in \mathbb{C}[X]$, $\deg(R) \geq 1$, divisant P et Q. Soient P_1 et $R_1 \in \mathbb{C}[X]$ tels que $P = RP_1$ et $Q = RQ_1$. Si $A = Q_1$ et $B = P_1$, on a $AP = RP_1Q_1 = BQ$ avec $\deg(A) = \deg(Q_1) < \deg(Q)$ et $\deg(B) = \deg(P_1) < \deg(P)$.
Condition suffisante. Supposons que P et Q n'aient aucun facteur commun non constant, c'est-à-dire que P et Q sont premiers entre eux. Si $AP = BQ$, d'après le théorème de Gauss, on a $P \mid B$. Comme $B \neq 0$, ceci entraîne $\deg(B) \geq \deg(P)$, ce qui est absurde.

b) Soit $P = a_0 + a_1 X + \cdots + a_m X^m \in \Gamma_m$ et $Q = b_0 + b_1 X + \cdots + b_n X^n \in \Gamma_n$. D'après la question précédente, P et Q ont un facteur premier non constant si et seulement il existe $A, B \in \mathbb{C}[X]$ non nuls, $\deg(A) < \deg(Q)$ et $\deg(B) < \deg(P)$ tels que $AP = BQ$, autrement dit si et seulement si les vecteurs $P, XP, \ldots, X^{n-1}P$ et $Q, XQ, \ldots, X^{m-1}Q$ forment une famille liée de $\mathbb{C}[X]$, c'est-à-dire si et seulement si

$$\det_{\mathcal{B}}(P, XP, \ldots, X^{n-1}P, Q, XQ, \ldots, X^{m-1}Q) = 0,$$

où $\mathcal{B}$ désigne la base $(1, X, \ldots, X^{m+n-1})$ de $\mathbb{C}_{m+n-1}[X]$. En d'autres termes, P et Q ne sont pas premiers entre eux si et seulement si le déterminant

$$R[P, Q] = \begin{vmatrix} a_0 & a_1 & \cdots & a_m & 0 & \cdots & 0 \\ 0 & a_0 & a_1 & \cdots & a_m & \ddots & \vdots \\ \vdots & \ddots & \ddots & \ddots & & \ddots & 0 \\ 0 & \cdots & 0 & a_0 & a_1 & \cdots & a_m \\ b_0 & \cdots & b_{n-1} & b_n & 0 & \cdots & 0 \\ 0 & b_0 & \cdots & b_{n-1} & b_n & \ddots & \vdots \\ \vdots & \ddots & \ddots & & \ddots & \ddots & 0 \\ 0 & \cdots & 0 & b_0 & \cdots & b_{n-1} & b_n \end{vmatrix}$$

est nul (ce déterminant est appelé *résultant de P et Q*). Ainsi définie sur $\Gamma_m \times \Gamma_n$, R est une fonction continue de P et Q (car polynomiale en les coefficients de P et Q), et vérifie : P et Q sont premiers entre eux si et seulement si $R[P, Q] \neq 0$.

2/ Un peu d'intuition nous guide. Nous allons montrer que $\overset{\circ}{D} = \Gamma$, où Γ désigne l'ensemble des matrices diagonalisables dont les valeurs propres sont toutes distinctes.

Montrons $\Gamma \subset \overset{\circ}{D}$. Soit $M \in \Gamma$. Dire que $M \in \Gamma$ équivaut à dire que le polynôme caractéristique P_M de M n'a que des racines simples, ou encore que P_M et P'_M sont premiers entre eux, ou encore $R[P_M, P'_M] \neq 0$. L'application

$$\varphi : \mathcal{M}_n(\mathbb{C}) \to \mathbb{C} \quad M \mapsto R[P_M, P'_M]$$

est continue. On vient de voir que $\Gamma = \varphi^{-1}(\mathbb{C}^*)$, et donc Γ est ouvert (image réciproque d;un ouvert par une fonction continue). Or $\Gamma \subset D$, donc $\Gamma \subset \overset{\circ}{D}$.

Montrons $\mathring{D} \subset \Gamma$. Soit $M \in \mathring{D}$ et supposons $M \notin \Gamma$. La matrice M est diagonalisable et admet une valeur propre multiple λ, de sorte qu'il existe $P \in \mathcal{G}\ell_n(\mathbb{C})$ telle que

$$P^{-1}MP = \begin{pmatrix} \lambda & & & & 0 \\ & \lambda & & & \\ & & \lambda_3 & & \\ & & & \ddots & \\ 0 & & & & \lambda_n \end{pmatrix}.$$

Pour tout entier $p > 0$, on pose

$$M_p = \begin{pmatrix} \lambda & \frac{1}{p} & & & 0 \\ & \lambda & & & \\ & & \lambda_3 & & \\ & & & \ddots & \\ 0 & & & & \lambda_n \end{pmatrix}.$$

Pour tout p, M_p n'est pas diagonalisable, sinon la restriction $\begin{pmatrix} \lambda & \frac{1}{p} \\ 0 & \lambda \end{pmatrix}$ de M_p aux deux premiers vecteurs de la base canonique de $\mathbb{C}^n$ serait diagonalisable, absurde car alors cette matrice serait semblable à λI_2, donc égale à λI_2. Or $M = \lim_{p\to+\infty} PM_pP^{-1}$, donc M est limite d'une suite de matrices n'appartenant pas à D, donc $M \notin \mathring{D}$. Ceci est absurde, et on a donc avoir $M \in \Gamma$. D'où le résultat.

Remarque. On peut montrer (voir la démonstration de l'exercice 1 de la partie 3.4) que Γ est dense dans $\mathcal{M}_n(\mathbb{C})$.

Problème 6 (Rayon spectral d'un endomorphisme continu). Soit E une algèbre de Banach sur $\mathbb{C}$, munie d'une norme d'algèbre $\|\cdot\|$.

1/ Soit $u \in E$, $u \neq 0$. Pour tout $n \in \mathbb{N}^*$, on note $U_n = \|u^n\|^{1/n}$.
a) Soit $m \in \mathbb{N}^*$ fixé. Prouver que

$$\forall \varepsilon > 0,\ \exists N \in \mathbb{N},\ \forall n \geq N, U_n \leq U_m(1+\varepsilon).$$

b) En déduire que $\rho(u) = \lim_{n\to+\infty} U_n$ existe, et que $\rho(u) = \inf\{U_n,\ n \in \mathbb{N}^*\}$.
c) Pour tout $u, v \in E$, montrer que $\rho(uv) = \rho(vu)$.

2/ Soit $\sum a_n z^n$ une série entière de rayon de convergence $R \in]0, +\infty]$. Soit $u \in E$. Si $\rho(u) < R$, montrer que $\sum a_n u^n$ converge dans E. Si $\rho(u) > R$, montrer que $\sum a_n u^n$ diverge.

3/ On considère ici le cas particulier où $E = \mathcal{M}_n(\mathbb{C})$. Soit $A \in \mathcal{M}_n(\mathbb{C})$. Montrer que $\rho(A) = \sup\{|\lambda|,\ \lambda \text{ valeur propre de } A\}$. (Indication. On pourra utiliser le résultat a) de l'exercice 4 de la partie 3.4.)

Solution. **1/ a)** Pour tout $n \in \mathbb{N}^*$, on considère $n = q(n)m + r(n)$, $0 \leq r(n) < m$, la division euclidienne de n par m. On a

$$\forall n \in \mathbb{N}^*, U_n = \|u^n\|^{1/n} = \|u^{q(n)m} \cdot u^{r(n)}\| \leq \|u^m\|^{q(n)/n} \cdot \|u\|^{r(n)/n}. \qquad (*)$$

Pour tout n, $|r(n)| < m$ donc $\lim_{n\to+\infty} r(n)/n = 0$ et $\lim_{n\to+\infty} q(n)/n = 1/m$. Le terme de droite de (*) tend donc vers U_m lorsque n tend vers l'infini, d'où a).

b) Soit $\ell = \inf\{U_n,\ n \in \mathbb{N}^*\}$. Soit $\varepsilon > 0$. Par définition de ℓ, il existe $m \in \mathbb{N}^*$ tel que $U_m \leq \ell + \varepsilon$. D'après a),

$$\exists N \in \mathbb{N}, \forall n \geq MN, \quad U_n \leq U_m(1+\varepsilon) \leq (\ell+\varepsilon)(1+\varepsilon)$$

donc

$$\forall n \geq N, \qquad \ell \leq U_n \leq (\ell+\varepsilon)(1+\varepsilon).$$

On en déduit que $\lim_{n\to+\infty} U_n = \ell$, d'où le résultat.

c) Si $u = 0$ ou $v = 0$, c'est évident. Sinon, l'égalité $(uv)^n = u(vu)^{n-1}v$ entraîne

$$\|(uv)^n\|^{1/n} = \|u(vu)^{n-1}v\|^{1/n} \leq \|u\|^{1/n}\|(vu)^{n-1}\|^{1/n}\|v\|^{1/n}. \qquad (**)$$

Or $\lim\limits_{n\to+\infty} \|u\|^{1/n} = \lim\limits_{n\to+\infty} \|v\|^{1/n} = 1$ et $\lim\limits_{n\to+\infty} \|(vu)^{n-1}\|^{1/n} = \lim\limits_{n\to+\infty} (\|(vu)^{n-1}\|^{1/(n-1)})^{(n-1)/n} = \rho(vu)$. En faisant tendre n vers l'infini dans (**), on obtient donc $\rho(uv) \leq \rho(vu)$. Par symétrie, on a de même $\rho(vu) \leq \rho(uv)$, d'ou l'égalité recherchée.

2/ Supposons $\rho(u) < R$. Nous allons montrer que $\sum |a_n| \cdot \|u\|^n$ converge, ce qui entraînera que la suite $(\sum_{k=0}^n a_k\, u^k)_{n\in\mathbb{N}^*}$ est de Cauchy donc converge.

Soit $\mu \in \mathbb{R}$ tel que $\rho(u) < \mu < R$. Comme R est la rayon de convergence de la série entière $\sum_n a_n\, z^n$, $\sum |a_n|\, \mu^n$ converge (voir le tome d'analyse sur les séries entières). Or il existe $N \in \mathbb{N}^*$, tel que pour tout $n \geq N$, $\|u^n\|^{1/n} < \mu$, et donc $\|u^n\| < \mu^n$. On en déduit que $\sum_{n\geq N} |a_n|\, \|u^n\|$ converge et donc $\sum_{n\in\mathbb{N}} |a_n|\, \|u^n\|$ converge.

Supposons maintenant $\rho(u) > R$. Alors la suite $(|a_n|\, \rho(u)^n)$ n'est pas bornée. D'après 1/ b),$\rho(u) = \inf\{\|u^n\|^{1/n}\}$ donc pour tout n, $\|u^n\| \geq \rho(u)^n$ et donc la suite $(|a_n|\, \|u^n\|)$ n'est pas bornée, ce qui entraîne la divergence de la série $\sum a_n\, u^n$.

3/ Notons $\mu(A) = \sup\{|\lambda|, \lambda$ valeur propre de $A\}$. Remarquons ici que $\rho(A)$ ne dépend pas de la norme d'algèbre choisie sur $\mathcal{M}_n(\mathbb{C})$ (en effet, en dimension finie, les normes sont équivalentes et pour tout $x > 0$, $\lim_{p\to+\infty} x^{1/p} = 1$). Toute l'astuce va consister en le choix d'une bonne norme d'algèbre pour montrer notre résultat.

Soit $\varepsilon > 0$. Montrons qu'il existe une norme d'algèbre $\|\cdot\|$ sur $\mathcal{M}_n(\mathbb{C})$ telle que $\|A\| \leq \mu(A) + \varepsilon$. Munissons $\mathbb{C}^n$ de la norme $\|(x_1,\ldots,x_n)\|_\infty = \sup_i |x_i|$. Pour tout $M = (m_{i,j})_{1\leq i,j\leq n} \in \mathcal{M}_n(\mathbb{C})$, $\|M\|_\infty = \sup_{\|X\|_{infty}=1} \|MX\|_\infty$ défini une norme d'algèbre sur $\mathcal{M}_n(\mathbb{C})$. Un petit calcul donne d'ailleurs facilement

$$\|M\|_\infty = \sup_i(\sum_j |m_{i,j}|). \qquad (***)$$

D'après la question a) de l'exercice 4 de la partie 3.4, il existe $P \in \mathcal{G}\ell_n(\mathbb{C})$ telle que $P^{-1}AP = T = (t_{i,j})$ soit triangulaire supérieure et vérifie $\forall i < j$, $|t_{i,j}| < \varepsilon/n$. Munissons $\mathcal{M}_n(\mathbb{C})$ de la norme d'algèbre $\|M\| = \|P^{-1}MP\|_\infty$. De (***), on tire facilement $\|A\| = \|T\|_\infty < \sup_i |t_{i,i}| + \varepsilon$. Les $t_{i,i}$ étant les valeurs propres de T donc de A, ceci s'écrit aussi $\|A\| < \mu(A) + \varepsilon$. Donc

$$\rho(A) = \{\inf \|A^p\|^{1/p},\ p \in \mathbb{N}^*\} \leq \|A\| < \mu(A) + \varepsilon.$$

La matrice $T = (t_{i,j})$ étant triangulaire supérieure, les coefficients de la diagonale principale de la matrice T^p sont les $t_{i,i}^p$ et donc d'après (***), pour tout p,

$$\|A^p\| = \|T^p\|_\infty \geq \sup_i |t_{i,i}|^p = \mu(A)^p,$$

ce qui s'écrit aussi $\|A^p\|^{1/p} \geq \mu(A)$. En faisant tendre p vers l'infini. on obtient $\rho(A) \geq \mu(A)$.

Finalement, on a montré que $\mu(A) \leq \rho(A) \leq \mu(A) + \varepsilon$, et ceci pour tout $\varepsilon > 0$, d'où l'égalité recherchée.

Remarque. Les résultats de 1/ et 2/ restent vrais sur l'algèbre des endomorphismes continus $\mathcal{L}_c(E)$ sur un espace de Banach E (on sait en effet que $\mathcal{L}_c(E)$ est une algèbre de Banach). On a ainsi généralisé le résultat du théorème 3 de la partie 3.3.

PROBLÈME 7. Soit E un $\mathbb{C}$-e.v de dimension finie $n \geq 2$. Soit A une sous algèbre de $\mathcal{L}(E)$, unitaire, (*i. e.* $\mathrm{Id}_E \in A$) et transitive (*i. e.* les seuls s.e.v de E stables par tous les éléments de A sont $\{0\}$ et E).
a) Soit $x \in E$, $x \neq 0$. Montrer que $\{u(x),\ u \in A\} = E$.
b) Soit $u \in A$, $\mathrm{rg}\, u \geq 2$. Montrer qu'il existe $v \in A$ tel que uvu et u forment une famille libre.
c) Montrer qu'il existe $\lambda \in \mathbb{C}$ et $z \in \mathrm{Im}\, u$, $z \neq 0$, tels que $uv(z) = \lambda z$.
d) Montrer que A contient au moins un élément de rang 1.
e) Conclure.

Solution. **a)** On pose $F_x = \{u(x),\ u \in A\}$. Une sous algèbre est un s.e.v de $\mathcal{L}(E)$, donc A est un s.e.v de $\mathcal{L}(E)$. On en déduit que F_x est un s.e.v de E.

Pour tout $v \in A$, $v(F_x) = \{vu(x),\ u \in A\} \subset F_x$. En d'autres termes, F_x est stable par tous les éléments de $\mathcal{L}(E)$. Or $F_x \neq \{0\}$ puisque $x \in F_x$ (l'algèbre A est unitaire), et donc $F_x = E$.

b) Comme $\mathrm{rg}\, u \geq 2$, il existe deux vecteurs e_1, e_2 de E tels que $u(e_1)$ et $u(e_2)$ forment une famille libre. En particulier, $u(e_1) \neq 0$ donc d'après a), il existe $v \in A$ tel que $v[u(e_1)] = e_2$. La famille formée par uvu et u est donc libre car l'égalité $\lambda(uvu) + \mu u = 0$ entraîne $\lambda(uvu)(e_1) + \mu u(e_1) = 0 = \lambda u(e_2) + \mu u(e_1)$, et donc $\lambda = \mu = 0$ puisque par construction, la famille $u(e_1), u(e_2)$ est libre.

c) Le corps $\mathbb{C}$ est algébriquement clos et E est de dimension finie, l'endomorphisme uv admet donc au moins une valeur propre λ. On traite deux cas.

Premier cas : l'endomorphisme uv admet au moins une valeur propre $\lambda \neq 0$ associé à un vecteur propre $z \neq 0$. Alors $z = \frac{1}{\lambda} uv(z) \in \mathrm{Im}\, u$ et le résultat est montré.

Second cas : toutes les valeurs propres de uv sont nulles. uv est alors nilpotent. Soit $r \in \mathbb{N}^*$ tel que $(uv)^r = 0$ et $(uv)^{r-1} \neq 0$. Soit $z \in \mathrm{Im}(uv)^{r-1}$, $z \neq 0$. Alors $uv(z) = 0$ car $uv(z) \in \mathrm{Im}(uv)^r = \{0\}$. Or $r \geq 2$ car d'après b), $uv \neq 0$. Donc $z \in \mathrm{Im}(uv)^{r-1} \subset \mathrm{Im}\, u$. En résumé, on a trouvé $z \in \mathrm{Im}\, u$, $z \neq 0$, tel que $uv(z) = 0$.

d) L'algèbre A étant unitaire, il existe $u \in A$ tel que $\mathrm{rg}\, u \geq 2$. On a alors trouvé $v \in A$, $v \neq 0$ tel que uvu et u forment une famille libre, et tel que

$$(\exists z \in \mathrm{Im}\, u, z \neq 0, \exists \lambda \in \mathbb{C}), \qquad uv(z) = \lambda z.$$

Posons $w = uvu - \lambda u$.

On a $w \in A$ car A est une algèbre.

On a $w \neq 0$ d'après b).

On a $\mathrm{Ker}\, u \subset \mathrm{Ker}\, w$ car $w = (uv - \lambda\, \mathrm{Id}) \circ u$, et par ailleurs si $y \in E$ est tel que $z = u(y)$, on a $w(y) = uv(z) - \lambda z = 0$. L'inclusion $\mathrm{Ker}\, u \subset \mathrm{Ker}\, w$ est donc stricte, car $y \notin \mathrm{Ker}\, u$ et $y \in \mathrm{Ker}\, w$. Donc $\dim(\mathrm{Ker}\, u) < \dim(\mathrm{Ker}\, w)$, et on conclue avec le théorème du rang que $\mathrm{rg}\, w < \mathrm{rg}\, u$.

Autrement dit, pour tout $u \in A$, $\mathrm{rg}\, u \geq 2$, il existe $w \in A$, $1 \leq \mathrm{rg}\, w \leq \mathrm{rg}\, u - 1$. Ceci suffit pour conclure que A contient au moins un élément de rang 1.

e) On va montrer que $A = \mathcal{L}(E)$. Pour cela, il suffit de montrer que A contient tous les éléments de $\mathcal{L}(E)$ de rang 1. Le lemme suivant nous sera utile.

LEMME *Soit* $u \in \mathcal{L}(E)$, $\mathrm{rg}\, u = 1$. *Alors il existe* $a \in E$, $a \neq 0$, *et il existe* $\varphi \in E^*$ *(dual de* E*),* $\varphi \neq 0$, *tels que* $\forall x \in E$, $u(x) = \varphi(x) \cdot a$.

En effet. Soit $a \in E$ tel que $\mathrm{Im}\, u = \mathrm{Vect}\, a$. Pour tout $x \in E$, $u(x) \in \mathrm{Im}\, u$ donc il existe $\varphi(x) \in \mathbb{C}$ tel que $u(x) = \varphi(x) \cdot a$. La linéarité de u entraîne la linéarité de $x \mapsto \varphi(x)$. Autrement dit, φ est une application linéaire de E dans $\mathbb{C}$, c'est-à-dire $\varphi \in E^*$.

Ceci étant, la question précédente assure l'existence de $u_0 \in A$ tel que $\mathrm{rg}\, u_0 = 1$. D'après notre lemme, il existe $a \in E$, $a \neq 0$ et $\varphi \in E^*$, $\varphi \neq 0$, tels que $u_0 = \varphi \cdot a$. Soit $v \in \mathcal{L}(E)$ un autre élément de rang 1. On veut montrer $v \in A$. Écrivons $v = \psi \cdot b$, où $b \in E$ et $\psi \in E^*$.

On a $a \neq 0$ donc d'après a), il existe $w \in A$ tel que $w(a) = b$.

Considérons $G = \{\varphi \circ u, u \in A\}$, s.e.v de E^*. Soit x appartenant à l'orthogonal G° de G. Pour tout $u \in A$, $(\varphi \circ u)(x) = 0$ donc pour tout $u \in A$, $u(x) \in \mathrm{Ker}\, \varphi$. En d'autres termes,

$F_x = \{u(x), u \in A\} \subset \operatorname{Ker} \varphi \neq E$. D'après a), on doit donc avoir $x = 0$. Finalement, $G^\circ = \{0\}$ et donc $G = E^*$.

Il existe donc $t \in A$ tel que $\varphi \circ t = \psi$. Alors pour tout $x \in E$, $(wu_0t)(x) = w[(\varphi \circ t)(x)a] = \psi(x)w(a) = \psi(x)b = v(x)$, donc $v = wu_0t \in A$. L'ensemble A contient donc tous les éléments de rang 1. Ceci suffit pour conclure que $A = \mathcal{L}(E)$ (on montre en effet facilement que tout endomorphisme est somme d'endomorphismes de rang 1).

Problème 8. Soit E un $\mathbb{C}$-e.v de dimension $n \in \mathbb{N}^*$, G un sous groupe fini de $\mathcal{G}\ell(E)$. Soit $F = \{x \in E \mid \forall g \in G, g(x) = x\}$. Si $q = \operatorname{Card}(G)$, montrer

$$q \cdot \dim F = \sum_{g \in G} \operatorname{tr}(g).$$

Solution. Comme G est un groupe, pour tout $h \in G$, l'application $G \to G \quad g \mapsto h \circ g$ est bijective. Ceci entraîne

$$\forall h \in G, \qquad \sum_{g \in G} g = \sum_{g \in G} h \circ g,$$

ce qui en posant $f = \sum_{g \in G} g$ s'écrit $f = h \circ f$, et ceci pour tout $h \in G$. On a donc

$$qf = \sum_{h \in G} f = \sum_{h \in G} h \circ f = (\sum_{h \in G} h) \circ f = f^2.$$

Le polynôme $X(X-q)$ annule donc l'endomorphisme f. On en déduit que f est diagonalisable et que ses valeurs propres sont éléments de $\{0, q\}$. Si E_q désigne le sous espace propre de f associé à la valeur propre q, on a alors $q \dim E_q = \operatorname{tr} f = \sum_{g \in G} \operatorname{tr} g$.

L'exercice sera donc résolu si on prouve $E_q = F$. On a déjà $F \subset E_q$. En effet,

$$\forall x \in F, \forall g \in G, g(x) = x \quad \text{donc} \quad f(x) = \sum_{g \in G} g(x) = \sum_{g \in G} x = qx.$$

L'inclusion réciproque est également vraie. En effet, si $x \in E_q$ et $g \in G$, $g \circ f(x) = g(qx) = qg(x)$. Or $g \circ f = f$, donc $(g \circ f)(x) = f(x) = qx$, ce qui entraîne $qg(x) = qx$, et donc $x \in F$, d'où le résultat.

Problème 9. Soit E un $\mathbb{C}$-e.v de dimension quelconque, et $u, v \in \mathcal{L}(E)$ vérifiant

$$uv - vu = \alpha \operatorname{Id}_E, \qquad \alpha \in \mathbb{C}.$$

a) Si E est de dimension finie, montrer $\alpha = 0$.
b) Si E est normé et u et v continus, montrer $\alpha = 0$.
c) Si v admet un polynôme minimal, montrer $\alpha = 0$.
d) Exhiber deux endomorphismes u et v vérifiant $uv - vu = \operatorname{Id}_E$.

Solution. **a)** Si $uv - vu = \alpha \operatorname{Id}_E$, alors $\operatorname{tr}(uv - vu) = \alpha \operatorname{tr}(\operatorname{Id}_E) = \alpha \dim E$. Or $\operatorname{tr}(uv - vu) = \operatorname{tr}(uv) - \operatorname{tr}(vu) = 0$, donc $\alpha \dim E = 0$, ce qui entraîne $\alpha = 0$.

b) Une récurrence facile donne la propriété

$$\forall k \in \mathbb{N}^*, \quad uv^k - v^k u = k\alpha \operatorname{Id}_E. \qquad (*)$$

Ceci étant, soit $\|\cdot\|$ la norme d'algèbre sur $\mathcal{L}_c(E)$ issue de la norme sur E ($\|u\| = \sup_{\|x\|=1} \|u(x)\|$). D'après (*), on a

$$\forall k \in \mathbb{N}^*, \quad k|\alpha| \, \|v^{k-1}\| \leq \|uv^k\| + \|v^k u\| \leq 2\|u\| \cdot \|v^k\|$$

et donc

$$\forall k \in \mathbb{N}^*, \quad k|\alpha| \cdot \|v^k\| \leq k|\alpha| \cdot \|v^{k-1}\| \cdot \|v\| \leq 2\|u\| \cdot \|v\| \cdot \|v^k\|. \qquad (**)$$

Si pour tout k, $v^k \neq 0$ alors (**) entraîne que pour tout k, $k|\alpha| \leq 2\|u\| \cdot \|v\|$, ce qui n'est possible que si $\alpha = 0$.

Sinon, il existe $k \in \mathbb{N}^*$ tel que $v^k = 0$ et $v^{k-1} \neq 0$. La relation (*) entraîne alors $k\alpha = 0$, donc $\alpha = 0$.

c) Soit P le polynôme minimal de v. Par linéarité, la relation (*) entraîne

$$0 = uP(v) - P(v)u = \alpha P'(v).$$

Or $P'(v) \neq 0$ car P est le polynôme minimal de v. Donc $\alpha = 0$.

d) Les questions précédentes montrent déjà que l'on doit se placer en dimension infinie et considérer des endomorphismes non continus et n'admettant pas de polynôme minimal.

On choisit u et $v \in \mathcal{L}(\mathbb{C}[X])$ définis par $u(P) = P'$ et $v(P) = XP$. Alors pour tout $P \in \mathbb{C}[X]$,

$$(uv - vu)(P) = u(XP) - v(P') = (P + XP') - XP' = P,$$

donc $uv - vu = \mathrm{Id}_{\mathbb{C}[X]}$.

Remarque. Il n'y a aucune relation entre la continuité et le fait d'admettre un polynôme minimal. Munissons par exemple $\mathbb{R}[X]$ de la norme $\|\sum_{k=0}^{n} a_k x^k\| = \sup_k |a_k|$.

L'endomorphisme v de $\mathbb{R}[X]$ défini sur la base canonique de $\mathbb{R}[X]$ par $v(X^n) = X^n/(n+1)$ est continu mais il admet une infinité de valeurs propres, donc pas de polynôme minimal.

L'endomorphisme v de $\mathbb{R}[X]$ défini par $v(X^{2n}) = nX^{2n+1}$ et $v(X^{2n+1}) = 0$ n'est pas continu mais admet un polynôme minimal car $v^2 = 0$.

Problème 10. Soit $\mathbb{K}$ un corps commutatif et E un $\mathbb{K}$ e.v de dimension $n \geq 2$. Soient $u, v \in \mathcal{L}(E)$ et $w = uv - vu$ tel que $\mathrm{rg}(w) = 1$.

a) Soit $x \in \mathrm{Im}\, w$. Montrer que pour tout $k \in \mathbb{N}$, $u^k(x) \in \mathrm{Ker}\, w$.

b) En déduire que le polynôme caractéristique P_u de u n'est pas irréductible dans $\mathbb{K}[X]$.

Solution. **a)** Commençons par remarquer que w est nilpotent (ceci découle de l'exercice 2 de la partie 1.6, page 168, car $\mathrm{rg}(w) = 1$ et $\mathrm{tr}(w) = \mathrm{tr}(uv) - tr(vu) = 0$). Ceci étant, soit $k \in \mathbb{N}$. On a $wu^k = u(vu^k) - (vu^k)u$ donc $\mathrm{tr}(wu^k) = 0$.

Si $wu^k = 0$, alors $wu^k(x) = 0$, c'est-à-dire $u^k(x) \in \mathrm{Ker}\, w$.

Sinon, $\mathrm{rg}(wu^k) \geq 1$. Or $\mathrm{Im}(wu^k) \subset \mathrm{Im}\, w$, donc $\mathrm{rg}(wu^k) \leq 1$. On a donc $\mathrm{rg}(wu^k) = 1$, de sorte que comme $\mathrm{tr}(wu^k) = 0$, wu^k est nilpotente. Comme $x \in \mathrm{Im}\, w$, que $wu^k(x) \in \mathrm{Im}\, w$ et que $\dim(\mathrm{Im}\, w) = 1$, on voit que x est vecteur propre de wu^k. L'endomorphisme wu^k étant nilpotent, on en déduit que $wu^k(x) = 0$, *i. e.* $u^k(x) \in \mathrm{Ker}\, w$.

b) Soit $x \in \mathrm{Im}\, w$, $x \neq 0$. Soit $F = \{u^k(x), k \in \mathbb{N}\}$. Le s.e.v $G = \mathrm{Vect}\, F$ est stable par u. Comme $x \neq 0$, on a même $G \neq \{0\}$. Par ailleurs, d'après a), on a $G \subset \mathrm{Ker}\, w$. On en déduit

$$1 \leq \dim G \leq \dim \mathrm{Ker}\, w = n - \mathrm{rg}\, w = n - 1.$$

Soit $(e_1, \ldots, e_p)$ une base de G complétée en une base $(e_1, \ldots, e_n)$ de E. On a

$$[u]_B = \begin{pmatrix} A & B \\ 0 & C \end{pmatrix}, \quad A \in \mathcal{M}_p(\mathbb{K}), \ C \in \mathcal{M}_{n-p}(\mathbb{K}),$$

donc $P_u = P_A \cdot P_C$ n'est pas irréductible dans $\mathbb{K}[X]$.

Problème 11. Soient A et $B \in \mathcal{M}_n(\mathbb{C})$. Montrer que

$$(\exists P \in \mathcal{M}_n(\mathbb{C}), P \neq 0), \qquad AP = PB$$

si et seulement si A et B ont au moins une valeur propre commune.

Solution. Avant de commencer, remarquons que si P est inversible, $AP = PB$ s'écrit $P^{-1}AP = B$, donc A et B sont semblables et le résultat est évident. Le cas général est plus délicat.
Condition nécessaire. Donnons deux méthodes.
Première méthode. Par récurrence sur $k \in \mathbb{N}$, on a facilement $A^kP = PB^k$, donc pour tout polynôme $F \in \mathbb{C}[X]$, $F(A)P = PF(B)$. (*)

Ceci étant, supposons que A et B n'ont aucune valeur propre commune. Alors les polynômes caractéristiques P_A et P_B de A et B n'ont aucune racine commune dans $\mathbb{C}$ et sont donc premiers entre eux. D'après le théorème de Bezout, il existe donc $U, V \in \mathbb{C}[X]$ tels que $UP_A + VP_B = 1$. On a alors $U(B)P_A(B) = I_n$, et donc $P_A(B)$ est inversible. Or $P_A(A)P = P\,P_A(B)$ d'après (*), donc $P\,P_A(B) = 0$, et comme $P_A(B)$ est inversible, ceci entraîne $P = 0$. Absurde, d'où la condition nécessaire.

Seconde méthode. Soit $(e_1, \dots, e_n)$ une base de $\mathbb{C}^n$ qui triangularise la matrice B. Pour tout i, on a $Be_i = \lambda_i e_i + \sum_{j<i} b_{i,j}e_j$. Soit i le plus petit indice tel que $Pe_i \neq 0$ (i existe, sinon $P = 0$). Alors

$$APe_i = PBe_i = P\left(\lambda_i e_i + \sum_{j<i} b_{i,j}e_j\right) = \lambda_i Pe_i,$$

donc λ_i est valeur propre de A (un vecteur propre associé est Pe_i), donc valeur propre commune à A et B.

Condition suffisante. Trigonalisons A supérieurement et B inférieurement, en supposant que $\lambda \in \mathbb{C}$ est valeur propre commune à A et B : il existe $P_1, P_2 \in \mathcal{G}\ell_n(\mathbb{C})$ tels que

$$T = P_1^{-1}AP_1 = \begin{pmatrix} \lambda & \times & \cdots & \times \\ 0 & \times & \ddots & \vdots \\ \vdots & \ddots & \ddots & \times \\ 0 & \cdots & 0 & \times \end{pmatrix} \quad \text{et} \quad S = P_2^{-1}BP_2 = \begin{pmatrix} \lambda & 0 & \cdots & 0 \\ \times & \times & \ddots & \vdots \\ \vdots & \ddots & \ddots & 0 \\ \times & \cdots & \times & \times \end{pmatrix}.$$

Si $Y = \begin{pmatrix} 1 & 0 & \cdots & 0 \\ 0 & 0 & \cdots & 0 \\ \vdots & \vdots & & \vdots \\ 0 & 0 & \cdots & 0 \end{pmatrix}$, on a $TY = \lambda Y$ et $YS = \lambda Y$. Avec $P = P_1YP_2^{-1} \neq 0$, on a donc $AP = \lambda P_1YP_2^{-1} = PB$.

Problème 12. Soit p un nombre premier. On considère la matrice

$$A = \begin{pmatrix} a_0 & a_1 & \cdots & \cdots & a_{p-1} \\ a_{p-1} & a_0 & a_1 & & a_{p-2} \\ \vdots & a_{p-1} & a_0 & \ddots & \vdots \\ \vdots & & \ddots & \ddots & a_1 \\ a_1 & \cdots & \cdots & a_{p-1} & a_0 \end{pmatrix}$$

avec pour tout i, $a_i \in \mathbb{Z}$. Montrer que $\det A \equiv a_0 + a_1 + \cdots + a_{p-1} \pmod p$.

Solution. Cela ressemble à l'exercice 4 de la partie 2.4 (page 178). On commence de la même manière. Soit

$$J = \begin{pmatrix} 0 & 1 & 0 & \cdots & 0 \\ 0 & 0 & 1 & \ddots & \vdots \\ \vdots & \vdots & \ddots & \ddots & 0 \\ 0 & \vdots & & \ddots & 1 \\ 1 & 0 & \cdots & \cdots & 0 \end{pmatrix}.$$

On avait montré à l'exercice 4 de la partie 2.4 que le polynôme caractéristique de J est $P_J = (-1)^p(X^p - 1)$. On a aussi $A = Q(J)$, où $Q = a_0 + a_1 X + \cdots + a_{p-1}X^{p-1} \in \mathbb{Z}[X]$. Regardons A et J comme des matrices à valeurs dans $\mathbb{Z}/p\mathbb{Z}$. Dans $\mathbb{Z}/p\mathbb{Z}$, $P_J = (-1)^p(X^p - \dot{1}) = (-1)^p(X - \dot{1})^p$. Comme $A = Q(J)$, on a alors $P_A = (-1)^p[X - Q(\dot{1})]^p$ (pour s'en rendre compte, trigonaliser J dans $\mathcal{M}_p(\mathbb{Z}/p\mathbb{Z})$ — voir la remarque 1 de la partie 2.1, page 172), donc $\det A \equiv Q(1)^p \equiv Q(1) \equiv a_0 + \cdots + a_{p-1} \pmod p$.

PROBLÈME 13. Le polynôme caractéristique P_A d'une matrice $A \in \mathcal{M}_n(\mathbb{C})$ peut s'écrire

$$P_A = (-1)^n \left(X^n + f_1(A)X^{n-1} + \cdots + f_{n-1}(A)X + f_n(A)\right),$$

où les $f_i(A)$ sont des polynômes en les coefficients de A.

a) Montrer que pour toutes matrices $A, B \in \mathcal{M}_n(\mathbb{C})$, on a $f_i(AB) = f_i(BA)$ pour tout i.

b) Réciproquement, soit $Q : \mathcal{M}_n(\mathbb{C}) \to \mathbb{C}$ $A = (a_{i,j})_{1\le i,j\le n} \mapsto Q(A)$ une fonction polynôme en les coefficients $a_{i,j}$ de A. Si pour toutes matrices $A, B \in \mathcal{M}_n(\mathbb{C})$, on a $Q(AB) = Q(BA)$, montrer qu'il existe un polynôme $F \in \mathbb{C}[X_1, \ldots, X_n]$ tel que

$$\forall A \in \mathcal{M}_n(\mathbb{C}), \qquad Q(A) = F(f_1(A), \ldots, f_n(A)).$$

Solution. **a)** Il s'agit de prouver que $P_{AB} = P_{BA}$ pour tous $A, B \in \mathcal{M}_n(\mathbb{C})$, ce qui est précisément le résultat démontré dans l'exercice 2 de la partie 3.4 (page 184).

b) C'est plus délicat. Commençons par noter que deux matrices semblables prennent la même valeur par Q (si $B = P^{-1}AP$ avec $P \in \mathcal{G}\ell_n(\mathbb{C})$, on a $Q(B) = Q((P^{-1}A)P) = Q(P(P^{-1}A)) = Q(A)$). Cette remarque va nous permettre de traiter aisément le cas des matrices diagonalisables, puis de toutes les matrices par densité (les matrices diagonalisables forment un ensemble dense dans $\mathcal{M}_n(\mathbb{C})$, voir l'exercice 1 de la partie 3.4, page 184).

Pour tout n-uplet $(\lambda_1, \ldots, \lambda_n)$ de $\mathbb{C}^n$, on note $D(\lambda_1, \ldots, \lambda_n)$ la matrice diagonale dont le coefficient d'indice (i, i) est λ_i. L'application $\mathbb{C}^n \to \mathbb{C}$ $(\lambda_1, \ldots, \lambda_n) \mapsto Q(D(\lambda_1, \ldots, \lambda_n))$ est une fonction polynôme en les λ_i que l'on note Π.

Supposons maintenant A diagonalisable et notons $\lambda_1, \ldots, \lambda_n$ ses valeurs propres. Pour toute permutation $\sigma \in \mathcal{S}_n$, A est semblable à la matrice diagonale $A_\sigma = D(\lambda_{\sigma(1)}, \ldots, \lambda_{\sigma(n)})$, ce qui prouve que

$$Q(A) = Q(A_\sigma) = \Pi(\lambda_{\sigma(1)}, \ldots, \lambda_{\sigma(n)}).$$

Ceci étant vrai pour tout $\sigma \in \mathcal{S}_n$ et pour toute matrice diagonalisable A, on en déduit que Π est un polynôme symétrique en ses n variables. On peut donc l'écrire comme un polynôme F en les polynômes symétriques élémentaires $\Sigma_1, \ldots, \Sigma_n$ (voir le théorème 1 de la partie 4.2 du chapitre II, page 78). On sait que la valeur σ_i prise par Σ_i au point $(\lambda_1, \ldots, \lambda_n)$ est $(-1)^i\alpha_i$ où α_i est le coefficient de X^i dans le polynôme $\prod_{i=1}^n (X - \lambda_i)$. Ce dernier polynôme étant égal à $(-1)^n P_A$, on en déduit que $\sigma_i = (-1)^i f_i(A)$. Finalement,

$$Q(A) = F(\sigma_1, \ldots, \sigma_n) = F(-f_1(A), \ldots, (-1)^n f_n(A)). \qquad (*)$$

Cette égalité est vraie pour toute matrice diagonalisable A. Les matrices diagonalisables formant un ensemble dense dans $\mathcal{M}_n(\mathbb{C})$, les applications de l'égalité (*) étant des fonctions continues de A (ce sont des fonctions polynôme), on en déduit que (*) est vrai pour toute matrice A de $\mathcal{M}_n(\mathbb{C})$.

PROBLÈME 14 (DÉRIVÉE D'UN DÉTERMINANT, ALGORITHME DE FADDÉEV). Le but du problème est de proposer une méthode pratique efficace pour calculer le polynôme caractéristique d'une matrice.

1/ (Dérivée d'un déterminant). On considère

$$A : \mathbb{R} \to \mathcal{M}_n(\mathbb{R}) \quad t \mapsto A(t) = (a_{i,j}(t))_{1\leq i,j\leq n}$$

une application dérivable sur $\mathbb{R}$. Montrer que l'application $\varphi : t \mapsto \det(A(t))$ est dérivable sur $\mathbb{R}$ et que

$$\varphi'(t) = \sum_{i=1}^{n} \det(C_1(t), \dots, C_{i-1}(t), C_i'(t), C_{i+1}(t), \dots, C_n(t)),$$

où $C_1(t), \dots, C_n(t)$ désignent les vecteurs colonne de la matrice $A(t)$.

2/ (Méthode de Faddéev pour le calcul du polynôme caractéristique d'une matrice). Soient $\mathbb{K}$ un corps commutatif et une matrice $A \in \mathcal{M}_n(\mathbb{K})$. On note $\chi_A = \det(XI_n - A)$.
a) Montrer que $\chi_A' = \mathrm{tr}[\mathrm{com}(XI_n - A)]$ où $\mathrm{com}(XI_n - A)$ désigne la comatrice de $XI_n - A$.
b) On définit des matrices $B_0, \dots, B_{n-1} \in \mathcal{M}_n(\mathbb{K})$ par

$$B_0 = I_n \quad \text{et} \quad \forall k, 1 \leq k \leq n-1, \quad B_k = AB_{k-1} - \frac{\mathrm{tr}(AB_{k-1})}{k} I_n.$$

Montrer

$$\chi_A(X) = X^n - \mathrm{tr}(AB_0)X^{n-1} - \frac{\mathrm{tr}(AB_1)}{2} X^{n-2} - \dots - \frac{\mathrm{tr}(AB_{n-1})}{n},$$

et si A est inversible,

$$A^{-1} = \frac{n}{\mathrm{tr}(AB_{n-1})} B_{n-1}.$$

Solution. **1/** L'expression

$$\varphi(t) = \det A(t) = \sum_{\sigma \in \mathcal{S}_n} \varepsilon(\sigma)\, a_{\sigma(1),1}(t) \cdots a_{\sigma(n),n}(t)$$

montre que φ est dérivable et permet d'obtenir, par dérivation,

$$\varphi'(t) = \sum_{\sigma \in \mathcal{S}_n} \varepsilon(\sigma) \left[\sum_{k=1}^{n} a_{\sigma(1),1}(t) \cdots a_{\sigma(k-1),k-1}(t)\, a'_{\sigma(k),k}(t)\, a_{\sigma(k+1),k+1}(t) \cdots a_{\sigma(n),n}(t) \right]$$

ce qui, en échangeant l'ordre des signes sommes, est précisément le résultat demandé.

2/a) Le résultat de la question 1/ reste valable pour les polynômes dérivés (la démonstration peut être reprise telle quelle). En l'appliquant au polynôme dérivé de $\chi_A(X) = \det(XI_n - A)$, on s'aperçoit que $\chi_A'(X)$ est la somme des cofacteurs des éléments diagonaux de $XI_n - A$, autrement dit $\chi_A'(X) = \mathrm{tr}[\mathrm{com}(XI_n - A)]$.

b) Écrivons $\chi_A = X^n + a_1 X^{n-1} + \dots + a_{n-1} X + a_n$. Chaque cofacteur de la matrice $XI_n - A$ est un polynôme en X de degré au plus $n-1$, ce qui montre l'existence de matrices $B_0, \dots, B_{n-1}$ telles que

$${}^t\mathrm{com}(XI_n - A) = B_0 X^{n-1} + B_1 X^{n-2} + \dots + B_{n-1}.$$

L'égalité $\chi_A' = \mathrm{tr}[\mathrm{com}(XI_n - A)] = \mathrm{tr}[{}^t\mathrm{com}(XI_n - A)]$ entraîne

$$(n-1)a_1 = \mathrm{tr}(B_1), \dots, 1 \cdot a_{n-1} = \mathrm{tr}(B_{n-1}). \tag{$*$}$$

Ceci étant, la relation $(XI_n - A)\,{}^t\mathrm{com}(XI_n - A) = \det(XI_n - A)\, I_n$ s'écrit

$$B_0 X^n + (B_1 - AB_0)X^{n-1} + \dots + (B_{n-1} - AB_{n-2})X - AB_{n-1} = \chi_A(X)\, I_n,$$

ce qui en identifiant les coefficients donne

$$B_0 = I_n, B_1 - AB_0 = a_1 I_n, \dots, B_{n-1} - AB_{n-2} = a_{n-1} I_n, -AB_{n-1} = a_n I_n, \tag{$**$}$$

donc en prenant la trace

$$na_1 = \mathrm{tr}(B_1) - \mathrm{tr}(AB_0), \ldots, na_{n-1} = \mathrm{tr}(B_{n-1} - AB_{n-2}), na_n = -\mathrm{tr}(AB_{n-1}).$$

En retranchant à chacune de ces égalités celles de (*), on obtient

$$1 \cdot a_1 = -\mathrm{tr}(AB_0), \ldots, (n-1)a_{n-1} = -\mathrm{tr}(AB_{n-2}), na_n = -\mathrm{tr}(AB_{n-1}). \qquad (***)$$

Maintenant, (**) s'écrit

$$B_0 = I_n, B_1 = AB_0 - \frac{\mathrm{tr}(AB_0)}{1} I_n, \ldots, B_{n-1} = AB_{n-2} - \frac{\mathrm{tr}(AB_{n-2})}{n-1} I_n.$$

relations qui permettent de définir les matrices B_k par récurrence, et on obtient avec (***) la première partie du résultat.

Lorsque A est inversible, la dernière égalité de (**) entraîne

$$A^{-1} = -\frac{1}{a_n} B_{n-1} = \frac{n}{\mathrm{tr}(AB_{n-1})} B_{n-1}.$$

Remarque. Cet algorithme permet en particulier d'obtenir le déterminant $(-1)^n a_n$ de A. C'est une méthode beaucoup plus rapide que celle consistant à calculer $\det A$ en développant récursivement les déterminants par rapport à une ligne ou une colonne, technique qui demande d'effectuer $n!$ opérations (ce qui est très coûteux lorsque n est grand).

PROBLÈME 15. **1/** Soit $n \in \mathbb{N}^*$ et Ω le sous ensemble de $\mathcal{M}_n(\mathbb{R})$ des matrices M telles que Π_M (polynôme minimal de M) égale, au signe près, P_M (le polynôme caractéristique de M). Montrer que Ω est ouvert dans $\mathcal{M}_n(\mathbb{R})$.

2/ Soit $M \in \Omega$ et $(M_m)_{m\in\mathbb{N}}$ une suite de matrices de $\mathcal{M}_n(\mathbb{R})$ tendant vers M telle que pour tout m, M_m est diagonalisable dans $\mathcal{M}_n(\mathbb{R})$.

a) Montrer qu'il existe $\ell \in \mathbb{N}$ tel que pour tout $m \geq \ell$, M_m a n valeurs propres distinctes deux à deux.

b) Montrer qu'il existe $K > 0$ tel que pour tout m et pour toute valeur propre λ de M_m, $|\lambda| \leq K$.

c) Pour tout $m \geq \ell$, on note $\lambda_1(m) < \cdots < \lambda_n(m)$ les n valeurs propres de M_m. Pour tout $i \in \{1, \ldots, n\}$ montrer que $\lambda_i = \lim_{m\to\infty} \lambda_i(m)$ existe. Montrer également que $\lambda_1 \leq \cdots \leq \lambda_n$ et que $P_M = (-1)^n(X - \lambda_1)\cdots(X - \lambda_n)$.

Solution. **1/** Dire que $\Pi_M = (-1)^n P_M$ équivaut à dire que $\deg \Pi_M = n$ (car Π_M divise P_M), ou encore que $(I_n, M, \ldots, M^{n-1})$ forme une famille libre de $\mathcal{M}_n(\mathbb{R})$.

Soit $M \in \Omega$. La famille $(I_n, M, \ldots, M^{n-1})$ étant libre, on peut la compléter en une base $B_0 = (I_n, M, \ldots, M^{n-1}, E_{n+1}, \ldots, E_{n^2})$ de $\mathcal{M}_n(\mathbb{R})$. Soit B une base fixée de $\mathcal{M}_n(\mathbb{R})$. On définit l'application

$$\varphi : \mathcal{M}_n(\mathbb{R}) \to \mathbb{R} \qquad N \mapsto \det_B(I_n, N, \ldots, N^{n-1}, E_{n+1}, \ldots, E_{n^2}).$$

L'application φ est continue et par construction, $\varphi(M) \neq 0$. Il existe donc un voisinage V de M dans $\mathcal{M}_n(\mathbb{R})$ tel que pour tout $N \in V$, $\varphi(N) \neq 0$. Ceci entraîne que pour tout $N \in V$, $(I_n, N, \ldots, N^{n-1})$ forme une famille libre de $\mathcal{M}_n(\mathbb{R})$, et donc $V \subset \Omega$. L'ensemble Ω est donc ouvert.

2/ a) On a $M \in \Omega$ et M est la limite de la suite (M_m). Comme Ω est ouvert, il existe $\ell \in \mathbb{N}$ tel que pour tout $m \geq \ell$, $M_m \in \Omega$. Pour tout m, M_m est diagonalisable dans $\mathcal{M}_n(\mathbb{R})$ et Π_{M_m} est donc scindé sur $\mathbb{R}$, à racines toutes simples. Or pour $m \geq \ell$, $\deg \Pi_{M_m} = n$, Π_{M_m} a donc n racines distinctes qui sont les valeurs propres de M_m, d'où le résultat.

b) Soit $\|.\|$ une norme d'algèbre sur $\mathcal{M}_n(\mathbb{R})$. La suite $(M_m)_{m\in\mathbb{N}}$ converge donc est bornée, *i. e.* il existe $K > 0$ tel que pour tout $m \in \mathbb{N}$, $\|M_m\| \leq K$. D'après la proposition 1 de la partie 3.2, pour tout $m \in \mathbb{N}$ et pour toute valeur propre λ de M_m, on a $|\lambda| \leq \|M_m\| \leq K$.

c) Montrons d'abord que P_M est scindé sur $\mathbb{R}$. La suite

$$(\lambda(m))_{m\geq \ell} = [(\lambda_1(m), \dots, \lambda_n(m))]_{m\geq \ell}$$

prend ses valeurs dans le compact $[-K, K]^n$. On peut donc en extraire une sous suite convergente $\lambda(\varphi(m))_{m\in\mathbb{N}}$. Soit $\lambda = (\lambda_1, \dots, \lambda_n) = \lim_{n\to\infty} \lambda(\varphi(n))$. Pour tout m,

$$P_{M_{\varphi(m)}} = (-1)^n \prod_{i=1}^{n} [X - \lambda_i(\varphi(m))]$$

donc $P_M = \lim_{m\to\infty} P_{M_{\varphi(m)}} = (-1)^n \prod_{i=1}^n (X - \lambda_i)$ est scindé sur $\mathbb{R}$. Comme pour tout m, $\lambda_1(\varphi(m)) < \dots < \lambda_n(\varphi(m))$, on obtient en passant à la limite $\lambda_1 \leq \dots \leq \lambda_n$.

Montrons maintenant que la suite $(\lambda(m))_{m\geq \ell}$ converge. Cette suite étant à valeur dans un compact, il suffit de montrer qu'elle n'admet qu'une seule valeur d'adhérence. Soit $\mu = (\mu_1, \dots, \mu_n)$ une valeur d'adhérence de $(\lambda(m))_{m\geq \ell}$. Il existe une sous suite $(\lambda(\psi(m))$ convergeant vers μ. On a $\mu_1 \leq \dots \leq \mu_n$ et

$$P_M = \lim_{m\to\infty} P_{M_{\psi(m)}} = (-1)^n \prod_{i=1}^{n} (X - \mu_i).$$

Des relations

$$\prod_{i=1}^{n} (X - \lambda_i) = \prod_{i=1}^{n} (X - \mu_i), \quad \lambda_1 \leq \dots \leq \lambda_n \text{ et } \mu_1 \leq \dots \leq \mu_n,$$

on tire $\mu_1 = \lambda_1, \dots, \mu_n = \lambda_n$, *i. e.* $\lambda = \mu$. L'élément λ est donc la seule valeur d'adhérence de $(\lambda(m))_{m\geq \ell}$, donc cette suite étant à valeur dans un compact, elle converge vers λ. Pour tout i, on a donc $\lambda_i = \lim_{n\to\infty} \lambda_i(m)$ et on a vu que $P_M = (-1)^n \prod_{i=1}^n (X - \lambda_i)$, d'où le résultat.

Remarque. La méthode utilisée tout au long de 2/ est à retenir. On procède souvent ainsi lorsqu'un polynôme est limite d'une suite de polynômes.

PROBLÈME 16. Soit $n \in \mathbb{N}^*$ et $\Gamma = \{M \in \mathcal{M}_n(\mathbb{C}) \mid \exists p \in \mathbb{N}^*, M^p = I_n\}$. Déterminer l'adhérence $\overline{\Gamma}$ de Γ dans $\mathcal{M}_n(\mathbb{C})$.

Solution. Notons $\gamma = \{M \in \mathcal{M}_n(\mathbb{C}),$ pour toute valeur propre λ de $M, |\lambda| = 1\}$. Nous allons montrer que $\overline{\Gamma} = \gamma$.

On a $\overline{\Gamma} \subset \gamma$. En effet, soit $M \in \overline{\Gamma}$. On peut trouver une suite $(M_p)_{p\in\mathbb{N}}$ de Γ telle que $\lim_{p\to\infty} M_p = M$. Pour tout p, il existe $q \in \mathbb{N}^*$ tel que $M_p^q = I_n$, *i. e.* le polynôme $X^q - 1$ annule M_p. Toute valeur propre de M_p est donc racine de ce polynôme, donc de module 1. Pour tout p, on note $\lambda_1(p), \dots, \lambda_n(p)$ les racines de P_{M_p} (polynôme caractéristique de M_p). Pour tout i, on a vu que $|\lambda_i(p)| = 1$, la suite $\lambda(p) = (\lambda_1(p), \dots, \lambda_n(p))$ est donc à valeurs dans le compact C^n, où C désigne le cercle unité complexe. On peut donc en extraire une sous suite convergente $\lambda(\varphi(p))$ convergeant vers $\lambda = (\lambda_1, \dots, \lambda_n) \in C^n$. Pour tout i, on a $|\lambda_i| = \lim_{p\to\infty} |\lambda_i(p)| = 1$, et comme $M = \lim_{p\to\infty} M_{\varphi(p)}$,

$$P_M = \lim_{p\to\infty} P_{M_{\varphi(p)}} = \lim_{p\to\infty} \prod_{i=1}^{n} [X - \lambda_i(\varphi(p))] = (-1)^n \prod_{i=1}^{n} (X - \lambda_i).$$

Les valeurs propres de M sont donc les λ_i et ont leur module égal à 1. Donc $M \in \gamma$.

Montrons maintenant l'inclusion réciproque $\gamma \subset \overline{\Gamma}$. Soit $M \in \gamma$. Il existe une matrice $Q \in \mathcal{G}\ell_n(\mathbb{C})$ telle que

$$Q^{-1}MQ = \begin{pmatrix} \lambda_1 & \times & \cdots & \times \\ 0 & \lambda_2 & \ddots & \vdots \\ \vdots & \ddots & \ddots & \times \\ 0 & \cdots & 0 & \lambda_n \end{pmatrix}.$$

Pour tout i, λ_i est valeur propre de M donc $|\lambda_i| = 1$ car $M \in \gamma$. En réfléchissant un peu, on voit qu'il existe une suite $\lambda_p = (\lambda_1(p), \ldots, \lambda_n(p))$ de $\mathbb{C}^n$ vérifiant, pour tout $p \in \mathbb{N}$:

- Pour tout j, il existe $r \in \mathbb{Q}$ tel que $\lambda_j = \exp(i\pi r)$.
- Les $(\lambda_i(p))_{1\leq i\leq n}$ sont distincts deux à deux.
- Pour tout i, $\lim_{p\to\infty} \lambda_i(p) = \lambda_i$.

Pour tout p, on pose

$$M_p = \begin{pmatrix} \lambda_1(p) & \times & \cdots & \times \\ 0 & \lambda_2(p) & \ddots & \vdots \\ \vdots & \ddots & \ddots & \times \\ 0 & \cdots & 0 & \lambda_n(p) \end{pmatrix}$$

(où la partie triangulaire supérieure est celle de $Q^{-1}MQ$). Les $\lambda_i(p)_{1\leq i\leq n}$ étant distincts, M_p est diagonalisable, donc semblable à la matrice diagonale D_p dont les éléments diagonaux sont ceux de M_p. Pour tout j, $1 \leq j \leq n$, on peut écrire $\lambda_j(p) = \exp(i\pi a_j/b_j)$ où $a_j, b_j \in \mathbb{Z}$. Si $q = 2 \cdot \operatorname{ppcm}(b_1, \ldots, b_n)$, on a $\lambda_j(p)^q = 1$ pour tout j, donc $D_p^q = I_n$, donc $M_p^q = I_n$, c'est-à-dire pour tout p, $M_p \in \Gamma$. Or par construction, $M = \lim_{p\to\infty} QM_pQ^{-1}$. Comme pour tout p, $QM_pQ^{-1} \in \Gamma$, on en déduit $M \in \overline{\Gamma}$.

Problème 17 (Matrices positives de Frobenius). Si $A = (a_{i,j}) \in \mathcal{M}_{p,q}(\mathbb{R})$ est une matrice, on note $A \geq 0$ si $a_{i,j} \geq 0$ pour tout (i,j), $A > 0$ si $A \geq 0$ et $A \neq 0$, et on note $A \gg 0$ si $a_{i,j} > 0$ pour tout (i,j). Si A et B sont deux matrices, on note $A \geq B$ (resp. $A > B$, $A \gg B$) lorsque $A - B \geq 0$ (resp. $A - B > 0$, $A - B \gg 0$).

On se donne une matrice $A \in \mathcal{M}_n(\mathbb{R})$ telle que $A \gg 0$.

a) On note $\mathcal{S}$ l'ensemble des vecteurs colonnes $X = \begin{pmatrix} x_1 \\ \vdots \\ x_n \end{pmatrix}$ de $\mathbb{R}^n$ tels que $X > 0$ et $\sum_{i=1}^n x_i = 1$. Montrer que l'ensemble

$$\Lambda = \{\lambda \in \mathbb{R} \mid (\exists X \in \mathcal{S}), AX \geq \lambda X\}$$

est majoré et que sa borne supérieure λ_0 est une valeur propre de A associée à un vecteur propre $X \gg 0$.

b) Si $\lambda \neq \lambda_0$ est une autre valeur propre de A, montrer que $|\lambda| < \lambda_0$.

c) Montrer que le sous espace propre E_{λ_0} de A associé à la valeur propre λ_0 est de dimension 1.

Solution. **a)** L'ensemble Λ est évidemment majoré (par exemple par la somme des éléments de A).

Par définition de λ_0, il existe une suite (X_n) de $\mathcal{S}$ et (γ_n) de Λ telle que

$$\lim_{n\to\infty} \gamma_n = \lambda_0 \quad \text{et} \quad \forall n,\ AX_n \geq \gamma_n X_n.$$

L'ensemble $\mathcal{S}$ est clairement un fermé borné de $\mathbb{R}^n$, donc compact, de sorte que l'on peut extraire de la suite (X_n) une sous suite convergente $(X_{\varphi(n)})$. Notons $X \in \mathcal{S}$ sa limite. Comme $AX_{\varphi(n)} \geq \gamma_{\varphi(n)}X_{\varphi(n)}$ pour tout n, on obtient en passant à la limite sur chaque composante la relation $AX \geq \lambda_0 X$. Si $AX \neq \lambda_0 X$, on a $AX > \lambda_0 X$. En composant par A à gauche, on obtient, du fait que $A \gg 0$, l'inégalité $AY \gg \lambda_0 Y$, où $Y = AX$. Il existe donc $\varepsilon > 0$ suffisamment petit tel que $AY \gg (\lambda_0 + \varepsilon)Y$, ce qui contredit la définition de λ_0 car quitte à multiplier Y par une constante positive non nulle, on peut supposer $Y \in \mathcal{S}$.

Ainsi, $AX = \lambda_0 X$ avec $X \in \mathcal{S}$, donc $X > 0$. Le fait que $A \gg 0$ entraîne $AX \gg 0$, donc $\lambda_0 X \gg 0$ et on en déduit $X \gg 0$.

b) Supposons que $\lambda \neq \lambda_0$ soit une valeur propre de A, et notons Z un vecteur propre associé. Les (z_i) désignant les composantes de Z, on a

$$\forall i, \quad \sum_{j=1}^{n} a_{i,j}\, z_j = \lambda z_i \quad \text{donc} \quad \forall i, \quad \sum_{j=1}^{n} a_{i,j}\, |z_j| \geq |\lambda| \cdot |z_i|.$$

En d'autres termes, $A|Z| \geq |\lambda|\,|Z|$ où $|Z|$ désigne le vecteur dont les composantes sont les $|z_i|$, ce qui prouve que $|\lambda| \in \Lambda$ (car quitte à multiplier $|Z|$ par une constante non nulle, on peut supposer $|Z| \in \mathcal{S}$), et donc $|\lambda| \leq \lambda_0$ par définition de λ_0.

Il nous reste à prouver $|\lambda| < \lambda_0$. Supposons $|\lambda| = \lambda_0$. Comme $A \gg 0$, il existe $\delta > 0$ suffisamment petit tel que $A_\delta = A - \delta I_n \gg 0$. Comme λ_0 est la plus grande valeur propre réelle positive de A, $\lambda_0 - \delta$ est la plus grande valeur propre réelle positive de A_δ. En répétant l'argument précédent à la matrice A_δ et à la valeur propre $\lambda - \delta$, on obtient $|\lambda - \delta| \leq \lambda_0 - \delta$. Mais

$$\lambda_0 = |\lambda| = |\lambda - \delta + \delta| \leq |\lambda - \delta| + \delta \leq \lambda_0,$$

de sorte que $|\lambda| = |\lambda - \delta| + \delta$, ce qui n'est possible que si λ est un réel positif. Donc $\lambda = |\lambda| = \lambda_0$, ce qui contredit le fait que $\lambda \neq \lambda_0$. Donc $|\lambda| < \lambda_0$.

c) On sait qu'il existe $X \gg 0$ tel que $X \in E_{\lambda_0}$. Supposons $\dim E_{\lambda_0} \geq 2$, de sorte qu'il existe $Y \in E_{\lambda_0}$ tel que la famille (X, Y) soit libre. Il existe μ tel que $X - \mu Y \geq 0$ et $X - \mu Y \not\gg 0$ (on peut prendre $\mu = \inf\{x_i/|y_i|,\ y_i \neq 0\}$). Comme (X, Y) est une famille libre, $X - \mu Y > 0$ et comme $A \gg 0$, on a facilement $A(X - \mu Y) \gg 0$, c'est-à-dire $\lambda_0(X - \mu Y) \gg 0$ (c'est le même argument que dans a)), ce qui est en contradiction avec le choix de μ. D'où le résultat.

Remarque. Ces résultats rentrent dans le cadre général de la théorie de Frobenius des matrices positives. On peut prouver d'autres résultats, par exemple : si $A > 0$ et si $A^m \gg 0$ pour un entier $m > 0$, alors les résultats a), b) et c) subsistent. Dans ce cas, la suite $(1/\lambda_0^n)A^m$ converge, sa limite P est un projecteur. Des résultats un peu plus faibles existent également lorsque l'on suppose simplement $A > 0$.

PROBLÈME 18 (ENDOMORPHISMES SEMI-SIMPLES). Soit E un $\mathbb{K}$-e.v de dimension finie. On dit que $f \in \mathcal{L}(E)$ est *semi-simple* si pour tout s.e.v F de E stable par f, il existe un supplémentaire S de F stable par f. Une matrice $M \in \mathcal{M}_n(\mathbb{K})$ est dite semi-simple si l'endomorphisme f de $\mathbb{K}^n$ dont M est la matrice dans la base canonique de $\mathbb{K}^n$ est semi-simple.

1/ Soit $f \in \mathcal{L}(E)$. On note Π_f son polynôme minimal. Soit $\Pi_f = M_1^{\alpha_1} \cdots M_r^{\alpha_r}$ la décomposition de Π_f en facteurs irréductibles de $\mathbb{K}[X]$.
a) Soit F un s.e.v stable par f. Montrer que

$$F = \bigoplus_{i=1}^{r} \left[\operatorname{Ker} M_i^{\alpha_i}(f) \cap F\right].$$

b) Si Π_f est irréductible, montrer que f est semi-simple.
c) Dans le cas général, montrer que f est semi-simple si et seulement si $\Pi_f = M_1 M_2 \cdots M_r$ est produit de polynômes irréductibles unitaires distincts deux à deux.
d) Que dire si $\mathbb{K}$ est algébriquement clos ?

2/ Soit $M \in \mathcal{M}_n(\mathbb{R})$.
a) Montrer que M est semi-simple si et seulement si M est diagonalisable dans $\mathcal{M}_n(\mathbb{C})$.
b) On suppose M semi-simple. Montrer que M est semblable dans $\mathcal{M}_n(\mathbb{R})$ à une matrice de la forme $\begin{pmatrix} D & 0 \\ 0 & B \end{pmatrix}$, avec D diagonale et B constituée de blocs de la forme $\begin{pmatrix} \alpha & -\beta \\ \beta & \alpha \end{pmatrix}$ centrés sur sa diagonale principale.

Solution. **1/ a)** Pour tout i, on note $F_i = \operatorname{Ker} M_i^{\alpha_i}(f)$. On sait que $E = F_1 \oplus \cdots \oplus F_r$. Pour tout $i \in \{1, \ldots, r\}$, on note p_i la projection sur F_i parallèlement à $\oplus_{j \neq i} F_j$. On a vu à la proposition 1 de la partie 4.2 que pour tout i, p_i est un polynôme en f. Comme F est stable par f, F est donc stable par p_i, ce qui s'écrit $p_i(F) \subset F$. On a aussi $p_i(F) \subset p_i(E) = F_i$. Finalement, on a $p_i(F) \subset F_i \cap F$, et comme $\mathrm{Id}_E = p_1 + \cdots + p_r$,

$$F \subset p_1(F) + \cdots + p_r(F) = p_1(F) \oplus \cdots \oplus p_r(F) \subset (F_1 \cap F) \oplus \cdots \oplus (F_r \cap F).$$

L'inclusion réciproque est facile puisque pour tout i, $F_i \cap F \subset F$ donc $(F_1 \cap F) \oplus \cdots \oplus (F_r \cap F) \subset F$.

b) Soit F un s.e.v stable par f. Il s'agit de montrer l'existence d'un supplémentaire S de F dans E stable par f.

Si $F = E$, c'est terminé avec $S = \{0\}$.

Sinon, soit $x_1 \in E \setminus F$. On considère $E_{x_1} = \{P(f)(x_1), P \in \mathbb{K}[X]\}$. Le s.e.v E_{x_1} est stable par f. Nous allons montrer que $E_{x_1} \cap F = \{0\}$.

Soit $I_{x_1} = \{P \in \mathbb{K}[X], P(f)(x_1) = 0\}$. C'est un idéal de $\mathbb{K}[X]$, non réduit à $\{0\}$ car $\Pi_f \in I_{x_1}$, donc il existe un polynôme unitaire Π_{x_1} tel que $I_{x_1} = (\Pi_{x_1}) = \Pi_{x_1}\mathbb{K}[X]$. Comme $\Pi_f \in I_{x_1}$, le polynôme Π_{x_1} divise Π_f, et Π_f étant irréductible, $\Pi_{x_1} = \Pi_f$. Le polynôme Π_{x_1} est donc irréductible.

Soit $y \in E_{x_1} \cap F$. Il existe un polynôme $P \in \mathbb{K}[X]$ tel que $y = P(f)(x_1)$. Si $y \neq 0$, alors $P \notin I_{x_1} = (\Pi_{x_1})$, donc Π_{x_1} ne divise pas P, et Π_{x_1} étant irréductible, Π_{x_1} et P sont premiers entre eux. D'après le théorème de Bezout, il existe donc $U, V \in \mathbb{K}[X]$ tels que $UP + V\Pi_{x_1} = 1$, donc

$$x_1 = U(f) \circ P(f)(x_1) + V(f) \circ \Pi_{x_1}(f)(x_1) = U(f)(y).$$

Or $y \in F$ et F est stable par f, donc $x_1 = U(f)(y) \in F$. Ceci est absurde par construction de x_1. On a donc $y = 0$ et $E_{x_1} \cap F = \{0\}$.

On vient de montrer que E_{x_1} et F sont en somme directe et E_{x_1} stable par f. Si $F\ oplusE_{x_1} = E$, c'est terminé. Sinon, on choisit $x_2 \in E \setminus (F \oplus E_{x_1})$ et on recommence en remplaçant cette fois ci F par $F \oplus E_{x_1}$. Itérant ainsi le procédé, on voit qu'au bout d'un nombre fini d'itérations (E est de dimension fini), on aura trouvé des vecteurs $x_1, \ldots, x_k$ tels que $E = F \oplus E_{x_1} \oplus \cdots \oplus E_{x_k}$ et pour tout i, E_{x_i} stable par f. Le s.e.v $S = E_{x_1} \oplus \cdots \oplus E_{x_k}$ est donc stable par f et vérifie $F \oplus S = E$.

c) *Condition nécessaire.* Supposons f semi-simple. Soit $\Pi_f = M_1^{\alpha_1} \cdots M_r^{\alpha_r}$ la décomposition de Π_f en facteurs irréductibles unitaires de $\mathbb{K}[X]$. Il s'agit de montrer que pour tout i, $\alpha_i = 1$. Supposons au contraire que pour un i, $\alpha_i \geq 2$. Si $M = M_i$, on voit qu'il existe $N \in \mathbb{K}[X]$ tel que $\Pi_f = M^2 N$.

Soit $F = \operatorname{Ker} M(f)$. Le s.e.v F est stable par f semi-simple donc il existe un supplémentaire S de F stable par f.

Montrons que $MN(f)$ s'annule sur S. Si $x \in S$, alors $MN(f)(x) \in F$ car $M(f)[MN(f)(x)] = \Pi_f(f)(x) = 0$, et $MN(f)(x) \in S$ car S est stable par f. Donc $MN(f)(x) \in F \cap S = \{0\}$, et donc $x = 0$.

L'endomorphisme $MN(f)$ s'annule donc sur S. Il s'annule aussi sur F car si $y \in F = \operatorname{Ker} M(f)$, alors $MN(f)(y) = N[M(f)(y)] = 0$. Comme $F \oplus S = E$, $MN(f)$ s'annule sur E tout entier, *i. e.* $MN(f) = 0$. Ceci contredit la minimalité du degré du polynôme minimal $\Pi_f = M^2 N$. D'où la condition nécessaire.

Condition suffisante. Supposons $\Pi_f = M_1 \cdots M_r$ avec les M_i irréductibles unitaires et distincts deux à deux. Soit F un s.e.v de E stable par f. Pour tout i, notons $F_i = \operatorname{Ker} M_i(f)$. On a $E = F_1 \oplus \cdots \oplus F_r$, et on a vu à la question a) que $F = \oplus_{i=1}^r [F \cap F_i]$.

Pour tout i, F_i est stable par f. Notons $f_i \in \mathcal{L}(F_i)$ la restriction de f à F_i. On a $M_i(f_i) = 0$ et M_i est irréductible, ce qui prouve que le polynôme minimal de f_i est M_i. D'après b), f_i est donc semi-simple. Or $F \cap F_i$ est stable par F_i, donc il existe un s.e.v S_i stable par f_i (donc par f) tel que $(F_i \cap F) \oplus S_i = F_i$. Si maintenant on pose $S = S_1 \oplus \cdots \oplus S_r$, on a

$$E = F_1 \oplus \cdots \oplus F_r = \bigoplus_{i=1}^{r} [(F_i \cap F) \oplus S_i] = [\bigoplus_{i=1}^{r} (F_i \cap F)] \oplus [\bigoplus_{i=1}^{r} S_i] = F \oplus S,$$

et S est stable par f. L'endomorphisme f est donc semi-simple.

d) Si $\mathbb{K}$ est algébriquement clos, les polynômes irréductibles de $\mathbb{K}[X]$ sont les polynômes de degré 1. D'après c), f est donc semi-simple si et seulement si Π_f n'a que des racines simples dans $\mathbb{K}$, *i. e.* si et seulement si f est diagonalisable.

2/ a) *Condition nécessaire.* Supposons M semi-simple. D'après 1/c), Π_M peut s'écrire $\Pi_M = M_1 \cdots M_r$ où les M_i sont irréductibles dans $\mathbb{R}[X]$, unitaires et distincts deux à deux. Montrons que Π_M n'a que des racines simples dans $\mathbb{C}$. Soit $\alpha \in \mathbb{C}$ une racine de Π_M. Il existe i tel que $M_i(\alpha) = 0$, par exemple $M_1(\alpha) = 0$. Comme M_1 est irréductible dans $\mathbb{R}[X]$, α est racine simple de M_1 (en effet, M_1 étant irréductible dans $\mathbb{R}[X]$, M_1 et M_1' sont premiers entre eux dans $\mathbb{R}[X]$ donc il existe $U, V \in \mathbb{R}[X]$ tels que $UM_1 + VM_1' = 1$. Cette relation appliquée à α montre que $M'1(\alpha) \neq 0$). Par ailleurs, si $i \neq 1$, $M_i(\alpha) \neq 0$ (en effet, M_1 et M_i sont irréductibles dans $\mathbb{R}[X]$, unitaires et distincts, donc premiers entre eux dans $\mathbb{R}[X]$, donc il existe $U, V \in \mathbb{R}[X]$ tels que $UM_1 + VM_i = 1$. Cette relation appliquée à α montre que $M_i(\alpha) \neq 0$). En définitive, on a montré que α est racine simple de Π_M.

Condition suffisante. Soit $\Pi_M = M_1^{\alpha_1} \cdots M_r^{\alpha_r}$ la décomposition de Π_M en facteurs irréductibles unitaires de $\mathbb{R}[X]$. D'après 1/c), il suffit de montrer que pour tout i, $\alpha_i = 1$. Comme M est diagonalisable dans $\mathcal{M}_n(\mathbb{C})$, Π_M n'a que des racines simples dans $\mathbb{C}$ (le polynôme minimal de M dans $\mathbb{C}[X]$ est la même que dans $\mathbb{R}[X]$ car si $M^p + a_1 M^{p-1} + \cdots + a_p I_n = 0$ avec les $a_i \in \mathbb{C}$, alors $M^p + \Re(a_1) M^{p-1} + \cdots + \Re(a_p) I_n = 0$). Ceci suffit à montrer que pour tout i, $\alpha_i = 1$.

b) On regarde M comme un endomorphisme de $\mathbb{R}^n$. Démontrons le résultat par récurrence sur $n \in \mathbb{N}^*$. Pour $n = 1$, c'est évident. Supposons le résultat vrai jusqu'au rang $n - 1$ et montrons le au rang n. Si Π_M est scindé sur $\mathbb{R}$, c'est immédiat car alors Π_M est à racines simples d'après 1/c) et donc M est diagonalisable dans $\mathcal{M}_n(\mathbb{R})$.

Sinon Π_M a au moins un facteur irréductible dans $\mathbb{R}[X]$ de degré 2 de la forme $[(X-\alpha)^2 + \beta^2]$, $\alpha \in \mathbb{R}$ et $\beta > 0$. On peut écrire $\Pi_M = [(X-\alpha)^2 + \beta^2]Q$ avec $Q \in \mathbb{R}[X]$. Posons $E = \mathrm{Ker}[(M - \alpha I_n)^2 + \beta^2 I_n]$. On a $E \neq \{0\}$, sinon $(M - \alpha I_n)^2 + \beta^2 I_n$ est inversible et donc $Q(M) = 0$, ce qui contredit la minimalité du degré de Π_M.

Soit $e_1 \in E$, $e_1 \neq 0$. Les vecteurs e_1 et Me_1 sont linéairement indépendants. En effet, s'il existe $\lambda \in \mathbb{R}$ tel que $Me_1 = \lambda e_1$, alors

$$0 = (M - \alpha I_n)^2(e_1) + \beta^2 e_1 = (\lambda - \alpha)^2 e_1 + \beta^2 e_1 = [(\lambda-\alpha)^2 + \beta^2]\, e_1 \neq 0,$$

ce qui est impossible.

Si on pose $e_2 = \frac{1}{\beta}[Me_1 - \alpha e_1]$, la famille (e_1, e_2) est donc libre. Remarquons que $Me_1 = \alpha e_1 + \beta e_2$ et

$$Me_2 = (M - \alpha I_n)(e_2) + \alpha e_2 = \frac{1}{\beta}(M - \alpha I_n)^2(e_1) + \alpha e_2 = -\beta e_1 + \alpha e_2.$$

En résumé, $F = \mathrm{Vect}(e_1, e_2)$ est stable par M et

$$Me_1 = \alpha e_1 + \beta e_2, \qquad Me_2 = -\beta e_1 + \alpha e_2. \tag{*}$$

La matrice M étant semi-simple, on peut trouver un s.e.v G de $\mathbb{R}^n$ stable par M tel que $F \oplus G = \mathbb{R}^n$. Le restriction $M_{|G}$ de M à G est semi-simple (son polynôme minimal vérifie 1/c) car il divise Π_M). Or $\dim G = n - \dim F = n - 2$, donc d'après l'hypothèse de récurrence il existe une base $\mathcal{B} = (f_1, \ldots, f_{n-2})$ de G dans laquelle la matrice de $M_{|G}$ ait la forme $\begin{pmatrix} D & 0 \\ 0 & B \end{pmatrix}$ avec D diagonale et B constituée de blocs de la forme $\begin{pmatrix} a & -b \\ b & a \end{pmatrix}$ centrés sur sa diagonale principale. Dans la base $\mathcal{B}' = \mathcal{B} \cup (e_1, e_2)$, la matrice de M a donc la forme $\begin{pmatrix} D & & 0 \\ & B & \\ 0 & & C \end{pmatrix}$, où $C = \begin{pmatrix} \alpha & -\beta \\ \beta & \alpha \end{pmatrix}$ d'après (*). D'où le résultat.

Remarque. - On peut montrer facilement que la réciproque de 2/b) est vraie.

– On aurait pu montrer 2/b) en diagonalisant M dans $\mathcal{M}_n(\mathbb{C})$ et en travaillant sur les parties réelles et imaginaires de ses vecteurs propres.

– La notion de semi-simplicité est une sorte de prolongement de la notion de diagonalisabilité au cas des corps non algébriquement clos. Dans cette optique, on peut montrer que si $\mathbb{K}$ est un corps commutatif quelconque, toute matrice $M \in \mathcal{M}_n(\mathbb{K})$ peut s'écrire $M = S + N$ avec $SN = NS$, $S \in \mathcal{M}_n(\mathbb{K})$ semi-simple et $N \in \mathcal{M}_n(\mathbb{K})$ nilpotente (résultat à rapprocher de la décomposition de Dunford, voir la partie 4.2).

CHAPITRE V

Espaces euclidiens

La notion de forme quadratique naît avec l'étude des coniques par Fermat au dix-septième siècle puis celle des quadriques par Euler au dix-huitième siècle. C'est Cauchy qui, en 1826 en vue de son enseignement à l'École Polytechnique, unifie les résultats concernant la réduction des formes quadratiques. C'est d'ailleurs sans doute à cette occasion qu'il se pose le problème de la recherche des valeurs propres d'une matrice symétrique (en langage moderne) et démontre la réalité des racines du polynôme obtenu.
Ainsi est née la théorie des espaces euclidiens. Le passage à la dimension infinie s'effectue à la fin du dix-neuvième siècle notamment grâce à Hilbert, puis par Schmidt et Fréchet en 1908.

Les espaces euclidiens et hermitiens ont beaucoup de propriétés communes, et pour cette raison, nous les étudierons parallèlement.

1. Formes quadratiques - Formes hermitiennes

Dans toute cette section, $\mathbb{K}$ désigne un corps commutatif.

1.1. Généralités

On définit d'abord les formes bilinéaires.

DÉFINITION 1 (FORME BILINÉAIRE). Soient E et F deux $\mathbb{K}$-e.v et une application

$$\varphi: \ E \times F \to \mathbb{K} \qquad (x, y) \mapsto \varphi(x, y).$$

On dit que φ est une *forme bilinéaire* si pour tout $x \in E$, l'application $\varphi(x, \cdot): \ y \mapsto \varphi(x, y)$ est linéaire et si pour tout $y \in F$, l'application $\varphi(\cdot, y): \ x \mapsto \varphi(x, y)$ est linéaire.

Les formes sesquilinéaires sont définies lorsque le corps de base est $\mathbb{C}$.

DÉFINITION 2 (FORME SESQUILINÉAIRE). Soient E et F deux $\mathbb{C}$-e.v et une application

$$\varphi: \ E \times F \to \mathbb{C} \qquad (x, y) \mapsto \varphi(x, y).$$

On dit que φ est une forme *sesquilinéaire* si pour tout $x \in E$, l'application $\varphi(x, \cdot)$ est linéaire et si pour tout $y \in F$, l'application $\varphi(\cdot, y)$ est antilinéaire (*i.e.* pour tout $x_1, x_2 \in E$, $\varphi(x_1 + x_2, y) = \varphi(x_1, y) + \varphi(x_2, y)$ et pour tout $\lambda \in \mathbb{C}$, pour tout $x \in E$, $\varphi(\lambda x, y) = \overline{\lambda}\, \varphi(x, y)$).

Remarque 1. – Dans toute la suite, les espaces E et F seront les mêmes.
- Toute forme sesquilinéaire sur $E \times F$ est une forme bilinéaire lorsque les e.v E et F sont considérés comme des $\mathbb{R}$-e.v.

Exemple 1. Si E désigne le $\mathbb{C}$-e.v des fonctions continues de $[0,1]$ dans $\mathbb{C}$, l'application

$$\varphi:\ E^2 \to \mathbb{C} \qquad (f,g) \mapsto \int_0^1 \overline{f(t)}g(t)\,dt$$

définit une forme sesquilinéaire sur E^2.

Dans toute la suite de cette section, E désigne un $\mathbb{K}$-e.v

Écriture en dimension finie. Supposons E de dimension finie et fixons une base $B = (e_1, \ldots, e_n)$ de E. Alors pour tout $x = \sum_{i=1}^n x_i e_i$ et $y = \sum_{j=1}^n y_j e_j$ dans E, la bilinéarité de φ entraîne

$$\varphi(x,y) = \sum_{1\leq i,j\leq n} x_i y_j\ \varphi(e_i,e_j) = {}^tXMY$$

où M est une matrice de $\mathcal{M}_n(\mathbb{K})$ définie par $M = (\varphi(e_i,e_j))_{1\leq i,j\leq n}$ et où X et Y sont les vecteurs colonne $X = \begin{pmatrix} x_1 \\ \vdots \\ x_n \end{pmatrix}$, $Y = \begin{pmatrix} y_1 \\ \vdots \\ y_n \end{pmatrix}$. La matrice M est appelée matrice de φ dans la base B.

Avec les mêmes notations, si E est un $\mathbb{C}$-e.v et φ une forme sesquilinéaire sur E, on a

$$\varphi(x,y) = \sum_{1\leq i,j\leq n} \overline{x_i} y_j \varphi(e_i,e_j) = {}^t\overline{X}MY,$$

où $\overline{X}$ désigne le vecteur conjugué de X (*i.e* les composantes de $\overline{X}$ sont les conjuguées de celles de X). On dit que M est la matrice de φ dans la base B.

L'application qui à φ associe sa matrice dans une base fixée de E est un isomorphisme. En particulier, l'ensemble des formes bilinéaires (ou sesquilinéaires) sur E est un $\mathbb{K}$-espace vectoriel de dimension n^2 (où $n = \dim E$).

Changement de base. On suppose toujours que E est de dimension finie. Soient B et B' deux bases de E, P la matrice de passage de B à B'. Si φ est une forme bilinéaire (resp. sesquilinéaire) sur E, et si M désigne sa matrice dans la base B, M' dans la base B', alors

$$M' = {}^tPMP \qquad (\text{resp. } M' = {}^t\overline{P}MP).$$

On dit que les matrices M et M' sont *congrues*. Les matrices M et M' sont alors équivalentes, donc de même rang. Ce rang s'appelle le rang de φ. Le rang de φ est aussi la dimension du s.e.v des formes linéaires $\varphi(x,\cdot)$ ($x \in E$) dans le dual de E.

Symétries dans les formes bilinéaires et sesquilinéaires.

DÉFINITION 3. Soit φ une forme bilinéaire sur E. On dit que

- φ est *symétrique* si pour tout $(x,y) \in E^2$, $\varphi(x,y) = \varphi(y,x)$,
- φ est *antisymétrique* si pour tout $(x,y) \in E^2$, $\varphi(x,y) = -\varphi(y,x)$.

Remarque 2. – En caractéristique 2, l'antisymétrie équivaut à la symétrie.

- Si E est de dimension finie et si B est une base de E, une forme bilinéaire φ sur E est symétrique (resp. antisymétrique) si et seulement si sa matrice dans la base B est symétrique (resp. antisymétrique).
- Si la caractéristique de $\mathbb{K}$ est différente de 2, si on désigne par $\mathcal{S}_n$ (resp. $\mathcal{A}_n$) le s.e.v des matrices symétriques (resp. antisymétriques) de $\mathcal{M}_n(\mathbb{K})$, on a $\mathcal{S}_n \oplus \mathcal{A}_n = \mathcal{M}_n(\mathbb{K})$. En effet,

$$\mathcal{S}_n \cap \mathcal{A}_n = \{0\} \quad \text{car si} \quad A = {}^tA = -{}^tA, \quad \text{alors} \quad {}^tA = 0 \text{ donc } A = 0.$$

$$\mathcal{S}_n + \mathcal{A}_n = \mathcal{M}_n(\mathbb{K}) \quad \text{car} \quad \forall A \in \mathcal{M}_n(\mathbb{K}), \quad A = \underbrace{\frac{A + {}^tA}{2}}_{\in \mathcal{S}_n} + \underbrace{\frac{A - {}^tA}{2}}_{\in \mathcal{A}_n}.$$

De plus, $\dim \mathcal{S}_n = n(n+1)/2$ et $\dim \mathcal{A}_n = n(n-1)/2$ (si $E_{i,j}$ désigne la matrice dont tous les coefficients sont nuls sauf celui d'indice (i,j) qui vaut 1, la famille $((E_{i,i})_{1\leq i\leq n}, (E_{i,j}+E_{j,i})_{1\leq i<j\leq n})$ est une base de $\mathcal{S}_n$, la famille $(E_{i,j}-E_{j,i})_{1\leq i<j\leq n}$ est une base de $\mathcal{A}_n$).

– En conséquence, si la caractéristique de $\mathbb{K}$ est différente de 2, l'ensemble $\mathcal{S}$ (resp. $\mathcal{A}$) des formes bilinéaires symétriques (resp. antisymétriques) sur E (avec $\dim E = n$) est un $\mathbb{K}$-e.v de dimension $n(n+1)/2$ (resp. $n(n-1)/2$). De plus, si $\mathcal{B}$ désigne le $\mathbb{K}$-e.v des formes bilinéaires sur E, on a $\mathcal{S} \oplus \mathcal{A} = \mathcal{B}$.

DÉFINITION 4. Soit φ une forme sesquilinéaire sur un $\mathbb{C}$-e.v E. On dit que φ est à *symétrie hermitienne* si pour tout $(x,y) \in E^2$, $\varphi(x,y) = \overline{\varphi(y,x)}$.

Remarque 3. – Si φ est à symétrie hermitienne, alors pour tout $x \in E$, $\varphi(x,x) \in \mathbb{R}$ (ceci car $\varphi(x,x) = \overline{\varphi(x,x)}$).

– Si E est de dimension finie sur $\mathbb{C}$ et si B est une base de E, alors une forme sesquilinéaire φ sur E est à symétrie hermitienne si et seulement si sa matrice M dans la base B vérifie ${}^t\overline{M} = M$. On dit alors que M est une matrice *hermitienne.* Toute matrice hermitienne $M \in \mathcal{M}_n(\mathbb{C})$ peut s'écrire de manière unique sous la forme $M = S + iA$, où $S, A \in \mathcal{M}_n(\mathbb{R})$ avec S symétrique et A antisymétrique. L'ensemble des matrices hermitiennes de $\mathcal{M}_n(\mathbb{C})$ forme un $\mathbb{R}$-e.v de dimension n^2 (mais attention, ce n'est pas un $\mathbb{C}$-e.v).

Formes quadratiques. On suppose ici que la caractéristique de $\mathbb{K}$ est différente de 2.

DÉFINITION 5. On appelle *forme quadratique* sur E toute application q de la forme

$$q:\ E \to \mathbb{K} \qquad x \mapsto \varphi(x,x)$$

où φ est une forme bilinéaire sur E.

PROPOSITION 1. *Soit q une forme quadratique sur E. Il existe une unique forme bilinéaire symétrique φ telle que pour tout $x \in E$, $q(x) = \varphi(x,x)$. La forme bilinéaire φ s'appelle la* forme polaire *de q et on a*

$$\forall (x,y) \in E^2, \qquad \varphi(x,y) = \frac{1}{2}\,[q(x+y) - q(x) - q(y)] = \frac{1}{4}[q(x+y) - q(x-y)].$$

Exemple 2. – Si $\varphi(x,y) = \sum_{i,j} a_{i,j} x_i y_j$, la forme quadratique associée à φ est

$$q(x) = \sum_i a_{i,i}\, x_i^2 + \sum_{i<j} (a_{i,j} + a_{j,i})\, x_i x_j.$$

– Réciproquement, si $q(x) = \sum_i a_{i,i}\, x_i^2 + \sum_{i<j} a_{i,j}\, x_i x_j$, alors q est une forme quadratique et sa forme polaire est

$$\varphi(x,y) = \sum_i a_{i,i}\, x_i y_i + \frac{1}{2} \sum_{i<j} a_{i,j}\, (x_i y_j + x_j y_i).$$

DÉFINITION 6. Soit q une forme quadratique sur E, où E est de dimension finie, et B une base de E. On appelle matrice de q dans la base B la matrice de la forme polaire φ de q dans la base B, et rang de q le rang de cette matrice. Le rang de q est aussi le rang de sa forme polaire.

Exemple 3. On se place dans $\mathbb{R}^3$ et on y définit la forme quadratique q par

$$u = (x,y,z) \mapsto q(u) = 3x^2 + y^2 + 2xy - 3xz.$$

Alors la matrice de q dans la base canonique de $\mathbb{R}^3$ est

$$A = \begin{pmatrix} 3 & 1 & -\frac{3}{2} \\ 1 & 1 & 0 \\ -\frac{3}{2} & 0 & 0 \end{pmatrix}.$$

Formes hermitiennes.

DÉFINITION 7. On appelle *forme hermitienne* sur un $\mathbb{C}$-e.v E toute application de la forme

$$\Phi : E \to \mathbb{R} \qquad x \mapsto \varphi(x, x)$$

où φ est une forme sesquilinéaire à symétrie hermitienne.

PROPOSITION 2. *Soit Φ une forme hermitienne. Il existe une unique forme sesquilinéaire à symétrie hermitienne φ telle que pour tout $x \in E$, $\Phi(x) = \varphi(x, x)$. La forme φ s'appelle la forme* polaire *de Φ, et on a*

$$\forall (x, y) \in E^2, \qquad \varphi(x, y) = \frac{1}{4}[\Phi(x + y) - \Phi(x - y) + i\Phi(x - iy) - i\Phi(x + iy)].$$

DÉFINITION 8. Soit Φ une forme hermitienne sur un $\mathbb{C}$-e.v E de dimension finie et B une base de E. On appelle matrice de Φ dans la base B la matrice de sa forme polaire φ dans B, et rang de Φ le rang de cette matrice. Le rang de Φ est aussi le rang de sa forme polaire.

Exemple 4. Sur $\mathbb{C}^2$, si $\Phi : u = (x, y) \mapsto \overline{x}x - 2\overline{y}y + \frac{3}{2}\overline{y}x + \frac{3}{2}y\overline{x}$, alors Φ est une forme hermitienne de forme polaire

$$\varphi(u_1, u_2) = \overline{x_1}x_2 - 2\overline{y_1}y_2 + \frac{3}{2}\overline{y_1}x_2 + \frac{3}{2}\overline{x_1}y_2,$$

et la matrice de Φ dans la base canonique de $\mathbb{R}^2$ est $\begin{pmatrix} 1 & \frac{3}{2} \\ \frac{3}{2} & -2 \end{pmatrix}$, son rang est 2.

1.2. Orthogonalité

E désigne toujours un $\mathbb{K}$-e.v (ou un $\mathbb{C}$-e.v lorsque l'on parle de forme hermitienne). On se fixe une forme quadratique (resp. hermitienne) Φ de forme polaire φ.

DÉFINITION 9. On appelle *cône isotrope* de Φ l'ensemble $C_\Phi = \{x \in E \mid \Phi(x) = 0\}$. On dit que Φ est *définie* si $C_\Phi = \{0\}$. Un vecteur $x \in E$ est dit *isotrope* (pour Φ) si $\Phi(x) = 0$, *i.e.* $x \in C_\Phi$.

DÉFINITION 10. Deux vecteurs x et y de E sont dit orthogonaux selon Φ (ou selon φ) si $\varphi(x, y) = 0$ (ce qui équivaut à $\varphi(y, x) = 0$).

Soit $A \subset E$. On appelle orthogonal de A selon Φ (ou φ) l'ensemble

$$A^\perp = \{y \in E \mid \forall x \in A, \varphi(x, y) = 0\}.$$

Deux sous ensembles A et B de E sont dit orthogonaux selon Φ (ou selon φ) si pour tout $x \in A$ et pour tout $y \in B$, $\varphi(x, y) = 0$. On note alors $A \perp B$.

Remarque 4. – Si $A \subset E$, $A^\perp$ est un s.e.v de E et on a $A^\perp = (\mathrm{Vect}\, A)^\perp$.
- Si B désigne le sous ensemble de E^* (dual de E) défini par $B = \{\varphi(x, \cdot) \mid x \in A\}$, $A^\perp$ est l'orthogonal (au sens dual) de B, *i. e.* $A^\perp = B^\circ$ (voir la partie 4.3 du chapitre III).

PROPOSITION 3. *On parle d'orthogonalité au sens de Φ.*

$$\text{(i)} \quad \text{Si } F \subset E, \quad F \subset F^{\perp\perp} \qquad \text{(ii)} \quad \text{Si } A \subset B \subset E, \quad B^\perp \subset A^\perp.$$

DÉFINITION 11. On appelle *noyau* de Φ le s.e.v de E noté $\operatorname{Ker}\Phi$ défini par

$$\operatorname{Ker}\Phi = E^{\perp} = \{x \in E \mid \forall y \in E, \varphi(x,y) = 0\}.$$

La forme Φ est dite *non dégénérée* si $\operatorname{Ker}\Phi = \{0\}$, *dégénérée* si $\operatorname{Ker}\Phi \neq \{0\}$.

PROPOSITION 4. *On a* $\operatorname{Ker}\Phi \subset C_{\Phi}$. *En particulier, si* Φ *est définie, alors* Φ *est non dégénérée.*

Remarque 5. La réciproque est fausse. Par exemple, si $\Phi(u) = \Phi(x,y) = x^2 - y^2$, Φ est non dégénérée mais n'est pas définie puisque pour tout x, $\Phi(x,x) = \Phi(x,-x) = 0$.

Notation. Pour unifier les notations, pour toute matrice M à coefficients dans $\mathbb{K}$, on note M^* la transposée de M. Lorsque le corps de base est $\mathbb{C}$ et que l'on parle de forme hermitienne, la notation M^* désigne la transconjuguée de M (*i.e.* $M^* = {}^t\overline{M}$). Ainsi en dimension finie, si A désigne la matrice de φ dans une base B de E, on a $A^* = A$ et pour tout x, y, $\varphi(x,y) = X^*AY$. Cette notation est avantageuse puisqu'elle permet de traiter en même temps le cas des formes quadratiques et des formes hermitiennes.

PROPOSITION 5. *Supposons E de dimension finie. Soit B une base de E. En identifiant les vecteurs de E et leur représentation en vecteurs colonne dans la base B, on a* $\operatorname{Ker}\Phi = \operatorname{Ker} A$, *où A désigne la matrice de Φ dans la base B.*

Démonstration. On a $x \in \operatorname{Ker}\Phi \iff \forall y \in E,\ \varphi(x,y) = 0 \iff \forall Y, X^*AY = 0 \iff X^*A = 0 \iff (X^*A)^* = A^*X = AX = 0 \iff X \in \operatorname{Ker} A$. □

Bases Φ-orthogonales.

DÉFINITION 12. Une base B de E est dite *Φ-orthogonale* si pour tout couple d'éléments distincts (e, e') de B, on a $\varphi(e, e') = 0$.

Remarque 6. En dimension finie, si $B = (e_1, \dots, e_n)$ est une base Φ-orthogonale, alors

$$\Phi\left(\sum_{i=1}^{n} x_i\, e_i\right) = \sum_{i=1}^{n} x_i^2 \Phi(e_i).$$

Autrement dit, la matrice de Φ dans la base B est diagonale.

THÉORÈME 1. *Si E est de dimension finie, il existe une base Φ-orthogonale de E.*

Démonstration. On procède par récurrence sur la dimension n de E. Pour $n = 1$, il n'y a rien à montrer. Supposons le résultat vrai au rang $n-1$ et montrons le au rang n. Si Φ est identiquement nulle, alors toute base de E est Φ-orthogonale. Sinon, il existe $v \in E$ tel que $\Phi(v) \neq 0$. Dans ce cas, l'application $f = \varphi(v, \cdot)$ définie par $f(x) = \varphi(v, x)$ est une forme linéaire non nulle sur E. Son noyau H est un hyperplan de E, et comme $v \notin H$, on a $E = H \oplus \operatorname{Vect}(v)$. Comme $\dim H = n-1$, d'après l'hypothèse de récurrence, il existe une base $(e_1, \dots, e_{n-1})$ de H orthogonale pour $\Phi_{|H}$. On voit alors facilement que $(e_1, \dots, e_{n-1}, v)$ est une base Φ-orthogonale. □

COROLLAIRE 1. *Soit $A \in \mathcal{M}_n(\mathbb{K})$ telle que $A^* = A$. Il existe une matrice inversible P telle que P^*AP soit une matrice diagonale.*

Démonstration. L'application Φ définie sur $\mathbb{K}^n$ par $\Phi(X) = X^*AX$ est une forme quadratique (resp. hermitienne) dont la forme polaire est $\varphi : (X,Y) \mapsto X^*AY$. D'après le théorème précédent, il existe une base B de $\mathbb{K}^n$ qui est Φ-orthogonale. La matrice M de Φ dans B est diagonale, et si P désigne la matrice de passage de la base canonique de $\mathbb{K}^n$ à B, on a $M = P^*AP$, d'où le résultat.
□

Si Φ est une forme quadratique, le théorème 1 assure en dimension finie l'existence d'une base $(e_1, \ldots, e_n)$ Φ-orthogonale. En posant $\lambda_i = \Phi(e_i)$, on a

$$\forall x \in E, \qquad \Phi(x) = \Phi\left(\sum_{i=1}^{n} e_i^*(x)\, e_i\right) = \sum_{i=1}^{n} \lambda_i\, (e_i^*(x))^2.$$

En d'autres termes, on a écrit Φ comme combinaison linéaire de carrés de formes linéaires indépendantes. Dans la pratique, ces formes linéaires peuvent être calculées grâce à la méthode qui suit.

Méthode de Gauss. Donnons nous une forme quadratique

$$\Phi(x_1, \ldots, x_n) = \sum_{i=1}^{n} a_{i,i}\, x_i^2 + \sum_{1 \leq i < j \leq n} a_{i,j}\, x_i x_j.$$

En procédant par récurrence, nous allons écrire Φ comme combinaison linéaire de carrés de formes linéaires indépendantes. Il y a deux cas.

Premier cas. Il existe au moins un indice i tel que $a_{i,i} \neq 0$, par exemple $a = a_{1,1} \neq 0$. On peut écrire Φ sous la forme

$$\Phi(x_1, \ldots, x_n) = a\, x_1^2 + x_1 B(x_2, \ldots, x_n) + C(x_2, \ldots, x_n),$$

où B est une forme linéaire en $(x_2, \ldots, x_n)$ et C une forme quadratique en $(x_2, \ldots, x_n)$. On réécrit Φ comme

$$\Phi(x_1, \ldots, x_n) = a\left(x_1 + \frac{B(x_2, \ldots, x_n)}{2a}\right)^2 + \left[C(x_2, \ldots, x_n) - \frac{B(x_2, \ldots, x_n)^2}{4a}\right].$$

En d'autres termes, on a écrit Φ comme la somme d'une constante multipliée par le carré d'une forme linéaire (ici $a[x_1 + B/(2a)]^2$) et d'une forme quadratique en $x_2, \ldots, x_n$ (ici, $C - B^2/(4a)$). On itère alors la méthode de Gauss en partant cette fois de $C - B^2/(4a)$, et on obtient finalement la réduction souhaitée.

Second cas. Pour tous les indices i, $a_{i,i} = 0$. Si Φ est nulle, c'est terminé, sinon il existe au moins un $a_{i,j}$ non nul (avec $i < j$), par exemple $a = a_{1,2} \neq 0$. On peut écrire Φ sous la forme

$$\Phi(x_1, \ldots, x_n) = a\, x_1 x_2 + x_1\, B(x_3, \ldots, x_n) + x_2\, C(x_3, \ldots, x_n) + D(x_3, \ldots, x_n),$$

où B et C sont des formes linéaires et D une forme quadratique en $(x_3, \ldots, x_n)$. On réécrit Φ comme

$$\begin{aligned}\Phi(x_1, \ldots, x_n) &= a\left(x_1 + \frac{C}{a}\right)\left(x_2 + \frac{B}{a}\right) + \left(D - \frac{BC}{a}\right) \\ &= \frac{a}{4}\left[\left(x_1 + x_2 + \frac{B + C}{a}\right)^2 - \left(x_1 - x_2 + \frac{C - B}{a}\right)^2\right] + \left[D - \frac{BC}{a}\right].\end{aligned}$$

Les deux premiers termes du dernier membre de cette égalité sont les carrés de formes linéaires, et on itère la méthode de Gauss en partant cette fois de $D - BC/a$, forme quadratique en $(x_3, \ldots, x_n)$.

Remarque 7. — Il existe bien sûr d'autres moyens d'écrire une forme quadratique comme combinaison linéaire de carrés de formes linéaires. L'avantage de la méthode de Gauss est qu'elle assure l'indépendance des formes linéaires obtenues (résultat non démontré ici, mais facile à obtenir).

– Le cas des formes hermitiennes se traite de manière analogue, en remplaçant les carrés par les carrés des modules. Par exemple la forme hermitienne

$$\Phi(x,y) = x\overline{y} + \overline{x}y \quad \text{se réduit en} \quad \Phi(x,y) = \frac{1}{2}(|x+y|^2 - |x-y|^2).$$

La forme hermitienne

$$\Phi(x,y,z) = x\overline{x} + y\overline{y} - 2i\overline{x}y + 2ix\overline{y} + 2y\overline{z} + 2\overline{y}z \quad \text{se réduit en}$$

$$\Phi(x,y,z) = (x-2iy)(\overline{x}+2i\overline{y}) - 3y\overline{y} + 2\overline{y}z + 2y\overline{z} = |x-2iy|^2 - 3\left|y - \frac{2z}{3}\right|^2 + \frac{4}{3}|z|^2.$$

Propriétés des orthogonaux selon Φ. La lettre Φ désigne toujours une forme quadratique (resp. hermitienne) sur E et lorsque l'on parlera d'orthogonal, ce sera par rapport à Φ.

PROPOSITION 6. *Supposons E de dimension finie. Tout s.e.v F de E vérifie*

(i) $\dim F + \dim F^\perp = \dim E + \dim(F \cap \operatorname{Ker} \Phi)$.
(ii) $F^{\perp\perp} = F + \operatorname{Ker} \Phi$.

Démonstration. (i). On considère l'application $\psi : F \to E^* \quad x \mapsto \varphi(x,\cdot)$. Cette application est linéaire, donc $\dim(\operatorname{Ker}\psi) + \dim(\operatorname{Im}\psi) = \dim F$. Or $\operatorname{Ker}\psi = F \cap \operatorname{Ker}\Phi$ et $(\operatorname{Im}\psi)^\circ = F^\perp$ (voir la remarque 4). Comme d'après le théorème 3 de la partie 4.3 du chapitre III (page 128), on a $\dim(\operatorname{Im}\psi)^\circ = \dim E - \dim(\operatorname{Im}\psi)$, on en déduit

$$\dim F^\perp = \dim E - (\dim F - \dim(\operatorname{Ker}\psi)) = \dim E - \dim F + \dim(F \cap \operatorname{Ker}\Phi),$$

d'où (i).

(ii). On a $F \subset F^{\perp\perp}$ et $\operatorname{Ker}\Phi \subset F^{\perp\perp}$, donc $F + \operatorname{Ker}\Phi \subset F^{\perp\perp}$. Pour prouver l'égalité, nous allons prouver l'égalité des dimensions. En appliquant (i) à $F^\perp$, on a

$$\dim F^\perp + \dim F^{\perp\perp} = \dim E + \dim \operatorname{Ker}(F^\perp \cap \operatorname{Ker}\Phi) = \dim E + \dim(\operatorname{Ker}\Phi)$$

(comme $\operatorname{Ker}\Phi \subset F^\perp$, $F^\perp \cap \operatorname{Ker}\Phi = \operatorname{Ker}\Phi$). En retranchant (i) à cette égalité, on obtient

$$\dim F^{\perp\perp} - \dim F = \dim(\operatorname{Ker}\Phi) - \dim(F \cap \operatorname{Ker}\Phi)$$

donc $\dim F^{\perp\perp} = \dim(F + \operatorname{Ker}\Phi)$ et le résultat. □

PROPOSITION 7. *Si Φ est définie et si F est un s.e.v de dimension finie de E (mais E de dimension quelconque), alors*

$$\textit{(i)} \quad F \oplus F^\perp = E \qquad \textit{(ii)} \quad F = F^{\perp\perp}.$$

Démonstration. Si $x \in F \cap F^\perp$, alors $\varphi(x,x) = 0$ et comme φ est définie, on a $x = 0$. Autrement dit, $F \cap F^\perp = \{0\}$ $(*)$.

D'après le théorème 1, il existe une base $(e_1, \ldots, e_p)$ de F orthogonale pour la restriction de Φ à F. Soit $x \in E$. On cherche à écrire $x = y + z$ avec $y \in F$ et $z \in F^\perp$. Écrivons $y = \sum_{i=1}^p \lambda_i e_i$. Alors $z = x - y \in F^\perp$ si et seulement si pour tout $j \in \{1, \ldots, p\}$, $\varphi(e_j, z) = 0$, *i.e.* si pour tout j, $\varphi(e_j, x) - \lambda_j \varphi(e_j, e_j) = 0$. En choisissant $\lambda_i = \dfrac{\varphi(e_i, x)}{\varphi(e_i, e_i)}$, on voit donc que $x = y + z$, avec $y \in F$ et $z \in F^\perp$. Donc $F + F^\perp = E$ d'où (i) avec $(*)$.

On sait (voir proposition 3) que $F \subset F^{\perp\perp}$. Montrons l'inclusion réciproque. Soit $x \in F^{\perp\perp}$. D'après (i), il existe $y \in F$ et $z \in F^\perp$ tels que $x = y+z$. Or $\varphi(x,z) = 0 = \varphi(y,z) + \varphi(z,z) = \varphi(z,z)$, donc $z \in C_\Phi$ et Φ étant définie, $z = 0$. Donc $x = y \in F$, d'où $F^{\perp\perp} \subset F$. □

Loi d'inertie de Sylvester. Dans toute la suite, Φ représente soit une forme quadratique sur un $\mathbb{R}$-e.v E, soit une forme hermitienne sur un $\mathbb{C}$-e.v E.

Supposons E de dimension finie n. D'après le théorème 1, il existe une base $(e_1, \ldots, e_n)$ qui est Φ-orthogonale. Ceci entraîne que pour tout $x = \sum_{i=1}^n x_i e_i$,

$$\Phi(x) = \sum_{i=1}^n |x_i|^2 \Phi(e_i) = \sum_{i=1}^n \lambda_i \, |e_i^*(x)|^2, \quad \text{où} \quad \lambda_i = \Phi(e_i) \in \mathbb{R}.$$

Chaque λ_i est soit positif, soit négatif, soit nul. Supposons par exemple

$$\lambda_1, \ldots, \lambda_q > 0, \quad \lambda_{p+1}, \ldots, \lambda_{p+q} < 0 \quad \text{et} \quad \lambda_{p+q+1} = \cdots = \lambda_n = 0.$$

Pour i, $1 \leq i \leq p$, on peut écrire $\lambda_i = \omega_i^2$ et pour i, $p+1 \leq i \leq p+q$, on peut écrire $\lambda_i = -\omega_i^2$, où les ω_i sont réels non nuls. En posant $f_i = \omega_i e_i^*$, on a

$$\Phi(x) = |f_1(x)|^2 + \cdots + |f_p(x)|^2 - |f_{p+1}(x)|^2 - \cdots - |f_{p+q}(x)|^2, \qquad (*)$$

et $f_1, \ldots, f_{p+q}$ sont des formes linéaires linéairement indépendantes.

→ THÉORÈME 2 (SYLVESTER). *Quelle que soit la décomposition de Φ du type (*)*

$$\Phi(x) = |g_1(x)|^2 + \cdots + |g_{p'}(x)|^2 - |g_{p'+1}(x)|^2 - \cdots - |g_{p'+q'}(x)|^2, \qquad (**)$$

où $g_1, \ldots, g_{p'+q'}$ sont des formes linéaires linéairement indépendantes, on a $p' = p$ et $q' = q$. Le couple (p, q) s'appelle la signature *de Φ, et le rang de Φ est égal à $p+q$.*

Démonstration. Supposons $p \neq p'$, par exemple $p' > p$. Complétons $g_1, \ldots, g_{p'+q'}$ en une base $g_1, \ldots, g_n$ de E^*. Les formes linéaires $f_1, \ldots, f_p, g_{p'+1}, \ldots, g_n$ sont au nombre de $p + n - p' < n$, et donc

$$\exists x \neq 0, \qquad f_1(x) = \cdots = f_p(x) = g_{p'+1}(x) = \cdots = g_n(x) = 0.$$

Ceci entraîne $\Phi(x) \leq 0$ d'après l'expression (*) de Φ. Au moins l'un des $g_i(x)$ pour $1 \leq i \leq p'$ est non nul, car sinon on aurait $g_1(x) = \cdots = g_{p'}(x) = g_{p'+1}(x) = \cdots = g_n(x) = 0$ et donc $x = 0$ car $(g_i)_{1 \leq i \leq n}$ est une base de E^*. Donc $\Phi(x) > 0$ d'après l'expression (**) de Φ, ce qui est contradictoire. Ainsi $p = p'$. On montrerait de même que $q = q'$.

Quant au rang de Φ, il suffit de remarquer que la matrice de Φ dans la base Φ-orthogonale $(e_1, \ldots, e_n)$ est $\begin{pmatrix} I_p & 0 & 0 \\ 0 & -I_q & 0 \\ 0 & 0 & 0 \end{pmatrix}$, donc de rang $p+q$. □

Remarque 8. Si on trouve trois s.e.v F^+, F^-, F^0 de E qui sont Φ-orthogonaux deux à deux, tels que $F^+ \oplus F^- \oplus F^0 = E$, $\Phi(x) > 0$ sur $F^+ \setminus \{0\}$, $\Phi(x) < 0$ sur $F^- \setminus \{0\}$ et $\Phi(x) = 0$ sur F^0, alors la signature de Φ est $(\dim F^+, \dim F^-)$. En effet, si $(e_1, \ldots, e_p)$ (resp. $(e_{p+1}, \ldots, e_{p+q})$, $(e_{p+q+1}, \ldots, e_n)$) est une base orthogonale pour la restriction de Φ à F^+ (resp. à F^-, à F^0), alors $(e_1, \ldots, e_n)$ est une base de E, et on peut écrire

$$\Phi(x) = \sum_{i=1}^p \Phi(e_i) \, |e_i^*(x)|^2 + \sum_{i=p+1}^{p+q} \Phi(e_i) \, |e_i^*(x)|^2$$

avec $\Phi(e_i) > 0$ pour $1 \leq i \leq p$ et $\Phi(e_i) < 0$ pour $p+1 \leq i \leq p+q$.

1.3. Formes quadratiques et hermitiennes positives

Ici aussi, Φ désigne une forme quadratique sur un $\mathbb{R}$-e.v E ou une forme hermitienne sur un $\mathbb{C}$-e.v E, associé à la forme polaire φ. On dira que Φ est positive si pour tout $x \in E$, $\Phi(x) \geq 0$. En dimension finie, la signature d'une forme positive est de la forme $(p, 0)$.

→ THÉORÈME 3 (INÉGALITÉ DE SCHWARZ). *Si Φ est positive, alors*

$$\forall (x, y) \in E^2, \qquad |\varphi(x, y)|^2 \leq \Phi(x)\Phi(y). \qquad (*)$$

Si de plus Φ est définie, il y a égalité si et seulement si x et y forment une famille liée.

Démonstration. Même si Φ est une forme hermitienne, on peut supposer $\varphi(x,y) \in \mathbb{R}$, quitte à multiplier x par $e^{i\theta}$ avec $\theta \in \mathbb{R}$ bien choisi. On a

$$\forall\lambda \in \mathbb{R}, \Phi(\lambda x + y) = \lambda^2\Phi(x) + 2\lambda\varphi(x,y) + \Phi(y) \geq 0. \qquad (**)$$

Si $\Phi(x) = 0$, pour tout $\lambda \in \mathbb{R}$, (**) s'écrit $2\lambda\varphi(x,y) + \Phi(y) \geq 0$, ce qui entraîne $\varphi(x,y) = 0$.

Sinon $\Phi(x) \neq 0$, et le trinôme du second degré (**) en λ a un discriminant négatif, ce qui s'écrit $\varphi(x,y)^2 - \Phi(x)\Phi(y) \leq 0$, d'où l'inégalité.

Supposons Φ définie et $x \neq 0$ (le cas $x = 0$ est trivial). Alors $\Phi(x) \neq 0$, de sorte que (*) est une égalité si et seulement si le discriminant de (**) est nul, c'est à dire si et seulement s'il existe $\lambda_0 \in \mathbb{R}$ tel que $\Phi(\lambda_0 x + y) = 0$, ce qui équivaut à $\lambda_0 x + y = 0$ puisque Φ est définie, c'est-à-dire que la famille (x,y) est liée. □

Conséquence. Si Φ est positive, alors $C_\Phi = \operatorname{Ker}\Phi$, C_Φ désignant le cône isotrope de Φ. En particulier, une forme positive Φ est définie si et seulement si elle est non dégénérée.

Remarque 9. Si E est normé, l'inégalité de Schwarz entraîne la continuité de la forme bilinéaire (ou sesquilinéaire) φ (résultat indépendant de la dimension de E).

COROLLAIRE 2 (INÉGALITÉ DE MINKOWSKY). *Si Φ est positive, alors*

$$\forall(x,y) \in E^2, \qquad \sqrt{\Phi(x+y)} \leq \sqrt{\Phi(x)} + \sqrt{\Phi(y)}.$$

L'inégalité de Minkowsky est une conséquence immédiate de l'inégalité de Schwarz. Elle exprime que si Φ est positive, $S(x) = \sqrt{\Phi(x)}$ définit une semi-norme. Si de plus Φ est définie, S est une norme (on dit alors que φ est un produit scalaire, voir la section 2).

1.4. Exercices

EXERCICE 1. Décomposer sous forme de somme de carrés les formes quadratiques ou hermitiennes suivantes ; en déduire leur signature et leur rang.

a) $\Phi(x,y,z,t) = xy + yz + zt + tx$, $(x,y,z,t) \in \mathbb{R}^4$.

b) $\Phi(x,y,z) = x^2 - 2y^2 + xz + yz$, $(x,y,z) \in \mathbb{R}^3$.

c) $\Phi(x,y,z) = \overline{x}x + \overline{y}y + \overline{z}z + \overline{x}y + x\overline{y} - \overline{y}z - y\overline{z}$, $(x,y,z) \in \mathbb{C}^3$.

Solution. On va appliquer la méthode de Gauss, garantissant ainsi l'indépendance linéaire des formes linéaires obtenues, ce qui nous permettra de calculer la signature de la forme correspondante.

a) Il suffit d'écrire

$$\Phi(x,y,z,t) = (x+z)(y+t) = \frac{1}{4}[(x+z+y+t)^2 - (x+z-y-t)^2].$$

La signature de Φ est donc (1,1), son rang $1 + 1 = 2$.

b) On a

$$\Phi(x,y,z) = \left(x+\frac{z}{2}\right)^2 - \frac{z^2}{4} - 2y^2 + yz = \left(x+\frac{z}{2}\right)^2 - 2\left(y-\frac{z}{4}\right)^2 + \frac{z^2}{8} - \frac{z^2}{4}$$
$$= \left(x+\frac{z}{2}\right)^2 - 2\left(y-\frac{z}{4}\right)^2 - \frac{z^2}{8}.$$

La signature de Φ est donc $(1,2)$, son rang est 3.

c) On a

$$\Phi(x,y,z) = (x+y)(\overline{x}+\overline{y}) + z\overline{z} - \overline{y}z - y\overline{z}$$
$$= (x+y)(\overline{x}+\overline{y}) + (z-y)(\overline{z}-\overline{y}) - y\overline{y} = |x+y|^2 + |z-y|^2 - |y|^2.$$

La signature de Φ est donc $(2,1)$ et son rang est 3.

Exercice 2. Soit $n \in \mathbb{N}^*$. On note $\mathbb{C}_n[X] = \{P \in \mathbb{C}[X] \mid \deg(P) \leq n\}$. Démontrer que l'application

$$\Phi : \mathbb{C}_n[X] \to \mathbb{C} \quad P \mapsto \int_{-1}^{1} \overline{P(x)} P(-x)\, dx$$

est une forme hermitienne et calculer sa signature.

Solution. La forme sesquilinéaire

$$\varphi : \mathbb{C}_n[X]^2 \to \mathbb{C} \quad (P, Q) \mapsto \int_{-1}^{1} \overline{P(x)} Q(-x)\, dx$$

est à symétrie hermitienne (on le vérifie facilement en effectuant le changement de variable $x \to -x$ dans l'intégrale), et Φ est sa forme hermitienne associée.

Notons $\mathcal{P}$ (resp. $\mathcal{I}$) le s.e.v des fonctions paires (resp. impaires) de $\mathbb{C}_n[X]$. On a $\mathcal{P} \oplus \mathcal{I} = \mathbb{C}_n[X]$ puisque

$$\text{si} \quad P \in \mathcal{P} \cap \mathcal{I},\ P(-X) = P(X) = -P(X) \quad \text{donc} \quad P = 0, \qquad \text{ainsi} \quad \mathcal{P} \cap \mathcal{I} = \{0\}$$

et

$$\forall P \in \mathbb{C}_n[X], \quad P(X) = \underbrace{\frac{P(X) + P(-X)}{2}}_{\in \mathcal{P}} + \underbrace{\frac{P(X) - P(-X)}{2}}_{\in \mathcal{I}}, \quad \text{donc} \quad \mathcal{P} + \mathcal{I} = \mathbb{C}_n[X].$$

Si $P \in \mathcal{P}$, $P \neq 0$, est une fonction paire, alors

$$\Phi(P) = \int_{-1}^{1} \overline{P(x)} P(x)\, dx = \int_{-1}^{1} |P(x)|^2\, dx > 0,$$

et si $P \in \mathcal{I}$, $P \neq 0$, est impaire,

$$\Phi(P) = \int_{-1}^{1} \overline{P(x)}(-P(x))\, dx = -\int_{-1}^{1} |P(x)|^2\, dx < 0.$$

De plus, $\mathcal{P}$ et $\mathcal{I}$ sont Φ-orthogonaux car

$$\forall (P, Q) \in \mathcal{P} \times \mathcal{I}, \qquad \int_{-1}^{1} \overline{P(x)} Q(-x)\, dx = \int_{-1}^{1} \overline{P(-x)}(-Q(x))\, dx = -\int_{-1}^{1} \overline{P(x)} Q(-x)\, dx,$$

donc $\varphi(P, Q) = 0$. Avec la remarque 8, on en conclue que la signature de Φ est $(\dim \mathcal{P}, \dim \mathcal{I}) = ([n/2] + 1, [(n+1)/2])$.

Exercice 3 (Quelques formes quadratiques sur $\mathcal{M}_n(\mathbb{R})$). Montrer que les applications suivantes sont des formes quadratiques et calculer leur signature.

a) $q_1 : \mathcal{M}_n(\mathbb{R}) \to \mathbb{R} \quad A \mapsto (\operatorname{tr} A)^2$.

b) $q_2 : \mathcal{M}_n(\mathbb{R}) \to \mathbb{R} \quad A \mapsto \operatorname{tr}({}^t\!AA)$.

c) $q_3 : \mathcal{M}_n(\mathbb{R}) \to \mathbb{R} \quad A \mapsto \operatorname{tr}(A^2)$.

d) $q_4 : \mathcal{M}_n(\mathbb{R}) \to \mathbb{R} \quad A \mapsto \operatorname{tr}(SA{}^t\!A)$, où $S \in \mathcal{M}_n(\mathbb{R})$ est une matrice symétrique fixée.

Solution. Tout au long de l'exercice, nous aurons besoin du résultat suivant :

$$\text{Si} \quad P = (p_{i,j})_{1 \leq i,j \leq n} \quad \text{et} \quad Q = (q_{i,j})_{1 \leq i,j \leq n} \in \mathcal{M}_n(\mathbb{R}), \quad \text{on a} \quad \operatorname{tr}(PQ) = \sum_{1 \leq i,j \leq n} p_{i,j}\, q_{j,i}. \quad (*)$$

La preuve est simple, il suffit de remarquer que l'élément d'indice (i, i) dans la produit PQ est égal à $\sum_{j=1}^{n} p_{i,j}\, q_{j,i}$.

a) L'application q_1 est bien une forme quadratique, sa forme polaire étant $\varphi_1 : (A, B) \mapsto \operatorname{tr}(A) \operatorname{tr}(B)$.

L'application trace est une forme linéaire sur $\mathcal{M}_n(\mathbb{R})$. Son noyau H est donc un hyperplan de $\mathcal{M}_n(\mathbb{R})$. Soit S un supplémentaire de H dans $\mathcal{M}_n(\mathbb{R})$, de sorte que $\dim S = 1$ et $\forall A \in S$, $A \neq 0$, $\operatorname{tr} A \neq 0$. Ainsi,

$$\forall A \in H, \quad q_1(A) = 0 \quad \text{et} \quad \forall B \in S, B \neq 0, \quad q_1(B) > 0. \qquad (**)$$

De plus, pour tout couple $(A, B) \in H \times S$, $\varphi_1(A, B) = \operatorname{tr}(A)\operatorname{tr}(B) = 0$, donc H et S sont q_1-orthogonaux. Avec (**) et d'après la remarque 8, ceci suffit pour conclure que la signature de q_1 est $(1, 0)$.

b) On a bien affaire à une forme quadratique, la forme polaire associée étant $\varphi_2 : (A, B) \mapsto \operatorname{tr}({}^tAB)$. Maintenant, en appliquant le principe (*), on voit que toute matrice $A = (a_{i,j})_{1\leq i,j\leq n} \in \mathcal{M}_n(\mathbb{R})$ vérifie $q_2(A) = \sum_{i,j} a_{i,j}^2$, ce qui suffit à prouver que q_2 est une forme définie positive, donc de signature $(n^2, 0)$ (en d'autres termes, c'est un produit scalaire sur $\mathcal{M}_n(\mathbb{R})$).

c) La forme polaire associée à q_3 est $\varphi_3 : (A, B) \mapsto \operatorname{tr}(AB)$.

La relation (*) prouve que si $A \in \mathcal{S}$ (s.e.v des matrices symétriques de $\mathcal{M}_n(\mathbb{R})$), $q_3(A) = \sum_{i,j} a_{i,j}^2$ donc la restriction $q_{3|\mathcal{S}}$ de q_3 à $\mathcal{S}$ est définie positive. Si $A \in \mathcal{A}$ (s.e.v des matrices antisymétriques), (*) montre que $q_3(A) = -\sum_{i,j} a_{i,j}^2$, ce qui prouve que $q_{3|\mathcal{A}}$ est définie négative. De plus, $\mathcal{S} \oplus \mathcal{A} = \mathcal{M}_n(\mathbb{R})$ (voir la remarque 2) et $\mathcal{S}$ et $\mathcal{A}$ sont φ_3-orthogonaux puisque si $S \in \mathcal{S}$ et $A \in \mathcal{A}$,

$$\varphi_3(S, A) = \operatorname{tr}(SA) = \operatorname{tr}({}^t(SA)) = \operatorname{tr}({}^tA\,{}^tS) = \operatorname{tr}(-AS) = -\operatorname{tr}(SA) = -\varphi_3(S, A),$$

donc $\varphi_3(S, A) = 0$. D'après la remarque 8, ceci suffit pour conclure que la signature de q_3 est $(\dim \mathcal{S}, \dim \mathcal{A}) = (n(n+1)/2, n(n-1)/2)$.

d) Remarquons tout d'abord que $q_4(A) = \operatorname{tr}(SA\,{}^tA) = \operatorname{tr}({}^tASA)$. Sa forme polaire est $\varphi_4 : (A, B) \mapsto \operatorname{tr}({}^tASB)$.

La matrice S est symétrique. L'application $\mathbb{R}^n \to \mathbb{R} \quad X \mapsto {}^tXSX$ est une forme quadratique. Si on note (p, q) sa signature, on s'aperçoit que S est congrue à la matrice $J = \begin{pmatrix} I_p & 0 & 0 \\ 0 & -I_q & 0 \\ 0 & 0 & 0 \end{pmatrix}$, autrement dit

$$\exists P \in \mathcal{G}\ell_n(\mathbb{R}), \qquad {}^tPSP = J = \begin{pmatrix} I_p & 0 & 0 \\ 0 & -I_q & 0 \\ 0 & 0 & 0 \end{pmatrix}.$$

Maintenant, on se donne $B \in \mathcal{M}_n(\mathbb{R})$ et on écrit $B = PA$ avec $A = (a_{i,j})_{1\leq i,j,\leq n} \in \mathcal{M}_n(\mathbb{R})$. Un peu d'attention montre que

$$q_4(B) = q_4(PA) = \operatorname{tr}({}^tA\,{}^tPSPA) = \operatorname{tr}({}^tAJA) = \sum_{j=1}^{p}\sum_{i=1}^{n} a_{i,j}^2 - \sum_{j=p+1}^{p+q}\sum_{i=1}^{n} a_{i,j}^2. \qquad (***)$$

Les applications $f_{i,j} : B \mapsto a_{i,j}$ où $a_{i,j}$ est le coefficient d'indice (i, j) dans $A = P^{-1}B$ formant une famille libre de formes linéaires de $\mathcal{M}_n(\mathbb{R})^*$, l'expression (***) montre que la signature de q_4 est (np, nq).

EXERCICE 4. Soit E un $\mathbb{R}$-e.v de dimension finie et Φ une forme quadratique sur E. Si Φ est définie, montrer que Φ est soit positive soit négative.

Solution. Soit (p, q) la signature de Φ (au passage, on a $p + q = \dim E$ car Φ étant définie, Φ est non dégénérée, c'est à dire $\operatorname{rg} \Phi = p + q = \dim E$). Il s'agit de montrer que $p = 0$ ou $q = 0$. Nous allons raisonner par l'absurde en supposant $p \neq 0$ et $q \neq 0$. On peut écrire

$$\Phi(x) = \sum_{i=1}^{p} \varphi_i(x)^2 - \sum_{i=1}^{q} \psi_i(x)^2,$$

où $\varphi_1, \ldots, \varphi_p, \psi_1, \ldots, \psi_q$ sont des formes linéaires (on peut même les supposer linéairement indépendantes, mais nous n'en aurons pas besoin).

Les formes linéaires $\varphi_1 - \psi_1, \varphi_2, \dots, \varphi_p, \psi_2, \dots, \psi_q$ sont au nombre de $p+q-1 < \dim E$, donc si F désigne le sous espace de E^* (dual de E) engendré par ces formes linéaires, on a $\dim F < n$, et donc l'orthogonal F° de F (au sens dual) est différent de $\{0\}$. En particulier, il existe $x \in E$, $x \neq 0$, tel que

$$\varphi_1(x) - \psi_1(x) = \varphi_2(x) = \cdots = \varphi_p(x) = \psi_2(x) = \cdots = \psi_q(x) = 0,$$

ce qui entraîne $\varphi_1(x) = \psi_1(x)$ et

$$\Phi(x) = \varphi_1(x)^2 - \psi_1(x)^2 = 0,$$

ce qui est contraire aux hypothèses puisque Φ est définie.

Remarque. Un autre moyen de faire est d'utiliser la continuité de Φ. L'expression de Φ en termes matriciels ($\Phi(X) = {}^tXAX$) montre en effet qu'en dimension finie, toute forme quadratique est continue. Supposons maintenant Φ ni positive ni négative. Alors il existe $x \neq 0$ et $y \neq 0$ tels que $\Phi(x) > 0$ et $\Phi(y) < 0$. On considère alors l'application

$$f: \ [0,1] \to \mathbb{R} \quad \lambda \mapsto \Phi(\lambda x + (1-\lambda)y).$$

L'application f est continue et $f(0) = \Phi(y) < 0$, $f(1) = \Phi(x) > 0$ donc d'après le théorème des valeurs intermédiaires, il existe $\lambda \in]0,1[$ tel que $f(\lambda) = 0 = \Phi(\lambda x + (1-\lambda)y)$, et Φ étant définie, on a $\lambda x + (1-\lambda)y = 0$, donc $y = \beta x$ avec $\beta = -\lambda/(1-\lambda)$. Ceci entraîne $\Phi(y) = \Phi(\beta x) = \beta^2\Phi(x) > 0$, ce qui est absurde. Le tour est joué. Cette dernière démonstration montre qu'en dimension infinie, le résultat de l'exercice est vrai dès que Φ est continue.

– Le même type de résultats vaut pour les formes hermitiennes.

Exercice 5 (Sous espaces totalement isotropes). Soit Φ une forme quadratique sur un $\mathbb{K}$-e.v E de dimension finie $n \in \mathbb{N}^*$. On appelle sous espace totalement isotrope (en abrégé SETI) un s.e.v F de E tel que pour tout $x \in F$, $\Phi(x) = 0$, ce qui équivaut à $F \subset F^\perp$. On appelle SETI maximal (en abrégé SETIM) un SETI F tel que pour tout SETI G vérifiant $F \subset G$, on a $G = F$.

1/ a) Soit F un SETI. Montrer que $\dim F \leq n - r/2$, où r est le rang de Φ.
b) Montrer que tout SETI est inclus dans un SETIM.

2/ On suppose dorénavant que Φ est non dégénérée.
a) Soient F_1 et F_2 deux SETIM. On pose $F = F_1 \cap F_2$, S_1 un supplémentaire de F dans F_1, S_2 un supplémentaire de F dans F_2, de sorte que $F \oplus S_1 = F_1$ et $F \oplus S_2 = F_2$. Montrer que $S_1 \cap S_2^\perp = S_1^\perp \cap S_2 = \{0\}$. En déduire $\dim F_1 = \dim F_2$.
Les SETIM ont donc tous même dimension ; cette dimension est appelée indice de Φ.
b) On suppose ici $\mathbb{K} = \mathbb{R}$ et Φ de signature (p,q). Quel est l'indice de Φ ?

Solution. **1/ a)** On a $F \subset F^\perp$, donc $\dim F \leq \dim F^\perp$, et avec la proposition 6,

$$2\dim F \leq \dim F + \dim F^\perp = n + \dim(F \cap \operatorname{Ker}\Phi) \leq n + \dim(\operatorname{Ker}\Phi) = 2n - r,$$

d'où le résultat.

b) Soit F un SETI et Γ l'ensemble des SETI contenant F. On pose $m = \sup\{\dim G, G \in \Gamma\}$. Par construction, il existe un SETI G tel que $F \subset G$ et $\dim G = m$. Le s.e.v G est alors un SETIM (si H est un SETI et si $G \subset H$, alors $F \subset H$ de sorte que $H \in \Gamma$ et donc $\dim H \leq m$, ce qui entraîne $\dim H = m = \dim G$ et $G = H$).

2/ a) Soit $x \in S_1 \cap S_2^\perp$.

On a déjà $x \in F_2^\perp$. En effet, comme $F_2 = F \oplus S_2$, on a $F_2^\perp = F^\perp \cap S_2^\perp$, et il suffit de montrer que $x \in F^\perp$. Ceci est vrai car $x \in F_1 \subset F_1^\perp \subset F^\perp$ (la première inclusion provient du fait que F_1 est un SETI et la seconde est une conséquence de ce que $F \subset F_1$).

Poursuivons. On a $x \in S_1 \subset F_1$ donc x est isotrope. Considérons le s.e.v $G = F_2 + \mathbb{K}x$. Soit $z = y + kx \in G$ ($y \in F_2$, $k \in \mathbb{K}$). En notant φ la forme polaire de Φ, on a

$$\Phi(z) = \Phi(y) + k^2\Phi(x) + 2k\varphi(x, y). \qquad (*)$$

On a $y \in F_2$ donc $\Phi(y) = 0$; on a vu que $\Phi(x) = 0$, et on a montré plus haut que $x \in F_2^\perp$, de sorte que $\varphi(x, y) = 0$, et donc (*) entraîne $\Phi(z) = 0$. Ceci étant vrai pour tout $z \in G$, on en déduit que G est un SETI. Comme $F_2 \subset G$ et que F_2 est un SETIM, ceci entraîne $G = F_2$ et donc $x \in F_2$. Or $x \in S_1 \subset F_1$, donc $x \in F_1 \cap F_2 = F$, donc $x \in S_1 \cap F = \{0\}$, ce qui entraîne $x = 0$.

– Nous venons de montrer $S_1 \cap S_2^\perp = \{0\}$, c'est à dire que S_1 et $S_2^\perp$ sont en somme directe, ce qui entraîne $\dim S_1 + \dim S_2^\perp \leq \dim E = n$. La forme quadratique Φ étant non dégénérée, la proposition 6 entraîne $\dim S_2^\perp = n - \dim S_2$, donc finalement $\dim S_1 + n - \dim S_2 \leq n$, *i.e* $\dim S_1 \leq \dim S_2$. Par symétrie, on a également $\dim S_2 \leq \dim S_1$, d'où $\dim S_1 = \dim S_2$ et

$$\dim F_1 = \dim(F \oplus S_1) = \dim F + \dim S_1 = \dim F + \dim S_2 = \dim(F \oplus S_2) = \dim F_2.$$

b) La non dégénérescence de Φ entraîne $p + q = n$. Notons $k = \inf\{p, q\}$. Il existe une base $(e_1, \ldots, e_n)$ de E dans laquelle la matrice de Φ a la forme $\begin{pmatrix} I_p & 0 \\ 0 & -I_q \end{pmatrix}$. Posons $F = \mathrm{Vect}(e_1 + e_{p+1}, \ldots, e_k + e_{p+k})$. Pour tout i, $1 \leq i \leq k$, $\Phi(e_i + e_{p+i}) = \Phi(e_i) + \Phi(e_{p+i}) = 1 - 1 = 0$. Les vecteurs e_i étant de plus deux à deux orthogonaux, on en déduit que F est un SETI.

Soit G un SETI tel que $F \subset G$. Donnons nous $x \in G$, et écrivons $x = \sum_i \lambda_i e_i$. On a

$$\Phi(x) = 0 = \sum_{i=1}^{p} \lambda_i^2 - \sum_{i=p+1}^{n} \lambda_i^2. \qquad (**)$$

En désignant toujours par φ la forme polaire de Φ, on a

$$\forall i, 1 \leq i \leq k, \quad \varphi(x, e_i + e_{p+i}) = \frac{1}{2}[\Phi(x + e_i + e_{p+i}) - \Phi(x) - \Phi(e_i + e_{i+p})] = 0 = \lambda_i - \lambda_{i+p},$$

ce qui entraîne $\lambda_i = \lambda_{p+i}$ pour $1 \leq i \leq k$. Avec (**) on a donc $x = \sum_{i=1}^k \lambda_i(e_i + e_{p+i}) \in F$, et ceci pour tout SETI G contenant F. Le s.e.v F est donc un SETIM et l'indice de Φ est $\dim F = k = \inf\{p, q\}$.

Exercice 6. Soit E un $\mathbb{K}$-e.v de dimension finie, soit $\varphi : E \times E \to \mathbb{K}$ une forme bilinéaire telle que si $\varphi(x, y) = 0$ pour un quelconque couple $(x, y) \in E^2$, alors $\varphi(y, x) = 0$. Montrer que φ est symétrique ou antisymétrique.

Solution. Supposons dans un premier temps φ non dégénérée (*i.e* pour tout $x \neq 0$, $\varphi(x, \cdot) \neq 0$). L'hypothèse sur φ entraîne que pour tout $x \in E$, les formes linéaires

$$\varphi(x, \cdot) : y \mapsto \varphi(x, y) \quad \text{et} \quad \varphi(\cdot, x) : y \mapsto \varphi(y, x)$$

ont même noyau. Comme elles sont non nulles, il existe $\lambda_x \in \mathbb{K}$ tel que $\varphi(x, \cdot) = \lambda_x \varphi(\cdot, x)$ (voir la proposition 5 page 129).

On considère maintenant les applications

$$f : E \to E^* \quad x \mapsto \varphi(x, \cdot) \quad \text{et} \quad g : E \to E^* \quad x \mapsto \varphi(\cdot, x).$$

Ces applications sont linéaires, injectives (car φ est non dégénérée), donc bijectives (car $\dim E = \dim E^*$). Or, comme on a vu plus haut, pour tout $x \in E$, $f(x) = \lambda_x g(x)$, ou encore $f \circ g^{-1}(x) = \lambda_x x$

avec $\lambda_x \in \mathbb{K}$. D'après la proposition 3 page 113, $f \circ g^{-1}$ est donc une homothétie, autrement dit il existe $\lambda \in \mathbb{K}$ tel que $f \circ g^{-1} = \lambda \, \mathrm{Id}$ ou encore $f = \lambda g$. Ceci s'écrit aussi

$$\forall x \in E, \quad \varphi(x, \cdot) = \lambda \varphi(\cdot, x)$$

et donc

$$\forall x, y \in E, \quad \varphi(x, y) = \lambda \varphi(y, x) = \lambda^2 \varphi(x, y).$$

On en déduit que $\lambda^2 = 1$, donc que $\lambda \in \{-1, 1\}$. La forme bilinéaire φ est donc symétrique ou antisymétrique.

– Traitons maintenant le cas général. On considère $\operatorname{Ker} \varphi = \{x \in E, \varphi(x, \cdot) = 0\}$. Soit F un s.e.v de E tel que $\operatorname{Ker} \varphi \oplus F = E$. Comme $F \cap \operatorname{Ker} \varphi = \{0\}$, la restriction de φ à F est non dégénérée, de sorte que l'on peut appliquer ce que l'on vient de montrer :

$$(\exists \varepsilon \in \{-1, 1\}), \qquad \forall (x, y) \in F^2, \varphi(x, y) = \varepsilon \varphi(y, x).$$

Ceci étant, on se donne $(x, y) \in E^2$ et on écrit $x = x_1 + x_2$, $y = y_1 + y_2$ ($x_1, y_1 \in \operatorname{Ker} \varphi$, $x_2, y_2 \in F$). On a

$$\varphi(x, y) = \varphi(x_1, y_1 + y_2) + \varphi(x_2, y_1 + y_2) = \varphi(x_2, y_1 + y_2) = \varphi(x_2, y_2) = \varepsilon \varphi(y_2, x_2) = \varepsilon \varphi(y, x),$$

d'où le résultat.

2. Espaces préhilbertiens

2.1. Généralités

Soit Φ une forme quadratique (resp. hermitienne) sur un $\mathbb{R}$-e.v (resp. un $\mathbb{C}$-e.v) E. On dit que Φ est positive si pour tout $x \in E$, $\Phi(x) \geq 0$.

Supposons Φ définie positive. Sa forme polaire φ s'appelle un *produit scalaire* (resp. un *produit scalaire hermitien*). On note souvent $\varphi(x, y) = x \cdot y$ ou $(x|y)$. On a $x \cdot y = y \cdot x$ (resp. $x \cdot y = \overline{y \cdot x}$). On écrit souvent x^2 pour $x \cdot x$.

Dans ce cas, l'inégalité de Minkowsky (voir le corollaire 2 de la partie précédente) montre que $\|x\| = \sqrt{\Phi(x)} = \sqrt{x \cdot x}$ définit une norme sur E. Cette norme s'appelle norme *euclidienne* (resp. norme *hermitienne*) et fait de E un e.v normé.

Un $\mathbb{R}$-e.v muni d'un produit scalaire s'appelle un espace *préhilbertien* réel (s'il est de plus complet — pour la norme issue du produit scalaire — on dit que c'est un espace *hilbertien* réel). S'il est de dimension finie, on l'appelle également *espace euclidien*. Sauf mention explicite, la norme utilisée sur un espace préhilbertien est la norme euclidienne.

Un $\mathbb{C}$-e.v muni d'un produit scalaire hermitien s'appelle un espace préhilbertien complexe. S'il est de dimension finie, on l'appelle également *espace hermitien*.

L'inégalité de Schwarz s'écrit

$$\forall x, y \in E, \quad |x \cdot y| \leq \|x\| \cdot \|y\|.$$

Ainsi, si E est un espace préhilbertien réel,

$$\forall x, y \in E, x \neq 0, y \neq 0, \quad \exists! \theta \in [0, \pi], \cos \theta = \frac{x \cdot y}{\|x\| \cdot \|y\|}.$$

Le réel θ s'appelle l'écart angulaire de x et y.

Remarque 1. On ne définit pas l'écart angulaire dans un espace préhilbertien complexe.

Dans toute la suite, nous utiliserons ces notations.

2.2. Orthogonalité

L'orthogonalité définie pour une forme quadratique ou hermitienne subsiste pour un produit scalaire. Ainsi, deux vecteurs x et y sont dit orthogonaux si et seulement si $x \cdot y = 0$ (ou encore si et seulement si $y \cdot x = 0$).

Une famille de vecteurs non nuls $(e_i)_{i \in I}$ est dite *orthogonale* si elle vérifie $e_i \cdot e_j = 0$ dès que $i \neq j$ (et c'est alors une famille libre). Si de plus on a $\|e_i\| = 1$ pour tout $i \in I$, la famille est dite *orthonormale* (ou *orthonormée*).

On peut ainsi parler de base orthogonale ou orthonormale. Si E est un espace euclidien (resp. hermitien) et si $(e_1, \dots, e_n)$ est une base orthonormée de E, alors

$$\forall x = \sum_{i=1}^{n} x_i e_i \in E, \forall y = \sum_{i=1}^{n} y_i e_i \in E, \quad x \cdot y = \sum_{i=1}^{n} x_i y_i \quad (\text{resp. } x \cdot y = \sum_{i=1}^{n} \overline{x_i} y_i).$$

Par ailleurs les coordonnées (x_i) de x dans la base orthonormale (e_i) de E vérifient $x_i = e_i \cdot x$.

PROPOSITION 1. *Si $(e_i)_{i \in I}$ est une famille finie orthogonale de vecteurs de E, on a l'égalité $\| \sum_{i \in I} e_i \|^2 = \sum_{i \in I} \|e_i\|^2$.*

Remarque 2. Dans un espace préhilbertien réel, si $\|x + y\|^2 = \|x\|^2 + \|y\|^2$, alors x et y sont orthogonaux. Ceci est faux dans un espace préhilbertien complexe (par exemple, si $x \neq 0$, $\|x + ix\|^2 = |1 + i|^2 \|x\|^2 = 2\|x\|^2 = \|x\|^2 + \|ix\|^2$ et pourtant x et ix ne sont pas orthogonaux).

THÉORÈME 1 (DE LA MÉDIANE). *Pour tout couple $(x, y) \in E^2$, on a*

$$\|x + y\|^2 + \|x - y\|^2 = 2(\|x\|^2 + \|y\|^2).$$

Remarque 3. – On peut montrer réciproquement que si une norme vérifie cette relation, c'est une norme euclidienne (resp. hermitienne) — voir l'exercice 9.
– Le théorème de la médiane est encore appelé *identité du parallélogramme*

Procédé d'orthogonalisation de Schmidt. Nous allons construire, en partant d'une famille libre finie $(e_1, \dots, e_n)$ de vecteurs de E, une base orthogonale $(u_1, \dots, u_n)$ de $\text{Vect}(e_1, \dots, e_n)$ telle que pour tout k, $u_k \in \text{Vect}(e_1, \dots, e_k)$. On procède par récurrence.

- On prend $u_1 = e_1$.
- On cherche u_2 sous la forme $e_2 + \lambda_{1,2} u_1$. On veut que $u_1 \cdot u_2 = 0$, ce qui sera réalisé si et seulement si
$$\lambda_{1,2} = -\frac{u_1 \cdot e_2}{\|u_1\|^2}.$$
- Les vecteurs $u_1, \dots, u_{k-1}$ étant construits, on cherche u_k sous la forme $e_k + \lambda_{1,k} u_1 + \dots + \lambda_{k-1,k} u_{k-1}$. On veut que $u_i \cdot u_k = 0$ pour $1 \leq i \leq k - 1$, ce qui sera réalisé si et seulement si on prend
$$\lambda_{i,k} = -\frac{u_i \cdot e_k}{\|u_i\|^2}.$$

En normant les vecteurs u_i, on obtient même une base orthonormée.

Remarque 4. La matrice de passage de la famille (e_i) à la famille (u_j) est de la forme

$$P = \begin{pmatrix} 1 & \times & \cdots & \times \\ 0 & 1 & \ddots & \vdots \\ \vdots & \ddots & \ddots & \times \\ 0 & \cdots & 0 & 1 \end{pmatrix}.$$

THÉORÈME 2. *Soit E un espace préhilbertien (réel ou complexe) et F un s.e.v de E. Alors*

(i) $F \subset F^{\perp\perp}$
(ii) *Si F est de dimension finie, on a $E = F \oplus F^{\perp}$ et $F = F^{\perp\perp}$.*

Démonstration. L'assertion (i) résulte de la proposition 3 de la section 1 et la (ii) est une application de la proposition 7 de la section 1. □

Remarque 5. L'assertion (ii) reste vraie en dimension infinie si F est complet mais est fausse dans le cas général (voir l'exercice 10).

projection et symétrie orthogonale.

DÉFINITION 1. Soit E un espace préhilbertien et F un s.e.v de E de dimension finie. Le théorème précédent dit que $F \oplus F^{\perp} = E$.

- On appelle *projection orthogonale* sur F la projection sur F parallèlement à $F^{\perp}$.
- On appelle *symétrie orthogonale* par rapport à F la symétrie par rapport à F parallèlement à $F^{\perp}$.

PROPOSITION 2. *Soit E un espace préhilbertien et F un s.e.v de E de dimension finie. Soit $x \in E$ et p la projection orthogonale sur F. La distance de x à F, définie par $d(x, F) = \inf_{y \in F} \|x - y\|$, vérifie $d(x, F) = \|x - p(x)\|$.*

Démonstration. Soit $y \in F$. On a $x - y = (x - p(x)) + (p(x) - y)$. Or $x - p(x) \in F^{\perp}$ et $p(x) - y \in F$, donc $\|x - y\|^2 = \|x - p(x)\|^2 + \|p(x) - y\|^2$, donc $\inf_{y \in F} \|x - y\|^2 = \|x - p(x)\|^2$, d'où le résultat. □

2.3. Isométries et endomorphismes unitaires

DÉFINITION 2. Soit E un espace préhilbertien et $f \in \mathcal{L}(E)$ telle que pour tout $x \in E$, $\|f(x)\| = \|x\|$.

- Si E est préhilbertien réel, f est appelé *isométrie* (on dit aussi *endomorphisme orthogonal*).
- Si E est préhilbertien complexe, f est appelé *endomorphisme unitaire*.

PROPOSITION 3. *Soit E un espace préhilbertien et f une application de E dans E. Alors f est une isométrie (resp. un endomorphisme unitaire) si et seulement si*

$$\forall (x, y) \in E^2, \qquad f(x) \cdot f(y) = x \cdot y. \qquad (*)$$

Remarque 6. Noter que la relation (*) implique la linéarité de f.

PROPOSITION 4. *Si $f \in \mathcal{L}(E)$ est une isométrie (resp. un endomorphisme unitaire) alors f est injective. Si de plus E est de dimension finie alors f est bijective.*

PROPOSITION 5.
- *L'ensemble des isométries d'un espace euclidien E est un groupe (muni de la loi $\circ$ de composition), appelé* groupe orthogonal *de E et noté $\mathcal{O}(E)$.*
- *L'ensemble des endomorphismes unitaires d'un espace hermitien E est un groupe appelé* groupe unitaire *de E et noté $\mathcal{U}(E)$.*

Propriétés matricielles des isométries et des endomorphismes unitaires.

PROPOSITION 6. *Soit E un espace euclidien (resp. hermitien) et $f \in \mathcal{L}(E)$. Alors f est une isométrie (ou un endomorphisme unitaire) si et seulement si l'image d'une base orthonormale de E par f est une base orthonormale de E.*

Conséquence. Soit B une base orthonormale de E et $f \in \mathcal{L}(E)$ une isométrie (resp. un endomorphisme unitaire). Si on désigne par A la matrice de f dans B ($A = [f]_B$), alors

$$ {}^tAA = A{}^tA = I_n \text{ (resp. } {}^t\overline{A}A = A{}^t\overline{A} = I_n). $$

On en déduit que $\det({}^tA)\det(A) = 1 = (\det(A))^2$ (resp. $\det({}^t\overline{A})\det(A) = 1 = |\det(A)|^2$).

- Si f est une isométrie, on a donc $(\det f)^2 = 1$, ou encore $\det f \in \{-1, 1\}$.
- Si f est un endomorphisme unitaire, on a $|\det f|^2 = 1$, donc $|\det f| = 1$.

DÉFINITION 3. – Si $A \in \mathcal{M}_n(\mathbb{R})$ vérifie ${}^tAA = I_n$, A s'appelle une matrice orthogonale.

- Si $A \in \mathcal{M}_n(\mathbb{C})$ vérifie ${}^t\overline{A}A = I_n$, A s'appelle une matrice unitaire.
- L'ensemble des matrices orthogonales de $\mathcal{M}_n(\mathbb{R})$ constitue un groupe noté $\mathcal{O}_n$, celui des matrices unitaires de $\mathcal{M}_n(\mathbb{C})$ est un groupe noté $\mathcal{U}_n$.

DÉFINITION 4. – Soit f une isométrie d'un espace euclidien E. On dit que f est une isométrie *directe* si $\det f = 1$, une isométrie *indirecte* si $\det f = -1$.

- L'ensemble $\{f \in \mathcal{O}(E), \det f = 1\}$ est un sous groupe distingué de $\mathcal{O}(E)$ appelé *groupe spécial orthogonal* de E et noté $\mathcal{O}^+(E)$ (on le note encore $\mathcal{SO}(E)$).
- Si E est hermitien, l'ensemble $\{f \in \mathcal{U}(E), \det f = 1\}$ est un sous groupe distingué de $\mathcal{U}(E)$ noté $\mathcal{SU}(E)$.
- Pour les matrices, on note également

  $$ \mathcal{SO}_n = \mathcal{O}_n^+ = \{A \in \mathcal{O}_n \mid \det A = 1\} \quad \text{et} \quad \mathcal{SU}_n = \{A \in \mathcal{U}_n \mid \det A = 1\}. $$

  L'ensemble $\mathcal{SO}_n$ est un sous groupe distingué de $\mathcal{O}_n$, $\mathcal{SU}_n$ un sous groupe distingué de $\mathcal{U}_n$.

La réduction des endomorphismes orthogonaux ou unitaires fait l'objet de la partie 3.1.

2.4. Endomorphismes adjoints

DÉFINITION 5 (ADJOINT). Soit E un espace euclidien (resp. hermitien) et f et $g \in \mathcal{L}(E)$. Les endomorphismes f et g sont dits *adjoints* si

$$ \forall (x, y) \in E^2, \qquad f(x) \cdot y = x \cdot g(y). \tag{*} $$

L'endomorphisme f étant donné, il existe au plus un endomorphisme g vérifiant (*). Lorsqu'il existe, on l'appelle *adjoint* de f et on le note f^*. Lorsque $f = f^*$, f est dit *autoadjoint.*

Remarque 7. – L'adjoint f^* d'un endomorphisme f n'existe pas toujours (nous verrons cependant qu'en dimension finie, et plus généralement dans un espace hilbertien lorsque f est continu, l'adjoint de f existe).

- Lorsque f^* existe, $(f^*)^* = f^{**}$ existe et on a $f^{**} = f$.

Étude en dimension finie. *Notation.* Nous utiliserons la notation introduite dans la partie 1.2 : si M désigne une matrice complexe, on note $M^* = {}^t\overline{M}$ sa transconjuguée. Ainsi, lorsque M est une matrice réelle, M^* désignera tout simplement la transposée de M.

Soit E un espace euclidien ou hermitien, B une base *orthonormée* de E. Soit $f \in \mathcal{L}(E)$, M la matrice de f dans la base B : $M = [f]_B$. On cherche un endomorphisme g qui soit l'adjoint de f. En notant $N = [g]_B$, on voit que la relation (*) est vérifiée si et seulement si

$$\text{pour tous vecteurs } X, Y, \quad (MX)^*Y = X^*(NY) \quad \text{ou encore} \quad X^*M^*Y = X^*NY.$$

L'endomorphisme g est donc l'adjoint de f si et seulement sa matrice N dans la base B vérifie $N = M$. En résumé, pour tout $f \in \mathcal{L}(E)$, f^* existe et $[f^*]_B = [f]_B^*$.

Remarque 8. – Attention, ceci n'est vrai que lorsque B est une base *orthonormée* de E.

- Si E est euclidien, un endomorphisme $f \in \mathcal{L}(E)$ est autoadjoint (on dit encore *symétrique*) si et seulement si la matrice de f dans une quelconque base orthonormée de E est symétrique.
- Si E est hermitien, f est autoadjoint si et seulement si sa matrice M dans une base orthonormée de E est hermitienne (*i.e* si elle vérifie ${}^t\overline{M} = M$).

Réduction des endomorphismes autoadjoints. Nous aurons besoin de la proposition suivante.

PROPOSITION 7. *Soit E un espace euclidien ou hermitien, et $f \in \mathcal{L}(E)$ un endomorphisme autoadjoint. Si F est un s.e.v de E stable par f, alors $F^\perp$ est stable par f.*

Démonstration. Il suffit d'écrire que

$$\forall x \in F, \forall y \in F^\perp, \quad x \cdot f(y) = f(x) \cdot y = 0.$$

□

→ THÉORÈME 3. *Soit E un espace euclidien (resp. hermitien) et $f \in \mathcal{L}(E)$ un endomorphisme autoadjoint. Alors il existe une base orthonormée de vecteurs propres pour f (et de plus ses valeurs propres sont réelles).*

Démonstration. On procède par récurrence sur la dimension n de E. Pour $n = 1$, c'est évident. Supposons le résultat vrai jusqu'au rang $n-1$ et montrons le au rang n. On considère l'application $\Phi : E \to \mathbb{R}$ $x \mapsto x \cdot f(x)$. C'est une forme quadratique (resp. hermitienne), de forme polaire $\varphi(x, y) = x \cdot f(y)$. Comme on est en dimension finie, la sphère unité $S = \{x \in E, \|x\| = 1\}$ de E est compacte, et Φ étant continue (toujours parce que l'on est en dimension finie), il existe $x_0 \in S$ tel que $\Phi(x_0) = \sup_{x \in S} \Phi(x) = \lambda$.

Ceci étant, on considère la forme quadratique (resp. hermitienne) définie par $\Phi_1(x) = \lambda\|x\|^2 - \Phi(x)$. La forme Φ_1 est positive par construction de λ. Or $\Phi_1(x_0) = 0$, *i.e* Φ_1 n'est pas définie, et donc Φ_1 est dégénérée (rappelons qu'une forme positive est définie si et seulement si elle est non dégénérée, voir la conséquence de l'inégalité de Schwarz, partie 1.3). La forme polaire de Φ_1 étant $\varphi_1(x, y) = x \cdot g(y)$ avec $g = \lambda \operatorname{Id}_E - f$, la dégénérescence de Φ_1 entraîne l'existence de $x \neq 0$ tel que pour tout $y \in E$, $\varphi_1(x, y) = 0 = x \cdot g(y)$. L'application g n'est donc pas surjective (x n'est pas atteint), donc non injective (g est un endomorphisme en dimension finie), ce qui entraîne l'existence d'un vecteur normé e_1 tel que $g(e_1) = 0 = \lambda e_1 - f(e_1)$. Autrement dit, $\lambda \in \mathbb{R}$ est valeur propre de f associée au vecteur propre e_1. Posons $H = (\operatorname{Vect} e_1)^\perp$. D'après la proposition précédente, H est stable par f. La restriction de f à H étant autoadjointe, l'hypothèse de récurrence assure l'existence d'une base orthonormée $(e_2, \dots, e_n)$ de H qui diagonalise $f_{|H}$ (à valeurs propres réelles). La base $(e_1, \dots, e_n)$ est alors une base orthonormée qui diagonalise f, et les valeurs propres de f sont toutes réelles. □

La version matricielle de ce théorème est la suivante.

→ COROLLAIRE 1. *Soit $M \in \mathcal{M}_n(\mathbb{R})$ (resp. $M \in \mathcal{M}_n(\mathbb{C})$) une matrice symétrique (resp. hermitienne). Alors il existe une matrice C orthogonale (resp. unitaire) telle que*

$$C^{-1}MC = C^*MC = D,$$

D étant une matrice diagonale réelle.

Démonstration. On note $E = \mathbb{R}^n$ (resp. $E = \mathbb{C}^n$). Munissons E du produit scalaire (resp. du produit scalaire hermitien) usuel :

$$(x_1, \ldots, x_n) \cdot (y_1, \ldots, y_n) = \sum_{i=1}^n x_i y_i \qquad (\text{resp.} \ = \sum_{i=1}^n \overline{x_i} y_i).$$

Soit $f \in \mathcal{L}(E)$ dont la matrice dans la base canonique B de E est M : $[f]_B = M$. Comme f est autoadjoint (car M est symétrique, resp. hermitienne), il existe d'après le théorème précédent une base B' orthonormée de E telle que $[f]_{B'} = D$ soit diagonale réelle. Si on désigne par C la matrice de passage de la base B à la base B', C est une matrice orthogonale (resp. unitaire) et $C^{-1}MC = C^*MC = D$. □

Remarque 9. On rappelle qu'une matrice symétrique (resp. hermitienne) M est positive si la forme quadratique (resp. hermitienne) $X \mapsto X^*MX$ est positive. Elle est dite définie positive si cette forme quadratique est définie positive. Le corollaire montre que M est positive (resp. définie positive) si et seulement si toutes ses valeurs propres sont positives (resp. strictement positives).

COROLLAIRE 2. *Soit Φ une forme quadratique (resp. hermitienne) sur un espace euclidien (resp. hermitien) E. Alors il existe une base orthonormée de E dans laquelle la matrice de Φ est diagonale réelle.*

Démonstration. Soit B une base orthonormée de E et soit M la matrice de Φ dans la base B. La matrice M est symétrique (resp. hermitienne), et d'après le corollaire précédent, il existe une matrice C orthogonale (resp. unitaire) telle que $C^*MC = D$ est diagonale réelle. La matrice C défini un changement de base orthogonal qui fait passer de la base B à une base orthonormée B', et la matrice de Φ dans la base B' est D, d'où le résultat. □

Remarque 10. Notez bien la différence entre ce dernier corollaire et le théorème 1 de la page 227. Ici, la base qui diagonalise Φ a en plus la propriété d'être orthonormée *pour le produit scalaire de l'espace E.*

→ COROLLAIRE 3. *Soient M, N deux matrices symétriques (resp. hermitiennes), telles que la matrice M soit définie positive. Alors il existe une matrice C inversible telle que*

$$C^*MC = I_n \quad \text{et} \quad C^*NC = D,$$

où D est une matrice diagonale réelle.

Démonstration. Sur $E = \mathbb{R}^n$ (resp. sur $E = \mathbb{C}^n$), l'application Φ : $(X, Y) \mapsto X^*MY$ défini un produit scalaire, et Ψ : $X \mapsto X^*NX$ une forme quadratique (resp. hermitienne). D'après le corollaire précédent, il existe une base B orthonormée (pour le produit scalaire Φ) telle que la matrice D de Ψ dans B soit diagonale réelle. En désignant par C la matrice de passage de la base canonique de E à la base B, on a $C^*MC = I_n$ et $C^*NC = D$, d'où le résultat. □

Remarque 11. Ce dernier corollaire rend parfois de précieux services. On peut le voir comme un résultat de pseudo-réduction simultanée. Prenez garde au fait que la matrice C n'est en général pas orthogonale (ou unitaire).

2.5. Exercices

→ EXERCICE 1 (RACINE CARRÉE D'UNE MATRICE HERMITIENNE POSITIVE). Soit $H \in \mathcal{M}_n(\mathbb{C})$ une matrice hermitienne positive. Montrer qu'il existe une unique matrice R hermitienne positive telle que $H = R^2$.

Solution. Existence. La matrice H étant hermitienne, il existe une matrice unitaire C telle que

$$ {}^t\overline{C}HC = C^{-1}HC = \begin{pmatrix} \lambda_1 & 0 & \cdots & 0 \\ 0 & \lambda_2 & \ddots & \vdots \\ \vdots & \ddots & \ddots & 0 \\ 0 & \cdots & 0 & \lambda_n \end{pmatrix} = D, $$

D étant diagonale réelle. Comme H est positive, tous les λ_i sont positifs donc pour tout i, il existe $\mu_i \geq 0$ tel que $\lambda_i = \mu_i^2$. En posant

$$ D' = \begin{pmatrix} \mu_1 & 0 & \cdots & 0 \\ 0 & \mu_2 & \ddots & \vdots \\ \vdots & \ddots & \ddots & 0 \\ 0 & \cdots & 0 & \mu_n \end{pmatrix}, $$

on a ${D'}^2 = D$ de sorte que $R = CD'C^{-1} = CD'{}^t\overline{C}$ est hermitienne positive et vérifie

$$ R^2 = CD'^2C^{-1} = CDC^{-1} = H. $$

Unicité. Soit R hermitienne positive telle que $R^2 = H$. Soient h et r les endomorphismes de $\mathbb{C}^n$ dont H et R sont les matrices dans la base canonique de $\mathbb{C}^n$. Comme H est hermitienne, h est autoadjoint. Ses valeurs propres $\lambda_1, \ldots, \lambda_p$ sont positives car H est positive. Notons $E_{\lambda_1}, \ldots, E_{\lambda_p}$ les sous espaces propres correspondants. Comme r commute avec $r^2 = h$, chaque E_{λ_i} est stable par r (voir la proposition 7 page 164). On note $r_i = r_{|E_{\lambda_i}}$. On a $r_i^2 = \lambda_i \operatorname{Id}_{E_{\lambda_i}}$, et r_i est autoadjoint positif ; toute valeur propre μ de r_i vérifie $\mu^2 = \lambda_i$, donc $\mu = \sqrt{\lambda_i}$ est la seule valeur propre possible de r_i (car les valeurs propres de r_i, qui sont des valeurs propres de r donc de R, sont positives). Comme r_i est de plus diagonalisable (car autoadjoint), on en déduit $r_i = \sqrt{\lambda_i} \operatorname{Id}_{E_{\lambda_i}}$.

Résumons. Si $r^2 = h$, alors forcément pour tout i, $r_{|E_{\lambda_i}} = \sqrt{\lambda_i} \operatorname{Id}_{|E_{\lambda_i}}$, ce qui définit r de manière unique, d'où l'unicité de R.

EXERCICE 2. Soit E un espace hermitien et f et g deux endomorphismes autoadjoints de $\mathcal{L}(E)$ tels que $fg = gf$. Montrer que f et g sont diagonalisables dans une base commune de vecteurs propres orthonormés.

Solution. Les endomorphismes f et g étant autoadjoints, on sait déjà qu'ils se diagonalisent chacun dans une base orthonormée. Il nous reste à montrer que l'on peut prendre la *même* base pour les deux.

Notons $\lambda_1, \ldots, \lambda_r$ les valeurs propres (distinctes) de f, $E_{\lambda_1}, \ldots, E_{\lambda_r}$ les sous espaces propres correspondants. Les E_{λ_i} sont deux à deux orthogonaux (pour s'en persuader, diagonaliser f dans une base orthonormée). Comme f et g commutent, les E_{λ_i} sont stables par g. La restriction de g à E_{λ_i} étant autoadjointe, il existe une base *orthonormée* B_i de E_{λ_i} diagonalisant $g_{|E_{\lambda_i}}$. Les E_{λ_i} étant deux à deux orthogonaux, on en déduit que $B = B_1 \cup \cdots \cup B_r$ est une base orthonormée. Cette base diagonalise g par construction ainsi que f puisque chaque vecteur e de B_i vérifie $f(e) = \lambda_i e$.

Remarque. De la même manière que dans l'exercice 4 de la partie 1.6 du chapitre IV, ce résultat se généralise à toute famille $(f_i)_{i \in I}$ d'endomorphismes autoadjoints commutant deux à deux.

EXERCICE 3. Soit E un espace hermitien et $f \in \mathcal{L}(E)$.
a) Montrer que f est trigonalisable dans une base orthonormée de E.
b) Si f et $g \in \mathcal{L}(E)$ commutent, montrer qu'il existe une base orthonormée de E trigonalisant à la fois f et g.

Solution. **a)** Nous allons donner deux moyens de procéder.
Première méthode. Le corps $\mathbb{C}$ étant algébriquement clos, f est trigonalisable dans une base $B = (e_1, \ldots, e_n)$ de E, et donc pour tout k, $f(e_k) \in \mathrm{Vect}(e_1, \ldots, e_k)$. Soit $(u_1, \ldots, u_n)$ la base orthonormée de Schmidt associée à B. Pour tout k, on a $\mathrm{Vect}(u_1, \ldots, u_k) = \mathrm{Vect}(e_1, \ldots, e_k)$, et donc

$$\forall k, 1 \leq k \leq n, \quad f(u_k) \in f(\mathrm{Vect}(e_1, \ldots, e_k)) \subset \mathrm{Vect}(e_1, \ldots, e_k) = \mathrm{Vect}(u_1, \ldots, u_k).$$

Ceci prouve que la matrice de f dans la base orthonormée $(u_1, \ldots, u_n)$ est triangulaire supérieure.
Seconde méthode. On procède par récurrence sur la dimension n de E. Si $n = 1$, c'est évident. Supposons maintenant le résultat vrai au rang $n - 1$ et montrons le au rang n. Soit $\lambda \in \mathbb{C}$ une valeur propre de f^* et e un vecteur propre normé associé. Alors

$$\forall x \in (\mathrm{Vect}\, e)^\perp, \quad f(x) \cdot e = x \cdot f^*(e) = x \cdot \lambda e = \lambda(x \cdot e) = 0,$$

autrement dit l'hyperplan $H = (\mathrm{Vect}\, e)^\perp$ est stable par f. On peut donc appliquer l'hypothèse de récurrence à $f_{|H}$, ce qui montre l'existence d'une base orthonormée $(e_1, \ldots, e_{n-1})$ de H qui trigonalise $f_{|H}$. La matrice de f dans la base orthonormée $(e_1, \ldots, e_{n-1}, e)$ (elle est orthonormée car e est orthogonal à H) de E est donc de la forme

$$\left(\begin{array}{ccc|c} \times & \cdots & \times & \times \\ 0 & \ddots & \vdots & \vdots \\ \vdots & \ddots & \times & \times \\ \hline 0 & \cdots & 0 & \times \end{array}\right),$$

donc triangulaire supérieure, d'où le résultat.

b) Nous allons ici aussi donner deux méthodes.
Première méthode. D'après le théorème 5 de la partie 1.5 du chapitre IV (page 164), il existe une base $B = (e_1, \ldots, e_n)$ de E trigonalisant f et g. Pour les mêmes raisons que dans la première solution de la question a), la base de Schmidt orthonormée associée à B trigonalise f, ainsi que g, d'où le résultat.
Seconde méthode. Procédons par récurrence sur la dimension n de E. Pour $n = 1$, c'est évident. Supposons le résultat vrai au rang $n - 1$ et montrons le au rang n. Dans une base orthonormée de E, les matrices de f^* et g^* sont les transposées de celles de f et g donc elles commutent, ce qui entraîne que f^* et g^* commutent. Il existe donc un vecteur propre e normé commun à f^* et g^*. Pour les mêmes raisons que dans la deuxième solution de la question a), $H = (\mathrm{Vect}\, e)^\perp$ est un hyperplan de E stable par f et g. Comme $f_{|H}$ et $g_{|H}$ commutent, l'hypothèse de récurrence entraîne l'existence d'une base orthonormée $(e_1, \ldots, e_{n-1})$ de H trigonalisant $f_{|H}$ et $g_{|H}$. Il n'est alors pas difficile de voir que la base $(e_1, \ldots, e_{n-1}, e)$ est orthonormée et qu'elle trigonalise f et g.

Remarque. De la même manière qu'à l'exercice 4 de la partie 1.6 du chapitre IV (page 170), le résultat b) se généralise à une famille quelconque $(f_i)_{i \in I}$ d'endomorphismes commutant deux à deux.

EXERCICE 4 (CARACTÉRISATION DES MATRICES POSITIVES). Soit $M = (a_{i,j})_{1 \leq i,j \leq n} \in \mathcal{M}_n(\mathbb{R})$ une matrice symétrique.
a) Pour tout $k \in \{1, \ldots, n\}$, on note $M_k = (a_{i,j})_{1 \leq i,j \leq k} \in \mathcal{M}_k(\mathbb{R})$. Montrer que M est définie positive si et seulement si pour tout $k \in \{1, \ldots, n\}$, $\det M_k > 0$.

b) Pour tout $I \subset \{1,\dots,n\}$, on note $M_I = (a_{i,j})_{(i,j)\in I^2}$. Montrer que M est une matrice positive si et seulement si pour tout I, $\det M_I \geq 0$.

Solution. **a)** *Condition nécessaire.* Soit q la forme quadratique dont M est la matrice dans la base canonique $(e_1,\dots,e_n)$ de $\mathbb{R}^n$. Pour tout k, M_k est la matrice de la restriction de q à $\mathrm{Vect}(e_1,\dots,e_k)$. Cette restriction est, comme q, définie positive, donc M_k est une matrice définie positive, d'où on tire $\det M_k > 0$, et ceci pour tout k.
Condition suffisante. Raisonnons par récurrence sur $n \in \mathbb{N}^*$. Pour $n = 1$, c'est évident. Supposons le résultat vrai jusqu'au rang $n-1$ et montrons le au rang n. Notons $H = \mathrm{Vect}(e_1,\dots,e_{n-1})$. D'après l'hypothèse de récurrence, la restriction $q_{|H}$ de q à H est définie positive. Il existe donc une base $(e'_1,\dots,e'_{n-1})$ de H orthonormée pour $q_{|H}$, de sorte que dans la base $(e'_1,\dots,e'_{n-1},e_n)$ de $\mathbb{R}^n$, la matrice de q est de la forme

$$\left(\begin{array}{ccc|c} 1 & & 0 & a_1 \\ & \ddots & & \vdots \\ 0 & & 1 & a_{n-1} \\ \hline a_1 & \cdots & a_{n-1} & a_n \end{array}\right).$$

On cherche maintenant un vecteur e'_n de la forme $e'_n = e_n + \sum_{i=1}^{n-1} \lambda_i e'_i$ qui soit q-orthogonal aux e'_i $(1 \leq i \leq n-1)$. Notons φ la forme polaire de q. On a $\varphi(e'_i, e_n) = 0$ si et seulement $\lambda_i = -\varphi(e'_i, e_n) = -a_i$. Ceci montre qu'en choisissant $e'_n = e_n - \sum_{i=1}^{n-1} a_i e'_i$, la base $(e'_1,\dots,e'_n)$ est q-orthogonale. Dans cette base, la matrice de q est de la forme

$$P = \begin{pmatrix} 1 & 0 & \cdots & 0 \\ 0 & \ddots & \ddots & \vdots \\ \vdots & \ddots & 1 & 0 \\ 0 & \cdots & 0 & \alpha \end{pmatrix}.$$

Le signe de $\det P$ est celui de $\det M$, c'est à dire $\det P > 0$, donc $\alpha > 0$, ce qui prouve que q est définie positive. La matrice M est donc définie positive.

b) *Condition nécessaire.* On désigne toujours par q la forme quadratique de $\mathbb{R}^n$ dont M est la matrice dans la base canonique $(e_1,\dots,e_n)$ de $\mathbb{R}^n$. Pour tout I, M_I est la matrice de la restriction de q à $\mathrm{Vect}(e_i)_{i\in I}$, qui est positive. La matrice M_I est donc positive, ce qui entraîne $\det M_I \geq 0$.
Condition suffisante. Commençons par montrer

$$\forall x > 0, \quad \det(M + xI_n) > 0. \qquad (*)$$

On sait que

$$\det(M + xI_n) = x^n + \beta_1 x^{n-1} + \cdots + \beta_{n-1} x + \beta_n,$$

où pour tout i, β_i est la somme des mineurs principaux d'ordre i, *i.e* $\beta_i = \sum_{\mathrm{Card}\, I = i} \det M_I \geq 0$. La positivité des β_i entraîne alors (*).

On applique maintenant le résultat (*) à chacune des matrices M_k (on peut, les hypothèses sont vérifiées), ce qui donne

$$\forall x > 0, \forall k \in \{1,\dots,n\}, \quad \det(M_k + xI_k) > 0.$$

En appliquant le résultat de la question a), On en déduit que pour tout $x > 0$, la matrice $M + xI_n$ est définie positive. Autrement dit, pour tout $x > 0$, on a

$$\forall X \in \mathbb{R}^n, \quad {}^tX(M + xI_n)X \geq 0.$$

En fixant X et en faisant tendre x vers 0, cette inégalité entraîne ${}^tXMX \geq 0$, et ceci pour tout $X \in \mathbb{R}^n$, donc M est positive.

Remarque. Le résultat de la question a) peut s'avérer utile ; il est donc souhaitable de savoir le redémontrer.

EXERCICE 5. **a)** Soit une application continue

$$M : [0,1] \to \mathcal{M}_n(\mathbb{R}) \quad t \mapsto M(t) = [a_{i,j}(t)]_{1\le i,j\le n},$$

telle que pour tout $t \in]0,1[$, $M(t)$ est symétrique définie positive. Montrer que la matrice

$$A = \int_0^1 M(t)\,dt = \left(\int_0^1 a_{i,j}(t)\,dt\right)_{1\le i,j\le n}$$

est symétrique définie positive.
b) *Application.* Montrer que la matrice

$$A = \left(\frac{1}{1+|i-j|}\right)_{1\le i,j\le n}$$

est définie positive (on pourra utiliser le résultat de la question a) de l'exercice précédent).

Solution. **a)** Il est clair que A est symétrique.

Maintenant réfléchissons. Une somme finie de matrices $(M_i)_{1\le i\le p}$ symétriques définies positives est définie positive. Pour cela, il suffit d'écrire que pour tout vecteur colonne $X \neq 0$ de $\mathbb{R}^n$

$$\forall i, {}^tXM_iX > 0 \quad \text{donc} \quad \sum_{i=1}^{p} {}^tXM_iX = {}^tX(\sum_{i=1}^{p} M_i)X > 0.$$

Ceci étant vrai pour tout $X \neq 0$, on a prouvé que $\sum_i M_i$ est définie positive.

– Ici, on a affaire non pas à une somme finie, mais une somme continue. On procède de la même manière. Fixons un vecteur colonne X de $\mathbb{R}^n$, $X \neq 0$. Pour tout $t \in]0,1[$, on a ${}^tXM(t)X > 0$, donc par continuité de $t \mapsto {}^tXM(t)X$,

$$\int_0^1 {}^tXM(t)X\,dt > 0 \quad \text{ou encore} \quad {}^tX\left(\int_0^1 M(t)\,dt\right)X = {}^tXAX > 0.$$

Ceci étant vrai pour tout $X \neq 0$, A est définie positive.

b) On remarque que

$$\frac{1}{1+|i-j|} = \int_0^1 t^{|i-j|}\,dt.$$

D'après a), le résultat sera prouvé si on montre que pour tout $t \in]0,1[$, la matrice symétrique $M(t) = (t^{|i-j|})_{1\le i,j\le n}$ est définie positive.

Pour tout r, $1 \le r \le n$, on pose $D_r(t) = \det(t^{|i-j|})_{1\le i,j\le r}$. Nous allons prouver que $D_r(t) = (1-t^2)^{r-1}$ ce qui prouvera, en vertu de la question a) de l'exercice précédent, que $M(t)$ est définie positive pour $t \in]0,1[$.

On procède par récurrence sur r. Pour $r = 1$, c'est évident. Supposons le résultat vrai au rang r et montrons le au rang $r+1$. On écrit

$$D_{r+1}(t) = \begin{vmatrix} 1 & t & \cdots & t^{r-1} & t^r \\ t & 1 & \ddots & \ddots & t^{r-1} \\ \vdots & \ddots & \ddots & \ddots & \vdots \\ t^{r-1} & \ddots & \ddots & 1 & t \\ t^r & t^{r-1} & \cdots & t & 1 \end{vmatrix} = \begin{vmatrix} 1 & t & \cdots & t^{r-1} & 0 \\ t & 1 & \ddots & \ddots & 0 \\ \vdots & \ddots & \ddots & \ddots & \vdots \\ t^{r-1} & \ddots & \ddots & 1 & 0 \\ t^r & t^{r-1} & \cdots & t & 1-t^2 \end{vmatrix} = (1-t^2)D_r(t)$$

(on a retranché t fois l'avant dernière colonne à la dernière, puis on a développé par rapport à la dernière colonne), d'où le résultat.

→ EXERCICE 6 (DÉCOMPOSITION POLAIRE). Soit $A \in \mathcal{M}_n(\mathbb{C})$. Montrer qu'il existe un couple de matrices (U, H), U étant unitaire et H hermitienne positive, tel que $A = UH$. Si A est inversible, montrer que le couple (U, H) ainsi défini est unique.

Solution. C'est très classique.
Existence. Si $A = UH$, alors $A^* = HU^{-1}$ donc $A^*A = H^2$ (on rappelle que la notation A^* désigne la matrice ${}^t\overline{A}$). Nous allons par conséquent commencer par chercher une matrice hermitienne H vérifiant $A^*A = H^2$.

La matrice A^*A est hermitienne car $(A^*A)^* = A^*A^{**} = A^*A$. Par ailleurs, pour tout vecteur colonne X, on a

$$X^*(A^*A)X = (AX)^*AX = \|AX\|^2 \geq 0$$

($\|\cdot\|$ désignant la norme hermitienne standard sur $\mathbb{C}^n$), ce qui prouve que A^*A est positive. D'après l'exercice 1, il existe donc une matrice hermitienne H positive telle que $A^*A = H^2$.

Supposons maintenant A inversible. Alors H est inversible, et en posant $U = AH^{-1}$, on a $U^*U = H^{-1}A^*AH^{-1} = I_n$, donc U est unitaire et $A = UH$, d'où l'existence.

Si A n'est pas inversible, c'est un peu plus délicat. Nous allons donner deux méthodes, la première étant de nature constructive, la seconde de nature topologique.

Première méthode. Notons a et h les endomorphismes de $\mathbb{C}^n$ dont les matrices dans la base canonique de $\mathbb{C}^n$ sont A et H. Comme $a^*a = h^2$ avec h autoadjoint, on a

$$\forall x \in \mathbb{C}^n, \qquad \|a(x)\|^2 = a(x) \cdot a(x) = x \cdot a^*a(x) = x \cdot h^2(x) = h(x) \cdot h(x) = \|h(x)\|^2,$$

donc $\operatorname{Ker} h = \operatorname{Ker} a$. Ceci entraîne $\dim(\operatorname{Im} a)^\perp = \dim \operatorname{Ker} h$, de sorte qu'il existe un isomorphisme *unitaire* u_0 envoyant $\operatorname{Ker} h$ sur $(\operatorname{Im} a)^\perp$. En diagonalisant h autoadjoint, on s'aperçoit que $h_{|\operatorname{Im} h}$ est un isomorphisme envoyant $\operatorname{Im} h$ sur lui même, et que $(\operatorname{Ker} h)^\perp = \operatorname{Im} h$. On définit maintenant l'endomorphisme u par

$$\begin{cases} \forall x \in \operatorname{Im} h, & u(x) = a \circ h^{-1}_{|\operatorname{Im} h}(x) \\ \forall x \in \operatorname{Ker} h, & u(x) = u_0(x) \end{cases}.$$

On a ainsi $a = u \circ h$, car

$$\begin{cases} \forall x \in \operatorname{Im} h, & u \circ h(x) = a(x) \\ \forall x \in \operatorname{Ker} h, & u \circ h(x) = 0 = a(x) \end{cases}.$$

Il nous reste à montrer que u est unitaire. Pour cela, donnons nous un vecteur y, et écrivons $y = y_0 + z$, $y_0 \in \operatorname{Im} h$, $z \in \operatorname{Ker} h$. Soit $x \in \operatorname{Im} h$ tel que $y_0 = h(x)$. Alors $u(y) = u(h(x)) + u(z) = a(x) + u_0(z)$, et comme $u_0(z) \in (\operatorname{Im} a)^\perp$,

$$\|u(y)\|^2 = \|a(x)\|^2 + \|u_0(z)\|^2.$$

Par construction de u_0, on a $\|u_0(z)\| = \|z\|$. Par ailleurs,

$$\|a(x)\|^2 = a(x) \cdot a(x) = x \cdot a^*a(x) = x \cdot h^2(x) = h(x) \cdot h(x) = \|h(x)\|^2 = \|y_0\|^2,$$

donc finalement

$$\|u(y)\|^2 = \|y_0\|^2 + \|z\|^2 = \|y\|^2.$$

Notons U la matrice de u dans la base canonique de $\mathbb{C}^n$. On a $a = u \circ h$ donc $A = UH$, avec U unitaire, d'où le résultat.

Seconde méthode. L'ensemble des matrices inversibles étant dense dans $\mathcal{M}_n(\mathbb{C})$ (voir la proposition 2, page 181), on peut écrire A comme une limite de matrices inversibles $(A_p)_{p \in \mathbb{N}}$. Le cas A_p inversible nous permet d'affirmer que pour tout $p \in \mathbb{N}$, il existe deux matrices U_p unitaire et H_p hermitienne positive telles que $A_p = U_pH_p$. L'ensemble des matrices unitaires étant compact (c'est un fermé borné de $\mathcal{M}_n(\mathbb{C})$, fermé comme image réciproque de $\{I_n\}$ par l'application continue $U \mapsto U^*U$, borné car tous les vecteurs colonnes d'une matrice unitaire sont de norme 1), il existe une sous suite $(U_{\varphi(p)})$ de (U_p) qui converge. Notons U sa limite (U est unitaire) et $H = U^*A$. Pour tout p, $H_{\varphi(p)} = U^*_{\varphi(p)}A_{\varphi(p)}$ est hermitienne positive, et en passant à la limite lorsque $p \to +\infty$, on en conclue que $H = U^*A$ est hermitienne positive (en effet, une limite H de matrices hermitiennes positives (H_p) est clairement hermitienne, et positive car pour tout $X \in \mathbb{C}^n$ fixé, on a $X^*H_pX \geq 0$, donc $X^*HX \geq 0$ — faire tendre p vers l'infini — et ceci est vrai pour tout X). Finalement, on a $A = UH$ avec U unitaire et H hermitienne positive.

Unicité (lorsque A est inversible). D'après l'exercice 1, il existe une ***unique*** matrice H hermitienne positive telle que $A^*A = H^2$ (rappelons que A^*A est hermitienne positive), ce qui prouve l'unicité de H, donc de U car $U = AH^{-1}$.

EXERCICE 7 (DÉCOMPOSITION D'IWASAWA). **a)** Soit $A \in \mathcal{M}_n(\mathbb{C})$ une matrice hermitienne définie positive. Montrer qu'il existe une unique matrice triangulaire supérieure T à coefficients diagonaux positifs, telle que $A = T^*T$.
b) Soit $A \in \mathcal{M}_n(\mathbb{C})$ une matrice inversible. Montrer qu'il existe un unique couple de matrices (U, T), avec U unitaire et T triangulaire supérieure à coefficients diagonaux positifs, tel que $A = UT$.

Solution. **a)** Comme A est hermitienne définie positive, A est la matrice d'un produit scalaire hermitien dans la base canonique $B = (e_1, \dots, e_n)$ de $\mathbb{C}^n$. Écrire $A = P^*P$, c'est dire que P est la matrice de passage d'une base B' orthonormée pour ce produit scalaire à la base B.

Il s'agit par conséquent de déterminer les bases $B' = (e'_1, \dots, e'_n)$ orthonormées pour ce produit scalaire telles que la matrice de passage P de B' à B soit triangulaire supérieure et à coefficients diagonaux positifs, ce qui s'écrit

$$\forall k \in \{1, \dots, n\}, \quad \begin{cases} \mathrm{Vect}(e'_1, \dots, e'_k) = \mathrm{Vect}(e_1, \dots, e_k) \\ e'_k \cdot e_k > 0 \end{cases}.$$

Le procédé d'orthonormalisation de Schmidt assure l'existence et l'unicité d'une telle base, d'où l'existence et l'unicité de T.

b) Comme on l'a vu à l'exercice précédent, la matrice A^*A est hermitienne positive. Comme A est inversible, A^*A est inversible, et c'est donc une matrice hermitienne définie positive. D'après la question a), il existe une matrice T triangulaire supérieure à coefficients diagonaux positifs telle que $A^*A = T^*T$. Soit $U = AT^{-1}$. Alors $U^*U = (T^*)^{-1}A^*AT^{-1} = I$. Donc U est unitaire et $A = UT$, d'où l'existence du couple (U, T).
Unicité. Si $A = UT$, alors $A^*A = T^*T$, donc d'après a), T est déterminée de façon unique ; il en est de même pour $U = AT^{-1}$.

Remarque. On peut montrer que le résultat reste vrai lorsque A n'est pas supposée inversible, mais il n'y a plus unicité du couple (U, T). (On peut par exemple procéder en utilisant des critères de nature topologique comme dans la seconde méthode de la preuve de l'existence dans l'exercice précédent).

EXERCICE 8. On définit la norme euclidienne standard $\|\cdot\|_2$ sur $\mathbb{R}^n$ par :
$\forall X = \begin{pmatrix} x_1 \\ \vdots \\ x_n \end{pmatrix} \in \mathbb{R}^n$, $\|X\|_2 = \sqrt{x_1^2 + \cdots + x_n^2} = \sqrt{X^*X}$. On norme ensuite $\mathcal{M}_n(\mathbb{R})$ en posant, pour tout $A \in \mathcal{M}_n(\mathbb{R})$, $\|A\|_2 = \sup_{\|X\|_2=1} \|AX\|_2$.

Montrer que $\|A\|_2 = \sqrt{\rho(A^*A)}$, où $\rho(A^*A) = \sup\{|\lambda|, \lambda \text{ valeur propre de } A^*A\}$.

Solution. On remarque déjà que pour tout $X \in \mathbb{R}^n$, $\|X\|_2 = \sqrt{X^*X}$, de sorte que

$$\|A\|_2^2 = \sup_{\|X\|_2=1} (AX)^*AX = \sup_{\|X\|_2=1} X^*(A^*A)X.$$

La matrice A^*A est symétrique positive (c'est toujours pareil, elle est symétrique car $(A^*A)^* = A^*A^{**} = A^*A$, positive car $\forall X \in \mathbb{R}^n$, $X^*(A^*A)X = (AX)^*AX = \|AX\|_2^2 \geq 0$). Il existe donc une matrice orthogonale P telle que

$$A^*A = P^{-1}DP = P^*DP, \quad \text{avec} \quad D = \begin{pmatrix} \lambda_1 & & 0 \\ & \ddots & \\ 0 & & \lambda_n \end{pmatrix},$$

les λ_i étant positifs (car A^*A est positive). On a

$$\|A\|_2^2 = \sup_{\|X\|_2=1} X^*(P^*DP)X = \sup_{\|X\|_2=1} (PX)^*D(PX).$$

L'application $X \mapsto PX$ étant une isométrie de $\mathbb{R}^n$, ceci s'écrit aussi

$$\|A\|_2 = \sup_{\|Y\|_2=1} Y^*DY. \qquad (*)$$

Soit $Y = \begin{pmatrix} y_1 \\ \vdots \\ y_n \end{pmatrix} \in \mathbb{R}^n$ tel que $\|Y\|_2 = 1$. Alors

$$0 \leq Y^*DY = \sum_{i=1}^{n} \lambda_i y_i^2 \leq \rho(D) \sum_{i=1}^{n} y_i^2 = \rho(D),$$

donc d'après (*), $\|A\|_2 \leq \rho(D)$. Or, si k est choisi tel que $\lambda_k = |\lambda_k| = \rho(D)$, alors Y désignant le k-ième vecteur de la base canonique de $\mathbb{R}^n$, on a $\|Y\|_2 = 1$ et $Y^*DY = \lambda_k = \rho(D)$. Finalement, on a montré $\|A\|_2 = \rho(D)$, et comme A^*A et D sont semblables, $\rho(D) = \rho(A^*A)$, d'où le résultat.

EXERCICE 9. Soit E un $\mathbb{R}$-espace vectoriel normé et vérifiant

$$\forall (x, y) \in E^2, \qquad \|x + y\|^2 + \|x - y\|^2 = 2\|x\|^2 + 2\|y\|^2. \qquad (*)$$

Montrer que E est préhilbertien réel (*i.e* la norme est issue d'un produit scalaire).

Solution. Il s'agit de montrer qu'il existe un produit scalaire $(x, y) \mapsto \varphi(x, y)$ sur E tel que pour tout $x \in E$, $\varphi(x, x) = \|x\|^2$.

On raisonne par conditions nécessaires. Si un tel produit scalaire existe, alors

$$\forall x, y \in E, \qquad 4\,\varphi(x, y) = \varphi(x + y, x + y) - \varphi(x - y, x - y) = \|x + y\|^2 - \|x - y\|^2.$$

On définit donc φ par

$$\varphi : \ E \times E \to \mathbb{R} \quad (x, y) \mapsto \frac{1}{4}\|x + y\|^2 - \frac{1}{4}\|x - y\|^2.$$

Nous allons montrer que $\psi = 4\varphi$ est un produit scalaire, ce qui montrera le résultat pour φ.

Montrons que ψ est bilinéaire. Comme ψ est symétrique en ses arguments, il suffit de démontrer la linéarité pour l'un d'entre eux, par exemple le premier.

– Montrons que ψ est additive par rapport à son premier argument. Pour tout $x, y, z \in E$, on a

$$2(\psi(x, z) + \psi(y, z)) = (2\|x + z\|^2 + 2\|y + z\|^2) - (2\|x - z\|^2 + 2\|y - z\|^2)$$

et par (*)

$$= \|x + y + 2z\|^2 + \|x - y\|^2 - \|x + y - 2z\|^2 - \|x - y\|^2 = \psi(x + y, 2z).$$

Posons alors $x_0 = x + y$:

$$\psi(x_0, 2z) = \|x_0 + 2z\|^2 - \|x_0 - 2z\|^2 = (\|x_0 + 2z\|^2 + \|x_0\|^2) - (\|x_0 - 2z\|^2 + \|x_0\|^2)$$
$$= (2\|x_0 + z\|^2 + 2\|z\|^2) - (2\|x_0 - z\|^2 + 2\|z\|^2) = 2\psi(x_0, z).$$

Finalement, on a

$$2(\psi(x, z) + \psi(y, z)) = \psi(x_0, 2z) = 2\psi(x_0, z) = 2\psi(x + y, z)$$

donc $\psi(x,z)+\psi(y,z)=\psi(x+y,z)$. (**)

- Il nous reste à montrer que pour $x,z\in E$ et $\lambda\in\mathbb{R}$, $\psi(\lambda x,z)=\lambda\psi(x,z)$. C'est classique !
  - Si $p\in\mathbb{N}^*$, alors $\psi(px,z)=\psi(x+\cdots+x,z)=p\,\psi(x,z)$ d'après (**). Or $\psi(0,z)=0=\psi(x-x,z)=\psi(x,z)+\psi(-x,z)$, donc $\psi(-x,z)=-\psi(x,z)$. Finalement, pour tout $p\in\mathbb{Z}$, $\psi(px,z)=p\,\psi(x,z)$.
  - Soit $q\in\mathbb{N}^*$. Alors
$$\psi(x,z)=\psi(q\cdot\frac{1}{q}x,z)=q\,\psi(\frac{1}{q}x,z)\quad\text{donc}\quad\psi(\frac{1}{q}x,z)=\frac{1}{q}\,\psi(x,z).$$
  - Pour tout $r\in\mathbb{Q}$, $r=\frac{p}{q}$, on a
$$\psi(rx,z)=\psi(p\cdot\frac{1}{q}x,z)=p\,\psi(\frac{1}{q}x,z)=p\frac{1}{q}\,\psi(x,z)=r\,\psi(x,z). \qquad (***)$$

Par construction, ψ est continue, et comme $\mathbb{Q}$ est dense dans $\mathbb{R}$, (***) entraîne
$$\forall\lambda\in\mathbb{R},\quad \psi(\lambda x,z)=\lambda\psi(x,z). \qquad (****)$$

Les relations (**) et (****) assurent la bilinéarité de ψ. Comme ψ est symétrique et définie positive (on a $\psi(x,x)=4\|x\|^2$), ψ définit bien un produit scalaire. Il en est donc de même de $\varphi=\frac{1}{4}\psi$, et comme $\|x\|^2=\varphi(x,x)$, $\|\cdot\|$ est bien une norme euclidienne.

→ EXERCICE 10 (PROJECTION ORTHOGONALE DANS UN ESPACE PRÉHILBERTIEN RÉEL). E désigne un espace préhilbertien réel et F un s.e.v de E.

1/ Pour tout $x\in E$, on note
$$F_x=\{y\in F,\|x-y\|=d(x,F)=\inf_{z\in F}\|x-z\|\}.$$

a) Montrer que $y\in F_x$ si et seulement si $x-y\in F^\perp$.
b) Montrer que F_x a au plus un élément.

2/ On suppose ici que F est complet.
a) Pour tout $x\in E$, montrer que F_x a exactement un élément. On le note x_F.
b) Montrer que $F\oplus F^\perp$ et que $x\mapsto P_F(x)=x_F$ s'identifie à la projection orthogonale sur F.
c) Montrer que $F=F^{\perp\perp}$.

3/ On considère ici $E=\mathcal{C}([0,1],\mathbb{R})$ (fonctions à valeurs réelles continues sur $[0,1]$), muni du produit scalaire
$$(f|g)=\int_0^1 f(t)g(t)\,dt.$$
Soit $F=\{f\in E,f(0)=0\}$. Que représente $F^\perp$? Conclure.

Solution. **1/ a)** *Condition nécessaire.* Soit $y\in F_x$. Posons $z=x-y$ et considérons $w\in F$. Pour tout $\rho\in\mathbb{R}$, on a $\|z+\rho w\|\geq\|z\|$ car $z+\rho w=x-(y-\rho w)$ et $y-\rho w\in F$. On réécrit ceci en
$$\forall\rho\in\mathbb{R},\qquad \|z+\rho w\|^2=\|z\|^2+2\rho(z\cdot w)+\rho^2\|w\|^2\geq\|z\|^2.$$
Cette inégalité exprime que la fonction $\rho\mapsto\|z\|^2+2\rho(z\cdot w)+\rho^2\|w\|^2$ atteint son minimum en $\rho=0$, donc sa dérivée par rapport à ρ en 0 est nulle, ce qui s'écrit $z\cdot w=0$. Ceci étant vrai pour tout $w\in F$, on en déduit que $z=x-y\in F^\perp$.
Condition suffisante. Soit $y\in E$ tel que $x-y\in F^\perp$. On a
$$\forall z\in F,\quad \|x-z\|^2=\|(x-y)+(y-z)\|^2=\|x-y\|^2+\|z-y\|^2 \qquad (*)$$
(car $x-y\in F^\perp$ et $z-y\in F$). La relation (*) entraîne $\|x-y\|=\inf_{z\in F}\|x-z\|$, donc $y\in F_x$.

b) Supposons que F_x ait deux éléments y et z. Alors $x-y$ et $x-z \in F^\perp$ d'après a), et donc $y-z=(x-z)-(x-y) \in F^\perp$. Or $y-z \in F$. Comme $F \cap F^\perp = \{0\}$, on en déduit $y-z=0$, d'où le résultat.

2/ a) L'idée est d'utiliser le fait que F soit complet. Nous allons construire une suite de Cauchy, et montrer que sa limite vérifie la condition requise.

Soit $\delta = \inf_{z\in F} \|x-z\|$. Par définition de δ, il existe une suite $(y_n)_{n\in\mathbb{N}}$ de points de F telle que $\lim_{n\to\infty} \|x-y_n\| = \delta$, et donc $\lim_{n\to\infty} \|x-y_n\|^2 = \delta^2$.

Dans un e.v.n général, cette relation n'entraîne pas la convergence de (y_n). C'est le caractère préhilbertien de E qui va nous permettre de montrer qu'elle converge. Nous allons pour cela montrer que (y_n) est une suite de Cauchy. Nous allons utiliser le théorème de la médiane (voir le théorème 1) :

$$\forall p,q \in \mathbb{N}, \quad \|y_p - y_q\|^2 + \|(x-y_p)+(x-y_q)\|^2 = 2\|x-y_p\|^2 + 2\|x-y_q\|^2,$$

donc

$$\|y_p - y_q\|^2 = 2\|x-y_p\|^2 + 2\|x-y_q\|^2 - 4\left\|x - \frac{y_p+y_q}{2}\right\|^2.$$

Soit $\varepsilon > 0$. Il existe $N \in \mathbb{N}$ tel que pour tout $n \geq N$, $\|x-y_n\|^2 \leq \delta^2 + \varepsilon$, donc

$$\forall p,q \geq N, \qquad \|y_p - y_q\|^2 \leq 2(\delta^2+\varepsilon) + 2(\delta^2+\varepsilon) - 4\left\|x - \frac{y_p+y_q}{2}\right\|^2.$$

Or $\frac{y_p+y_q}{2} \in F$, donc $\|x - \frac{y_p+y_q}{2}\| \geq \delta$, d'où

$$\forall p,q \geq N, \quad \|y_p - y_q\|^2 \leq 2(\delta^2+\varepsilon) + 2(\delta^2+\varepsilon) - 4\delta^2 = 4\varepsilon.$$

Ceci suffit à prouver que (y_n) est une suite de Cauchy. Comme F est complet, cette suite converge vers une valeur $y \in F$. La continuité de la norme assure le fait que $\|x-y\| = \lim_{n\to\infty} \|x-y_n\| = \delta$, donc $y \in F_x$. L'ensemble F_x est donc non vide, et a donc un seul élément d'après 1/ b).

b) On sait que $F \cap F^\perp = \{0\}$. Il reste à montrer $E = F + F^\perp$, ce qui découle du fait que pour tout $x \in E$, $x = x_F + (x - x_F)$ avec $x_F \in F_x \subset F$ et $x - x_F \in F^\perp$ d'après 1/ a).

Pour tout $x \in E$, la décomposition de x selon $F \oplus F^\perp$ est $x = x_F + (x - x_F)$, ce qui prouve que $x \mapsto x_F$ est la projection orthogonale sur F.

c) On sait que $F \subset F^{\perp\perp}$. Il reste à montrer $F^{\perp\perp} \subset F$. Soit $x \in F^{\perp\perp}$. Comme $F \oplus F^\perp = E$, il existe $(y,z) \in F \times F^\perp$ tels que $x = y+z$. Or $z \in F^\perp$ donc $0 = x\cdot z = y \cdot z + \|z\|^2 = \|z\|^2$, donc $z = 0$, donc $x = y \in F$. Finalement, on a montré $F = F^{\perp\perp}$.

3/ Nous allons montrer que $F^\perp = \{0\}$. Soit $f \in F^\perp$. Soit $g : x \mapsto xf(x)$. On a $g \in F$, donc

$$(f|g) = \int_0^1 xf^2(x)\,dx = 0.$$

Comme $x \mapsto xf^2(x)$ est continue et positive, ceci entraîne que pour tout $x \in [0,1]$, $xf^2(x) = 0$, donc pour tout $x \in]0,1]$, $f(x) = 0$, donc $f = 0$ car f est continue.

On a donc $F \oplus F^\perp \neq E$, ce qui montre que le résultat 2/ b) est faux lorsque F n'est pas supposé complet.

Remarque. Ces résultats font des espaces hilbertiens (espaces préhilbertiens complets) des espaces vectoriels très maniables, même en dimension infinie. Une étude plus approfondie de ces espaces fait l'objet d'une annexe au tome d'analyse.

EXERCICE 11 (PRODUIT DE SCHUR DE DEUX MATRICES). Soient $A = (a_{i,j})_{1\leq i,j\leq n}$ et $B = (b_{i,j})_{1\leq i,j\leq n} \in \mathcal{M}_n(\mathbb{R})$ deux matrices symétriques. On définit le produit de Schur de A et B comme étant la matrice symétrique $A \circ B = (a_{i,j}b_{i,j})_{1\leq i,j\leq n}$.

a) Si A et B sont positives, montrer que la matrice $A \circ B$ est positive.

b) Si de plus A et B sont définies, montrer que $A \circ B$ est définie.
c) Si A est positive, montrer que la matrice $E = (e^{a_{i,j}})_{1 \leq i,j \leq n}$ est positive, et qu'elle est définie si A est définie.

Solution. **a)** On montre d'abord le résultat lorsque $\operatorname{rg} A = \operatorname{rg} B = 1$. La signature des formes quadratiques $X \mapsto X^*AX$ et $X \mapsto X^*BX$ est $(1,0)$, donc il existe deux formes linéaires $f(X) = \sum_{i=1}^n \lambda_i x_i$ et $g(X) = \sum_{i=1}^n \mu_i x_i$ telles que

$$X^*AX = f^2(X) \quad \text{et} \quad X^*BX = g^2(X).$$

En développant f^2 et g^2, on s'aperçoit alors que $A = (\lambda_i \lambda_j)_{1 \leq i,j \leq n}$ et $B = (\mu_i \mu_j)_{1 \leq i,j \leq n}$. Donc $A \circ B = [(\lambda_i \mu_i)(\lambda_j \mu_j)]_{1 \leq i,j \leq n}$, donc cette matrice est positive car

$$X^*(A \circ B)X = h^2(X) \geq 0 \quad \text{avec} \quad h(X) = \sum_{i=1}^n (\lambda_i \mu_i) x_i.$$

Traitons maintenant le cas général. L'entier r désignant le rang de A, on peut écrire

$$X^*AX = \sum_{i=1}^r f_i(X)^2,$$

où $f_1, \ldots, f_r$ sont des formes linéaires indépendantes (ceci parce que la signature de A est $(r,0)$). Pour tout i, $1 \leq i \leq r$, notons A_i la matrice de la forme quadratique f_i^2, de sorte que $X^*A_iX = f_i^2(X)$. Les matrices A_i sont symétriques positives et de rang 1 (leur signature est $(1,0)$) et $A = \sum_{i=1}^r A_i$. On écrirait de même B sous la forme $B = \sum_{j=1}^s B_j$ où $s = \operatorname{rg} B$ et où les B_j sont des matrices symétriques positives de rang 1. Donc $A \circ B = \sum_{i,j} A_i \circ B_j$, somme de matrices positives, est positive.

b) Les matrices A et B étant définies positives, on peut écrire

$$X^*AX = \sum_{i=1}^n f_i^2(X) \quad \text{et} \quad X^*BX = \sum_{j=1}^n g_j^2(X),$$

où les formes linéaires $(f_i)_{1 \leq i \leq n}$ sont linéairement indépendantes, ainsi que les $(g_j)_{1 \leq j \leq n}$. Si on note

$$f_k(X) = \sum_{i=1}^n \lambda_{k,i} x_i \quad \text{et} \quad g_\ell(X) = \sum_{j=1}^n \mu_{\ell,j} x_j,$$

les matrices des formes quadratiques f_k^2 et g_ℓ^2 sont $A_k = (\lambda_{k,i}\lambda_{k,j})_{1 \leq i,j \leq n}$ et $B_\ell = (\mu_{\ell,i}\mu_{\ell,j})_{1 \leq i,j \leq n}$, et on a $A = \sum_{k=1}^n A_k$ et $B = \sum_{\ell=1}^n B_\ell$. Ainsi, $A \circ B = \sum_{k,\ell} A_k \circ B_\ell$. Maintenant, l'égalité $X^*(A \circ B)X = 0$ entraîne $\sum_{k,\ell} X^*(A_k \circ B_\ell)X = 0$, et les matrices $A_k \circ B_\ell$ étant positives,

$$\forall k, \ell, \quad X^*(A_k \circ B_\ell)X = 0 = \left(\sum_{i=1}^n \lambda_{k,i} \mu_{\ell,i} x_i \right)^2. \tag{*}$$

Fixons ℓ. L'égalité (*) entraîne

$$\forall k, \sum_{i=1}^n \lambda_{k,i}(\mu_{\ell,i} x_i) = 0,$$

et les n formes linéaires $(f_k)_{1 \leq k \leq n}$ étant linéairement indépendantes, ceci entraîne $\mu_{\ell,i} x_i = 0$ pour tout i, et par sommation $g_\ell(X) = 0$. Ceci étant vrai pour tout ℓ, comme les formes linéaires $(g_\ell)_{1 \leq \ell \leq n}$ sont linéairement indépendantes, on a nécessairement $X = 0$, ce qui prouve que $A \circ B$ est définie.

c) En utilisant le résultat de la question a), on a facilement par récurrence sur $m \in \mathbb{N}$ que la matrice $A_m = (a_{i,j}^m)_{1 \leq i,j \leq n}$ est positive. Maintenant, pour tout entier M positif, on a

$$\forall X \in \mathbb{R}^n, \quad X^* \left(\sum_{m=0}^M \frac{1}{m!} A_m \right) X = \sum_{m=0}^M \frac{1}{m!} X^* A_m X \geq 0.$$

En passant à la limite lorsque M tend vers l'infini, on obtient $X^*EX \geq 0$, et ceci pour tout X, ce qui prouve que E est positive.

Si de plus A est définie, alors E est définie car

$$\forall X \neq 0, \quad X^*EX \geq X^*AX > 0.$$

3. Compléments de cours

Cette section propose quelques études complémentaires très classiques, et souvent utiles dans les exercices ou les problèmes.

3.1. Réduction des isométries et des endomorphismes unitaires

Nous allons voir que les isométries (resp. les endomorphisme unitaires), bien que n'étant pas des endomorphismes autoadjoints, se diagonalisent sympathiquement dans une base orthonormale. Nous commençons par les isométries.

PROPOSITION 1. *Soit E un espace euclidien (resp. hermitien) et $u \in \mathcal{L}(E)$ une isométrie (resp un endomorphisme unitaire). Si F est un s.e.v de E stable par u, alors $F^\perp$ est stable par u.*

Démonstration. Il s'agit de montrer que pour tout $x \in F^\perp$ et pour tout $y \in F$, $u(x) \cdot y = 0$. Comme $u_{|F}$ est une isométrie, $u_{|F}$ est bijective (on est en dimension finie), donc il existe $y' \in F$ tel que $y = u(y')$. On a maintenant

$$u(x) \cdot y = u(x) \cdot u(y') = x \cdot y' = 0.$$

Ceci étant vrai pour tout $x \in F^\perp$ et pour tout $y \in F$, $F^\perp$ est bien stable par u. □

Réduction des isométries.

→ THÉORÈME 1. *Soit E un espace euclidien et $u \in \mathcal{L}(E)$ une isométrie. Alors il existe une base orthonormale B de E dans laquelle la matrice de u a la forme*

$$[u]_B = \begin{pmatrix} \varepsilon_1 & & & & & \\ & \ddots & & & 0 & \\ & & \varepsilon_r & & & \\ & & & R_{\theta_1} & & \\ & 0 & & & \ddots & \\ & & & & & R_{\theta_s} \end{pmatrix}, \qquad (*)$$

où pour tout i, $\varepsilon_i \in \{-1, 1\}$ et pour tout j,

$$R_{\theta_j} = \begin{pmatrix} \cos\theta_j & -\sin\theta_j \\ \sin\theta_j & \cos\theta_j \end{pmatrix} \in \mathcal{M}_2(\mathbb{R}), \qquad \theta_j \in \mathbb{R},\ \theta_j \not\equiv 0 \pmod{\pi}.$$

Démonstration. On procède par récurrence sur $n = \dim E$. Pour $n = 1$, c'est évident. Supposons le résultat vrai jusqu'au rang $n-1$ et montrons le au rang n. Nous traitons deux cas.

Premier cas. L'isométrie u admet au moins une valeur propre réelle ε. Soit x un vecteur propre associé. On a $\|u(x)\| = \|\varepsilon x\| = |\varepsilon|\,\|x\|$ et comme $\|u(x)\| = \|x\|$, $|\varepsilon| = 1$. De plus $\varepsilon \in \mathbb{R}$, on en déduit alors $\varepsilon \in \{-1, 1\}$. Maintenant, comme $F = \mathrm{Vect}(x)$ est stable par u, $F^\perp$ est stable par u d'après la proposition 1. En appliquant l'hypothèse de récurrence à $u_{|F^\perp}$, on trouve une base orthonormale B_0 de $F^\perp$ dans laquelle la matrice de $u_{|F^\perp}$ a la forme (*). En ajoutant x a la base B_0, on obtient une base orthonormale B de E dans laquelle la matrice de u a la forme (*).

Second cas. L'isométrie u n'a aucune valeur propre réelle. On considère l'endomorphisme $v = u + u^*$. Comme v est symétrique, v admet une valeur propre réelle λ associée à un vecteur propre x. On a $(u+u^*)(x) = \lambda x$ donc $u(u+u^*)(x) = u^2(x) + x = \lambda u(x)$, d'où $u^2(x) = \lambda u(x) - x$ (**). Par ailleurs, la famille $(x, u(x))$ est libre puisque u n'admet pas de valeur propre réelle. En posant $F = \text{Vect}(x, u(x))$, on voit que $\dim F = 2$ et que F est stable par u (d'après (**)). Soit $N = \begin{pmatrix} a & c \\ b & d \end{pmatrix}$ la matrice de $u_{|F}$ dans une base orthonormale B_1 de F. Comme $u_{|F}$ est une isométrie, $N^*N = I_n = NN^*$. Parmi les équations issues de ces égalités, on trouve

$$a^2 + b^2 = a^2 + c^2 = 1 \quad \text{et} \quad ab + cd = 0. \tag{**}$$

La première assertion de (**) entraîne $c = \pm b$. On ne peut pas avoir $c = b$ car N serait symétrique ce qui est impossible car u n'admet pas de valeur propre réelle. Donc $c = -b \neq 0$, et d'après la deuxième assertion de (**), $d = a$. Comme de plus $a^2 + b^2 = 1$, il existe $\theta \in \mathbb{R}$ tel que $a = \cos\theta$ et $b = \sin\theta$. Finalement, la matrice N est de la forme

$$R_\theta = \begin{pmatrix} \cos\theta & \sin\theta \\ -\sin\theta & \cos\theta \end{pmatrix}.$$

Maintenant, d'après la proposition 1 le s.e.v $F^\perp$ est stable par u, et $u_{|F^\perp}$ est une isométrie donc il existe d'après l'hypothèse de récurrence une base orthonormale B_0 de $F^\perp$ qui diagonalise $u_{|F^\perp}$. La base $B = B_0 \cup B_1$ est orthonormale et dans cette base, la matrice de u a la forme voulue, d'où le théorème. □

Remarque 1. On retrouve ainsi la forme des isométries du plan et de l'espace :

- Les isométries directes du plan sont des *rotations* d'angle θ (elles ont pour matrice $R_\theta = \left(\begin{smallmatrix} \cos\theta & \sin\theta \\ -\sin\theta & \cos\theta \end{smallmatrix}\right)$), les isométries indirectes des symétries par rapport a des droites (matrice $\left(\begin{smallmatrix} 1 & 0 \\ 0 & -1 \end{smallmatrix}\right)$). Notez d'ailleurs l'utile relation $R_\theta R_{\theta'} = R_{\theta+\theta'}$, qui entraîne la commutativité des rotations dans le plan.
- Les isométries directes de l'espace sont des *rotations* d'angle θ autour d'un axe (matrice $\begin{pmatrix} \cos\theta & \sin\theta & 0 \\ -\sin\theta & \cos\theta & 0 \\ 0 & 0 & 1 \end{pmatrix}$, le dernier vecteur de la base étant l'axe de rotation). Lorsque $\theta = \pi$, on parle de *retournement*.
  Les isométries indirectes de l'espace ont pour matrice $\begin{pmatrix} \cos\theta & \sin\theta & 0 \\ -\sin\theta & \cos\theta & 0 \\ 0 & 0 & -1 \end{pmatrix}$. Lorsque $\theta = 0$, on a affaire à une symétrie par rapport à un plan et on parle alors de *reflexion*.

Remarque 2. La version matricielle de ce théorème est la suivante. Soit $M \in \mathcal{M}_n(\mathbb{R})$ une matrice orthogonale. Alors il existe une matrice orthogonale P telle que $P^{-1}MP = P^*MP$ ait la forme (*).

Réduction des endomorphismes unitaires.

→ THÉORÈME 2. *Soit E un espace hermitien et $u \in \mathcal{L}(E)$ un endomorphisme unitaire. Alors il existe une base orthonormale qui diagonalise u, et toutes les valeurs propres de u ont leur module égal à 1.*

Démonstration. La preuve est plus simple que la précédente. Il est d'abord clair que toute valeur propre λ de u vérifie $|\lambda| = 1$, car si $u(x) = \lambda x$ avec $x \neq 0$, on a $\|x\| = \|u(x)\| = |\lambda|\,\|x\|$. On procède ensuite par récurrence sur $n = \dim E$. Le cas $n = 1$ est trivial, et le passage du rang $n-1$ au rang n se fait comme suit.

Le corps de base $\mathbb{C}$ étant algébriquement clos, u admet au moins une valeur propre complexe λ. Soit x un vecteur propre associé, $\|x\| = 1$. La droite $F = \text{Vect}(x)$ est stable par u, donc d'après la proposition 1, l'hyperplan $F^\perp$ est également stable par u. L'endomorphisme $u_{|F^\perp}$ est unitaire, et d'après l'hypothèse de récurrence, il existe une base orthonormale B_0 de $F^\perp$ qui diagonalise $u_{|F^\perp}$.

En ajoutant x à B_0, on obtient une base orthonormale de E qui diagonalise u et le théorème est prouvé. □

COROLLAIRE 1 (VERSION MATRICIELLE). *Soit $U \in \mathcal{M}_n(\mathbb{C})$ une matrice unitaire. Alors il existe une matrice unitaire P telle que*

$$P^{-1}UP = P^*UP = \begin{pmatrix} e^{i\theta_1} & & & 0 \\ & e^{i\theta_2} & & \\ & & \ddots & \\ 0 & & & e^{i\theta_n} \end{pmatrix},$$

où les θ_i sont des nombres réels.

3.2. Endomorphismes normaux

Les endomorphismes normaux généralisent les endomorphismes autoadjoints. Comme nous allons le voir, ils sont caractérisés par la propriété de diagonalisation dans une base orthonormée.

Dans cette section, sauf mention explicite, E désigne un espace hermitien (on rappelle qu'un espace hermitien est nécessairement de dimension finie).

DÉFINITION 1. Soit $u \in \mathcal{L}(E)$. On dit que u est *normal* si u et u^* commutent.
Une matrice $M \in \mathcal{M}_n(\mathbb{C})$ est dite normale si M et M^* commutent.

PROPOSITION 2. *Soit $u \in \mathcal{L}(E)$ un endomorphisme normal. Alors pour tout $x \in E$, $\|u(x)\| = \|u^*(x)\|$.*

Démonstration. Il suffit d'écrire que

$$\forall x \in E, \quad \|u(x)\|^2 = u(x) \cdot u(x) = x \cdot u^*[u(x)] = x \cdot u[u^*(x)] = u^*(x) \cdot u^*(x) = \|u^*(x)\|^2.$$

□

Nous allons montrer qu'un endomorphisme est normal si et seulement s'il se diagonalise dans une base orthonormée. Les quelques résultats qui suivent nous serviront de préliminaires à la démonstration de ce théorème.

LEMME 1. *Soit $u \in \mathcal{L}(E)$ et F un s.e.v de E stable par u. Alors $F^\perp$ est stable par u^*.*

Démonstration. Soit $x \in F$. Par hypothèse, $u(x) \in F$ donc

$$\forall y \in F^\perp, \quad 0 = u(x) \cdot y = x \cdot u^*(y).$$

Ceci étant vrai pour tout $x \in F$, on a $u^*(y) \in F^\perp$. Or on peut choisir y comme l'on veut dans $F^\perp$, et donc $F^\perp$ est stable par u^*. □

Remarque 3. Notez que ce résultat n'est pas spécifique aux endomorphismes normaux.

LEMME 2. *Soit $u \in \mathcal{L}(E)$ un endomorphisme normal. Si E_λ est un sous espace propre de u (associé à une valeur propre λ), alors $E_\lambda^\perp$ est stable par u.*

Démonstration. Comme u et u^* commutent, E_λ est stable par u^* (voir la proposition 7 de la partie 1.5 du chapitre IV, page 164), donc d'après le lemme 1, $E_\lambda^\perp$ est stable par $(u^*)^* = u$. □

Nous pouvons maintenant énoncer et démontrer notre résultat principal.

→ THÉORÈME 3. *Soit $u \in \mathcal{L}(E)$. Les assertions (i), (ii) et (iii) sont équivalentes.*

(i) *u est normal.*
(ii) *u se diagonalise dans une base orthonormale de E.*
(iii) *u et u^* se diagonalisent dans une base orthonormale commune.*

Démonstration. Nous montrerons (i) $\Longrightarrow$ (ii), (ii) $\Longrightarrow$ (iii) et (iii) $\Longrightarrow$ (i).

– (i) $\Longrightarrow$ (ii). On procède par récurrence sur $n = \dim E$. Pour $n = 1$, c'est évident. Sinon, supposons le résultat vrai jusqu'au rang $n-1$ et montrons le au rang n. Le corps de base de E est $\mathbb{C}$, donc u admet au moins une valeur propre λ. Soit E_λ le sous espace propre correspondant. Le sous espace $F = E_\lambda^\perp$ est stable par u (lemme 2) et par u^* (lemme 1). Comme $u_{|F}$ et $(u_{|F})^* = (u^*)_{|F}$ commutent et que $\dim F \leq n-1$, il existe d'après l'hypothèse de récurrence une base orthonormale B_1 de F qui diagonalise $u_{|F}$. Si maintenant B_2 désigne une base orthonormale de E_λ, on voit que $B = B_1 \cup B_2$ est une base orthonormale de E diagonalisant u.

– (ii) $\Longrightarrow$ (iii). Soit B une base orthonormale diagonalisant u, M la matrice de u dans B. La matrice de u^* dans B est M^*. La matrice M est diagonale donc M^* est diagonale, ce qui entraîne que la base B diagonalise u et u^*.

– (iii) $\Longrightarrow$ (i). Soit B une base orthonormale diagonalisant u et u^*. Les matrice $M = [u]_B$ et $M^* = [u^*]_B$ étant diagonales, elles commutent, donc u et u^* commutent. □

Corollaire 2 (Version matricielle). *Soit $M \in \mathcal{M}_n(\mathbb{C})$ une matrice. Alors M est normale si et seulement s'il existe $P \in \mathcal{M}_n(\mathbb{C})$, P unitaire, telle que $P^*MP = P^{-1}MP$ est diagonale.*

Démonstration. Notons B la base canonique de $\mathbb{C}^n$. On muni $\mathbb{C}^n$ du produit scalaire hermitien usuel, et on désigne par u l'endomorphisme de $\mathbb{C}^n$ tel que $[u]_B = M$.

On montre la condition nécessaire. Si M est normale, alors u est normal donc il existe une base B' orthonormale qui diagonalise u. Si P désigne la matrice de passage de B à B', P est unitaire et $P^{-1}MP$ est diagonale.

La réciproque est immédiate, car si $D = P^*MP$, D est diagonale, donc D et D^* commutent, d'où

$$(P^*M^*P)(P^*MP) = (P^*MP)(P^*M^*) \quad \text{donc} \quad P^*M^*MP = P^*MM^*P,$$

ce qui entraîne que M et M^* commutent. □

Remarque 4. Attention, à la différence du cas autoadjoint, la matrice diagonale obtenue n'est pas forcément à coefficients réels.

Cas des matrices réelles. Lorsque M est une matrice normale *à coefficients réels*, il est intéressant d'avoir une réduction de M dans $\mathcal{M}_n(\mathbb{R})$. C'est le but de ce qui suit. Nous commençons par un petit lemme.

Lemme 3. *Soit E un espace euclidien de dimension 2. Soit $u \in \mathcal{L}(E)$ un endomorphisme normal n'admettant pas de valeurs propres réelles. Dans toute base B orthonormale de E, la matrice de u a la forme*

$$[u]_B = \begin{pmatrix} a & -b \\ b & a \end{pmatrix}.$$

Démonstration. Écrivons

$$M = [u]_B = \begin{pmatrix} a & c \\ b & d \end{pmatrix}.$$

On a $b \neq 0$ puisque u est sans valeur propre réelle. Comme u est normal, $M^*M = MM^*$. Parmi les équations découlant de cette égalité, on trouve

$$a^2 + c^2 = a^2 + b^2 \quad \text{et} \quad ab + cd = ac + bd. \tag{*}$$

La première assertion de (*) entraîne $b = c$ ou $b = -c$.

Si $b = c$, alors M est symétrique, ce qui est impossible puisque u est sans valeur propre réelle.

Donc $b = -c$. Maintenant, la deuxième assertion de (*) s'écrit $2(a-d)b = 0$, et comme $b \neq 0$, on a $a = d$. Finalement, on a

$$[u]_B = \begin{pmatrix} a & -b \\ b & a \end{pmatrix}.$$

□

THÉORÈME 4. *Soit E un espace euclidien, et $u \in \mathcal{L}(E)$ un endomorphisme normal. Alors il existe une base orthogonale B de E telle que*

$$[u]_B = \begin{pmatrix} \lambda_1 & & & & & \\ & \ddots & & & 0 & \\ & & \lambda_r & & & \\ & & & \tau_1 & & \\ & 0 & & & \ddots & \\ & & & & & \tau_s \end{pmatrix}, \qquad (*)$$

où pour tout i, $\lambda_i \in \mathbb{R}$ et pour tout j, $\tau_j = \begin{pmatrix} a_j & -b_j \\ b_j & a_j \end{pmatrix} \in \mathcal{M}_2(\mathbb{R})$.

Démonstration. On procède par récurrence sur $n = \dim E$. Pour $n = 1$, c'est évident. Supposons le résultat vrai jusqu'au rang $n-1$ et montrons le au rang n. Nous nous servirons des lemmes 1 et 2 qui restent vrais lorsque E est euclidien.

Si u admet au moins une valeur propre réelle λ, on pose $E_\lambda = \mathrm{Ker}(u - \lambda\,\mathrm{Id}_E)$. Le s.e.v $F = E_\lambda^\perp$ est stable par u (lemme 1) et par u^* (lemme 2). Comme $u_{|F}$ et $u^*_{|F}$ commutent et que $\dim F \leq n-1$, il existe d'après l'hypothèse de récurrence une base orthonormale B_1 de F telle que $[u_{|F}]_{B_1}$ a la forme (*). Si B_2 désigne une base orthonormale de E_λ, on voit alors que $B = B_1 \cup B_2$ est une base orthonormale de E dans laquelle $[u]_B$ a la forme (*).

Sinon u est sans valeur propre réelle. Soit $Q = X^2 - 2\alpha X + \beta$ un facteur irréductible dans $\mathbb{R}[X]$ (on a donc $\alpha^2 - \beta < 0$) du polynôme caractéristique de u, et $N = \mathrm{Ker}\, Q(u)$.

On a $N \neq \{0\}$. En effet, comme Q est irréductible dans $\mathbb{R}[X]$, on peut écrire $Q = (X-\lambda)(X-\overline{\lambda})$ où $\lambda \in \mathbb{C}$. Soit M la matrice de u dans une base de E. Le nombre complexe λ est racine de Q, et comme Q divise le polynôme caractéristique de M, on a $\det(M - \lambda I_n) = 0$. Donc

$$\det Q(u) = \det Q(M) = \det(M - \lambda I_n)\det(M - \overline{\lambda} I_n) = 0,$$

ce qui prouve que $N = \mathrm{Ker}\, Q(u) \neq \{0\}$.

Il est clair que N est stable par u. N est également stable par u^* car $u^* Q(u) = Q(u) u^*$ (ceci découlant du fait que $uu^* = u^*u$). Posons $v = u_{|N}$. On a $v^* = u^*_{|N}$, de sorte que l'endomorphisme $v^*v = (u^*u)_{|N}$ est symétrique et admet donc une valeur propre $\mu \in \mathbb{R}$. Soit $x \in N$, $x \neq 0$, tel que $v^*v(x) = \mu x$. Posons $F = \mathrm{Vect}(x, u(x))$. Comme u n'admet pas de valeur propre réelle, x et $u(x)$ forment une famille libre donc $\dim F = 2$. Le s.e.v F est stable par u puisque comme $x \in N$, $u^2(x) = 2\alpha u(x) - \beta x \quad (**)$.

Nous allons montrer que F est également stable par u^*. Remarquons tout d'abord que la relation (**) entraîne $F = \mathrm{Vect}(u(x), u^2(x))$ (ceci car $\beta \neq 0$, Q étant irréductible sur $\mathbb{R}[X]$). On écrit maintenant

$$u^*[u(x)] = v^*v(x) = \mu x \in F$$

et comme u et u^* commutent,

$$u^*[u^2(x)] = u \circ u^*[u(x)] = u(\mu x) = \mu u(x) \in F,$$

ce qui achève de montrer que F est stable par u^*.

Comme $(u_{|F})^* = (u^*)_{|F}$, $u_{|F}$ est un endomorphisme normal. D'après le lemme 3, dans une base orthonormée B_2 de F, la matrice de $u_{|F}$ est de la forme

$$\tau = \begin{pmatrix} a & -b \\ b & a \end{pmatrix}.$$

Maintenant, on a vu que F est stable par u^*, donc $F^\perp$ est stable par $u^{**} = u$ d'après le lemme 1. Le même lemme montre que, F étant stable par u, $F^\perp$ est stable par u^*. Donc $(u_{|F^\perp})^* = (u^*)_{|F^\perp}$, ce qui prouve que $u_{|F^\perp}$ est normal. Comme $\dim F^\perp = n-2 < n$, l'hypothèse de récurrence assure l'existence d'une base B_1 orthonormale de $F^\perp$ dans laquelle la matrice de u a la forme (*).

La base $B = B_1 \cup B_2$ est alors une base orthonormale dans laquelle la matrice de u a la forme (*). □

Remarque 5. En termes de matrice, ce théorème s'exprime comme suit. Soit $M \in \mathcal{M}_n(\mathbb{R})$ une matrice normale. Alors il existe une matrice orthogonale $P \in \mathcal{M}_n(\mathbb{R})$ telle que $P^{-1}MP$ ait la forme (*).

Réduction des matrices antisymétriques. Les matrices réelles antisymétriques sont normales. Il est donc possible de leur appliquer les résultats précédents. Plus précisément, nous avons le théorème suivant.

THÉORÈME 5. *Soit $M \in \mathcal{M}_n(\mathbb{C})$ une matrice vérifiant $M^* + M = 0$. Alors il existe une matrice unitaire U telle que $U^{-1}MU = U^*MU = D$ soit diagonale, et les coefficients de D sont imaginaires purs.*

Démonstration. Comme $M^* = -M$, M est une matrice normale, et d'après le corollaire du théorème 3, il existe une matrice unitaire U telle que

$$D = U^{-1}MU = U^*MU = \begin{pmatrix} \lambda_1 & & 0 \\ & \ddots & \\ 0 & & \lambda_n \end{pmatrix},$$

avec pour tout i, $\lambda_i \in \mathbb{C}$. Comme

$$D^* + D = \begin{pmatrix} \lambda_1 + \overline{\lambda_1} & & 0 \\ & \ddots & \\ 0 & & \lambda_n + \overline{\lambda_n} \end{pmatrix} = U^*M^*U + U^*MU = U^*(M^* + M)U = 0,$$

on a $\lambda_i + \overline{\lambda_i} = 0$ pour tout i, ce qui prouve que les λ_i sont imaginaires purs, d'où le résultat. □

Remarque 6. Ce résultat est vrai en particulier pour les matrices réelles antisymétriques. Si on veut rester dans $\mathbb{R}$, on utilise le résultat qui suit.

THÉORÈME 6 (VERSION RÉELLE). *Soit $M \in \mathcal{M}_n(\mathbb{R})$ une matrice antisymétrique. Alors il existe une matrice orthogonale P telle que*

$$P^{-1}MP = P^*MP = \begin{pmatrix} 0 & & & & & \\ & \ddots & & & 0 & \\ & & 0 & & & \\ & & & \tau_1 & & \\ & 0 & & & \ddots & \\ & & & & & \tau_s \end{pmatrix}$$

où les τ_i sont des matrices de $\mathcal{M}_2(\mathbb{R})$ de la forme $\begin{pmatrix} 0 & b \\ -b & 0 \end{pmatrix}$, où $b \in \mathbb{R}$.

Démonstration. Comme $M^* = -M$, M est une matrice normale. On peut donc utiliser le théorème 4 qui assure l'existence d'une matrice orthogonale P telle que

$$P^{-1}MP = P^*MP = \begin{pmatrix} \lambda_1 & & & & & \\ & \ddots & & & 0 & \\ & & \lambda_r & & & \\ & & & \tau_1 & & \\ & 0 & & & \ddots & \\ & & & & & \tau_s \end{pmatrix},$$

où les $\lambda_i \in \mathbb{R}$ et où $\tau_j = \begin{pmatrix} a_j & b_j \\ -b_j & a_j \end{pmatrix} \in \mathcal{M}_2(\mathbb{R})$. Comme $D^* = P^*M^*P = -P^*MP = -D$, D est antisymétrique. Ses termes diagonaux sont donc nuls, c'est-à-dire $\lambda_i = 0$ pour tout i et $a_j = 0$ pour tout j, d'où le résultat. □

Remarque 7. Lorsqu'on applique le théorème pour $M \in \mathcal{M}_n(\mathbb{R})$ antisymétrique avec n est impair, on voit qu'il doit y avoir au moins un zéro sur la diagonale de $P^{-1}MP$. La matrice M n'est donc pas inversible. On peut retrouver directement ce résultat en écrivant que $\det M = \det({}^tM) = \det(-M) = (-1)^n \det(M) = -\det M$, ce qui entraîne $\det M = 0$.

Les endomorphismes unitaires et les isométries sont aussi des endomorphismes normaux. En appliquant les théorèmes 3 et 4, on retrouve facilement les réductions obtenues à la section 3.1.

Il est possible d'obtenir la réduction des matrices antisymétriques par des moyens plus directs, en utilisant des méthodes du même type que celles de la section 3.1. Faites le, cela constitue un excellent exercice.

3.3. Inégalité d'Hadamard

Nous nous proposons de montrer le théorème suivant.

→ THÉORÈME 7. *Les vecteurs colonnes $X_1, \dots, X_n$ d'une matrice $M \in \mathcal{M}_n(\mathbb{C})$ vérifient*

$$|\det M| \leq \|X_1\| \cdots \|X_n\|, \qquad (*)$$

où pour tout i, $\|X_i\| = \sqrt{X_i^* X_i}$ désigne la norme hermitienne standard.

Si pour tout i, $X_i \neq 0$, l'inégalité (*) est une égalité si et seulement si la famille (X_i) est orthogonale.

Démonstration. Si $\det M = 0$, l'inégalité est évidemment vérifiée. Sinon, $(X_1, \dots, X_n)$ forme une base de $\mathbb{C}^n$. En utilisant le procédé d'orthonormalisation de Schmidt (voir la partie 2.2 de ce chapitre), on construit une base orthogonale $(Y_1, \dots, Y_n)$ de $\mathbb{C}^n$ telle que

$$\forall k, Y_k = X_k + \lambda_{1,k}Y_1 + \cdots + \lambda_{k-1,k}Y_{k-1}, \quad \lambda_{i,k} \in \mathbb{C}.$$

On ne change pas un déterminant en retranchant à une colonne une combinaison linéaire des autres, ce qui prouve $\det M = \det N$, où $N = (Y_1|\cdots|Y_n)$ est la matrice dont les vecteurs colonnes sont les Y_i. Posons $D = N^*N = (d_{i,j})_{1\leq i,j\leq n}$. On voit facilement que $d_{i,j} = Y_i^*Y_j$. Les Y_i étant orthogonaux deux à deux, on a $d_{i,j} = 0$ dès que $i \neq j$. Par ailleurs, $d_{i,i} = Y_i^*Y_i = \|Y_i\|^2$, d'où

$$N^*N = \begin{pmatrix} \|Y_1\|^2 & & 0 \\ & \ddots & \\ 0 & & \|Y_n\|^2 \end{pmatrix},$$

et donc

$$\det(N^*N) = \det(N^*)\det(N) = |\det(N)|^2 = \prod_{i=1}^{n} \|Y_i\|^2,$$

ce qui entraîne $|\det N| = \prod_{i=1}^n \|Y_i\|$. Or pour tout k, $X_k = Y_k - \lambda_{1,k}Y_1 - \cdots - \lambda_{k-1,k}Y_{k-1}$, donc

$$\|X_k\|^2 = \|Y_k\|^2 + |\lambda_{1,k}|^2\|Y_1\|^2 + \cdots + |\lambda_{k-1,k}|^2\|Y_{k-1}\|^2. \qquad (*)$$

Cette égalité entraîne $\|Y_k\| \leq \|X_k\|$, donc

$$|\det M| = |\det N| \leq \prod_{i=1}^{n} \|X_i\|. \qquad (**)$$

Cas d'égalité. Si les X_i sont orthogonaux entre eux deux à deux, on a $X_i = Y_i$ pour tout i, et d'après ce que l'on a vu plus haut, $|\det M| = |\det N| = \|Y_1\|\cdots\|Y_n\| = \|X_1\|\cdots\|X_n\|$.

Réciproquement, supposons qu'il y ait égalité et que pour tout i, $X_i \neq 0$. Alors $\det M = 0$. Il faut alors que (**) soit une égalité, c'est à dire $\|Y_1\|\cdots\|Y_n\| = \|X_1\|\cdots\|X_n\| \neq 0$. Or, pour tout i, $\|Y_i\| \leq \|X_i\|$, on doit donc avoir $\|X_i\| = \|Y_i\|$ pour tout i. Ceci entraîne avec (*) que tous les $\lambda_{j,k}$ sont nuls, donc que $Y_k = X_k$ pour tout k. Les X_i sont donc deux à deux orthogonaux. □

Remarque 8. Le théorème reste vrai dans $\mathcal{M}_n(\mathbb{R}) \subset \mathcal{M}_n(\mathbb{C})$.

3.4. Matrices de Gram

DÉFINITION 2. Soit E un espace préhilbertien (réel ou complexe) et $x_1, \cdots x_n$ n vecteurs de E. On appelle *matrice de Gram* de $x_1, \dots, x_n$ la matrice $[(x_i \cdot x_j)]_{1 \leq i,j \leq n}$ et *déterminant de Gram* le déterminant de cette matrice, noté $G(x_1, \dots, x_n)$.

PROPOSITION 3. *Toute matrice de Gram est hermitienne positive. Réciproquement, toute matrice hermitienne positive est une matrice de Gram.*

De plus, la matrice de Gram de n vecteurs $x_1, \dots, x_n$ est définie si et seulement si la famille $(x_i)_{1 \leq i \leq n}$ est libre.

Démonstration. Soient $x_1, \dots, x_n$ des vecteurs d'un espace préhilbertien E et M leur matrice de Gram. Ces vecteurs étant au nombre de n, il existe un s.e.v F de E de dimension finie n les contenant. Fixons nous une base orthonormée B de F, et pour tout i notons X_i le vecteur colonne des coordonnées de x_i dans B. On a $x_i \cdot x_j = X_i^* X_j$, de sorte que $M = N^* N$ où N désigne la matrice $n \times n$ dont les colonnes sont les X_i. Ceci montre que M est hermitienne ($M^* = N^* N^{**} = N^* N = M$) et positive (car pour tout vecteur colonne X, $X^* M X = (X^* N^*)(NX) = (NX)^*(NX) = \|NX\|^2$, $\|\cdot\|$ désignant la norme euclidienne (resp. hermitienne) standard).

Réciproquement, si $M = (a_{i,j})_{1 \leq i,j \leq n}$ est une matrice hermitienne positive, d'après l'exercice 1 de la partie 2.5, il existe une matrice hermitienne H telle que $M = H^2 = H^* H$. Si on désigne les vecteurs colonne de H par $X_1, \dots, X_n$, on voit facilement que la relation $M = H^* H$ entraîne $a_{i,j} = X_i^* X_j = X_i \cdot X_j$. La matrice M est bien une matrice de Gram.

Cas défini. Soit M une matrice de Gram. Comme elle est positive, elle est définie si et seulement si $\det M \neq 0$, ou encore, avec les notations précédentes, si et seulement si $\det N \neq 0$, ce qui équivaut à ce que les vecteurs x_i forment une famille libre. □

L'intérêt principal des déterminants de Gram réside dans le théorème suivant.

THÉORÈME 8. *Soit E un espace préhilbertien, V un sous espace de E muni d'une base $(e_1, \dots, e_n)$ (pas forcément orthonormale). Soit $x \in E$. Alors la distance d de x à V ($d = \inf_{y \in V} \|x - y\|$) vérifie*

$$d^2 = \frac{G(e_1, \dots, e_n, x)}{G(e_1, \dots, e_n)}.$$

Démonstration. D'après la proposition 2 de la partie 2.2 (page 238), on a $d = \|z\|$ où $z = x - y$, y étant la projection orthogonale de x sur V. On a alors

$$\forall i, \qquad e_i \cdot y = e_i \cdot x \quad \text{et} \quad \|x\|^2 = \|y\|^2 + \|z\|^2,$$

ce qui entraîne

$$M = \left(\begin{array}{ccc|c} e_1 \cdot e_1 & \cdots & e_1 \cdot e_n & e_1 \cdot x \\ \vdots & & \vdots & \vdots \\ e_n \cdot e_1 & \cdots & e_n \cdot e_n & e_n \cdot x \\ \hline x \cdot e_1 & \cdots & x \cdot e_n & x \cdot x \end{array}\right) = \left(\begin{array}{ccc|c} e_1 \cdot e_1 & \cdots & e_1 \cdot e_n & e_1 \cdot y \\ \vdots & & \vdots & \vdots \\ e_n \cdot e_1 & \cdots & e_n \cdot e_n & e_n \cdot y \\ \hline y \cdot e_1 & \cdots & y \cdot e_n & \|y\|^2 + \|z\|^2 \end{array}\right).$$

La linéarité du déterminant par rapport à la dernière colonne entraîne $\det M = \det P + \det Q$, où

$$P = \left(\begin{array}{ccc|c} e_1 \cdot e_1 & \cdots & e_1 \cdot e_n & e_1 \cdot y \\ \vdots & & \vdots & \vdots \\ e_n \cdot e_1 & \cdots & e_n \cdot e_n & e_n \cdot y \\ \hline y \cdot e_1 & \cdots & y \cdot e_n & \|y\|^2 \end{array}\right) \quad \text{et} \quad Q = \left(\begin{array}{ccc|c} e_1 \cdot e_1 & \cdots & e_1 \cdot e_n & 0 \\ \vdots & & \vdots & \vdots \\ e_n \cdot e_1 & \cdots & e_n \cdot e_n & 0 \\ \hline y \cdot e_1 & \cdots & y \cdot e_n & \|z\|^2 \end{array}\right).$$

Or $\det P = G(e_1, \dots, e_n, y) = 0$ car $y \in \mathrm{Vect}(e_1, \dots, e_n)$ et $\det Q = \|z\|^2 G(e_1, \dots, e_n)$. Finalement

$$G(e_1, \dots, e_n, x) = \det M = \det Q = \|z\|^2 G(e_1, \dots, e_n) = d^2 G(e_1, \dots, e_n).$$

□

Remarque 9. Ce théorème peut s'avérer utile pour déterminer la borne inférieure d'une certaine classe d'intégrales (voir l'exercice 5).

3.5. Exercices

EXERCICE 1. Soit $A = (a_{i,j})_{1\le i,j\le n} \in \mathcal{M}_n(\mathbb{R})$ telle que

$$\exists c > 0, \forall (i,j), \quad |a_{i,j}| \le c.$$

Montrer que $|\det M| \le c^n n^{n/2}$.

Solution. Il suffit d'utiliser l'inégalité d'Hadamard (qu'il faut, au besoin, savoir redémontrer). Notons $A_1, \dots, A_n$ les vecteurs colonnes de A. D'après le théorème 7, on a $|\det M| \le \|A_1\| \cdots \|A_n\|$ où pour tout j,

$$\|A_j\| = \sqrt{A_j^* A_j} = \sqrt{\sum_{i=1}^{n} a_{i,j}^2} \le \sqrt{nc^2} = \sqrt{n}\, c.$$

On en déduit $|\det M| \le (\sqrt{n}\, c)^n = c^n n^{n/2}$.

EXERCICE 2. Soit E un espace euclidien de dimension $n \in \mathbb{N}^*$.
a) On suppose qu'il existe $n+1$ vecteurs $u_1, \dots, u_{n+1}$ de E de norme 1, vérifiant

$$\exists \alpha \in \mathbb{R}, \alpha \ne 1, \quad \text{tel que} \quad \forall i \ne j, u_i \cdot u_j = \alpha.$$

Déterminer α. (*Indication.* On pourra utiliser les matrices de Gram.)
b) Démontrer qu'il existe effectivement de tels vecteurs dans E.

Solution. **a)** Notons M la matrice de Gram des vecteurs $u_1, \dots, u_{n+1}$ (voir la partie 3.4). On a

$$M = \begin{pmatrix} 1 & \alpha & \cdots & \alpha \\ \alpha & 1 & \ddots & \vdots \\ \vdots & \ddots & \ddots & \alpha \\ \alpha & \cdots & \alpha & 1 \end{pmatrix} \in \mathcal{M}_{n+1}(\mathbb{R}).$$

Par ailleurs, la famille $(u_1, \dots, u_{n+1})$ est liée ($n+1$ vecteurs en dimension n), donc d'après la proposition 3, $\det M = G(u_1, \dots, u_{n+1}) = 0$.

Nous allons maintenant exprimer $\det M$ en fonction de α. On peut procéder de deux façons. La première est de montrer directement

$$\det M = (1-\alpha)^n (1 + n\alpha). \qquad (*)$$

Ce résultat peut s'obtenir également à partir du résultat décrit dans le problème 1 du chapitre IV (page 202) donnant la liste des valeurs propres de M.

Comme $\det M = 0$, la relation (*) montre $\alpha = -1/n$ car $\alpha \ne 1$ par hypothèse.

b) Notons M la matrice symétrique

$$M = \begin{pmatrix} 1 & \frac{-1}{n} & \cdots & \frac{-1}{n} \\ \frac{-1}{n} & 1 & \ddots & \vdots \\ \vdots & \ddots & \ddots & \frac{-1}{n} \\ \frac{-1}{n} & \cdots & \frac{-1}{n} & 1 \end{pmatrix} \in \mathcal{M}_{n+1}(\mathbb{R}).$$

D'après le problème 1 du chapitre IV, les valeurs propres de M sont 0 et $1 + \frac{1}{n}$. Elles sont donc positives, ce qui prouve que M est une matrice positive. D'après la proposition 3, M est une matrice de Gram, c'est-à-dire qu'il existe $n+1$ vecteurs $U_1, \dots, U_{n+1}$ de $\mathbb{R}^{n+1}$ tels que M soit la matrice de Gram des U_i. Ainsi, les vecteurs U_i vérifient la condition de a) avec $\alpha = -\frac{1}{n}$. Comme $\det M = 0 = G(U_1, \dots, U_{n+1})$, la famille $(U_i)_{1\le i\le n+1}$ est liée. Autrement dit, il existe un s.e.v F de $\mathbb{R}^{n+1}$ de dimension n contenant les U_i.

Résumons. Nous avons trouvé un espace euclidien de dimension n (ici F) et $n+1$ vecteurs de cet espace vérifiant la condition de la question a). Par isomorphisme d'espace euclidien, on peut donc trouver dans E $n+1$ vecteurs $u_1, \dots, u_{n+1}$ vérifiant cette condition.

EXERCICE 3. Soit E un espace hermitien et $u \in \mathcal{L}(E)$. Montrer que l'endomorphisme u est normal si et seulement s'il existe $P \in \mathbb{C}[X]$ tel que $u^* = P(u)$.

Solution. Tout polynôme en u commutant avec u, la condition suffisante est claire. Montrons maintenant la condition nécessaire. Supposons u normal. D'après le théorème 3, u se diagonalise dans une base B orthonormée de E. Autrement dit, il existe des nombres complexes distincts $\lambda_1, \dots, \lambda_r$ tels que

$$[u]_B = \begin{pmatrix} \lambda_1 I_{\alpha_1} & & 0 \\ & \ddots & \\ 0 & & \lambda_r I_{\alpha_r} \end{pmatrix},$$

où les α_i sont des entiers naturels non nuls. La base B étant orthonormée, on a

$$[u^*]_B = {}^t\overline{[u]_B} = \begin{pmatrix} \overline{\lambda_1} I_{\alpha_1} & & 0 \\ & \ddots & \\ 0 & & \overline{\lambda_r} I_{\alpha_r} \end{pmatrix}.$$

Les $(\lambda_i)_{1 \leq i \leq r}$ étant deux à deux distincts, on peut trouver un polynôme $P \in \mathbb{C}[X]$ tel que $P(\lambda_i) = \overline{\lambda_i}$ pour tout i (voir la partie 2.4 du chapitre II). On voit alors que $P([u]_B) = [u^*]_B$, donc $P(u) = u^*$.

EXERCICE 4. **a)** Soit $A = (a_{i,j})_{1 \leq i,j \leq n} \in \mathcal{M}_n(\mathbb{C})$ une matrice hermitienne définie positive. Démontrer que $\det A \leq a_{1,1} \cdots a_{n,n}$. Donner une condition nécessaire et suffisante pour que cette inégalité soit une égalité.
b) On écrit A sous la forme

$$A = \begin{pmatrix} A_1 & B \\ B^* & A_2 \end{pmatrix}, \qquad A_1 \in \mathcal{M}_p(\mathbb{C}).$$

Montrer que $\det A \leq \det A_1 \cdot \det A_2$ (on pourra utiliser les déterminants de Gram). Retrouver le résultat de la question a).

Solution. **a)** D'après la proposition 3, on peut voir A comme la matrice de Gram de n vecteurs $U_1, \dots, U_n$ de $\mathbb{C}^n$. Si M désigne la matrice dont les vecteurs colonnes sont $U_1, \dots, U_n$, on a $A = M^*M$. D'après l'inégalité d'Hadamard (théorème 7), on a $|\det M| \leq \prod_{i=1}^n \|U_i\|$, où pour tout i, $\|U_i\|^2 = U_i^* U_i = a_{i,i}$. Finalement, on peut écrire

$$\det A = |\det M|^2 \leq \prod_{i=1}^n \|U_i\|^2 = \prod_{i=1}^n a_{i,i}.$$

L'égalité se produit lorsque la matrice M vérifie $|\det M| = \prod_{i=1}^n \|U_i\|$, c'est à dire lorsque les U_i sont orthogonaux entre eux deux à deux (voir le théorème 7), ce qui équivaut à dire que $\forall i \neq j, U_i \cdot U_j = a_{i,j} = 0$, ou encore que A est diagonale.
b) Rappelons que A est la matrice de Gram de n vecteurs $U_1, \dots, U_n$ de $\mathbb{C}^n$. Ainsi, A_1 est la matrice de Gram de $U_1, \dots, U_p$ et A_2 la matrice de Gram de $U_{p+1}, \dots, U_n$. Pour tout (i,j), $1 \leq i \leq j \leq n$, on pose $V_{i,j} = \mathrm{Vect}(U_i, \dots, U_j)$. En utilisant le théorème 8, on écrit

$$\begin{aligned}\det A = G(U_1, \dots, U_n) &= d(U_1, V_{2,n})^2 G(U_2, \dots, U_n) = d(U_1, V_{2,n})^2 d(U_2, V_{3,n})^2 G(U_3, \dots, U_n) \\ &= \cdots = d(U_1, V_{2,n})^2 \cdots d(U_p, V_{p+1,n})^2 G(U_{p+1}, \dots, U_n). \qquad (*)\end{aligned}$$

De même, on a

$$\det A_1 = d(U_1, V_{2,p})^2 \cdots d(U_{p-1}, V_{p,p})^2 \|U_p\|^2. \qquad (**)$$

Or pour tout $i \in \{2, \dots, p-1\}$, $V_{i,p} \subset V_{i,n}$, donc $d(U_{i-1}, V_{i,n}) \leq d(U_{i-1}, V_{i,p})$. On a aussi $d(U_p, V_{p+1,n}) \leq \|U_p\|$. En comparant maintenant (*) et (**), on obtient

$$\det A \leq \det A_1 \cdot G(U_{p+1}, \dots, U_n) = \det A_1 \cdot \det A_2.$$

Par récurrence sur n en utilisant ce dernier résultat, cette inégalité permet de montrer celle de la question a).

EXERCICE 5. Soit n un entier naturel non nul. On considère l'application

$$\varphi : \mathbb{R}^n \to \mathbb{R} \qquad (a_1, \dots, a_n) \mapsto \int_0^1 (1 + a_1 x + \cdots + a_n x^{n^2})^2 \, dx.$$

Montrer que φ admet un minimum μ, atteint en un point unique de $\mathbb{R}^n$, et calculer μ. (*Indication.* On pourra utiliser les déterminants de Gram.)

Solution. Munissons le $\mathbb{R}$-e.v $E = \mathcal{C}([0,1], \mathbb{R})$ des fonctions continues de $[0,1]$ dans $\mathbb{R}$ du produit scalaire

$$\forall f, g \in E, \qquad (f|g) = \int_0^1 f(t)g(t)\, dt.$$

Par commodité de notation, pour tout entier i on désigne par x^i la fonction $[0,1] \to \mathbb{R} \quad x \mapsto x^i$. En notant $E_n = \mathrm{Vect}(x, \dots, x^n)$, on remarque que

$$\varphi(a_1, \dots, a_n) = \|1 - P\|^2, \quad \text{où} \quad P = -\sum_{i=1}^n a_i x^i,$$

et où $\|\,.\,\|$ désigne le norme issue du produit scalaire $(\ |\ )$. Déterminer $\mu = \inf_{a \in \mathbb{R}^n} \varphi(a)$, c'est donc rechercher $d(1, E_n)^2 = \inf_{P \in E_n} \|1 - P\|^2 = \mu$.

La proposition 2 de la page 238 assure l'existence et l'unicité d'un point P_0 de E_n tel que $\|1 - P_0\| = d(1, E_n)$ (de plus, P_0 est la projection orthogonale de 1 sur E_n). Le minimum de φ est donc atteint en un point unique de $\mathbb{R}^n$. D'après le théorème 8 sa valeur μ est donnée par

$$\mu = d(1, E_n)^2 = \frac{G(1, x, \dots, x^n)}{G(x, \dots, x^n)}. \qquad (*)$$

Comme $(x^i | x^j) = 1/(i + j + 1)$, on a

$$G(1, x, \dots, x^n) = \det\left(\frac{1}{i+j-1}\right)_{1 \leq i,j \leq n+1} \quad \text{et} \quad G(x, \dots, x^n) = \det\left(\frac{1}{i+j+1}\right)_{1 \leq i,j \leq n}.$$

Ces déterminants sont des déterminants de Cauchy (voir l'exercice 8, page 144) que l'on sait calculer. Ils valent respectivement

$$G(1, x, \dots, x^n) = \frac{\prod_{1 \leq i < j \leq n+1} (i-j)^2}{\prod_{1 \leq i,j \leq n+1} (i+j-1)} \quad \text{et} \quad G(x, \dots, x^n) = \frac{\prod_{1 \leq i < j \leq n} (i-j)^2}{\prod_{1 \leq i,j \leq n+1} (i+j+1)}.$$

En utilisant l'égalité (*), on a donc

$$\mu = \frac{\prod_{1 \leq i \leq n} [i - (n+1)]^2}{(n+1)!^2} = \frac{n!^2}{(n+1)!^2} = \frac{1}{(n+1)^2}.$$

Remarque. On pourrait de même calculer

$$\inf_{(a_1, \dots, a_n) \in \mathbb{R}^n} \int_0^{+\infty} e^{-x}(1 + a_1 x + \cdots + a_n x^n)^2 \, dx.$$

– Cet exercice est à rapprocher du problème du tome d'analyse portant sur le théorème de Müntz.

4. Problèmes

PROBLÈME 1 (THÉORÈME DE FISHER-COCHRAN). Soit E un espace euclidien de dimension n et $u_1, \dots, u_p$ des endomorphismes symétriques de E. On suppose que

(i) $\operatorname{rg} u_1 + \cdots + \operatorname{rg} u_p = n$.
(ii) $q_1(x) + \cdots + q_p(x) = x \cdot x$, où q_i désigne la forme quadratique $q_i(x) = u_i(x) \cdot x$ pour tout i.

Montrer que $E = \operatorname{Im} u_1 \oplus \cdots \oplus \operatorname{Im} u_p$, que les $\operatorname{Im} u_i$ sont orthogonaux entre eux deux à deux, et que pour tout i, u_i est le projecteur orthogonal sur $\operatorname{Im} u_i$.

Solution. La relation (ii) s'écrit aussi

$$\forall x \in E, \qquad (u_1 + \cdots + u_p - \mathrm{Id}_E)(x) \cdot x = 0. \qquad (*)$$

L'endomorphisme $v = u_1 + \cdots + u_p - \mathrm{Id}_E$ étant symétrique, (*) entraîne $v = 0$ (en effet, v est diagonalisable et (*) montre que la seule valeur propre de v est 0). Donc $u_1 + \cdots + u_p = \mathrm{Id}_E$, d'où on tire $E = \operatorname{Im} u_1 + \cdots + \operatorname{Im} u_p$. Comme de plus $\sum_{i=1}^{p} \dim(\operatorname{Im} u_i) = \dim E$ d'après (i), on a

$$E = \operatorname{Im} u_1 \oplus \cdots \oplus \operatorname{Im} u_p \qquad (**)$$

(voir la proposition 6 du chapitre III).

En appliquant maintenant l'égalité $\mathrm{Id}_E = u_1 + \cdots + u_p$ au vecteur $u_k(x)$, on obtient

$$\forall k, \forall x \in E, \qquad u_k = u_1 u_k(x) + \cdots + u_p u_k(x). \qquad (***)$$

D'après (**), la décomposition d'un élément de $\operatorname{Im} u_k$ se fait de manière unique dans $\oplus_{i=1}^{p} \operatorname{Im} u_i$, d'où on déduit, avec (***) que $u_k(x) = u_k^2(x)$ et $\forall \ell \neq k$, $u_k u_\ell(x) = 0$. Ceci étant vrai pour tout $x \in E$, on en tire $u_k = u_k^2$ et $\forall \ell \neq k$, $u_k u_\ell = 0$. Les endomorphismes u_k sont donc des projecteurs, orthogonaux puisqu'ils sont symétriques (ses sous espaces propres sont orthogonaux, et ce sont ici $\operatorname{Ker} u_k$ et $\operatorname{Im} u_k$).

Il nous reste à montrer que les $\operatorname{Im} u_k$ sont orthogonaux entre eux deux à deux. Pour $k \neq \ell$, on a vu $u_k u_\ell = 0$, ce qui entraîne $\operatorname{Im} u_\ell \subset \operatorname{Ker} u_k$. L'endomorphisme u_k étant un projecteur orthogonal, on a $\operatorname{Ker} u_k = (\operatorname{Im} u_k)^\perp$, donc $\operatorname{Im} u_\ell \subset (\operatorname{Im} u_k)^\perp$, ce qui prouve que $\operatorname{Im} u_\ell$ et $\operatorname{Im} u_k$ sont orthogonaux. Ceci est vrai dès que le couple (k, ℓ) vérifie $k \neq \ell$, d'où le résultat.

→ PROBLÈME 2 (POLYNÔMES ORTHOGONAUX). Soit $f : [0,1] \to \mathbb{R}$ une fonction continue, non nulle, positive.

a) Montrer que l'application

$$\varphi : \mathbb{R}[X]^2 \to \mathbb{R} \quad (P, Q) \mapsto \int_0^1 f(t)\, P(t) Q(t)\, dt$$

définit un produit scalaire sur $\mathbb{R}[X]$.

b) Montrer qu'il existe une base $(P_n)_{n \in \mathbb{N}}$ de $\mathbb{R}[X]$ telle que

$$\forall i, j \in \mathbb{N}, \quad \varphi(P_i, P_j) = \delta_{i,j} \quad (\delta_{i,j} = 1 \text{ si } i = j, \ = 0 \text{ sinon}) \quad \text{et} \quad \forall n \in \mathbb{N}, \deg(P_n) = n.$$

c) Montrer que pour tout $n \in \mathbb{N}^*$, P_n a n racines simples réelles dans $]0, 1[$.

Solution. **a)** On voit facilement que φ est une forme bilinéaire symétrique positive. Il reste à montrer qu'elle est définie. Supposons $\varphi(P,P) = \int_0^1 f(t)P^2(t)\,dt = 0$. La fonction $t \mapsto f(t)P^2(t)$ étant continue et positive sur $[0,1]$, ceci entraîne $fP^2 = 0$. Le polynôme P n'ayant qu'un nombre fini de racines, on a donc $f = 0$ sauf en un nombre fini de points, et par continuité de f, $f = 0$ sur $[0,1]$ tout entier. Ceci est contraire aux hypothèses, d'où le résultat.

b) Il est clair que le procédé d'orthogonalisation de Schmidt s'étend à une famille dénombrable de vecteurs. Ainsi, à partir de la base canonique $(X^n)_{n\in\mathbb{N}}$ de $\mathbb{R}[X]$, on peut former une famille libre $(P_n)_{n\in\mathbb{N}}$ orthogonale pour le produit scalaire φ telle que $P_0 = 1$ et pour tout n, $P_n = X^n + Q_n$ avec $Q_n \in \mathrm{Vect}(P_0,\dots,P_{n-1})$. Une récurrence immédiate sur n montre alors que $\deg(P_n) = n$ pour tout n. Par construction du procédé d'orthonormalisation de Schmidt, on a

$$\mathrm{Vect}(1,X,\dots,X^n) = \mathrm{Vect}(P_0,\dots,P_n)$$

pour tout n, ce qui prouve que la famille libre orthogonale $(P_n)_{n\in\mathbb{N}}$ est une base de $\mathbb{R}[X]$. En normant les polynômes P_n, on obtient alors le résultat souhaité.

c) Fixons $n \in \mathbb{N}^*$ et notons k le nombre de racines de P_n dans $]0,1[$ d'ordre de multiplicité impaire. Si on note $\alpha_1 < \cdots < \alpha_k$ ces racines et si on note $Q = (X-\alpha_1)\cdots(X-\alpha_k)$ ($Q = 1$ si $k = 0$), le polynôme PQ prend un signe constant sur $[0,1]$.

Supposons $k \le n-1$. Comme $\deg(Q) \le n-1$, $Q \in \mathrm{Vect}(1,X,\dots,X^{n-1}) = \mathrm{Vect}(P_0,\dots,P_{n-1})$. De plus pour tout $m \le n-1$, $\varphi(P_n,P_m) = 0$. On en conclue $\varphi(P_n,Q) = 0 = \int_0^1 f(t)\,P_n(t)Q(t)\,dt$. Or fP_nQ est une fonction continue qui garde un signe constant sur $[0,1]$, donc $fP_nQ = 0$, et comme à la question précédente, on conclue que $f = 0$, ce qui est impossible par hypothèse.

Donc $k \ge n$, et comme $\deg(P_n) = n$, P_n a n racines distinctes dans $]0,1[$.

PROBLÈME 3. Soit $n \in \mathbb{N}^*$. On note $\mathcal{S}$ le s.e.v des matrices symétriques de $\mathcal{M}_n(\mathbb{R})$. Pour tout $A \in \mathcal{M}_n(\mathbb{R})$, on définit l'endomorphisme de $\mathcal{S}$

$$\varphi_A : \mathcal{S} \to \mathcal{S} \quad M \mapsto {}^tAMA.$$

Montrer que $|\det \varphi_A| = |\det A|^{n+1}$.

Solution. Commençons par traiter le cas où A est diagonale (cas qui semble intuitivement simple). Notons $\lambda_1,\dots,\lambda_n$ les éléments diagonaux de A. Considérons la base B de $\mathcal{S}$ constituée des matrices de la forme $(E_{i,i})_{1\le i\le n}$ et $(E_{i,j}+E_{j,i})_{1\le i<j\le n}$, où $E_{i,j}$ désigne la matrice dont tous les éléments sont nuls sauf celui d'indice (i,j) qui vaut 1. Un calcul rapide montre que

$$\forall i, \quad \varphi_A(E_{i,i}) = \lambda_i^2 E_{i,i} \quad \text{et} \quad \forall i<j, \quad \varphi_A(E_{i,j}+E_{j,i}) = \lambda_i\lambda_j(E_{i,j}+E_{j,i}).$$

La base B diagonalise donc φ_A, les valeurs propres correspondantes étant $\lambda_i\lambda_j$ ($1 \le i \le j \le n$), ce qui montre que

$$\det \varphi_A = \prod_{1\le i\le j\le n} \lambda_i\lambda_j = \left(\prod_{i=1}^n \lambda_i\right)^{n+1} = (\det A)^{n+1}. \qquad (*)$$

Traitons maintenant le cas général. Commençons par munir $\mathcal{S}$ d'un produit scalaire. Si $S,T \in \mathcal{S}$, on définit le produit scalaire de (S,T) par $(\ S \mid T\ ) = \mathrm{tr}(ST)$. Il s'agit bien d'un produit scalaire puisque c'est une forme bilinéaire symétrique, et la forme quadratique associée est définie positive car

$$\forall S = (s_{i,j})_{1\le i,j\le n} \in \mathcal{S}, \qquad \mathrm{tr}(S^2) = \sum_{i,j} s_{i,j}s_{j,i} = \sum_{i,j} s_{i,j}^2.$$

L'introduction de la structure euclidienne sur $\mathcal{S}$ va nous permettre de définir l'adjoint de φ_A. Comme

$$\forall S,T \in \mathcal{S}, \qquad (\ \varphi_A(S) \mid T\ ) = \mathrm{tr}({}^tASAT) = \mathrm{tr}(AT{}^tAS) = (\ \varphi_{{}^tA}(T) \mid S),$$

l'adjoint φ_A^* de φ_A est $\varphi_{{}^tA}$. Maintenant, on remarque que $\varphi_A^* \circ \varphi_A = \varphi_{{}^tA} \circ \varphi_A = \varphi_{A{}^tA}$. La formule

$$(\det \varphi_A)^2 = \det \varphi_A^* \det \varphi_A = \det(\varphi_A^*\varphi_A) = \det \varphi_{A{}^tA}$$

va nous permettre de trouver la valeur de $|\det \varphi_A|$. Posons $M = A^tA$. C'est une matrice symétrique, donc diagonalisable, de sorte qu'il existe une matrice orthogonale P telle que $M = {}^tPDP$, où D est une matrice diagonale. On vérifie facilement que $\varphi_M = \varphi_P \circ \varphi_D \circ \varphi_{{}^tP}$. Comme $\varphi_P \circ \varphi_{{}^tP} = \varphi_{{}^tPP} = \mathrm{Id}_S$, φ_M est semblable à φ_D donc $\det \varphi_M = \det \varphi_D = (\det D)^{n+1}$ d'après (*). Comme $\det D = \det M = (\det A)^2$, ceci s'écrit aussi

$$(\det \varphi_A)^2 = \det \varphi_M = (\det A)^{2(n+1)},$$

d'où le résultat.

PROBLÈME 4. **a)** Soit $H \in \mathcal{M}_n(\mathbb{C})$ une matrice hermitienne positive. On note Γ l'ensemble des matrices hermitiennes positives A telles que $\det A \geq 1$. Montrer

$$\inf_{A\in\Gamma} \mathrm{tr}(AH) = n(\det H)^{1/n}.$$

(On pourra utiliser l'inégalité de la question a) de l'exercice 4 de la partie 3.5, page 261).
b) En déduire que pour deux matrices hermitiennes positives A et B, on a

$$[\det(A+B)]^{1/n} \geq (\det A)^{1/n} + (\det B)^{1/n}.$$

Retrouver ce résultat sans utiliser la question a).

Solution. **a)** Commençons par montrer que pour toute matrice $A \in \Gamma$, $\mathrm{tr}(AH) \geq n(\det H)^{1/n}$. Le problème étant invariant par changement de base orthonormale, on peut supposer H diagonale. Notons $\lambda_1, \ldots, \lambda_n$ les éléments diagonaux de H et considérons $A = (a_{i,j})_{1\leq i,j\leq n} \in \Gamma$. On a $\mathrm{tr}(AH) = \sum_{i=1}^n \lambda_i a_{i,i}$. Le logarithme étant une fonction concave, on peut écrire

$$\frac{1}{n}\left[\sum_{i=1}^n (\lambda_i a_{i,i})\right] \geq \left[\prod_{i=1}^n (\lambda_i a_{i,i})\right]^{1/n} = (\det H)^{1/n}\left(\prod_{i=1}^n a_{i,i}\right)^{1/n},$$

et comme $1 \leq \det A \leq \prod_{i=1}^n a_{i,i}$ d'après la question a) de l'exercice 4 de la section 3.5, ceci implique $\mathrm{tr}(AH) \geq n(\det H)^{1/n}$.

Achevons notre raisonnement. Nous venons de montrer que $\inf_{A\in\Gamma} \mathrm{tr}(AH) \geq n(\det H)^{1/n}$. Il s'agit maintenant de prouver l'inégalité réciproque. Il y a deux cas.

Premier cas. Si H est définie, alors pour tout i, $\lambda_i > 0$. Soit A la matrice définie par

$$A = (\det H)^{1/n}\begin{pmatrix} \lambda_1^{-1} & & 0 \\ & \ddots & \\ 0 & & \lambda_n^{-1} \end{pmatrix}.$$

On a $A \in \Gamma$, et $\mathrm{tr}(AH) = \mathrm{tr}[(\det H)^{1/n} I_n] = n(\det H)^{1/n}$, d'où le résultat.
Second cas. Si la matrice H n'est pas définie, l'une des valeurs propres λ_i est nulle, par exemple $\lambda_n = 0$. Pour tout $p \in \mathbb{N}^*$, on définit

$$A_p = \begin{pmatrix} p^{-1} & & & \\ & \ddots & & 0 \\ & & p^{-1} & \\ & 0 & & p^{n-1} \end{pmatrix} \in \Gamma.$$

On a $\mathrm{tr}(A_pH) = \dfrac{\sum_{i=1}^{n-1} \lambda_i}{p}$, donc $\lim\limits_{p\to\infty} \mathrm{tr}(A_pH) = 0 = n(\det H)^{1/n}$, ce qui prouve le résultat.

b) Pour toute matrice $M \in \Gamma$, on a

$$\mathrm{tr}[(A+B)M] = \mathrm{tr}(AM) + \mathrm{tr}(BM) \geq \inf_{M\in\Gamma} \mathrm{tr}(AM) + \inf_{M\in\Gamma} \mathrm{tr}(BM),$$

donc

$$\inf_{M\in\Gamma} \mathrm{tr}[(A+B)M] \geq \inf_{M\in\Gamma} \mathrm{tr}(AM) + \inf_{M\in\Gamma} \mathrm{tr}(BM),$$

ce qui prouve le résultat en vertu de la question a).

– Résolvons la question sans l'aide de a). Si A et B ne sont pas définies, c'est évident car $\det A = \det B = 0$ et comme $A+B$ est positive, $\det(A+B) \geq 0$. Sinon, l'une des matrices A ou B est définie. Supposons par exemple A définie. Le corollaire 3 de la partie 2.4 (page 241) assure l'existence d'une matrice inversible P telle que $A = P^*P$ et $B = P^*DP$, où D est une matrice diagonale. Ainsi, on se ramène à montrer que

$$[\det(I_n + D)]^{1/n} \geq (\det I_n)^{1/n} + (\det D)^{1/n}.$$

En notant $\lambda_i \geq 0$ les termes de la diagonale principale de D, cette inégalité s'écrit

$$\left[\prod_{i=1}^{n}(1+\lambda_i)\right]^{1/n} \geq 1 + \left(\prod_{i=1}^{n}\lambda_i\right)^{1/n}. \qquad (*)$$

Nous allons prouver (*) en utilisant des critères de convexité. Considérons l'application

$$\varphi : [0,1] \to \mathbb{R} \quad t \mapsto \left[\prod_{i=1}^{n}(t+\lambda_i)\right]^{1/n}.$$

Il s'agit de montrer $\varphi(1) - \varphi(0) \geq 1$, ce qui sera vrai si on prouve $\varphi'(t) \geq 1$ pour $t \in]0,1]$. On a

$$\forall t \in]0,1], \qquad \varphi'(t) = \frac{1}{n}\left[\prod_{i=1}^{n}(t+\lambda_i)\right]^{1/n}\left(\sum_{i=1}^{n}\frac{1}{t+\lambda_i}\right),$$

ou encore

$$\forall t \in]0,1], \qquad \log\varphi'(t) = \log\left(\frac{1}{n}\sum_{i=1}^{n}\frac{1}{t+\lambda_i}\right) - \frac{1}{n}\sum_{i=1}^{n}\log\frac{1}{t+\lambda_i},$$

donc, en vertu de la concavité du logarithme, $\log\varphi'(t) \geq 0$, c'est à dire $\varphi'(t) \geq 1$ pour $t \in]0,1]$, d'où le résultat.

Remarque. La preuve directe de la question b) montre l'importance du corollaire 3 de la partie 2.4.

PROBLÈME 5. Soit $(E, \|\,.\,\|)$ un espace euclidien et u un projecteur de E tel que $|\!|\!|u|\!|\!| \leq 1$ (en notant $|\!|\!|u|\!|\!| = \sup_{\|x\|=1}\|u(x)\|$, norme d'algèbre sur $\mathcal{L}(E)$). Montrer que u est un projecteur *orthogonal.*

Solution. Il s'agit de montrer que $\operatorname{Ker} u$ et $\operatorname{Im} u$ sont orthogonaux. Soit $x \in \operatorname{Ker} u$ et $y \in \operatorname{Im} u$. Pour tout $t \in \mathbb{R}$, on a $u(y+tx) = u(y) = y$, et comme par hypothèse $\|u(y+tx)\| \leq \|y+tx\|$, on a

$$\forall t \in \mathbb{R}, \qquad \|y\|^2 = \|u(y+tx)\|^2 \leq \|y+tx\|^2 = \|y\|^2 + 2t(x\cdot y) + t^2\|x\|^2.$$

Cette inégalité exprime que la fonction $t \mapsto \|y\|^2 + 2t(x\cdot y) + t^2\|x\|^2$ atteint son minimum pour $t = 0$. Sa dérivée en 0 est donc nulle, ce qui s'écrit $x \cdot y = 0$. Ceci étant vrai pour tout $x \in \operatorname{Ker} u$ et pour tout $y \in \operatorname{Im} u$, on en déduit que $\operatorname{Ker} u$ et $\operatorname{Im} u$ sont orthogonaux.

Remarque. Tout projecteur non nul u vérifie $|\!|\!|u|\!|\!| \geq 1$. En effet, on a $u^2 = u$ donc $|\!|\!|u|\!|\!| = |\!|\!|u^2|\!|\!| \leq |\!|\!|u|\!|\!|^2$, et le résultat car $|\!|\!|u|\!|\!| \neq 0$. Un projecteur orthogonal non nul u vérifie $|\!|\!|u|\!|\!| = 1$.

Problème 6. Déterminer les matrices hermitiennes positives $A = (a_{i,j})_{1\le i,j\le n} \in \mathcal{M}_n(\mathbb{C})$ à coefficients $a_{i,j}$ tous non nuls, telles que la matrice $B = (1/a_{i,j})_{1\le i,j\le n}$ est aussi hermitienne positive.

Solution. Soit $A = (a_{i,j})_{1\le i,j\le n}$ une telle matrice. D'après la proposition 3 de la partie 3.4, A est une matrice de Gram, c'est-à-dire qu'il existe n vecteurs $u_1, \dots, u_n$ de $\mathbb{C}^n$ tels que $\forall i,j,\ a_{i,j} = u_i \cdot u_j$. D'après, l'inégalité de Schwarz, on a donc

$$\forall i,j, \qquad |a_{i,j}|^2 = |u_i \cdot u_j|^2 \le \|u_i\|^2 \|u_j\|^2 = a_{i,i}a_{j,j}.$$

Cette inégalité, vraie pour toute matrice positive, l'est également pour la matrice B, ce qui s'écrit

$$\forall i,j, \qquad \frac{1}{|a_{i,j}|^2} \le \frac{1}{a_{i,i}}\frac{1}{a_{j,j}}.$$

On en déduit que $|a_{i,j}|^2 = a_{i,i}a_{j,j}$ pour tout i,j. Il y a donc égalité de Schwarz $|u_i \cdot u_j| = \|u_i\| \cdot \|u_j\|$, donc u_i et u_j sont liés. Ceci étant vrai pour tout i,j, le rang des vecteurs $u_1, \dots, u_n$ est 1 (ces vecteurs sont non nuls car $A \ne 0$). Ceci suffit pour affirmer $\operatorname{rg} A = 1$.

Réciproquement supposons $A = (a_{i,j})_{1\le i,j\le n}$ hermitienne positive, de rang 1 et telle que $a_{i,j} \ne 0$ pour tout i,j. La signature de la forme quadratique $X \mapsto X^*AX$ est $(1,0)$, il existe donc une forme linéaire $f(X) = \sum_{i=1}^n \lambda_i x_i$ telle que

$$\forall X, \qquad \sum_{i,j} a_{i,j}\overline{x_i}x_j = X^*AX = |f(X)|^2 = \sum_{i,j}(\overline{\lambda_i}\lambda_j)\overline{x_i}x_j.$$

Ceci prouve que $a_{i,j} = \overline{\lambda_i}\lambda_j$ pour tout i,j. La matrice B vaut donc

$$B = \left(\frac{1}{a_{i,j}}\right)_{1\le i,j\le n} = \left[\left(\frac{1}{\overline{\lambda_i}}\right)\left(\frac{1}{\lambda_j}\right)\right]_{1\le i,j\le n},$$

de sorte que

$$\forall X, \qquad X^*BX = \left|\sum_{i=1}^n \frac{1}{\lambda_i}x_i\right|^2 \ge 0,$$

et B est positive.

En conclusion, les matrices positives cherchées sont celles à coefficients tous non nuls et de rang 1.

Problème 7. Soit $(E, \|\,.\,\|)$ un $\mathbb{R}$-e.v normé de dimension $n \in \mathbb{N}^*$. On note $B_{p,q}$ l'ensemble des formes bilinéaires symétriques sur E de signature (p,q). Si $p+q=n$, montrer que $B_{p,q}$ est un ouvert de l'espace vectoriel $\mathcal{B}$ des formes bilinéaires symétriques sur E.

Solution. Munissons $\mathcal{B}$ de la norme $|\!|\!|\,.\,|\!|\!|$ définie par

$$\forall \varphi \in \mathcal{B}, \qquad |\!|\!|\varphi|\!|\!| = \sup_{\|x\|=1} \|\varphi(x,x)\|$$

($\mathcal{B}$ étant de dimension finie, toutes les normes y sont équivalentes).

Donnons nous $\varphi_0 \in B_{p,q}$, où $p+q=n$. La signature de φ_0 étant (p,q), il existe deux s.e.v F^+ et F^- de E tels que

$$\dim F^+ = p, \ \dim F^- = q \quad \text{et} \quad \begin{cases} \forall x \in F^+, & x \ne 0 \quad \varphi_0(x,x) > 0 \\ \forall x \in F^-, & x \ne 0 \quad \varphi_0(x,x) < 0 \end{cases}.$$

Comme $p+q=n$, on a ici $F^+ \oplus F^- = E$.

L'ensemble $S^+ = \{x \in F^+,\ \|x\| = 1\}$ est compact, donc φ_0 étant continue

$$\exists x \in F^+, \qquad \varphi(x,x) = \inf_{y\in S^+} \varphi(y,y).$$

En notant $\alpha = \varphi(x,x) > 0$, on voit que pour tout $y \in S^+$, $\varphi_0(y,y) \geq \alpha$, donc pour tout $y \in F^+$, $\varphi_0(y,y) \geq \alpha\|y\|^2$. On montrerait de même l'existence de $\beta > 0$ tel que tout $y \in F^-$ vérifie $\varphi_0(y,y) \leq -\beta\|y\|^2$.

Soit $\gamma = \inf(\alpha, \beta)$ et $\psi \in \mathcal{B}$ tel que $\|\psi\| \leq \gamma/2$. Alors $\varphi = \varphi_0 + \psi$ vérifie

$$\begin{aligned} \forall x \in F^+, \quad & \varphi(x,x) = \varphi_0(x,x) + \psi(x,x) \geq \gamma\|x\|^2 - \tfrac{\gamma}{2}\|x\|^2 = \tfrac{\gamma}{2}\|x\|^2 \\ \forall x \in F^-, \quad & \varphi(x,x) = \varphi_0(x,x) + \psi(x,x) \leq -\gamma\|x\|^2 + \tfrac{\gamma}{2}\|x\|^2 - \tfrac{\gamma}{2}\|x\|^2 \end{aligned}$$

On a donc $\varphi(x,x) > 0$ sur $F^+ \setminus \{0\}$ et $\varphi(x,x) < 0$ sur $F^- \setminus \{0\}$. Ceci suffit pour conclure que φ est de signature (p,q). La boule de centre φ_0 de rayon $\gamma/2$ est donc incluse dans $B_{p,q}$, d'où le résultat.

Problème 8. Soient A et $B \in \mathcal{M}_n(\mathbb{C})$ deux matrices hermitiennes positives.

a) Si A est définie, montrer que la matrice AB est diagonalisable, à valeurs propres réelles positives.

b) Montrer que le résultat de la question précédente subsiste lorsque A n'est pas supposée définie.

c) Soient $0 \leq \lambda_1 \leq \cdots \leq \lambda_n$ les valeurs propres de A, $0 \leq \mu_1 \leq \cdots \leq \mu_n$ celles de B. Si λ est une valeur propre de AB, montrer $\lambda_1\mu_1 \leq \lambda \leq \lambda_n\mu_n$.

Solution. **a)** D'après l'exercice 1 de la partie 2.5 (page 242), il existe une matrice $a \in \mathcal{M}_n(\mathbb{C})$ hermitienne positive telle que $A = a^2$. Comme A est définie, a est inversible. On a $AB = a^2B = a(aBa)a^{-1}$, de sorte que AB est semblable à aBa. Cette dernière matrice est hermitienne , et positive car la matrice B étant positive,

$$\forall X, \qquad X^*(aBa)X = (aX)^*B(aX) \geq 0.$$

Finalement, on a montré que AB est semblable à une matrice hermitienne positive, ce qui suffit à montrer que AB est diagonalisable à valeurs propres réelles positives.

b) C'est plus délicat. Comme à la question précédente, on va passer par la matrice aBa.

Soit $k = \mathrm{rg}(aBa)$. La matrice aBa étant hermitienne positive, on est assuré de l'existence d'une famille libre de k vecteurs propres $e_1, \ldots, e_k$ associés à des valeurs propres strictement positives $\lambda_1, \ldots, \lambda_k$. Pour tout $i \in \{1, \ldots, k\}$ on a

$$(aBa)e_i = \lambda_i e_i \quad \text{donc} \quad (a^2Ba)(e_i) = \lambda_i a(e_i) \quad \text{d'où} \quad (AB)(ae_i) = \lambda_i(ae_i).$$

Ainsi, si on pose $f_i = ae_i$ pour $1 \leq i \leq k$, on a $(AB)f_i = \lambda_i f_i$ et la famille $(f_i)_{1\leq i\leq k}$ est libre car

$$\sum_{i=1}^k \mu_i f_i = 0 \Longrightarrow 0 = \sum_{i=1}^k \mu_i(aB)(f_i) = \sum_{i=1}^k \mu_i\lambda_i e_i \Longrightarrow \forall i, \mu_i\lambda_i = 0 \Longrightarrow \forall i, \mu_i = 0 \quad (\text{car } \lambda_i \neq 0).$$

Finalement, on vient d'exhiber une famille libre $(f_i)_{1\leq i\leq k}$ à k éléments de vecteurs propres de AB associés à des valeurs propres non nulles.

Nous allons prouver que toutes les autres valeurs propres sont nulles. Pour cela, nous commençons par montrer $\mathrm{rg}(AB) = \mathrm{rg}(aBa) = k$.

– De même que l'on avait écrit $A = a^2$ avec a hermitienne positive, on écrit $B = b^2$ où b est hermitienne positive. On a maintenant $\mathrm{Ker}(aBa) = \mathrm{Ker}(ba)$ car la matrice aBa étant hermitienne positive,

$$X \in \mathrm{Ker}(aBa) \iff 0 = X^*(aBa)X = (baX)^*(baX) = \|baX\|^2 \iff X \in \mathrm{Ker}(ba)$$

($\|\cdot\|$ désigne la norme hermitienne standard sur $\mathbb{C}^n$).

– On en conclue $\mathrm{rg}(aBa) = \mathrm{rg}(ba)$. Toute matrice hermitienne positive h vérifiant $\mathrm{Im}\, h = \mathrm{Im}\, h^2$ et $\mathrm{Ker}\, h = \mathrm{Ker}\, h^2$ (pour s'en convaincre, diagonaliser h dans une base orthonormale), on peut écrire

$$\begin{aligned}\mathrm{rg}(aBa) = \mathrm{rg}(ba) &= \dim(\mathrm{Im}\, b) - \dim(\mathrm{Im}\, a \cap \mathrm{Ker}\, b)\\ &= \dim(\mathrm{Im}\, B) - \dim(\mathrm{Im}\, A \cap \mathrm{Ker}\, B) = \mathrm{rg}(BA).\end{aligned}$$

– Il suffit maintenant de remarquer que $\mathrm{rg}(BA) = \mathrm{rg}[(BA)^*] = \mathrm{rg}(A^*B^*) = \mathrm{rg}(AB)$ pour conclure $\mathrm{rg}(aBa) = \mathrm{rg}(AB) = k$.

Le fait que $\dim(\mathrm{Ker}(AB)) = n - k$ nous permet de prendre une base $(f_{k+1}, \dots, f_n)$ de $\mathrm{Ker}(AB)$. Ces $n-k$ vecteurs correspondent à des vecteurs propres de AB associés à la valeur propre 0. Ainsi, la famille de vecteurs $f_1, \dots, f_k, f_{k+1}, \dots, f_n$ forme une famille libre à n éléments de vecteurs propres de AB, donc une base de vecteurs propres de AB. La matrice AB est donc diagonalisable, ses valeurs propres étant $\lambda_1, \dots, \lambda_k > 0$ et 0.

c) On note $(\,|\,)$ le produit scalaire hermitien usuel sur $\mathbb{C}^n$. Tout vecteur colonne X de $\mathbb{C}^n$ vérifie

$$\lambda_1^2(X|X) \leq (AX|AX) \leq \lambda_n^2(X|X) \quad \text{et} \quad \mu_1^2(X|X) \leq (BX|BX) \leq \mu_n^2(X|X)$$

donc

$$\lambda_1^2\mu_1^2(X|X) \leq \lambda_1^2(BX|BX) \leq (ABX|ABX) \leq \lambda_n^2(BX|BX) \leq \lambda_n^2\mu_n^2(X|X). \qquad (*)$$

Si λ est une valeur propre de AB, on a $(ABX|ABX) = |\lambda|^2(X|X)$ (où X est un vecteur propre associé), ce qui entraîne avec (*) la relation $\lambda_1\mu_1 \leq |\lambda| \leq \lambda_n\mu_n$, d'où le résultat puisque l'on a vu que λ était réelle positive.

PROBLÈME 9. Soient $R, S, T \in \mathcal{M}_n(\mathbb{C})$ trois matrices hermitiennes positives telles que la matrice $M = RST$ est hermitienne. Montrer que M est positive.

Solution. Il y a certainement beaucoup de façons de procéder. Celle que nous décrivons se décompose en trois étapes, selon les propriétés vérifiées par la matrice T.

Première étape. Supposons T définie. Alors T est la matrice d'un produit scalaire, de sorte qu'il existe $P \in \mathcal{G}\ell_n(\mathbb{C})$ telle que $T = P^*P$. Comme RST est hermitienne, on a facilement $RST = TSR$ donc

$$RSP^*P = P^*PSR \quad \text{d'où} \quad (P^*)^{-1}RSP^* = PSRP^{-1} \quad \text{ou encore} \quad R'S' = S'R'$$

avec $R' = (P^*)^{-1}RP^{-1}$ et $S' = PSP^*$. Ainsi, les matrices R' et S' commutent. Comme elles sont diagonalisables (car hermitiennes), on peut les diagonaliser dans une même base. De plus, leurs valeurs propres sont positives (R' et S' sont hermitiennes positives) donc les valeurs propres de $R'S'$ sont positives. Ainsi, la matrice hermitienne $R'S'$ est positive. Comme $RST = P^*(R'S')P$ est congrue à $R'S'$, c'est aussi une matrice hermitienne positive.

Deuxième étape. Supposons $\mathrm{Ker}\, T \cap \mathrm{Ker}\, R = \{0\}$. Pour tout $\varepsilon > 0$, la matrice $T + \varepsilon R$ est définie positive. En effet, elle est positive comme somme de matrices positives, et elle est définie car si $X^*(T + \varepsilon R)X = 0$, le fait que $X^*TX \geq 0$ et $X^*RX \geq 0$ entraîne $X^*TX = X^*RX = 0$, donc $X \in \mathrm{Ker}\, T \cap \mathrm{Ker}\, R = \{0\}$.

On peut donc appliquer le résultat de la première étape à la matrice hermitienne $RS(T+\varepsilon R) = RST + \varepsilon RSR$. Ainsi, pour tout $X \in \mathbb{C}^n$, pour tout $\varepsilon > 0$, $X^*RS(T+\varepsilon R)X \geq 0$ donc en passant à la limite lorsque $\varepsilon \to 0$ on obtient $X^*RSTX \geq 0$. Ceci est vrai pour tout $X \in \mathbb{C}^n$, donc RST est positive.

Troisième étape. Il ne reste plus qu'à traiter le cas où $F = \mathrm{Ker}\, T \cap \mathrm{Ker}\, R \neq \{0\}$. Soit r tel que $n - r = \dim F$. Soit $(e_1, \dots, e_n)$ une base orthonormale de $\mathbb{C}^n$ telle que $F = \mathrm{Vect}(e_{r+1}, \dots, e_n)$. Quitte à faire un changement de base orthonormale pour se ramener dans cette base, on voit que

$$R = \left(\begin{array}{c|c} R_1 & 0 \\ \hline 0 & 0 \end{array}\right), \quad S = \left(\begin{array}{c|c} S_1 & S_2^* \\ \hline S_2 & S_3 \end{array}\right), \quad \text{et} \quad T = \left(\begin{array}{c|c} T_1 & 0 \\ \hline 0 & 0 \end{array}\right),$$

avec $R_1, S_1, T_1 \in \mathcal{M}_r(\mathbb{C})$ et $\operatorname{Ker} R_1 \cap \operatorname{Ker} T_1 = \{0\}$. La matrice $M = RST$ étant hermitienne, on a facilement

$$M = \left(\begin{array}{c|c} R_1S_1T_1 & 0 \\ \hline 0 & 0 \end{array}\right), \qquad (*)$$

où R_1, S_1, T_1 vérifient les mêmes propriétés que R, S, T dans la deuxième étape. La matrice $R_1S_1T_1$ est donc positive, donc d'après (*) M est positive.

Problème 10. Soit $A = (a_{i,j})_{1\leq i,j\leq n} \in \mathcal{M}_n(\mathbb{C})$ une matrice hermitienne, dont les valeurs propres sont notées $\lambda_1, \dots, \lambda_n$ et numérotées telles que $\lambda_1 \geq \cdots \geq \lambda_n$.

a) Pour tout entier k compris entre 1 et n, montrer

$$\sum_{i=1}^{k} a_{i,i} \leq \sum_{i=1}^{k} \lambda_i. \qquad (*)$$

b) Lorsque $k < n$ et $\lambda_k > \lambda_{k+1}$, donner une condition nécessaire et suffisante sur la matrice A pour que l'inégalité (*) soit une égalité.

Solution. **a)** Lorsque $k = n$, (*) est une égalité car $\sum_{i=1}^n a_{i,i} = \operatorname{tr}(A) = \sum_{i=1}^n \lambda_i$.

Sinon on a $k < n$. Notons Φ la forme hermitienne sur $\mathbb{C}^n$ dont A est la matrice dans la base canonique $(e_1, \dots, e_n)$ de $\mathbb{C}^n$. Pour tout $i \in \{1, \dots, n\}$, on a $a_{i,i} = \Phi(e_i)$. Soit $(f_1, \dots, f_n)$ une base orthonormale de $\mathbb{C}^n$, orthogonale pour la forme hermitienne Φ, et telle que

$$\forall i \in \{1, \dots, n\}, \qquad \lambda_i = \Phi(f_i).$$

On note $P = (p_{i,j})_{1\leq i,j\leq n} \in \mathcal{M}_n(\mathbb{C})$ la matrice de passage de la base $(f_1, \dots, f_n)$ à la base $(e_1, \dots, e_n)$ (P est unitaire), de sorte que $e_j = \sum_{i=1}^n p_{i,j} f_i$ pour tout j.

Pour donner un avant goût de ce qui suit, nous commençons par le cas $k = 1$ qui est facile. Il suffit d'écrire

$$a_{1,1} = \Phi(e_1) = \sum_{i=1}^{n} |p_{i,1}|^2 \Phi(f_i) = \sum_{i=1}^{n} \lambda_i |p_{i,1}|^2 \leq \lambda_1 \left(\sum_{i=1}^{n} |p_{i,1}|^2\right) = \lambda_1 \|e_1\|^2 = \lambda_1.$$

Le cas général est plus délicat. On écrit

$$\sum_{i=1}^{k} a_{i,i} = \sum_{j=1}^{k} \Phi(e_j) = \sum_{j=1}^{k} \left(\sum_{i=1}^{n} \lambda_i |p_{i,j}|^2\right) = \sum_{i=1}^{n} \lambda_i \left(\sum_{j=1}^{k} |p_{i,j}|^2\right). \qquad (**)$$

Si on pose $\mu_i = \sum_{j=1}^k |p_{i,j}|^2$, les μ_i vérifient les propriétés suivantes

$$\text{(i)} \qquad \sum_{i=1}^{n} \mu_i = \sum_{j=1}^{k} \left(\sum_{i=1}^{n} |p_{i,j}|^2\right) = \sum_{j=1}^{k} \|e_j\|^2 = k,$$

$$\text{(ii)} \qquad \forall i, \quad \mu_i = \sum_{j=1}^{k} |p_{i,j}|^2 \leq \sum_{j=1}^{n} |p_{i,j}|^2 = 1.$$

(la dernière égalité résulte du fait que les vecteurs ligne de la matrice P forment également une base orthonormale), et l'égalité (**) entraîne

$$\sum_{j=1}^{k} a_{j,j} = \sum_{i=1}^{n} \lambda_i \mu_i \leq \sum_{i=1}^{k} \lambda_i \mu_i + \lambda_{k+1} \left(\sum_{i=k+1}^{n} \mu_i\right).$$

L'assertion (ii) permet d'écrire chaque μ_i sous la forme $\mu_i = 1 - \gamma_i$ avec $\gamma_i \geq 0$ pour $1 \leq i \leq k$, et d'après (i), $\sum_{i=k+1}^{n} \mu_i = k - \left(\sum_{i=1}^{k} \mu_i\right) = \sum_{i=1}^{k} \gamma_i$. Finalement,

$$\sum_{j=1}^{k} a_{j,j} \leq \sum_{i=1}^{k} \lambda_i(1-\gamma_i) + \lambda_{k+1}\left(\sum_{i=1}^{k} \gamma_i\right) = \sum_{i=1}^{k} \lambda_i + \sum_{i=1}^{k}(\lambda_i - \lambda_{k+1})\gamma_i \leq \sum_{i=1}^{k} \lambda_i. \qquad (***)$$

b) Si (*) est une égalité, alors la dernière inégalité de (***) est une égalité, et compte tenu des hypothèses, ceci entraîne $\gamma_i = 0$ pour $1 \leq i \leq k$. Autrement dit, $\mu_1 = \ldots = \mu_k = 1$ ce qui en vertu de l'assertion (ii) entraîne $p_{i,j} = 0$ pour $1 \leq i \leq k$ et $k+1 \leq j \leq n$. Ainsi, $e_j = \sum_{i=1}^{k} p_{i,j} f_i \in \mathrm{Vect}(f_1, \ldots, f_k)$ pour $1 \leq j \leq k$, donc $\mathrm{Vect}(e_1, \ldots, e_k) = \mathrm{Vect}(f_1, \ldots, f_k)$. Les bases $(e_1, \ldots, e_n)$ et $(f_1, \ldots, f_n)$ étant orthogonales, on a alors $\mathrm{Vect}(e_{k+1}, \ldots, e_n) = \mathrm{Vect}(f_{k+1}, \ldots, f_n)$. Il n'en faut pas plus pour conclure que A, matrice de Φ dans la base $(e_1, \ldots, e_n)$, se met sous la forme

$$A = \left(\begin{array}{c|c} A_1 & 0 \\ \hline 0 & A_2 \end{array}\right)$$

où les valeurs propres de $A_1 \in \mathcal{M}_k(\mathbb{C})$ sont $\lambda_1, \ldots, \lambda_k$.

Réciproquement, si la matrice A est de cette forme, alors $\sum_{i=1}^{k} a_{i,i} = \mathrm{tr}(A_1) = \sum_{i=1}^{k} \lambda_i$.

PROBLÈME 11. Soit $A = (a_{i,j})_{1 \leq i,j \leq n} \in \mathcal{M}_n(\mathbb{R})$ une matrice symétrique définie positive. Montrer que la matrice

$$B = \left(\frac{a_{i,j}}{i+j}\right)_{1 \leq i,j \leq n}$$

est définie positive.

Solution. On considère l'application

$$A : [0,1] \to \mathcal{M}_n(\mathbb{R}) \quad t \mapsto A(t) = (a_{i,j} \cdot t^{i+j-1})_{1 \leq i,j \leq n}.$$

Si on montre que $A(t)$ est définie positive pour tout $t \in]0,1[$, alors d'après l'exercice 5 de la partie 2.5 (page 245) on aura prouvé que la matrice

$$\int_0^1 A(t)\,dt = \left(\int_0^1 a_{i,j}\, t^{i+j-1}\,dt\right)_{1 \leq i,j \leq n} = \left(\frac{a_{i,j}}{i+j}\right)_{1 \leq i,j \leq n} = B$$

est définie positive.

D'après l'exercice 4 de la partie 2.5 (page 243), on aura montré que $A(t)$ est définie positive ($t \in]0,1[$) si on prouve que

$$\forall k \in \{1, \ldots, n\}, \qquad A_k(t) = (a_{i,j}\, t^{i+j-1})_{1 \leq i,j \leq k} \in \mathcal{M}_k(\mathbb{R})$$

a un déterminant > 0. On écrit

$$\det A_k(t) = \begin{vmatrix} a_{1,1}t & a_{1,2}t^2 & \cdots & a_{1,k}t^k \\ a_{2,1}t^2 & a_{2,2}t^3 & \cdots & a_{2,k}t^{k+1} \\ \vdots & \vdots & & \vdots \\ a_{k,1}t^k & a_{1,k+1}t^{k+1} & \cdots & a_{k,k}t^{2k-1} \end{vmatrix}$$

$$= t \cdot t^2 \cdots t^k \begin{vmatrix} a_{1,1} & a_{1,2} & \cdots & a_{1,k} \\ a_{2,1}t & a_{2,2}t & \cdots & a_{2,k}t \\ \vdots & \vdots & & \vdots \\ a_{k,1}t^{k-1} & a_{1,k+1}t^{k-1} & \cdots & a_{k,k}t^{k-1} \end{vmatrix}$$

$$= (t \cdot t^2 \cdots t^k)(1 \cdot t \cdots t^{k-1}) \begin{vmatrix} a_{1,1} & a_{1,2} & \cdots & a_{1,k} \\ a_{2,1} & a_{2,2} & \cdots & a_{2,k} \\ \vdots & \vdots & & \vdots \\ a_{k,1} & a_{1,k+1} & \cdots & a_{k,k} \end{vmatrix}. \qquad (*)$$

Toujours d'après la question a) de l'exercice 4 de la partie 2.5 (mais cette fois ci on utilise la condition nécessaire), le dernier déterminant de (*) est > 0, ce qui prouve $\det A_k(t) > 0$ dès que $t \in]0,1[$ et $k \in \{1, \ldots, n\}$. D'où le résultat.

Remarque. Si A n'est pas supposée définie, la matrice B reste positive. Pour montrer ce résultat, appliquer celui de l'exercice à la matrice définie positive $A + \alpha I_n$ pour tout $\alpha > 0$, puis passer à la limite lorsque α tend vers 0. (Une limite de matrices positives B_α lorsque α tend vers 0 est positive car

$$\forall X \in \mathbb{R}^n, \forall \alpha > 0, \quad X^* B_\alpha X \geq 0$$

et on obtient le résultat en faisant tendre α vers 0, X étant fixé.)

Problème 12 (Hansdorffien d'une application linéaire en dimension finie). Soit E un espace hermitien de dimension finie $n \in \mathbb{N}^*$.

1/ Soit $f \in \mathcal{L}(E)$. On note

$$H(f) = \left\{ \frac{f(x) \cdot x}{x \cdot x}, \; x \in E \setminus \{0\} \right\} = \{f(x) \cdot x, \; \|x\| = 1\}$$

(cet ensemble est appelé Hansdorffien de f).

a) Montrer que $H(f)$ est convexe et compact. (*Indication.* Pour montrer que $[\xi, \eta] \subset H(f)$ si $\xi, \eta \in H(f)$, on se ramènera à montrer que $[0,1] \subset H(g)$ où $g = \alpha f + \beta \,\mathrm{Id}$ avec α et β bien choisis. Puis on écrira $g = u + iv$, avec u et v autoadjoints ...)

b) Si f se diagonalise dans une base orthonormale, déterminer $H(f)$.

2/ Soit $f \in \mathcal{L}(E)$ telle que $\operatorname{tr} f = 0$. Montrer l'existence d'une base B orthonormale de E dans laquelle la matrice de f ait tout ses termes diagonaux nuls.

Solution. **1/ a)** L'ensemble $H(f)$ est compact car c'est l'image par l'application continue $x \mapsto f(x) \cdot x$ du compact $\{x \in E, \; \|x\| = 1\}$.

Montrons que $H(f)$ est convexe. Donnons nous $x, y \in E$, $\|x\| = \|y\| = 1$ et posons $\xi = f(x) \cdot x$ et $\eta = f(y) \cdot y$. Il s'agit de montrer $[\xi, \eta] \subset H(f)$. Si $\xi = \eta$ c'est terminé. Sinon, $\xi \neq \eta$, et on va se ramener sur $[0,1]$. Il existe deux nombres complexes α et β tels que

$$\alpha \xi + \beta = 1 \quad \text{et} \quad \alpha \eta + \beta = 0.$$

On pose $g = \overline{\alpha} f + \overline{\beta}\,\mathrm{Id}_E$. On a

$$\begin{aligned}[]
[\xi,\eta] \subset H(f) &\iff \forall t \in [0,1], t\xi + (1-t)\eta \in H(f)\\
&\iff \forall t \in [0,1], \exists z \in E, \|z\| = 1, \quad t\xi + (1-t)\eta = f(z)\cdot z\\
&\iff \forall t \in [0,1], \exists z \in E, \|z\| = 1, \quad t = \alpha\Big(t\xi + (1-t)\eta\Big) + \beta = g(z)\cdot z\\
&\iff [0,1] \subset H(g).
\end{aligned}$$

Montrons donc $[0,1] \subset H(g)$. On sait que $g(x)\cdot x = 1$ et $g(y)\cdot y = 0$. Écrivons $g = u + iv$ avec u et v autoadjoints (il suffit de prendre $u = \frac{1}{2}(g + g^*)$ et $v = \frac{i}{2}(g^* - g)$). Quitte à multiplier x par $\lambda \in \mathbb{C}$, $|\lambda| = 1$, on peut supposer $v(x)\cdot y \in i\mathbb{R}$. Or $g(x)\cdot x = 1 = u(x)\cdot x - iv(x)\cdot x$ donc $v(x)\cdot x = 0$ (ceci car u et v étant autoadjoints, $u(x)\cdot x$ et $v(x)\cdot x$ sont réels). On a de même $v(y)\cdot y = 0$.

Ceci étant, on pose $h(t) = tx + (1-t)y$ pour $t \in [0,1]$. Comme $\xi = f(x)\cdot x \neq f(y)\cdot y = \eta$, les vecteurs x et y forment une famille libre. Ceci prouve que $h(t) \neq 0$ pour tout $t \in [0,1]$ et

$$v[h(t)]\cdot h(t) = t^2 v(x)\cdot x + t(1-t)[v(x)\cdot y + \overline{v(x)\cdot y}] + (1-t)^2 v(y)\cdot y = 0$$

(car $v(x)\cdot y \in i\mathbb{R}$). La fonction

$$\psi : [0,1] \to \mathbb{C} \qquad t \mapsto \frac{g[h(t)]\cdot h(t)}{\|h(t)\|^2}$$

prend donc ses valeurs dans $\mathbb{R}$. De plus ψ est continue, $\psi(0) = 0$ et $\psi(1) = 1$ donc d'après le théorème des valeurs intermédiaires, $[0,1] \subset \psi([0,1]) \subset H(g)$, d'où le résultat.

b) Soit une base orthonormale $B = (e_1, \dots, e_n)$ telle que

$$[f]_B = \begin{pmatrix} \lambda_1 & & 0\\ & \ddots & \\ 0 & & \lambda_n \end{pmatrix}, \qquad \alpha_i \in \mathbb{C}.$$

Alors

$$\begin{aligned}
H(f) = \{f(x)\cdot x, \|x\| = 1\} &= \left\{ f\left(\sum_i x_i e_i\right)\cdot \sum_i x_i e_i,\ \sum_i |x_i|^2 = 1 \right\}\\
&= \left\{ \sum_i |x_i|^2 \overline{\lambda_i},\ \sum_i |x_i|^2 = 1 \right\} = \left\{ \sum_i \alpha_i \overline{\lambda_i},\ (\alpha_i \geq 0 \text{ et } \sum_i \alpha_i = 1) \right\},
\end{aligned}$$

ce qui s'exprime en disant que $H(f)$ est l'enveloppe convexe des $\overline{\lambda_i}$, ou encore que c'est l'intérieur d'un polygone dont les sommets (dans $\mathbb{C}$) sont les $\overline{\lambda_i}$.

2/ On procède par récurrence sur $n = \dim E$. Pour $n = 1$, c'est évident. Supposons le résultat vrai au rang $n-1$ et montrons le au rang n.

Montrons déjà que $0 \in H(f)$. Soit $B = (e_1, \dots, e_n)$ une base orthonormée et A la matrice de f dans cette base. Les termes de la diagonale principale $a_{i,i}$ de A vérifient la relation $\overline{a_{i,i}} = f(e_i)\cdot e_i$, ce qui prouve que $\overline{a_{i,i}} \in H(f)$ et $H(f)$ étant convexe,

$$\frac{1}{n}\sum_i \overline{a_{i,i}} = \frac{1}{n}\overline{\mathrm{tr}\, f} = 0 \in H(f).$$

Il existe donc un vecteur normé f_1 tel que $f(f_1)\cdot f_1 = 0$. Notons F l'hyperplan $\{f_1\}^\perp$ et $g = p_{|F} \circ f_{|F}$, où $p_{|F}$ désigne la projection orthogonale sur F, de sorte que dans toute base B' de F,

$$[f]_{f_1 \cup B'} = \left(\begin{array}{c|ccc} 0 & \times & \cdots & \times\\ \hline \times & & & \\ \vdots & & [g]_{B'} & \\ \times & & & \end{array}\right).$$

On a donc $\operatorname{tr} g = 0$, donc d'après l'hypothèse de récurrence, il existe une base B' orthonormale de F dans laquelle la matrice de g n'ait que des zéros sur la diagonale principale. Ainsi, la base $B = f_1 \cup B'$ est une base orthonormale de E (car $f_1 \in F^{\perp}$) et

$$[f]_B = \left(\begin{array}{c|ccc} 0 & \times & \cdots & \times \\ \hline \times & & & \\ \vdots & & [g]_{B'} & \\ \times & & & \end{array}\right) = \begin{pmatrix} 0 & \times & \cdots & \times \\ \times & 0 & \ddots & \vdots \\ \vdots & \ddots & \ddots & \times \\ \times & \cdots & \times & 0 \end{pmatrix}.$$

Remarque. On peut répondre à la partie 2/ sans utiliser la partie 1/ si on suppose f autoadjoint.

ANNEXE A

Résolution des équations du troisième et du quatrième degré

Cette annexe propose la résolution des équations du troisième et du quatrième degré. Deux techniques sont exposées, d'abord celles dues à Cardan (troisième degré) et Ferrari (quatrième degré), découvertes historiquement en premier, puis la méthode de Lagrange qui en un certain sens, est plus générale que les précédentes et offre un point de vue intéressant.

1. Introduction

On se donne un polynôme $F = a_0 X^n + a_1 X^{n-1} + \cdots + a_n \in \mathbb{K}[X]$ (où $\mathbb{K}$ est un corps commutatif quelconque), tel que $a_0 \neq 0$ et $n \geq 1$. On se propose de résoudre l'équation $F(x) = 0$. Quitte à diviser le polynôme F par a_0, on peut supposer $a_0 = 1$. Enfin, en effectuant le changement de variable $x = z - a_1/n$, on se ramène au cas où le coefficient de X^{n-1} est nul. Finalement, on est amené à résoudre une équation de la forme

$$z^n + a_2 z^{n-2} + \cdots + a_{n-1} z + a_n = 0.$$

Dans la suite, le corps de base $\mathbb{K}$ est le corps des complexes $\mathbb{C}$.

2. Techniques historiques

2.1. Méthode de Cardan pour la résolution de l'équation du troisième degré

On veut résoudre l'équation $z^3 + pz + q = 0$. Si on pose $z = u + v$, l'équation sera vérifiée si

$$u^3 + v^3 + 3u^2v + 3uv^2 + pu + pv + q = 0 = u^3 + v^3 + (u+v)(3uv + p) + q = 0.$$

Ceci sera vérifié si on a

$$\begin{cases} u^3 + v^3 = -q \\ uv = -p/3 \end{cases}$$

c'est-à-dire si $u^3 + v^3 = q$ et $u^3v^3 = -p^3/27$, les déterminations des racines cubiques de u et v étant choisies telles que $uv = -p/3$. En d'autres termes, il suffit que u^3 et v^3 soient racines de

$$z^2 + qz - \frac{p^3}{27} = 0 \quad \text{avec} \quad uv = -p/3. \qquad (*)$$

Si on note z_1, z_2 les racines de cette équation du second degré, si u et v sont des racines cubiques de z_1 et z_2 telles que $uv = -p/3$, les racines recherchées sont alors

$$u + v, \quad uj + vj^2, \quad uj^2 + vj \quad \text{où} \quad j = e^{2i\pi/3}.$$

Lorsque $(p, q) \in \mathbb{R}^2$, le nombre de racines réelles de l'équation $z^3 + pz + q = 0$ peut être discuté. Ceci dépend du signe du discriminant de l'équation du second degré (*), qui est du signe de $4p^3 + 27q^2$. On montre facilement que

(i) Si $4p^3 + 27q^2 > 0$, il y a une racine réelle et deux racines complexes conjuguées.
(ii) Si $4p^3 + 27q^2 = 0$, il y a une racine triple 0 si $q = 0$, une racine réelle double et une réelle simple si $q \neq 0$.
(iii) Si $4p^3 + 27q^2 < 0$, il y a trois racines réelles.

Ce dernier résultat est à rapprocher de celui de l'exercice 2 de la page 79.

2.2. Méthode de Ferrari pour la résolution de l'équation du quatrième degré

On se donne $F = z^4 + az^2 + bz + c$ et on veut résoudre $F(z) = 0$. Pour cela, on recherche λ, p et q tels que $F(z) = (z^2 + \lambda)^2 - (pz + q)^2$. Ceci sera réalisé si et seulement si le polynôme

$$(z^2 + \lambda)^2 - F(z) = (2\lambda - a)\, z^2 - bz + (\lambda^2 - c) \qquad (**)$$

est un carré parfait, autrement dit si et seulement si le discriminant de (**) est nul, ce qui s'écrit

$$\Delta = b^2 - 4(\lambda^2 - c)(2\lambda - a) = -8\lambda^3 + 4a\lambda^2 + 8\lambda c + b^2 - 4ac = 0.$$

Cette dernière équation peut être résolue grâce à la méthode de Cardan. Si λ désigne l'une quelconque de ses solutions, il est maintenant facile de trouver p et q puis de résoudre $(z^2 + \lambda)^2 - (pz + q)^2 = 0$.

3. Méthode de Lagrange

On doit à Lagrange une ingénieuse idée de résolution des équations. Pour résoudre $F(z) = 0$ où F est de degré d, l'idée de Lagrange est la suivante. Notons $\alpha_1, \dots, \alpha_d$ les racines de F. Si on trouve un polynôme P en les α_i qui ne prend que $d - 1$ valeurs par toute permutation sur les α_i, on saura (grâce aux formules donnant les coefficients d'un polynôme en fonction de ses racines, et compte tenu du fait que tout polynôme symétrique peut s'exprimer au moyen seulement des polynômes symétriques élémentaires) trouver un polynôme de degré $d - 1$ qui annule les $d - 1$ valeurs prises par P sur les α_i. On est ainsi ramené à un degré inférieur et c'est gagné!

Ce principe encore un peu vague va prendre tout son sens dans les parties qui suivent.

3.1. L'équation du troisième degré

Notons α, β, γ les racines de $F = z^3 + pz + q$. Le polynôme $(X + jY + j^2Z)^3$ ne prend que deux valeurs par toutes les permutations effectuées sur α, β, γ, qui sont

$$A = (\alpha + j\beta + j^2\gamma)^3 \quad \text{et} \quad B = (\alpha + j\gamma + j^2\beta)^3.$$

Compte tenu du théorème 1 de la page 60, on a

$$\sigma_1 = \alpha + \beta + \gamma = 0, \quad \sigma_2 = \alpha\beta + \beta\gamma + \gamma\alpha = p, \quad \sigma_3 = \alpha\beta\gamma = -q.$$

Un calcul donne

$$\begin{aligned} A + B &= 2(\alpha^3 + \beta^3 + \gamma^3) - 3(\alpha^2\beta + \beta^2\gamma + \gamma^2\alpha) + 12\alpha\beta\gamma \\ &= 2(\sigma_1 - 3\sigma_1\sigma_2 + 3\sigma_3) - 3(\sigma_1\sigma_2 - 3\sigma_3) + 12\sigma_3 = -27q \end{aligned}$$

et

$$AB = (\alpha^2 + \beta^2 + \gamma^2 - \alpha\beta - \beta\gamma - \gamma\alpha)^3 = (\sigma_1^2 - 2\sigma_2 - \sigma_2)^3 = -27p^3.$$

Ainsi, A et B sont trouvées simplement comme solutions de

$$z^2 + 27q\,z - 27p^3 = 0. \qquad (***)$$

Si on note u (resp. v) une racine cubique de A (resp. de B), les déterminations étant choisies telles que $uv = (\alpha + j\beta + j^2\gamma)(\alpha + j\gamma + j^2\beta) = -3p$, on s'est ramené à résoudre le système

$$\begin{cases} \alpha + \beta + \gamma = 0 \\ \alpha + j\beta + j^2\gamma = u \\ \alpha + j\gamma + j^2\beta = v \end{cases} \quad \text{dont les solutions sont} \quad \begin{cases} \alpha = \frac{1}{3}\,(u + v) \\ \beta = \frac{1}{3}\,(uj^2 + vj) \\ \gamma = \frac{1}{3}\,(uj + vj^2) \end{cases}.$$

Noter que le test du nombre de racines réelles s'effectue simplement grâce au discriminant de l'équation (***) qui est $27(4p^3 + 27q^2)$.

3.2. L'équation du quatrième degré

On note $\alpha, \beta, \gamma, \delta$ les racines de $F = z^4 + az^2 + bz + c$. Le polynôme $XY + ZT$ ne prend que trois valeurs par toutes les permutations effectuées sur $\alpha, \beta, \gamma, \delta$, qui sont

$$A = \alpha\beta + \gamma\delta, \quad B = \alpha\gamma + \beta\delta, \quad C = \alpha\delta + \beta\gamma.$$

Ici, les fonctions symétriques des racines de F valent respectivement $\sigma_1 = 0$, $\sigma_2 = a$, $\sigma_3 = -b$ et $\sigma_4 = c$. Les calculs qui suivent sont légèrement plus simples que ceux de la partie précédente.

$$A + B + C = \sigma_2 = a,$$

$$AB + BC + CA = \sigma_1\sigma_3 - 4\sigma_4 = -4c$$

et

$$ABC = (\sigma_1^2 - 2\sigma_2)\sigma_4 + \sigma_3^2 - 2\sigma_2\sigma_4 = b^2 - 4ac.$$

Ainsi A, B et C sont obtenus comme solutions de l'équation

$$z^3 - az^2 - 4cz - b^2 + 4ac = 0,$$

que l'on sait désormais résoudre. Si on note u, v, w ses racines, on est ramené à résoudre le système

$$\begin{cases} \alpha + \beta + \gamma + \delta = 0 \\ \alpha\beta + \gamma\delta = u \\ \alpha\gamma + \beta\delta = v \\ \alpha\delta + \beta\gamma = w \end{cases} \quad \text{qui équivaut à} \quad \begin{cases} \alpha + \beta + \gamma + \delta = 0 \\ (\alpha + \beta)(\gamma + \delta) = v + w \\ (\alpha + \delta)(\beta + \gamma) = u + v \\ (\alpha + \gamma)(\beta + \delta) = u + w \end{cases}.$$

À l'aide de deux premières équations de ce dernier système, on trouve

$$\alpha + \beta = \rho_1 \quad \text{et} \quad \gamma + \delta = -\rho_1, \quad \text{où} \quad \rho_1 = \sqrt{-v - w},$$

de même avec la première et la troisième équation

$$\alpha + \delta = \rho_2 \quad \text{et} \quad \beta + \gamma = -\rho_2, \quad \text{où} \quad \rho_2 = \sqrt{-u - v}$$

et avec la première et la dernière équation,

$$\alpha + \gamma = \rho_3 \quad \text{et} \quad \beta + \delta = -\rho_3, \quad \text{où} \quad \rho_3 = \sqrt{-u - w}.$$

Pour qu'il y ait équivalence entre ces trois dernières assertions et le système précédent, il faut et il suffit que les déterminations des racines carrées ρ_1, ρ_2, ρ_3 soient choisies de sorte que $\rho_1\rho_2\rho_3 = -b$, compte tenu du fait que

$$(\alpha + \beta)(\alpha + \gamma)(\alpha + \delta) = \alpha(\alpha + \beta + \gamma + \delta) + \sigma_3 = -b.$$

Maintenant, on en déduit facilement que les solutions sont

$$\alpha = \frac{1}{2}(\rho_1+\rho_2+\rho_3), \quad \beta = \frac{1}{2}(\rho_1-\rho_2-\rho_3), \quad \gamma = \frac{1}{2}(-\rho_1-\rho_2+\rho_3), \quad \delta = \frac{1}{2}(-\rho_1+\rho_2-\rho_3).$$

3.3. L'équation du cinquième degré ?

Nous sommes munis d'une redoutable technique pour abaisser le degré d'une équation. Vous pouvez donc essayer d'effectuer le même type d'opérations sur l'équation générale de degré 5. Malgré tous vos efforts, vous coincerez sur un problème majeur, celui de trouver un polynôme de 5 variables qui ne prend que quatre valeurs par toute permutation de ses variables.

En fait, un tel polynôme n'existe pas. Nous allons prouver ce résultat. Pour tout polynôme $P \in \mathbb{C}[X_1, X_2, X_3, X_4, X_5]$, pour toute permutation $\sigma \in \mathcal{S}_5$, on note

$$P_\sigma = P(X_{\sigma(1)}, X_{\sigma(2)}, X_{\sigma(3)}, X_{\sigma(4)}, X_{\sigma(5)})$$

Supposons que $P \in \mathbb{C}[X_1, X_2, X_3, X_4, X_5]$ soit tel que l'ensemble $\Gamma = \{P_\sigma \mid \sigma \in \mathcal{S}_5\}$ vérifie $\mathrm{Card}(\Gamma) = 4$. Le groupe des permutations $\mathcal{S}_5$ opère sur Γ par le biais de la fonction

$$\mathcal{S}_5 \times \Gamma \to \Gamma \quad (\sigma, Q) \mapsto Q_\sigma.$$

D'après le théorème 7 de la page 21, le stabilisateur $H = \{\sigma \in \mathcal{S}_5 \mid P_\sigma = P\}$ de P est un sous groupe de $\mathcal{S}_5$ d'indice 4 dans $\mathcal{S}_5$ (puisque par construction, l'orbite de P est Γ tout entier, de cardinal 4). D'après l'exercice 7 de la page 25 ceci est impossible, d'où le résultat.

Cette démonstration ne prouve pas qu'il est impossible de “résoudre” par des formules générales l'équation de degré 5, mais elle montre simplement que la méthode de Lagrange ne s'applique pas. C'est Abel qui le premier montra que des formules générales pour les solutions de l'équation de degré 5 n'existent pas. Galois compléta quelques années plus tard ce résultat en donnant une condition nécessaire et suffisante sur un polynôme pour qu'il soit ***résoluble par radicaux*** (en termes intuitifs, on dit qu'une équation est résoluble par radicaux si ses solutions peuvent s'exprimer au moyen de “radicaux emboités les uns dans les autres”).

ANNEXE B

Invariants de similitude d'un endomorphisme et réduction de Frobenius

La note qui suit présente la théorie des invariants de similitude des endomorphismes en dimension finie. Cette notion est assez éloignée de l'esprit du programme de mathématiques spéciales, et c'est plus à titre de curiosité qu'elle est présentée. Comme nous allons le voir, elle propose un cadre agréable de réduction des endomorphismes qui permet une caractérisation simple de la classe des matrices semblables à une matrice donnée. En première lecture, les démonstrations des résultats énoncés peuvent être sautées.

Dans toute l'annexe, E désigne un espace vectoriel sur un corps commutatif $\mathbb{K}$ de dimension finie n.

1. Introduction

On se donne un endomorphisme $f \in \mathcal{L}(E)$. Nous commençons par donner quelques rappels des résultats de l'exercice 3 de la page 177.

Notation. On note Π_f le polynôme minimal de f, et $\mathcal{L}_f$ l'ensemble $\{P(f),\ P \in \mathbb{K}[X]\}$.

Si $x \in E$, on note P_x le polynôme unitaire engendrant l'idéal $\{P \in \mathbb{K}[X] \mid P(f)(x) = 0\}$ et E_x l'ensemble $\{P(f)(x), P \in \mathbb{K}[X]\}$.

PROPOSITION 1. *Si $k = \deg(\Pi_f)$, l'ensemble $\mathcal{L}_f$ est un s.e.v de $\mathcal{L}(E)$ de dimension k, dont une base est $(\mathrm{Id}_E, f, \dots, f^{k-1})$.*

Si $k = \deg(P_x)$, l'ensemble E_x est un s.e.v de E de dimension k, dont une base est $(x, \dots, f^{k-1}(x))$.

Démonstration. L'application $\mathbb{K}[X] \to \mathcal{L}(E) \quad P \mapsto P(f)$ est linéaire. Son image est $\mathcal{L}_f$, c'est donc un s.e.v, et son noyau est $\{P \in \mathbb{K}[X] \mid P(f) = 0\} = (\Pi_f)$. Ainsi, $\mathcal{L}_f$ est isomorphe à $\mathbb{K}[X]/(\Pi_f)$. Ce dernier étant de dimension k dont une base est $(1, \overline{X}, \dots, \overline{X}^{k-1})$ (voir la théorème 4 de la page 62) on en déduit par isomorphisme la première partie de la proposition.

La seconde partie se traite de manière analogue en considérant l'application $\mathbb{K}[X] \to E \quad P \mapsto P(f)(x)$. □

La propriété qui suit est cruciale dans la suite de notre discours (elle est prouvée dans l'exercice 3 de la page 177).

PROPOSITION 2. *Il existe $x \in E$ tel que $P_x = \Pi_f$.*

Endomorphismes cycliques.

DÉFINITION 1. On dit que f est cyclique s'il existe $x \in E$ tel que $E_x = E$. D'après les propositions précédentes, ceci équivaut à dire que $\deg(\Pi_f) = n$ (ou encore que $\Pi_f = (-1)^n P_f$ où P_f désigne le polynôme caractéristique de f).

Définition 2. Soit $P = X^p + a_{p-1}X^{p-1} + \cdots + a_0 \in \mathbb{K}[X]$. On appelle *matrice compagnon* de P la matrice

$$\mathcal{C}(P) = \begin{pmatrix} 0 & \cdots & \cdots & 0 & -a_0 \\ 1 & 0 & & \vdots & -a_1 \\ 0 & 1 & \ddots & \vdots & \vdots \\ \vdots & \ddots & \ddots & 0 & -a_{p-2} \\ 0 & \cdots & 0 & 1 & -a_{p-1} \end{pmatrix} \in \mathcal{M}_p(\mathbb{K}).$$

Nous avons déjà rencontré les matrices compagnon lors de la seconde démonstration du théorème de Cayley-Hamilton, et nous avions montré que le polynôme caractéristique de $\mathcal{C}(P)$ est $(-1)^p P$.

Proposition 3. *Soit $f \in \mathcal{L}(E)$ un endomorphisme cyclique. Il existe une base de E dans laquelle la matrice de f soit égale à $\mathcal{C}(\Pi_f)$.*

Démonstration. Comme f est cyclique, il existe $x \in E$ tel que $E_x = E$. On sait alors que $(x, f(x), \dots, f^{n-1}(x))$ est une base de E, et dans cette base, la matrice de f est $\mathcal{C}(\Pi_f)$ (si $\Pi_f = X^n + a_{n-1}X^{n-1} + \cdots + a_0$, l'image du dernier vecteur $f^{n-1}(x)$ de la base par f vaut $f^n(x) = -a_{n-1}f^{n-1}(x) - \cdots - a_0 x$ car $\Pi_f(f)(x) = 0$). □

2. Invariants de similitude

Le théorème qui suit est le point central de notre discussion.

Théorème 1. *Soit $f \in \mathcal{L}(E)$. Il existe une suite $F_1, F_2, \dots, F_r$ de s.e.v de E, tous stables par f, telle que*

(i) *$E = F_1 \oplus F_2 \oplus \cdots \oplus F_r$,*
(ii) *pour tout $i \in \{1, \dots, r\}$, la restriction $f_i = f_{|F_i}$ de l'endomorphisme f au s.e.v F_i est un endomorphisme de F_i cyclique,*
(iii) *si P_i désigne le polynôme minimal de f_i, on a $P_{i+1} \mid P_i$ pour tout $i \in \{1, \dots, r-1\}$.*

La suite de polynômes $P_1, \dots, P_r$ ne dépend que de f et non du choix de la décomposition. On l'appelle suite des invariants de similitude *de f.*

Démonstration. Existence. Soit $k = \deg(\Pi_f)$ et soit $x \in E$ tel que $P_x = \Pi_f$. Le s.e.v $F = E_x$ est de dimension k et il est stable par f. Comme $\deg(P_x) = k$, la famille de vecteurs

$$e_1 = x, \quad e_2 = f(x), \cdots, \quad e_k = f^{k-1}(x)$$

forme une base de $F = E_x$. Complétons cette base en une base $(e_1, \dots, e_n)$ de E. En désignant par $(e_1^*, \dots, e_n^*)$ la base duale associée, on note

$$G = \Gamma^{\circ} \quad \text{où} \quad \Gamma = \{{}^t f^i(e_k^*),\ i \in \mathbb{N}\} = \{e_k^* \circ f^i,\ i \in \mathbb{N}\}$$

(orthogonal vis-à-vis du dual). En d'autres termes, G est l'ensemble des $x \in E$ tels que la k-ième coordonnée de $f^i(x)$ (dans la base $(e_1, \dots, e_n)$) soit nulle pour tout i. L'ensemble G est un s.e.v de E, et il est stable par f comme on le vérifie facilement.

Nous allons montrer $F \oplus G = E$, et pour cela, nous prouvons successivement $F \cap G = \{0\}$ et $\dim F + \dim G = n$.

Soit $y \in F \cap G$. Si $y \neq 0$, on peut écrire $y = a_1 e_1 + \cdots + a_p e_p$ avec $a_p \neq 0$ et $p \leq k$. En composant par ${}^t f^{k-p}(e_k^*) = e_k^* \circ f^{k-p}$, on obtient

$$0 = e_k^*(a_1 e_{k-p+1} + \cdots + a_p e_k) = a_p,$$

ce qui est absurde. Donc $F \cap G = \{0\}$.

Comme $G = (\text{Vect}\,\Gamma)^\circ$, pour montrer $\dim G = n - \dim F = n - k$, il suffit de prouver $\dim(\text{Vect}\,\Gamma) = k$. Pour cela, on considère l'application linéaire

$$\varphi : \ \mathcal{L}_f = \{P(f),\ P \in \mathbb{K}[X]\} \to \text{Vect}\,\Gamma \quad g \mapsto e_k^* \circ g.$$

Par définition de Vect Γ, φ est surjective. De plus, φ est injective. En effet, si $e_k^* \circ g = 0$ avec $g \neq 0$, on peut écrire $g = a_1\,\text{Id}_E + \cdots + a_p\, f^{p-1} \in \mathcal{L}_f$ ($p \leq k$ et $a_p \neq 0$) et

$$e_k^* \circ g(f^{k-p}(x)) = 0 = e_k^*(a_1\, e_{k-p+1} + \cdots + a_p\, e_k) = a_p,$$

ce qui est absurde. Finalement, φ est un isomorphisme donc $\dim(\text{Vect}\,\Gamma) = \dim \mathcal{L}_f = k$.

Résumons. Nous avons trouvé un sous espace G stable par f tel que $F \oplus G = E$. Notons P_1 le polynôme minimal de $f_{|F}$, (qui est le polynôme minimal de f car $P_1 = P_x = \Pi_f$), et P_2 le polynôme minimal de $F_{|G}$. Comme G est stable par f, $P_2 \mid P_1$. On applique ce qui précède à $f_{|G}$, et au bout d'un nombre fini d'étapes, on obtient la décomposition voulue.

Unicité. Supposons l'existence de deux suites de sous espaces $F_1, \dots, F_r$ et $G_1, \dots, G_s$ tous stables par f et vérifiant les conditions (i), (ii) et (iii). Notons $P_i = \Pi_{f_{|F_i}}$ et $Q_j = \Pi_{f_{|G_j}}$.

On voit que $P_1 = \Pi_f = Q_1$. Supposons la liste $(P_1, \dots, P_r)$ différente de $(Q_1, \dots, Q_s)$ et notons j le premier indice tel que $P_j \neq Q_j$ (un tel indice existe toujours même si $r \neq s$, car $\sum_i \deg(P_i) = n = \sum_j \deg(Q_j)$). On a

$$P_j(f)(E) = P_j(f)(F_1) \oplus \cdots \oplus P_j(f)(F_{j-1}) \tag{*}$$

et

$$P_j(f)(E) = P_j(f)(G_1) \oplus \cdots \oplus P_j(f)(G_{j-1}) \oplus P_j(f)(G_j) \oplus \cdots \oplus P_j(f)(G_s) \tag{**}$$

On a $\dim P_j(f)(F_i) = \dim P_j(f)(G_i)$ pour $1 \leq i \leq j-1$ (en effet, d'après la proposition 3, on peut trouver une base B_i de F_i et une base B_i' de G_i telles que la matrice de $f_{|F_i}$ dans B_i coïncide avec la matrice de $f_{|G_i}$ dans B_i'). En prenant les dimensions dans (*) et (**), on en déduit

$$0 = \dim P_j(f)(G_j) = \cdots = \dim P_j(f)(G_s),$$

ce qui prouve que $Q_j \mid P_j$. Par symétrie de rôle , on a aussi $P_j \mid Q_j$, donc $P_j = Q_j$ ce qui est absurde. Finalement, on doit avoir $r = s$ et $P_i = Q_i$ pour tout i. □

THÉORÈME 2 (RÉDUCTION DE FROBENIUS). *Si $P_1, \dots, P_r$ désigne la suite des invariants de similitude de $f \in \mathcal{L}(E)$, il existe une base B de E telle que*

$$[f]_B = \begin{pmatrix} \mathcal{C}(P_1) & & 0 \\ & \ddots & \\ 0 & & \mathcal{C}(P_r) \end{pmatrix}.$$

On a d'ailleurs $P_1 = \Pi_f$ et $P_1 \cdots P_r$ est le polynôme caractéristique de f (au facteur $(-1)^n$ près).

Démonstration. Il suffit pour tout i de considérer une base de F_i dans laquelle la matrice de $f_i = f_{|F_i}$ est $\mathcal{C}(P_i)$ (ce qui est possible d'après la proposition 3), puis d'écrire la matrice de f dans la base $B = B_1 \cup \cdots \cup B_r$. □

Comme pour les matrices, on dit que deux endomorphismes $f, g \in \mathcal{L}(E)$ sont semblables s'il existe $h \in \mathcal{G}\ell(E)$ tel que $f = h^{-1}gh$. Muni de cette définition, on a le résultat suivant.

COROLLAIRE 1. *Deux endomorphismes f et $g \in \mathcal{L}(E)$ sont semblables si et seulement s'ils ont les mêmes invariants de similitude.*

Démonstration. Si f et g sont semblables, on montre facilement en reprenant la preuve de l'unicité dans le théorème 1 que f et g ont les mêmes invariants de similitude.

Réciproquement, si f et g ont les mêmes invariants de similitude, le théorème précédent assure l'existence de deux bases B et B' de E telles que $[f]_B = [g]_{B'}$ ce qui signifie que f et g sont semblables. □

3. Applications

3.1. Réduction de Jordan

Une fois que l'on sait réduire un endomorphisme nilpotent sous forme de Jordan, il n'est pas difficile de trouver la réduction de Jordan d'un endomorphisme quelconque (voir le théorème 5, page 196). Comme nous allons le voir, cette première tâche peut être réalisée au moyen de la théorie des invariants de similitude.

Soit $f \in \mathcal{L}(E)$ un endomorphisme nilpotent. Désignons par $P_1, \dots, P_r$ la suite des invariants de similitude de f. Le produit $P_1 \cdots P_r$ est au signe près le polynôme caractéristique de f, qui est $(-1)^n X^n$, ce qui montre que P_i est de la forme X^{n_i} pour tout i. Ainsi, $\mathcal{C}(P_i)$ est la transposée d'un bloc de Jordan pour tout i, et on en déduit avec le théorème 2 l'existence d'une base $\mathcal{B} = (e_1, \dots, e_n)$ de E dans laquelle la matrice de f est de la forme

$$\begin{pmatrix} 0 & \cdots & \cdots & 0 \\ v_1 & \ddots & & \vdots \\ & \ddots & \ddots & \vdots \\ 0 & & v_{n-1} & 0 \end{pmatrix} \quad \text{où} \quad \forall i \in \{1, \dots, n-1\},\ v_i \in \{0, 1\}.$$

La matrice de f dans la base $\mathcal{B}' = (e_n, \dots, e_1)$ est

$$\begin{pmatrix} 0 & v_{n-1} & & 0 \\ \vdots & \ddots & \ddots & \\ \vdots & & \ddots & v_1 \\ 0 & \cdots & \cdots & 0 \end{pmatrix}$$

qui a bien la forme voulue.

3.2. Autres applications

Il existe une multitude de résultats qui peuvent être prouvés grâce à la théorie des invariants de similitude. Par exemple :

- Dans $\mathcal{M}_n(\mathbb{R})$ ($n = 2$ ou $n = 3$), deux matrices sont semblables si et seulement si elles ont même polynôme minimal et même polynôme caractéristique (faux lorsque $n \geq 4$).
- Si $\mathbb{L}$ est un surcorps commutatif de $\mathbb{K}$, si $A, B \in \mathcal{M}_n(\mathbb{K})$ sont semblables sur $\mathcal{M}_n(\mathbb{L})$, alors A et B sont semblables sur $\mathcal{M}_n(\mathbb{K})$. En effet, en vertu de l'unicité, les invariants de similitude dans $\mathcal{M}_n(\mathbb{K})$ sont les invariants de similitude dans $\mathcal{M}_n(\mathbb{L})$ (car de plus, le polynôme minimal d'une matrice de $\mathcal{M}_n(\mathbb{K})$ est le même dans $\mathbb{K}[X]$ ou dans $\mathbb{L}[X]$). Ce résultat généralise celui de l'exercice 10 de la page 158.
- Si $f \in \mathcal{L}(E)$ et si les seuls endomorphismes commutant avec f sont des polynômes en f, alors f est cyclique. En effet, si tel n'est pas le cas, on a $\deg(\Pi_f) < n$ donc le nombre r d'invariants de similitude de f vérifie $r \geq 2$. Avec les notations du théorème 1, on peut écrire $E = F_1 \oplus G$ où $G = F_2 \oplus \cdots \oplus F_r \neq \{0\}$. Si on note p la projection sur G parallèlement à F_1, p et f commutent (car F_1 et G sont stables par f). Si $p = Q(f)$ avec $Q \in \mathbb{K}[X]$, comme $p_{|F_1} = 0$ on en déduirait $Q(f_{|F_1}) = 0$, donc $\Pi_f = \Pi_{f_{|F_1}}$ divise Q, et donc $p = Q(f) = 0$, ce qui est absurde. Ceci constitue la réciproque de la question 2/ de l'exercice 6 de la page 179.

Index des notations

Les numéros en fin de ligne indiquent la page où est définie la notation correspondante.

Index terminologique

Aubin Imprimeur, 86240 Ligugé. — D.L. mai 1999. — Impr. L 58277